Hydrologie 1

AF854223

Illustrations de couverture: *Steinsee au pied du col du Susten en Suisse* et *Zone maraîchère, secteur de Tanghin à Ouagadougou au Burkina Faso*, © André Musy

SCIENCE & INGÉNIERIE DE L'ENVIRONNEMENT

André Musy, Christophe Higy
et Emmanuel Reynard

Hydrologie 1

Une science de la nature
Une gestion sociétale

INGÉNIERIE
DE L'ENVIRONNEMENT

PRESSES POLYTECHNIQUES ET UNIVERSITAIRES ROMANDES

Les auteurs et l'éditeur remercient l'Ecole polytechnique fédérale de Lausanne (EPFL) ainsi que l'Université de Lausanne (UNIL) pour le soutien apporté à la publication de cet ouvrage.

Cet ouvrage paraît dans la collection Science et ingénierie de l'environnement qui est publiée sous la direction des professeurs Suren Erkman (UNIL) et Christoph Holliger (EPFL)

Autres titres au catalogue :

Hydrologie
2 Une science de l'ingénieur
Benoît Hingray, Cécile Picouet, André Musy

Hydrologie fréquentielle
Une science prédictive
Paul Meylan, Anne-Catherine Favre, André Musy

Ingénierie des eaux et du sol
Processus et aménagements
Marc Soutter, André Mermoud, André Musy

Le Sol vivant
Bases de pédologie, Biologie des sols
Jean-Michel Gobat, Michel Aragno, Willy Matthey

Les grands sols du monde
Jean-Paul Legros

Mettre en œuvre l'écologie industrielle
Adoue Cyril

Changements climatiques et impacts
De l'échelle globale à l'échelle locale
Martin Beniston

Analyse du cycle de vie
Comprendre et réaliser un écobilan
Olivier Jolliet, Myriam Saadé, Pierre Crettaz et Shanna Shaked

Mares et étangs
Ecologie, conservation, gestion, valorisation
Beat Oertli et Pierre-André Frossard

La Fondation des Presses polytechniques et universitaires romandes (PPUR) publie principalement les travaux d'enseignement et de recherche de l'Ecole polytechnique fédérale de Lausanne (EPFL), des universités et des hautes écoles francophones. Le catalogue général peut être obtenu par courrier aux: Presses polytechniques et universitaires romandes, EPFL-Rolex Learning Center, CP 119, CH-1015 Lausanne, par E-mail à ppur@epfl.ch, par téléphone au (0)21 693 41 40 ou encore par fax au (0)21 693 40 27.

www.ppur.org

2e édition revue et augmentée
ISBN 978-2-88915-026-7
© Presses polytechniques et universitaires romandes, 2014
© Presses polytechniques et universitaires romandes, 2004, 2009 pour la première édition

Tous droits réservés.
Reproduction, même partielle, sous quelque forme ou sur quelque support que ce soit, interdite sans l'accord écrit de l'éditeur.

Imprimé en Italie

AVERTISSEMENT

Ce livre comporte deux parties distinctes mais continues.

La première, constituée des chapitres 1 à 11, concerne les aspects scientifiques de l'hydrologie. Elle a déjà été éditée par les Presses polytechniques universitaires romandes (PPUR) dans un livre publié en 2004 et par deux fois réédité. Lors de cette troisième édition, cette partie a été revisitée et mise à jour par les auteurs André Musy et Christophe Higy.

La seconde qui comporte les 7 chapitres suivants, de 12 à 18, est nouvelle et porte sur les questions liées à la gestion de la ressource en eau. Elle a été conçue et rédigée par Emmanuel Reynard qui enseigne cette discipline à l'Université de Lausanne en Suisse.

Ces deux parties forment toutefois un tout, tant il est nécessaire et utile de lier les aspects hydrologiques à ceux de la gestion de la ressource hydrique. Pour cette raison, ce livre comporte 18 chapitres mais une seule table des matières, une seule bibliographie et un seul index.

PRÉFACE

L'hydrologie, la science de l'eau. Une science vraiment? L'hydrologie n'a ni la rigueur des mathématiques ni l'observabilité de la physique, pas plus que la précision de la chimie. La raison essentielle de ces apparentes lacunes réside dans la formidable complexité des processus hydrologiques et de leurs interactions, de l'échelle particulaire à globale. Et le climat y va de sa partie en augmentant la variabilité des phénomènes, en modifiant leurs variations sur le long terme et par voie de conséquence, en accroissant les incertitudes.

L'hydrologie ne sera ainsi jamais l'hydronomie. Sans vouloir déceler une différence similaire à celle raisonnablement constatée entre l'astrologie et l'astronomie, force est de constater que pendant longtemps, les manifestations du cycle hydrologiques ont été imputées à des dieux souterrains fantasques, dont Vulcain chez les Romains. Il a fallu attendre le XVIIe siècle et Perrault – non, ce n'est pas l'homme des contes, mais son frère – et Halley – oui, c'est l'homme de la comète – pour établir le cycle de l'eau au niveau continental. Et ce n'est qu'au XXe siècle que le bilan du cycle de l'eau mondial a pu être établi avec une précision acceptable.

Face à cette complexité, des nécessités quotidiennes : chacun de nous doit pouvoir disposer d'eau en quantité et qualité suffisantes pour ses besoins, pour son développement et son environnement et se mettre à l'abri des inondations et d'autres risques de cette nature ; ainsi, alimentation, agriculture, hydroélectricité et industrie doivent se répartir la ressource eau, la navigation, l'environnement naturel et les loisirs ayant aussi leurs droits.

L'hydrologue est ainsi confronté à la situation paradoxale de devoir trouver des solutions pragmatiques, fiables, durables mais sans pouvoir vraiment prendre en compte la complexité des phénomènes en jeu ! Il était donc très tentant de simplifier le problème. Un résultat en a été la formule rationnelle (1856), qui ne doit son nom qu'au seul fait que les unités physiques sont respectées. Mais quel confort ! Pour permettre de dimensionner correctement des ouvrages coûteux qui répondent à des enjeux majeurs, quiconque pouvait se déclarer hydrologue et régler l'affaire en quelques minutes et à peu de frais. Peu importe que les hypothèses soient vérifiées (en fait, elles ne le sont que dans quelques rares cas), que l'on s'appuie sur des statistiques désuètes, le résultat tombe sans garde-fou.

Quelques échecs plus tard, la recherche hydrologique est partie dans la direction opposée : compliquer les méthodes pour refléter la complexité des processus. Sont ainsi apparus d'abord des modèles hydrologiques à base physique, puis des applications plus hasardeuses, basées par exemple sur les théories des fractales et du chaos, de l'entropie et tant d'autres développements hautement intéressants mais qui finalement n'ont pas apporté de résultats directement utilisables par la pratique.

Utopie de la méthode parfaite, dystopie des méthodes simplistes : la solution se trouve à mi-chemin. L'hydrologue doit observer correctement les comportements hydrologiques en jeu, comprendre les phénomènes essentiels, mettre en œuvre des méthodes adaptées au problème, évaluer les incertitudes et la qualité générale des résultats et communiquer clairement ses conclusions dans un contexte pluridisciplinaire inhérent à tout projet concernant l'eau, du processus hydrologique à la gestion de l'eau.

L'ouvrage qui est entre vos mains aborde ces aspects et surtout leurs fondements, dans sa première partie.

Les questions liées à la gestion de l'eau, discipline essentielle pour le partage équitable et sociétal des ressources sont abordées en seconde partie. Leurs développements s'appuient sur les sciences hydrologiques certes mais sont complétés par d'autres notions issues des sciences économiques, politiques et juridiques. Le fait de les présenter dans un même ouvrage constitue un trait d'union nécessaire entre les phénomènes naturels et leur anthropisation pour le développement sociétal et illustre judicieusement la liaison, que dis-je le dialogue, entre ces disciplines des sciences de l'eau.

En démontrant que l'hydrologie est une affaire sérieuse et rigoureuse malgré les incertitudes, les enseignements de ce livre permettent d'une part à l'hydrologue de remplir son rôle primordial, à savoir mettre à disposition des chercheurs et des praticiens toutes les bases scientifiques requises, et, d'autre part, aux gestionnaires de l'eau de développer des solutions efficaces et pérennes en toute confiance.

Les bases scientifiques, le mot est lâché : ce livre a comme qualité supplémentaire de démontrer que l'hydrologie est une science, vraiment ! Une science au service de la société pour la gestion judicieuse des ressources en eau.

Dominique Bérod
Berne, septembre 2013
Chef de la Division Hydrologie
de l'Office fédéral suisse de l'Environnement

TABLE DES MATIÈRES

AVANT-PROPOS

Si l'on s'en tient à la stricte définition d'un dictionnaire, l'hydrologie est la science qui traite des propriétés mécaniques, physiques et chimiques des eaux marines et continentales. D'un point de vue étymologique, l'hydrologie vient du grec *hudòr* qui signifie eau et *logos* qui peut être perçu comme le discours ou plus simplement science.

L'hydrologie serait donc la science de l'eau, rien de moins ni de plus d'ailleurs. Si l'eau et l'élément liquide ont alimenté les réflexions des hommes de l'Antiquité jusqu'à nos jours, ce n'est certainement pas dans le seul but de construire un discours rationnel sur cet élément. Source perpétuelle d'imagination et de croyance, objet de culte, aimée ou crainte, l'eau, malgré sa simplicité – deux molécules d'hydrogène et une d'oxygène – n'en reste pas moins l'élément le plus empreint de mystère, emblématique de la vie et de sa prospérité.

L'hydrologie, en tant que discipline scientifique indépendante, n'est âgée que d'une centaine d'années. Elle se situe aujourd'hui au carrefour ou au point de convergence d'une multitude d'autres sciences et techniques. Impossible de la comprendre sans connaître non seulement des disciplines qualifiées de « fondamentales » telles les mathématiques, la physique, la chimie et la biologie mais aussi d'autres, tout aussi essentielles, comme la géographie, la géologie et la météorologie. Impossible aussi d'en saisir les véritables enjeux, en termes de gestion, sans prendre conscience des questions sociales, sociétales, juridiques et politiques que pose l'eau à nos sociétés modernes.

L'hydrologie et les ressources en eau sont un peu l'ensemble de tout cela. De même qu'il est difficile de comprendre pourquoi l'homme n'accorde pas plus d'attention à l'eau, il est anormal qu'en ce début de siècle, sur une planète qui compte désormais plus de six milliards d'individus, un sixième d'entre eux n'ont pas un accès régulier à l'eau potable et que près de la moitié ne bénéficient pas de conditions sanitaires décentes.

Ce livre n'a pas la prétention de proposer des solutions à toutes ces questions. Il présente dans sa première partie, et sous un angle assez descriptif, ce domaine scientifique vaste et complexe en privilégiant le cycle de l'eau, ses composantes et ses interactions avec le milieu dans lequel il se développe et interagit. Les auteurs ont tenté le plus possible d'illustrer leurs propos par des exemples concrets et en citant des références adéquates, afin d'en faciliter la compréhension. Dans une deuxième partie récemment ajoutée, ce document rappelle les principes généraux de gestion de la ressource en eau et les enjeux associés et décrits au travers des besoins à satisfaire pour nos sociétés et leurs environnements ainsi que les différents acteurs de cette gestion et les contraintes auxquelles ils sont confrontés pour tenter une répartition équitable de cette ressource.

Au-delà d'un discours rationnel consacré à l'hydrologie, ce livre, qui s'adresse aussi bien aux étudiants universitaires en ingénierie et en géographie qu'aux ingénieurs praticiens, chercheurs, scientifiques ainsi qu'à toute personne intéressée par la gestion des eaux, devrait continuer d'éveiller la conscience humaine face à l'urgence de la situation dans laquelle se trouve aujourd'hui notre société. Car sans eau, point de vie.

Cet ouvrage n'aurait pas pu être réalisé sans l'aide des nombreuses personnes qui ont contribué de près ou de loin à sa réalisation. Mes remerciements s'adressent tout d'abord à Monsieur Christophe Higy, coauteur de ce livre, qui s'est beaucoup investi dans la rédaction puis dans la reprise et le développement de tous les chapitres lors de cette nouvelle édition. Sa curiosité et son large savoir, tant scientifique qu'universitaire, ont permis d'améliorer de manière très substantielle, le premier polycopié d'Hydrologie générale de A. Musy et V. Laglaine édité en 1992 et maintes fois revisité.

Ma reconnaissance va à tout le groupe de collaboratrices et de collaborateurs qui ont contribué de manière significative à la réalisation d'un cours à distance et dont plusieurs éléments ont été repris pour réaliser cet ouvrage. Je pense en particulier à Madame Anne-Catherine Favre pour les questions et développements d'ordre statistique ainsi qu'à Mesdames Cécile Picouet, Anne Gillardin et à Monsieur Christophe Joerin pour leur participation à des degrés divers à l'amélioration de ce livre, enfin, à Madame Mirja Nicollier pour la relecture de cette nouvelle édition.

Mes remerciements s'adressent enfin au Professeur Emmanuel Reynard de l'université de Lausanne qui a accepté de compléter harmonieusement la première partie de ce nouveau livre en lui ajoutant une deuxième partie consacrée à la gestion de la ressource en eau. Il est assez rare de trouver un ouvrage écrit qui associe étroitement ces disciplines scientifique et de gestion, lien indispensable à la réalisation pratique, durable et adéquates de travaux sur le terrain. Que cet exemple serve, je l'espère, à contribuer au développement durable de notre société et de notre environnement.

Lausanne, février 2013
Professeur honoraire André Musy

Première partie

Hydrologie : Les bases scientifiques

Chapitre 1

INTRODUCTION GÉNÉRALE

Après avoir donné une brève introduction aux sciences hydrologiques et à leur étendue, ce chapitre rappelle l'évolution de cette science depuis le refus de l'explication des phénomènes par les mythes dans la Grèce antique jusqu'à l'avènement de l'hydrologie en tant que discipline scientifique au XVIIe siècle, prémisse de l'hydrologie « moderne ». Ce chapitre permet aussi de présenter les différentes facettes de cette discipline ainsi que l'ensemble de la problématique face à laquelle l'hydrologie moderne se doit de répondre. Cette première partie introduit également les principaux organismes actifs dans le domaine de l'hydrologie, que ce soit à l'échelle mondiale, européenne ou plus localement dans le contexte helvétique dont le fédéralisme influence fortement l'organisation des institutions. Des informations complémentaires, plus détaillées, figurent dans la seconde partie de cet ouvrage, consacrée à la gestion des ressources en eau. Pour terminer, un plan de l'ouvrage est présenté.

1.1 DÉFINITION ET ÉTENDUE DE L'HYDROLOGIE

Au sens étymologique, l'hydrologie est la science de l'eau ou plus précisément l'étude de l'eau dans la nature ou dans un milieu (Hubert et Réménérias, 2013). Si l'objet de l'hydrologie est donc clairement défini, la difficulté due à la présence de l'eau dans une importante majorité de phénomènes ou de processus terrestres a conduit à son fractionnement en une multitude de disciplines conduisant bien souvent à parler de sciences hydrologiques en lieu et place d'hydrologie. Par conséquent, il existe une multitude de définitions de l'hydrologie qui ont toutes en commun de chercher à préciser, du mieux que cela soit possible, l'objet de cette science. On relèvera par exemple qu'Anctil (2005) rappelle la définition de l'US Federal Council for Sciences and Technology : « L'hydrologie est la science qui étudie les eaux terrestres, leur origine, leur mouvement et leur répartition sur notre planète, leurs propriétés physiques et chimiques, leurs interactions avec l'environnement physique et biologique et leur influence sur les activités humaines. »

Pour sa part, le glossaire international d'hydrologie (OMM, 1992) définit cette science comme : « 1) Science qui traite des eaux que l'on trouve à la surface de la Terre, ainsi qu'au-dessus et au-dessous de leur formation, de leur circulation et de leur distribution dans le temps et dans l'espace, de leurs propriétés biologiques, physiques et chimiques et de leur interaction avec leur environnement, y compris avec les êtres vivants. 2) Science qui étudie les processus qui régissent les fluctuations des ressources en eau des terres émergées et traite des différentes phases du cycle hydrologique. »

Les sciences hydrologiques sont donc situées au carrefour de plusieurs disciplines et ont pour but de comprendre les mécanismes régissant la distribution de l'eau à la surface de la terre ainsi que les propriétés bio-géo-chimiques de l'eau. L'hydrologie étudie d'une part les flux d'eau et, d'autre part, les réserves hydriques, qu'elles soient de surface, souterraines ou atmosphérique. A ceci s'ajoute encore l'ensemble des processus permettant les échanges entre les réservoirs. Ainsi, de manière similaire à la définition de l'Organisation des Nations Unies, on retiendra dans ce qui suit que l'hydrologie est la science de l'eau et de son cycle sur la terre.

1.1.1 L'hydrologie, une science et un outil

L'hydrologie est non seulement une science géophysique ayant pour objet l'étude scientifique des processus du cycle hydrologique mais aussi un outil permettant de résoudre des problèmes pratiques urgents, comme le souligne l'OMM (2005). Ainsi, et cela peut sembler paradoxal[1], l'hydrologie est non seulement une science mais aussi un corpus d'applications ou d'outils pour résoudre divers problèmes induits par la gestion de l'eau.

1.1.2 Interactions et divisions de l'hydrologie

L'hydrologie incluant l'ensemble de l'histoire de l'eau sur notre planète et comportant de nombreuses interactions avec d'autres domaines, a été subdivisée de manière tout à fait logique en plusieurs disciplines. Au même titre qu'il est difficile, comme nous venons de le voir, de définir avec la plus grande exhaustivité le champ couvert par l'hydrologie, ces subdivisions ont fait l'objet de vastes débats.

Selon Gray (1972), l'hydrologie peut se subdiviser en cinq domaines scientifiques à savoir :

- l'hydrométéorologie, qui étudie les phases atmosphérique et terrestre du cycle de l'eau et en particulier leurs interactions ;
- la limnologie, qui étudie les lacs ;
- la cryologie, science qui étudie la neige et la glace, soit l'eau sous sa forme solide ;
- la géohydrologie ou l'hydrogéologie qui étudie les eaux souterraines ;
- la potamologie qui est l'étude des cours d'eau.

Chez Lambert (1996), la classification des sous-domaines de l'hydrologie se fait selon les trois phases élémentaires du cycle de l'eau, à savoir la phase atmosphérique (climatologie, météorologie), la phase marine (océanographie ou hydrologie marine) et la phase terrestre (hydrologie continentale). Cette dernière est celle qui nous intéressera pour l'essentiel dans cet ouvrage. Elle se subdivise encore et pour sa part en six domaines, soit :

[1] Bien que cela soit aussi le cas de l'hydraulique.

- l'hydrologie fluviale ou la potamologie qui étudie les fleuves et les cours d'eau ;
- l'hydrologie lacustre ou la limnologie qui étudie les lacs ;
- l'hydrologie nivale ou la nivologie qui étudie la neige ;
- l'hydrologie glaciaire ou la glaciologie qui étudie la glace ;
- l'hydrologie souterraine ou l'hydrogéologie ;
- l'hydrologie superficielle et de subsurface qui comprend l'étude des mouvements d'eau et associés à la surface du sol et dans les premiers horizons du sous sol.

Ces deux exemples montrent, au-delà des divergences de leurs auteurs, un point commun essentiel, à savoir celui de la subdivision des domaines scientifiques à partir de l'observation des phénomènes. On cherche en effet à diviser la discipline en sous-groupes en fonction d'un référentiel essentiellement géographique plutôt que thématique en ce sens que des notions telles que l'hydrologie statistique ou encore l'hydrométrie sont absentes à ce stade de réflexion. Scarpati (2007) pour sa part énumère les sciences relatives à l'hydrologie en prenant en compte le très vaste champ de cette discipline. L'auteur divise ainsi le champ d'investigations selon quatre milieux :
- L'atmosphère : hydrométéorologie, météorologie, climatologie.
- L'hydrosphère : potamologie, limnologie, cryologie, glaciologie, océanologie.
- La lithosphère : agrohydrologie, hydrogéologie, géohydrologie, géomorphologie.
- La faune et la flore : écologie, sylviculture, écohydrologie.

Cette typologie est certes très vaste mais elle ne rend pas encore complètement compte du champ couvert par les sciences hydrologiques. Il nous apparaît important de distinguer – afin de subdiviser l'hydrologie – le milieu dans lequel on se situe ainsi que l'objet spécifiquement étudié. En regard de ce qui a été précédemment évoqué, nous retiendrons deux domaines en vue de subdiviser les sciences hydrologiques. D'une part, l'hydrologie scientifique ou *de la nature* – en tant que discipline scientifique – qui cherche à comprendre les mécanismes et à expliquer la phénoménologie et les processus. D'autre part, l'hydrologie opérationnelle ou encore *de l'ingénieur*, qui conduit à résoudre des problèmes posés par la gestion des eaux au sens le plus large. Le tableau 1.1 présente une typologie de l'hydrologie en distinguant d'une part ses divers domaines d'étude ainsi que quelques thématiques spécifiques. Par rapport aux classifications introduites auparavant, la paléohydrologie dédiée à l'étude de l'hydrologie au cours du temps a été ajoutée comme nouveau champ d'étude de l'hydrologie.

Tableau 1.1 Classification des sciences hydrologiques en fonction de leur nature scientifique ou opérationnelle.

Hydrologie scientifique *(hydrologie de la nature)*	Hydrologie opérationnelle *(hydrologie de l'ingénieur)*
atmosphérique : hydrométéorologie	Hydrométrie
terrestre : potamologie, limnologie, glaciologie, nivologie, hydrogéologie, écohydrologie	Hydrologie statistique Modélisation hydrologique
marin : hydrologie marine	
paléohydrologie	

La paléohydrologie peut être appréhendée comme l'étude des mouvements des eaux anciennes ainsi que de leur distribution spatiale et temporelle. Elle étudie donc les cours d'eau anciens, les lacs ainsi que les interactions entre le climat et l'hydrologie à des époques reculées. Résumée de façon succincte, la paléohydrologie cherche à restituer les paramètres hydrologiques des systèmes fluviatiles du passé (Baker, 2008).

1.2 APPROCHE HISTORIQUE

Durant longtemps, l'histoire de l'hydrologie a été assimilée à celle de l'hydraulique et plus spécifiquement à celle des ouvrages hydrauliques. A ce sujet, il faut rappeler que l'hydraulique est la science qui étudie les écoulements des fluides, en particulier l'eau, et qu'elle n'est pas à confondre avec l'hydrologie en tant que science du cycle de l'eau. L'objectif de cet ouvrage étant essentiellement de décrire et d'expliquer les processus intervenant dans le cycle de l'eau puis de développer dans une seconde partie les aspects de la gestion sociétale de l'eau, il nous apparaît pertinent de préciser quelque peu l'origine des premières explications rationnelles du cycle hydrologique et, par voie de conséquence, de la gestion des ressources en eau. La littérature est abondante sur ces divers propos (Bonnin, 1984 ; Malissard, 2002 ; Nordon, 1991a ; Nordon, 1991b ; Viollet, 2000). En toute honnêteté, on se doit de souligner qu'il est difficile de fixer une date marquant le début des sciences hydrologiques. On constate plus simplement que depuis l'Antiquité, les populations se sont installées – suite au passage progressif du nomadisme à la sédentarisation – le long des rives des fleuves comme le Tigre et l'Euphrate en Mésopotamie, le Nil en Egypte, l'Indus en Inde et le Fleuve jaune en Chine. Cette évolution s'est faite vers –7000 av. J.-C. et a été marquée notamment au nord de l'Irak, en Mésopotamie, en Syrie, au Liban (–6000), en Egypte (–5000) et au Soudan (–4000) (Daumas, 1966). Elle peut s'expliquer comme suit. Jusqu'à une époque avancée où la connaissance des métaux a permis de confectionner des outils durs et tranchants, notamment pour couper le bois, les hommes ont privilégié leur installation sur des étendues sans forêts, raison pour laquelle on peut penser que les premiers habitats groupés se sont trouvés à proximité des fleuves et des cours d'eau. De surcroît, leurs crues bonifiaient annuellement les sols côtiers par des apports en limons fertiles, ce qui favorisait ces habitats groupés. Si la compréhension du cycle de l'eau[2] n'a pas été une tâche prioritaire des populations de l'Antiquité, il n'en reste pas moins qu'il existait à cette époque un certain niveau de connaissances empiriques s'illustrant par les ouvrages hydrauliques qui ont résisté au passage du temps (barrages, digues, canaux d'irrigation). On peut donc s'étonner que le cycle de l'eau soit resté aussi peu compris alors que certaines civilisations faisaient preuve d'une maîtrise technique de l'hydraulique remarquable.

1.2.1 Premières explications du cycle de l'eau

La compréhension de cette explication rationnelle passe sans doute par celle du « miracle grec » (Lloyd, 1974). Ce miracle est la rupture au VIe siècle av. J.-C. avec l'explication mythique. Il n'a certes pas été nécessaire d'attendre cette époque pour

2 Dont l'histoire pourrait faire l'objet d'un autre écrit.

disposer d'un savoir technique très évolué mais c'est bien avec Thalès de Milet[3], en Grèce, que se forgent les prémisses d'une explication causale et surtout la nécessité de telles explications. Il est aussi le premier à spéculer sur l'élément dont toutes les choses dérivent. Pour Thalès de Milet, ce principe unique de toute chose est l'eau. Comme le mentionne Aristote dans sa *Métaphysique*, Thalès avait peut-être remarqué que l'eau est présente partout et dans tout. De même qu'elle est nécessaire à la vie. On peut néanmoins rappeler que bien avant Thalès de Milet, Homère dans l'*Illiade* (chant 21) attribue à l'eau souterraine une origine atmosphérique (Detay et Gaujous, 2001).

Si Thalès ne donne pas véritablement une explication du cycle de l'eau, il a le mérite de rechercher une explication rationnelle aux choses. Il faut en effet bien comprendre qu'une explication correcte du cycle de l'eau dépend entre autres de la connaissance de la forme de la terre. Cependant, si Homère admettait la sphéricité de cette dernière, de même que le mathématicien Cratès de Mallos (150 av. J.-C.) qui avait construit une sphère pour la représenter, cette sphéricité n'était pas encore admise au temps de Thalès et cette question constituait un obstacle à la formulation d'une explication causale correcte du cycle de l'eau. Deux siècles plus tard, Aristote propose la première grande encyclopédie du savoir. Il est surtout le premier à avoir tenté de recueillir des informations quant aux propriétés physiques des choses ainsi que sur leurs réactions.

> *« Après avoir atteint les rives du fleuve Halys, Crésus fit passer, je le présume, son armée sur les ponts qui existaient ; mais, comme on le dit souvent chez les Grecs, c'est Thalès de Milet qui les aurait fait passer. Crésus ne voyait pas du tout comment faire franchir le fleuve à son armée [...] Thalès, présent au camp, aurait, à ce qu'on dit, détourné à son intention le cours du fleuve, faisant en sorte que coulant à gauche de l'armée, il coulât à sa droite. Voici comment il procéda : il fit creuser en amont du camp un canal profond, en demi-cercle, afin que le fleuve, quittant en partie son ancien lit, contournât par ce canal la position occupée par le camp, et, doublant cette position, allât retrouver plus bas son lit ; ainsi une fois le cours du fleuve divisé en deux bras, chacun était devenu guéable. »*
>
> *(Hérodote, Enquête, I, 75)*

Après Thalès, Anaximandre substitue à l'eau l'illimité puis Anaximène considère que ce substrat illimité est l'air. Chez Archélaos, élève d'Anaxagore et maître de Socrate, « l'eau est dissoute par et, en se déposant et se condensant [sous l'action] du feu, produit la terre, tandis qu'elle produit l'air tout en circulant » (Dumont, 1988). Finalement, on doit à Aristote différentes explications concernant les phénomènes de condensation, de formation de la rosée ainsi que de salinisation des fleuves. On notera alors que les Grecs ont une bonne approche qualitative du cycle de l'eau mais que,

[3] Thalès de Milet, qui passe pour être un des sept sages selon Diogène Laërce, est le fondateur de l'école ionienne. Selon toute vraisemblance, il semble qu'il soit né vers 640-635 av. J.-C. et mort vers 548-545 av. J.-C. Considéré comme le premier philosophe, Thalès de Milet était aussi un mathématicien. On lui attribue ainsi par exemple la détermination de la hauteur d'une pyramide à l'aide de la mesure de l'ombre d'un bâton.

faute de mesures, aucune progression quantitative ne sera possible[4]. Par exemple, Anaxagore propose une explication de l'origine des eaux des rivières dans les pluies et les eaux souterraines. Il donne aussi une description de la formation de la grêle, des mers et de leur salinisation ainsi que de l'origine de la crue du Nil dans la fonte des neiges des montagnes éthiopiennes (Dumont, 1988). D'une manière générale, il faut bien comprendre que ces premières explications d'éléments du cycle de l'eau s'inscrivent dans un cadre plus large qui est celui de la problématique du changement. La philosophie présocratique est imprégnée de cette thématique et va conduire certains à tenter de comprendre comment les choses s'écoulent.

Mis à part Aristote qui a laissé d'impressionnants travaux, la seconde source fondamentale (hormis Hérodote) est la géographie de Strabon. Si la somme des connaissances contenues dans les différents livres qui forment la *Géographie* conduisit Napoléon à en financer la traduction, cela provient autant de son contenu que de sa forme. La *Géographie* renferme presque toute l'histoire de la science depuis Homère jusqu'au siècle d'Auguste, comme le rappelait un ancien traducteur. Strabon, dans son ouvrage, s'intéresse aussi bien aux mouvements des eaux, à la météorologie qu'à la géographie physique. Il souligne par exemple les mécanismes d'alimentation des fleuves par les pluies. Il sait aussi que le cours des fleuves est dicté par la gravité, que ceux-ci peuvent s'écouler en surface mais aussi de manière souterraine. De même, Strabon s'intéressera aux causes des crues en étudiant différents fleuves qui présentent des crues importantes comme le Nil, le Tigre, l'Euphrate et les fleuves de l'Inde. Il va notamment chercher à comprendre ce qui cause les élévations du niveau de l'eau dans les fleuves.

Plus intéressant encore chez Strabon est sa lucidité quant à l'importance de prévoir les crues car si celles-ci sont sources de richesse de par le fait qu'elles permettent bien souvent l'irrigation annuelle des terres ainsi qu'un apport de limon fertilisant les sols, elles peuvent aussi devenir source de désolation lorsqu'elles se font trop violentes. Il constate que les Egyptiens avaient déjà conscience de ces phénomènes, comme en témoigne le nilomètre de Syène, sur l'île d'Eléphantine, où sont consignées les hauteurs de crue du Nil. Enfin, mis à part ces explications, ainsi que d'autres relatives aux courants marins, aux marées et mascarets, Strabon s'est encore illustré dans une tentative d'explication des processus d'évaporation. Cette étude est mise en parallèle avec celle d'Aristote, par ailleurs connue de l'auteur.

Strabon note aussi le constat d'Aristote d'une zonation des précipitations en fonction de la latitude. Il répond à ceci par la présence des montagnes qui vont retenir les nuages et favoriser la condensation de l'eau. Finalement, même si Strabon n'attache pas une attention particulière aux précipitations tant ce phénomène semble banal, on admet tout de même à son époque que les nuages se forment suite à l'évaporation de l'eau et que celle-ci dépend de la chaleur ainsi que de l'étendue des surfaces liquides. Bloqués au contact d'une barrière montagneuse, les nuages se refroidissent et engendrent des précipitations. Ainsi, ces explications couplées à celles du fonctionnement des fleuves et autres cours d'eau, on peut raisonnablement admettre qu'il existait, à l'époque de Strabon, une connaissance sommaire du cycle de l'eau, du moins en ce qui concerne ses aspects qualitatifs.

Si l'on en revient maintenant au processus d'évaporation que nous avons brièvement abordé précédemment, Aristote va se distancer de ses prédécesseurs en notant

---

4 Paradoxalement, les Egyptiens procédaient déjà à des mesures de débit.

le refroidissement de l'air avec l'altitude. Il donnera en outre une explication de la formation de la rosée, de la bruine ainsi que de la neige comme étant de l'eau gelée. Ultérieurement, Théophraste, que certains considèrent en quelque sorte comme le premier à donner une explication correcte du cycle de l'eau dans son ensemble, va compléter les propos d'Aristote en soulignant le rôle du vent non seulement sur le processus d'évaporation mais aussi sur les précipitations.

D'un point de vue plus technique, on peut encore mentionner que les Grecs ne se sont pas seulement arrêtés à des considérations sur la nature de l'eau mais ont aussi entrepris pour l'essentiel des travaux de dérivation, comme le rappelle Maneglier (1991).

Au VIe siècle av. J.-C., Pisistrate effectue une dérivation des eaux de l'Hymette en deux parties égales afin d'alimenter le théâtre d'Hérode Atticus. Eupalinos, quant à lui, construit l'aqueduc de Samos qui est sans doute la plus grande réalisation de cette époque dans le but d'apporter de l'eau aux fontaines. Cette conduite se remarqua par le fait qu'elle comprenait un tunnel de quelque 1100 mètres de longueur. Ce tunnel avait été creusé afin d'éviter un obstacle par les deux extrémités. Au moyen de règles géométriques, on fit en sorte que les deux tunnels se joignent correctement au milieu du parcours. Si le tracé définitif souffrait de quelques imperfections, il faut bien admettre que pour cette époque, la construction d'un tel ouvrage – qui comprenait en outre une vingtaine de puits d'aération et d'entretien – était une véritable réussite. Mais les Grecs ont aussi exploité la technique du siphon mise au point pour alimenter la Lycie en permettant un apport de quelque 2700 litres d'eau par minute à l'Acropole de Pergame. Si les premiers siphons sont apparus afin de permettre l'adduction d'eau à Jérusalem, ce sont bien les Grecs qui les ont pleinement exploités en y recourant régulièrement afin de franchir des obstacles dans les régions escarpées. Par la suite, les Romains préféreront construire des aqueducs le long des courbes de niveau plutôt que de recourir à cette technique.

Il faut aussi noter que la cité grecque a dû rapidement faire face au problème de l'adduction de l'eau pour la vie courante, d'une part, car les premières villes étaient situées sur des points hauts – il fallait pour les alimenter recourir à des impluviums – et, d'autre part, car il n'était pas possible de s'alimenter en eau uniquement en recourant aux rivières, le régime des cours d'eau ne permettant pas d'assurer un débit suffisant durant les périodes d'étiage. Ceci explique en partie la maîtrise des Grecs dans l'exploitation des sources.

1.2.2 L'eau dans l'Egypte antique

Lors de sa découverte en 1896, la massue du Roi Scorpion a été vue comme la première attestation de la pratique de l'irrigation artificielle en Egypte antique. Cette massue représente le Roi Scorpion en train d'ouvrir une brèche dans une levée ou une digue (fig. 1.1). Bien que certains spécialistes aient mis en doute la représentation de cette massue et par là même la date de l'apparition de l'irrigation, il semble aujourd'hui admis que l'irrigation soit apparue en Egypte à la fin de l'Ancien Empire soit vers 2200 av. J.-C. (Vercoutter, 1992). Corrélativement avec la naissance de l'irrigation, il faut mentionner que celle-ci est étroitement associée au Nil et plus spécifiquement à sa crue car c'est bien la crue et non le fleuve lui-même qui est à l'origine de la prospérité de l'Egypte. Si l'on relate souvent le caractère bénéfique de la crue du Nil par son apport d'eau et de limons, il ne faut pas oublier que l'avènement de l'irrigation a aussi pour origine la nécessité de se protéger des dégâts qu'elle occasionne. Ce caractère antinomique de l'eau était donc déjà perçu par les Egyptiens et a permis des développements techniques importants sans pour autant que ceux-ci proposent une véritable description rationnelle des phénomènes liés au cycle de l'eau.

Fig. 1.1 Détail de la massue du Roi Scorpion montrant le roi en train d'ouvrir une brèche dans une digue (Ashmolean Museum, Oxford).

« Ainsi tout en Egypte se règle sur le Nil, le sol, ses productions, l'espèce des animaux qui l'habitent et des oiseaux qu'il nourrit. Les Egyptiens le sentaient mieux que personne et ils s'en montraient reconnaissants : ils tenaient leur fleuve pour un Dieu qu'ils appelaient Hapi et ils ne se lassaient pas de célébrer la bienfaisance. »

(G. Maspero, Histoire ancienne des peuples de l'Orient, 1899)

En Egypte donc, le point fort concernant l'eau est indiscutablement celui qui a trait au Nil. Ceci se traduit au point de vue historique d'une part par la découverte de la massue que nous venons de présenter mais aussi d'autre part une période particulière dans l'histoire de l'Egypte, à savoir le règne d'Amenemhat III (1853-1809 av. J.-C.). Durant cette période, la situation politique du pays était calme. Ceci a permis au nouveau pharaon de se donner d'autres priorités que militaires telles que l'exploitation des mines du Sinaï et le contrôle du niveau du Nil à Semma et Koumma, villes situées au sud d'Assouan. Sous le règne d'Amenemhat III, on trouve 18 relevés de la hauteur d'eau du Nil, ce qui conduit Vandersleyen (1995) à affirmer que le choix et la volonté de contrôler le niveau du Nil étaient scientifiques. On note cependant un phénomène étrange durant cette période. A Koumma, le niveau du Nil se situe, durant le règne d'Amenemhat III, de 8 à 13 mètres au-dessus du niveau normal que l'on pouvait observer au moment de l'inondation. Si l'on peut penser en première lecture de ces résultats à un phénomène passager, cette idée doit être abandonnée car cette élévation anormale va durer quelque 75 ans. On peut aussi imaginer que si ces niveaux ont été inscrits, c'est justement à cause de leur nature extrême. Toutefois, une telle élévation aurait dû avoir des conséquences catastrophiques. Malgré quelques tentatives d'explication, l'enregistrement de cette période reste mal comprise et force nous est d'admettre qu'il semble bien que le Nil ait vécu une période exceptionnelle. Si le Nil fut une source de préoccupation politique permanente dans l'Egypte antique – elle l'est encore actuellement – on doit aussi se rappeler que la connaissance que l'on en avait était assez restreinte. Si les crues étaient mesurables, elles n'ont pas véritablement été expliquées, pas plus que la source du Nil n'était connue.

Le nilomètre

Construit peut-être d'abord en bois, le nilomètre est l'un des premiers instruments de mesure «hydrologique» puisqu'il permet de déterminer la hauteur d'eau du fleuve (fig. 1.2)[5]. Ultérieurement, ces éléments furent élaborés en maçonnerie. Ces bâtiments permettaient l'enregistrement de la hauteur d'eau des crues moyennes et exceptionnelles. Actuellement, les derniers visibles se trouvent sur l'île d'Elephantine, à Assouan, ainsi qu'aux temples de Kom Ombo et d'Edfou.

D'autres temples, tel celui de Karnak, renferment des informations sur le niveau du fleuve. C'est ainsi qu'en 1895, M. Legrain a découvert une série de 40 enregistrements de crues du Nil. Ces valeurs datent de 800 environ av J.-C. et permettent par exemple d'évaluer le taux d'apport en limons se traduisant par une élévation du niveau moyen du fleuve à cet endroit de quelque 2,68 mètres en 2800 ans. Si les Egyptiens ont montré un certaine volonté à maîtriser les crues, il n'en reste pas moins qu'ils n'avaient pas les moyens de mettre en œuvre d'importants barrages afin de pouvoir contenir celles-ci. Il n'en reste pas moins une volonté de prévision ainsi que la réalisation d'importants travaux d'aménagements. Il est en effet possible que le lac Karoun ait été créé de manière artificielle dans une dépression dans le but de réguler la crue du Nil. Situé dans la dépression du Fayoum, au sud-ouest de l'actuelle capitale de l'Egypte, le lac Karoun fut peut-être relié au Nil par deux canaux vers la XIIe dynastie (vers 2000 av. J.-C.) qui permirent le développement de l'oasis et son exploitation.

Fig. 1.2 Construction d'un nilomètre en bois (tiré de Gille, 1978).

5 Auparavant, un moyen encore plus simple d'enregistrement était l'inscription de la hauteur d'eau sur la berge du fleuve.

Réseaux de qanats

Reconnaissant que l'usage de l'eau dans l'Antiquité visait de multiples tâches dont la dimension agricole reste majoritaire, on évoque bien souvent la notion de système hydraulique lorsque l'on étudie les pratiques d'alors.

Parmi ces systèmes, il en est un qui a joué un rôle particulier. Il s'agit du couple puits-qanats. Etymologiquement, le terme *qanat* signifie roseau en akkadien et se nomme par ailleurs toujours *foggara* dans l'Islam occidental (Nordon, 1991a). Le qanat est une galerie quasi horizontale et souterraine de drainage d'un aquifère. L'installation peut revêtir plusieurs formes (Bousquet, 1996). En général, le creusement d'un canal se fait de l'aval vers l'amont, en direction de la nappe qui servira de réservoir. De plus, afin de permettre l'excavation des déblais, des puits sont régulièrement creusés à la verticale du qanat.

D'après Goblot (1979), les qanats auraient vu le jour afin de pouvoir drainer les galeries des mines. Ils seraient apparus vers 700 av. J.C. sous le règne de Sargon II, alors roi d'Assyrie. Du point de vue de leur utilisation, on notera que les qanats ont été finalement plus utilisés pour l'adduction d'eau de consommation que pour les pratiques agricoles telles que l'irrigation. Typiquement, au XXe siècle en Iran, 75 % de l'eau de consommation était fournie par ce moyen unique en son genre.

Noria hydraulique

La noria hydraulique ou plus simplement noria est une roue permettant d'élever de l'eau jusqu'à une hauteur donnée. En général, la noria est constituée d'une roue assez mince sur laquelle sont fixés des augets. Une installation complète pouvait accueillir plusieurs de ces roues (fig. 1.3).

Fig. 1.3 Noria dans le Fayoum égyptien (photographie C. Higy).

Outre l'Egypte où elle apparaît à l'époque romaine, la noria est bien implantée dans tout le Moyen Orient (Viollet, 2000). Les norias se situent en général le long des rivières au régime fluvial pour lesquelles l'irrigation gravitaire est difficile. Enfin, à titre illustratif, on peut encore mentionner l'existence du chadouf comme autre moyen d'élévation de l'eau (fig. 1.4) ainsi que la vis d'Archimède qui est sans doute bien antérieure à Archimède lui-même.

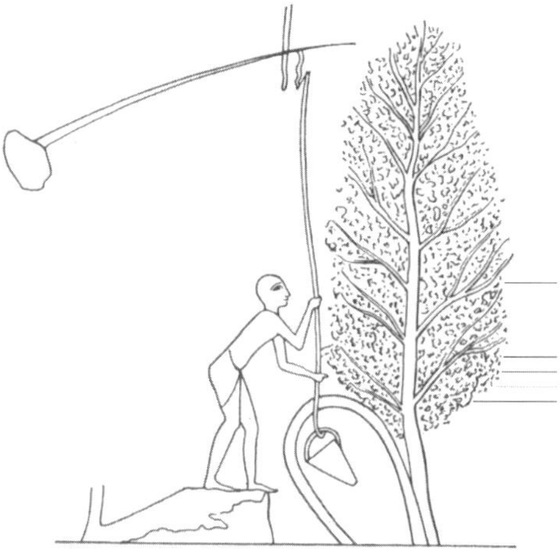

Fig. 1.4 Exemple de chadouf (tiré de Gille 1978).

Le chadouf

Le chadouf est la plus simple des machines permettant d'élever de l'eau. Comprenant un sac en cuir et un contrepoids, ce système dissymétrique nécessitait la présence d'un homme pour lever le contrepoids afin de plonger le sac dans l'eau puis de laisser le sac se lever seul. En général, le système était en fait manié par deux hommes qui pouvaient ainsi distribuer dans les canaux d'irrigation environ six mètres cubes d'eau par heure. En Mésopotamie, un réseau de chadouf placé le long de terrasses permettait d'irriguer des terres placées à plus de huit mètres au-dessus du cours d'eau.

1.2.3 Et ailleurs ?

Si nous avons choisi d'illustrer l'approche historique de l'hydrologie par la situation de l'Egypte en particulier, il ne faut pas oublier que d'autres civilisations ont développé des compétences assez tôt dans la maîtrise de l'eau. Toutefois, ces compétences, durant l'Antiquité, sont essentiellement techniques et donc par voie de conséquence plus liées à l'hydraulique ou à l'irrigation qu'à l'hydrologie comme nous l'avons déjà remarqué précédemment.

On sait qu'en Mésopotamie, dès le troisième millénaire, l'irrigation a aussi connu des développements importants avec le creusement de canaux mais aussi par la mise au point de méthodes spécifiques d'irrigation, car à l'opposé de l'Egypte, le manque d'eau en Mésopotamie était permanent. Dès 1200 av. J.C., des canalisations souterraines furent creusées en Palestine. Généralement, les villes étaient situées au sommet de collines tandis que les cours d'eau s'écoulaient en bas des versants. Durant les périodes de guerre, ces villes étaient alors vulnérables car il était aisé d'accéder aux réseaux d'adduction d'eau et de le couper. C'est pourquoi les extrémités des canaux étaient souvent gardées secrètes. Si, comme nous l'avons déjà mentionné, la Palestine a pratiqué rapidement des mesures de précipitations, la Chine a, elle aussi, mis en place de véritables réseaux de mesures par le biais de pluviomètres faits en roseau. Ceux-ci étaient placés le long des versants des montagnes et ont aussi certainement été utilisés pour procéder à des mesures de précipitations neigeuses.

1.2.4 L'eau au Moyen Age

L'abondance de l'eau au Moyen Age évite toute problématique de gestion et de qualité. A cette époque, l'eau est un élément naturel.

On assiste ainsi d'une part à sa domestication et, d'autre part, à sa mystification, ce qui crée une ambivalence entre la compréhension des phénomènes et la maîtrise de l'hydraulique. Cependant, l'eau du Moyen Age travaille car c'est véritablement à cette époque que se développent les grandes voies de navigation fluviales et maritimes.

D'un point de vue technique et économique, l'eau joue un rôle essentiel car au cœur de l'économie médiévale se trouve le moulin à eau développé depuis le XIIe siècle. Mais l'eau va aussi jouer un rôle essentiel dans tout le développement de la pensée poétique de l'époque en lui donnant son rythme. Il n'est en effet pas innocent que Saint Jacques soit le saint qui ait le plus de pouvoir. Saint Jacques est celui qui domine la mer et dompte les fleuves. C'est aussi celui qui donne aux eaux de source leur pouvoir de guérison. L'eau du Moyen Age est encore autre chose. C'est l'eau du baptême, de la rédemption.

Les encyclopédies médiévales vont aborder cette thématique et l'on compte pas moins de sept domaines spécifiques dans lesquels l'eau est abordée. Il s'agit de la cosmologie, de la chimie, de la géographie, de la technologie, des matières médicales, de la zoologie, de la météorologie et de la géologie. Dans l'encyclopédie d'un moine franciscain, Barthélémy l'Anglais, l'eau fait toutefois l'objet d'un chapitre entier. Dans cette encyclopédie, l'auteur essaie de décrire les différentes propriétés de l'eau puis ses relations avec les autres éléments. Enfin, il détaille plusieurs catégories d'eau en distinguant les eaux de pluie, de neige et de source. Dans cette même encyclopédie, et Barthélémy n'est d'ailleurs pas le seul à le faire, il constate l'utilité de l'eau dans la vie des hommes et relate entre autres les crues du Nil. Le fleuve, au-delà de la fascination de l'eau qu'il véhicule, est aussi compris comme moyen de transport des marchandises ainsi que pour l'élimination des déchets ou encore comme source d'énergie lorsque le courant permet aux moulins de fonctionner. Outre les mouvements de surface, le Moyen Age prend véritablement conscience de la présence et de l'importance des eaux souterraines, en s'inspirant encore fortement des ouvrages de Platon et d'Aristote. Malgré cela, la circulation de l'eau durant cette période est essentiellement perçue comme terrestre et il faudra attendre le XVIIe siècle pour voir apparaître un concept scientifique de circulation atmosphérique.

En termes de compréhension des processus et de développements techniques, les premières approches quantitatives sont dues à Léonard de Vinci (1452-1519) puis à Pierre Perrault (1510-1589) qui montrent notamment que le débit d'un cours d'eau ne représente qu'une partie de la précipitation incidente (Chow *et al.*, 1988). Durant cette même période, les Hollandais feront d'importants efforts pour se protéger des crues. Les premiers polders sont construits vers 1435, suite à des crues catastrophiques datant des XIIIe et XVe siècles (Labeyrie, 1993). Dans la nuit du 18 au 19 octobre 1421, 65 villages seront noyés et 100 000 personnes seront tuées par une crue survenue sur un territoire entre la Meuse et l'Escaut (Gille, 1964). Ces aménagements ainsi que l'assèchement des marais poitevins sous la houlette d'ingénieurs hollandais ont fait de l'aménagement des cours d'eau une problématique d'actualité dès le XVe siècle.

1.2.5 Les législations antiques relatives à l'eau

D'un point de vue historique, il faut noter que dès l'apparition de l'écriture, les civilisations ont établi des codes ou des lois faisant référence aux usages de l'eau comme nous l'avons précédemment noté. Typiquement, le célèbre code d'Hammourabi contient sept articles liés aux questions d'usage de l'eau. On y trouve essentiellement des règles concernant les différends au sujet de l'irrigation.

Découverte par une mission archéologique française à Suse (Iran) en 1901, ce code est sans doute le plus complet des Babyloniens et des Sumériens. Les règles concernant l'irrigation semblent avoir été élaborées non seulement en vue d'un partage équitable de l'eau mais aussi dans l'optique de limiter les dégâts dus aux crues.

Les Egyptiens ont quant à eux appliqué un système décentralisé, conférant aux institutions locales le pouvoir autonome de la gestion des processus d'irrigation et de distribution de l'eau. On note ainsi une hiérarchisation de la réglementation en fonction du degré d'importance du cours d'eau. On doit toutefois noter que la réglementation égyptienne est admirable en ce sens que l'eau n'est pas mesurée en volume mais en temps. Ceci signifie que les paramètres pour le calcul d'une quantité d'eau sont la largueur du canal ou du cours d'eau, la hauteur d'eau et le temps.

1.3 L'EAU MODERNE

Malgré les progrès techniques et conceptuels accomplis de l'Antiquité au Moyen Age, il faut attendre 1850 pour que l'hydrologie passe du stade «contemplatif» au stade explicatif en incluant une dimension essentielle par le biais de la modélisation. C'est l'ingénieur irlandais Mulvanay, alors responsable de drainage agricole, qui proposa vers 1850 la formule rationnelle. Cette formule permet de déterminer un débit de crue en un point donné en fonction d'une intensité de précipitations, de la surface drainée en ce point et d'un coefficient permettant de séparer grossièrement la fraction de l'eau des pluies qui s'infiltre dans le sol de celle qui s'écoule. Malgré de nombreuses hypothèses simplificatrices, cette relation reste la plus connue et la plus utilisée essentiellement à cause de sa simplicité.

Finalement, c'est seulement en 1930 que l'American Geophysical Union constitue une section d'hydrologie. Horton y présente alors en 1931 un rapport consacré aux objectifs et au statut de l'hydrologie mais dans lequel il n'est pas encore fait mention de l'importance de l'étude des impacts anthropiques. Ainsi, il aura fallu près de 4000 ans pour voir émerger une véritable discipline scientifique qui devra toutefois attendre le XXe siècle et les développements relatifs à la compréhension des processus hydrologiques pour acquérir le statut de paradigme. A titre d'illustration, le tableau 1.2 donne quelques repères modernes importants dans l'histoire de l'hydrologie et de la gestion des eaux au sens large. On notera qu'une véritable prise de conscience de la nécessité d'une meilleure gestion de cette ressource essentielle ne date finalement que d'une trentaine d'années[6].

6 Ces éléments sont repris en détail dans le chapitre 12.

Tableau 1.2 Repères historiques.

Date	Evénement	Résultat
1972	Conférence des Nations Unies sur le développement humain à Stockholm	Déclaration des Nations Unies sur l'environnement humain
1977	Conférence des Nations Unies sur l'eau à Mar del Plata	Plan d'action de Mar del Plata
1981-1990	Décade internationale de l'eau potable	Le résultat essentiel est la prise de conscience de la nécessité d'un accès à l'eau potable et de conditions sanitaires décentes
1992	Conférence internationale sur l'eau et l'environnement à Dublin	Déclaration de Dublin sur l'eau et l'environnement qui reconnaît le caractère vulnérable de la ressource hydrique, le rôle des femmes et la dimension économique de l'eau
1992	Sommet de la Terre de Rio de Janeiro	Déclaration de Rio. Fondements du développement durable
1994	Conférence internationale des Nations Unies sur la population et le développement au Caire	Programme d'action et reconnaissance de la nécessité d'éradiquer la pauvreté dans le monde
1995	Sommet mondial du développement social à Copenhague	Déclaration de Copenhague sur le développement social
1995	Quatrième conférence mondiale des Nations Unies sur la femme à Beijing	Déclaration de Beijing. Affirmation de la nécessité de disposer d'un droit d'accès à l'eau
1996	Deuxième conférence des Nations Unies sur l'habitat à Istanbul	Promotion des aspects sanitaires liés à l'eau et son assainissement
1997	Premier forum mondial de l'eau à Marrakech	Déclaration de Marrakech. Cette déclaration reconnaît le droit d'accès à l'eau et à des conditions sanitaires décentes
2000	Deuxième forum mondial de l'eau à La Haye	Vision mondiale de l'eau. Conférence ministérielle sur la sécurité de l'eau au XXIe siècle Déclaration du millénaire des Nations Unies
2001	Conférence internationale sur l'eau douce à Bonn	Recommandations pour combattre la pauvreté dans le monde et assurer le développement durable des pays
2002	Sommet de la Terre Rio +10 à Johannesburg	Dresser un panorama de ce qui s'est fait depuis le sommet de Rio en 1992

Problèmes actuels

Bien que des efforts importants soient entrepris dans le domaine de la gestion intégrée des eaux, il n'en reste pas moins que l'accroissement de la pression humaine sur l'environnement entraîne un certain nombre d'impacts souvent difficiles à prévoir. L'urbanisation, les pratiques agricoles, l'exploitation des eaux souterraines montrent que l'homme a tout le pouvoir de dénaturer et de modifier le cycle de l'eau. Si notre propos n'est pas de considérer tous les aspects de cette dénaturation, on se doit de souligner que toute modification du cycle de l'eau entraîne un bouleversement allant bien souvent au-delà des implications visibles a priori. Ainsi, le déboisement des surfaces peut entraîner une augmentation du débit pouvant avoir un effet positif mais qui peut s'accompagner aussi de l'accroissement du risque de crues catastrophiques ainsi que du transport de matières par le biais des processus d'érosion. Cette évolution se double aussi d'une diminution des précipitations en conséquence d'une baisse de l'évapotranspiration. A l'inverse, le reboisement ou la mise en culture intensive entraîne une augmentation notable de l'évapotranspiration, et par la même des précipitations continentales dont on sait qu'une grande partie (environ les deux tiers) provient de l'évaporation des terres émergées. Cette situation amène – ou du moins peut amener – une augmentation de la lame écoulée. Ce comportement paradoxal souligne bien l'interdépendance des mécanismes impliqués dans le cycle hydrologique mais aussi le fait que le cycle de l'eau constitue un système adaptatif complexe. Cette question du déboisement ou du reboisement des surfaces n'est évidemment pas le seul impact humain et s'inscrit dans un cadre plus vaste des changements d'occupation du sol. Il en va ainsi des modifications des pratiques culturales impliquant par exemple les problèmes liés à la surexploitation des nappes d'eau souterraines pour l'irrigation ainsi que l'augmentation de la pollution des nappes d'eau par l'emploi de produits phytosanitaires.

Crues et inondations

Les dégâts dus aux crues ou aux inondations suite à une insuffisante ou à une mauvaise gestion sont très importants et entraînent des coûts sociaux et financiers élevés. Si les crues catastrophiques sont devenues courantes dans certains pays comme l'Inde ou le Bangladesh, il ne faut pas oublier qu'elles frappent également l'Europe et la Suisse en particulier. Les crues de septembre 1987 ont coûté plus de 1,3 milliard de francs suisses tandis qu'à elle seule, la crue de septembre 1993 à Brigue a tué trois personnes et a coûté 650 millions de francs suisses. Celles d'août 2005 ont coûté 3 milliards de francs, ce qui constitue le montant le plus élevé de ces trente dernières années. Le montant des dommages causés par les crues a augmenté de façon exponentielle ces dernières années en fonction du développement social et économique des régions dans lesquelles elles se produisent. On note ainsi que la moitié des dommages enregistrés entre 1972 et 2011 sont imputables aux cinq événements majeurs de 1978, 1987, 1993, 2000 et 2005 (fig. 1.5). Néanmoins, il convient de souligner que les mesures de protection mises en œuvre portent leurs fruits puisque la croissance des dégâts occasionnés par des événements extrêmes est inférieure en proportion à la croissance de la population, de la surface bâtie ou encore de la densité des biens (OFEV, 2007).

En Suisse, le coût des dégâts dus aux intempéries peut être évalué à 340 millions de francs suisses en moyenne par année (moyenne 1972-2011). Au-delà de la stricte question financière des dégâts engendrés par les événements catastrophiques, il ne faut pas oublier que ces derniers entraînent aussi des pertes en vie humaine inacceptables que l'on ne peut bien évidemment pas chiffrer monétairement (OcCC, 1998).

On retiendra jusqu'ici que les problématiques liées à la gestion des eaux sont de nature diverse et s'appliquent à des échelles variées allant de la parcelle, lorsqu'il s'agit de pratique culturale, à celle du continent ou de la planète, lorsqu'il s'agit d'estimer quelles seront les ressources disponibles pour l'humanité au prochain siècle. A cette diversité de thèmes et d'échelles, il convient d'ajouter la variabilité des échelles temporelles ainsi que l'importance de percevoir l'ensemble de cette thématique dans

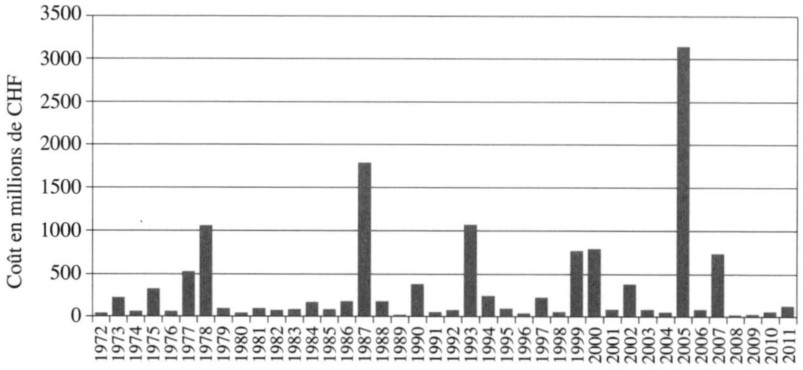

Fig 1.5 Evolution des coûts des dégâts tels que crues, laves torrentielles, glissements de terrain et chutes de pierres, corrigés de l'inflation (année de base 2010), en millions de francs (source : Institut fédéral de recherches sur la forêt, la neige et le paysage, mis à jour le 27.09.2012).

une perspective systémique intégrant aussi bien les caractéristiques techniques que les aspects sociaux, économiques et culturels. Il n'est pas, bien évidemment, de notre ressort de développer ici l'ensemble de cette réflexion mais il est nécessaire de souligner ces interdépendances.

1.4 ORGANISMES LIÉS À L'HYDROLOGIE

Afin de conclure cette première partie introductive, nous présentons ci-après les principaux organismes liés aux activités hydrologiques en premier lieu à l'échelle mondiale mais aussi en Europe et plus particulièrement en Suisse. S'il existe une multitude d'organismes ayant des activités à l'échelon mondial, nous avons choisi de présenter dans un premier temps celles qui sont rattachées au système des Nations Unies (ONU). Nous mentionnons ensuite quelques organismes de recherche. Enfin, nous nous intéressons aussi mais plus brièvement aux rôles des organisations non gouvernementales (ONG). Des compléments sont présentés au chapitre 15 de cet ouvrage.

1.4.1 Dans le monde

L'Organisation météorologique mondiale

En 1873, à l'occasion du premier congrès météorologique international à Vienne, est créée l'Organisation météorologique internationale (OMI). Fort du constat que les services nationaux de météorologie s'intéressent aussi à l'hydrologie, l'OMI établit formellement une commission d'hydrologie (CHy) en 1946. L'Organisation météorologique mondiale (OMM) a été créée par la suite en 1950, suite à une décision de la Convention météorologique mondiale, prise en 1947. L'OMM a toutefois décidé à sa création de supprimer sa commission d'hydrologie. Il faudra attendre 1954 et une demande du Conseil économique et social des Nations Unies pour que cette commission renaisse et apporte une attention spéciale à la gestion des ressources en eau ainsi qu'à la collecte des données hydrologiques (Askew, 2008).

L'OMM, dont le siège est à Genève, est le porte-parole scientifique des Nations Unies pour tout ce qui a trait à l'atmosphère et au climat de notre planète. L'OMM compte actuellement 191 membres, au 1er janvier 2013 (179 Etats et 6 territoires), qui ont tous un service hydrologique. L'OMM comprend le congrès qui en est l'organe suprême ainsi que des associations régionales, des commissions techniques, un conseil exécutif, un secrétariat général et divers groupes de travail. Les Etats membres de l'OMM sont regroupés en six associations régionales[7]. Chaque association coordonne les activités liées à la météorologie et l'hydrologie pour sa région.

Les commissions techniques de l'OMM, au nombre de huit, traitent des domaines suivants: météorologie aéronautique, météorologie agricole, sciences de l'atmosphère, système de base, climatologie, hydrologie, instruments et méthodes d'observation et météorologie maritime.

Conformément à sa convention, les buts de l'OMM sont entre autres:

- Faciliter la coopération mondiale en vue de l'établissement de réseaux de mesures et d'observations hydrologiques et météorologiques.
- Développer les échanges de données.
- Promouvoir la normalisation des observations météorologiques et connexes, assurer la publication de données et statistiques.
- Encourager les activités dans les domaines de la météorologie et de l'hydrologie, l'enseignement et le développement des services hydrologiques.

Principales activités de l'OMM

Les principaux programmes de l'OMM sont respectivement la Veille météorologique mondiale, le programme climatologique mondial, le programme consacré à la recherche atmosphérique et à l'environnement, le programme des applications météorologiques, le programme d'hydrologie et de mise en valeur des ressources en eau (PHRE), le programme d'enseignement et de formation professionnelle ainsi que le programme de coopération technique.

Le PHRE est le programme de l'OMM ayant spécifiquement trait à l'hydrologie. Plus précisément, ce programme a pour but d'aider les services hydrologiques des membres de l'OMM dans le domaine de l'hydrologie opérationnelle ainsi que pour diminuer les risques liés à l'eau tels que sécheresses et inondations. Ce programme traite de manière interdépendante les aspects liés aux techniques d'hydrologie opérationnelle (instruments de mesure, collecte des données, archivage d'informations relatives à l'eau, etc.) et ses aspects pratiques (modélisation, prévision hydrologique). De plus, le programme contribue de manière significative à un grand nombre de programmes d'autres institutions des Nations Unies ainsi que d'organisations gouvernementales et non gouvernementales.

L'Organisation des nations unies pour l'éducation, la science et la culture (UNESCO)

L'Organisation des Nations Unies pour l'éducation, la science et la culture[8] est, tout comme l'OMM, un organisme des Nations Unies. Son objectif principal est de contribuer au maintien de la paix par le biais du développement de l'éducation, de la science, de la culture et de la collaboration entre nations. Créée par une convention

---

7 Les régions sont respectivement l'Afrique, l'Asie, l'Amérique du Sud, l'Amérique du Nord, l'Amérique centrale, le Pacifique Sud-Ouest et l'Europe.

8 http://www.unesco.org/new/fr/unesco/ou http://fr.unesco.org

en 1945, l'UNESCO est née en 1946 et compte en 2013 quelque 195 Etats membres et 8 membres associés. Elle s'est particulièrement illustrée dans les années 1960 en menant la campagne de Nubie en Egypte. Cette campagne, qui dura vingt ans, a permis de déplacer un vingtaine de monuments dont le Grand Temple d'Abu Simbel, alors menacé d'inondation par le Nil à l'occasion de la réalisation du barrage d'Assouan.

De manière similaire à l'OMM, l'UNESCO présente une structure complexe formée d'une conférence générale, d'un conseil exécutif et d'un secrétariat. Son siège est à Paris mais on compte aussi 65 bureaux régionaux répartis dans le monde. Ses domaines d'activités sont l'éducation, la communication et l'information, la culture, les sciences sociales et humaines et les sciences exactes et naturelles. Dans ce dernier domaine, l'UNESCO est active d'une part par le biais de programmes spécifiques dans le domaine des sciences naturelles mais aussi au sein de programmes intergouvernementaux tels que le Programme hydrologique international[9] (PHI) ou encore le Programme mondial pour l'évaluation des ressources en eau[10] (WWAP).

Le PHI est né de la Décennie hydrologique internationale (1964-1975). A la fin de cette période, ce programme s'est transformé en programme à long terme. Tout en conservant ses objectifs initiaux, le PHI a été découpé en différentes phases avec des thématiques spécifiques. La phase I du PHI ou PHI-I (1975-1980) s'inscrivait dans la suite de la Décennie hydrologique internationale en suivant une orientation basée sur la recherche, le PHI-II et III (1981-1983 puis 1984-1989) se sont focalisés plus spécifiquement sur les questions pratiques de l'hydrologie. Le PHI-IV (1990-1995) introduisit la notion de développement durable dans les sciences hydrologiques. Enfin, les phases suivantes, à savoir le PHI-V (1996-2000) puis le PHI-VI (2002-2007), ont été clairement orientées d'une part vers un resserrement des liens entre recherche, applications pratiques et enseignement et, d'autre part, vers une meilleure compréhension et intégration des aspects sociaux, économiques et écologiques de la gestion des ressources en eau. On peut ainsi constater que le PHI s'est mué en un véritable programme interdisciplinaire. Intégrant désormais non seulement les composantes scientifiques de l'hydrologie mais aussi celles plus pragmatiques, politiques et sociales, le PHI est ainsi devenu un grand programme ambitieux dans le système des Nations Unies.

Aujourd'hui, le Programme hydrologique international est dans sa septième phase (PHI-VII, 2008-2014) et s'intitule « Dépendances à l'égard de l'eau : Systèmes en situation de stress et réponses de la société ». Ses différents thèmes sont l'adaptation aux effets des changements planétaires sur les bassins versants et les systèmes aquifères (thème 1), le renforcement de la gouvernance de l'eau au service de la durabilité (thème 2), l'écohydrologie au service de la durabilité (thème 3), l'eau et les systèmes permettant la vie (thème 4) ainsi que l'éducation relative à l'eau en vue du développement durable (thème 5).

De son côté, le WWAP est le principal élément du programme mondial des Nations Unies pour l'évaluation des ressources en eau. Le WWAP assure la coordination des membres et partenaires d'ONU-Eau et publie tous les trois ans le Rapport mondial des Nations Unies sur la mise en valeur des ressources en eau (WWDR). Depuis 2003, ce

9 http://www.unesco.org/new/fr/natural-sciences/environment/water/ihp/
10 http://www.unesco.org/new/fr/natural-sciences/environment/water/wwap/

rapport a été publié quatre fois, la dernière en 2012. Le WWDR[11] se veut une image exhaustive de l'état des ressources en eau tout en évaluant les progrès réalisés en vue d'atteindre les objectifs tels que les Objectifs du Millénaire pour le Développement (OMD) et les engagements pris lors du Sommet Mondial pour le Développement Durable (SMDD). En sus d'études de cas et de développements thématiques propres à chaque rapport, le WWDR met à jour une base d'indicateurs dans le domaine de la gestion des ressources en eau, leur gestion et utilisation.

Les deux organisations que nous venons brièvement de présenter ne sont toutefois pas les seules actives dans le domaine de l'hydrologie à l'échelle mondiale. Il faut cependant bien comprendre que la thématique « gestion des ressources en eau » dépasse largement l'étude de l'hydrologie proposée par cet ouvrage et constitue un thème récurrent de la problématique de la réduction de la pauvreté et de la coopération internationale. Au niveau des Nations Unies, on peut encore mentionner les activités dans le domaine de l'utilisation agricole de l'eau par l'Organisation des Nations Unies pour l'alimentation et l'agriculture (FAO) ou les aspects sanitaires par l'Organisation mondiale de la santé (OMS) ainsi que l'emploi des traceurs isotopiques qui relèvent de l'Agence internationale pour l'énergie atomique (AIEA) dont l'objectif principal est l'utilisation pacifique de l'atome. Malgré la mise en place d'une administration de l'Assistance technique en 1950, qui regroupe les directeurs des organisations de l'ONU actives dans l'aide au développement, l'Assemblée générale des Nations Unies a décidé de créer un fonds spécial dans le but d'obtenir des ressources financières supplémentaires et de pouvoir financer des projets de grande envergure. En 1965, le Programme des Nations Unies pour le développement (PNUD) fut ainsi créé. Si ce programme dispose d'un très large champ d'activités, d'autres programmes plus spécifiques et qui lui sont subordonnés ont été créés par la suite. Il s'agit par exemple, en 1962, du Programme alimentaire mondial (PAM) en collaboration avec la FAO ainsi que le fonds autorenouvelable pour l'exploitation des ressources naturelles en 1973.

Fondée en 1945 pour permettre à l'Europe de se relever après la Seconde Guerre mondiale dans le cadre des accords de Bretton Woods, la Banque internationale pour la reconstruction et le développement (BIRD) va cependant concentrer ses activités sur le financement d'activités dans les pays en voie de développement dès le milieu des années 1950. Avec la société financière internationale (SFI) créée en 1956 et l'Agence internationale de développement (AID) fondée en 1960, la BIRD forme ce que l'on nomme aujourd'hui la Banque mondiale. Cet organisme est depuis 1985 le principal créancier des pays du Tiers-Monde en engageant chaque année quelque 20 milliards de dollars pour financer des projets de développement (Brunel, 1997). Un nombre certain de ceux-ci ont trait aux questions d'accès à l'eau et de l'amélioration des conditions sanitaires. Très souvent associé à la Banque mondiale et créé en même temps que la BIRD, le Fonds monétaire international (FMI) est aussi une institution spécialisée des Nations Unies. Le FMI peut être vu comme le gardien de l'ordre monétaire international en surveillant la politique de change des Etats membres (Moreau-Defarges, 2000).

---

[11] Les rapports WWDR peuvent être téléchargés à l'adresse suivante : http://www.unesco.org/new/fr/natural-sciences/environment/water/wwap/wwdr/wwdr1-2003/

1.4.2 En Europe

La communauté européenne et son parlement se préoccupent de questions environnementales essentiellement par le biais de programmes cadres de recherche d'une part et, d'autre part, via l'Agence européenne pour l'environnement (AEE). Cette agence doit enregistrer, collecter et analyser des données sur l'environnement et fournir à la communauté européenne et à ses Etats membres des informations objectives. Les domaines prioritaires de l'AEE sont la qualité de l'air et de l'eau, l'état des sols, de la faune et de la flore ainsi que l'utilisation du sol et les ressources naturelles, la gestion des déchets, les émissions sonores, les substances chimiques et la protection du littoral et du milieu marin.

Une seconde organisation bien connue que l'on ne peut passer sous silence est l'Organisation de coopération et de développement économique (OCDE). Créée en 1947 sous le nom d'Organisation européenne de coopération économique, elle fut rebaptisée OCDE en 1961. Malgré son caractère européen dû à ses origines, l'OCDE est désormais internationale en ayant aussi comme Etats membres des pays de l'Amérique du Nord ainsi que le Mexique, le Japon, la Nouvelle-Zélande ou encore la Corée. Parmi ses multiples activités, l'OCDE dispose depuis 2001 d'une Stratégie de l'environnement adoptée par les ministres de l'environnement des pays membres. Cette stratégie énonce cinq objectifs prioritaires en vue d'atteindre un développement durable dans les pays membres de l'OCDE. Le premier de ces objectifs accorde une importance essentielle à la ressource hydrique puisqu'il précise : « Maintenir l'intégrité des écosystèmes par une gestion rationnelle des ressources naturelles, notamment par le respect du climat, de l'eau et de la biodiversité. » Pour terminer, signalons que l'OCDE publie tous les deux ans une importante enquête sur le prix de l'adduction et de l'épuration des eaux.

1.4.3 En Suisse

La Suisse dispose principalement dans ce domaine d'une division (anciennement service) et d'un office au niveau national. La première est la division Hydrologie de l'Office fédéral de l'environnement (OFEV) rattachée au Département fédéral de l'environnement, des transports, de l'énergie et de la communication. La seconde institution est l'Office fédéral de météorologie et de climatologie « MétéoSuisse », office rattaché au Département fédéral de l'intérieur.

La division Hydrologie de l'OFEV a pour mission de récolter et de traiter les données hydrologiques à l'échelle nationale. Elle gère environ 300 stations de mesures qui collectent des informations relatives à la quantité et à la qualité des eaux de surface et souterraines. De plus, la division effectue des prévisions hydrologiques, exploite la station d'étalonnage des moulinets hydrométriques (chap. 9), publie les données dans l'Annuaire hydrologique de la Suisse, conseille les collectivités et les particuliers et représente la Suisse dans diverses organisations internationales. Elle publie en outre un *Atlas hydrologique de la Suisse*[12] qui vise à rendre accessible à un large public l'ensemble des connaissances dans le domaine de l'hydrologie sous la forme de cartes. Enfin, cette division s'est impliquée spécifiquement dans le rétablissement des services hydrologiques dans le bassin de la mer d'Aral pour la période allant de 1994

[12] http://www.hydrologie.unibe.ch/hades/index_fr.html

à 2011, sur mandat du Secrétariat d'Etat à l'économie et de la Direction du développement et de la coopération. Actuellement, le service est divisé en cinq sections qui sont respectivement :

- *Hydrométrie :* cette section s'occupe de tout ce qui traite des stations de mesure, des relevés de terrain et de la gestion des postes d'alarme. Elle a aussi pour mission d'améliorer les instruments de mesure.
- *Elaboration des données et information :* outre le traitement et l'analyse des données, cette unité les vérifie, les corrige si nécessaire et les archive. De plus, elle est responsable de la publication de l'Annuaire hydrologique de la Suisse.
- *Analyses hydrologiques :* outre la direction d'étude en relation avec la compréhension du cycle de l'eau et du climat, la section coordonne les relevés qualitatifs et quantitatifs des eaux de surface et rédige des recommandations et directives. C'est aussi elle qui est responsable du traitement des données des eaux de surface et de leur publication. Enfin, la section réalise des études sur les changements des régimes des cours d'eau, traite les données relatives à la qualité de l'eau et développe de nouveaux outils informatiques (système d'information géographique) en vue de réaliser des études hydrologiques.
- *Prévisions hydrologiques :* la section produit quotidiennement des prévisions de débits des cours d'eau et de niveaux. C'est elle qui est notamment responsable de l'exploitation du système de prévisions FEWS (Flood Early Warning System). Ce système dont le troisième génération a été mise en œuvre en 2007, permet à la section de produire ses bulletins de prévisions. La section assure aussi la coordination avec d'autres services de prévision et réalise aussi des analyses des crues.
- *Hydrogéologie :* cette section gère l'Observation nationale des eaux souterraines NAQUA. Ce réseau de 500 stations de mesure en Suisse permet de suivre l'évolution de la qualité et la quantité des eaux souterraines.

Anciennement intitulé Service national de météorologie, l'Office fédéral de météorologie et de climatologie appelé MétéoSuisse[13] est un service mandaté par la Confédération suisse. Depuis 1997, MétéoSuisse était au bénéfice d'un mandat de prestations de la part de la Confédération, au même titre que 23 autres prestataires de service. En janvier 2014, MétéoSuisse est devenu un établissement de droit public de la Confédération. MétéoSuisse comprend trois domaines scientifiques et techniques, à savoir les domaines « mesure et données », « analyse et prévision » et « gestion de produits ».

MétéoSuisse service entretient et publie des données issues d'un réseau de mesures appelé SwissMetNet. Ce réseau, composé de 120 stations automatiques et de 25 stations pluviométriques, transmet toutes les dix minutes des mesures météorologiques pour l'ensemble du pays.

1.4.4 Rôle des organisations non gouvernementales

Trop nombreuses pour être toutes citées, les organisations non gouvernementales (ONG) jouent un rôle de plus en plus important dans le domaine de la gestion des eaux, plus particulièrement pour la protection de cette ressource, et dans celui de l'environnement

13 http://www.meteosuisse.admin.ch/web/fr.html

au sens large. En un certain sens, les organisations non gouvernementales ont la possibilité de réussir leur mission là où les institutions gouvernementales ne réussissent pas suite à des mécanismes de blocage politique par exemple. Ces ONG jouent un rôle essentiel dans le fait qu'elles sont souvent très impliquées dans des situations spécifiques et qu'elles permettent l'acquisition de données locales relatives à la gestion des eaux. Elles offrent également la possibilité d'une coopération directe entre acteurs, et contribuent ainsi à faire reconnaître l'importance du rôle des collectivités locales.

Malgré cela, on se doit de relever que leur mission reste bien souvent floue (Perroulaz, 2004) et que la population connaît peu les ONG bien qu'elles disposent en règle générale d'un capital de « sympathie » souvent élevé. Leur foisonnement est aujourd'hui remis en question et pose des questions, notamment en regard de la dissémination des forces car il n'est pas rare de voir au sein d'un même pays plusieurs dizaines d'organisations internationales et gouvernementales auxquelles s'ajoutent des kyrielles d'organisations non gouvernementales internationales et nationales. Les pays en développement, tels le Burkina Faso, le Népal, le Bangladesh, l'Inde, sont les cibles préférées de ces institutions, gouvernementales ou non.

A ce jour, pour donner un exemple, l'UNESCO entretient des relations avec 350 ONG internationales et régionales tandis que 8260 ONG et autres organisations travaillent sur le thème du développement durable. Au Burkina Faso, le nombre d'ONG présentes a crû de manière très importante depuis les années 1973-1974, époque des grandes sécheresses qui ont fortement touché l'Afrique de l'Ouest notamment et qui ont servi de déclencheur dans l'aide apportée par les ONG. 17 organisations étaient présentes en 1973 au Burkina Faso. En 1980, on en dénombrait 73 puis 129 en 1990, 273 en 2000 puis 353 en 2003. Au dernier recensement de 2010, 620 ONG étaient présentes dans ce pays d'Afrique qui n'est d'ailleurs pas le plus « peuplé » par les organisations non gouvernementales !

1.5 ASPECTS JURIDIQUES, LE CAS DE LA SUISSE

Avant de conclure ce chapitre introductif, on ne peut passer sous silence les aspects légaux liés à l'eau, ceci d'autant plus que cette thématique prend tous les jours un peu plus d'importance au vu de la complexification de notre société, de ses processus de fonctionnement et de l'intensification des impacts environnementaux de l'homme sur son milieu. Cette section donne un bref aperçu de la situation actuelle, ces aspects étant repris avec plus de détail dans la seconde partie de cet ouvrage.

1.5.1 La protection de l'environnement au sens large

En Suisse, la protection de l'environnement est inscrite dans la Constitution fédérale et présente un champ d'application très large donné par la Loi fédérale sur la protection de l'environnement (LPE) du 7 octobre 1983. La loi vise notamment à protéger la santé et le bien être de l'homme, préserver ou reconstituer les cycles naturels, préserver le sol et les ressources non renouvelables telles que l'eau et l'air, protéger les biens culturels et économiques. Cet ambitieux programme ne peut se réaliser que si l'on dispose des instruments juridiques adéquats et seulement si certains principes fondamentaux sont inscrits dans la loi. Ces principes ont été admis par la loi en trois étapes et se trouvent formalisés selon les quatre principes suivants.

Le *principe de prévention* est à l'origine de l'étude d'impact sur l'environnement. La combinaison des principes de prévention et de précaution impose de prendre des mesures en faveur de la protection de l'environnement même en l'absence de preuves formelles de l'impact d'un produit. Le second principe fondamental du droit de l'environnement suisse est celui du pollueur payeur aussi appelé *principe de causalité* et qui trouve sa formulation au sein de plusieurs articles de la Loi sur la protection de l'environnement (LPE). Ce principe s'exprime comme suit: «Celui qui est à l'origine d'une mesure prescrite par la LPE en supporte les frais.» En clair, le principe de causalité impose la prise en charge des coûts d'un impact par le responsable de cet impact. Enfin, les *principes d'évaluation globale des atteintes* insistent sur la nécessité d'analyser les impacts de manière globale afin d'éviter que la mesure prise pour réduire une nuisance n'occasionne pas plus de nuisance que celle d'origine (évaluation globale des atteintes) tandis que le *principe de coopération* souligne l'importance entre les différents acteurs de l'état fédéral soit non seulement entre les milieux économiques et politiques mais aussi entre la Confédération et les cantons.

Rédigé en 1987 par la Commission mondiale sur l'environnement et le développement des Nations unies sous la houlette de sa présidente Gro Harlem Brundtland (1987), le rapport intitulé «Notre avenir à tous» a posé les bases du développement durable en définissant « le développement durable comme un développement qui répond aux besoins du présent sans compromettre la capacité des générations futures de répondre aux leurs ». Suite à la Conférence de Rio en 1992, le principe du développement durable est entré dans la législation helvétique en 1999, intégré à la nouvelle Constitution fédérale (art. 2 et art. 73). De même, le Gouvernement fédéral a publié depuis 1997 quatre documents stratégiques visant à intégrer le développement durable dans tous les domaines politiques de la Suisse. Ce document (Conseil fédéral, 2012), dans sa dernière édition de 2012, comprend un plan d'action selon dix domaines. La protection des ressources hydriques est intégrée à ce plan d'action au chapitre relatif à l'exploitation durable des ressources naturelles ainsi que dans les mesures en faveur de la coopération au développement.

1.5.2 La protection des eaux en Suisse

Dans la table des matières du droit interne en Suisse, la protection des eaux s'inscrit en premier lieu dans le domaine de la santé et plus spécifiquement dans celui de la protection de l'équilibre écologique, au même titre d'ailleurs que la protection de l'air et du sol. La loi générique de la protection de l'équilibre écologique est la Loi fédérale du 7 octobre 1983 sur la protection de l'environnement (LPE). Historiquement, jusqu'en 1957, la seule disposition en matière de droit fédéral en vue de la protection des eaux était la Loi fédérale sur la pêche de 1875.

Le domaine de la protection des eaux dépend de la Loi fédérale du 24 janvier 1991 sur la protection des eaux (LEaux) ainsi que son ordonnance d'application (OEaux). Si la LEaux fixe un certain nombre de principes généraux en rapport avec l'adduction d'eau potable et l'évacuation des eaux usées, elle intéresse plus particulièrement l'hydrologue car elle détermine aussi les valeurs limites des débits acceptables dans les cours d'eau exploités par l'homme. Au-delà de ces deux textes, la législation suisse s'est dotée d'autres lois spécifiques concernant le déversement des eaux usées, l'utilisation des forces hydrauliques ou encore l'aménagement des cours d'eau.

On observera cependant que la Confédération helvétique fixe les principes d'une utilisation rationnelle de l'eau sur un plan général tandis que les cantons, souverains, disposent de leurs ressources en eau et édictent leurs propres lois cantonales relatives à l'eau et à sa gestion. Enfin, au dernier échelon décisionnel, les communes disposent pour leur part d'une certaine autonomie, y compris en matière de gestion des ressources en eau. Le fédéralisme joue don un rôle significatif, y compris dans la gestion des ressources naturelles telle que l'eau. Cette question sera par la suite développée (chap. 15).

1.6 OBJECTIFS ET ORGANISATION DE L'OUVRAGE

1.6.1 Objectifs

L'objectif principal est de fournir à l'étudiant, au praticien, au chercheur ou au curieux intéressé par cette discipline une introduction complète à l'étude du cycle de l'eau ainsi qu'à sa gestion en abordant successivement l'ensemble de ses composantes et en ne présentant qu'un minimum de méthodes à l'intention de l'hydrologue praticien. Cet ouvrage procède donc d'une démarche pédagogique visant à faire comprendre les mécanismes essentiels du cycle de l'eau, les méthodes de mesure dont on dispose actuellement ainsi que les aspects de la gestion sociétale de la ressource hydrique.

1.6.2 Organisation

Le livre est organisé en deux parties de respectivement onze et sept chapitres. Après une introduction générale aux sciences hydrologiques afin de les placer dans leur contexte historique, le chapitre 2 présente le cycle de l'eau et le bilan hydrologique dans son ensemble allant de l'échelle mondiale à l'échelle locale. Ce chapitre se conclut par une description de quelques cycles associés. Les chapitres suivants décrivent plus en détail les composantes du cycle de l'eau et son référentiel spatial. Il s'agit de la notion de bassin versant (chap. 3), des précipitations (chap. 4), des régimes hydrologiques (chap. 5), de l'interception et de l'évaporation (chap. 5), de l'infiltration et de l'écoulement (chap. 6) et des réserves en eau (chap. 7). Pour terminer, on aborde encore les questions relatives à l'acquisition des données (chap. 8) ainsi que leur traitement et organisation (chap. 9) puis la notion de régime hydrologique (chap. 10). En guise de conclusion, le chapitre 11 revient sur la notion de processus hydrologique et tente de répondre de manière détaillée à deux questions fondamentales de l'hydrologie concernant l'origine de l'eau des rivières et leur devenir.

La seconde partie consacrée à la gestion sociétale de l'eau aborde successivement la question des enjeux de la gestion de l'eau au XXIe siècle en insistant sur sa gestion complexe et sur les préoccupations principales posées par cette dernière (chap. 12). Les différents types de gestion de l'eau, holistique, durable ou encore intégrée, sont ensuite introduits et comparés (chap. 13). Enfin, les notions d'empreinte hydrique et de demande en eau sont présentées au chapitre suivant (chap. 14). Fort de ces notions, le chapitre 15 aborde les institutions de gestion de l'eau, passant ainsi du consortage des bisses valaisans à la gestion par bassin versant d'un pays tel que le Brésil par exemple. Enfin, la question de l'approvisionnement en eau, l'irrigation, la production d'énergie ou encore les activités ludiques liées à l'eau font l'objet du chapitre consacré aux usages de l'eau et leurs principes de gestion (chap. 16). Pour terminer, cette partie se conclut sur deux chapitres thématiques d'importance et d'actualité. Il s'agit tout d'abord de la question de la gestion des risques hydrologiques (chap. 17), ensuite, celle de l'impact des changements climatiques sur les ressources en eau (chap. 18).

CHAPITRE 2

CYCLE DE L'EAU ET BILAN HYDROLOGIQUE

La question de la disponibilité et de l'accès à l'eau est sans aucun doute un des problèmes majeurs auquel devra faire face l'humanité durant les prochaines années comme nous l'avons souligné dans l'introduction. L'étude du cycle de l'eau permet de comprendre et d'analyser les échanges hydriques (les flux d'eau) entre ses différents réservoirs océaniques, atmosphériques et continentaux. Ce chapitre présente donc, après avoir rappelé les propriétés essentielles de l'eau, une description qualitative et quantitative de son cycle et de ses principales composantes. Par la suite sont exposées quelques formulations empiriques du bilan hydrique ainsi que l'analyse de la répartition des eaux à différentes échelles spatiales. Enfin, une brève introduction aux cycles associés (carbone, azote, phosphore) est développée.

2.1 INTRODUCTION

Elément essentiel à la vie et au fonctionnement global de la planète Terre, l'eau reste cependant empreinte de mystère. Bien que l'on connaisse assez bien la structure de la molécule d'eau isolée et que son rôle vital ait été souligné depuis l'Antiquité, il n'en reste pas moins qu'après plus de deux cents ans d'analyses physiques et chimiques, l'eau reste méconnue par beaucoup de ses aspects. Un nombre important de ses propriétés ne sont toujours pas comprises aujourd'hui. On n'arrive par exemple toujours pas à expliquer la cause de la fluidité de l'eau à température ordinaire. Il apparaît donc essentiel de faire le point sur les propriétés principales de l'élément « eau » avant d'aborder de manière détaillée les échanges (ou les flux d'eau) au travers des réservoirs atmosphériques, océaniques et continentaux qui constituent le cycle de l'eau.

L'étude du cycle de l'eau prend encore plus de sens si l'on tient compte du fait que l'eau est rarement pure. Le cycle de l'eau contribue donc d'une part à d'important flux de particules et, d'autre part, il est associé à d'autres cycles importants, comme par exemple ceux de l'azote, du carbone ou encore du phosphore, sans oublier le lien étroit qui existe entre le cycle de l'eau et le cycle de l'énergie.

2.2 L'EAU ÉLÉMENT

Malgré une structure simple, la molécule d'eau possède des propriétés remarquables et anormales[1] si on la compare à d'autres corps de composition analogue. Ses particularités proviennent d'une part de sa structure intramoléculaire (liaisons de covalence entre les atomes d'hydrogène et d'oxygène) et, d'autre part, intermoléculaire (liaison hydrogène).

On peut rappeler qu'une particularité essentielle de l'eau réside dans le fait qu'à température ambiante, celle-ci devrait être un solide et non un liquide. Paradoxalement, des études thermodynamiques montrent que l'eau, toujours à température ambiante, s'apparente bien à un solide et non à un liquide. En fait, cette situation peut s'expliquer en étudiant de manière détaillée la structure de la liaison hydrogène qui n'est autre que la liaison intermoléculaire oxygène-hydrogène-oxygène. On devrait ainsi s'attendre à voir des liaisons hydrogène rompues pour donner de la « mobilité » aux molécules d'eau. Toutefois, il s'avère que l'énergie à fournir pour rompre ces liaisons est bien trop importante en regard de l'énergie qui serait à fournir pour transformer de l'eau solide en eau liquide. Ces résultats sont par ailleurs corroborés par l'observation de ces liaisons par voie de spectroscopie, ce qui conduit certains chercheurs à proposer que les liaisons hydrogène sont en fait « tordues ». C'est aussi cette liaison hydrogène qui explique que la compression de l'eau liquide augmente sa fluidité à l'inverse de ce que l'on observe pour d'autres corps.

2.2.1 Structure de la molécule d'eau

Un bref rappel historique

La mise en évidence de l'eau en tant qu'élément composé d'oxygène et d'hydrogène peut être attribuée à Antoine Laurent de Lavoisier (1743-1794) et Pierre Simon Laplace (1749-1827) le 24 juin 1783. En cherchant à identifier le produit obtenu par la combustion d'hydrogène en présence d'oxygène, les deux savants ont réussi à synthétiser de l'eau. Lavoisier propose alors une expérience qui durera trois jours devant un large public. Il fait passer de la vapeur d'eau sur du fer incandescent. Cette opération permet de séparer l'oxygène et l'hydrogène qu'il récupère dans deux ballons distincts. Après séparation, il mélange leur contenu qui est finalement enflammé et permet d'obtenir à nouveau de l'eau. Toutefois, si l'expérience effectuée par les deux scientifiques a permis de mettre en évidence la composition de l'eau, on se doit de rappeler que quelque temps auparavant, James Watt avait déjà eu l'intuition que l'eau était un corps complexe.

Il faudra toutefois attendre dix-sept années avant que Volta invente la pile et que William Nicholson réalise la première électrolyse de l'eau, déterminant du même coup la composition volumétrique de l'eau, à savoir 72 volumes d'oxygène et 143 volumes d'hydrogène. On pourrait être tenté de croire que son analyse effectuée, le problème de la composition de l'eau était alors entièrement résolu. C'est bien évidemment sans compter avec l'existence des isotopes de l'eau dont le premier, le deutérium, sera

[1] On recense actuellement une trentaine d'« anomalies » de comportement de l'eau. Ces anomalies sont par exemple une valeur de point triple élevée, des températures de fusion et d'ébullition très importantes, une trop faible compressibilité, une densité augmentant avec la température, etc.

découvert en 1932 par Harold Hurey, ce qui lui vaudra d'ailleurs un prix Nobel en 1934. Finalement, la structure de la molécule d'eau sera isolée vers 1956 par le biais de méthodes de spectroscopie infrarouge.

Structure atomique et représentation de la molécule d'eau

Une molécule d'eau est formée de deux atomes d'hydrogène liés à un atome d'oxygène par des liaisons covalentes ou homéopolaires qui, au contraire des forces ioniques, agissent entre des atomes neutres. Afin de représenter cette molécule, il est possible de recourir à des schémas dimensionnels du type de la figure 2.1 ou par le biais des sphères de Van der Waals (fig. 2.2). On sait en effet qu'il existe une force attractive, de nature électrostatique, inversement proportionnelle à la distance entre deux molécules identiques que l'on nomme *force de Van der Waals*. Cette force est définie en relation avec l'énergie nécessaire pour amener les atomes d'une position où ils sont initialement très éloignés à une distance *r*. Cette dernière est alors définie comme la distance à partir de laquelle la molécule ne peut plus s'approcher d'une autre molécule. Cette distance permet de définir un modèle rigide de la molécule. Celle-ci est alors limitée par une surface formée des enveloppes des sphères centrées sur les atomes et dont le rayon est appelé *rayon de Van der Waals*. Il est alors courant de représenter les molécules en plaçant les atomes aux distances prévues pour les liaisons de covalence auxquelles on ajoute leur sphère de Van der Waals. L'enveloppe ainsi obtenue permet une représentation de la forme extérieure de la molécule (fig. 2.2).

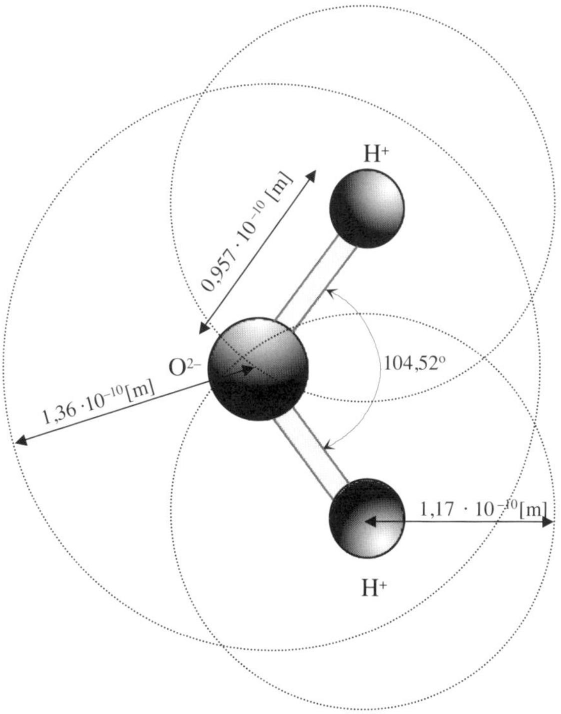

Fig. 2.1 Structure de la molécule d'eau et représentation des sphères de Van der Waals des atomes.

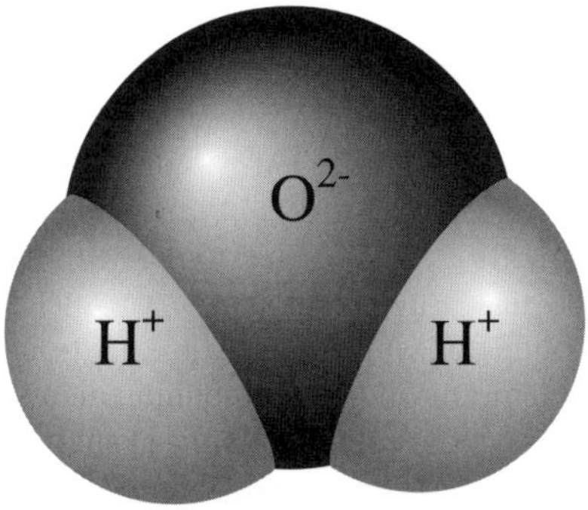

Fig. 2.2 Représentation de la molécule d'eau avec les sphères de Van der Waals.

La molécule d'eau est ainsi formée par deux atomes d'hydrogène et un atome d'oxygène selon une forme triangulaire dont l'angle d'ouverture H–O–H est de 105° environ et dont la distance intramoléculaire entre les atomes d'hydrogène et d'oxygène est d'environ $0{,}96 \cdot 10^{-10}$ mètre. La liaison covalente entre les atomes d'oxygène et d'hydrogène consiste en la mise en commun d'un électron de leur couche externe qui se trouve ainsi saturée et assure à l'eau son importante stabilité.

L'oxygène comporte donc huit électrons périphériques au lieu de six tandis que l'hydrogène ne comporte qu'un seul électron en sa périphérie. Les atomes d'hydrogène sont chacun porteurs d'une charge positive tandis que l'atome d'oxygène est porteur de deux charges négatives. Cet état de déséquilibre électrique confère à la molécule d'eau le comportement d'un dipôle ainsi que la propriété d'être un excellent solvant.

La figure 2.3 illustre la répartition spatiale de la probabilité maximale des paires d'électrons libres qui assurent préférentiellement les liaisons entre les atomes d'oxygène et d'hydrogène (parties A et B). Le domaine C est celui des deux électrons de l'atome d'oxygène qui ne participent pas aux liaisons chimiques. Enfin, la région D est celle des quatre derniers électrons libres de l'atome d'oxygène.

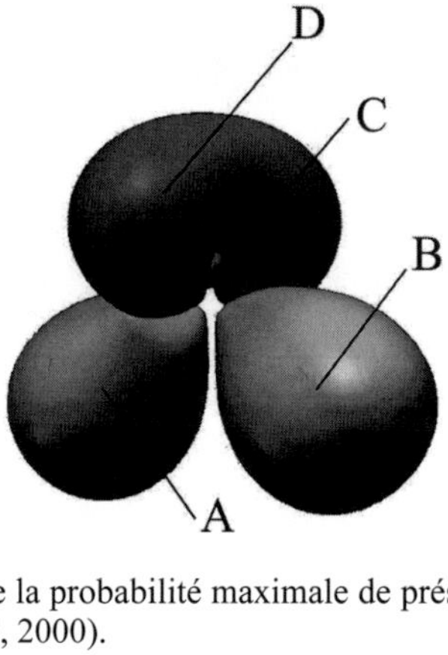

Fig. 2.3 Répartition spatiale de la probabilité maximale de présence d'électrons libres dans la molécule d'eau (d'après CNRS, 2000).

Structure intermoléculaire

La particularité de la liaison intermoléculaire, la liaison hydrogène, réside dans le fait que celle-ci est directionnelle (fig. 2.4). Il faut en effet qu'il y ait un alignement des atomes d'oxygène et d'hydrogène pour que cette liaison se fasse. Toutefois, étant donné la masse très faible de l'atome d'hydrogène, celui-ci s'écarte très souvent de l'axe formé par les deux molécules d'oxygène, rendant du même coup la liaison impossible ou rompant une liaison existante.

Dans ce cas, les forces attractives opèrent un rapprochement des molécules d'eau et l'on en déduit ainsi que plus l'eau comporte de liaisons hydrogène plus sa densité doit être faible. Lorsque l'eau comporte plus que de liaisons hydrogène, c'est-à-dire lorsque l'on se trouve en présence de glace, il est facile de comprendre que sa densité soit moindre que celle de l'eau liquide. La figure 2.4 présente une vision moléculaire de l'eau comprenant des molécules liées par une liaison hydrogène (représentée par une ligne en pointillé) ainsi que des molécules libres d'eau. Les lignes pleines représentent les liaisons covalentes.

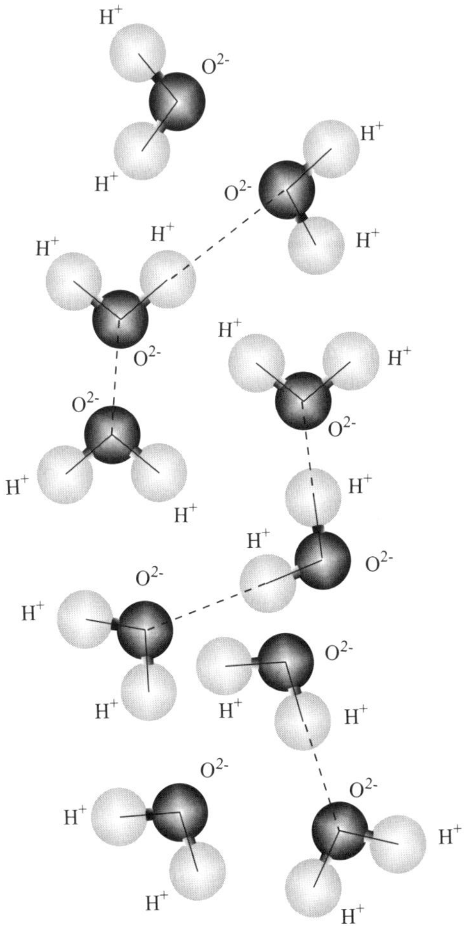

Fig. 2.4 Structure moléculaire de l'eau et illustration de la liaison hydrogène (en pointillé).

On notera donc la complexité des comportements de l'eau et la situation paradoxale qu'elle occupe dans le monde physique, de par sa structure particulière et les propriétés qui en découlent. En effet, outre l'état liquide et solide que nous venons d'évoquer, l'eau peut aussi se trouver dans un état gazeux. On soulignera alors que l'eau est le seul et unique élément qui existe sous les trois états solide, liquide et gazeux dans les conditions que l'on rencontre à la surface de la Terre.

2.2.2 Principales propriétés physiques, chimiques et biologiques de l'eau

Propriétés physiques

Nous avons brièvement vu que l'eau possède un certain nombre de propriétés dues à la relation covalente d'une part et, d'autre part, à la liaison hydrogène existante entre les molécules d'eau. Au-delà des aspects moléculaires de l'eau, la première propriété physique de ce corps est bien évidemment sa mobilité, son aptitude à s'écouler – sa fluidité –, à s'étaler dans l'espace et à remplir aisément les récipients. Cette propriété de mobilité est fondamentale et l'observation de l'eau et de ses mouvements a été au cœur des développements de la mécanique des fluides, que ceux-ci soient des gaz ou des liquides. Cette mobilité est due, et ceci bien que certains chercheurs ne soient pas tout à fait d'accord sur les processus physiques sous-jacents, aux liaisons hydrogène comme nous l'avons précédemment mentionné. En effet, cette mobilité est parfois assimilée à la rupture des liaisons puis en leur recombinaison ou encore parfois, à la déformation possible des liaisons sans pour autant qu'il y ait un mécanisme de rupture.

Parmi les autres propriétés physiques de l'eau, nous avons déjà évoqué le fait que la masse volumique de la glace est plus faible que celle de l'eau. En fait, la densité maximale de l'eau est obtenue pour une température de 3,984 degrés Celsius. Son évolution est non linéaire comme l'illustre la figure 2.5 pour une plage de températures allant de zéro à 16 degrés Celsius. Le tableau 2.1 donne les principales caractéristiques physiques de l'eau.

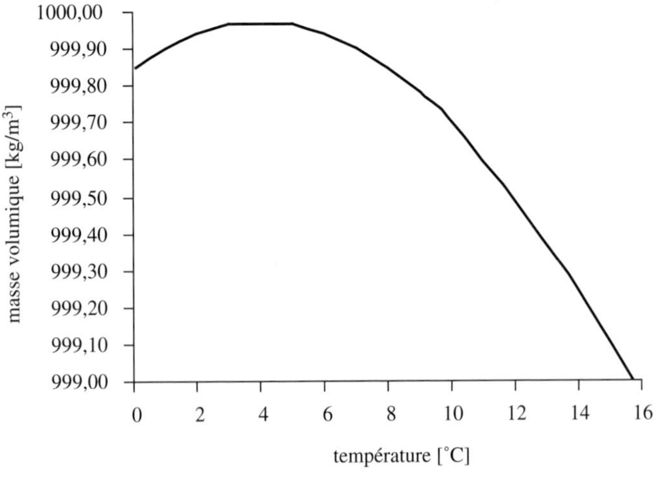

Fig. 2.5 Masse volumique de l'eau en fonction de la température entre 0 et 16 °C, à pression normale.

On soulignera encore qu'à l'exception de l'ammoniac NH_3, l'eau est le corps qui possède la plus grande chaleur spécifique. Ceci explique sa mauvaise conductivité thermique d'une part et, d'autre part, sa grande capacité régulatrice en terme climatique. Cette capacité régulatrice est encore renforcée par des valeurs de chaleur latente de fusion et de chaleur d'ébullition très élevées. Il s'ensuit qu'il est donc nécessaire d'apporter une grande quantité de chaleur à l'eau pour augmenter sa température ainsi que pour l'évaporer.

Enfin, rappelons encore que l'eau se présente comme un liquide clair, incolore sous faible épaisseur, bleu verdâtre sous forte épaisseur et inodore.

Tableau 2.1 Caractéristiques essentielles de l'eau.

Paramètres	Valeur numérique
Masse molaire	18,0153 g/mole
Volume molaire	18,0182 cm^3
pKa[2]	15,74
Masse volumique solide	917 kg/m^3
Masse volumique liquide	998 kg/m^3
Température de fusion	0 °C
Température d'ébullition	100 °C
Chaleur latente de fusion	$3{,}3 \cdot 10^5$ j/kg
Chaleur latente de vaporisation	$23 \cdot 10^5$ j/kg
Chaleur massique solide (à 0 °C)	$2{,}06 \cdot 10^3$ j/kg/K
Chaleur massique liquide	$4{,}18 \cdot 10^3$ j/kg/K
Indice de réfraction à 20 °C	1,33

Propriétés chimiques

L'eau est un excellent solvant. En effet, l'eau est le liquide qui dissout le plus grand nombre de substances. Ceci explique le fait que l'eau soit un milieu favorable au développement de la vie puisque l'on y trouve un grand nombre d'éléments primaires qui lui sont nécessaires. De plus, la dissolution des gaz dans l'eau permet par exemple aux poissons de respirer puisqu'ils vont pouvoir extraire l'oxygène dissous. La salinité de l'eau de mer résulte également du pouvoir dissolvant de l'eau. Ce pouvoir dissolvant est dû à sa forte constante diélectrique qui est définie comme le rapport entre l'intensité d'un champ électrique dans le vide et le champ dans le corps considéré.

En guise d'illustration, la constante diélectrique de l'eau à température ordinaire est de 80, c'est-à-dire que deux charges électriques opposées s'attirent avec une force qui est 80 fois plus faible que la force d'attraction dans le vide. Ceci explique pourquoi des sels comme le NaCl par exemple vont pouvoir se séparer facilement dans l'eau et former des ions Na^+ et Cl^- (Pauling, 1960).

---

2 Le pKa est le logarithme de la constante d'équilibre ou constante d'acidité d'un couple acide-base. Il s'exprime sans unité et s'écrit pKa = –log(Ka).

Un second aspect particulier de l'eau est son caractère amphiprotique[3]. L'eau doit être considérée non seulement comme une base, c'est-à-dire comme producteur d'ions OH^- mais aussi comme un acide, c'est à dire comme un producteur d'ions H^+. La déshydratation de l'ion hydronium H_3O^+ qui est un acide conduit à considérer l'eau comme sa base conjuguée tandis que la dissociation de l'eau montre que l'ion OH^- peut être considéré comme la base conjuguée de l'eau, alors vue comme un acide. Les deux relations suivantes illustrent cette propriété :

$$H_3O^+ \rightleftharpoons H^+ + H_2O, \; H_2O \rightleftharpoons H^+ + OH^-$$

Propriétés biologiques

S'il ne nous appartient pas ici de développer de manière détaillée le rôle de l'eau dans les mécanismes de l'apparition de la vie sur Terre et son maintien, il n'en reste pas moins qu'il est nécessaire de souligner l'importance de l'eau pour le milieu vivant. On considère généralement que l'atmosphère primitive de la Terre était constituée d'un mélange d'hydrogène, d'oxygène, d'azote et de carbone. Cette composition a permis la formation de molécules très stables telles que le méthane, l'ammoniac et l'eau qui sont à l'origine des constituants élémentaires indispensables à la vie. L'eau va ainsi jouer un rôle fondamental dans les réactions qui vont conduire à la formation d'acides aminés.

A titre d'illustration, la combinaison de l'eau et du méthane permet d'obtenir une molécule de formaldéhyde qui, combinée avec de l'acide cyanhydrique (mélange de méthane et d'ammoniac), conduit à la formation d'un acide aminé simple, la glycine. D'un autre côté, l'addition de cinq molécules de formaldéhyde donne du ribose tandis que l'addition de cinq molécules d'acide cyanhydrique forme de l'adénine.

Un second exemple du rôle « biologique » de l'eau réside dans le mécanisme de transformation de l'énergie solaire en énergie chimique essentiel au fonctionnement du milieu vivant. Cette réaction, la photosynthèse, utilise du gaz carbonique et de l'eau pour former une molécule de glucose. Elle libère aussi dans l'atmosphère de l'oxygène gazeux. L'eau constitue ainsi une source d'électrons mais aussi d'oxygène gazeux nécessaire à la respiration (de Rosnay, 1966).

La réaction se déroule comme suit :

$$CO_2 + 2H_2O - (8\,h\nu) \mapsto (CHOH) + H_2O$$

$$\Delta G_0 = 485 \text{ kJ/mole}$$

La réduction d'une molécule de gaz carbonique et l'oxydation de deux molécules d'eau conduisent ainsi à la formation du glucose et la libération d'une molécule d'oxygène.

Les isotopes de l'eau

L'eau est un mélange de diverses combinaisons d'isotopes de l'oxygène et de l'hydrogène différant les uns des autres par le nombre de neutrons associés aux

---

3 Un solvant comme l'eau qui peut aussi bien jouer le rôle d'un acide que d'une base est appelé amphiprotique.

protons dans le noyau. L'atome d'hydrogène compte deux isotopes stables et un isotope instable : outre la forme la plus fréquente ^1H (formé d'un noyau contenant un proton autour duquel gravite un électron), on trouve le deutérium ^2H et le tritium ^3H. A l'inverse du deutérium, le tritium[4] est donc radioactif et sa période est de 12,26 ans. On le trouve dans l'atmosphère suite aux réactions nucléaires (essais nucléaires et rejets d'installations nucléaires) qui sont en bonne partie responsables de la fabrication de tritium (la concentration dans l'eau de pluie était de l'ordre de 0,6 Bq/l avant les essais dans les années 1960 et de 2 Bq/l dans les années 1990) mais aussi par l'action du rayonnement interstellaire sur l'azote. Le tritium est cependant rare puisque le rapport $^3H/^1H$ dans l'eau de pluie vaut approximativement 10^{-18}.

L'oxygène compte quant à lui trois isotopes stables, ^{16}O, ^{17}O et ^{18}O (tab. 2.2) ainsi que trois isotopes instables de masses 14, 15 et 19.

On note ainsi qu'à partir des isotopes de l'hydrogène et de l'oxygène un grand nombre de combinaisons peuvent être formées (on en trouve 18). Les plus importantes sont l'oxyde de deutérium D_2O et l'hydroxyde de deutérium HOD. L'oxyde de deutérium ou eau lourde est utilisé pour ralentir les neutrons lors de réactions nucléaires. Cette eau lourde se présente physiquement comme de l'eau « légère » (H_2O) mais ses températures d'ébullition et de fusion sont respectivement de 101,42 °C et 3,79 °C.

Tableau 2.2 Importances relatives des isotopes stables de l'hydrogène et de l'oxygène.

Isotope	Proportion
^1H	98,9885 %
^2H	0,0115 %
Total	100 %
^{16}O	99,757 %
^{17}O	0,038 %
^{18}O	0,205 %
Total	100 %

2.2.3 Changements d'état

Nous avons déjà souligné aux paragraphes précédents les principales propriétés physiques de l'eau. Il reste toutefois pertinent de représenter l'état d'un corps selon la pression et la température par le biais d'un diagramme de phases ou des états (fig. 2.6).

Cette représentation permet de définir des domaines pour lesquels l'eau se trouve à l'état liquide, solide ou gazeux ainsi que les limites de transition de phases qui réclament des échanges d'énergie. Par exemple, le passage du domaine liquide au domaine gazeux nécessite un apport d'énergie nommée *chaleur latente de vaporisation* λv qui dépend de la température du liquide. De même, le passage entre les phases solide et liquide peut se faire si l'on apporte une quantité suffisante de chaleur au solide nommée *chaleur latente de fusion* λf. Enfin, la transition directe d'une structure solide à une structure gazeuse réclame une quantité de chaleur que l'on appelle *chaleur latente*

4 Le tritium a été mis en évidence par le physicien Ernest Rutherford en 1934.

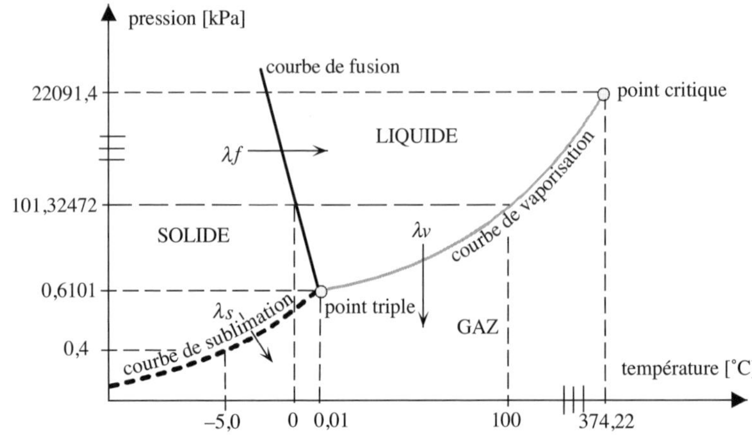

Fig. 2.6 Diagramme de phase de l'eau (tiré de Musy et Soutter, 1991).

de sublimation λs. On peut encore noter que les changements de phases se font à température constante. Lorsque de la glace fond, la température reste à 0 °C. Enfin, au-delà d'un point, nommé *point critique*, la distinction entre phase gazeuse et phase liquide n'est plus possible, ce qui explique l'interruption de la courbe de vaporisation.

Les changements d'états conduisent ainsi à l'étude de la glace, c'est-à-dire la forme solide de l'eau. Nous avons vu précédemment pourquoi la masse volumique de la glace était plus faible que celle de l'eau. Il nous reste à étudier plus en détail la structure cristalline de ce solide. La représentation élémentaire que l'on propose généralement du cristal de glace est un tétraèdre régulier dont le centre et les sommets sont occupés par les atomes d'oxygène de la molécule d'eau (fig. 2.7). La répétition

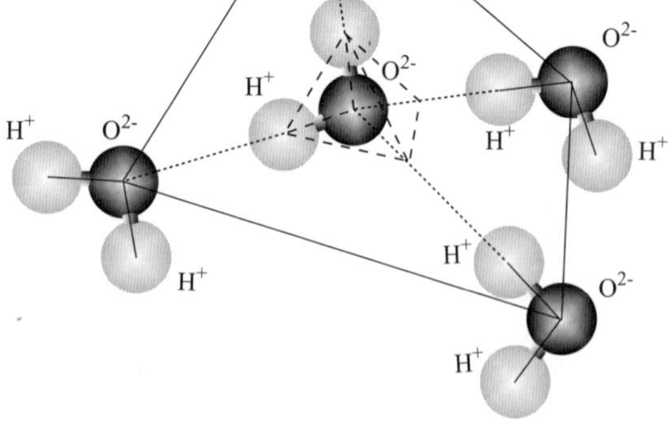

Fig. 2.7 Motif de base d'un cristal de glace (d'après CNRS, 2000).

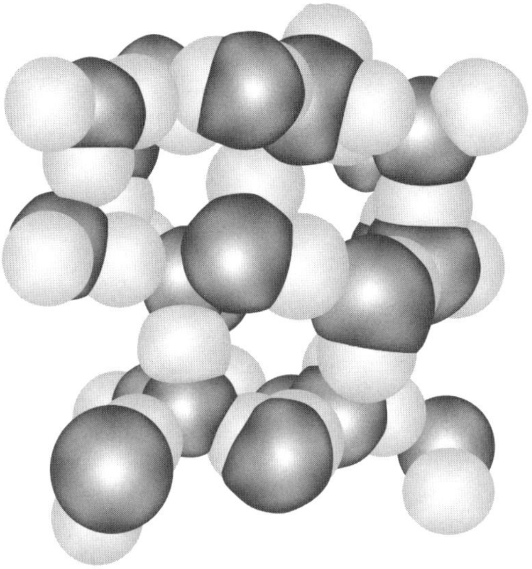

Fig. 2.8 Structure de la glace (d'après CNRS, 2000).

de ce motif fondamental permet d'obtenir la structure de la glace qui présente au final un motif hexagonal (fig. 2.8). On rendra toutefois le lecteur attentif au fait qu'il existe plusieurs phases cristallines différentes en fonction des conditions de température et de pression. Ces phases – nommées *phases allotropiques* – sont supérieures à onze et couvrent un domaine assez large de conditions de pression et de température puisque l'on peut trouver de la glace à des températures au-dessus de 100 °C mais pour des pressions extrêmement importantes.

Lorsque la glace fond, on assiste à une rupture progressive des liaisons hydrogène et par conséquent à une rupture de la structure tétraédrique du motif élémentaire des cristaux de glace. Cependant, des liaisons hydrogène subsistent jusqu'à des températures élevées, ce qui signifie, comme nous pouvons le constater à la figure 2.4 précédente, que l'eau liquide est formée de molécule d'eau mais aussi de dimères, trimères ainsi que de motifs élémentaires de la glace.

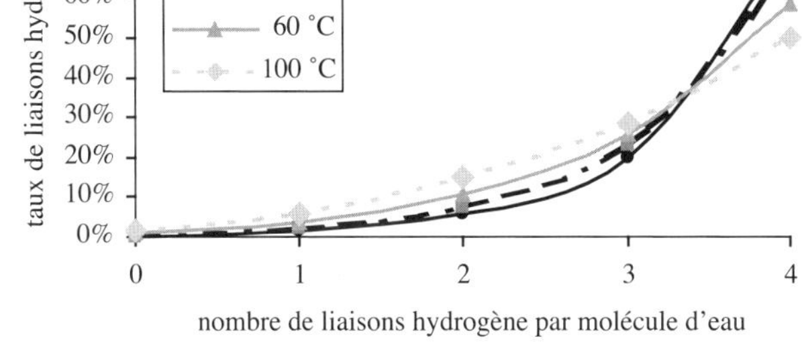

Fig. 2.9 Fraction de liaisons hydrogène en fonction du nombre de voisins d'une molécule d'eau (d'après Javet *et al.*, 1987).

La figure 2.9 donne la proportion des molécules d'eau qui sont liées à x voisins où x varie entre 0 et 4. On note ainsi que pour une température de 25 °C, les deux tiers de molécules d'eau sont encore liées à quatre molécules voisines par des liaisons hydrogène. Lorsque la température est de 100 °C, ce rapport est de ½, ce qui signifie que lorsque l'eau bout, la moitié des molécules d'eau sont encore liées à quatre molécules voisines. Ainsi, même à des températures élevées, l'eau se présente comme un liquide formé de structures variées.

2.2.4 L'eau de mer

Comme 97 % des eaux de la planète Terre sont constitués d'eau de mer, il est intéressant d'aborder, même sommairement, ses propriétés physico-chimiques. On considère généralement que l'eau de mer contient du sel mais elle est en fait constituée d'un mélange d'ions. On trouve en effet 60 des 92 corps simples connus à ce jour dans l'eau de mer. Le tableau 2.3 ci-après donne la composition moyenne d'une eau de mer contenant 25 g de sel par kilogramme, ce qui correspond à une eau « moyenne ». Notons encore que si la concentration moyenne en sel est de 25 grammes par kilogramme et sachant que le volume des eaux océaniques est de 1350 millions de km^3, le volume total de sel est donc d'environ 50 millions de milliards de tonnes !

De manière générale, l'eau de mer présente des propriétés physico-chimiques différentes de l'eau pure qui sont liées à sa salinité. Une eau moyenne contenant 25 grammes de sel par kilogramme d'eau présente une température de congélation de –1,9 °C. A cette température, on assiste à la formation de cristaux de glace d'eau douce baignant dans un milieu liquide dont la salinité augmente. En continuant l'abaissement de la température de ce milieu, il faut atteindre une température de –23 °C pour assister à la formation de cristaux de chlorure de sodium NaCL.

Il est nécessaire de s'intéresser de façon plus détaillée à la notion de salinité. On définit la salinité d'une eau par la quantité totale de résidus solides lorsque toute la matière organique ainsi que les carbonates ont été oxydés et lorsque le brome et l'iode ont été remplacés par du chlore. En fait, il est difficile de mesurer directement la salinité de l'eau par des méthodes de séchage et de pesage du résidu, un certain nombre de composés s'évaporant lors de cette opération. Toutefois, les proportions relatives entre les différents ions sont quasiment constantes, ce qui signifie qu'il suffit de déterminer la concentration d'un seul élément de l'eau analysée pour en déduire les concentrations des autres éléments. En général, on procède au titrage du chlore, du brome ou de l'iode. On utilise ensuite des relations entre éléments, comme par exemple la relation entre le taux de chlore et la salinité. Dans ce contexte, l'UNESCO (1969) a proposé une relation liant le taux de chlore et la salinité absolue S en ‰ de l'eau comme suit :

$$S = 1{,}80655 \cdot Cl \text{ avec } Cl\ [‰] \text{ le taux de chlore} \qquad (2.1)$$

Plus récemment, cette notion de salinité de l'eau a pu être redéfinie en relation avec ses propriétés électriques, notamment sa conductivité. On peut effet mesurer la conductivité électrique de l'eau, soit sa capacité à conduire un courant électrique. La valeur de cette conductivité dépendant des sels dissous dans l'eau, il est alors possible d'établir une relation entre sa grandeur et la quantité de sels dissous. Cette approche a l'avantage de pouvoir être mise en application de façon plus simple que les méthodes dites « chimiques » mais nécessite d'être comparée à un échantillon de référence à une température donnée.

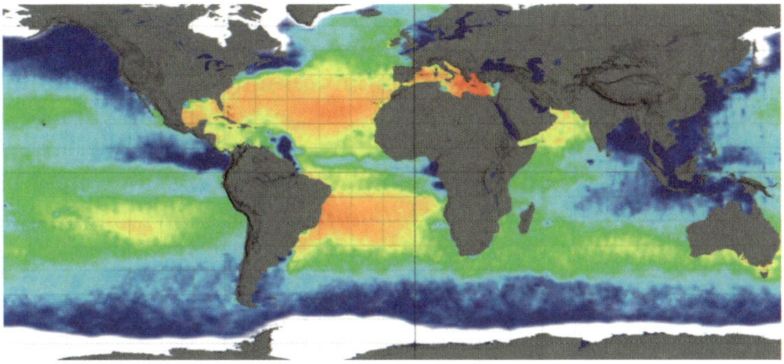

Fig. 2.10 Cartographie de la salinité des océans obtenue à partir d'une image satellitaire. Les zones bleues sont les moins salines, les zones rouges sont les plus salines (projet de la NASA Aquarius, NASA/GSFC/JPL-Caltech).

Il est encore important de noter que l'eau de mer ne présente pas une salinité homogène dans toutes les eaux du globe (fig 2.10). En effet, tout comme la densité et la température, la salinité varie en fonction de la profondeur et du lieu. Toutefois, les variations des propriétés physico-chimiques de l'eau de mer sont nettement plus importantes verticalement que sur leur étendue horizontale. Les eaux océaniques sont effectivement fortement stratifiées. A ces variations spatiales s'ajoutent les variations temporelles qui peuvent être journalières ou saisonnières.

Tableau 2.3 Composition de l'eau de mer contenant 25 g de sels par kilogramme.

Elément	Proportion [g/kg]
Chlore Cl^-	18,9777
Sulfate SO_4^-	2,6486
Bicarbonate HCO_3^-	0,1397
Brome Br^-	0,0646
Fluor F^-	0,0013
Sodium Na^+	10,5561
Magnésium Mg^{++}	1,2720
Calcium Ca^{++}	0,4001
Potassium K^+	0,3800
Strontium Sr^{++}	0,0135

2.3 ANALYSE DÉTAILLÉE

2.3.1 Définition et généralités

S'il est une question essentielle que l'on doit se poser lorsque l'on aborde l'étude de l'hydrologie, c'est bien celle de comprendre d'où provient l'eau des rivières. Conjointement, il est tout aussi important de se demander quel est le devenir de cette eau qui s'écoule.

En vue d'ébaucher des réponses satisfaisantes aux deux questions précédentes, on doit tout d'abord définir la notion de *cycle de l'eau* ou *cycle hydrologique* en tant que cheminements ou mouvements de l'eau à travers ses différents réservoirs, océanique, atmosphérique et terrestre. Cette définition a plusieurs implications essentielles. Tout d'abord, cette notion de cycle est une notion dynamique. Elle implique un mouvement et des échanges entre différents réservoirs. De plus, son essence cyclique ne nous permet pas, par définition, de déterminer son commencement ni sa fin. Ainsi, l'étude et la compréhension du cycle de l'eau permettent d'expliquer les modalités des échanges d'eau et conduisent donc à une description qualitative des différents processus intervenant dans le cycle de l'eau. A cette description s'ajoute naturellement la recherche des causes de ce cycle d'échanges, à savoir, les causes des mouvements induits pour l'essentiel par un gradient d'énergie ou mieux, par une différence de potentiel.

> *« Tel est le rôle de l'eau. Mais avant d'étudier cette dernière au repos, voyons-la d'abord en mouvement ; examinons le cycle qu'elle parcourt soit sur notre planète, soit dans l'atmosphère. Tour à tour nous allons la retrouver à l'état liquide, gazeux ou solide, nous la verrons toujours en mouvement et ne quitter une de ces formes que pour en reprendre une des autres. »*
>
> *(Emile Fleury, Manuel d'hydrologie, 1896)*

Cependant, l'explication et la compréhension du cycle de l'eau ne peuvent s'arrêter là. Il reste en effet à considérer les aspects quantitatifs, à savoir quels sont les volumes échangés et à quelle vitesse, quelles sont les capacités des réservoirs et leur taux de renouvellement, etc. Autant de questions qui rendent l'étude du cycle hydrologique non seulement compliquée mais aussi complexe. C'est cette étude du cycle de l'eau qui va donc sous-tendre l'ensemble des chapitres qui vont suivre, en étant au cœur de la délicate problématique de la gestion des eaux et surtout de la sauvegarde d'une quantité suffisante nécessaire au maintien de la vie sur Terre pour les générations futures.

Après examen du fonctionnement général du cycle de l'eau, de l'importance et de l'intensité des échanges ainsi que du volume des différents réservoirs, il s'agira encore de se demander quelles sont les méthodes et instruments à disposition afin de quantifier les éléments du cycle hydrologique.

2.3.2 Un système dynamique complexe

Avant d'aborder la description du cycle hydrologique, il convient de s'arrêter quelque peu sur les notions de système et de complexité. Selon Bertalanffy (1968) : « Un système peut être défini comme un complexe d'éléments en interaction. Par interaction nous entendons des éléments p liés par des relations R, de sorte que le comportement d'un élément p dans R diffère de son comportement dans une autre relation R'. » Cette définition s'applique bien au cycle de l'eau puisqu'il fait intervenir plusieurs éléments ou réservoirs qui interagissent par des échanges de matières. De plus, le comportement de l'eau au sein de chaque réservoir est spécifique à celui-ci ainsi qu'à d'autres conditions particulières.

On peut ainsi attribuer à chaque élément p_i du système une mesure d'un flux Q_i et définir alors de manière générale la dynamique du cycle de l'eau par un système d'équations différentielles, c'est-à-dire par des relations faisant intervenir la dérivée de fonctions mathématiques.

$$\begin{cases} \dfrac{\mathrm{d}Q_1}{\mathrm{d}t} = f_1(Q_1, Q_2, \ldots, Q_n) \\ \ldots. \\ \dfrac{\mathrm{d}Q_n}{\mathrm{d}t} = f_1(Q_1, Q_2, \ldots, Q_n) \end{cases} \tag{2.2}$$

Sans vouloir chercher à résoudre un tel système d'équations, il est possible de tirer certaines conclusions sur le comportement du système à partir de l'étude des équations qui en décrivent la dynamique. De telles analyses permettent par exemple de montrer si le système étudié présente un certain degré de stabilité ou non. Il est important de pouvoir savoir si une perturbation du système modifie durablement son comportement ou, au contraire, si une telle perturbation est rapidement compensée par le système. On retiendra ainsi qu'un tel système peut avoir trois types de solution. Soit le système peut atteindre au cours du temps un état stationnaire, soit le système n'atteint jamais un tel état, soit, enfin, le système oscille.

Dans le cas du cycle hydrologique, une formulation classique consiste à exprimer la somme des stocks en fonction des précipitations, de l'écoulement et de l'évapotranspiration. Cette relation, qui sera étudiée plus en détail par la suite, se nomme *équation du bilan hydrique*. On peut alors montrer qu'une perturbation du système est sans grande importance et que l'on retrouve rapidement un état d'équilibre. Un tel raisonnement pourrait ainsi nous conduire à refuser d'admettre les modifications climatiques et leurs conséquences sur le cycle global de l'eau. En admettant le rôle de telles perturbations, on peut alors en déduire que le modèle – l'équation du bilan hydrique – est une représentation trop simpliste pour être vraie ou même crédible. On peut alors reformuler de manière plus complète les relations existantes entre les différents réservoirs du cycle de l'eau en prenant par exemple en considération un modèle d'évolution du climat.

Le météorologue E. Lorenz propose ainsi en 1963 un modèle simplifié de la convection thermique pour décrire l'évolution du climat et en particulier son caractère imprédictible. Ce modèle comporte uniquement trois équations différentielles ordinaires linéaires :

$$\begin{cases} \dfrac{\mathrm{d}x(t)}{\mathrm{d}t} = \sigma\big(y(t) - x(t)\big) \\ \dfrac{\mathrm{d}y(t)}{\mathrm{d}t} = \rho x(t) - y(t) - x(t)z(t) \\ \dfrac{\mathrm{d}z(t)}{\mathrm{d}t} = x(t)y(t) - \beta z(t) \end{cases} \tag{2.3}$$

On peut montrer dans ce cas qu'une perturbation du système pourtant infinitésimale va s'accroître à chaque pas de temps d'un facteur d'environ e^{10}. La représentation de Lorenz rompt ainsi avec les illustrations traditionnelles des équations en fonction du temps en mettant en relation les trois variables du système d'équation en les représentant à chaque instant comme un point de coordonnées x, y, z. La position de ce point montre ainsi l'évolution du système dans un diagramme nommé *diagramme des phases*. En partant de conditions initiales X_0, Y_0 et Z_0, on peut ainsi représenter l'évolution de $x(t)$, $y(t)$ et $z(t)$. On observe alors que la trajectoire obtenue semble s'enrouler autour de deux lobes comme ceux de la figure 2.11. En modifiant les conditions initiales d'un facteur extrêmement faible (une erreur d'un milliardème sur la valeur d'une condition initiale), on observe qu'après quelques tours seulement, les trajectoires divergent de manière sensible (Stewart, 1994).

Cet effet, qu'il nomme *effet papillon*, conduit Lorenz à poser la question de savoir si « le battement d'aile d'un papillon au Brésil peut déclencher une tornade au Texas ? » en analogie avec l'allure des trajectoires obtenues lorsqu'il étudiait le système d'équation (2.3).

Les remarques précédentes permettent de prendre conscience de plusieurs points importants. Premièrement, le cycle de l'eau est un système complexe. Complexe est ici pris dans le sens que le système contient de l'information difficile à obtenir (Ruelle, 1991). Deuxièmement, la représentation formalisée du cycle de l'eau par le biais d'un schéma verbal (explication qualitative) ou formalisée par les mathématiques (système d'équations) n'est pas unique. Il y a donc plusieurs explications du cycle de l'eau qui dépendent du niveau de détail retenu. On voit ainsi réapparaître une notion brièvement introduite au premier chapitre et qui sera souvent discutée tout au long des pages qui vont suivre, à savoir la notion d'échelle. La description que l'on va ainsi faire d'un phénomène ou d'un processus particulier sera en étroite relation avec l'échelle, spatiale et/ou temporelle, adoptée. Le choix de l'échelle est guidé par la volonté de précision ou de rigueur de la part du scientifique mais aussi en fonction du degré de variabilité de l'élément. Un seul réservoir atmosphérique suffit lors de l'étude du cycle de carbone tandis qu'au vu des différences de concentration des produits sulfureux dans l'air, on procède en général à une analyse régionale lorsque l'on étudie le cycle du souffre. Troisièmement, au vu de la complexité des phénomènes abordés, on peut affirmer qu'il n'existe pas un seul cycle de l'eau mais des cycles de l'eau étroitement liés à d'autres cycles de matière ou d'énergie. On fait donc à nouveau intervenir l'importance de l'échelle de représentation. La description du cycle de l'eau à l'échelle planétaire fait en réalité intervenir d'une part plusieurs autres cycles internes et, d'autre part, en raison des propriétés de vecteur de l'eau, des cycles de matières ou d'énergie que l'on nomme cycles associés.

A titre d'illustration, nous pouvons décrire le cycle de l'eau au niveau de la végétation par le biais d'une étude de l'interface entre le sol, la végétation et l'atmosphère. Les précipitations sont un facteur essentiel à la croissance du végétal qui rend à son tour de la vapeur d'eau à l'atmosphère par le biais de la transpiration. Ce rejet dans l'air ambiant s'accompagne d'une absorption partielle de rayonnement qui va influencer la croissance du végétal. De plus, cette absorption va aussi donner lieu à la formation de nuages qui vont modifier le champ des températures et des pressions en entraînant une modification du champ des vitesses du vent pouvant provoquer des orages ainsi que d'autres phénomènes pluvieux. Cet exemple montre, à une échelle donnée, l'importance des actions et des rétroactions au sein d'une partie du cycle de l'eau qui, prise en elle-même, constitue déjà un cycle. A ceci s'ajoute évidemment une différence fondamentale avec l'étude du cycle de l'eau à l'échelle planétaire. Au

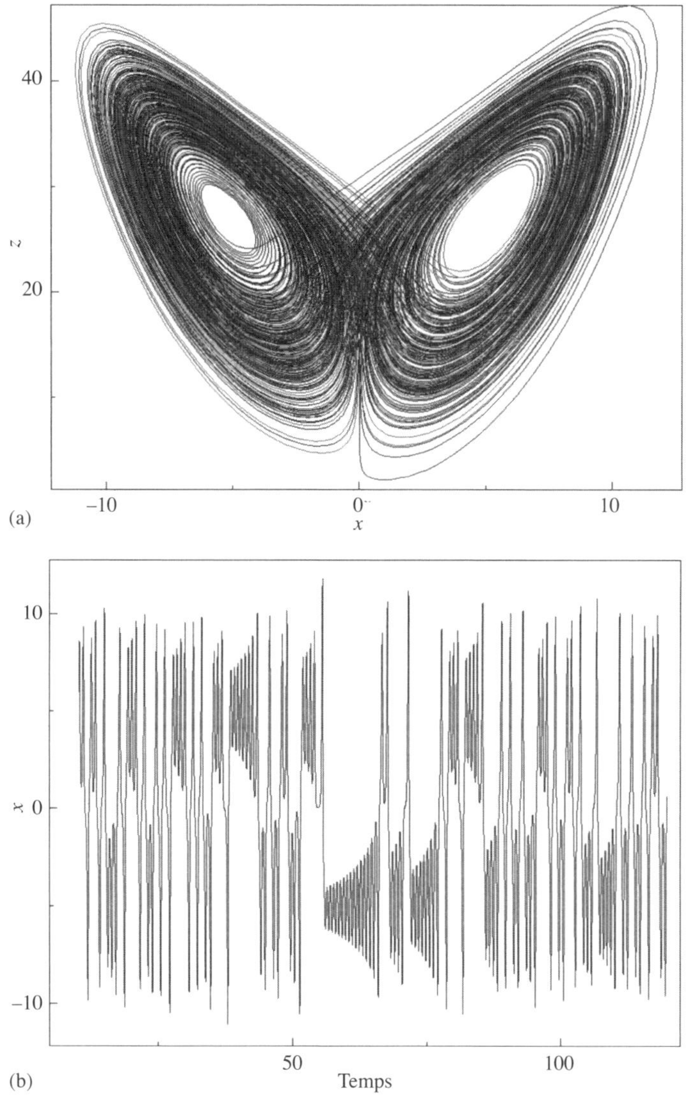

Fig. 2.11 Trajectoire obtenue dans un système de Lorenz avec $\sigma = 28$, $\rho = 8/3$ et $\beta = 10$ (a) et évolution de la variable $x(t)$ (b). On observe ainsi que la trajectoire obtenue effectue des tours à droite puis à gauche de manière irrégulière, ce qui a donné le nom d'effet « papillon » (illustration obtenue par l'application informatique disponible en ligne sur http://www.cmp.caltech.edu/~mcc/Chaos_Course).

niveau de la Terre, on peut considérer que le système étudié est un système fermé. La quantité totale d'eau ne varie donc pas. En revanche, dès que l'on change d'échelle, l'étude du cycle de l'eau se complexifie encore de par le fait qu'il s'agit non plus d'un système fermé mais d'un système ouvert, en interaction avec son environnement.

Enfin, la dernière remarque que nous pouvons formuler avant d'aborder plus concrètement les représentations du cycle de l'eau est de souligner l'importance de l'échelle d'étude des processus régissant le cycle de l'eau. Ces processus sont en effet déterminés aussi bien par l'énergie thermique solaire que par la gravité, l'attraction solaire et lunaire, la pression atmosphérique, les forces intermoléculaires, les réactions chimiques et nucléaires, les activités biologiques, et enfin les activités humaines. Du fait que la surface terrestre est réchauffée de façon inégale, l'énergie thermique du soleil produit une circulation de l'air dans l'atmosphère. La force de gravité est responsable des phénomènes de précipitations, de ruissellement, d'infiltration et de courant de convection. Les forces d'attraction solaire et lunaire sont à l'origine des marées et des courants marins. Les différences de pression atmosphérique occasionnent les déplacements horizontaux de l'air. Les vents sont eux-mêmes responsables du mouvement des couches superficielles dans les lacs et les océans. Les forces intermoléculaires dans le sol provoquent les phénomènes capillaires ainsi que la viscosité et influencent donc la vitesse d'écoulement. L'eau est aussi une des composantes de plusieurs réactions chimiques organiques ou inorganiques. Un autre type de transformation de l'eau est le processus physiologique qui se produit dans l'organisme animal. Finalement, l'homme intervient directement sur les processus de mouvement et de transformation de l'eau. Son action peut conduire à une meilleure gestion de l'eau, mais elle peut aussi causer de nombreux problèmes, notamment en perturbant le cycle hydrologique, tant au niveau quantitatif que qualitatif.

2.3.3 Description qualitative du cycle de l'eau à l'échelle du globe

Si nous avons dit que le cycle de l'eau ne présentait pas de commencement ni de fin, il est toutefois nécessaire de procéder à un choix pour sa présentation. Notre point de départ pour la description qualitative du cycle hydrologique est le sol – ceci sans aucune connotation anthropomorphiste de notre part – c'est-à-dire la phase correspondant au processus d'évaporation de l'eau dans l'atmosphère.

Sous l'effet du rayonnement solaire mais aussi en fonction de la température, de l'humidité et de la vitesse du vent, l'eau du sol, des lacs, des océans et des autres surfaces d'eau, entre dans l'atmosphère. En plus de l'évaporation à partir des surfaces d'eau libre et du sol, l'eau sous une forme solide peut aussi rejoindre l'atmosphère directement sous l'effet du processus de sublimation. A ceci s'ajoutent enfin les quantités d'eau exhalées par la végétation lors du processus de transpiration. Comme nous le verrons par la suite, les processus d'évaporation, de sublimation et de transpiration sont souvent regroupés au sein d'un même terme générique: l'*évapotranspiration*.

L'air va alors se charger en eau sous la forme de vapeur, ce qui va augmenter son humidité. Sous certaines hypothèses physiques, on assiste ensuite au phénomène de condensation de la vapeur d'eau, puis, si les conditions de formation des gouttes d'eau sont remplies, à l'apparition des précipitations solides ou liquides qui rejoignent la Terre sous l'effet du champ de gravité terrestre. Une fraction de cette eau peut alors être interceptée avant son arrivée sur le sol pour être soit évaporée à nouveau soit transmise au sol après écoulement le long de l'obstacle (végétal, toiture, etc.). La fraction des précipitations qui atteint le sol peut alors, toujours sous certaines conditions physiques mais aussi hydrodynamiques, pénétrer dans le sol (infiltration) ou s'écouler en surface par gravité.

L'eau infiltrée peut être stockée temporairement dans le sol ou percoler vers des zones plus profondes et contribuer ainsi au renouvellement des nappes d'eau souterraines. Enfin, l'eau qui s'écoule en surface va finalement rejoindre des cours d'eau puis une surface d'eau tels les lacs, les mers ou les océans avant de participer à nouveau au processus d'évaporation. L'eau du sol va pour sa part contribuer directement à l'évaporation par remontées capillaires ou être exploitée par la végétation puis transpirée dans l'air ambiant.

La figure 2.12 représente schématiquement le cycle global de l'eau. On remarquera immédiatement que le cycle hydrologique peut être décomposé en deux parties essentielles, à savoir sous la forme d'un cycle « terrestre » et d'un cycle « océanique ». En effet, ce dernier n'inclut l'écoulement qu'en terme de grandeur d'entrée dans le cycle et non comme véritable processus au niveau des océans. De même, la surface des océans n'est sujette qu'à l'évaporation et ne subit pas de transpiration[5] ni d'interception d'ailleurs. Avant d'introduire, en préambule aux chapitres 4, 5, 6 et 10, les divers éléments du cycle hydrologique, le prochain paragraphe définit plus rigoureusement les principes d'une description quantitative avant de détailler les flux et réservoirs du cycle de l'eau.

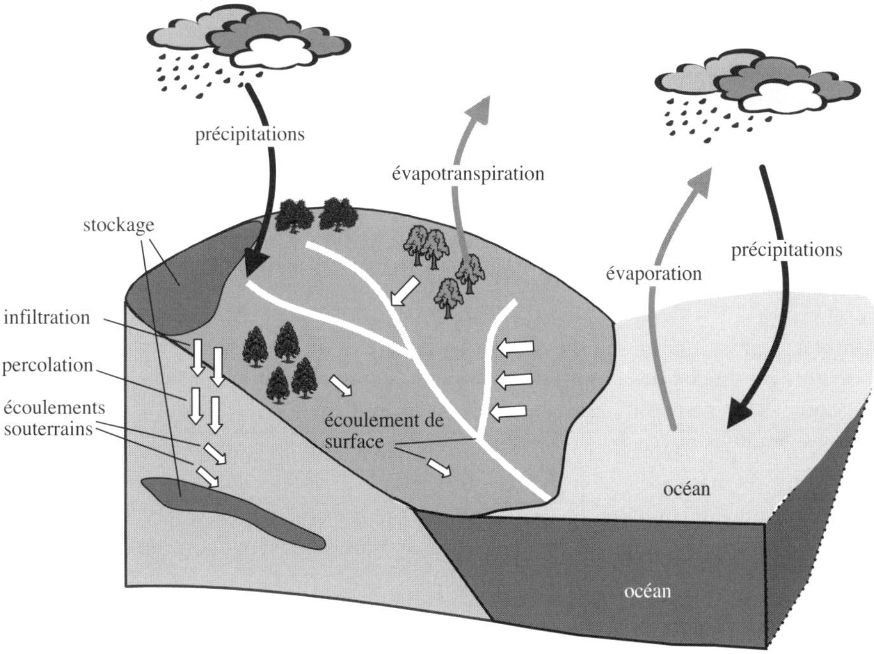

Fig. 2.12 Représentation du cycle de l'eau.

5 On ne considère pas ici la transpiration par exemple du plancton.

2.3.4 Principes généraux d'une description quantitative

Comme nous venons de le constater, le cycle de l'eau peut être divisé en trois phases essentielles qui sont respectivement la phase évaporatoire, celle des précipitations et enfin la phase des écoulements de surface et souterrain. Ces trois phases comprennent des phénomènes de transport, de stockage temporaire et parfois de changement de phase. Ceci implique que le cycle de l'eau peut être modélisé par des équations différentielles représentant la conservation de la masse, de l'énergie ou encore de la quantité de mouvement. Après avoir donné une forme générale des équations différentielles à la relation (2.2), une formulation plus pratique et opérationnelle peut être introduite en vue de la quantification des éléments intervenant dans le cycle hydrologique.

Rappelons cependant que la représentation d'un cycle par le biais d'un jeu d'équations mathématiques simples ne doit pas nous faire oublier que ce type de représentation reste superficielle et n'inclut pas l'ensemble des processus mis en jeu. Il s'agit donc d'une représentation moyenne d'où il peut se dégager une fausse impression de certitude. Enfin, beaucoup de problèmes ne peuvent pas être résolus par une approche aussi globale car ils requièrent parfois une connaissance détaillée de certains faits ou de certaines données. Par exemple, l'étude de l'évaporation de l'eau à la surface d'un végétal nécessite une connaissance précise des grandeurs météorologiques qui l'influencent telles que les champs horizontal et vertical des vitesses du vent, la pression atmosphérique et la géométrie du milieu. Une description de ce processus, fortement non linéaire, ne saurait donc se contenter d'un système d'équations de conservation. La question de l'évaporation fait de plus apparaître un cycle interne comportant une boucle de rétroaction. Toutefois, à une échelle régionale, continentale ou mondiale, une description du cycle de l'eau par le biais d'une équation de conservation reste un moyen assez pertinent pour procéder à des comparaisons et évaluer l'évolution des réserves en eau.

Définitions liminaires

Avant d'expliciter le bilan hydrique et ses possibles formulations, il est nécessaire de définir les notions de réservoir et de flux ainsi que les grandeurs qui en découlent[6]. On définit généralement les deux premiers termes de réservoir et de flux comme suit.

Réservoir

Un réservoir est un bassin ou récipient permettant de stocker de la matière ou de l'énergie présentant des propriétés biologiques, chimiques et physiques particulières. Le contenu du réservoir, sous certaines conditions particulières, peut être considéré comme homogène.

Flux

Un flux est une quantité de matière ou d'énergie transférée d'un réservoir à un autre par unité de temps. On norme souvent le flux par une unité de volume ou de surface et l'on parle dans ce cas de densité de flux.

---

[6] Concernant les unités, nous avons adopté le système MKSA (mètre, kilogramme, seconde, ampère) pour la définition des différentes unités des grandeurs définies dans cet ouvrage. Toutefois, dans certaines situations, nous avons recouru à une notation plus générale en indiquant simplement la dimension par un terme générique de l'unité, à savoir L s'il s'agit d'unité de longueur et T s'il s'agit d'une unité de temps. Ainsi, une surface s'exprime par L^2 de même qu'un volume s'exprime par L^3. Cette notation se justifie par le fait qu'une grandeur générique peut parfois s'exprimer dans des unités d'espace et de temps fort diverses. Par exemple, le volume d'un réservoir peut s'exprimer en dm^3 (colonne de laboratoire), en m^3 (bassin de rétention, étang) ou km^3 (lacs, océan).

A partir de ces deux définitions, on peut désormais introduire les notions corrélatives suivantes :

Le temps de renouvellement
Le temps de renouvellement est défini comme le rapport entre la capacité S du réservoir et son taux de vidange O. On le note en général

$\tau_0 = S/O\ [L^3/L^3/T] = [T]$

Ce temps peut être assimilé au temps nécessaire pour vider complètement un réservoir avec un taux de vidange constant et un taux d'apport nul.

Dans la situation ou un réservoir fait intervenir plusieurs processus avec des taux de vidange O_i respectifs, on a alors :

$$\tau_{0_1} = \frac{S}{O_1},\ \tau_{0_2} = \frac{S}{O_2},\ \ldots,\ \tau_{0_n} = \frac{S}{O_n} \text{ et ainsi, si } O_{tot} = \sum_{i=1}^{n} O_i$$

alors :

$$O_{tot} = S \cdot \sum_{i=1}^{n} \frac{1}{\tau_{0_i}} \tag{2.4}$$

Le temps de renouvellement total du réservoir $\tau_{0_{tot}}$ se définit finalement par la relation suivante :

$$\frac{O_{tot}}{S} = \frac{1}{\tau_{0_{tot}}} = \sum_{i=1}^{n} \frac{1}{\tau_{0_i}} \tag{2.5}$$

Certains taux de renouvellement pour des réservoirs typiques sont présentés au tableau 2.7.

Le temps de résidence
Le temps de résidence τ_r [T] est le temps passé par un atome, une molécule ou une entité élémentaire au sein du réservoir. Si le réservoir ne constitue qu'une étape intermédiaire dans un processus physique, ce temps peut aussi être nommé temps de transit. En général, les atomes ou les molécules d'un même élément au sein d'un réservoir présentent des temps de résidence différents. On peut en déduire une densité de probabilité du temps de résidence des atomes ou des molécules. On obtient une fonction $f(\tau_r)$ de telle sorte que $f(\tau_r) \cdot \mathrm{d}\,\tau_r$ représente la fraction des atomes ou des molécules ayant un temps de résidence compris dans l'intervalle $\tau_r \pm \mathrm{d}\,\tau_r$. Les temps de résidence étant tous positifs par définition, la relation suivante doit être vérifiée :

$$\int_0^{\infty} f(\tau_r) \cdot \mathrm{d}\,\tau_r = 1 \tag{2.6}$$

On détermine encore le taux de résidence moyen $\overline{\tau_r}$ par le biais de l'équation suivante :

$$\overline{\tau_r} = \int_0^{\infty} \tau_r \cdot f(\tau_r) \cdot \mathrm{d}\,\tau_r \tag{2.7}$$

En règle générale, on substitue par abus de langage le terme de temps de résidence à celui de temps de résidence moyen. On notera encore que certains auteurs ne font pas nécessairement la distinction entre le temps de renouvellement et le temps de résidence en utilisant uniquement le terme de temps de séjour ou temps de séjour moyen.

Le temps de réponse

Le temps de réponse est le temps mis par un réservoir pour s'ajuster ou s'adapter après avoir subi une perturbation.

Expression mathématique du bilan hydrique

Le bilan hydrique peut être représenté à l'aide d'équations de conservation. Le modèle le plus simple est celui d'un réservoir caractérisé par sa réserve d'eau S, un flux d'entrée P et des flux de pertes Q et ET. Le terme P représente les précipitations liquides et solides (pluie, grêle et neige) ainsi que les précipitations dites occultes causées par la condensation de l'eau dans l'air (brouillard) et les phénomènes de rosée. Les ressources ou réserves d'eau S sont formées des eaux souterraines, de l'eau du sol et de l'eau de surface. Les termes de pertes Q et ET représentent respectivement les écoulements ainsi que la somme des termes d'évaporation et de transpiration des végétaux regroupés sous le nom d'évapotranspiration.

D'une manière générale, l'équation du bilan hydrique permet d'exprimer la conservation de la masse d'eau dans le système entre deux repères temporels t_1 et t_2. On a :

$$S\big|_{t_2} - S\big|_{t_1} = S = P - Q - ET \quad [L] \tag{2.8}$$

Les termes P, Q et ET représentent des flux moyens pour une certaine durée, en général celle d'une année hydrologique[7]. L'équation du bilan hydrique 2.7 s'exprime souvent, pour une période donnée, en hauteur d'eau équivalente. Cette hauteur d'eau s'obtient en ramenant l'étude du système à un système de surface unitaire. Cela présente ainsi l'avantage de pouvoir effectuer des comparaisons entre les bilans hydriques de différents réservoirs ou de bassins de tailles diverses, ceci d'autant plus que les précipitations s'expriment très souvent en terme de hauteur d'eau. A titre d'illustration, considérons les deux bassins de l'Amazone (6,95 millions de km^2) et du Ghanjiang (1,96 millions de km^2). Les débits moyens respectifs des deux fleuves sont de 185 000 m^3/s et 34 000 m^3/s. En ramenant les débits moyens à des hauteurs d'eau équivalentes, on obtient ainsi des valeurs du terme Q de 897 mm/an pour l'Amazone et de 547 mm/an pour le Ghanjiang.

Le déficit d'écoulement

Lorsque l'on établit un bilan hydrique pour des conditions annuelles moyennes, le terme représentant la variation de stock du réservoir devient négligeable et l'équation du bilan hydrique s'écrit alors :

$$P - Q - ET = 0 \tag{2.9}$$

7 L'année hydrologique est un intervalle de temps d'un an dont le début correspond rarement avec le premier janvier. En Suisse, l'année hydrologique débute le 1er octobre et se termine au 30 septembre de l'année suivante.

En introduisant le déficit d'écoulement D, défini comme la différence entre le terme représentant les précipitations et le terme d'écoulement dans la relation précédente, on a successivement :

$$D = P - Q \tag{2.10}$$

$$D = ET \tag{2.11}$$

Les relations (2.9), (2.10) et (2.11) sont valables pour des périodes de quelques années et l'intérêt de la notion du déficit d'écoulement est que celui-ci ne varie que très peu sur ces périodes courtes. Toutefois pour des périodes plus longues, allant du siècle au millénaire, les résultats précédents ne sont plus valables car les conditions climatiques globales peuvent changer.

Cette constance du déficit d'écoulement étant toute relative, certains auteurs ont tenté de proposer des relations permettant de le calculer en fonction de paramètres météorologiques tels que la température moyenne annuelle de l'air $\overline{T}$ ou la quantité de précipitations P. A titre d'illustration, nous présentons ici deux relations proposée par Turc et Coutagne afin d'estimer le déficit d'écoulement en fonction de la température moyenne et des précipitations (Réménérias, 1976).

Formule de Turc

Sur la base d'une étude portant sur 254 bassins versants répartis sur l'ensemble de la Terre, Turc a proposé une relation entre le déficit hydrique, la pluie annuelle moyenne et la température annuelle moyenne :

$$D = \frac{P}{\sqrt{0,9 + \dfrac{P^2}{300 + 25 \cdot \overline{T} + 0,05 \cdot \overline{T}^3}}} \tag{2.12}$$

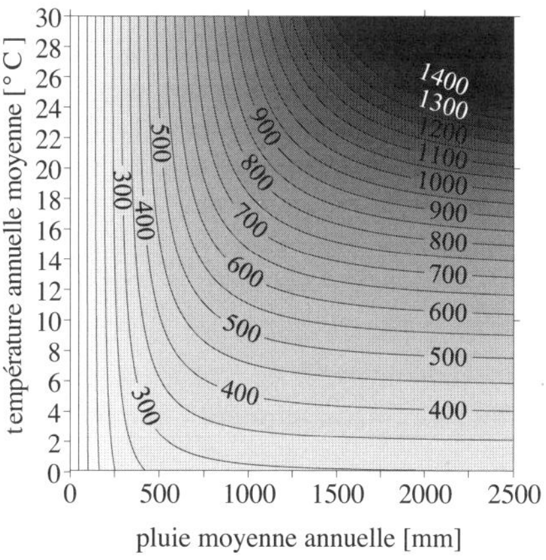

Fig. 2.13 Isovaleurs du déficit d'écoulement en fonction de la pluie moyenne annuelle et de la température moyenne annuelle calculé avec la formule de Turc.

où P [mm] représente la précipitation moyenne annuelle, D [mm] le déficit hydrique et $\overline{T}$ [°C] la température moyenne annuelle. La figure 2.13 représente des domaines d'isovaleurs du déficit d'écoulement calculé pour différents couples de grandeurs P et $\overline{T}$.

Formule de Coutagne

Coutagne a proposé une autre méthode de calcul du déficit hydrique à l'échelle annuelle avec la relation suivante :

$$D = P - \lambda \cdot P^2 \text{ avec } \lambda = \frac{1}{0{,}8 + 0{,}14 \cdot \overline{T}} \tag{2.13}$$

où D [m] est le déficit d'écoulement, P [m] la pluie moyenne annuelle et $\overline{T}$ [°C] la température moyenne annuelle. Notons que cette relation s'applique uniquement si la relation suivante est satisfaite :

$$P \in \left[\frac{1}{8 \cdot \lambda} ; \frac{1}{2 \cdot \lambda}\right] \tag{2.14}$$

Dans le cas où $P < 1/(8 \cdot \lambda)$, le déficit d'écoulement est égal aux précipitations moyennes annuelles et le terme d'écoulement Q est nul.

A l'inverse, si $P > 1/(2 \cdot \lambda)$, il y a quasi-indépendance entre la précipitation et le déficit d'écoulement qui s'exprime alors comme suit :

$$D = \frac{1}{4 \cdot \lambda} = \frac{0{,}8 + 0{,}14 \cdot \overline{T}}{4} = 0{,}20 + 0{,}035 \cdot \overline{T} \tag{2.15}$$

A titre d'illustration, on peut appliquer ces deux relations afin d'estimer le déficit d'écoulement du bassin versant de la Corbassière (Haute-Mentue, Suisse). On a, pour l'année 1998, les données suivantes : P = 1170 mm, Q = 604 mm et ET = 620 mm. Le déficit d'écoulement observé est donc de $D = P - Q$ = 566 mm. Sachant que la température moyenne annuelle pour 1998 est de 7,28 °C, le calcul du déficit d'écoulement par la formule de Turc donne 464 mm tandis que la formule de Coutagne permet d'obtenir une valeur de 455 mm pour le déficit d'écoulement (d'après la relation (2.15) car la condition (2.14) n'est pas satisfaite). On note alors un écart de l'ordre de 25 % entre le déficit d'écoulements mesuré et calculé. Cette différence est imputable au fait que le bassin étudié est de petite taille et présente des caractéristiques hydrologiques spécifiques.

2.3.5 Flux dans le cycle de l'eau

Les flux d'eau apparaissant dans le cycle de l'eau sont essentiellement l'évaporation, les précipitations, l'infiltration, la percolation et l'écoulement.

Evaporation

Le processus d'évaporation de l'eau est le passage de la phase liquide à la phase gazeuse de l'eau, il s'agit de l'évaporation physique. Les plans d'eau et la couverture végétale sont les principales sources de vapeur d'eau. Lors du passage direct de l'eau sous forme solide (glace) en vapeur, on parle alors de sublimation. Le principal facteur régissant l'évaporation est la radiation solaire, soit la quantité d'énergie calorifique. Le terme évapotranspiration englobe l'évaporation et la transpiration des plantes. On peut alors définir les termes ci-après.

Evapotranspiration réelle (ETR)
Somme des quantités de vapeur d'eau évaporées par le sol et par les plantes pour des conditions spécifiques d'humidité du sol et un développement physiologique et sanitaire spécifique des végétaux.

Evapotranspiration de référence (ET_0)
Quantité maximale d'eau susceptible d'être perdue en phase vapeur, sous un climat donné, par un couvert végétal continu spécifié (gazon) bien alimenté en eau et pour un végétal sain en pleine croissance. Elle comprend donc l'évaporation de l'eau du sol et la transpiration du couvert végétal pendant le temps considéré pour un terrain donné. La surface de référence est un gazon d'une hauteur de 12 cm, dont la résistance de surface[8] est de 70 s / m et dont l'albédo[9] vaut 0,23 (FAO, 1998).

Evapotranspiration maximale (ETM)
Quantité d'eau évapotranspirée pour une culture donnée à divers stades de développement végétatif lorsque les disponibilités en eau et les conditions agro-pédologiques sont optimales. L'eau n'est donc plus un facteur limitant de l'évapotranspiration. On estime généralement l'évapotranspiration maximale par le produit de l'évapotranspiration de référence avec un coefficient cultural noté k_c soit $ETM = k_c \cdot ET_0$. Ainsi, par exemple, pour évaluer l'évapotranspiration maximale de la canne à sucre au stade de développement végétatif optimal, on détermine l'évapotranspiration de référence par le biais d'une formule puis cette valeur est corrigée du coefficient cultural que l'on peut trouver dans des tables. Dans notre cas, k_c = 1,25 (FAO, 1998). Enfin, en toute généralité, on a ainsi $ETR \leq ETM \leq ET_0$.

L'évapotranspiration est une composante essentielle du cycle hydrologique et son étude se justifie pleinement pour connaître le potentiel hydrique d'une région ou d'un bassin versant. En général, des analyses approfondies devront être faites pour des études de bilan et de gestion de l'eau par les plantes tandis que de telles analyses seront moins nécessaires lors de la conception d'un projet d'aménagement des eaux.

Précipitations

Les précipitations comprennent toutes les eaux météoriques qui tombent sur la surface de la Terre, tant sous forme liquide (bruine, pluie, averse) que sous forme solide (neige, grésil, grêle) ainsi que les précipitations dites occultes ou déposées (rosée, gelée blanche, givre, etc.). Elles sont provoquées par un changement de température ou de pression. La vapeur d'eau de l'atmosphère se transforme en liquide lorsqu'elle atteint le point de rosée par refroidissement ou augmentation de la pression atmosphérique.

---

8 La résistance de surface est définie comme la résistance physique de la plante au transfert de la vapeur d'eau dans l'air ambiant.

9 L'albédo est l'intégrale de la réflectance pondérée par l'intensité du rayonnement solaire (Bonn et Rochon, 1993). Cette notion ainsi que celle de résistance de surface seront reprises en détail au chapitre 5.

La condensation requiert de plus la présence de certains noyaux microscopiques, autour desquels se forment des gouttes d'eau. La source de ces noyaux peut être océanique, continentale ou cosmique. Le déclenchement des précipitations est favorisé par la coalescence des gouttes d'eau. L'accroissement de poids leur confère un poids (produit de l'accélération terrestre par la masse) suffisant pour vaincre les courants ascendants et la turbulence de l'air, et atteindre le sol. Enfin, le parcours des gouttes d'eau ou des flocons de neige doit être assez court pour éviter l'évaporation totale de la masse d'eau durant la précipitation. Les précipitations sont exprimées en intensité (mm / h) ou en lame d'eau précipitée (mm).

Infiltration et percolation

L'infiltration désigne le processus de pénétration de l'eau dans les couches superficielles du sol et l'écoulement vertical de cette eau dans le sol et le sous-sol, sous l'action des forces de gravité et de pression. La percolation représente le mouvement vertical profond dans le sol, en direction de la nappe phréatique. Le taux d'infiltration est représenté par la tranche ou le volume d'eau qui s'infiltre par unité de temps (mm / h ou m^3 / s). L'infiltration est nécessaire pour renouveler le stock d'eau du sol, alimenter les eaux souterraines et reconstituer les réserves des aquifères. Elle permet de plus de réduire les volumes d'eau écoulés en surface.

Ecoulements

De par la diversité de ses formes, on ne peut plus aujourd'hui parler d'un seul type d'écoulement mais bien des écoulements. On peut distinguer en premier lieu l'écoulement dit de surface de l'écoulement souterrain. L'écoulement de surface, dont l'ancienne dénomination est le ruissellement, caractérise le mouvement de l'eau sur la surface du sol et dans les premiers horizons de celui-ci (on parle alors d'écoulement de subsurface). L'écoulement souterrain désigne le mouvement de l'eau dans le sol. On peut encore ajouter à cette distinction les écoulements en canaux ou rivières qui font appel à des notions plus hydrauliques qu'hydrologiques (à l'exception des méthodes de mesures comme nous le verrons au chapitre 8).

L'écoulement de surface caractérise un écoulement sur une surface et s'exprime généralement par un rapport volume / surface / temps $[L^3 / L^2 / T]$. Par exemple, l'écoulement de surface est souvent exprimé en millimètres par année hydrologique lorsque l'on analyse un bilan ou en litres par seconde et par hectare dans le cadre de projet d'aménagement des terres et des eaux (drainage ou irrigation). Les écoulements souterrains et en rivière font explicitement référence à la notion de débit, à savoir à un volume d'eau traversant une section par unité de temps $[L^3 / T]$.

2.3.6 Réservoirs du cycle hydrologique

Les réservoirs ou stocks d'eau sont essentiellement atmosphérique, océanique et terrestre. A ceux-ci s'ajoutent encore les réserves d'eau contenues dans les calottes glaciaires ainsi que celles de la végétation et de la biosphère.

Eau atmosphérique

Bien que le réservoir d'eau atmosphérique soit extrêmement petit en regard des réserves totales d'eau de la planète (<0,001 %), il n'en reste pas moins qu'il joue un rôle fondamental dans les mécanismes d'échange de par son taux de renouvellement extrêmement rapide (8-9 jours). En tant que réceptacle de l'eau évaporée et source des précipitations, l'eau atmosphérique est un maillon essentiel du cycle de l'eau. C'est aussi l'enveloppe atmosphérique de la Terre qui assure les mécanismes de transport et de diffusion de substances chimiques et physiques.

Eau interceptée et stockage dans les dépressions

L'interception est le processus de retenue de la pluie par la végétation (ou toiture, etc.). Son importance est difficile à évaluer et parfois marginale sous nos climats, ce qui explique qu'elle est souvent négligée dans la pratique. Le stockage dans les dépressions est, tout comme l'interception, souvent associé aux pertes. On définit l'eau de stockage comme l'eau retenue dans les creux et les dépressions du sol pendant et après une averse. La quantité d'eau susceptible d'être interceptée varie considérablement. La rétention d'eau peut varier de 10 % à plus de 40 % selon la couverture végétale.

Eaux du sol et de la nappe

Les ressources en eau du sol à de faibles profondeurs comme à de fortes profondeurs sont extrêmement variables tant du point de vue de leur volume, de leur étendue ou de leur qualité, que de la quantité d'eau potentiellement exploitable. L'eau du sol, c'est-à-dire l'eau de la partie superficielle de l'enveloppe terrestre, constitue une réserve essentielle pour le métabolisme des végétaux. Cette réserve représente environ 0,05 % des réserves totales d'eau douce de la planète. Stockées plus profondément, les eaux souterraines peuvent être salées ou non. Les réserves souterraines d'eau douce constituent environ 30 % des réserves totales d'eau douce. On n'oubliera toutefois pas que les stocks d'eau souterrains sont nettement plus importants puisque le volume d'eau douce ne représente que 45 % des eaux souterraines totales, les 55 % restants étant formés d'eau dont la teneur en sel dépasse souvent celle des océans.

Inégalement réparties à la surface du globe, les nappes peuvent être de deux types principaux : libre dans le cas où les terrains environnants sont perméables ; captive dans le cas où ces mêmes terrains présentent une très faible perméabilité, voire une imperméabilité.

Eaux des cours d'eau, lacs et océans

A elles seules les eaux des rivières, des lacs, des marais et des océans, soit les surfaces dites d'eau libre, représentent quasiment 97 % des réserves totales d'eau. Le réservoir océanique est le plus grand réservoir d'eau de la Terre et joue un rôle prépondérant dans le fonctionnement de cette dernière. De par leur capacité de stockage de quantité de chaleur, les océans permettent d'atténuer les variations thermiques tout en étant un élément moteur des mécanismes climatiques mondiaux via leur implication dans les processus de redistribution de l'énergie.

D'un autre côté, les lacs, dont le volume et la surface sont nettement plus faibles que ceux des mers et des océans, constituent la réserve principale d'eau douce liquide avec un volume total de 91 000 km^3. A lui seul, le lac Baïkal renferme quelque 23 000 km^3 d'eau douce soit 25 % des réserves mondiales. A titre comparatif, le volume du Léman (lac partagé entre la Suisse et la France) n'est que de 90 km^3. Aux lacs naturels, on peut aujourd'hui ajouter les lacs formés par les retenues artificielles qui ont un rôle prépondérant dans les problèmes d'aménagement, de protection contre les crues et de production d'énergie. Si la majeure partie des retenues artificielles n'a pas la capacité des lacs naturels, il n'en reste pas moins que certaines d'entre elles possèdent des réserves non négligeables. Le volume maximal de la retenue à l'amont du barrage d'Assouan (Egypte) est par exemple de 168,9 km^3 tandis que la capacité maximale du lac du barrage des chutes d'Owen en Ouganda est de 2700 km^3 !

Enfin, les cours d'eau, de par leur aspect dynamique, constituent le principal vecteur de transport de l'eau liquide de la Terre vers les océans. Au-delà de cet aspect, il ne faut pas oublier que ces derniers permettent aussi de stocker de l'eau de manière temporaire, les volumes totaux concernés étant de l'ordre de 2120 km^3.

2.4 RÉPARTITION DES EAUX

A cause notamment des variations climatiques, les ressources en eau sont inégalement réparties à la surface de la Terre. L'établissement d'un bilan hydrique est donc un exercice délicat dans la mesure où il est théoriquement impossible de réellement mesurer les apports, les pertes et l'évolution des stocks du système, notamment à l'échelle de la Terre dans sa globalité. Même lorsque le système est supposé connu, le calcul d'un tel bilan reste un exercice difficile voire parfois purement académique (Margat et Tiercelin, 1998).

> *« L'estimation des ressources en eau consiste à déterminer les sources, l'étendue, la fiabilité et la qualité de ces ressources, sur lesquelles est fondée l'évaluation des possibilités d'utilisation et de maîtrise de celles-ci. »*
>
> *(OMM, UNESCO, 1991)*

A l'échelle mondiale, plusieurs essais ont été tentés. Un tel travail doit être mis en regard des besoins humains et de la disponibilité des ressources hydrologiques. L'estimation de la taille des principaux réservoirs permet toutefois de souligner la petitesse des réserves en eau douce par rapport aux quantités pourtant phénoménales d'eau de notre planète.

A l'échelle continentale, la disparité non seulement des stocks mais aussi des flux peut être soulignée. Celle-ci est encore plus évidente lorsque l'on songe simplement que parmi les 28 lacs d'eau douce dont la surface dépasse 5000 km^2, 12 sont situés sur le seul continent nord-américain. A l'échelle des grandes zones climatiques, la pauvreté des régions arides et semi-arides est mise en évidence puisque celles-ci ne reçoivent environ que 6 % des précipitations mondiales et ne provoquent que 2 % de l'écoulement terrestre.

Enfin, deux échelles permettent de mieux cerner la problématique de la gestion des ressources en eau. Il s'agit tout d'abord de l'échelle des pays. Une telle approche permet ainsi de noter les différences entre les entités politiques mais ne prend pas en compte les frontières des bassins fluviaux qui ne coïncident généralement pas avec les limites politiques. L'échelle « pays » permet un classement ou une tentative de typologie des pays en fonction de leur richesse ou de leur pauvreté en eau. Ces différences de richesse en eau expliquent en partie les tensions politiques existantes entre des états portant non seulement sur les questions de droit d'accès à l'eau mais aussi sur l'utilisation des ressources en eau. Depuis les années 2000, on recense en effet pas moins d'une centaine de conflits liés à l'eau dans le monde[10], allant des problèmes des quotas entre les Etats-Unis et le Mexique (fleuve Colorado), aux inondations entre l'Argentine et le Brésil (fleuve Parana) sans oublier ceux induits par la construction de grands barrages tels que celui du lac Tchad, situé entre le Tchad et le Nigeria, ou encore la menace terroriste sur les systèmes de distribution d'eau potable, en particulier aux Etats-Unis. Outre ce type de tension, il existe aussi bon nombre d'oppositions intraétatiques comme nous avons pu le constater au chapitre précédent.

Finalement, d'un point de vue géographique, l'unité la plus représentative est celle du bassin versant, que celui-ci couvre une surface de 7 millions de kilomètres carrés (cas de l'Amazone) ou d'une dizaine de kilomètres carrés (cas de la Haute-Mentue en Suisse). L'unité spatiale retenue pour l'établissement d'un bilan hydrique sera choisie en fonction des objectifs de l'étude. Il est donc clair qu'un bilan mondial voire continental n'a aucune signification en vue d'une analyse géopolitique tandis qu'il présente un intérêt certain pour la compréhension des mécanismes liés au climat de la Terre. Les sections suivantes présentent les bilans aux différentes échelles évoquées.

2.4.1 A l'échelle du globe

Bien que toutes les planètes du système solaire aient un jour possédé de l'eau, la Terre reste un cas particulier puisqu'elle est la seule à disposer aujourd'hui d'eau sous ses trois formes, à savoir solide, liquide et gazeuse, en quantité suffisante pour maintenir la vie à sa surface. Vu de l'espace, la Terre apparaît comme une planète recouverte en grande partie d'eau, d'où le nom de planète bleue. Les océans occupent en effet une surface à peu près égale à 70 % de la surface du globe et représentent 96,5 % de la masse totale d'eau dans la biosphère. Le tableau 2.4 rappelle

Tableau 2.4 Principales données terrestres

Paramètre	
Rayon équatorial	6378,140 km
Rayon polaire	6356,777 km
Rayon moyen	6371,030 km
Circonférence à l'équateur	40 075 km
Surface du globe	510 10^6 km^2
Masse	5,9742 10^{24} kg
Masse volumique moyenne	5,517 10^3 kg/m^3
Durée du jour	23 h 56 min

10 Cette question sera traitée au chapitre 12. On peut aussi consulter le site internet suivant http://www.worldwater.org/conflict/index.html. Le Pacific Institute a démarré un projet à la fin des années 1980 pour classer et identifier les conflits liés à l'eau. La base de donnée a été mise à jour pour la dernière fois en novembre 2009.

les principales données physiques de la Terre. Le tableau 2.5 présente la surface, le volume et l'épaisseur d'eau équivalente des principaux réservoirs d'eau de la Terre. Enfin, le tableau 2.6 donne les quantités d'eau de chaque réservoir exprimées respectivement en pourcentage des réserves totales d'eau, ainsi qu'en pourcentage des réserves totales d'eau douce. Ce dernier tableau est aussi synthétisé sous la forme de la figure 2.14.

Tableau 2.5 Surfaces occupées, volumes et épaisseur d'eau équivalente des principaux réservoirs d'eau de la planète (tiré de Gleick, 1993).

Réservoir	Surface ($1000\ km^2$)	Volume ($1000\ km^3$)	Epaisseur (m)
Eaux océaniques	361 300	1 338 000	3703
Eaux souterraines	134 800	23 400	174
Nappes d'eau douce		10 530	
Eau du sol		16,5	environ 0,2
Glaciers et couverture neigeuse permanente	16 227	24 064,1	1483
Antarctique	13 980	21 600	1545
Groenland	1802	2340	1299
Arctique	226	83,5	369
Régions montagneuses	224	40,6	181
Permafrost	21 000	300	14,3
Réserves d'eau dans les lacs	2058,7	176,4	85,7
Douces	1236,4	91	73,6
Salées	822,3	85,4	104
Marais	2682,6	11,47	4,276
Rivières	148 800	2,12	0,014
Eau biologique	510 000	1,12	0,002
Eau atmosphérique	510 000	12,9	0,025
Réserves totales	510 000	1 385 984,61	2718
Réserves d'eau douce	148 800	35 029,21	235

On rappellera que les chiffres donnés dans les tableaux 2.5 et 2.6 ne sont qu'indicatifs et que plusieurs études ont abouti à des valeurs légèrement différentes. De plus, la somme des réserves en eau douce comprend les réserves suivantes[11] : nappes d'eau douce, eau du sol, glaciers et couvertures neigeuses permanentes, permafrost, lacs d'eau douce, marais, rivières, eau biologique et eau atmosphérique.

---

11 Pour plus de détails quant aux différentes estimations des réserves d'eau mondiales, on se reportera aux données compilées par Gleick P.H. (Editor), 1993. *Water in Crisis*. A guide to the World's Fresh Water Resources. Oxford University Press, 473 p. et Jacques G., 1996. *Le cycle de l'eau*. Les fondamentaux. Hachette, 157 pp.

Tableau 2.6 Fraction des réserves totales et des réserves d'eau douce des différents stocks d'eau de la planète (tiré de Gleick, 1993).

Réservoir	Fraction des réserves totales [%]	Fraction des réserves d'eau douces [%]
Eaux océaniques	96,5379	
Eaux souterraines totales	1,6883	
Nappes d'eau douce	0,7597	30,0606
Eau du sol	0,0012	0,0471
Glaciers et couverture neigeuse permanente	1,7362	68,6972
Antarctique	1,5585	61,6628
Groenland	0,1688	6,6801
Arctique	0,0060	0,2384
Régions montagneuses	0,0029	0,1159
Permafrost	0,0216	0,8564
Réserves d'eau dans les lacs	0,0127	
Douces	0,0066	0,2598
Salées	0,0062	
Marais	0,0008	0,0327
Rivières	0,0002	0,0061
Eau biologique	0,0001	0,0032
Eau atmosphérique	0,0009	0,0368
Réserves totales	100	
Réserves d'eau douce	2,53	100

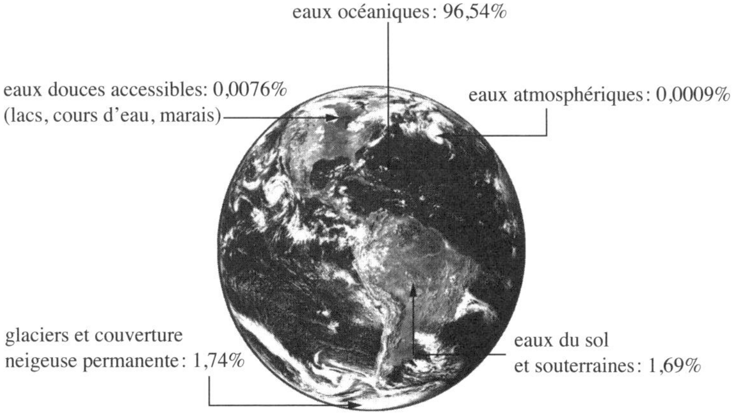

Fig. 2.14 Disponibilité mondiale en eau.

Le tableau 2.7 donne le temps de renouvellement des principaux réservoirs. Il est utile de souligner une fois encore la rapidité des mécanismes de transferts atmosphériques mais aussi la pérennité de certains réservoirs avec toutes les implications que cela induit, par exemple en terme de pollution des eaux.

Tableau 2.7 Temps de renouvellement de l'eau dans les principaux réservoirs (tiré de Gleick, 1993 ; Jacques, 1996).

Réservoir	Temps de renouvellement (Jacques, 1996)	Temps de renouvellement (Gleick, 1993)
Océans	2500 ans	3100 ans
Calottes glaciaires	1000-10 000 ans	16 000 ans
Eaux souterraines[12]	1500 ans	300 ans
Eaux du sol	1 an	280 jours
Lacs	10-20 ans	1-100 ans (eaux douces) 10-1000 ans (eaux salées)
Cours d'eau	10-20 jours	12-20 jours
Eau atmosphérique	8 jours	9 jours
Biosphère	Quelques heures	–

Les tableaux précédents permettent au lecteur de relativiser l'importance des ressources en eau au vu, d'une part, de la fraction d'eau salée, et, d'autre part, de la faible quantité d'eau douce sous forme liquide. A ceci s'ajoute encore la différence essentielle énoncée au chapitre précédent, à savoir que les stocks d'eau ne définissent pas une réserve en eau exploitable mais une réserve potentielle. La ressource en eau exploitable pour les activités humaines doit donc être définie non pas en fonction des stocks qui constituent bien souvent des réserves souterraines fossiles mais selon les flux d'eau qui sont nettement plus faibles. Ainsi, dans un contexte de développement durable, les flux d'eau permettent de définir les ressources en eau renouvelables, c'est-à-dire les ressources exploitables par les hommes. L'ordre de grandeur de cette réserve exploitable est selon différents auteurs d'environ 44 000 km^3/an (Margat et Tiercelin, 1998) à 47 000 km^3/an (Fritsch, 1998 ; Gleick, 1993).

On retiendra finalement qu'à l'échelle mondiale la différence entre l'évapotranspiration et les précipitations est négative sur les terres émergées et positives sur les océans. Cela implique donc un transfert d'eau des continents vers les océans (fig. 2.15).

Quantitativement et bien que les estimations divergent entre les différents scientifiques, la quantité d'eau précipitée sur la Terre représente une lame de l'ordre de 1000 mm/an environ[13]. L'évapotranspiration totale est du même ordre de grandeur tandis que la somme des écoulements des continents vers les océans est équivalente à une lame d'eau d'un peu plus de 300 mm. On notera encore qu'en ce qui concerne les régions du monde qui ne possèdent pas d'exutoire vers les océans (régions endoréiques), le bilan est différent du reste de la terre puisque les précipitations et l'évapotranspiration sont de l'ordre de 300 mm.

---

12 Le temps de renouvellement varie évidemment selon que l'on se trouve en présence d'une nappe peu profonde ou profonde. Dans ce dernier cas les estimations de temps de renouvellement peuvent se situer au voisinage de 8000 ans.

13 Plusieurs études ont été réalisées afin de quantifier le bilan hydrique mondial, souvent en mélangeant des données de diverses sources, chacun poursuivant un objectif particulier. En général, on s'accorde à considérer que les meilleures estimations sont celles fournies par Gleick (1993) et Shiklomanov (1993). Pour leur part, Trenberth *et al.* (2007) ont proposé une nouvelle estimation du bilan hydrique mondial en compilant un ensemble de données couvrant la période allant de 1976 à 2000.

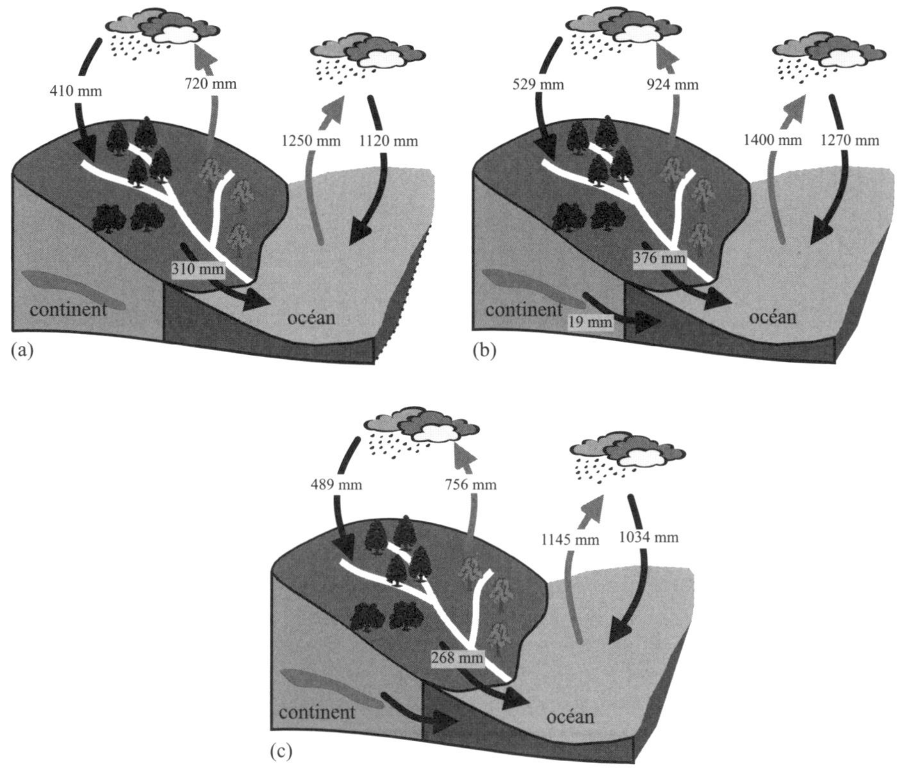

Fig. 2.15 Bilan hydrologique mondial (d'après Jacques, 1996 (a), Gleick, 1993 (b) et Trenberth *et al.*, 2007 (c).

2.4.2 A l'échelle d'une zone climatique

Comme nous avons pu le constater précédemment, la répartition des eaux est très inégale à l'échelle des zones climatiques. On peut ainsi représenter, proportionnellement au volume total, chaque terme du bilan hydrique (tab. 2.8).

Les zones tempérées et intertropicales se partagent la plus grande part des précipitations mondiales et génèrent à elles seules 98,2 % du débit mondial. Les zones arides et semi-arides ne contribuent à l'écoulement total qu'à concurrence de 1,8 % alors qu'elles représentent 8,6 % de l'évapotranspiration. Ce tableau souligne donc la pauvreté des régions arides et semi-arides ainsi que le déséquilibre du bilan hydrologique face aux régions tempérées ou intertropicales.

Tableau 2.8 Répartition des termes du bilan hydrique en fonction des principales zones climatiques (en %).

Zone climatique	Précipitations	Evaporation	Ruissellement	Ecoulement de base
Tempérée	42,2	38,6	48,2	50,0
Aride et semi-aride	6,0	8,6	1,8	1,5
Intertropicale humide	51,8	52,8	50	48,5
Total	100	100	100	100

Une répartition plus fine des précipitations sur les terres émergées en fonction cette fois de la latitude (répartition holosphérique) indique un accroissement des quantités précipitées du Nord jusqu'à l'équateur (valeur maximale proche de 2000 mm / an) pour chuter aux environs de 500 mm / an pour une latitude de 30 degrés Sud (fig. 2.17). La quantité annuelle des précipitations remonte ensuite vers 1500 mm / an à 50° Sud avant de diminuer progressivement jusqu'à une valeur minimale pour le continent Antarctique. Une analyse similaire au niveau des surfaces océaniques présente la même allure que précédemment pour l'hémisphère Sud à ceci près que la pointe au niveau de l'équateur est plus marquée tandis que les différences de précipitations entre les latitudes de 30° et 50° Sud sont atténuées. Par contre, la répartition dans l'hémisphère Nord présente un maximum local à la latitude de 50° Nord pour chuter vers 30° Nord.

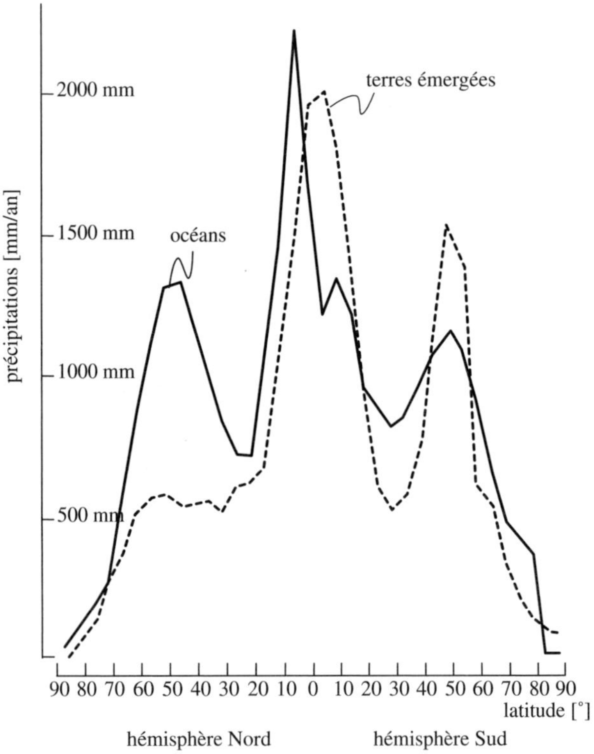

Fig. 2.16 Répartition holosphérique des précipitations (d'après Tardy,1986).

La répartition holosphérique de l'évaporation présente une structure quasiment symétrique par rapport à l'équateur avec deux valeurs maximales pour des latitudes de 25° Nord et 15° Sud (fig. 2.18). L'évapotranspiration des terres émergées est maximale au niveau de l'équateur, minimale aux pôles et inférieure à 500 millimètres par an pour la majeure partie de la Terre soit pour des latitudes allant de 90° Nord à 15° Nord puis de 20° Sud à 90° Sud.

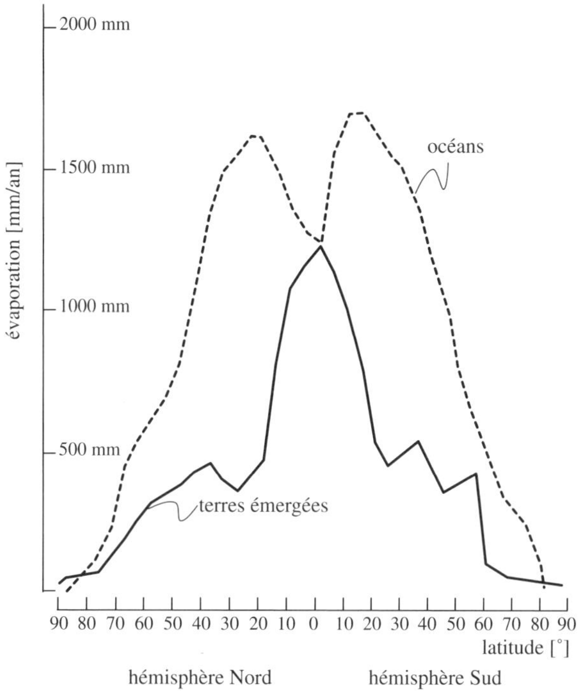

Fig. 2.17 Répartition holosphérique de l'évaporation (d'après Tardy, 1986).

Pour terminer, il est important de noter qu'environ 80 % de l'écoulement mondial est totalisé dans l'hémisphère Nord mais surtout dans des régions faiblement peuplées eu égard aux densités de population que l'on rencontre dans les pays dits du Sud.

2.4.3 A l'échelle des continents

Par continent, il est encore possible d'estimer le débit moyen annuel des cours d'eau en incluant non seulement les quantités d'eau qui rejoignent les océans mais aussi les écoulements au sein des systèmes hydrologiquement clos (il s'agit par exemple des bassins de la mer d'Aral, de la mer Caspienne, du lac Tchad ou encore du grand lac Salé). Cette répartition est extrêmement importante car elle reflète bien la disparité des ressources renouvelables donc exploitables par l'homme (tab. 2.9).

A eux seuls, les continents asiatiques et sud-américain totalisent 56 % du débit mondial des cours d'eau. L'Afrique, avec 10 % de l'écoulement mondial, présente un débit moyen spécifique (répartition de la lame écoulée sur la surface du continent) de 4,8 litres par seconde et par kilomètre carré contre 9,7 pour l'Europe et 21 pour l'Amérique du Sud !

Le pourcentage des précipitations qui ruisselle est plus important dans l'hémisphère Sud (~40 %) que dans l'hémisphère Nord. Notons qu'à lui seul, le continent sud-américain totalise 31 % du ruissellement mondial.

Tableau 2.9 Bilan hydrologique à l'échelle continentale (tiré de Gleick, 1993).

Continent	Précipitations		Evaporation		Ruissellement	
	[mm]	[km^3]	[mm]	[km^3]	[mm]	[km^3]
Europe	790	8290	507	5320	283	2970
Afrique	740	22 300	587	17 700	153	4600
Asie	740	32 200	416	18 100	324	14 100
Amérique du Nord	756	18 300	418	10 100	339	8180
Amérique du Sud	1600	28 400	910	16 200	685	12 200
Australie et Océanie	791	7080	511	4570	280	2510
Antarctique	165	2310	0	0	165	2310
Moyenne	800	119 000	485	72 000	315	47 000

2.4.4 A l'échelle des pays

Les ressources en eau de chaque pays dépendent bien évidemment de leur superficie mais aussi de leur situation climatique, géographique et physique (présence de montagnes, de zones désertiques) ainsi que de leur situation géologique. En général, les ressources en eau considérées par pays sont les ressources en eau douce renouvelables car c'est cette ressource qui intéresse directement le gestionnaire de l'eau. La plage des valeurs est alors extrêmement variable, passant de 100 millions de mètres cubes par an à plus de 5000 milliards de mètres cubes par an, ce qui représente un facteur de 50 000.

Selon Margat et Tiercelin (1998) neuf pays se partagent environ 60 % des ressources en eau dites renouvelables. Gleick (2000) considère que 12 pays se partagent 65 % des réserves d'eau douces de la planète. Ces différences proviennent d'une part que les données de réserves en eau par pays proviennent de sources très diverses et que, d'autre part, celles-ci sont estimées par des méthodes différentes ainsi que pour des années différentes par les différents auteurs. De plus, certains pays ne mesurent pas directement cette quantité mais la déduisent d'autres grandeurs. Les tableaux 2.10 et 2.11 présentent les classements des pays qui offrent la plus grande réserve en eau douce renouvelable selon Margat et Tiercelin (1998) et Gleick (2011). Ces chiffres sont donc indicatifs et à considérer avec toutes les limites qui s'imposent.

Tableau 2.10 Réserves d'eau douce renouvelables pour les pays les plus riches en eau selon Margat et Tiercelin (1998).

Pays	Réserves d'eau douce renouvelable [km^3/an]
Brésil	6220
Russie	4059
USA	3760
Canada	3220
Chine	2800
Indonésie	2530
Inde	1850
Colombie	1200
Pérou	1100

Tableau 2.11 Réserves d'eau douce renouvelables pour les pays les plus riches en eau selon Gleick (2011).

Pays	Réserves d'eau douce renouvelable [km^3/an]	Année de référence
Brésil	8233	2000
Russie	4498	1997
Canada	3300	1985
USA	3069	1985
Indonésie	2838	1999
Chine	2739	2008
Colombie	2132	2000
Inde	1908	1999
République du Congo	1283	2001
Venezuela	1233	2000
Bangladesh	1211	1999
Myanmar	1046	1999

En terme absolu, si l'on constate que 12 pays se partagent 65 % des réserves totales d'eau douce, on se doit aussi de souligner que les 54 pays les plus pauvres en eau ne représentent que 1 % des réserves totales. Dans cet ordre d'idée, les dix pays les plus pauvres en eau sont donnés par le tableau 2.12 ci-après.

Au-delà des valeurs absolues ou des ordres de grandeurs que l'on peut proposer lorsque l'on cherche à quantifier les ressources en eau de la planète, les quantités les plus pertinentes sont sans doute d'une part le volume d'eau douce renouvelable par année et par habitant (fig. 2.18) et, d'autre part, le stress hydrique (fig 2.19 et 2.20). Si la première de ces grandeurs n'appelle pas de commentaires particuliers quant à sa définition, on se doit d'insister fortement sur le fait que l'indicateur de *stress hydrique* n'est pas celui que l'on définit dans les domaines de l'agriculture et de l'irrigation en particulier. Dans le contexte qui nous intéresse ici, le stress hydrique est défini comme indice de pénurie d'eau et représente la quantité d'eau utilisée par an dans un pays en pourcentage des ressources totales disponibles.

Tableau 2.12 Réserves d'eau douce renouvelables pour les pays les plus pauvres en eau selon Gleick (2011).

Pays	Réserves d'eau douce renouvelables [km^3/an]	Année de référence
Koweit	0,02	2008
Maldives	0,03	1999
Qatar	0,06	2008
Malte	0,07	2005
Barheïn	0,10	2008
Emirats Arabes Unis	0,15	2008
Djibouti	0,300	2005
Chypre	0,30	2007
Cap Vert	0,30	2005
Singapour	0,600	1975
Libye	0,600	2005
Jordanie	0,94	2008

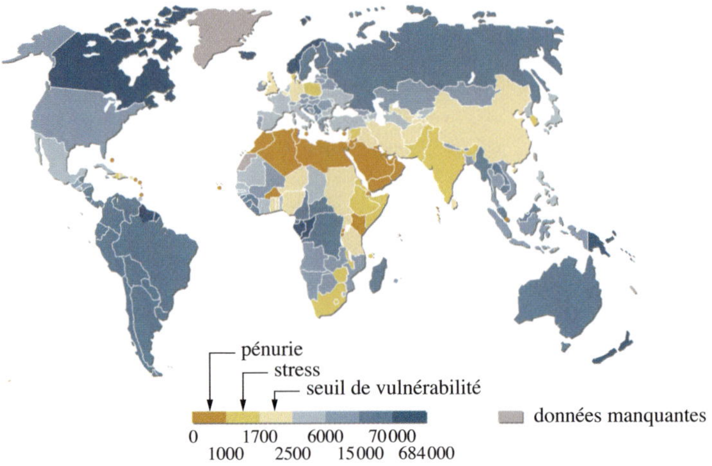

Fig. 2.18 Ressource en eau douce par pays, année et habitant pour l'année 2007 (en m^3/hab/an) (tiré de PNUE, 2008).

On notera que les auteurs ne s'accordent pas tous sur les seuils à adopter afin de qualifier le niveau de stress hydrique ou encore de pénurie. Certains définissent encore les notions d'abondance, de modicité ainsi que de dénuement. Le tableau 2.13 ci-dessous exprime les correspondances entre ces termes et les quantités d'eau douce par habitant et par année. On y indique aussi le nombre de pays dans chaque classe de ressource en eau renouvelable ainsi que quelques exemples illustratifs.

Tableau 2.13 Volume d'eau douce renouvelable par année et par habitant selon Gleick (1993) et Margat (1998).

Pays	Nbre de pays	Réserves d'eau douce renouvelables [m^3/an/hab]	Exemples
Surabondance	10	> 100 000	Gabon, Canada
Abondance	52	10 000-100 000	Suède
Suffisance	70	2000-10 000	Suisse, Etats-Unis
Modicité	13	1000-2000	Egypte
Indigence	5	500-1000	Belgique, Tunisie
Dénuement	13	< 500	Libye, Jordanie

La grande difficulté avec toutes ces données est de fixer un seuil minimal acceptable, à savoir une valeur limite permettant à chaque être humain de vivre décemment en pouvant subvenir à ces besoins naturels. Une façon de procéder consiste à adopter le droit fondamental de 50 litres d'eau par jour et par personne proposé par l'UNESCO. Cependant, on admet en général que la limite entre richesse et pauvreté se situe aux alentours de 1700 m^3/an/hab (soit environ 4660 l/j/hab) comme l'a proposé Malin Falkenmark (Falkenmark, 1989, de Villiers, 2000 ; Margat et Tiercelin, 1998). Cet indice dit « de Falkenmark » est le plus utilisé pour caractériser la pénurie d'eau à l'échelle des pays car il est facilement compréhensible. Toutefois, cet indice sous-estime en général l'impact sur les groupes de population pour lesquelles il ne tient pas véritablement compte du fait qu'il est fortement agrégé. Ce type d'approche peut ainsi conduire à disposer d'une vue erronée des problématiques de gestion des ressources hydriques puisqu'un pays peut présenter de fortes disparités internes. Aujourd'hui, cet indice fait aussi l'objet de critiques de par sa nature car il ne qualifie qu'une mesure de flux et ne prend pas en considération la pression humaine sur la ressource hydrique (Margat, 2005). Or la question de l'exploitation de la ressource en eau ne peut être éludée car il s'agit d'un facteur déterminant pour le développement.

Tableau 2.14 Seuils de différenciation de l'indice de Falkenmark (1989).

Réserves d'eau douce renouvelables [m^3/an/hab]	Catégorie
> 1700	Pas de stress hydrique
1000-1700	Stress hydrique
500-1000	Rareté
< 500	Grande rareté ou dénuement

« L'irrigation constitue encore à l'heure actuelle les trois quarts de l'eau douce utilisée dans le monde. Elle est à mettre en corrélation avec les degrés de développement du pays considéré : en d'autres termes, moins le pays est développé, plus il consomme d'eau pour irriguer et vice versa... »

(Jacques Sironneau, Revue Française de Géoéconomie, 1998)

En remarquant toutefois que très peu de pays consomment véritablement cette réserve de 1700 m^3 par année et par habitant, on peut se demander pourquoi tant de spécialistes parlent de « crise de l'eau » puisque même les Etats-Unis n'atteignent pas un tel niveau de consommation. C'est sans compter, par exemple, les eaux des précipitations qui sont utilisées pour l'irrigation et qui font que beaucoup de pays sont bien dans une situation de crise par rapport à leurs réserves en eau renouvelables. Dans ce cas, le seuil de 1700 m^3 est bien souvent atteint, ce qui explique par exemple que même dans des scénarios de projection future loin d'être catastrophistes, on souligne qu'en 2050, un milliard d'êtres humains devraient vivre dans une situation de rareté d'eau et 970 millions dans une situation de manque sur une population totale estimée à 9,4 milliards d'habitants. Toujours dans ce contexte, la figure 2.19 illustre la projection probable de l'indice de stress hydrique ou de pénurie d'eau pour l'année 2025.

Les valeurs adoptées pour déterminer les classes de stress hydrique amènent les explications suivantes :

- Indice inférieur à 10 % : aucune pression particulière est exercée sur la ressource en eau.
- Indice entre 10 % et 20 % : le stress hydrique est modéré. L'eau est un facteur limitant du développement.
- Indice entre 20 % et 40 % : un certain nombre de problèmes de gestion des ressources hydriques doit être résolu si l'on souhaite maintenir un usage viable de l'eau. La situation est donc grave.
- Indice supérieur à 40 % : le stress hydrique est élevé. Il y a véritablement pénurie d'eau et les réserves s'épuisent très rapidement.

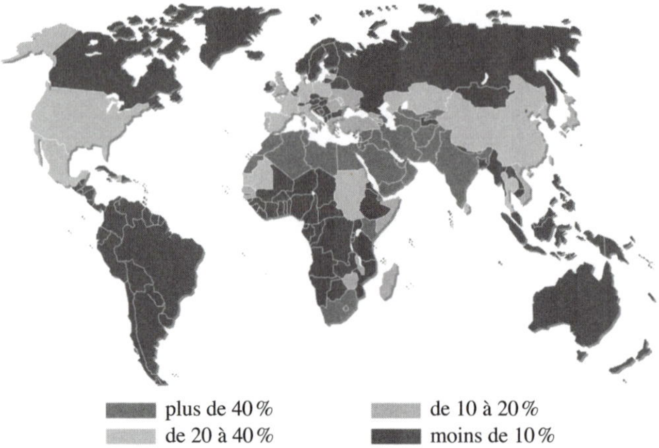

Fig. 2.19 Projection de l'indice de stress hydrique dans le monde pour 2025.

La problématique de cette représentation est, comme nous l'avons mentionné auparavant, qu'elle ne prend pas en compte la répartition spatiale de la ressource. De fait, un pays semi-aride parcouru néanmoins par un fleuve peut apparaître dans la catégorie des pays sans pression hydrique particulière (stress hydrique inférieur à 10 %). Ceci est le cas de divers pays d'Afrique tels que le Bénin, le Burkina-Faso ou encore le Mali qui se retrouvent dans la même catégorie que la Suisse mais pour des raisons différentes. A l'inverse, l'Angleterre ou le Portugal se trouvent pour leur part dans une catégorie de stress hydrique important (entre 20 et 40 %).

Certains auteurs (Vörösmarty *et al.*, 2010) ont ainsi proposé des indicateurs agrégés tels que celui de la menace pour l'approvisionnement en eau potable HWSI (fig. 2.20). Cet indice est le résultat de l'agrégation de 24 paramètres relatifs au bassin versant (surfaces agricoles, densité du bétail, surfaces imperméables), à la pollution des ressources en eau (pesticides, pollution organique, etc.), aux ressources en eau (consommation, pertes en eau, etc.) ainsi qu'à des facteurs biologiques (pression sur la pêche par exemple).

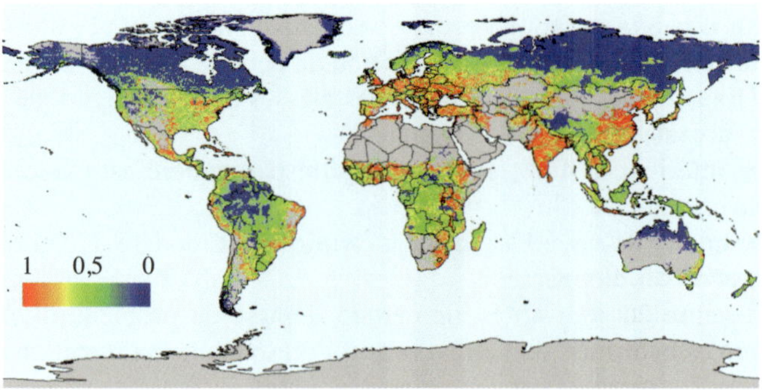

Fig. 2.20 Indice de menace pour l'approvisionnement en eau potable. 0 étant le risque le plus faible, 1 le risque le plus élevé (d'après Vörösmarty *et al.*, 2010).

En résumé, on retiendra la difficulté d'établir des indicateurs permettant d'évaluer les ressources en eau. Quelle que soit la méthode utilisée, il apparaît aujourd'hui qu'un certain nombre de pays se trouvent dans une situation critique et que celle-ci ne devrait pas s'améliorer sans de sévères efforts tant du point de vue scientifique que politique et économique.

2.4.5 Exemples de bilan à l'échelle d'un pays

Rappelons que dans le cas du bilan à l'échelle d'un pays, il reste délicat de quantifier tous les flux ainsi que le volume des réservoirs d'eau. Ceci est imputable au fait que les limites d'écoulement des eaux de surface mais surtout souterraines coïncident rarement avec les limites politiques. De plus, les grandeurs mesurées sont en règle générale entachées d'erreurs qui se reportent directement sur les résultats d'une estimation du bilan hydrique.

A titre d'exemple, le tableau 2.15 présente les deux estimations des bilans hydriques pour la Suisse et pour le Maroc (Mutin, 2000). On notera que le bilan hydrique de la Suisse est négatif tandis que celui du Maroc est positif. Cependant, au-delà de cette différence, ce sont les grandeurs des principaux flux qui sont à remarquer puisque la Suisse reçoit un apport pluviométrique sept fois supérieur à celui du Maroc.

Tableau 2.15 Bilan hydrique de la Suisse (données du Service hydrologique national, 1985), du Burkina-Faso, de l'Espagne (FAO, 2013) et du Maroc (Mutin, 2000).

	Hauteur d'eau mm/an (Suisse)	Hauteur d'eau mm/an (Burkina-Faso)	Hauteur d'eau mm/an (Espagne)	Hauteur d'eau mm/an (Maroc)
Précipitation	1456	748	604	211
Ruissellement	978	29	158	32
Stockage	–6	1	–	6
Evaporation	484	718	446	173
Apports extérieurs	318	–	0,6	–

2.5 CYCLES ASSOCIÉS

Un défi pour l'hydrologie réside actuellement dans l'étude des phénomènes faisant intervenir plusieurs cycles. On comprend assez bien les mécanismes de certains cycles lorsque ceux-ci sont étudiés de manière individuelle. Cependant, de nombreux cycles biogéochimiques se déroulent en interaction avec d'autres et plus particulièrement avec le cycle de l'eau. En effet, l'eau joue non seulement un rôle de vecteur pour le mouvement de substances mais aussi de substrat et de milieu privilégié pour divers mécanismes de transformations biologiques et/ou physico-chimiques. Si notre propos n'est pas de détailler le fonctionnement de tous les cycles de matière ou d'énergie, il est en revanche opportun de préciser quelques éléments essentiels de certains cycles dits « associés ».

2.5.1 Le cycle du carbone

De par son rôle prépondérant joué dans les mécanismes du vivant ainsi que son impact sur le fonctionnement du climat mondial par le biais de l'effet de serre, on ne saurait passer sous silence le cycle du carbone (fig. 2.21). Au-delà du fait que le carbone ait donné naissance à la chimie dite organique et que l'on connaisse aujourd'hui plus d'un demi-million de composés organiques différents, la carbone est aussi présent sous forme gazeuse dans l'atmosphère (monoxyde et dioxyde de carbone CO et CO_2), sous forme dissoute dans l'eau avec l'hydrogénocarbonate HCO_3^- ou encore sous forme solide dans les carbonates (par exemple le carbonate de calcium $CaCO_3$).

A ces composés s'ajoutent les formes pures du carbone telles que le graphite et le diamant ainsi que ses formes présentes dans les roches carbonées.

Pour terminer cette brève introduction sur le cycle du carbone, rappelons encore que cet élément présente sept formes isotopiques (^{10}C, ^{11}C, ^{12}C, ^{13}C, ^{14}C, ^{15}C, ^{16}C) dont deux sont stables (il s'agit des formes ^{12}C et ^{13}C). Les autres formes du carbone sont radioactives et présentent des durées de demi-vie allant de 0,74 seconde pour le carbone ^{16}C à 5726 années pour le carbone ^{14}C. L'isotope du carbone le plus abondant sur Terre est le carbone ^{12}C qui représente environ 99 % de la quantité totale de carbone. La seconde forme la plus abondante est le carbone ^{13}C.

Le carbone est présent dans tous les grands réservoirs terrestres mais son cycle doit être décomposé selon la dimension temporelle. En effet, le cycle du carbone peut être perçu comme plusieurs cycles imbriqués se déroulant selon des échelles de temps très différentes. Les figures 2.21 et 2.22 illustrent respectivement le cycle du carbone

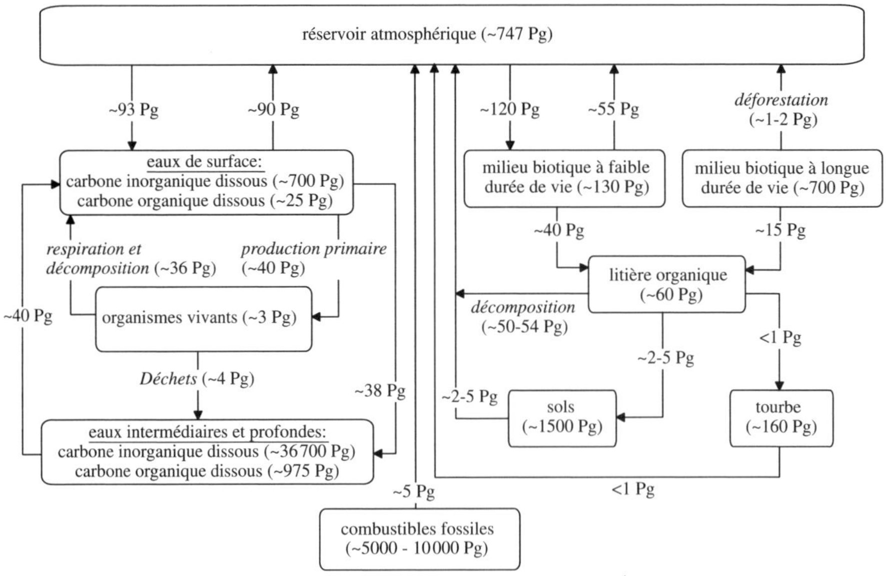

Fig. 2.21 Principaux réservoirs et flux du cycle du carbone présentant un temps de renouvellement inférieur à 1000 ans (d'après Bolin 1983). La partie de gauche de la figure concerne le milieu marin tandis que la partie de droite illustre le cycle dans sa phase terrestre. L'unité de masse utilisée est le Pétagramme (Pg) soit 1015 grammes, l'unité de flux est le Pétagramme par an.

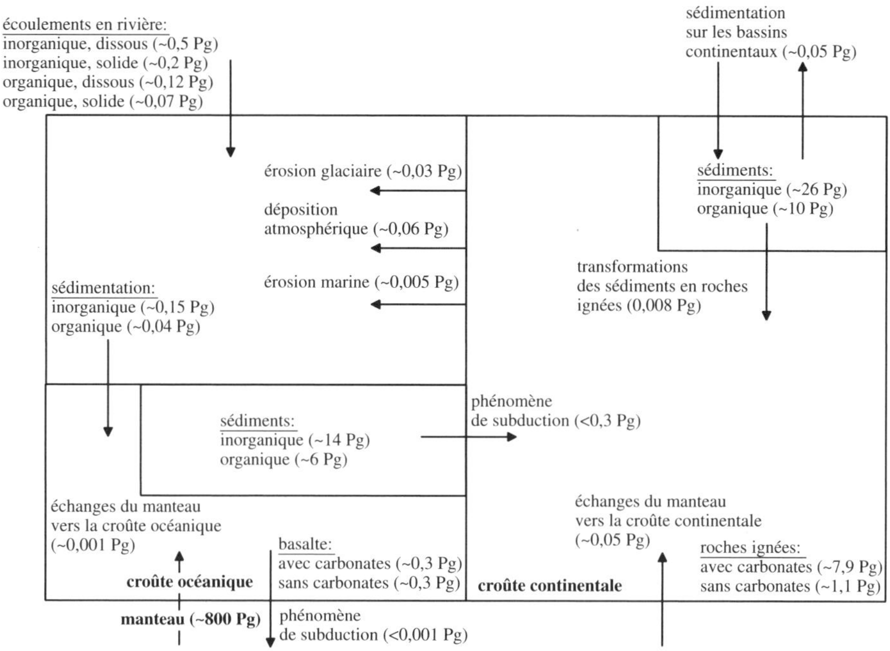

Fig. 2.22 Principaux réservoirs et flux du cycle du carbone présentant un temps de renouvellement de l'ordre de 100 millions d'années (d'après Bolin 1983). La partie de gauche de la figure concerne le milieu marin tandis que la partie de droite illustre le cycle dans sa phase terrestre. L'unité de masse utilisée est le Pétagramme (Pg) soit 1015 grammes, l'unité de flux est le Pétagramme par an.

pour des temps de renouvellement inférieurs à 1000 ans (cycle rapide) et de l'ordre de 100 millions d'années (cycle lent).

De façon schématique, on retiendra qu'il n'y a pas un seul cycle du carbone mais plusieurs cycles étroitement imbriqués et se déroulant selon des échelles spatiales (volume des réservoirs) et temporelles (temps de renouvellement) très variables.

Réservoirs majeurs de carbone et processus de transformation

S'il ne nous appartient pas ici de développer de manière exhaustive les mécanismes liés au cycle du carbone, il n'en reste pas moins important d'introduire ses principaux réservoirs ainsi que les flux qui en découlent.

L'atmosphère et l'effet de serre

Présent essentiellement dans l'atmosphère sous la forme de dioxyde de carbone (le gaz carbonique CO_2), on trouve aussi la molécule de carbone dans d'autres gaz tels que le monoxyde de carbone CO ou encore le méthane CH_4. Le réservoir atmosphérique est sans conteste le mieux étudié du fait du rôle joué par le gaz carbonique dans le mécanisme de l'effet de serre et des questions liées à la problématique de l'accroissement de la température moyenne de la surface de la Terre. L'effet de serre, malgré son apparente « jeunesse », est un phénomène connu et observé depuis de nombreuses années. Décrit par J.B. Fourrier dès 1827, c'est toutefois un chimiste suédois,

S. Arrhenius, qui proposa en 1895 que les émissions de gaz carbonique dans l'atmosphère pourraient contribuer à l'accroissement de la température moyenne de notre planète en conséquence du renforcement de l'effet de serre.

La majeure partie du rayonnement solaire absorbé par la Terre se trouve dans le domaine du visible tandis que cette dernière renvoie une certaine quantité de chaleur sous la forme d'infrarouge dans l'atmosphère. Si ce n'était pas le cas, la surface de notre planète ne cesserait de s'échauffer. Le rayonnement infrarouge n'est cependant pas réémis dans l'espace puisqu'un certain nombre de gaz que l'on nomme *gaz à effet de serre* absorbe une partie de ce rayonnement, permettant ainsi le maintien d'une température moyenne à la surface de la Terre de 15 °C alors que celle-ci devrait être, sans cet effet de serre, de –18 °C. L'effet de serre a donc été un facteur décisif dans l'apparition de la vie à la surface de la Terre en étant toujours le garant de conditions viables sur notre planète. Parmi les gaz qui participent à l'effet de serre, on trouve tout d'abord la vapeur d'eau et le gaz carbonique ainsi que le méthane (CH_4), l'oxyde nitreux (N_2O), le monoxyde de carbone (CO), l'ozone (O_3), les chlorofluorocarbones (CFC) et leurs substituts, les halons (HCFC) ainsi que certains composés organiques volatils (COV).

Si le phénomène de l'effet de serre est un mécanisme régulateur nécessaire au maintien de la vie, il est désormais démontré que l'accroissement des quantités de gaz à effet de serre par le biais des activités humaines (consommation des combustibles fossiles, agriculture, déforestation, etc.) a pour effet un accroissement de la température moyenne de la Terre. Sans détailler les conséquences probables d'un tel réchauffement, on peut cependant rappeler par exemple que le taux de CO_2 est passé d'environ 275 ± 20 ppmv (parties par million en volume) vers les années 1850 à 360 ppmv en 1992 (Rousseau et Apostol, 2000) augmentant ainsi la participation à l'effet de serre de ce gaz de 30 % à 50 %, la majorité de cet effet étant toujours imputable à la vapeur d'eau.

Les deux figures suivantes (fig. 2.23 et 2.24) soulignent l'accroissement très important des teneurs en gaz carbonique dans l'atmosphère depuis le milieu du XIXe siècle en tonnes de carbone par habitant (fig. 2.23) et depuis 1961 en parties par million de volume à l'observatoire de Mauna-Loa (Hawaii). On notera les variations saisonnières de CO_2 dues à l'activité de la photosynthèse. Au printemps, les

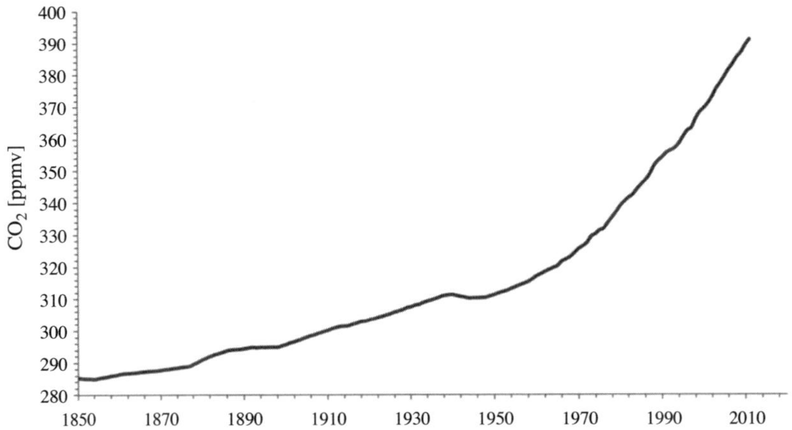

Fig. 2.23 Evolution du flux de CO2 dans l'atmosphère ppmv par habitant de 1850 à 2011.

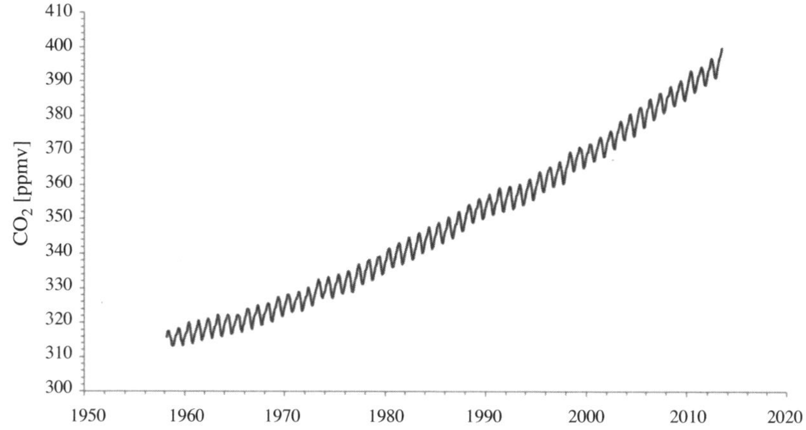

Fig. 2.24 Evolution mensuelle de la concentration de CO2 dans l'atmosphère mesurée depuis 1959 à mai 2013 à l'observatoire de Mauna-Loa (Hawaii).

végétaux absorbent une grande quantité de CO_2 qu'ils relâchent en hiver. Une analyse sur 162 pays pour lesquels on dispose de données d'émissions de CO_2 ainsi que du produit intérieur brut pour les années 1995, 1996 et 1997 montre que les corrélations entre ces deux grandeurs sont de l'ordre de 0,86 pour les trois années, ce qui, au sens statistique, est significatif (fig. 2.25).

Malgré les incertitudes liées aux projections dans le futur des conséquences de l'accroissement de la teneur en gaz à effet de serre dans l'atmosphère, les experts s'accordent aujourd'hui sur un réchauffement global de 1,8 °C avec une incertitude de 0,8 °C d'ici 2030 voire même avant (vers 2010). Il faut cependant bien comprendre

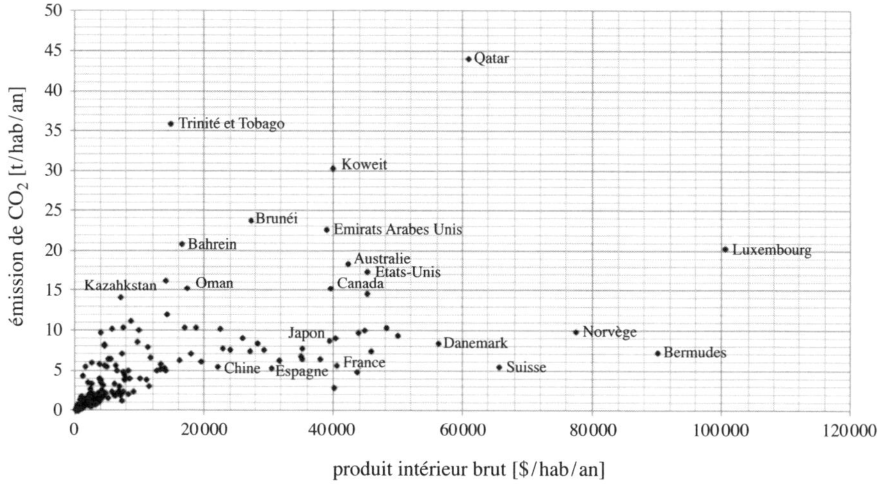

Fig. 2.25 Relation entre émission de CO2 en tonnes de carbone par habitant et produit intérieur brut pour l'année 2011. On y indique encore quelques noms de pays à titre indicatif (les données sont issues de la Banque Mondiale, http://www.worldbank.org/data/).

ici qu'il ne s'agit que d'une valeur moyenne et que l'accroissement peut fortement varier en fonction de la position géographique ainsi qu'en fonction de la saison. Par exemple, les pays du Sud de l'Europe pourraient voir un accroissement de leur température moyenne supérieur à 2 °C durant la saison estivale. Certains scénarii montrent, par contre, un accroissement plus élevé des températures hivernales par rapport aux valeurs estivales. Ceci est notamment le cas pour les pays d'Europe centrale et du Nord (Bader et Kunz, 1998 ; Dessus, 1999). Au-delà de l'accroissement de la température de surface de la Terre, c'est bien tout le cycle de l'eau et des échanges énergétiques qui seront modifiés avec les conséquences probables suivantes :

- Elévation du niveau moyen de la mer de 50 cm environ avec toutes les conséquences que cela implique sur la disparition de régions côtières fortement peuplées. Aujourd'hui déjà, 16 villes de plus de 10 millions d'habitants sont situées sur des zones côtières.
- Exagération des conditions climatiques extrêmes, c'est-à-dire augmentation du nombre de tempêtes, allongement des périodes de sécheresse, augmentation de la fréquence des crues rares, etc.
- Accroissement des précipitations en hiver et diminution durant l'été.

Enfin, au-delà de ces aspects physiques, il faut bien comprendre que la modification du climat mondial impliquera de profondes mutations au niveau de toute l'humanité, creusant toujours plus le fossé entre pays développés et pays pauvres, essentiellement au travers d'une aggravation sans précédent de la pénurie de la ressource hydrique et par voie de conséquence, de la réserve alimentaire.

En guise de synthèse, on retiendra les principales conclusions suivantes.

L'accroissement des quantités de gaz à effet de serre dans l'atmosphère augmente l'absorption du rayonnement infrarouge et par conséquent la température à la surface de la Terre. Cet accroissement de l'effet de serre a pour conséquence des modifications du cycle hydrologique dans son ensemble en accroissant notamment le processus d'évaporation, ce qui contribue aussi à augmenter l'effet de serre. Il provoque aussi des modifications au niveau de la circulation atmosphérique et océanique mondiale.

L'hydrosphère

Le carbone est présent dans le milieu liquide sous les formes organique ou inorganique, dissoute ou particulaire.

Les océans contiennent environ 98 % des réserves de carbone mobilisables à la surface de la Terre. La répartition entre le carbone contenu dans l'atmosphère et dans l'eau est fortement liée au pH ainsi qu'à la quantité totale de carbone inorganique situé dans la couche de surface du milieu océanique, à savoir jusqu'à une profondeur de 300 mètres environ.

La teneur en gaz carbonique de l'océan et les mécanismes d'échange sont fortement contrôlés par le métabolisme des plantes et du milieu vivant. La teneur en gaz carbonique du milieu océanique est ainsi dépendante de mécanismes physiques tels que l'équilibre avec l'atmosphère et l'équilibre entre les carbonates solubles ou non. Cette teneur dépend aussi de mécanismes biologiques comme la photosynthèse, la respiration et la décomposition de la matière organique.

On soulignera cependant que si la teneur en gaz carbonique dépend pour l'essentiel du pH dans l'eau de mer, il n'en va pas de même dans l'eau douce où la teneur en CO_2 diminue avec l'accroissement de la température.

L'eau de mer conserve une valeur de pH voisine de 8 à 8.3 pouvant exceptionnellement s'élever jusqu'à 9 si les activités photosynthétiques sont intenses.

Le CO_2 présent dans l'eau est en étroite relation avec celui des océans par le biais d'une chaîne de dissociation des carbonates et des bicarbonates qui peut s'exprimer comme suit (Frontier et Pichod-Vidale, 1998):

$$CO_2\ (air) \rightleftharpoons CO_2 + H_2O\ (eau) \rightleftharpoons H_2CO_2 \rightleftharpoons HCO_3^- \rightleftharpoons CO_3^- + 2H^+$$

Cette chaîne de dissociation présente en fait deux parties distinctes. La première correspond à la dissociation du gaz carbonique et à la formation d'acide carbonique (réaction lente). La seconde partie de la réaction est en revanche très rapide. Cette chaîne montre qu'il existe un mécanisme d'autorégulation de la quantité de CO_2 par le biais du déplacement vers la droite de l'équilibre entre le CO_2 gazeux et sa forme dissoute.

La lithosphère

Au niveau de la phase solide, le carbone se trouve essentiellement dans les carbonates (75 % du carbone de la croûte terrestre), qui regroupent la calcite $CaCO_3$, l'aragonite $CaCO_3$ (qui diffère de la calcite par son réseau cristallin de type orthorhombique contre rhomboédrique pour la calcite), la sidérite $FeCO_3$ et la magnésite $MgCO_3$. L'origine des roches carbonatées est soit sédimentaire (calcite, aragonite, sidérite, magnésite) soit métamorphique. Les roches sédimentaires résultent d'une transformation appelée diagenèse. Il existe deux catégories majeures de sédiments selon que le taux de $CaCO_3$ est supérieur à 60 % ou compris entre 30 % et 60 %. Les roches métamorphiques sont quant à elles la résultante de la transformation d'une roche dont les conditions physico-chimiques ont changé.

La lithosphère constitue le plus grand réservoir de carbone, puisqu'il recèle l'ensemble de ce que l'on appelle les combustibles fossiles comme le charbon, le pétrole et le gaz naturel. Le charbon provient de la sédimentation des débris de végétaux (forêts de l'ère primaire, il y a environ 300 millions d'années) au fond des océans ou de leur stockage dans des dépressions naturelles recouvertes ensuite par un nouveau sol. Le charbon qui comprend 70 % à 90 % de substances carbonées est un terme générique incluant trois combustibles fossiles riches en carbone: la tourbe, la lignite et la houille (Rousseau et Apostol, 2000).

Le second combustible fossile comprenant du carbone est le pétrole formé par la décomposition d'organismes vivants dans les océans il y a environ 500 millions d'années. Le carbone représente environ 80 % à 90 % de la masse du pétrole. Durant cette phase de décomposition ancienne et lente d'organismes et de micro-organismes, des poches de gaz naturel se sont parfois formées. Ce gaz naturel est en fait un mélange de méthane CH_4, propane C_3H_8, butane C_4H_{10}, dioxyde de carbone et autres hydroxydes pouvant aussi contenir des composés azotés ou sulfurés.

Rôle de la photosynthèse et conclusion

Si l'on a déjà mis en évidence et à plusieurs reprises le rôle joué par la matière vivante dans le cycle du carbone notamment par la production de biomasse, il convient d'ajouter un processus essentiel formé par le cycle entre la photosynthèse et la respiration qui absorbent ou produisent du carbone.

En résumé, on retiendra de ce qui précède l'importance des interactions entre l'ensemble des cycles dans lesquels le carbone joue un rôle avec les autres cycles de matières comme celui de l'eau ou son étroite association avec celui de l'énergie. Les principaux processus de production de gaz carbonique dans l'atmosphère sont la précipitation biologique ou minérale des carbonates, l'altération des basaltes de la croûte océanique, la respiration ou la fermentation du milieu vivant, le métamorphisme des carbonates, les activités humaines ou encore le dégazage d'origine volcanique. Les processus majeurs de consommation de gaz carbonique sont quant à eux l'altération atmosphérique des silicates, la dissolution des carbonates, la photosynthèse et le stockage du carbone dans la matière organique fossile. Tous ces processus sont finalement organisés en trois cycles majeurs :

1. Cycle de précipitation et dissolution.
2. Cycle de respiration et photosynthèse.
3. Dégazage, précipitation et enfouissement.

2.5.2 Le cycle de l'azote

Importance de l'élément

Comparé au cycle du carbone, celui de l'azote (fig. 2.26) est nettement plus complexe du fait qu'il existe une grande variété de composés minéraux contenant de l'azote tels que l'azote moléculaire N_2, les oxydes d'azote – il en existe six – comme le monoxyde NO ou le dioxyde N_2O, l'ion ammonium NH_4^+, les nitrites NO_2^- et les nitrates NO_3^-. De plus, il existe des composés à base d'azote sous la forme de molécules organiques comme par exemple les acides aminés ou l'urée $(NH_2)_2CO$ qui est, rappelons-le, le principal produit azoté du métabolisme humain. L'azote est un élément essentiel dans la composition de l'atmosphère puisqu'il y rentre à raison de 78 % (tab. 2.16). Enfin, l'azote joue un rôle fondamental en tant que fertilisant (sulfate d'ammonium $(NH_4)_2SO_4$ et nitrate d'ammonium NH_4NO_3) et de par ses interactions avec la biomasse. Une des principales difficultés dans la compréhension de ce cycle est due cependant au fait que la biomasse rencontre des difficultés à assimiler l'azote.

Tableau 2.16 Principaux constituants de l'air.

Constituant	Rapport volumique [%]	Rapport volumique [ppmv]
Azote N_2	78,08	–
Oxygène O_2	20,94	–
Gaz carbonique CO_2	0,033	–
Argon Ar	0,934	–
Néon Ne	–	18,18
Hélium He	–	5,24
Kripton Kr	–	1,14
Xenon Xe	–	0,087
Hydrogène H_2	–	0,5
Méthane CH_4	–	2
Dioxyde d'azote N_2O	–	0,5

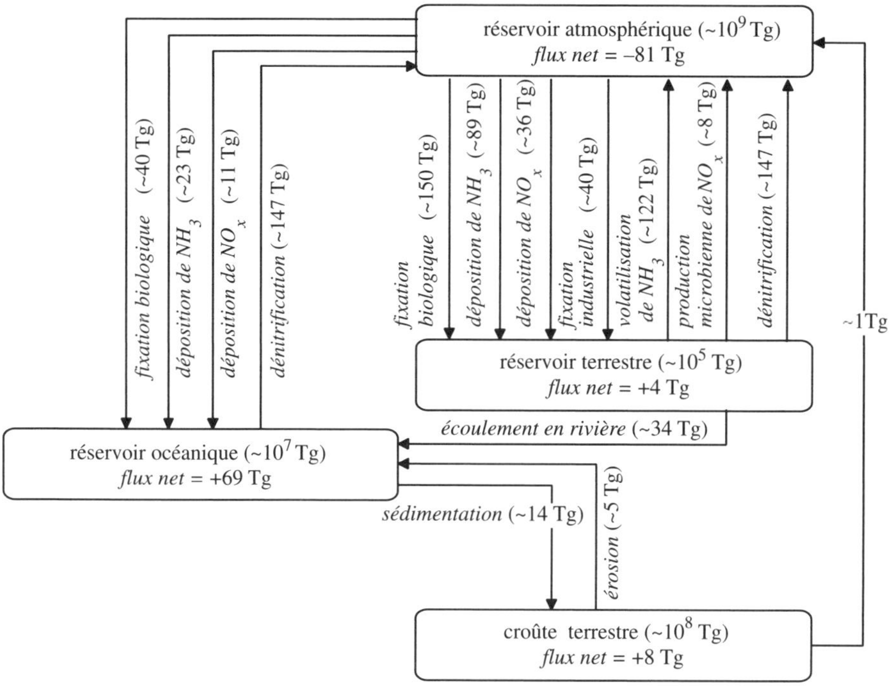

Fig. 2.26 Principaux réservoirs et flux du cycle de l'azote (d'après Butcher 1992). L'unité de masse utilisée est le Téragramme (Tg) soit 1012 grammes, l'unité de flux est le Téragramme par an.

Les différents cycles de l'azote

Tout comme le carbone, le cycle de l'azote se distingue par l'existence de cycles longs, courts voire même très courts.

On distingue de plus la production dite naturelle qui conduit à utiliser de l'azote minéral d'origine extérieure au milieu, de la production dite de régénération qui n'est autre qu'un recyclage de l'azote au sein du milieu.

L'atmosphère contient essentiellement de l'azote moléculaire N_2 (99 % des composés azotés de l'atmosphère), ainsi qu'une faible proportion de dioxyde d'azote. Dans la partie haute de l'atmosphère, la stratosphère, l'azote joue un rôle prépondérant dans le cycle catalytique conduisant à la destruction de l'ozone par le biais des deux réactions suivantes :

$$O + NO_2 \rightarrow NO + O_2 \,;\; NO + O_3 \rightarrow NO_2 + O_2$$

Ces deux réactions permettent d'obtenir la réaction nette suivante :

$$O + O_3 \rightarrow 2O_2$$

L'exemple précédent n'est pas le seul mécanisme réactif faisant intervenir de l'azote. Les processus faisant intervenir des oxydes d'azote jouent un rôle non seulement dans la troposphère et la stratosphère mais aussi dans l'ensemble de l'atmosphère ainsi que dans l'effet de serre.

Les échanges entre le milieu atmosphérique et le milieu aquatique peuvent se faire par oxydation chimique et par l'activité de micro-organismes capables de fixer les molécules de N_2. Une réaction d'oxydation bien connue est celle due à la foudre qui donne naissance à deux composés (NO_2 et NO_3) qui sont ramenés au sol par les précipitations. Il s'agit du phénomène des pluies acides qui peuvent apporter de 1 kg à 10 kg d'azote par hectare et par an.

L'azote moléculaire N_2 peut aussi être fixé par les micro-organismes libres tels que les cyanophycées ainsi que certaines bactéries. Dans le milieu océanique, l'azote est recyclé dans les sédiments marins et lacustres pour autant que ceux-ci soient suffisamment riches en oxygène. Un dernier mécanisme important au niveau océanique est le processus de dénitrification qui fait rétrograder celui de l'oxydation de l'azote sous l'effet de certaines bactéries. Ce processus transforme les nitrates NO_3^- en nitrites NO_2^- mais peut aussi se poursuivre afin de produire un oxyde d'azote, le N_2O, voire même de l'azote moléculaire N_2.

La seconde grande famille d'échanges au niveau du cycle de l'azote se fait entre le réservoir atmosphérique et le réservoir terrestre. Elle inclut les processus de déposition, de fixation biologique, de dénitrification ainsi que de production microbienne et de fixation industrielle. Au niveau terrestre, on mentionnera finalement le rôle joué par les activités humaines sur ce cycle qui fait de celui-ci un cycle extrêmement anthropisé.

2.5.3 Le cycle du phosphore

Bien connu par la pollution d'origine anthropique des lacs et des cours d'eau induite par son utilisation dans les détergents et les engrais, le phosphore est un élément constitutif du milieu vivant. Présent dans les os tout comme dans des molécules essentielles à la vie comme l'adénosine di ou tri-phosphate ainsi que dans la structure des acides ribonucléique et désoxyribonucléique. Le phosphore est également présent dans la matière végétale à raison de 0,1 % à 0,5 % de la matière sèche. Ses sources essentielles sont d'une part l'altération des roches ignées et, d'autre part, la pollution due aux activités humaines. Le cycle du phosphore présente des différences importantes avec les autres cycles.

Différences entre le cycle du phosphore et les autres cycles de matière

Tout d'abord, même si le phosphore est transporté par l'atmosphère sous forme particulaire et sous forme dissoute dans l'eau des précipitations, le réservoir atmosphérique ne joue en règle générale qu'un rôle mineur dans le cycle de cet élément. De plus, à l'instar du carbone ou de l'azote, les réactions d'oxydoréduction ne sont pas des mécanismes essentiels dans la distribution du phosphore sur la Terre. Bien que cet élément présente plusieurs états d'oxydation, sa forme naturelle se réduit le plus généralement à l'ion phosphate PO_4^{3-}. Enfin, sa forme atomique est largement dominée par un seul isotope contenant 15 protons et 16 neutrons.

Formes particulaire, dissoute et organique

Le phosphore, sous sa forme particulaire, est présent dans une très large gamme d'éléments minéraux (environ 300). Il faut en effet relever que le phosphore est le dixième élément le plus abondant sur la Terre. Comme nous venons de le constater, la forme générique du phosphore est l'ion phosphate. Dans les eaux douces, la forme dominante de cet élément est la forme $H_2PO_4^-$ qui n'est autre que l'acide phosphorique tandis que la forme $H_2PO_4^{2-}$ domine dans l'eau de mer dont le pH est supérieur à celui de l'eau douce. Une autre classe d'éléments comprenant la forme organique du ion phosphate est formée par des composés incluant deux ou plusieurs groupes de phosphates liés par une molécule d'oxygène. Il s'agit des polyphosphates qui peuvent former de longues chaînes et plus rarement des composés cycliques. Malgré le fait que ces polyphosphates ne représentent qu'une faible fraction de la quantité totale de phosphore contenue dans l'eau, ils sont extrêmement réactifs et sont utilisés pour des activités industrielles comme l'adoucissage de l'eau. La dernière forme du phosphate est donc la forme organique. C'est un élément de première importance dans la composition des acides nucléiques et des membranes cellulaires où il se trouve sous la forme de phospholipides.

Sources du phosphate et cycle global

La source naturelle unique du phosphate est l'altération des roches ignées. Celles-ci sont cependant assez pauvres en phosphate. La majeure partie du phosphore libéré depuis la formation de la Terre est donc encore en circulation dans la biosphère. Plus récemment, une seconde source d'origine humaine cette fois, s'est ajoutée au cycle du phosphore. Cette source produit entre 3 et plus de 200 kilogrammes de phosphore par an et par hectare dans les pays industrialisés avec toute la problématique de l'eutrophisation des lacs et des cours d'eau que cela implique. L'eutrophisation est en effet définie comme le résultat d'un déséquilibre dans le milieu hydrique dû à une trop forte accumulation de biomasse surconsommant l'oxygène du milieu.

Du point de vue du cycle global, la figure 2.27 présente les principaux réservoirs et les flux de phosphore. Le réservoir « sol » comprend les 60 premiers centimètres de la surface terrestre puisque c'est essentiellement dans cette zone que le phosphore est

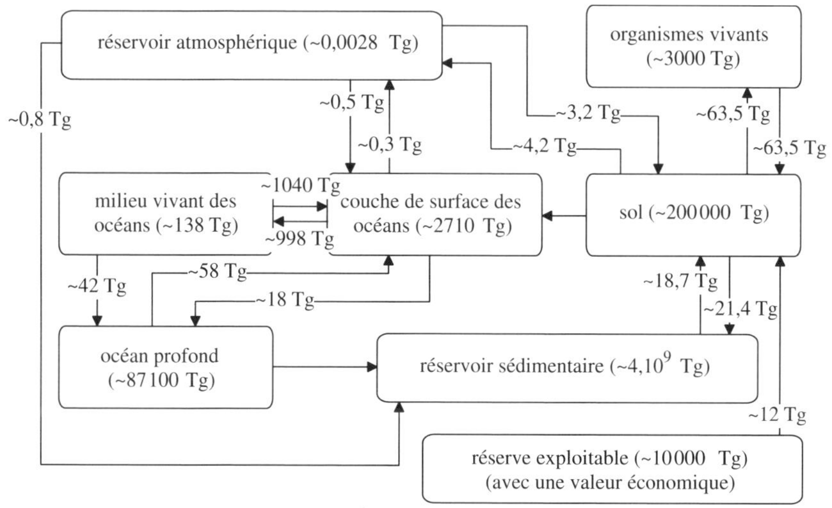

Fig. 2.27 Principaux réservoirs et flux du cycle du phosphore (d'après Butcher 1992). L'unité de masse utilisée est le Téragramme (Tg) soit 10^{12} grammes, l'unité de flux est le Téragramme par an.

stocké puis transféré via les interactions avec le système racinaire des végétaux et les micro-organismes du sol. Le réservoir sédimentaire comprend quant à lui non seulement le phosphore accumulé dans les sédiments mais aussi celui de la croûte terrestre. Le réservoir « vivant » correspond à la quantité de phosphore contenu dans tous les organismes vivants. On notera enfin que les grandeurs de la figure 2.24 ne prennent pas en compte les activités humaines.

2.6 CONCLUSION

Il est difficile de conclure de manière définitive ce chapitre consacré au cycle de l'eau au vu du grand nombre d'éléments encore mal compris mais aussi au vu de la difficulté de quantifier précisément les échanges et les stocks entre les différents réservoirs majeurs (océans, milieu terrestre, atmosphère, biosphère). On retiendra avant tout la très grande diversité des phénomènes physico-chimiques mais aussi biologiques liés au cycle de l'eau ainsi que les nombreux couplages existants avec d'autres cycles de matières. A cette diversité s'ajoute encore celle induite par la variété des échelles spatiales et temporelles, auxquelles se déroulent les processus des différents cycles que nous venons de présenter.

CHAPITRE 3

LE BASSIN VERSANT ET SON COMPLEXE

En tant que substrat et référentiel essentiel à toute étude de la réponse hydrologique, le bassin versant mérite que l'on s'y attarde quelque peu. Au-delà des difficultés de délimitation de ses frontières ainsi que de ses principales caractéristiques, ce chapitre met en évidence les principaux facteurs (forme, physiographie du bassin, caractéristiques agro-pédologiques, etc.) dont dépend la réponse hydrologique du bassin. Se situant à l'amont de l'étude des facteurs intervenant dans le bilan hydrique, ce chapitre permet aussi d'en délimiter plus clairement les limites. Enfin, une attention particulière est donnée à l'organisation topologique du réseau hydrographique sans toutefois oublier de présenter certaines méthodes modernes d'extraction automatique d'attributs par le biais de l'exploitation de données satellitaires ou de photographies aériennes.

3.1 DÉFINITION DU BASSIN VERSANT

Le ***bassin versant*** représente l'unité spatiale de référence pour l'hydrologie. Il est défini comme l'étendue drainée par un cours d'eau et ses affluents et limitée par une ligne de partage des eaux.

La notion de bassin versant est nettement plus complexe qu'il n'y paraît au premier abord. Complexe, car le bassin versant en tant qu'unité géographique de référence pour l'analyse du cycle hydrologique, requiert une définition sans équivoque. Complexe encore, car le bassin versant appelé aussi bassin hydrographique, au-delà de sa définition *stricto sensu*, peut être compris de diverses manières.

3.1.1 Bassin versant topographique, bassin versant réel

Le bassin versant est une unité géographique définie à partir d'une section droite d'un cours d'eau et qui comprend toute la surface en amont de cette section de telle sorte que toute l'eau qui arrive sur cette surface transite, du moins en théorie, par cette section. Le bassin versant peut donc être vu comme un « lieu géométrique des points de l'espace géographique où les précipitations sont susceptibles de contribuer au débit observé dans cette section » (Hubert P. & Reménérias G., 2013). La section droite est appelée *émissaire* ou *exutoire* du bassin versant. Le bassin versant est ainsi caractérisé par son exutoire, à partir duquel il est possible de tracer le point de départ et d'arrivée de la ligne de partage des eaux qui le délimite.

A ces deux caractéristiques s'ajoute une notion essentielle du bassin versant qui est celle de convergence puisque le bassin versant est considéré comme une surface ou un réceptacle d'eau possédant un point de convergence par lequel toute l'eau reçue par le bassin peut transiter. Sans entrer dans plus de détails concernant la gestion de l'eau, cette question faisant l'objet du chapitre 13 de cet ouvrage, on fera néanmoins deux observations à partir de la figure 3.1 suivante. Premièrement, on observe que la frontière des bassins versants ne coïncide pas toujours avec celle des pays. Cela signifie notamment que les bassins versants peuvent être transnationaux. A titre d'illustration, on dénote 279 bassins versants transfrontaliers[1], l'Europe en disposant à elle seule 69, le Danube traversant pour sa part 18 pays. Ces chiffres signifient notamment que près de 40 % de la population mondiale vit dans un bassin versant transfrontalier tandis que 80 % des flux d'eau potable se situent dans des bassins où au minimum deux pays se partagent la ressource hydrique.

Fig. 3.1 Exemple de bassins versants (Europe, Afrique, Asie et Océanie) (élaboré à partir de Natural Earth data).

Cela étant précisé, le bassin versant peut être donc naturellement perçu comme le référentiel de gestion des ressources hydrique (§ 13.2.2). Cette notion de bassin versant n'est pas récente, les premières traces écrites datant de 1453. Après la prise de Constantinople, le sultan Mehmed II prit des mesures de conservation du bassin versant alimentant la ville (Bouleau et Lorillou, 2003). Plus près de nous, on soulignera que l'Espagne dispose d'autorité de bassins depuis près d'un siècle tandis que l'Allemagne compte 11 organismes de bassins, le premier ayant été créé en 1899.

1 Selon les données du « Program in Water Conflict Management and Transformation » de l'université de l'Oregon (http://www.transboundarywaters.orst.edu).

La figure 3.2 ci-après illustre la ligne de partage des eaux du bassin versant de la Corbassière (Haute-Mentue, Suisse[2]) ainsi que les emplacements des exutoires des divers plus petits bassins, inclus dans le bassin versant total. On les nommera par la suite *sous-bassins versants*.

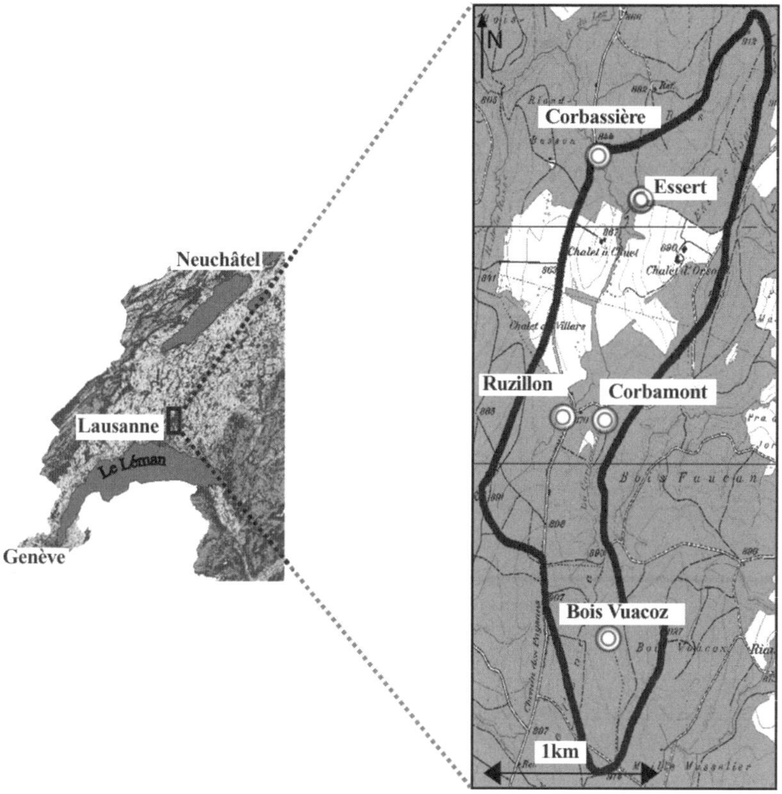

Fig. 3.2 Bassin versant topographique de la Corbassière (Haute-Mentue, Suisse) et emplacements sous-bassins.

La principale limitation de la définition précédente est qu'il s'agit d'un bassin versant topographique, c'est-à-dire que la ligne de partage des eaux correspond à la ligne de crête. Cette définition n'est toutefois pas suffisante dès lors que l'on s'intéresse au bassin versant réel qui prend en compte les limites souterraines du système. En effet, la ligne réelle de partage des eaux n'est pas nécessairement identique à la ligne de partage des eaux de surface du bassin versant. La figure 3.3 constitue un exemple de cette situation dans le cas où un substratum imperméable est placé sous un sol perméable de part et d'autre de la ligne topographique de partage des eaux. Cette différence entre bassins réel et topographique est tout particulièrement importante en région karstique.

2 Le bassin versant de la Haute-Mentue sera, dans ce qui suit, souvent exploité pour illustrer les propos développés au motif qu'il fut un bassin versant de recherche de l'Institut d'Hydrologie et Aménagements de 1975 à 2005. Très bien instrumenté et documenté, il reste donc un outil pédagogique pertinent.

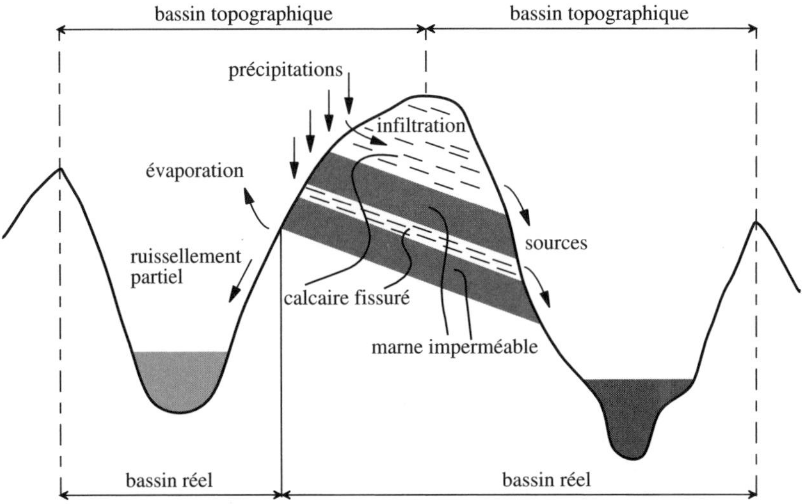

Fig. 3.3 Distinction entre bassin versant réel et bassin versant topographique.

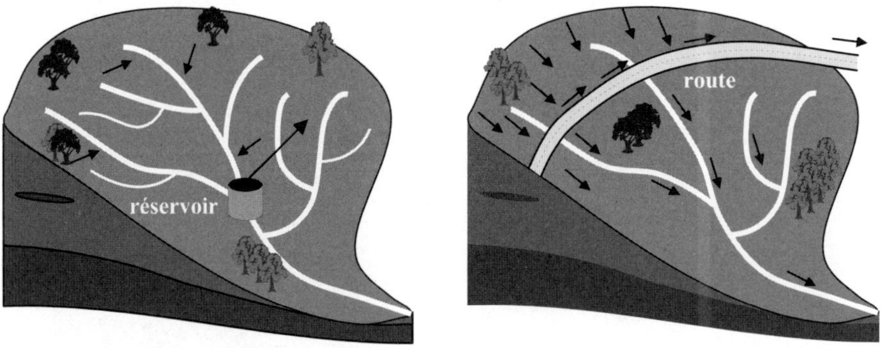

Fig. 3.4 Exemples de modifications de la délimitation du bassin versant suite à la mise en place d'un réservoir et à la construction d'une route.

D'autres limitations du même ordre sont induites par la présence d'aménagements anthropiques telles que les barrières formées par des routes ou des lignes de chemins de fer (fig. 3.4). Enfin, l'hydrologie du bassin versant et la surface drainée peuvent être modifiées par la présence d'apports latéraux artificiels (réseaux d'eaux usées ou potables, drainages, routes, pompages, ou par des dérivations artificielles modifiant le bilan hydrologique).

3.1.2 Autres représentations du bassin versant

La notion de bassin versant telle que nous venons de la proposer n'est pas unique. Elle est intimement liée au point de vue que l'on adopte ou aux objectifs de gestion que l'on suit (Newson, 1992). La gestion de l'eau s'inscrit pleinement dans un territoire, et l'on rappellera ici que l'eau a joué et joue encore un rôle décisif dans l'organisation de l'espace (Ghiotti, 2006). Du point de vue de la géomorphologie, le bassin versant est essentiellement considéré comme un bassin hydrographique caractérisé par un réseau ordonné de cours d'eau. Le gestionnaire des ressources en eau verra le bassin versant comme un système délimité par des frontières naturelles. Le bassin versant se trouve alors caractérisé par toute une série de valeurs anthropocentristes et se réduit finalement à un ensemble d'éléments ou d'aménagements hydrauliques liés ou non entre eux. La vision de l'ingénieur est celle d'une succession de problèmes hydrauliques, allant des questions d'inondation au transport de sédiments, en passant par celles de la formation des méandres ou de l'étude de modèles hydrauliques.

Au-delà de ces approches désormais classiques s'ajoutent encore les notions de bassin versant selon le contexte géographique. Le bassin est ainsi vu comme un ensemble plus ou moins cohérent de zones de développement économique, allant par exemple de régions minières et forestières en amont aux surfaces agricoles situées dans la partie médiane du bassin. L'exutoire se voit normalement associé à la présence du milieu urbain. Finalement, le bassin versant peut être encore perçu du point de vue récréatif, strictement environnemental ou encore comme un simple système de transfert de sédiments. Quoi qu'il en soit, chaque bassin versant possède un certain nombre de caractéristiques et de propriétés que nous allons étudier tout au long de ce chapitre.

3.2 COMPORTEMENT HYDROLOGIQUE

3.2.1 Réaction hydrologique du bassin versant

L'analyse du comportement hydrologique d'un bassin versant (système hydrologique) s'effectue le plus souvent par le biais de l'étude de la réaction hydrologique du bassin face à une sollicitation (la précipitation). Cette réaction est mesurée par l'observation de la quantité d'eau qui s'écoule à l'exutoire du système. La représentation graphique de l'évolution du débit Q en fonction du temps t constitue un hydrogramme de crue. La réaction du bassin versant peut également être représentée par un limnigramme qui n'est autre que la représentation de la hauteur d'eau mesurée en fonction du temps. Les figures 3.5, 3.6 et 3.7 présentent successivement le principe de l'analyse du comportement hydrologique, la réponse hydrologique pour une précipitation donnée (le hyétogramme est la courbe représentant l'intensité de la pluie en fonction du temps) et un exemple de réaction hydrologique mesurée pour un bassin versant.

La réaction hydrologique d'un bassin versant à une sollicitation particulière est entre autres caractérisée par sa vitesse (temps de montée t_m qui représente le temps écoulé entre l'arrivée de la crue et le maximum de l'hydrogramme) et son intensité (débit de pointe Q_{max}, volume maximal V_{max}...). L'analyse du comportement ne se réduit cependant toutefois pas à celle de ces deux caractéristiques. En fait, cette analyse se révèle nettement plus délicate car le débit mesuré à l'exutoire du bassin versant est une grandeur intégrée à l'échelle du bassin. Cela signifie que le comportement hydrologique est la résultante d'une sollicitation influencée par une multitude de facteurs et qu'il sera par conséquent très difficile d'identifier ou d'isoler un facteur particulier[3]. Il existe ainsi d'autres caractéristiques qui permettent

---

[3] Ces éléments seront repris plus en détail dans les chapitres suivants de l'ouvrage, notamment aux chapitres 6 et 11 consacrés à l'étude de l'infiltration, de l'écoulement et lors de l'analyse des processus hydrologiques.

d'analyser la réaction hydrologique du bassin versant et notamment celles issues de l'observation des hyétogrammes et des hydrogrammes résultants (sect. 10.8). Une donnée particulière qui sera étudiée par la suite est le temps de concentration.

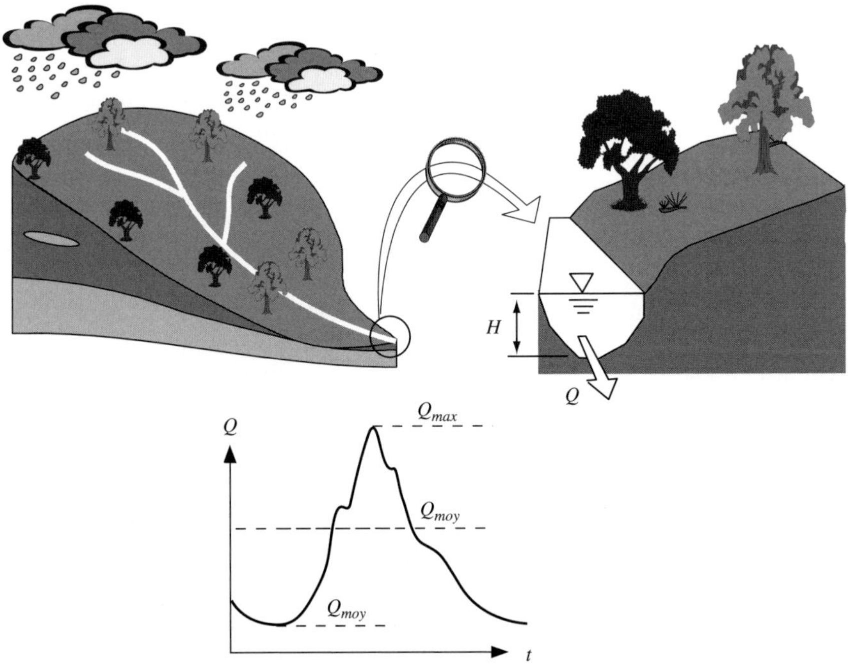

Fig. 3.5 Principes d'analyse du comportement hydrologique du bassin versant.

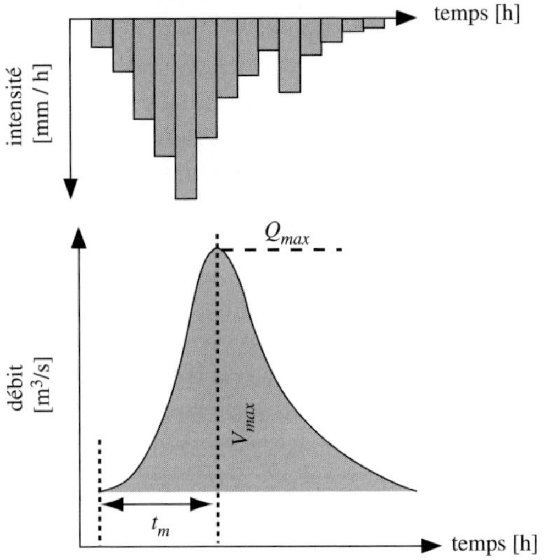

Fig. 3.6 Hydrogramme de crue résultant d'une pluie donnée.

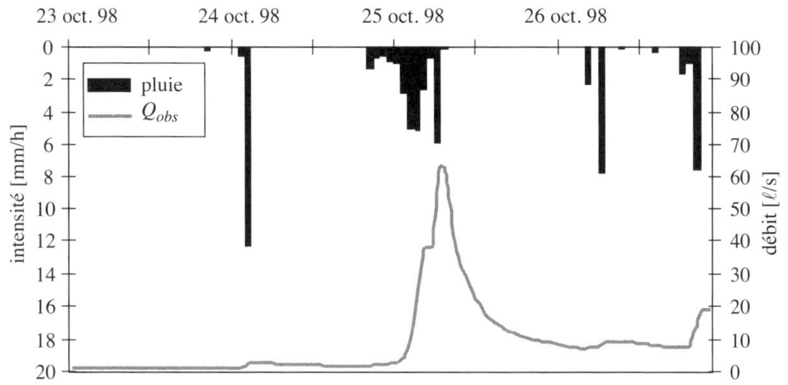

Fig. 3.7 Exemple de réaction hydrologique pour le bassin versant de Bois-Vuacoz (Haute-Mentue).

3.2.2 Temps de concentration et isochrones

Définition du temps de concentration

Le temps de concentration t_c des eaux sur un bassin versant se définit comme la durée maximale nécessaire à une goutte d'eau pour parcourir le chemin hydrologique entre un point du bassin et l'exutoire de ce dernier.

Il est composé de trois termes différents :

- t_h : Temps d'humectation. Temps nécessaire à l'imbibition du sol par l'eau qui tombe avant qu'elle ne ruisselle.
- t_r : Temps de ruissellement ou d'écoulement. Temps qui correspond à la durée d'écoulement de l'eau à la surface ou dans les premiers horizons de sol jusqu'à un système de collecte (cours d'eau naturel, collecteur).
- t_a : Temps d'acheminement. Temps mis par l'eau pour se déplacer dans le système de collecte jusqu'à l'exutoire.

Le temps de concentration t_c est donc égal au maximum de la somme de ces trois termes, soit :

$$t_c = \max\left(\sum\left(t_h + t_r + t_a\right)\right) \tag{3.1}$$

Théoriquement, on estime que t_c est la durée comprise entre la fin de la pluie nette et la fin du ruissellement direct (chap. 10). Pratiquement, le temps de concentration peut être déduit de mesures sur le terrain ou s'estimer à l'aide de formules le plus souvent empiriques (Hingray *et al.* 2009).

Courbes isochrones

Les courbes isochrones sont définies comme des courbes d'égal temps de concentration des eaux sur le bassin versant. Ainsi, l'isochrone la plus éloignée de l'exutoire représente le temps mis pour que toute la surface du bassin versant contribue à l'écoulement à l'exutoire après une averse uniforme. Le tracé du réseau des isochrones

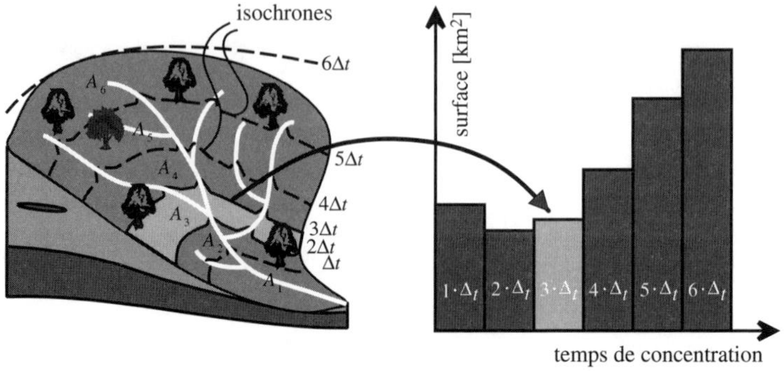

Fig 3.8 Représentation d'un bassin avec ses lignes isochrones et diagramme surface-temps de concentration du bassin par élément de surface. On remarquera la forme des isochrones au voisinage des éléments constitutifs du réseau hydrographique.

permet donc de comprendre en partie le comportement hydrologique d'un bassin versant et l'importance relative de chacune des surfaces comprises entre deux courbes isochrones (fig. 3.8).

Comme nous allons le voir, ces courbes permettent de déterminer, en faisant certaines hypothèses, l'hydrogramme de crue résultant d'une pluie tombée sur le bassin.

La méthode rationnelle

La méthode rationnelle, mise au point par l'ingénieur irlandais Mulvanay vers 1850, peut être considérée comme le premier modèle hydrologique. Elle est sans conteste la plus connue et la plus utilisée des méthodes, essentiellement à cause de sa simplicité. L'idée générale de cette méthode est la suivante : soit une averse d'intensité i débutant instantanément sur toute la surface du bassin et de durée infinie, le débit à l'exutoire du bassin versant va croître jusqu'à ce que toute la surface du bassin contribue à l'écoulement. Le temps qui s'écoule entre le début de l'écoulement et le moment où celui-ci atteint sa valeur maximale est bien évidemment égal au temps de concentration. Le débit maximal peut alors se déterminer comme suit :

$$Q_{\max} = C_r \cdot i \cdot A \tag{3.2}$$

où Q_{max} est le débit maximal [l/s/ha], i l'intensité de la pluie pour une durée égale au temps de concentration [l/s/ha] et A la surface du bassin versant [ha]. C_r est un coefficient [–] nommé *coefficient de ruissellement*[4].

Le coefficient de ruissellement, qui sera par ailleurs étudié à la section 3.4 consacrée aux caractéristiques agro-pédologiques, est défini comme le rapport entre la hauteur d'eau ruisselée et la hauteur d'eau précipitée. Ce coefficient traduit le fait que toute l'eau reçue par un bassin ne se retrouve pas nécessairement à l'exutoire au vu

4 Moyennant des changements judicieux d'unités, il est aussi possible d'exprimer la relation (3.2) avec la surface A en ha et i en mm/h et le débit en m³/s en appliquant un facteur de conversion $u = 0{,}0028$ au terme de droite de la relation.

des différents termes de pertes apparaissant dans l'équation du bilan hydrique (interception, évaporation, infiltration).

Notons encore que la valeur de ce coefficient est bornée, en théorie du moins, par les valeurs nulle et un. Cependant, il n'est pas impossible, lors d'une détermination pratique du coefficient de ruissellement, d'obtenir une valeur supérieure à un. Ceci peut être dû d'une part à une erreur sur les mesures effectuées et, d'autre part, à une mauvaise délimitation du bassin versant, c'est-à-dire lorsque les limites du bassin versant réel ne coïncident pas avec les limites du bassin versant topographique.

Calcul du débit à l'aide des isochrones

La méthode des isochrones, qui peut être considérée comme une extension de la méthode rationnelle, est simple. Elle consiste à estimer les débits après avoir préalablement subdivisé le bassin versant en un certain nombre de secteurs limités par des isochrones.

Avant d'évaluer l'hydrogramme de crue dû à une précipitation sur le bassin versant qui n'est pas nécessairement constante dans le temps mais uniforme dans l'espace, on peut tout d'abord déterminer l'effet d'une précipitation de durée Δt qui tombe sur le secteur A_i. Le temps mis par l'eau pour parvenir à l'exutoire varie entre $(i-1)\cdot\Delta t$ et $i\cdot\Delta t$. Si le pas de temps est suffisamment petit, on admet que le temps de parcours de l'eau est égal à $(i-1)\cdot\Delta t$.

Ainsi, une intensité de précipitation I_i tombant sur le secteur A_i entre t et $t+\Delta t$ va provoquer un débit $Q_i = C_{r_i}\cdot i\cdot A_i$ entre les temps $t+(i-1)\cdot\Delta t$ et $t+i\cdot\Delta t$. Il en découle que le débit à l'exutoire peut être déterminé comme la somme des débits résultants de la précipitation :

- sur le secteur A_1 entre t et $t+\Delta t$
- sur le secteur A_2 entre $t-\Delta t$ et t
- sur le secteur A_3 entre $t-2\cdot\Delta t$ et $t-\Delta t$

  ...
- sur le secteur A_i entre $t-(i-1)\cdot\Delta t$ et $t-(i-2)\cdot\Delta t$

  ...
- sur le secteur A_n entre $t-(n-1)\cdot\Delta t$ et $t-(n-2)\cdot\Delta t$

En procédant à la sommation de ces différents débits partiels, on obtient :

$$Q(t)=\sum_{i=1}^{n} C_{r_i}\cdot I_i\left[t-(i-1)\cdot\Delta t\right]\cdot A_i \tag{3.3}$$

où $I_i\left[t-(i-1)\cdot\Delta t\right]$ désigne l'intensité de la précipitation sur le secteur A_i au temps $\left[t-(i-1)\cdot\Delta t\right]$. Si l'on admet que la précipitation est spatialement homogène et que le coefficient de ruissellement est le même pour tous les secteurs, cette dernière équation s'écrit :

$$Q(t)=C_r\cdot\sum_{i=1}^{n} I_i\left[t-(i-1)\cdot\Delta t\right]\cdot A_i \tag{3.4}$$

A titre d'illustration, la figure 3.9 ci-après donne un cas de bassin versant subdivisé en 7 secteurs, un hyétogramme et la réponse hydrologique obtenue après application de la méthode des isochrones.

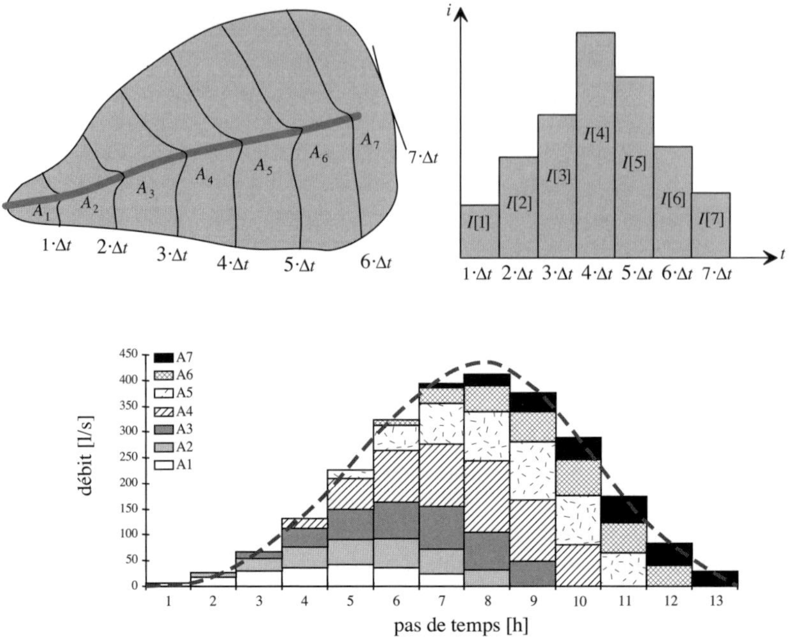

Fig. 3.9 Isochrones, hyétogramme et hydrogramme obtenus après l'application de la méthode des isochrones, dans le cas d'un bassin versant divisé en sept secteurs.

3.3 CARACTÉRISTIQUES PHYSIOGRAPHIQUES

Les caractéristiques physiographiques d'un bassin versant influencent fortement sa réponse hydrologique, et notamment le régime des écoulements en période de crue ou d'étiage. Ces facteurs, d'ordre purement géométrique ou physique, s'estiment aisément à partir de cartes adéquates ou en recourant à des techniques digitales et à des modèles numériques.

Les principaux facteurs qui influencent la réponse hydrologique des bassins versants sont d'une part les caractéristiques morphométriques telles que la taille du bassin (sa surface), sa forme, son élévation, sa pente et son orientation et, d'autre part, les caractéristiques liées au réseau hydrographique. Enfin, à ces facteurs s'ajoutent encore le type de sol du bassin et la nature de la couverture du sol.

La tentative d'expliquer le comportement hydrologique d'un bassin versant par le biais de mesures quantitatives de sa morphométrie constitue un aspect essentiel des progrès de la géomorphologie. Les bases de la morphométrie reposent sur des travaux datant du XIXe siècle déjà, Kestlin ayant proposé en 1884 une formule afin de déterminer le débit de petits bassins versants en recourant à la surface du bassin ainsi qu'à un coefficient dépendant de la longueur du cours d'eau principal. Pour sa part, Gravelius, alors professeur à l'Université de Dresde en Allemagne, proposera vers 1914 l'indice de compacité qui porte son nom (Bendjoudi et Hubert, 2002). Bien qu'ils datent des années 1920, les premiers travaux de Horton (1932, 1945) ont permis des progrès significatifs par le biais d'analyses statistiques visant à déterminer quels étaient les facteurs physiographiques les plus corrélés avec la réponse hydrologique. Enfin, ce sont toujours les travaux de Horton qui marqueront, en 1945, la naissance véritable d'une théorie de la morphologie par le biais de l'étude du réseau hydrographique. Ces travaux seront par la suite complétés par Strahler (1952) et d'autres chercheurs, pour la plupart américains[5].

3.3.1 Caractéristiques géométriques

L'étude des propriétés géométriques du relief appelée aussi *orométrie* vise à donner une expression quantitative ou numérique du relief. Si l'orométrie se bornait par le passé à la description des altitudes maximales et moyennes ainsi qu'à l'établissement de courbes représentant la répartition de la surface d'un bassin en fonction de l'altitude, celle-ci et plus largement la morphométrie, bénéficient aujourd'hui de toute une série d'indices plus ou moins pertinents.

Surface

Le bassin versant étant l'aire de réception des précipitations et d'alimentation des cours d'eau, les débits vont être en partie reliés à sa surface.

La surface du bassin versant peut être mesurée par superposition d'une grille dessinée sur papier transparent, par l'utilisation d'un planimètre ou, mieux, par des techniques de digitalisation.

Forme

Elément essentiel d'un bassin versant, la forme influence l'allure de l'hydrogramme à l'exutoire de celui-ci. Par exemple, une forme allongée favorise, pour une même pluie, les faibles débits de pointe en raison des temps d'acheminement de l'eau à l'exutoire plus importants. A l'inverse, les bassins en forme d'éventail, présentant un temps de concentration plus court, auront des débits de pointe plus importants, toutes choses étant égales par ailleurs (fig. 3.10).

Il existe différents indices morphologiques permettant de caractériser les écoulements, mais aussi de comparer les bassins versants entre eux. Citons à titre d'exemple l'indice de compacité proposé par Gravelius en 1914 (Bendjoudi et Hubert, 2002). Cet indice, noté K_G, est défini comme le rapport du périmètre du bassin au périmètre du cercle ayant la même surface, soit:

$$K_G = \frac{P}{2\sqrt{\pi \cdot A}} \cong 0,282 \cdot \frac{P}{\sqrt{A}} \quad (3.5)$$

où K_G est l'indice de compacité de Gravélius, A la surface du bassin versant [km^2] et P le périmètre du bassin [km].

Cet indice se détermine à partir d'une carte topographique en mesurant le périmètre du bassin versant et sa surface. Il est proche de 1 pour un bassin versant de forme quasiment circulaire et supérieur à 1 lorsque le bassin est de forme allongée (fig. 3.11).

---

5 Pour une revue plus complète de cette question, on se référera à l'article de Johnny Douvinet, *et al.* (2008).

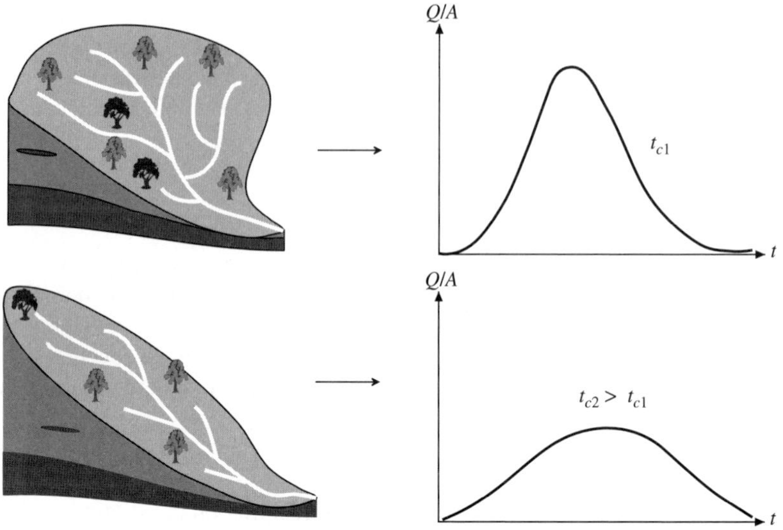

Fig. 3.10 Influence de la forme du bassin versant sur l'hydrogramme de crue.

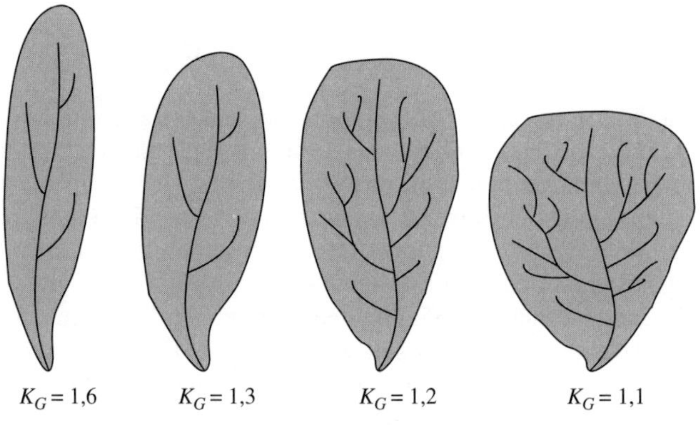

Fig. 3.11 Différentes formes de bassin versant et indices de compacité de Gravelius correspondants.

D'autres indices de formes existent néanmoins. On peut ainsi mentionner :

• L'indice de Miller (1954) ou l'indice de circularité. Cet indice est défini comme le rapport entre la surface du bassin versant et un cercle de même périmètre. On a ainsi :

$$K_C = 4 \cdot \pi \frac{A}{P^2} \cong 12{,}57 \cdot \frac{A}{P^2} \tag{3.6}$$

où K_C est l'indice de circularité de Miller, A la surface du bassin versant [km^2] et P le périmètre du bassin [km]. Cet indice varie donc de la forme linéaire ($K_C = 0$) à la forme circulaire ($K_C = 1$). En comparant les relations (3.5) et (3.6), on peut observer que ces deux indices sont liés par la relation suivante :

$$K_G = \frac{1}{\sqrt{K_c}} \tag{3.7}$$

• L'indice d'élancement de Stanley Schumm (1956) qui représente le rapport entre le diamètre d'un cercle dont la superficie est la même que celle du bassin versant et la longueur maximale du bassin. Cet indice se formule comme suit :

$$R_e = 2 \cdot \frac{\sqrt{A}}{\sqrt{\pi}} \cdot \frac{1}{L_b} \cong 1{,}129 \cdot \frac{\sqrt{A}}{L_b} \tag{3.8}$$

où R_e est l'indice d'élancement, A la surface du bassin versant [km^2] et L_b la longueur du bassin versant [km].

• Le facteur de forme de Horton (1932) qui se définit comme le rapport entre la surface du bassin versant et la longueur du cours d'eau principal soit :

$$R_f = \frac{A}{L_b^2} \tag{3.9}$$

où R_f est le facteur de forme, A la surface du bassin versant [km^2] et L_b la longueur du cours d'eau principal [km].

Relief

L'influence du relief sur l'écoulement se conçoit aisément car de nombreux paramètres hydrométéorologiques varient avec l'altitude (précipitations, températures, etc.) et la morphologie du bassin. En outre, la pente influe sur la vitesse d'écoulement. Le relief se détermine lui aussi au moyen d'indices ou de courbes caractéristiques telle que la courbe hypsométrique.

Courbe hypsométrique

La courbe hypsométrique fournit une vue synthétique de la pente du bassin, donc du relief. Cette courbe représente la répartition de la surface du bassin versant en fonction de son altitude. Elle porte en abscisse la surface (ou le pourcentage de surface) du bassin qui se trouve au-dessus (ou en-dessous) de l'altitude représentée en ordonnée. La courbe hypsométrique du bassin donne ainsi le pourcentage de la superficie S du bassin versant situé au-dessus d'une altitude donnée H.

La figure 3.12 montre la comparaison entre les courbes hypsométriques de trois bassins versants. Cette représentation ne permet pas de faire véritablement de comparaison sur l'allure des profils puisque les bassins sont de tailles très différentes. Une manière de s'affranchir partiellement de ce problème d'échelle est de normaliser l'altitude des bassins. On utilise alors en ordonnée l'intervalle entre l'altitude maximale et minimale de chaque bassin versant dans la représentation de la courbe hypsométrique. Les profils obtenus permettent ainsi de comparer le relief des différents bassins (fig. 3.13).

Ajoutons que lorsqu'on désire caractériser des bassins versants de haute montagne, on a l'habitude de tracer des courbes hypsométriques glaciaires, en planimétrant les surfaces recouvertes de glace.

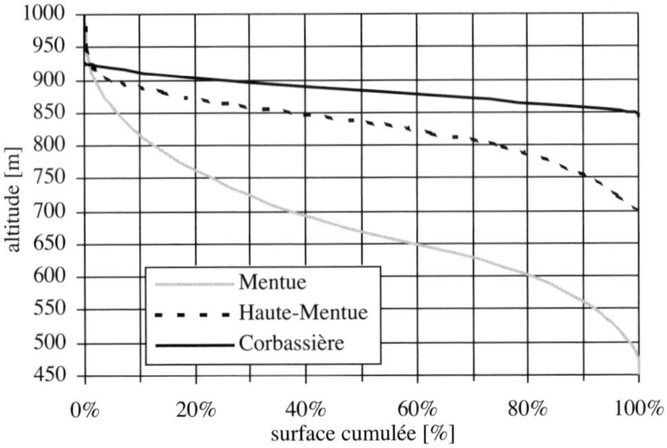

Fig. 3.12 Courbes hypsométriques du bassin versant de la Haute-Mentue et de ses deux sous-bassins (Haute-Mentue et Corbassière).

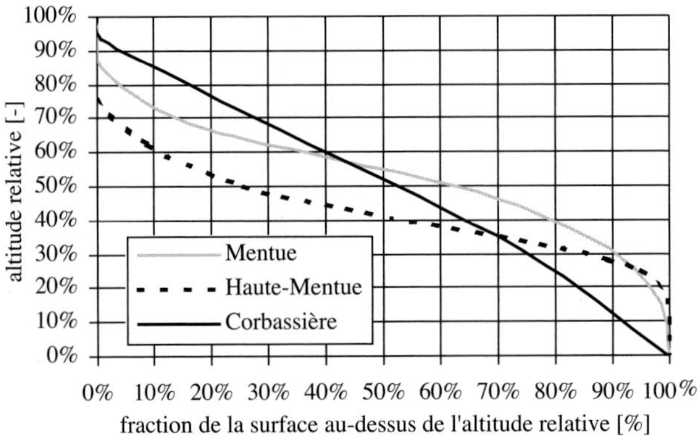

Fig. 3.13 Courbes hypsométriques relatives du bassin versant de la Haute-Mentue et de ses deux sous-bassins (Haute-Mentue et Corbassière).

Les courbes hypsométriques demeurent un outil pratique pour comparer plusieurs bassins entre eux ou les diverses sections d'un seul bassin. Elles peuvent en outre servir à la détermination de la pluie moyenne sur un bassin versant et donnent des indications quant au comportement hydrologique et hydraulique du bassin et de son système de drainage[6].

Le rectangle équivalent

On peut introduire ici la notion de rectangle équivalent ou rectangle de Gravelius, qui sera par la suite nécessaire dans les calculs de pente. Introduite par Roche (1963),

[6] Ces points seront repris dans le prochain chapitre.

cette méthode permet de comparer facilement des bassins versants entre eux en ce qui concerne l'influence de leurs caractéristiques sur l'écoulement.

Le bassin versant rectangulaire résulte d'une transformation géométrique du bassin réel dans laquelle on conserve la même superficie, le même périmètre (ou le même coefficient de compacité) et donc par conséquent la même répartition hypsométrique. Les courbes de niveau deviennent des droites parallèles au petit côté du rectangle. La climatologie, la répartition des sols, la couverture végétale et la densité de drainage restent inchangées entre les courbes de niveau.

Soit L et l représentant respectivement la longueur et la largeur du rectangle équivalent. Le périmètre du rectangle équivalent vaut :

$$P = 2 \cdot (L + \ell) \tag{3.10}$$

La surface est égale à :

$$A = L \cdot \ell \tag{3.11}$$

Le coefficient de compacité (équ. 3.5) vaut :

$$K_G = 0{,}28 \cdot \frac{P}{\sqrt{A}} \tag{3.12}$$

Les trois équations précédentes permettent de former un système dont on va successivement éliminer les variables P et l. On obtient ainsi :

$$L = \frac{1}{2} \cdot K_G \cdot \sqrt{\pi \cdot A} \cdot \left(1 + \sqrt{1 - \left(\frac{2}{\sqrt{\pi} \cdot K_G} \right)^2} \right) \quad \text{avec} \quad K_G \geq \frac{2}{\sqrt{\pi}} \tag{3.13}$$

En fait, la résolution du système fait intervenir un polynôme du second degré qui possède deux solutions. La seconde solution permet en fait d'obtenir le petit côté du rectangle équivalent qui s'exprime ainsi :

$$\ell = \frac{1}{2} \cdot K_G \cdot \sqrt{\pi \cdot A} \cdot \left(1 - \sqrt{1 - \left(\frac{2}{\sqrt{\pi} \cdot K_G} \right)^2} \right) \quad \text{avec} \quad K_G \geq \frac{2}{\sqrt{\pi}} \tag{3.14}$$

On laissera au lecteur le soin de démontrer que le produit $L \cdot \ell$ est bien équivalent à A.

Le tracé des droites de niveau du rectangle équivalent découle directement de la répartition hypsométrique cumulée. Par exemple, dans le cas du bassin versant de la Corbassière illustré à la figure 3.2, on sait que sa surface est de 1,952 km^2 et que son périmètre vaut 8,183 km. L'application de l'équation (3.5) permet de déterminer le coefficient de Gravelius du bassin versant, soit 1,652. Par la suite, l'application des relations (3.13) et (3.14) permet de déterminer les longueurs L = 0,54 km et l = 3,57 km du rectangle équivalent.

Altitudes caractéristiques
Dans l'optique de décrire le bassin versant mais aussi de comprendre son comportement hydrologique, l'altimétrie joue un rôle essentiel puisque la force motrice des écoulements de surface est gravitaire. De fait, plusieurs processus dépendent directement des caractéristiques altimétriques telle que la pente moyenne par exemple. L'altitude du bassin versant joue aussi un rôle sur le contrôle des sollicitations (précipitations) de par sa relation avec les conditions climatiques du milieu.

Altitudes maximale et minimale
Elles sont obtenues directement à partir de cartes topographiques. L'altitude maximale représente le point le plus élevé du bassin tandis que l'altitude minimale considère le point le plus bas, généralement à l'exutoire. Ces deux données deviennent surtout importantes lors du développement de certaines relations faisant intervenir des variables climatologiques telles que la température, la précipitation et le couvert neigeux. Elles déterminent l'amplitude altimétrique du bassin versant et interviennent aussi dans le calcul de la pente.

Altitude moyenne
L'altitude moyenne se déduit directement de la courbe hypsométrique ou de la lecture d'une carte topographique. On peut la définir comme suit :

$$H_{moy} = \sum \frac{A_i \cdot h}{A} \tag{3.15}$$

où H_{moy} est l'altitude moyenne du bassin [m], A_i l'aire comprise entre deux courbes de niveau [km^2], h l'altitude moyenne entre deux courbes de niveau [m] et A la superficie totale du bassin versant [km^2].

L'altitude moyenne est peu représentative de la réalité. Toutefois, elle est parfois utilisée dans l'évaluation de certains paramètres hydrométéorologiques ou dans la mise en œuvre de modèles hydrologiques.

Altitude médiane
L'altitude médiane correspond à l'altitude lue au point d'abscisse 50 % de la surface totale du bassin, sur la courbe hypsométrique (fig. 3.12). Cette grandeur se rapproche de l'altitude moyenne dans le cas où la courbe hypsométrique du bassin concerné présente une pente régulière, c'est-à-dire si la densité de probabilité des pentes du bassin versant se présente selon une distribution symétrique.

Pente moyenne du bassin versant
La pente moyenne est une caractéristique importante qui renseigne sur la topographie du bassin. Elle est considérée comme une variable indépendante. Elle donne une bonne indication sur le temps de parcours du ruissellement direct – donc sur le temps de concentration t_c – et influence directement le débit de pointe lors d'une averse.

Plusieurs méthodes ont été développées pour estimer la pente moyenne d'un bassin. Toutes se basent sur la lecture d'une carte topographique réelle ou approximative. La méthode proposée par Carlier et Leclerc dans les années 1960 consiste à calculer la moyenne pondérée des pentes de toutes les surfaces élémentaires comprises entre deux altitudes données. Une valeur approchée de la pente moyenne est alors donnée par la relation suivante :

$$i_m = \frac{D \cdot L}{A} \tag{3.16}$$

où i_m est la pente moyenne [m / km ou %], L la longueur totale des courbes de niveau [km] à ne pas confondre avec la longueur du rectangle équivalent, D leur équidistance [m] et A la surface du bassin versant [km^2].

Une autre façon de procéder à la détermination de la pente moyenne est de recourir au rectangle équivalent. Dans ce cas :

$$i_m = \frac{\Delta H}{L} \tag{3.17}$$

où ΔH est la différence d'altitude maximale sur le bassin [m] et L la longueur du rectangle équivalent [m].

Comme le note Roche (1963), le calcul de la pente moyenne à partir de l'hypsométrie du bassin ou du rectangle équivalent ne sont que deux moyens afin de déterminer une longueur de référence sur laquelle on applique la différence d'altitude afin de calculer une pente moyenne. Cependant, les calculs ne prennent pas en compte la forme de la courbe hypsométrique. C'est pourquoi l'auteur (Roche, 1963) a proposé le développement d'un indice de pente i_p.

Enfin, notons encore que le calcul de la pente moyenne tout comme celui de leur exposition (orientation des pentes) peuvent être assez facilement automatisés en se basant sur des données numériques représentant la topographie des bassins versants (MNA et MNT). Le recours à ces données et ces méthodes est vivement encouragé.

Indice de pente

Les méthodes de calcul précédentes donnent de bons résultats dans le cas d'un relief modéré et pour des courbes de niveau simples et uniformément espacées. Il est toutefois difficile, au vu du caractère généralement sinueux des courbes de niveau, de déterminer la valeur de la longueur totale L. Afin de pallier cet inconvénient ainsi que les incertitudes qui résultent du lissage des courbes de niveau, Roche (1963) propose de déterminer un indice de pente à partir du rectangle équivalent et de la courbe hypsométrique du bassin.

L'idée est d'appliquer la notion de rectangle équivalent à chaque courbe de niveau du bassin ceci afin de transformer géométriquement les courbes de niveau en des droites parallèles sur le rectangle équivalent. L'indice de pente i_p s'exprime alors en pourcentage comme suit :

$$i_p = \sum_{i=1}^{n} \sqrt{\frac{\tilde{n}_i \left(a_i - a_{i-1}\right)}{L}} \tag{3.18}$$

où $\tilde{n}_i$ est la fraction de la surface totale A comprise entre les deux courbes de niveau successives d'altitude a_{i-1} et a_i. L représente ici la longueur du rectangle équivalent.

Indice global de pente

Un autre indice, toujours basé sur la fonction de répartition des altitudes du bassin versant (i.e. courbe hypsométrique), est l'indice global de pente défini par :

$$i_g = \frac{H_{5\%} - H_{95\%}}{L} \quad [\text{m}/\text{km}] \tag{3.19}$$

où $H_{5\%}$ et $H_{95\%}$ représentent respectivement les fractiles 5 % et 95 % de la courbe hypsométrique du bassin versant et L la longueur du rectangle équivalent. Plus explicitement, l'altitude $H_{5\%}$ signifie que 5 % de la surface du bassin versant présente une altitude supérieure à cette dernière.

Cet indice reste en général assez voisin de la pente moyenne du bassin versant. A titre d'illustration, le tableau 3.1 ci-dessous résume les principales caractéristiques géométriques pour trois bassins versants suisses (bassins versants de la Mentue, de la Haute-Mentue et de la Corbassière).

Tableau 3.1 Paramètres géométriques des bassins versants de la Mentue, Haute-Mentue et Corbassière.

Caractéristique	Mentue	Haute-Mentue	Corbassière
Surface du bassin [km^2]	105,0	12,5	2,0
Périmètre du bassin [km]	64,7	19,5	8,2
Longueur du bassin [km]	21,3	6,7	2,6
Largeur moyenne du bassin [km]	4,9	1,9	0,7
Indice de Gravelius [–]	1,8	1,6	1,7
Altitude minimale [m]	445	694	848
Altitude maximale [m]	927	927	927
Altitude moyenne [m]	679	831	885
Longueur du rectangle équivalent L [km]	28,7	8,2	3,5
Largeur du rectangle équivalent l [km]	3,7	1,5	0,6
Longueur du cours d'eau principal [km]	25,7	7,3	2,8

Indice de similarité de comportement hydrologique

On sait que la topographie joue un rôle déterminant dans l'organisation des états hydriques du sol et par là même dans la génération de l'écoulement. Suivant ce principe, on peut procéder à un raisonnement simple : si l'on considère une tranche de sol en un point i du bassin versant, il est facile de constater que plus la surface drainée par ce point est importante, plus le volume d'eau qui transitera par cette surface sera important. On peut encore remarquer que plus la pente au point i est faible, plus la force motrice de l'écoulement – essentiellement gravitaire – sera faible. De suite, le sol aura une plus forte tendance à se saturer si sa pente locale est faible. Ce constat de l'influence de la topographie par le biais de la surface drainée et la pente locale peut être pris en compte au travers d'un indice nommé indice topographique et défini comme le logarithme du rapport entre la surface drainée par unité de longueur de courbe de niveau en un point a_i par la tangente de la pente locale en ce point (Beven et Kirkby, 1979).

$$it_i = \ln\left(\frac{a_i}{\tan(\beta_i)}\right) \tag{3.20}$$

Une façon de représenter cet indice est de recourir au complémentaire de la distribution de l'indice topographique. Cette fonction peut s'interpréter comme la relation entre la fraction de saturation du bassin versant et l'indice topographique. D'un point de vue formel, on peut déterminer la densité de probabilité de l'indice topographique ainsi que sa distribution. On a alors les relations suivantes :

$$F_X(it) = P\{X < it\} = \int_{-\infty}^{it} f_{IT}(x) \cdot \mathrm{d}x \tag{3.21}$$

$$P(it_1 < it_2) = \int_{it_1}^{it_2} f_{it}(x) \cdot \mathrm{d}x = F_{IT}(it_2) - F_{IT}(it_1) \tag{3.22}$$

Ainsi, au temps t, il est possible de déterminer une valeur de l'indice topographique limite de telle sorte que tous les points dont l'indice topographique est supérieur à cette valeur sont saturés. Si l'on note cette valeur limite de l'indice topographique, on a ainsi :

$$P(IT \geq \lambda_{sat}) = 1 - F_{IT}(\lambda_{sat}) = G_{IT}(\lambda_{sat}) = Ac / A \tag{3.23}$$

De suite, cette dernière équation lie la probabilité de saturation d'un point en un moment donné avec la distribution cumulée de l'indice topographique dont le complément à l'unité est la courbe cumulative des fractions de surfaces saturées.

3.3.2 Réseau hydrographique

Le réseau hydrographique se définit comme l'ensemble des cours d'eau naturels ou artificiels, permanents ou temporaires, qui participent à l'écoulement. Il est sans doute une des caractéristiques les plus importantes du bassin. Le réseau hydrographique est donc un organisme structuré et hiérarchisé. Il se différencie d'un autre réseau de par l'agencement de ses éléments selon les contraintes imposées par quatre facteurs principaux, à savoir :

- La géologie : par sa plus ou moins grande sensibilité à l'érosion, la nature du substratum influence la forme du réseau hydrographique. Le réseau de drainage n'est habituellement pas le même dans une région où prédominent les roches sédimentaires, par comparaison à des roches ignées (i.e, des « roches de feu », dénommées ainsi car elles proviennent du refroidissement du magma). La structure de la roche, sa forme, les failles, les plissements, forcent le courant à changer de direction.
- Le climat : le réseau hydrographique est dense dans les régions montagneuses très humides et tend à disparaître dans les régions désertiques.
- La pente du terrain qui détermine si les cours d'eau sont en phase érosive ou sédimentaire. Dans les zones plus élevées, les cours d'eau participent souvent

à l'érosion de la roche sur laquelle ils s'écoulent. Au contraire, en plaine, les cours d'eau s'écoulent sur un lit où la sédimentation prédomine.

- La présence humaine : le drainage des terres agricoles, la construction de barrages, l'endiguement, la protection des berges et la correction des cours d'eau modifient continuellement le tracé originel du réseau hydrographique.

Afin de caractériser le réseau hydrographique, il est souvent utile de reporter son tracé en plan sur une carte à une échelle adéquate. L'utilisation de photographies analogiques ou numériques est utile pour cette identification. Enfin, aux facteurs principaux énumérés ci-dessus s'ajoutent les distinctions selon :

- Le type d'écoulement.
- Le type de drainage.
- La topologie du réseau.

Quoi qu'il en soit, l'étude du réseau hydrographique est un élément central de l'hydrologie et requiert la connaissance de plusieurs disciplines.

Typologie des écoulements

Les eaux courantes font l'objet de l'hydrologie fluviale (ou potamologie) qui vise à mieux comprendre non seulement leur mode d'écoulement mais aussi leur distribution dans l'espace et dans le temps ainsi que leur action érosive. En fonction de l'étendue des écoulements (les écoulements peuvent se concentrer ou s'étaler en surface) et de leur durée d'activité (pérennes ou intermittentes), il est possible de distinguer :

- Les *fleuves* et les *rivières*. Ce sont des écoulements pérennes dont l'étendue spatiale est limitée par un lit. On distingue en général les fleuves des rivières par leur taille et la complexité de leur régime hydrologique. Le lit des fleuves ou des rivières comprend le lit mineur qui est la partie où se concentrent les basses eaux (faibles débits). Au-delà, on trouve le lit majeur qui est la partie régulièrement submergée ou inondée dès lors que le débit franchit un certain seuil. Enfin, on distingue encore un lit majeur épisodique qui est inondé lors d'événements rarissimes (crue centennale par exemple, c'est-à-dire la crue qui arrive statistiquement en moyenne tous les cent ans). Cette zone du lit est souvent colonisée et/ou cultivée et il n'est pas toujours facile de la repérer visuellement.

- Les *torrents* et les *oueds*. Ce type d'écoulement se distingue du précédent par le fait qu'il est épisodique. En effet, l'activité des torrents et des oueds se limite pour l'essentiel aux périodes de crues. L'oued est un écoulement épisodique en zone aride. Il peut être temporaire ou saisonnier, généralement concentré dans un lit. L'oued ne possède pas de lit mineur du fait qu'il apparaît uniquement en période de crue. Le torrent est quant à lui un cours d'eau épisodique que l'on trouve dans les régions de montagne. Le torrent se caractérise essentiellement selon un profil en long. Au bassin de réception succède un canal d'écoulement bien marqué puis un cône de déjection.

- Les *écoulements diffus*. Ce dernier type d'écoulement se distingue des deux autres par le fait qu'il n'y plus de phénomène de concentration dans un lit mais que l'écoulement peut se produire, en surface, en de multiples ruisselets (*rill wash*) ou en nappes d'eau de faible profondeur (*sheet wash*). On peut encore distinguer un type d'écoulement diffus faisant suite à de très importantes crues constituées d'eau boueuse en régime turbulent (*sheet flood*).

Typologie du drainage

Une caractéristique importante du réseau hydrographique est le type de drainage qui s'y produit. On distingue dans le monde trois principaux types de drainage, à savoir:

- Le *drainage exoréique*. Ce type de drainage correspond au fait que tout écoulement aboutit à l'océan.
- L'*aréisme*. Dans des situations extrêmes où l'écoulement est occasionnel et dans des régions arides et hyper-arides, l'absence de drainage au-delà d'une dizaine de mètres caractérise le phénomène d'aréisme. L'aréisme est synonyme d'absence de drainage, c'est-à-dire d'absence d'écoulement organisé.
- Le *drainage endoréique*. Dans les régions semi-arides et arides, le drainage peut s'effectuer à l'intérieur de bassins fermés, ce qui signifie que les eaux d'écoulement n'atteignent jamais la mer. C'est le cas du Chari qui disparaît dans le lac Tchad. Ce phénomène d'endoréisme est notamment à l'origine de la formation des grands lacs salés. Ces lacs se forment en présence d'un équilibre entre les apports sous forme d'eau des rivières et des précipitations et les pertes, essentiellement dues à l'évaporation. Il subsiste cependant parfois quelques cours d'eau à l'exutoire de tels lacs. Les cas classiques d'endoréisme sont la mer Morte, la mer Caspienne ou celle d'Aral en Asie. L'endoréisme peut toutefois exister dans des zones humides et l'on peut montrer que ce processus est indépendant des conditions géologiques (Coque, 1997). Ce phénomène concerne aussi bien le Sahara algérien et égyptien, les déserts d'Australie, d'Amérique et d'Asie que les steppes de l'Afrique du Nord ou les déserts andins. L'endoréisme prend de plus des formes variées du fait de son extension allant de quelques kilomètres carrés à plusieurs milliers ainsi que de l'altitude des dépressions qui sont parfois au-dessous du niveau de la mer.

Mis à part les types d'écoulement que nous venons d'étudier et qui concernent les éléments du réseau hydrographique, il est important de distinguer les caractéristiques globales du réseau hydrologique.

Topologie du réseau hydrographique

Selon Péter (1957), «la topologie est une géométrie sans mètre». En effet, cette branche des mathématiques ne s'attache pas à mesurer ou quantifier des objets géométriques mais s'intéresse à leurs propriétés géométriques qui sont indépendantes des compressions ou des étirements qu'ils peuvent subir. La topologie ignore donc les notions géométriques d'égalité et de similitude. Elle se révèle cependant utile dans la description du réseau hydrographique notamment en proposant une classification ainsi qu'un ordonnancement de ceux-ci. Une telle classification se révélera utile d'une part pour des recherches fondamentales et, d'autre part, par exemple pour codifier les stations de mesures d'un bassin versant en vue d'un traitement automatisé des données.

D'un point de vue général, l'organisation du réseau hydrographique se caractérise par son adaptation ou son inadaptation aux éléments tectoniques, lithologiques ou structuraux. Dans la première situation (adaptation), le réseau s'oriente selon les déformations des roches ou se localise dans les matériaux les moins résistants à l'érosion. Dans le second, le réseau hydrographique se développe indifféremment de la structure géologique. On remarquera alors que si le phénomène d'adaptation semble logique, les processus conduisant à l'inadaptation demandent une explication plus détaillée. En fait, ce phénomène ne concerne que les cours d'eau importants et s'explique par deux processus distincts, à savoir, l'antécédence et la surimposition. L'antécédence signifie que le cours d'eau existait déjà avant la modification structurale. Celle-ci s'étant faite lentement, le cours d'eau voit sa direction conservée, indépendamment de la tectonique mise en jeu. Le second mécanisme traduit quant à lui une modification de la lithologie par un dépôt sédimentaire ou un processus d'érosion dans laquelle le cours d'eau conserve sa direction.

Dans la situation où le réseau est adapté, on distingue les types orthogonaux, radiaux aux éléments convergents (cuvette d'érosion) ou divergents (volcans) ainsi qu'annulaire. Lorsque le développement du réseau hydrographique s'effectue indépendamment des contraintes géologiques, celui-ci peut être dendritique (ramifications irrégulières), digité (convergence des éléments du réseau en patte d'oie) ou encore parallèle (lorsque le réseau présente un faible degré de hiérarchisation).

Ordre des cours d'eau

Une façon univoque et simple de procéder à une classification topologique du réseau hydrographique est donnée par la méthode proposée initialement par Horton en 1945 puis modifiée par Strahler en 1957. Les principes de cette classification de Strahler, qui est la plus utilisée aujourd'hui, sont les suivants (fig. 3.14) :

- Tout cours d'eau dépourvu de tributaires est d'ordre un.
- Le cours d'eau formé par la confluence de deux cours d'eau d'ordre différent prend l'ordre du plus élevé des deux.
- Le cours d'eau formé par la confluence de deux cours d'eau du même ordre est augmenté de un.
- On attribue alors à un bassin versant l'ordre de son cours d'eau principal. Il en va de même pour ses sous-bassins versants.

Fig. 3.14 Classification du réseau hydrographique selon le système de Strahler.

De manière formelle, les principes précédents peuvent être exprimés de la façon suivante : soit ω_1 et ω_2 les ordres respectifs de deux cours d'eau se rejoignant pour former un cours d'eau d'ordre ω donné par :

$$\omega = \max(\omega_1, \omega_2) + \delta_{\omega_1, \omega_2} \tag{3.24}$$

où $\delta_{\omega_1, \omega_2}$ est le symbole de Kronecker défini comme suit :

$$\delta_{\omega_1,\omega_2} = \begin{cases} 1 \ si \ \omega_1 = \omega_2 \\ 0 \ si \ \omega_1 \neq \omega_2 \end{cases} \quad (3.25)$$

Il existe d'autres méthodes d'ordination des cours d'eau, comme celle de Horton (1945), utile pour sélectionner les principaux cours d'eau d'un bassin si l'on souhaite une représentation simplifiée d'un réseau, ou encore celle de Shreve (1966) mais qui est rarement utilisée.

Longueurs et pentes caractéristiques

Dimensions et longueurs caractéristiques

Outre sa surface, son périmètre ainsi que les différentes grandeurs et les indices préalablement introduits jusqu'ici, on peut encore définir les éléments géométriques suivants (fig. 3.15):

- La longueur du bassin versant L_{CA}: distance curviligne mesurée le long du cours d'eau principal depuis l'exutoire jusqu'à un point caractéristique représentant la projection du centre de gravité du bassin sur un plan. Cette définition date de 1938 et fut suggérée par Snyder.
- La longueur du cours d'eau principal L: distance curviligne depuis l'exutoire jusqu'à la ligne de partage des eaux, en suivant toujours le segment d'ordre le plus élevé lorsqu'il y a un embranchement, et par extension du dernier jusqu'à la limite topographique du bassin versant. Si les deux segments à l'embranchement sont de même ordre, on suit alors celui qui draine la plus grande surface.
- L'extension longitudinale du bassin $L_{//}$.
- Une largeur caractéristique du bassin $L_{\perp}$.

De manière interchangeable, on nomme souvent $L_{//}$ et $L_{\perp}$ le diamètre et la largeur du bassin versant.

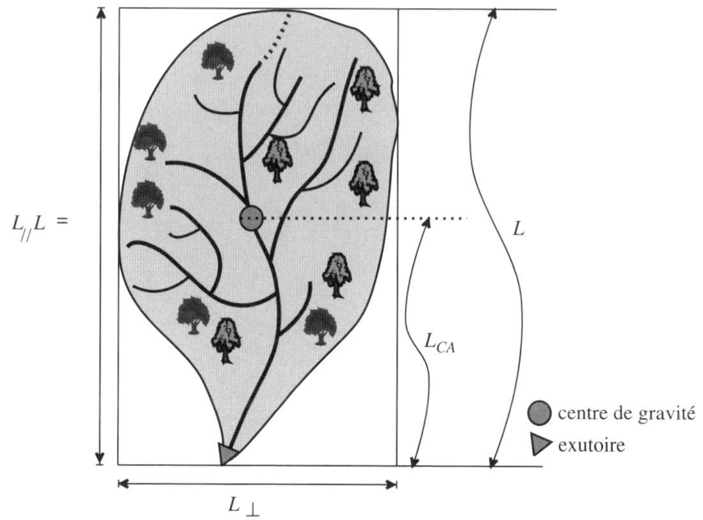

Fig. 3.15 Longueurs caractéristiques d'un bassin versant.

Le profil longitudinal du cours d'eau

On a l'habitude de représenter graphiquement la variation altimétrique du fond du cours d'eau en fonction de la distance à l'émissaire. Cette représentation devient intéressante lorsque l'on reporte les cours d'eau secondaires d'un bassin versant qu'il est alors facile de comparer entre eux et au cours d'eau principal. Notons qu'il est d'usage d'utiliser un graphisme différent lorsque les affluents sont en rive gauche ou droite de la rivière dont ils sont tributaires (fig. 3.16). Le profil en long d'un cours d'eau permet de définir sa pente moyenne.

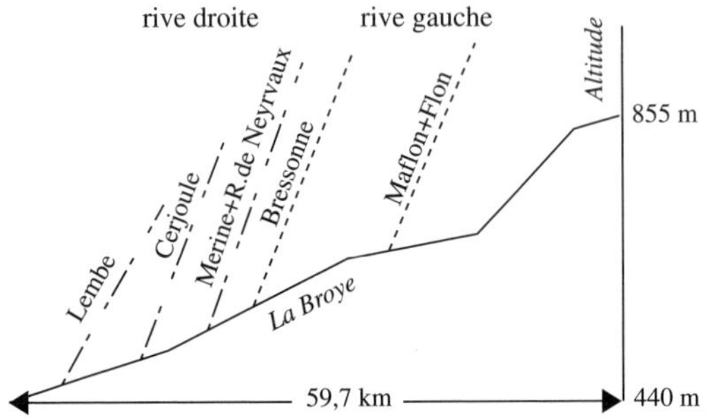

Fig. 3.16 Profil en long de la Broye avec représentation de ses affluents (d'après Parriaux, 1981).

Pente moyenne d'un cours d'eau

Le calcul des pentes moyennes et partielles de cours d'eau s'effectue à partir du profil longitudinal du cours d'eau principal et de ses affluents. La méthode la plus fréquemment utilisée pour calculer la pente longitudinale du cours d'eau consiste, comme on l'a déjà vu, à diviser la différence d'altitude entre les points extrêmes du profil par la longueur totale du cours d'eau :

$$P_{moy} = \frac{\Delta H_{max}}{L} \tag{3.26}$$

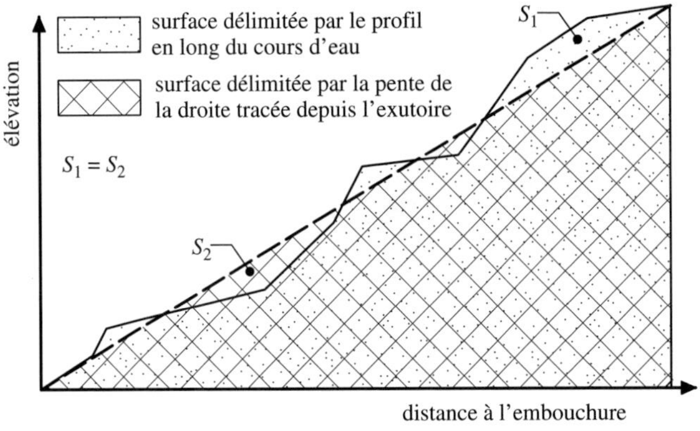

Fig. 3.17 Calcul de la pente moyenne du cours d'eau selon Linsley (1982).

où P_{moy} est la pente moyenne du cours d'eau [m/km], ΔH_{max} [m] la dénivellation maximale de la rivière (différence d'altitude entre le point le plus éloigné et l'émissaire) et L la longueur du cours d'eau principal [km].

On préfèrera parfois utiliser d'autres méthodes plus représentatives : par exemple celle qui consiste à assimiler la pente moyenne à la pente de la droite tracée entre les points situés à 15 % et 90 % de distance à partir de l'exutoire, suivant le cours d'eau principal (Benson, 1959) ; ou encore, comme le préconise Linsley *et al.* (1982), on prendra la pente de la ligne, tracée depuis l'exutoire, dont la surface délimitée est identique à la surface sous le profil en long (fig. 3.17).

Développement du réseau hydrographique

Une manière simple d'estimer le degré de développement du réseau hydrographique est de calculer la densité de drainage et la densité hydrographique.

Densité de drainage

La densité de drainage, introduite par Horton, est la longueur totale du réseau hydrographique par unité de surface du bassin versant :

$$D_d = \frac{\sum L_i}{A} \tag{3.27}$$

où D_d est la densité de drainage [km/km^2], L_i la longueur de cours d'eau [km] et A la surface du bassin versant [km^2].

La densité de drainage dépend de la géologie (structure et géologie), des caractéristiques topographiques du bassin versant et, dans une certaine mesure, des conditions climatologiques et anthropiques. En pratique, les valeurs de densité de drainage varient de 3 à 4 pour des régions où l'écoulement n'a atteint qu'un développement très limité et se trouve centralisé ; elles dépassent 1000 pour certaines zones où l'écoulement est très ramifié avec peu d'infiltration. Selon Schumm, la valeur inverse de la densité de drainage, $C = 1 / D_d$, s'appelle *constante de stabilité du cours d'eau*. Physiquement, elle représente la surface du bassin nécessaire pour maintenir des conditions hydrologiques stables dans un secteur du réseau.

Densité hydrographique

La densité hydrographique représente le nombre de canaux d'écoulement par unité de surface :

$$F = \frac{\sum N_i}{A} \tag{3.28}$$

où F est la densité hydrographique [km^{-2}], N_i le nombre de cours d'eau [–] et A la superficie du bassin [km^2].

Il existe une relation assez stable entre la densité de drainage D_d et la densité hydrographique F, de la forme :

$$F = a \cdot D_d^2 \tag{3.29}$$

où a est un coefficient d'ajustement.

En somme, les régions à haute densité de drainage et à haute densité hydrographique (deux facteurs allant souvent de pair) présentent en général une roche mère imperméable, un couvert végétal restreint et un relief montagneux. L'opposé, c'est-à-dire lorsque la densité de drainage et la densité hydrographique sont faibles, se rencontre en région à substratum très perméable, à couvert végétal important et à relief peu accentué.

Lois de composition des réseaux hydrographiques

Sur la base de leurs théories sur l'ordonnancement des cours d'eau, Horton et Strahler ont proposé des lois concernant la relation entre des cours d'eau, d'une part, et le nombre et la longueur moyenne des cours d'eau d'autre part.

Soit n_ω le nombre de cours d'eau d'ordre ω d'un bassin versant, $\overline{\ell}_\omega$ la longueur moyenne des cours d'eau d'ordre ω et $\overline{a}_\omega$ la surface moyenne tributaire des cours d'eau d'ordre ω. Horton a proposé trois relations qui s'observent en général indépendamment de l'ordre ω:

$$\text{Loi des nombres : } R_B = \frac{n_\omega}{n_{\omega+1}} \tag{3.30}$$

$$\text{Loi des longueurs : } R_L = \frac{\overline{\ell}_{\omega+1}}{\overline{\ell}_\omega} \tag{3.31}$$

$$\text{Loi des aires : } R_A = \frac{\overline{a}_{\omega+1}}{\overline{a}_\omega}. \tag{3.32}$$

R_B se nomme communément le rapport de confluence. La figure 3.18 donne une illustration de ce rapport ainsi que de son influence sur le débit mesuré à l'exutoire du bassin versant.

Soit Ω l'ordre du bassin versant, défini comme étant l'ordre de son cours d'eau principal, on peut alors remarquer que chacune des lois de Horton est une suite géométrique respectivement de raison $1/R_B$ pour la loi des nombres, R_L pour la loi des longueurs et R_A pour la loi des aires. A partir des propriétés des suites géométriques et dans le cas de la loi des longueurs, la longueur du cours d'eau principal ℓ_Ω peut être exprimée en fonction de la longueur moyenne des cours d'eau d'ordre ω, pour autant que $\omega \leq \Omega$, par la relation suivante :

$$\ell_\Omega = \ell_\omega \cdot R_L^{\Omega-\omega} \tag{3.33}$$

Il s'ensuit que :

$$\overline{\ell}_\omega = \frac{\ell_\Omega}{R_L^{\Omega-\omega}} \tag{3.34}$$

En appliquant la loi des nombres, on sait que l'on a n_ω cours d'eau d'ordre ω exprimé par la relation :

$$n_\omega = n_\Omega \cdot R_B^{\Omega-\omega} \tag{3.35}$$

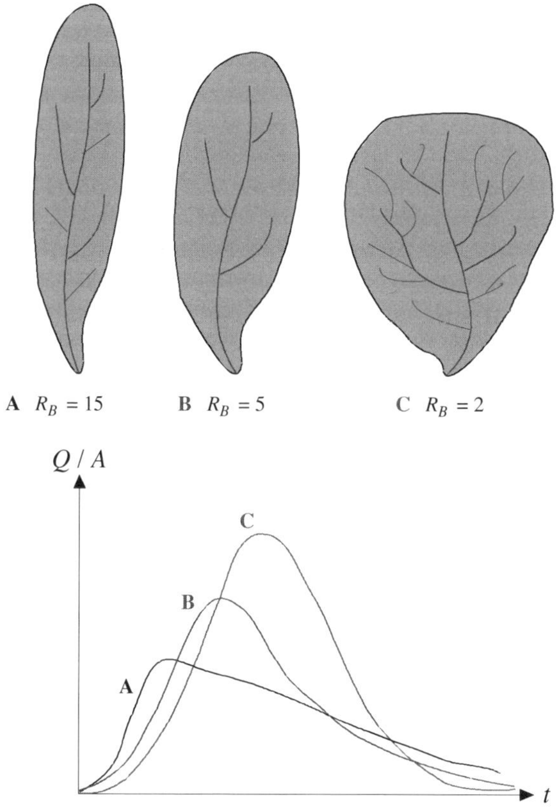

Fig. 3.18 Bassins versants hypothétiques de différents rapports de confluence RB et schématisation des hydrogrammes correspondants (d'après Chow *et al.*, 1988).

Par définition, $n_\Omega = 1$. Ainsi la longueur totale des cours d'eau d'ordre ω s'exprime par :

$$L = n_\omega \cdot \overline{\ell}_\omega = R_B^{\Omega-\omega} \cdot \frac{\ell_\Omega}{R_L^{\Omega-\omega}} = \ell_\Omega \cdot \left(\frac{R_B}{R_L}\right)^{\Omega-\omega} \tag{3.36}$$

Il est alors aisé d'évaluer la longueur totale du réseau hydrographique L_{tot} comme étant la somme des longueurs des cours d'eau d'ordre 1 à Ω :

$$L_{tot} = \sum_{\omega=1}^{\Omega} \ell_\Omega \cdot \left(\frac{R_B}{R_L}\right)^{\Omega-\omega} = \ell_\Omega \cdot \sum_{\omega=1}^{\Omega} \left(\frac{R_B}{R_L}\right)^{\Omega-\omega} \tag{3.37}$$

Cette dernière somme représente à nouveau une série géométrique de raison $\left(R_B/R_L\right)^{-1}$, de premier terme $\left(R_B/R_L\right)^{\Omega-1}$ et de *n-ième* terme égal à un. La somme de cette série vaut donc :

$$L_{tot} = \ell_\Omega \cdot \frac{1-\left(\dfrac{R_B}{R_L}\right)^{\Omega}}{1-\left(\dfrac{R_B}{R_L}\right)} \tag{3.38}$$

Notons que si $R_B/R_L < 1$ et que Ω tend vers l'infini, la série converge et la longueur totale du réseau tend vers :

$$\lim_{\Omega\mapsto\infty} L_{tot} = \ell_\Omega \cdot \frac{\left(\dfrac{R_B}{R_L}\right)^{\Omega-1}}{1-\left(\dfrac{R_B}{R_L}\right)-1} \tag{3.39}$$

Cependant, dans la plupart des cas, cette série diverge et ainsi, la somme cherchée tend vers l'infini lorsque Ω tend vers l'infini. On a simplement :

$$L_{tot} = \left(\frac{R_B}{R_L}\right)^{\Omega-1} \cdot \ell_\Omega \tag{3.40}$$

On sait encore que la longueur moyenne des cours d'eau d'ordre 1 vaut :

$$\overline{\ell}_1 = \frac{\ell_\Omega}{R_L^{\Omega-1}} \tag{3.41}$$

A partir de ces deux dernières relations et après quelques manipulations, on obtient finalement la relation suivante :

$$L_{tot} \sim \overline{\ell}_1^{\,1-\frac{\ln(R_B)}{\ln(R_L)}} \tag{3.42}$$

Cette relation fait explicitement apparaître une loi d'échelle au sens où l'a définie Mandelbrot (Mandelbrot, 1995 ; Mandelbrot, 1997). En effet, deux grandeurs sont liées par une loi d'échelle s'il existe un exposant ε tel que $A = B^{\varepsilon}$ ou plus généralement $A \sim B^{\varepsilon}$[7]. Dans la situation de la relation (3.34), on a :

$$\varepsilon = 1 - \frac{\ln(R_B)}{\ln(R_L)} \tag{3.43}$$

Ce résultat va nous permettre de souligner le caractère fractal du réseau hydrographique.

7 Le cas d'égalité stricte définit une loi d'échelle uniforme tandis que la proportionnalité définit une loi d'échelle asymptotique.

Dimension fractale du réseau hydrographique

Apparue au début des années 1970, la géométrie fractale s'est rapidement imposée comme étant un puissant outil descriptif des systèmes naturels complexes. Sous l'égide de son fondateur, Benoît Mandelbrot (1995), cette nouvelle géométrie a vu son champ d'application croître de façon fulgurante durant ces vingt dernières années et notamment en science de la Terre. Avant même que le néologisme « fractal » ne fasse son apparition, L. F. Richardson (1961) avait déjà remarqué que la longueur totale des côtes naturelles variait en fonction de l'échelle de mesure choisie (plus l'unité spatiale de mesure est petite plus la longueur de la côte est grande). Les côtes naturelles sont un objet fractal par excellence. Plus tard, une multitude d'applications se sont développées parmi lesquelles nous pouvons signaler à titre d'illustration, la modélisation de la distribution des galaxies et du relief terrestre, l'étude des séries temporelles, telles que les séries de débits (Rigon *et al.*, 1996), l'élaboration de modèles de percolation d'un fluide au sein d'un milieu poreux, etc. Dans le domaine des sciences de la Terre, la géométrie fractale s'est essentiellement développée dans l'étude des réseaux de drainage. Elle fut notamment rendue célèbre par les travaux de Sam Lovejoy (1983). A titre d'illustration, la figure 3.19 représente un objet fractal théorique : l'île quadratique de Von Koch.

Il existe plusieurs méthodes pour appréhender le caractère fractal d'une structure (Falconer, 1997 ; Schuller *et al.*, 2001). Parmi celles-ci, il est facile de recourir à la notion intuitive de dimension. On sait, dans le cas de la géométrie euclidienne qui décrit les objets physiques à l'aide de lignes, de cercles, d'ellipses, etc., que la dimension d'un point est nulle et que celle d'une droite vaut un. La dimension du plan est deux et celle d'un volume trois. Si l'on observe dans le plan une courbe extrêmement sinueuse, on note, toujours intuitivement, que la courbe « occupe » une portion du plan bien plus conséquente qu'une droite ou même qu'un cercle. Il est ainsi assez facile d'imaginer pourvoir définir une nouvelle dimension de cette courbe qui tienne compte de sa structure.

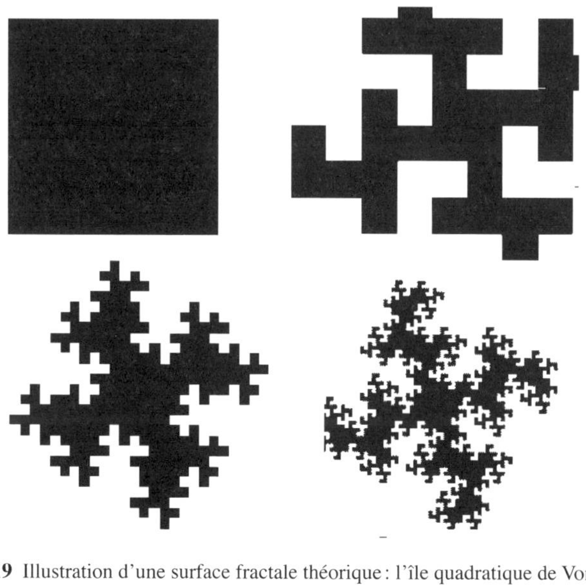

Fig. 3.19 Illustration d'une surface fractale théorique : l'île quadratique de Von Koch.

Une manière de définir une telle « dimension » est de recourir au pavage de la courbe en plusieurs parties. En effet, quel que soit K, un entier, un segment de droite peut être pavé par $N = K$ parties. Chaque partie est ainsi un segment défini par la relation suivante :

$$\frac{(k-1)\cdot X}{K} \leq x < \frac{k \cdot X}{K} \text{ pour } 1 \leq k \leq K \tag{3.44}$$

Par exemple, le pavage en quatre parties d'un segment s'exprime alors comme suit :

$$\text{Pour } k = 1, 0 \leq x < \frac{X}{4}, \text{ pour } k = 2, \frac{X}{4} \leq x < \frac{X}{2} \quad \text{, pour } k = 3, \frac{X}{2} \leq x < \frac{3X}{4}$$

et pour $k = 4$, $3X/4 \leq x < X$

Chaque partie se déduit du tout par une homothétie de rapport $r = 1/N$. On procède alors de manière similaire pour le pavage du plan et d'un parallélépipède rectangle. Les rapports d'homothétie ainsi obtenus valent respectivement $r = 1/N^{1/2}$ et $r = 1/N^{1/3}$. Rien n'empêche alors de généraliser cette relation au cas où l'on se place dans un espace de dimension D. On a alors :

$$r(N) = \frac{1}{N^{1/D}} \text{ soit } D = \frac{\ln(N)}{\ln(1/r)} \tag{3.45}$$

Cette grandeur D n'est plus nécessairement un entier. Il s'agit de la dimension fractale. Ainsi, le nombre d'éléments permettant le pavage d'une courbe s'exprime par :

$$\ln\frac{1}{r}\cdot D = \ln N \tag{3.46}$$

d'où :

$$N = r^{-D} \tag{3.47}$$

Cette dernière relation définit une loi d'échelle uniforme au sens où nous l'avons précédemment définie. En considérant maintenant la longueur totale L de la courbe étudiée (il peut s'agir du cours d'eau principal par exemple), le rapport r d'homothétie s'écrit, si l est un étalon de longueur :

$$r = \frac{\ell}{L} \tag{3.48}$$

Par conséquent, le rapport r peut aussi être interprété comme l'unité de mesure de la longueur de la courbe. Dans le cas d'une courbe présentant une très forte sinuosité, cette longueur dépend de l'étalon de mesure et l'on a :

$$L_{tot} = \lim_{r \mapsto 0} L(r) = \lim_{r \mapsto 0} N \cdot r \tag{3.49}$$

Ce qui donne, au vu de (3.35)

$$L_{tot} = \lim_{r \mapsto 0}(r^{-D} \cdot r) = \lim_{r \mapsto 0} r^{1-D} \tag{3.50}$$

Enfin, cette dernière équation peut aussi se formuler de la manière suivante :

$$D = \lim_{r \mapsto 0} \frac{\ln N(r)}{\ln(1/r)} \tag{3.51}$$

En comparant l'équation (3.42) avec la relation (3.34), il s'ensuit que la dimension fractale du réseau hydrographique peut être évaluée à l'aide des grandeurs R_B et R_L et vaut :

$$D = \frac{\ln R_B}{\ln R_L} \tag{3.52}$$

Les cours d'eau d'ordre un dont on utilise cependant la longueur moyenne présentent aussi un aspect fractal. Certains auteurs ont ainsi proposé de corriger cette dernière équation afin de tenir compte de ce phénomène. En posant D_1 la dimension fractale des cours d'eau d'ordre 1, on obtient (Sposito, 1998) :

$$D = D_1 \cdot \frac{\ln R_B}{\ln R_L} \tag{3.53}$$

A titre d'exemple, le tableau 3.2 et la figure 3.20 ci-dessous présentent les résultats d'une analyse topologique d'un bassin versant. On remarquera que les valeurs des rapports R_B et R_L ne sont pas constantes, sans doute du fait des incertitudes qui entourent la détermination des valeurs du nombre de cours d'eau, leur longueur et leur surface tributaire. Au vu de cette variabilité, les lois R_B et R_L sont dans ce cas déterminées grâce à la pente de la régression linéaire entre le logarithme (base 10) de n_ω et ℓ_ω et l'ordre des cours d'eau (fig. 3.20). Pour le bassin étudié, on obtient alors les valeurs suivantes pour les lois de Horton : $R_B = 2{,}53$, $R_L = 2{,}48$ et $R_A = 3$.

Tableau 3.2 Exemples de paramètres topologiques pour un bassin versant.

Ordre	n_ω	$\overline{\ell}_\omega$	$\overline{a}_\omega$	R_B	R_L	R_A
1	50	1,5	4	3,85	2,67	3,00
2	13	4	12	1,63	2,25	3,00
3	8	9	36	2,67	2,56	3,00
4	3	23	108	3,00	2,57	3,00
5	1	59	324			

Le tableau 3.3 donne encore quelques valeurs du rapport de Horton ainsi que la dimension fractale D déterminée par le biais de la relation (3.44). Les données sont issues de Tarboton *et al.* (1988) et Rosso *et al.* (1991).

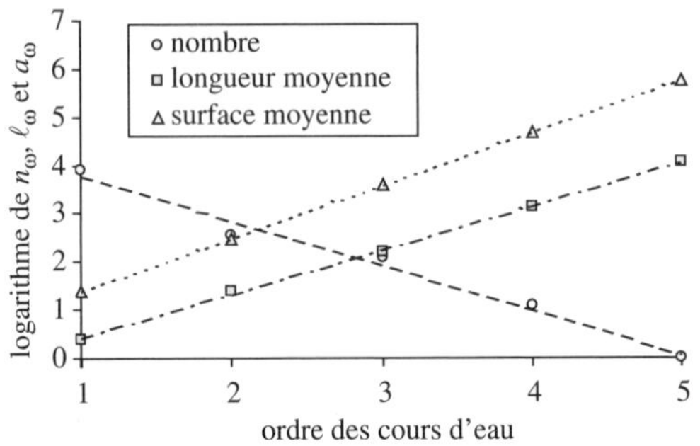

Fig. 3.20 Loi des nombres, des longueurs et des surfaces pour les données du tableau 3.2.

Tableau 3.3 Exemples de paramètres topologiques pour un bassin versant.

Bassin versant	R_B	R_L	Dimension fractale D
Souhegan (USA)	3,5	2,0	1,8
Hubbard (USA)	4,1	2,1	1,9
Daddys Creek (USA)	4,1	2,2	1,8
Rio Gallina (Italie)	3,04	2,03	1,57
Illice (Italie)	2,7	2,0	1,43
Mariggia (Italie)	3,51	2,02	1,79
Petrace (Italie)	4,1	2,1	1,90
Arno (Italie)	4,7	2,5	1,69

Ce dernier tableau montre ainsi que les réseaux hydrographiques étudiés présentent un taux de couverture du bassin versant important. Un réseau hydrographique occupant la totalité du bassin devrait présenter une dimension fractale de 2.

Loi de Hack

Parmi les lois d'échelle, celle de Hack occupe une position bien particulière au vu de l'intérêt qu'elle a suscité depuis sa formulation (Hack, 1957). A partir de données sur de nombreux bassins versants aux U.S.A., Hack a établi une relation entre la surface d'un bassin versant A [km^2] et la longueur de son cours d'eau principal L [km] :

$$L = 1{,}4 \cdot A^{0{,}6} \qquad (3.54)$$

D'une manière plus générale, la loi de Hack se formule comme suit :

$$L \propto A^h \qquad (3.55)$$

La loi de Hack a fait l'objet d'un grand nombre d'études car elle implique plusieurs résultats pertinents relatifs à la morphologie des bassins : d'une part, plusieurs travaux conduisent à souligner la relation entre les valeurs de l'exposant h de la loi de Hack et le caractère fractal des cours d'eau d'un bassin versant ; d'autre part, la loi de Hack permet d'établir une liaison entre la sinuosité d'un bassin versant et les grandeurs $L_{//}$ et $L_{\perp}$ respectivement définies comme étant le diamètre et la largueur du bassin versant.

La figure 3.21 illustre la loi de Hack à partir de données fournies par le Global Runoff Data Center du Federal Institute of Hydrology de Koblenz en Allemagne. Ces données concernent 397 bassins versants pour lesquels on dispose d'une mesure de la surface en km^2 ainsi que d'une mesure de la longueur du cours d'eau principal en kilomètre. Un ajustement de la relation (3.43) permet d'obtenir l'équation suivante :

$$L = 1{,}95 \cdot A^{0{,}5107} \tag{3.56}$$

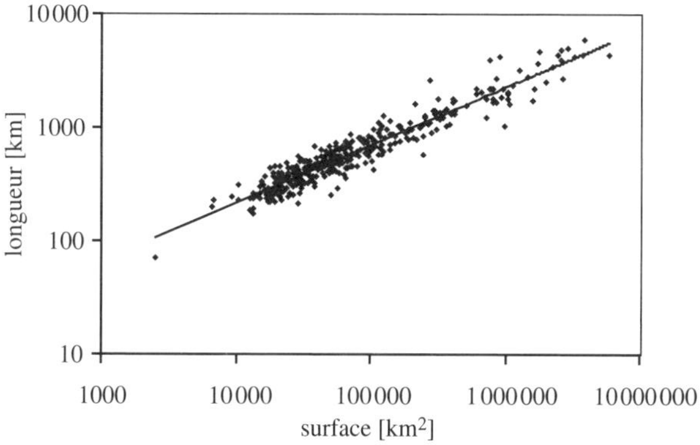

Fig. 3.21 Représentation de la relation entre la surface d'un bassin versant et la longueur de son cours d'eau principal pour 397 bassins (données du Federal Institute of Hydrology de Koblenz, Allemagne).

Enfin, notons que l'on peut aussi définir la courbe aire-distance, qui met en relation la longueur moyenne des cours d'eau d'ordre ω donné et l'aire tributaire moyenne des cours d'eau du même ordre ω, et ceci ordre par ordre. Cette courbe permet de visualiser la répartition des superficies du bassin par rapport à l'exutoire ou par rapport au point de mesure du débit. Cette répartition affecte en effet la concentration du ruissellement et donc influence la réponse hydrologique du bassin versant.

3.4 CARACTÉRISTIQUES AGRO-PÉDO-GÉOLOGIQUES

3.4.1 Couverture du sol

Couverture végétale

L'activité végétative et le type de sol sont intimement liés et leurs actions combinées influencent singulièrement l'écoulement en surface. Le couvert végétal retient, selon sa densité, sa nature et l'importance de la précipitation, une proportion variable de l'eau atmosphérique. Cette eau d'interception est en partie soustraite à l'écoulement.

La forêt, par exemple, intercepte une partie de l'averse par sa frondaison. Elle exerce une action limitatrice importante sur le ruissellement superficiel. La forêt régularise le débit des cours d'eau et amortit les crues de faibles et moyennes amplitudes.

Par contre, son action sur les débits extrêmes causés par des crues catastrophiques est réduite.

A l'inverse, le sol nu, de faible capacité de rétention, favorise un ruissellement très rapide. L'érosion de la terre va généralement de pair avec l'absence de couverture végétale.

Etant donné l'importance du rôle joué par la forêt, on traduit parfois sa présence par un indice de couverture forestière K :

$$K = \frac{\text{Surface des forêts}}{\text{Surface totale du bassin}} \cdot 100 \qquad (3.57)$$

Surfaces urbanisées

Les surfaces imperméables jouent un très grand rôle en hydrologie urbaine. Elles augmentent le volume écoulé et diminuent le temps de concentration. On calcule souvent un taux d'imperméabilité qui est le rapport entre les surfaces imperméables et la surface totale.

Surfaces d'eau libre

Parmi les éléments de la couverture du sol qui influencent le comportement hydrologique d'un bassin versant, on doit prendre en compte la présence de surfaces d'eau libre tels que les lacs qui jouent un rôle important du fait de leur capacité de stockage temporaire d'un certain volume d'eau. Ce stockage temporaire a ainsi pour effet de laminer les crues, c'est-à-dire de réduire le débit de pointe de la crue. Cet effet de laminage est illustré pour le Rhône (entre son entrée dans le Léman au niveau de la Porte du Scex et sa sortie à Genève) dans la figure 3.22. Dans ces graphiques, on a représenté les valeurs du coefficient mensuel de débit qui n'est autre que le rapport entre le débit mensuel et la moyenne annuelle des débits sur une longue période de mesure.

On soulignera encore que la surface du cours d'eau constitue aussi un plan d'eau et que le canal d'une rivière permet aussi de laminer une crue. La figure 3.23 illustre l'effet de laminage pour le Rhône à l'amont du lac Léman (entre Brigue et la Porte du Scex).

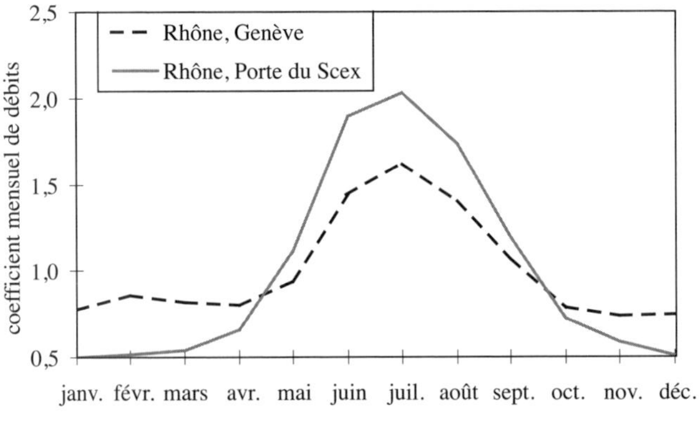

Fig. 3.22 Illustration de l'effet de laminage par un plan d'eau. Coefficients mensuels de débits à l'amont et à l'aval du lac Léman.

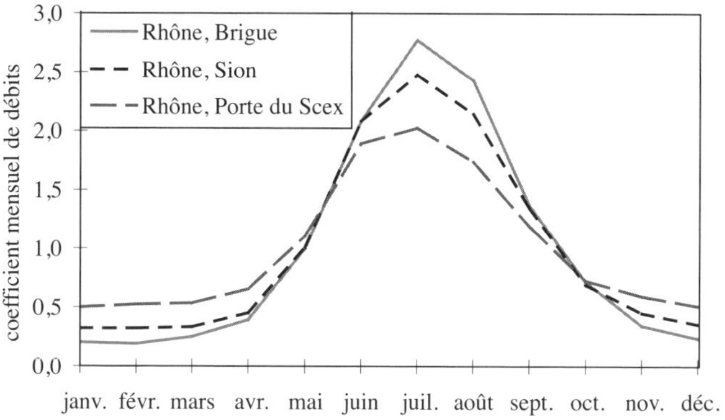

Fig. 3.23 Illustration de l'effet de laminage par un cours d'eau. Coefficients mensuels de débits pour le Rhône à Brigue, Sion et à la Porte du Scex.

Couverture neigeuse et glace

Certains bassins d'altitude peuvent être partiellement ou totalement couverts de neige ou de glace. Ce type de couverture doit être pris en compte dans l'étude des facteurs de génération de l'écoulement de l'eau. En effet, le réchauffement printanier de la température peut entraîner une fonte rapide de la neige, provoquant du même coup un important écoulement d'eau venant s'ajouter à celui de l'eau des précipitations. De la même manière, la présence de glaciers ou le gel des cours d'eau durant l'hiver peut, lors des processus de fonte, générer des crues de débâcle de glace se traduisant par un transport de blocs de glace. Ceux-ci peuvent localement bloquer l'écoulement de l'eau (embâcle) jusqu'à la rupture de ces barrages naturels. Il s'ensuit alors des crues rapides et intenses pouvant avoir des conséquences catastrophiques.

La surface des lacs et des glaciers, qui agissent comme réservoirs, est donc évidemment très importante. Un indice analogue à celui de la couverture forestière peut être identifié pour quantifier son importance.

Coefficient de ruissellement

Un indice est très souvent utilisé en hydrologie de surface pour caractériser la capacité d'un bassin versant à ruisseler : le coefficient de ruissellement C_r. Son calcul et son emploi sont simples, mais notons qu'il peut conduire à commettre de grossières erreurs. Ce coefficient sans dimension est défini comme suit :

$$C_r = \frac{\text{Hauteur d'eau ruissellée [mm]}}{\text{Hauteur d'eau précipitée [mm]}} \tag{3.58}$$

Ce coefficient est fortement influencé par la couverture du sol comme le montre le tableau 3.4 dans lequel les quelques valeurs de ce coefficient issues des normes suisses SNV (Schweizerische Normen-Vereinigung) sont présentées. Ces valeurs reflètent la capacité des sols à ruisseler en fonction uniquement de la couverture du sol. On remarque notamment le très fort taux du coefficient de ruissellement donné pour les routes et les toitures. Comme on l'a vu précédemment, cela s'explique par le fait que ces surfaces sont pratiquement imperméables.

Tableau 3.4 Valeurs du coefficient de ruissellement pour différentes couverture du sol (d'après Association Suisse de Normalisation, normes suisses SNV 640 351).

Nature superficielle du bassin versant	Coefficient de ruissellement C_r %
Bois	0,1
Prés, champs cultivés	0,2
Vignes, terrains nus	0,5
Rochers	0,7
Routes sans revêtement	0,7
Routes avec revêtement	0,9
Villages, toitures	0,9

3.4.2 Nature du sol

La nature du sol intervient sur la rapidité de montée des crues et sur leur volume. En effet, le taux d'infiltration, le taux d'humidité, la capacité de rétention, les pertes initiales, le coefficient de ruissellement C_r sont fonction du type de sol et de son épaisseur.

Pour étudier ce type de réactions, on peut comparer le coefficient de ruissellement sur différentes natures de sol (intérêt d'une carte pédologique détaillée dans les études de prédétermination des crues). La littérature fournit des valeurs du coefficient de ruissellement pour chaque type de sol et, très souvent, en rapport avec d'autres facteurs tels que :

- la couverture végétale (tab. 3.5),
- la pente du terrain ou l'utilisation du sol (tab. 3.6),
- l'état d'humidité du sol.

Tableau 3.5 Valeurs de coefficient de ruissellement (en %), pour différents types et couvertures du sol. Tiré de U.S. Soil Conservation Service

Type de sol	Couverture du bassin versant		
	Cultures	Pâturages	Bois, Forêts
A fort taux d'infiltration : Sols sableux ou graveleux	0,20	0,15	0,10
A taux d'infiltration moyen : Limons et sols similaires	0,40	0,35	0,30
A faible taux d'infiltration : Sols lourds, argileux Sols peu profonds sur le substratum Milieu imperméable	0,50	0,45	0,40

On peut introduire, dès à présent, une caractéristique du sol importante : l'état d'humidité du sol qui est un des facteurs principaux conditionnant les temps de concentration. Cet état est cependant très difficile à mesurer en réalité car très variable dans l'espace et le temps. On a souvent recours à d'autres paramètres qui reflètent l'humidité du sol et qui sont plus faciles à obtenir. En hydrologie, on fait souvent appel à des indices caractérisant les conditions d'humidité antécédentes à une pluie.

Tableau 3.6 Différentes valeurs de coefficient de ruissellement (en %) pour les cas suisses. C_r est une fonction de la pente et de la couverture du sol (d'après Sautier).

Pente %	Forêts	Pré-champ	Culture dans la sens de la pente
0,5	–	0,005	0,12
1,0	0,01	0,020	0,13
2,0	0,02	0,040	0,18
4,0	0,04	0,070	0,23
6,0	0,05	0,090	0,27
8,0	0,06	0,110	0,31
10,0	0,07	0,130	0,34
15,0	0,08	0,170	0,40
20,0	0,10	0,190	0,45
25,0	0,12	0,220	0,50
30,0	0,13	0,250	0,55
35,0	0,14	0,270	0,59
40,0	0,15	0,290	0,62
45,0	0,16	0,310	0,65
50,0	0,17	0,330	0,69

Il en existe de nombreux qui sont pour la plupart basés sur les précipitations tombées au cours d'une certaine période précédant un événement. Ils sont généralement notés *IPA*, c'est-à-dire **I**ndices de **P**récipitations **A**ntécédentes (*API* en anglais).

La forme la plus classique de cet indice repose sur le principe de décroissance logarithmique avec le temps du taux d'humidité du sol, au cours des périodes sans précipitations (Koehler et Linsley, 1951) :

$$IPA_t = IPA_0 \cdot K^t \tag{3.59}$$

où l'IPA_0 est une valeur initiale de l'indice des précipitations antécédentes [mm], l'IPA_t la valeur de cet indice t jours plus tard [mm], K un facteur de récession, $K< 1$ (variable d'un bassin à l'autre, ainsi que d'une saison à l'autre pour un même bassin) et t le temps [jour].

L'Institut d'Aménagement des Terres et des Eaux de l'EPFL (IATE/HYDRAM[8]), après différents travaux de recherche sur des parcelles expérimentales, a adopté un indice de la forme suivante :

$$IPA_i = IPA_{i-1} \cdot K + P_{i-1} \tag{3.60}$$

où l'IPA_i est l'indice de précipitations antérieures au jour i [mm], l'IPA_{i-1} l'indice de pluies antécédentes au jour $i-1$ [mm], P_{i-1} les précipitations tombées au jour

8 Actuellement « laboratoire d'Ecohydrologie-ECHO » de l'Institut des sciences et technologies de l'environnement-ISTE » de l'EPFL

$i-1$ [mm] et K un coefficient inférieur à 1, en général compris entre 0,8 et 0,9 voire même de 0,98 (Tramblay *et al.*, 2012).

La figure 3.24 suivante illustre le calcul de l'*IPA* au cours d'une année à la station de Payerne (VD). La relation employée pour déterminer l'*IPA* est celle de l'IATE/HYDRAM avec $K = 0{,}9$.

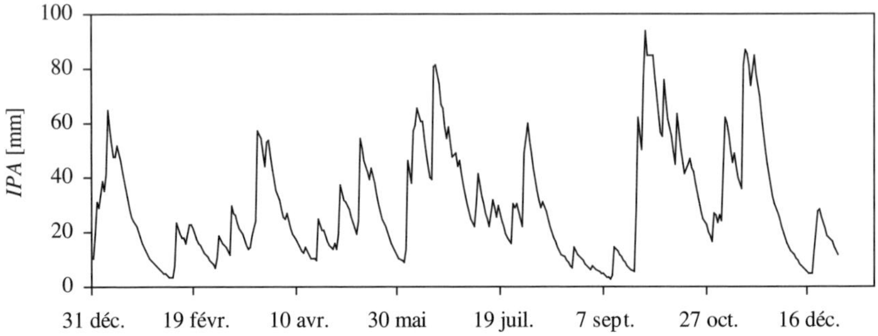

Fig. 3.24 Variation de l'indice IPA en fonction du temps à la station de Payerne (VD) en, 1991 ($K = 0{,}9$).

Ainsi, lors d'une pluie provoquant un ruissellement, celui-ci sera étroitement corrélé avec l'état d'humidité du sol, en tout cas au début de la précipitation. D'autres relations ont aussi été exploitées dans d'autres régions du monde. Ainsi, par exemple, au Burkina Faso, l'indice des précipitations antécédentes est le suivant (Claude, Grouzy et Milleville, 1991) :

$$IPA_i = \left(IPA_{i-1} + P_{i-1}\right) \cdot e^{-0{,}5 \cdot \Delta t} \tag{3.61}$$

On notera enfin que cet indice a été généralisé selon la relation suivante (Berthet *et al.*, 2009) :

$$IPA_t = \sum_{i=0}^{N_\alpha} \alpha^i \cdot P_{t-i} \tag{3.62}$$

où α est un taux de décroissance, N_α le nombre de pas de temps antécédent et P_{t-i} la précipitation au temps $t-i$.

3.4.3 Géologie du substratum

La connaissance de la géologie d'un bassin versant s'avère importante pour cerner l'influence des caractéristiques physiographiques. La géologie du substratum influe non seulement sur l'écoulement de l'eau souterraine mais également sur le ruissellement de surface. Dans ce dernier cas, les caractères géologiques principaux à considérer sont la lithologie (nature de la roche mère) et la structure tectonique du substratum. L'étude géologique d'un bassin versant dans le cadre d'un projet hydrologique a surtout pour objet de déterminer la perméabilité du substratum. Celle-ci intervient sur la vitesse de montée des crues, sur leur volume et sur le soutien apporté aux débits d'étiage par les nappes souterraines. Un bassin à substratum imperméable présente une crue plus rapide et plus violente qu'un bassin à substratum perméable, soumis à une même averse. Ce dernier retient l'eau plus aisément et, en période de sécheresse, un débit de base sera ainsi assuré plus longtemps. Néanmoins, le substratum peut absorber une certaine quantité d'eau dans les fissures et diaclases des roches naturellement imperméables ou dans les formations rocheuses altérées (fig. 3.25).

Pour ces dernières, la dissolution de certains éléments et leur migration, menant à la formation de canaux, peut créer une circulation souterraine importante. Ce phénomène se retrouve sans exception dans les régions karstiques. Dans ce cas, l'étude géologique devra être beaucoup plus détaillée de manière à localiser les nappes d'eaux souterraines, leur zone d'alimentation et leurs résurgences. Cette étude devra être réalisée par un hydrogéologue.

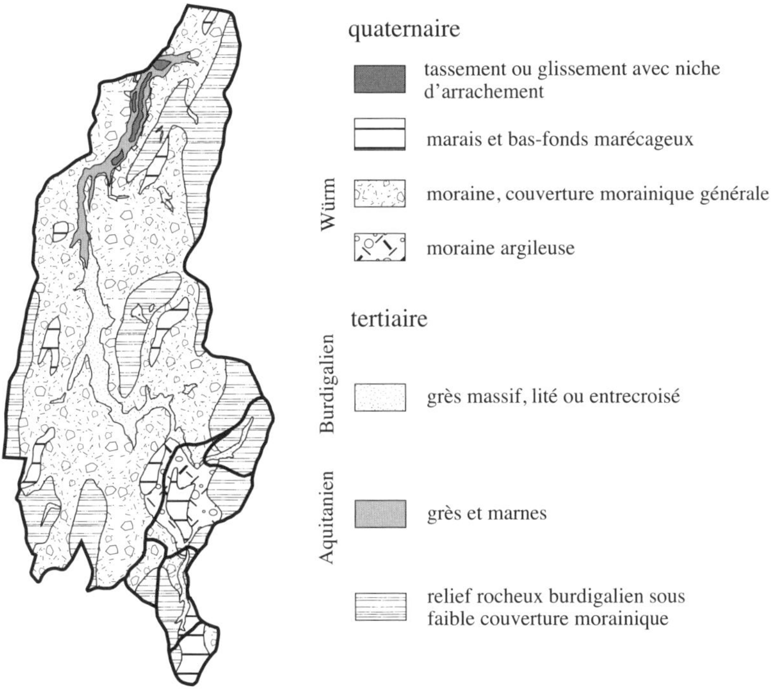

Fig. 3.25 Carte géologique du bassin versant de la Haute-Mentue (d'après Joerin, 2000).

3.5 INFORMATION DIGITALE ET MODÈLES NUMÉRIQUES

La demande de données spatiales s'est accrue ces dernières années car l'on sait désormais qu'il est essentiel de connaître la distribution spatiale de la réponse hydrologique pour bien comprendre les processus sous-jacents de la génération de l'écoulement. Initialement, les analyses hydrologiques avaient pour champ d'étude la parcelle, soit à des échelles très localisées. Par la suite, les problématiques d'aménagement et celles liées à la dégradation de l'environnement ont nécessité des approches plus larges, à l'échelle du bassin versant, d'une région, d'un pays voire d'un continent. Les questions liées à la gestion de l'eau et l'apparition de nouvelles problématiques tels le changement climatique et les changements globaux ont ainsi entraîné la nécessité d'analyser les processus à des échelles toujours plus grandes.

La représentation et la connaissance du terrain sont donc essentielles pour comprendre les processus d'érosion, de sédimentation, de salinisation et de pollution par le biais de cartes de risque. Aujourd'hui, le développement de techniques modernes d'acquisition et de mise à disposition d'informations digitales (fig. 3.26), dont une grande partie est en accès libre (ou en libre accès), a rendu possible la représentation de la topographie du milieu au moyen de modèles numériques d'altitude (MNA) et de terrain (MNT), mais aussi la représentation de l'occupation du sol grâce aux photographies aériennes ou aux données satellitaires. A ceci s'ajoutent les possibilités offertes par les ordinateurs toujours plus puissants et les logiciels de plus en plus performants qui permettent aujourd'hui des traitements rapides sur des grands volumes de données. De même, des applications en ligne permettent d'extraire des informations numériques qui servent de plus en plus à la description des caractéristiques physiques des bassins versants et à la cartographie numérique de leur couverture.

Fig. 3.26 Exemple de représentation numérique du terrain obtenue à l'aide de Google Earth. La vue représente le Mont-Blanc vu du Sud et la vallée du Rhône (dans l'angle en haut à droite de l'illustration).

Généralités sur les MNA et les MNT

A partir de la densité locale de courbes de niveau ou de traitement stéréoscopique d'images satellitaires, il est possible de produire une spatialisation du milieu qui, *in fine*, aboutit à l'élaboration de *modèles numériques de terrain* (MNT[9]). Ce MNT

9 Dans la langue anglaise, le MNT se nomme DTM, acronyme de *Digital Terrain Model* tandis que le MNA est traduit par DEM, *Digital Elevation Model*.

est une composition numérique de la topographie, présentée sous forme matricielle ou vectorielle appelée *modèle numérique d'altitude* (MNA). Outre les altitudes, les fichiers numérisés contiennent d'autres informations connexes, telles les pentes, l'orientation ou l'éclairage simulé. En soit, le modèle numérique d'altitude n'est pas une finalité mais permet aux hydrologues et à d'autres scientifiques concernés d'extraire des informations pertinentes pour leurs études. Cette discipline appelée aujourd'hui *géomorphométrie*[10] (Moore, Grayson, et Ladson, 1991 ; Gallant et Wilson, 2000 ; Hengl et Reuter, 2008) vise donc à extraire des paramètres caractérisques de la surface étudiée à partir des analyses découlant de l'information altimétrique. Cette thématique dépassant largement le cadre du présent ouvrage, on se bornera dans ce qui suit à préciser quelques concepts élémentaires, le lecteur étant invité à se reporter à la bibliographie spécialisée.

Schématiquement, on distingue trois types essentiels de découpage spatial du milieu utilisé pour la génération d'un MNA (fig. 3.27). Il s'agit respectivement de :

- découpage régulier et arbitraire (généralement grille rectangulaire),
- découpage à base d'éléments irréguliers (TIN) épousant les discontinuités du milieu,
- découpage topographique basé sur une approche hydrologique qui s'appuie sur la délimitation des lignes d'écoulement et des courbes de niveau.

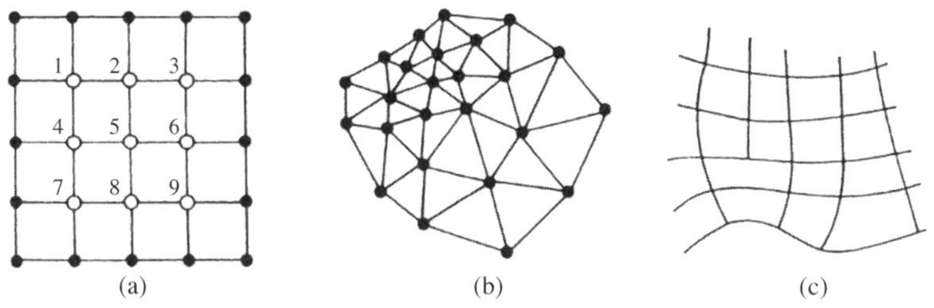

Fig. 3.27 Découpage spatial selon une grille rectangulaire (a), des éléments irréguliers (b) et suivant la topographie (c) (tiré de Moore, Grayson, et Ladson, 1991).

A partir de ces trois approches, il est possible de déterminer plusieurs attributs du modèle numérique d'altitude tels que des attributs topographiques (élévation, orientation, pente, surface, courbure) qui influencent diverses grandeurs intervenant directement dans les processus d'écoulement. En guise d'illustration, la figure 3.28 montre une représentation de la Corse selon le modèle numérique de terrain ainsi que la carte des pentes obtenues par calcul à l'aide d'un logiciel approprié.

Mis à part ces attributs déterminés directement à partir d'un MNA adéquat, il est encore possible de calculer d'autres grandeurs ou attributs dérivés dont le plus connu est sans conteste l'indice topographique. Celui-ci permet la caractérisation de l'écoulement de l'eau sur un sol. Lorsque ce dernier ne parvient plus à stocker l'eau et à la transmettre latéralement, on voit apparaître du ruissellement sur des surfaces saturées (cf. chap 10). Il est alors possible de modéliser l'extension de telles zones

---

[10] Les premières publications datent des années trente (Vakhtin, B., 1930).

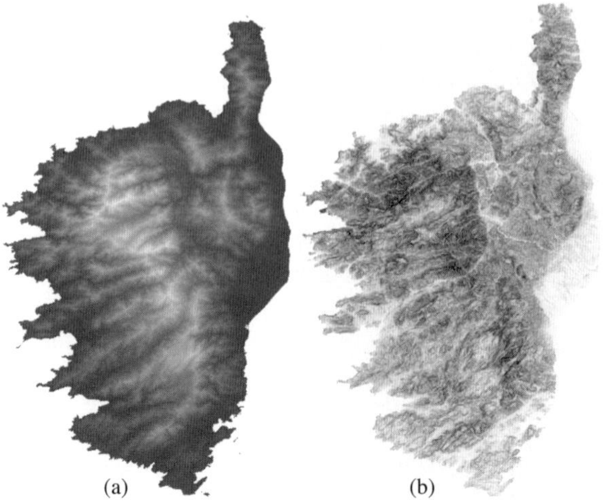

Fig. 3.28 MNT de la Corse (a) ainsi que la carte des pentes de cette île obtenues par calcul (b).

dans le domaine spatial par le biais d'un indice topographique prenant en compte la pente locale en un point donné ainsi que la surface drainée située en amont de ce point (Beven et Kirby, 1979). L'indice topographie est donc un indice d'humidité qui permet d'estimer la tendance d'un élément ou d'une maille du bassin versant à se saturer.

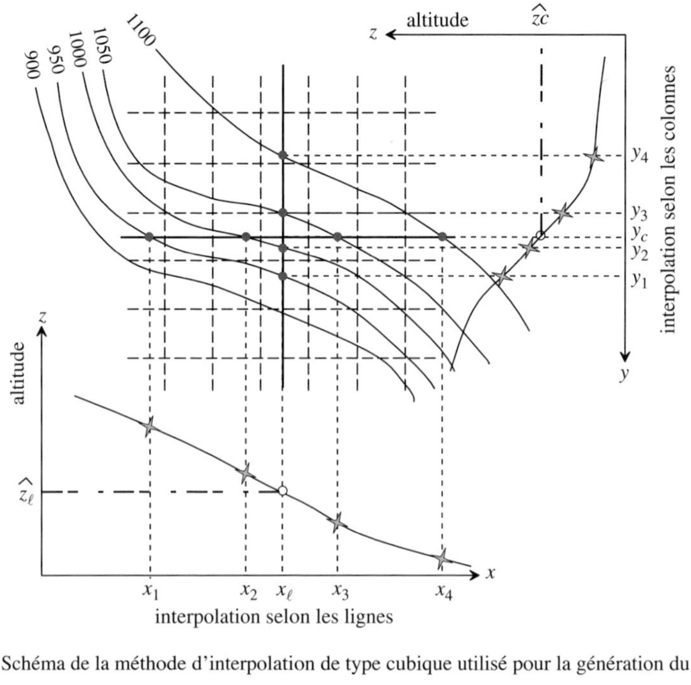

Fig. 3.29 Schéma de la méthode d'interpolation de type cubique utilisé pour la génération du MNA25.

En Suisse, l'Office fédéral de topographie appelé Swisstopo fournit différents produits de cartographie numérique dont des modèles numériques d'altitude. Le plus connu est le modèle numérique de terrain MNT25, disponible pour toute la superficie du pays depuis fin 1996. Ce modèle est établi à partir de la digitalisation des courbes de niveaux des feuilles topographiques à l'échelle 1 :25 000. Dans une seconde étape, le modèle matriciel du MNT25 est interpolé avec une maille de 25 m (fig. 3.29). Ce jeu de données est uniquement destiné à l'emploi numérique. Il répond aux exigences demandées pour des applications d'une très grande précision. La précision altimétrique du MNT25 est d'environ 1,5 m sur le Plateau, entre 5 et 8 m dans les Alpes. Un second modèle dénommé swissALTI3D est également disponible. Ce modèle, faisant partie du modèle topographique du paysage, a été élaboré depuis 2008. Il se compose d'une grille de type rectangulaire avec des mailles de 2, 5 ou 10 mètres. Sa précision est grandement améliorée par rapport au modèle MNT25. Enfin, Swissotopo propose encore un modèle numérique de surface MNS, modèle de terrain de haute précision déterminé à partir de mesure laser. Ce modèle reproduit notamment l'ensemble des éléments du relief.

3.6 CONCLUSION

Si, au premier abord, la notion de bassin versant semble assez simple, nous avons pu noter tout au long de ce chapitre que ce n'est en réalité pas le cas. De par les subtilités de sa définition ainsi que des éléments le caractérisant, il est essentiel de bien comprendre ce que «cache» cette notion de bassin versant, notion essentielle pour l'hydrologue. Après nous être entraînés à discuter de notions mathématiques pas toujours intuitives, nous disposons désormais de bons «outils» pour procéder à une description d'un bassin et surtout pour comprendre ses réactions face à une sollicitation particulière: la pluie.

Chapitre 4

LES PRÉCIPITATIONS

Après avoir présenté d'une manière très générale le cycle de l'eau ainsi que son référentiel spatial, ce chapitre s'intéresse à la première composante du cycle, à savoir les précipitations. On décrit ainsi successivement la formation des précipitations liquides et solides puis l'on s'attache à présenter les réseaux de mesures ainsi que la relation essentielle pour l'hydrologue entre la durée, l'intensité et la fréquence des précipitations. Pour terminer, ce chapitre aborde encore la problématique de l'estimation régionale des champs de précipitations.

4.1 DÉFINITIONS LIMINAIRES

On nomme *précipitations* toutes les eaux météoriques qui tombent sur la surface de la terre, tant sous forme liquide (bruine, pluie, averse) que sous forme solide (neige, grésil, grêle) et les précipitations déposées ou occultes (rosée, gelée blanche, givre...). Elles sont provoquées par un changement de température ou de pression.

> *« Il n'y a point de meilleure eau que celle de la pluie, parce qu'elle est composée des parties les plus légères et les plus subtiles qui ont été extraites de toutes les autres eaux, et que l'air a longtemps purifiées par son agitation, jusqu'à ce que dans les orages elles se liquéfient pour tomber sur la terre. »*
>
> *(Vitruve, de Architectura, livre VIII)*

4.1.1 Les nuages

Afin de bien comprendre les mécanismes de génération des précipitations, il convient de revenir sur quelques notions fondamentales en relation avec la formation des nuages et la mécanique atmosphérique. Selon l'Organisation Météorologique Mondiale (OMM, 1975), un nuage est « un hydrométéore consistant en une suspension dans l'atmosphère de minuscules particules d'eau liquide ou de glace, ou les deux à la fois, et ne touchant généralement pas le sol. Il peut également comporter des particules d'eau liquide ou de glace de plus grandes dimensions ainsi que des particules solides provenant, par exemple, de vapeurs industrielles, de fumées ou de poussières ».

Pour sa part, « un hydrométéore est un météore (phénomène observé dans l'atmosphère ou à la surface du globe) qui consiste en un ensemble de particules d'eau, liquides ou solides, en suspension ou en chute dans l'atmosphère, ou soulevées de la surface du globe par le vent, ou déposées sur des objets au sol ou dans l'atmosphère libre ».

Les nuages sont formés par la condensation de la vapeur d'eau que contient l'atmosphère. Ce processus de condensation est la résultante d'un refroidissement imputable au mécanisme de détente d'un gaz, à savoir que lorsque l'air subit un mouvement ascendant, la pression atmosphérique diminue. Ainsi, la formation des nuages nécessite au préalable un refroidissement susceptible de provoquer la saturation en vapeur d'eau. A l'inverse, un mouvement descendant va comprimer l'air et élever sa température.

La vapeur d'eau est un constituant mineur de l'atmosphère (tab. 4.1), mais joue un rôle essentiel dans les mécanismes climatiques en étant responsable des précipitations, mais aussi de certaines réactions chimiques ainsi que d'effets radiatifs. La vapeur d'eau est aussi un gaz à effet de serre. Il est donc essentiel de bien comprendre les processus atmosphériques faisant intervenir la vapeur d'eau.

Tableau 4.1 Composition de l'atmosphère (d'après Andrews, 2000).

Gaz	Taux dans l'atmosphère (% du volume)
Azote N_2	78 %
Oxygène O_2	21 %
Dioxide de carbone CO_2	360 ppmv
Vapeur d'eau H_2O	< 3 %
Ozone O_3	< 10 ppmv
Argon Ar	0,93

Humidité de l'air

D'une façon générale, on considère l'air atmosphérique comme étant formé d'air sec et de vapeur d'eau. La quantité de vapeur d'eau contenue dans l'air s'exprime par la relation suivante :

$$h_a = 217 \cdot \frac{e}{T} \tag{4.1}$$

où h_a est l'humidité absolue en grammes par mètre cube, e la pression partielle de la vapeur d'eau en millibars (mb) et T la température en °C. Pour une température donnée, l'humidité absolue ne peut dépasser une valeur maximale qui correspond à la pression de vapeur saturante e_s(T). A partir de cette relation, on peut déterminer l'humidité relative h_r soit :

$$h_r = \frac{e}{e_s(T)} \tag{4.2}$$

Cette notion est importante car la sensation physiologique d'humidité est généralement liée à l'humidité relative et non à l'humidité absolue. Cette humidité croît à partir du sol jusqu'à atteindre la valeur de 100 % au niveau des nuages pour décroître ensuite. La température pour laquelle la pression de vapeur est saturante est appelée *température du point de rosée*. La pression de vapeur saturante peut pour sa part s'exprimer comme suit :

$$e_s(T) = 6{,}11 \cdot \exp\left(\frac{17{,}27 \cdot T}{237{,}3 + T}\right) \tag{4.3}$$

A titre d'exemple, si l'on considère pour un lieu donné une température de 22 °C et une humidité relative de 58 %, on déduit de la relation précédente la pression de vapeur saturante $e_s(22) = 26{,}448$ mb et de la relation (4.2) la pression de vapeur actuelle soit $e = 15{,}340$ mb, ce qui correspond à une humidité absolue, selon la relation (4.1) de 151 grammes d'eau par mètre cube d'air. En résolvant, par approximations successives, l'équation (4.3) en fonction de la température et en introduisant la pression de vapeur comme pression de vapeur saturante, la température pour laquelle la pression actuelle de vapeur d'eau deviendrait saturante serait alors de 13,4 °C.

Deux autres grandeurs peuvent encore être précisées. Il s'agit d'une part de l'humidité spécifique s et, d'autre part, du rapport de mélange noté r, appelé en anglais *mixing ratio*. L'humidité spécifique est le rapport de la masse de la vapeur d'eau par rapport à la masse totale d'air, soit l'air humide. Ce rapport s'exprime généralement par l'approximation suivante :

$$s = 622 \cdot \frac{e}{p} \tag{4.4}$$

avec P la pression de l'air. Dans le cas de l'exemple précédent, si la pression atmosphérique est de 974,6 mb, ce rapport vaut $s = 9{,}79$ grammes d'eau par kilogramme d'air.

Enfin, le rapport de mélange, à ne pas confondre avec l'humidité spécifique, est le rapport entre masse de vapeur d'eau et masse d'air sec. On a ainsi :

$$r = 622 \cdot \frac{e}{P - e} \tag{4.5}$$

Ces deux dernières grandeurs sont souvent utilisées dans les analyses météorologiques, notamment des diagrammes aérologiques.

Hauteur d'eau condensable

Il peut parfois être utile de connaître la hauteur d'eau pouvant être condensée à la verticale d'un lieu[1]. Ainsi, si l'on dispose de la répartition de la vapeur d'eau selon une verticale, il est possible de déterminer par intégration la masse totale d'eau contenue dans une colonne verticale dont la surface au sol est de un mètre carré.

Soit dm la masse d'eau contenue dans une tranche d'air d'un mètre carré de surface et d'épaisseur dz. Cette quantité s'exprime en fonction de l'humidité absolue de la manière suivante :

---

[1] Cette notion est parfois utilisée lors de la détermination de la pluie maximale probable (PMP) en un point donné (OMM, 1986).

$$\mathrm{d}m = h_a \cdot \mathrm{d}z \qquad (4.6)$$

Or, en introduisant la relation (4.1) et en intégrant cette dernière relation, on obtient :

$$m = 217 \cdot \int_0^{\infty} \frac{e(z)}{T(z)} \cdot \mathrm{d}z \qquad (4.7)$$

où m représente la quantité d'eau dans l'air au droit de l'endroit considéré. Cette quantité dépend ainsi de la connaissance de la variation de l'humidité et de la température selon l'altimétrie.

Adiabatique sèche et humide

Si le déplacement de la masse d'air se produit rapidement, il n'y a pas d'échanges de chaleur avec l'air voisin. Le déplacement est alors qualifié d'adiabatique car sans échanges thermiques. On définit alors l'adiabatique sèche afin de caractériser le mouvement vertical d'une masse d'air non saturée en vapeur d'eau. Cette relation, linéaire, permet ainsi de déterminer l'évolution de la température en fonction de l'altitude. A l'inverse, dans le cas d'un mouvement vertical d'une masse d'air saturée en vapeur d'eau, l'adiabatique est dite humide ou encore saturée. Ces relations d'évolution de la température en fonction de l'altitude définissent ce que l'on nomme le taux d'adiabatique. On retiendra ainsi ici que le *taux d'adiabatique* sèche est de l'ordre de 1 °C par 100 mètres, tandis que le taux d'adiabatique humide est de 0,5 °C par 100 mètres. Le taux moyen est pour sa part de 0,65 °C par 100 mètres.

Ainsi, par exemple, si l'on considère la masse d'air dont l'évolution est représentée sur la figure 4.1, on observe que la masse d'air va se refroidir selon une adiabatique sèche en passant de A à B. Au point B, la saturation de l'air est atteinte, la diminution de la température lors de l'élévation au point C se fait selon une adiabatique humide. Durant l'élévation du point B au point C, une partie de l'humidité va être transformée en précipitations. De fait, si le point C représente le sommet d'une montagne, l'air redescendant sur l'autre versant, va suivre une adiabatique humide sur une distance plus faible que lors de l'ascension. Dès lors, dès le point D, l'air est à nouveau sec et

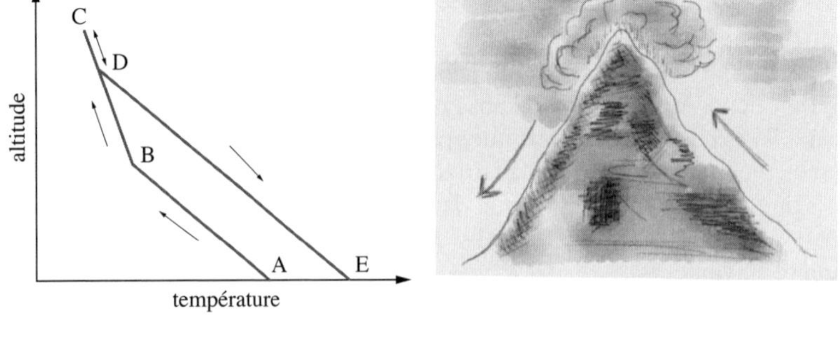

Fig. 4.1 Exemple d'évolution de la température d'une masse d'air en fonction de l'altitude et de l'effet de föhn (d'après Estienne et Godard, 1998).

suit par conséquent une adiabatique sèche le conduisant à se réchauffer pour atteindre finalement le point E, à la même altitude que A, mais avec une température supérieure. Le phénomène que nous venons d'illustrer est bien connu et porte le nom de *fœhn*.

4.1.2 Aérosols

La compréhension des mécanismes de formation des nuages passe par une analyse des aérosols contenus dans l'atmosphère car la formation spontanée des gouttelettes d'eau ne peut se faire qu'en milieux sursaturés à savoir lorsque l'humidité relative est supérieure à 100 %.

Les aérosols occupent la partie la plus fine en termes de granulométrie des composés non gazeux contenus dans l'atmosphère terrestre. Leur diamètre peut atteindre 0,0001 µm soit 10^{-10} mètre. En général, les noyaux qui permettent la condensation de la vapeur d'eau en gouttelette d'eau présentent un diamètre de 0,1 µm. Ils sont généralement classés de la manière suivante : si leur diamètre est inférieur à 0,2 µm, on les nomme *noyaux d'Aitken*, de 0,2 à 2 µm, il s'agit de *grand aérosol*. Enfin, si leur diamètre dépasse 2 µm, on parle d'*aérosol géant*.

La concentration ainsi que la taille des aérosols peuvent varier fortement en fonction de l'espace et du temps. Toutefois, plus la concentration en aérosol augmente, plus leur taille diminue (l'ordre de grandeur pour la concentration des aérosols est de 10^{12} noyaux par km^3). Il est encore intéressant de souligner que la diversité de la taille des noyaux permet de comprendre la formation des nuages dits « chauds », c'est-à-dire des nuages dont la température interne dépasse 0°C par opposition aux nuages « froids » dont la température n'excède pas 0°C. Une grande variabilité de taille encourage la production de précipitations. Sans entrer dans les détails des mécanismes physiques, on peut encore noter qu'il y a toujours des mouvements internes aux nuages, ce qui explique que ceux-ci ne chutent pas sous l'effet de la gravitation.

Concernant maintenant les sources des aérosols, ceux-ci sont essentiellement d'origine naturelle ou anthropique. Les sources anthropiques sont majoritairement celles des activités industrielles tandis que pour la partie naturelle, le plus gros fournisseur d'aérosols est le milieu océanique que l'on nomme *spray océanique*. A ceci s'ajoute cependant une production non négligeable de diméthylsufide par le plancton. Le tableau 4.2 donne une estimation de la production d'aérosol selon leur source.

Au sujet de la conversion gaz-particules, il s'agit du produit d'une réaction photochimique dans un milieu sursaturé en gaz polluants. Ce processus a lieu essentiellement dans les zones urbaines et industrielles et porte aussi le nom de « smog photochimique ». Il peut aussi avoir une origine naturelle.

La présence d'aérosols dans l'atmosphère permet la création de noyau de condensation même lorsque l'air n'est que partiellement saturé. On retiendra encore dans ce contexte les deux éléments suivants :

- La condensation se fait préférablement sur des gros noyaux.
- Beaucoup d'aérosols sont hygroscopiques, c'est-à-dire qu'ils ont la propriété d'attirer l'eau sur leur surface.

La formation des noyaux de condensation par le biais des aérosols permet d'aboutir à des éléments de diamètre moyen de 10 µm environ (la gamme des noyaux s'étend de 1 à 50 µm) tandis que la taille des gouttes d'eau contenue dans les précipitations est d'environ 1000 µm.

Tableau 4.2 Production mondiale d'aérosols (d'après Wallace et Hobbs 1971 cité dans Summer, 1988).

Production naturelle	Quantité [10^9 kg / an]
Sel marin	1000
Conversion gaz-particule	570
Erosion éolienne	500
Feux de forêts	35
Débris météoriques	20
Activité volcanique	25
Total	> 2150
Production anthropique	**Quantité [10^9 kg / an]**
Conversion gaz-particule	275
Rejets industriels	56
Processus de combustion	44
Transports	2,5
Autres rejets solides	2,5
Rejets divers	28
Total	410

En résumé et concernant la formation des nuages, on retiendra que celle-ci est due majoritairement à la présence d'aérosols dans l'atmosphère et que ceux-ci servent de noyaux de condensation pour la vapeur d'eau. Du fait de la plus grande concentration en aérosol de grand diamètre, le milieu marin est plus propice à la formation de nuages. On retiendra encore que la forme, l'ampleur, l'étendue horizontale des nuages dépendent de l'importance et de l'étendue horizontale des mouvements verticaux ascendants qui leur donnent naissance.

4.2 CLASSIFICATION DES NUAGES

En tout temps, on considère qu'environ 60 % de la surface terrestre est recouverte par des nuages, sous quelque forme que ce soit. Cette nébulosité est donc importante même si l'on ne doit pas perdre de vue qu'il s'agit que d'une approche très globale dans la mesure où les divers types de nuages n'ont pas les mêmes conséquences en termes de précipitations. La figure 4.2 illustre la nébulosité moyenne pour le mois de décembre 2012.

Les nuages étant en perpétuelle évolution, ils présentent donc une grande variété de forme tout au long de leur développement et de leur évolution. Malgré cela, il est possible de proposer une classification d'inspiration naturaliste en distinguant des « genres » de nuages qui se subdivisent en « espèces ». La première classification des nuages est due au naturaliste Lamarck qui, en 1802, a décrit pour la première fois la forme des nuages. C'est toutefois la classification de Luke Howard en 1803 qui est considérée comme la base de la classification actuelle. Depuis cette époque, plusieurs classifications vont en découler, par améliorations successives, pour aboutir à celle de

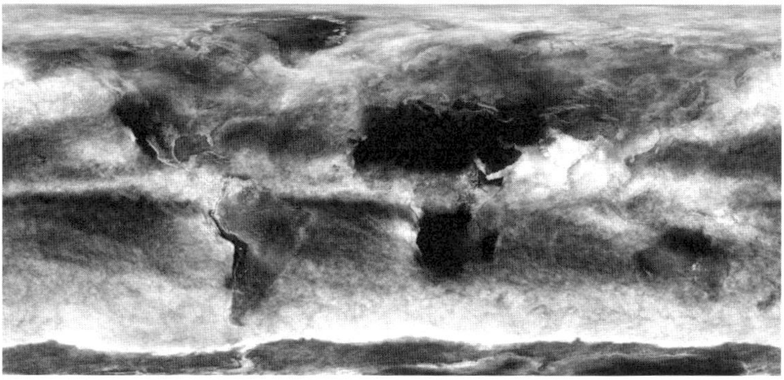

Fig. 4.2 Couverture nuageuse de la terre pour le mois de décembre 2012. Les zones claires traduisent la couverture nuageuse tandis que les zones foncées l'absence de nuages. (Image réalisée par Reto Stockli, NASA's Earth Observatory, à partir des données du programme MODIS du NASA Goddard Space Flight Center.)

l'atlas publié en 1896 sous la houlette d'un comité spécial instauré à l'occasion de la Conférence météorologique internationale de 1891.

Cette classification sera ensuite modifiée à plusieurs reprises pour aboutir en 1929 à une typologie comprenant dix genres de nuages répartis en quatre familles. La classification internationale des nuages de 1956 par l'Organisation météorologique mondiale comprend le même nombre de genres et de familles de nuages que la précédente.

Le tableau 4.3 ci-après est conforme à la classification de l'Organisation météorologique mondiale de 1962 qui reprend celle de 1956 avec comme seule modification le classement des Nimbostratus dans la famille des nuages inférieurs en lieu et place de celle des nuages moyens. Les valeurs d'altitude données pour la définition des familles de nuage sont fonction de la latitude du lieu.

La figure 4.3 offre une illustration des nuages selon leur forme et leur étage altimétrique d'apparition.

Tableau 4.3 Classification internationale des nuages.

Familles	Genre	Altitude[2] [km]	Epaisseur [km]
	Cirrus Ci	5-13	0,6
Nuages supérieurs	Cirrocumulus Cc	5-13	
	Cirrostratus Cs	5-13	
Nuages moyens	Altocumulus Ac	2-7	0,6
	Altostratus As	2-7	0,6
	Stratocumulus Sc	0,5-2	
Nuages inférieurs	Stratus St	0-0,5	0,5
	Nimbostratus Ns	1-3	2
Nuages à développement vertical	Cumulus Cu	0,5-2	1
	Cummulonimbus Cb	0,5-2	6

2 Il s'agit de l'altitude de la base du nuage.

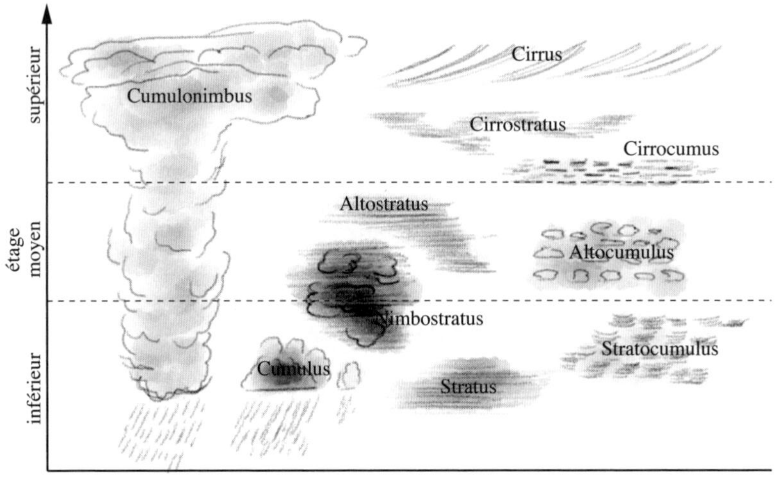

Fig. 4.3 Genres de nuages selon leur forme et leur étage altimétrique d'apparition (d'après Estienne et Godard, 1989).

On se restreint ici à la classification des nuages selon leur genre uniquement. Toutefois, pour chaque genre de nuage, il existe plusieurs espèces (14) et variétés (9) conduisant à définir un nombre important de nuages, ce qui dépasse le cadre de cet ouvrage. A ceci s'ajoutent encore les formes intermédiaires ou de transition qui, par leur caractère éphémère, ne présentent que peu d'intérêt. De même, s'ajoute encore à la classification standard une catégorie de nuages dits « spéciaux » car s'observant que rarement. Il s'agit par exemple des nuages d'incendie ou d'éruption volcanique.

4.3 MÉCANISMES DE FORMATION DES PRÉCIPITATIONS

La formation des précipitations nécessite la condensation de la vapeur d'eau atmosphérique. La saturation est une condition essentielle à tout déclenchement de la condensation. Divers processus thermodynamiques sont susceptibles de réaliser la saturation des particules atmosphériques initialement non saturées et provoquer leur condensation :

- saturation et condensation par refroidissement isobare (à pression constante),
- saturation et condensation par détente adiabatique,
- saturation et condensation par apport de vapeur d'eau,
- saturation par mélange et par turbulence.

La saturation n'est cependant pas une condition suffisante à la condensation ; cette dernière requiert également la présence de noyaux de condensation autour desquels les gouttes ou les cristaux se forment. Lorsque ces deux conditions sont réunies, la condensation intervient sur les noyaux ; il y a alors apparition de gouttelettes microscopiques qui grossissent à mesure que se poursuit l'ascendance, celle-ci étant le plus souvent la cause génératrice de la saturation.

4.3.1 Production des précipitations par collision

Le processus de croissance des noyaux de condensation est également un élément important dans la formation des précipitations. Le premier processus de production des précipitations est la collision. On distingue en général la coalescence qui traduit la collision entre éléments liquides, l'agrégation pour les matériaux solides et l'accrétion pour le dépôt de liquide sur un solide. Le phénomène de coalescence produit plutôt de la pluie liquide tandis que l'agrégation produit de la neige et l'accrétion des cristaux de glace ou de la grêle.

4.3.2 Production des précipitations par effet Bergeron-Findeisen

Le processus de *Bergeron* est également un déclencheur des précipitations. Son principe est le suivant: pour une même température négative, la glace a une tension de vapeur inférieure à celle de l'eau surfondue. Dans ces conditions, en milieu nuageux où coexistent des cristaux de glace et des gouttelettes d'eau surfondue et si la vapeur d'eau est saturante par rapport à la glace, elle ne l'est par contre pas par rapport à l'eau liquide surfondue. Il y a alors évaporation des gouttelettes; la vapeur tendant à devenir « sursaturante » par rapport à la glace, il se produit un phénomène de condensation solide sur les cristaux qui grossissent aux dépens des gouttelettes. Lorsqu'ils sont suffisamment gros, ils tombent et fondent s'ils rencontrent des températures positives. Le nuage donne ainsi de la pluie. On peut aussi observer des chutes de neige si la température est constamment négative ou bien si l'isotherme du zéro degré est très bas.

4.3.3 Types de précipitations

Il existe différents types de précipitations: les précipitations convectives, les précipitations orographiques et les précipitations frontales (fig. 4.4).

- Les ***précipitations convectives*** résultent d'une ascension rapide des masses d'air dans l'atmosphère. Elles sont associées aux cumulus et cumulonimbus, à développement vertical important, et sont donc générées par le processus de Bergeron. En général, au-dessus des terres, les cumulus et cumulonimbus naissent dans la matinée, se développent dans la journée et se résorbent le soir. Au-dessus des mers, ce processus s'inverse. On observe encore que dans les cumulus, les vitesses ascensionnelles sont importantes et peuvent atteindre jusqu'à 30 m/s, raison pour laquelle ils sont évités par les avions, de telles vitesses pouvant causer des dommages à leur structure, sans compter les désagréments subis par les passagers.

- Les ***précipitations orographiques*** sont liées à la présence d'une barrière topographique particulière et ne sont par conséquent spatialement pas mobiles. Les caractéristiques des précipitations orographiques dépendent de l'altitude, de la pente et de son orientation, mais aussi de la distance séparant l'origine de la masse d'air chaud du lieu de soulèvement. En général, elles présentent une intensité et une fréquence assez régulières.

- Les ***précipitations frontales***, appelées également précipitations cycloniques, sont associées aux surfaces de contact entre les masses d'air de température, de gradient thermique vertical, d'humidité et de vitesse de déplacement différents, que l'on nomme fronts.

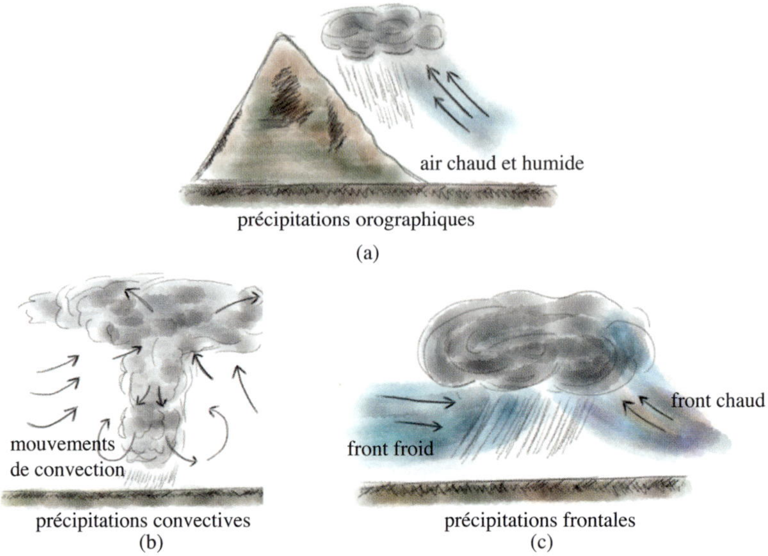

Fig. 4.4 Principaux types de précipitations : convectives (a), orographiques (b) et frontales (c).

4.4 RÉGIME DES PRÉCIPITATIONS

En utilisant la seule donnée de précipitation dans une nomenclature climatique, on parvient à définir une répartition mondiale des différents régimes pluviométriques. Pour identifier et classer les diverses régions pluviométriques du globe, on recourt habituellement aux précipitations moyennes mensuelles ou annuelles évaluées sur une longue période et leurs variations. La précipitation moyenne annuelle – la normale – est la hauteur moyenne des précipitations annuelles tombant à un endroit donné et établie sur un grand nombre d'années. Une classification pluviométrique générale basée sur les données annuelles est fournie par le tableau 4.4.

4.5 MESURES DES PRÉCIPITATIONS

Les précipitations varient selon différents facteurs (déplacement de la perturbation, lieu de l'averse, topographie, etc.) ce qui rend leur mesure relativement compliquée.

Quelle que soit la forme de la précipitation, liquide ou solide, on mesure la quantité d'eau tombée durant un certain laps de temps. On l'exprime généralement en hauteur de précipitation ou lame d'eau précipitée par unité de surface horizontale (mm) ainsi qu'en intensité (mm/h) définie comme la hauteur d'eau précipitée par unité de temps. La précision de la mesure est au mieux de l'ordre de 0,1 mm. En Suisse, toute précipitation supérieure à 0,5 mm est considérée comme pluie effective. Les différents instruments permettant la mesure des précipitations sont décrits dans le chapitre consacré à la mesure hydrologique (chap. 8).

Tableau 4.4 Régimes pluviométriques du monde (tiré de Champoux, Toutant, 1988).

Nom	Caractéristiques
Régime équatorial humide	– plus de 200 cm de précipitations annuelles moyennes – à l'intérieur des continents et sur les côtes – région typique de ce régime : bassin de l'Amazone
Régime subtropical humide en Amérique	– entre 100 et 150 cm de précipitations annuelles moyennes – à l'intérieur des continents et sur les côtes – région typique de ce régime : pointe sud-est de l'Amérique du Nord
Régime subtropical sec	– moins de 25 cm de précipitations annuelles moyennes – à l'intérieur des continents et sur les côtes ouest – région typique de ce régime : le sud du Maghreb
Régime intertropical sous l'influence des alizés	– plus de 150 cm de précipitations annuelles moyennes – sur des zones côtières étroites ; humidité – région typique de ce régime : côtes est de l'Amérique centrale
Régime continental tempéré	– entre 10 et 50 cm de précipitations annuelles moyennes – à l'intérieur des continents ; il en résulte des déserts ou des steppes – région typique de ce régime : plaines de l'ouest du continent nord-américain
Régime océanique tempéré	– plus de 100 cm de précipitations annuelles moyennes – sur les côtes ouest des continents – région typique de ce régime : la Colombie britannique, l'Europe
Régime polaire et arctique	– moins de 30 cm de précipitations annuelles moyennes – se situe au nord du 60e parallèle ; formation de grands déserts froids – région typique de ce régime : le Grand Nord canadien

4.6 RÉSEAU D'OBSERVATION ET PUBLICATION DES DONNÉES

4.6.1 Le réseau d'observation

Pour un bassin versant donné ou une région donnée, les stations pluviométriques forment un réseau d'observations. Elles fournissent des mesures ponctuelles.

Les données relatives aux stations sont d'une haute importance pour les statistiques climatiques, la planification, la gestion et les projets de construction ; la nature et la densité des réseaux doivent donc tenir compte du phénomène observé, du but des observations, de la précision désirée, de la topographie, de facteurs économiques ou d'autres encore.

La représentativité des précipitations par les mesures est fonction du réseau d'observation. Plus celui-ci est dense, meilleure est l'information et plus l'ensemble des mesures est représentatif de la lame d'eau tombée sur une surface donnée. Cependant le réseau est le résultat d'un compromis entre la précision désirée et les possibilités ou charges d'exploitation. Le réseau devra donc être planifié. Il existe plusieurs théories sur la planification optimale d'un réseau, mais elles donnent des résultats approximatifs, qui doivent toujours être adaptés aux contraintes locales et financières. En Suisse, le réseau d'observation au sol se nomme SwissMetNet (SMN) et comportera quelque 130 stations à la fin de l'année 2013. Elaboré en deux étapes successives allant de 2003 à 2009 puis de 2009 à 2013, le réseau est subdivisé en deux groupes de stations nommées SMN I et SMN II[3]. La figure 4.5 illustre la densité topographique du réseau de mesures en Suisse.

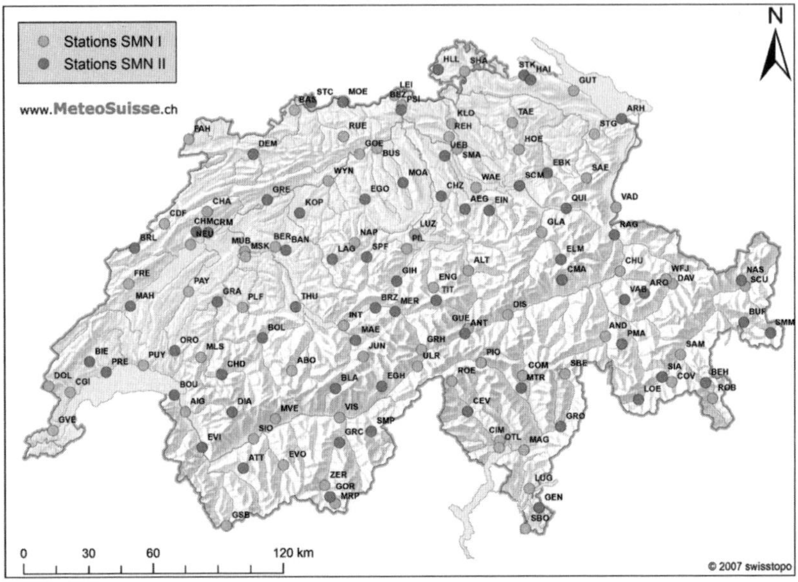

Fig. 4.5 Réseau de mesures SwissMetNet (état en août 2013).

L'hydrologue devra faire appel à l'expérience pour planifier un réseau. Il tiendra compte du relief et du type de précipitations (frontales, orographiques, convectives). Il s'assurera également des facilités d'accès, de contrôle et de transmission des informations (par l'homme ou par télétransmission : téléphone, électricité, satellite).

4.6.2 Publication des données pluviométriques

La publication des données pluviométriques est généralement du ressort des services publics qui le font généralement sous forme d'annuaires (sect. 1.3). En général, les annuaires pluviométriques regroupent, pour chacune des stations de mesure, les résultats suivants :

- la hauteur pluviométrique journalière,
- la hauteur pluviométrique mensuelle,
- la hauteur pluviométrique annuelle,
- le module pluviométrique annuel moyen (moyenne arithmétique des hauteurs de précipitations annuelles),

3 L'étape SMN I consistait à transférer les stations de mesures pluviométriques du réseau ANETZ dans le réseau SwissMetNet, l'étape II consiste pour sa part à transformer les stations de mesure du vent et les stations climatiques traditionnelles en stations de mesures SwissMetNet.

- la fraction pluviométrique mensuelle (rapport entre le module annuel et le module mensuel considéré),
- les moyennes, le nombre moyen de jours de pluie, la variabilité des précipitations et des jours de pluie,
- les cartes de la pluviométrie mensuelle et annuelle.

Certaines de ces valeurs peuvent être régionalisées et présentées sous forme de cartes d'isohyètes (cartes d'isovaleurs de précipitations). Il existe d'autres ouvrages de synthèse qui sont davantage dirigés vers une analyse synthétique des précipitations.

En Suisse

En Suisse et à l'échelle nationale, l'Office fédéral de météorologie et de climatologie MétéoSuisse[4] est responsable de la publication des données pluviométriques. MétéoSuisse fournit ainsi des bulletins de précipitations mensuels et annuels pour plus de 400 stations ainsi que des valeurs horaires ou journalières directement accessibles par le biais du site internet de MétéoSuisse. Il est alors possible de consulter l'évolution et la répartition spatiale de plusieurs paramètres hydroclimatique. En sus des données, MétéoSuisse produit encore des rapports mensuels d'analyse de la situation climatique générale du pays.

4.7 ANALYSE DE LA MESURE PONCTUELLE

4.7.1 Variabilité temporelle des champs de précipitations

Avant d'aborder plus en détail les principaux éléments liés à l'analyse de la mesure ponctuelle des précipitations, il est important de souligner quelques éléments essentiels au sujet de la variabilité temporelle de ces dernières.

L'analyse des précipitations en fonction de leur variabilité temporelle a conduit à l'établissement de relations entre leur intensité et leur durée qui offrent la possibilité d'étudier l'organisation et le caractère des précipitations. L'analyse de ces deux éléments peut prendre en fait une grande variété de formes. Les précipitations présentent en effet une forte variabilité temporelle au travers de plusieurs échelles temporelles allant du siècle à l'heure, voire la minute. Lors de cette analyse, il convient donc de fixer clairement l'échelle de variabilité puisque les processus météorologiques et climatologiques ne sont pas les mêmes selon que l'on étudie les variations inter ou intra-annuelles ou horaires.

En général, on distingue lors de l'analyse de la variabilité temporelle des précipitations les analyses climatologiques qui visent à mettre en évidence un phénomène climatique sur le régime de précipitations. Ces analyses permettent de souligner des variations mensuelles du climat en dégageant certaines typologies au travers des moyennes mensuelles. Les résultats de ces analyses sont souvent mis en relation avec l'évolution de la température moyenne qui joue aussi un rôle déterminant sur les processus climatiques mis en jeu. Dans ce contexte, la figure 4.6 représente quelques exemples de situation climatique tandis que la figure 4.7 illustre la variabilité intra-annuelle des précipitations pour quelques villes du monde.

---

[4] URL: http://www.meteoschweiz.admin.ch/web/fr.html

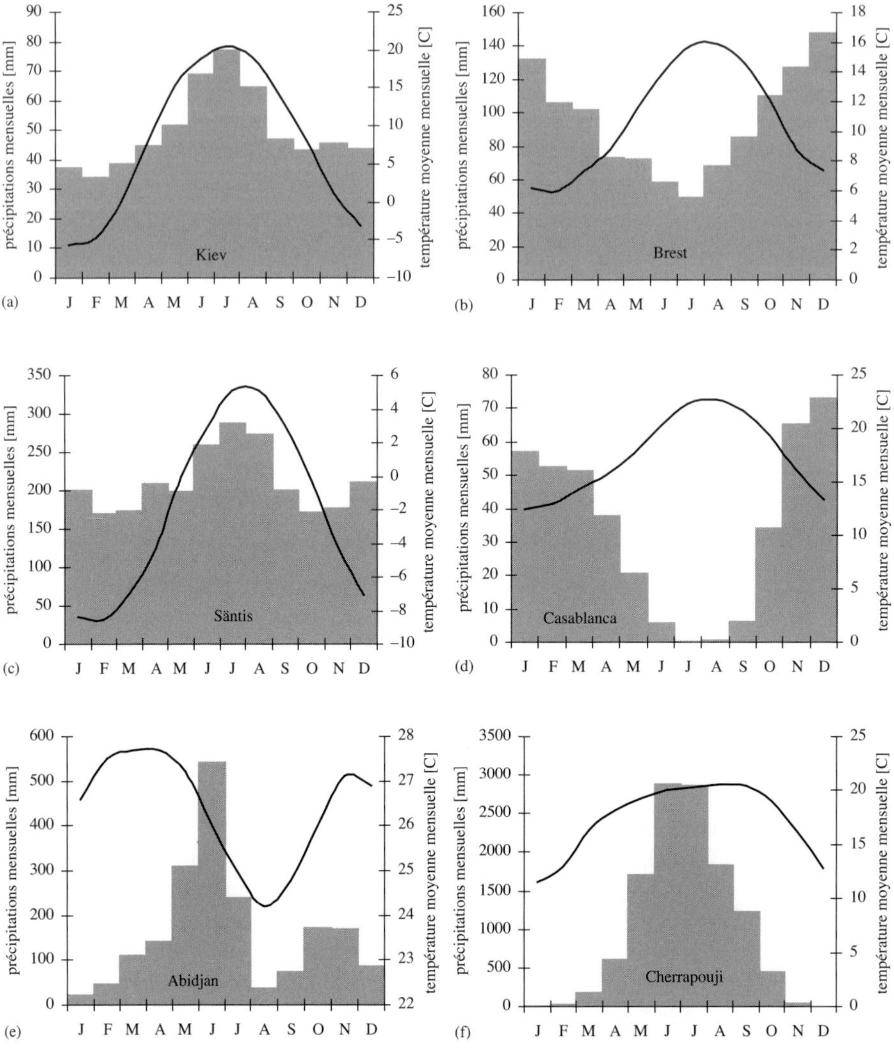

Fig. 4.6 Moyennes mensuelles des précipitations et des températures pour (a) Kiev, climat continental de steppe, (b) Brest, climat océanique, (c) Säntis, climat tempéré de montagne, (d) Casablanca, climat méditerranéen, (e) Abidjan, climat équatorial, (f) Cherrapouji, climat de mousson.

Une autre manière de représenter la saisonnalité des précipitations est de recourir à une expression analytique de celle-ci. Walsh et Lawler ont ainsi proposé en 1981 un indice relatif de saisonnalité basé sur les différences entre les quantités de précipitations mensuelles et une situation de référence où les précipitations sont réparties de façon uniforme durant l'année. Cette relation s'écrit ainsi :

$$I_S = \frac{1}{P_a} \cdot \sum_{i=1}^{12} \left| P_m - \frac{P_a}{12} \right| \tag{4.8}$$

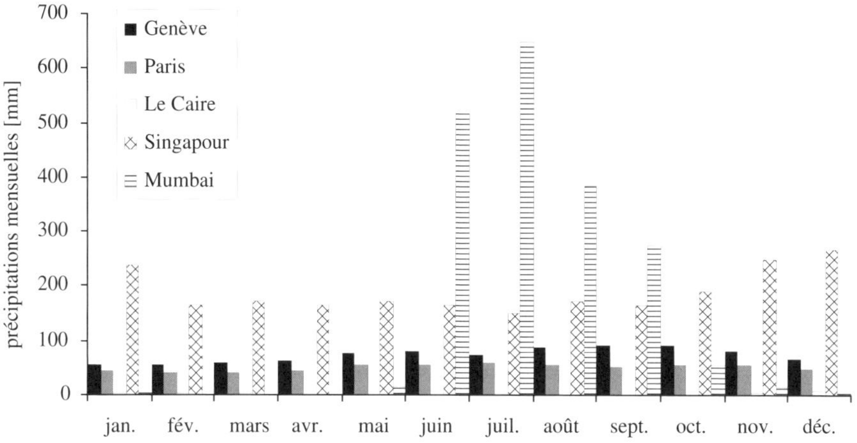

Fig. 4.7 Moyenne mensuelle des précipitations pour Genève, Paris, Le Caire, Singapour et Mumbai.

où I_s représente l'indice de saisonnalité, P_a la précipitation annuelle et P_m la précipitation mensuelle. Si l'on dispose d'une longue période, il est aussi possible de déterminer un indice de saisonnalité en remplaçant les valeurs totales annuelles par leurs valeurs moyennes sur la période considérée. Un rapide calcul montre que cet indice est borné par les valeurs 0 (la précipitation est uniformément répartie sur les 12 mois de l'année) et 1,83 (toute la précipitation annuelle a lieu en un seul mois). Pour des raisons pratiques, on norme souvent cet indice de telle sorte qu'il soit compris entre 0 et 1. Soit alors :

$$I_S = \frac{6}{11 \cdot P_a} \cdot \sum_{i=1}^{12} \left| P_m - \frac{P_a}{12} \right| \qquad (4.9)$$

L'application de cette dernière relation aux précipitations mensuelles moyennes de quelques villes ou régions dont celles de la figure 4.6 donne les résultats présentés au tableau 4.5.

Tableau 4.5 Indice de saisonnalité des précipitations pour quelques villes.

Ville	Indice de saisonnalité I_s
Genève	0,09
Paris	0,06
Le Caire	0,47
Singapour	0,09
Colombo	0,25
Lima	0,35
Sydney	0,18
Martinique	0,27
Ouagadougou	0,55
Mumbai	0,63

On note ainsi l'uniformité des précipitations de Paris ou Genève ainsi que le phénomène de mousson très marqué de Mumbai ou encore la saison des pluies pour Ouagadougou.

4.7.2 Averses et intensités

On désigne en général par *averse* un ensemble de pluies associées à une perturbation météorologique bien définie. La durée d'une averse peut donc varier de quelques minutes à une centaine d'heures et intéresser une superficie allant de quelques kilomètres carrés (orages) à quelques milliers (pluies cycloniques). On définit ainsi une averse comme un épisode pluvieux continu, pouvant avoir plusieurs pointes d'intensité. L'intensité moyenne d'une averse s'exprime par le rapport entre la hauteur de pluie observée et la durée t de l'averse :

$$i_m = \frac{h}{t} \tag{4.10}$$

(a) (b)

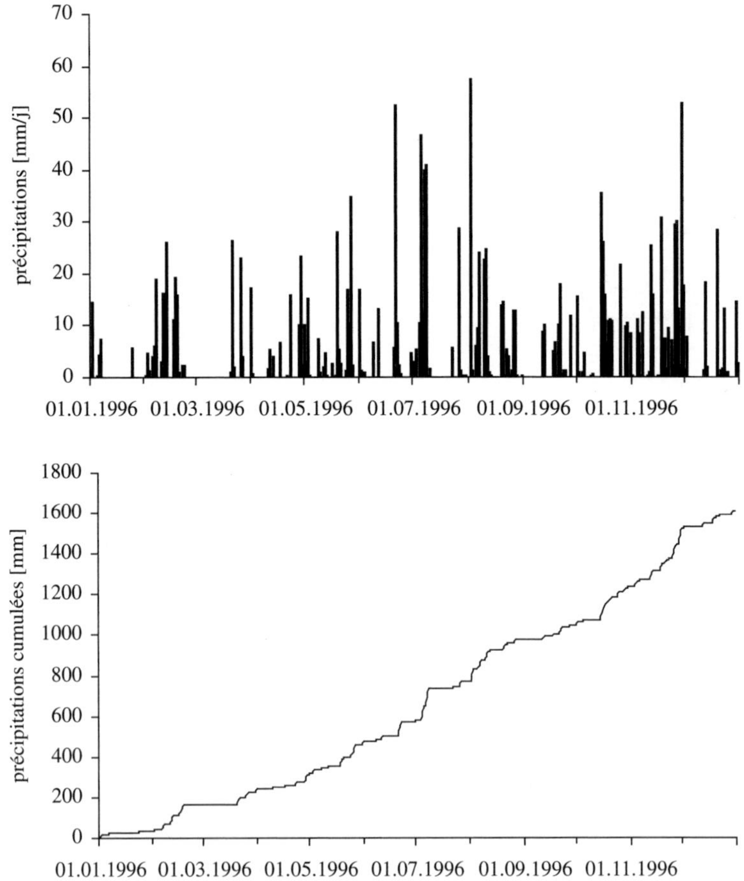

Fig. 4.8 Hyétogramme (a) et courbe des pluies cumulées (b).

où i_m est l'intensité moyenne de la pluie [mm/h, mm/min ou l/s.ha], h la hauteur de pluie de l'averse [mm] et t la durée de l'averse [h ou min].

L'intensité des précipitations varie à chaque instant au cours d'une même averse suivant les caractéristiques météorologiques de celle-ci. Plutôt que de considérer l'averse entière et son intensité moyenne, on peut s'intéresser aux intensités observées sur des intervalles de temps au cours desquels on aura enregistré la plus grande hauteur de pluie. On parle alors d'intensité maximale. Deux types de courbes déduites des enregistrements d'un pluviographe (pluviogramme) permettent d'analyser les averses d'une station :

- la courbe des hauteurs de pluie cumulée,
- le hyétogramme.

La courbe des hauteurs de pluie cumulée appelée aussi *pluviogramme*, représente en ordonnée, pour chaque instant t, l'intégrale de la hauteur de pluie tombée depuis le début de l'averse (fig. 4.8b).

Le hyétogramme est la représentation, sous la forme d'un histogramme, de l'intensité de la pluie en fonction du temps (fig. 4.8a). Il représente la dérivée en un point donné, par rapport au temps, de la courbe des précipitations cumulées. Les éléments importants d'un hyétogramme sont le pas de temps Δt et la forme. Communément, on choisit le plus petit pas de temps possible selon la capacité des instruments de mesure (pluviographe). Quant à la forme du hyétogramme, elle est en général caractéristique du type de l'averse et varie donc d'un événement à un autre.

Le critère de continuité d'un épisode pluvieux varie selon le bassin versant. Généralement, deux averses sont considérées comme distinctes si la précipitation tombant durant l'intervalle de temps qui les sépare est inférieure à un certain seuil et si cet intervalle est lui-même supérieur à une certaine valeur définie compte tenu du type de problème étudié. En représentant les averses sous forme de hyétogrammes, la problématique de la séparation des averses se résume comme suit (fig. 4.9).

Cette notion d'averse est très importante en milieu urbain et de petits bassins versants car elle s'avère déterminante pour l'estimation des débits de crue. De plus, l'application de la méthode rationnelle pour le dimensionnement des ouvrages

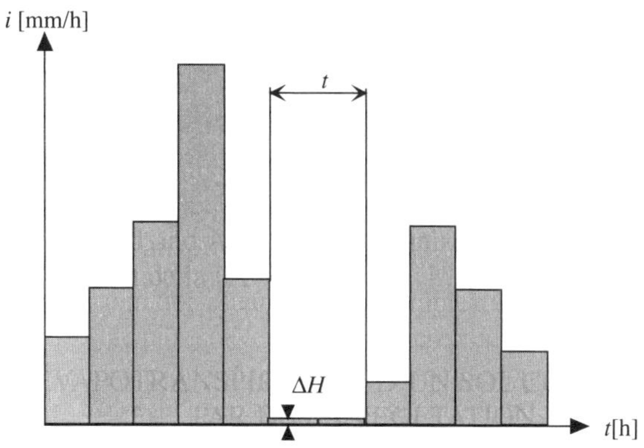

Fig. 4.9 Conditions pour la distinction de deux averses consécutives (a) ΔH durant $\Delta T <$ seuil (par exemple 1 mm) (b) $\Delta T >$ durée choisie en fonction du problème (par exemple 1 heure).

d'assainissement nécessite leur connaissance en général et celle des relations liant l'intensité maximale d'une pluie à sa durée en particulier.

4.7.3 Analyse statistique des séries chronologiques

L'ensemble des données d'une station constitue une information considérable qu'il est souhaitable de condenser à l'aide de caractéristiques bien choisies. On applique ainsi les lois et d'autres techniques de la statistique aux relevés pluviométriques pour en tirer des informations utiles aux études et travaux envisagés. On détermine de la sorte :

- valeurs moyennes, tendances centrales ou dominantes (moyenne, médiane, mode...),
- dispersion ou fluctuation autour de la valeur centrale (écart type, variance, quantiles, moments centrés),
- caractéristiques de forme (coefficients de Yulle, Fisher, Pearson, Kelley),
- lois de distribution statistiques (loi normale, lois log-normale...).

L'ensemble de ces valeurs ponctuelles, condensées sous forme statistique, est utilisé pour déterminer la fréquence et les caractéristiques d'un événement pluvieux isolé ou encore pour étudier la variabilité de la pluviométrie dans l'espace.

4.7.4 Notion de temps de retour

Lorsque l'on étudie des grandeurs comme les débits de crue ou les précipitations d'un point de vue statistique, on cherche en règle générale à déterminer par exemple la probabilité pour qu'un débit Q ou une précipitation P ne soit pas dépassé (i.e. soit inférieur ou égal à une valeur x_Q respectivement x_P). Cette probabilité est donnée, si X représente une variable aléatoire, par la relation suivante :

$$F_X(x_X) = P(X \leq x_X) \tag{4.11}$$

On nomme cette probabilité *fréquence de non-dépassement* ou *probabilité de non-dépassement*. Son complément à l'unité est appelé probabilité de dépassement, fréquence de dépassement ou encore fréquence d'apparition. On définit alors le temps de retour T d'un événement comme étant l'inverse de la fréquence d'apparition de l'événement. Soit :

$$T = \frac{1}{1 - F_X(x_X)} \tag{4.12}$$

Ainsi, un débit de temps de retour T est un débit qui sera dépassé *en moyenne* toutes les T années (c'est-à-dire T fois sur $k{\cdot}T$ années). En d'autres termes, si l'analyse fréquentielle d'une série de débits maximaux permet de déterminer le temps de retour d'une valeur particulière, il n'est a priori pas possible de répondre à d'autres questions pertinentes qui peuvent se poser à l'ingénieur. Par exemple, la notion de temps de retour ne permet pas de répondre aux questions suivantes :

- Quelle est la probabilité qu'une précipitation (ou autre événement) de temps de retour T survienne au moins deux fois durant les dix prochaines années ?
- Quel est le temps de retour d'une précipitation qui a une chance sur trois d'être dépassée durant les cinquante prochaines années ?

Pour répondre à ces questions importantes, il convient de recourir à l'emploi de lois de probabilité telles que la loi de Bernoulli et la loi binomiale.

On appelle *variable de Bernoulli* la variable X s'il existe une valeur p telle que la loi de probabilité de la variable X s'exprime comme suit :

$$\begin{cases} p(0) = 1 - P \\ p(1) = P \end{cases} \tag{4.13}$$

Ceci signifie que la variable aléatoire X peut prendre deux valeurs distinctes, à savoir 0 si la variable n'est pas dépassée durant un certain laps de temps (l'année) ou 1 si cette variable est atteinte ou dépassée durant ce même laps de temps. En répétant ce raisonnement sur une période couvrant plusieurs intervalles temporels indépendants entre eux (plusieurs années) et en considérant que X comptabilise le nombre de succès sur la période, à savoir le nombre de fois qu'une certaine valeur est atteinte ou dépassée, X devient une variable aléatoire binomiale de paramètres n et p. La loi de probabilité correspondante s'écrit :

$$p(i) = \binom{n}{i} \cdot p^i \cdot (1-p)^{n-i} = \frac{n!}{(n-i)! \cdot i!} p^i \cdot (1-p)^{n-i} = 1,2,...,n \tag{4.14}$$

En guise d'illustration, on peut considérer la situation suivante : la durée de vie d'un ouvrage d'assainissement (collecteur) est de 60 ans. On cherche alors à savoir quelle est la probabilité de voir un événement pluvieux critique survenir durant la vie de l'ouvrage alors que sa probabilité d'occurrence est d'une chance sur dix par année (cette probabilité est le critère de dimensionnement du collecteur). L'application immédiate de la loi binomiale (4.14) conduit à :

$$P\{X \geq 1\} = 1 - p_X(0) = 1 - \frac{60!}{(60-0)! \cdot 0!} \cdot 0{,}1^0 \cdot (1-0{,}1)^{60-0} = 1,2,..., n \tag{4.15}$$

et l'on note qu'il y a 99,8 % de chance pour qu'un tel événement survienne au moins une fois durant la vie de l'ouvrage. Dans le cas où l'on considère que cette valeur est trop élevée, il est possible de modifier le critère de dimensionnement du collecteur en augmentant par exemple son diamètre afin que la probabilité qu'un tel événement survienne au cours de la vie de l'ouvrage soit de 50 % au lieu des 99,8 %. Dans une telle situation, on peut déterminer le critère de dimensionnement de l'ouvrage comme suit :

$$p_X(0) = 1 - P\{X \geq 1\} = 1 - 0{,}50 = 0{,}50 \tag{4.16}$$

$$p_X(0) = (1-p)^n \Rightarrow p = 1 - p_X(0)^{1/n} = 1 - 0{,}5^{1/60} = 0{,}011 \tag{4.17}$$

Cette probabilité permet donc de déterminer le temps de retour de l'événement critique à prendre en considération pour le dimensionnement de l'ouvrage, soit dans notre situation $T = 1/p \cong 87$ ans (au lieu de 10 ans comme c'était le cas précédemment). En appliquant toujours la loi binomiale, on retiendra encore le résultat suivant :

Un ouvrage dimensionné pour un événement critique de temps de retour T-années a en moyenne 2 chances sur 3 (63 %) de subir une défaillance durant les T-années à venir.

4.7.5 Les courbes IDF (intensité-durée-fréquence)

L'analyse des pluies a permis de définir deux lois générales de pluviosité qui peuvent s'exprimer de la manière suivante :

Pour une même fréquence d'apparition – donc un même temps de retour – l'intensité d'une pluie est d'autant plus forte que sa durée est courte.

ou encore, en corollaire :

A durée de pluie égale, une précipitation sera d'autant plus intense que sa fréquence d'apparition sera petite (donc que son temps de retour sera grand).

Ces lois permettant d'établir les relations entre les intensités, la durée et la fréquence d'apparition des pluies peuvent être représentées selon des courbes caractéristiques, les courbes IDF (intensité-durée-fréquence) (fig. 4.10).

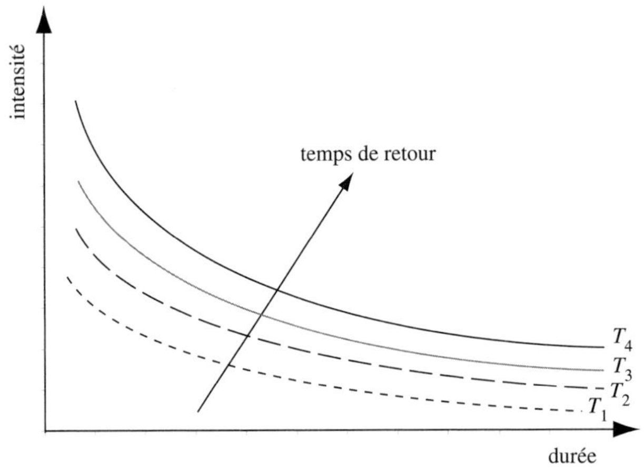

Fig. 4.10 Représentation schématique des courbes IDF.

4.7.6 Utilisation des courbes IDF

Les courbes IDF ne sont pas une fin en soi, mais sont construites dans un but bien précis. Elles permettent, d'une part, de synthétiser l'information pluviométrique au droit d'une station donnée et, d'autre part, de calculer succinctement des débits de projet et d'estimer des débits de crue ainsi que de déterminer des pluies de projet (« pluie d'entrée ») utilisées en modélisation hydrologique.

Le calcul du débit par une méthode simplifiée, par exemple la méthode rationnelle, nécessite la connaissance d'une pluie correspondant à une fréquence (un temps de retour) et à une durée préalablement données. La fréquence est fonction du type d'ouvrage à protéger et des risques encourus ; la durée t est fonction du type de problème étudié (pour un calcul de collecte des eaux de ruissellement, la durée t est généralement choisie égale au temps de concentration ce qui conduit dans ce cas à la détermination du débit maximal). La courbe IDF permet alors d'estimer l'intensité correspondante pour t et T choisis, en d'autres termes de définir une pluie de projet de type uniforme, caractérisée ainsi par une intensité constante pour toute sa durée.

4.7.7 Construction de courbes IDF

Les courbes IDF sont établies sur la base de l'analyse d'averses enregistrées à une station au cours d'une longue période. Les courbes obtenues peuvent donc être analysées de manière analytique ou statistique.

Représentation analytique
Différentes formules sont proposées pour représenter l'intensité critique d'une pluie en fonction de sa durée, pour une fréquence de dépassement donnée.

La forme la plus générale est la suivante :

$$i = \frac{k \cdot T^a}{(t+c)^b} \tag{4.18}$$

où i représente l'intensité en mm/h, mm/min ou l/s.ha, T la période de retour en années, t la durée de référence en h ou min et k, a, b, c les paramètres d'ajustement.

La formule de Montana a été établie pour la Suisse et a abouti à la formulation suivante (Bürki et Ziegler, 1878) :

$$i = \frac{a}{\sqrt{t}} \tag{4.19}$$

où a est une constante de lieu.

Les courbes IDF, calculées pour les différentes régions de Suisse, figurent dans les normes suisses pour la construction routière (Norme Suisse SNV 640-350 p 5). Elles se présentent de la manière suivante (fig. 4.11).

Et s'expriment par :

$$r = \frac{K}{B+t} \tag{4.20}$$

où r est l'intensité moyenne d'une pluie d'une durée de t minutes atteinte ou dépassée en moyenne une fois toutes les T années [l/s/ha], K un coefficient fonction du lieu et du temps de retour et B une constante de lieu [minutes].

Les relations présentées ci-avant ne sont pas uniques et il existe beaucoup d'autres relations plus ou moins complexes permettant de construire analytiquement des courbes d'intensité-durée-fréquence.

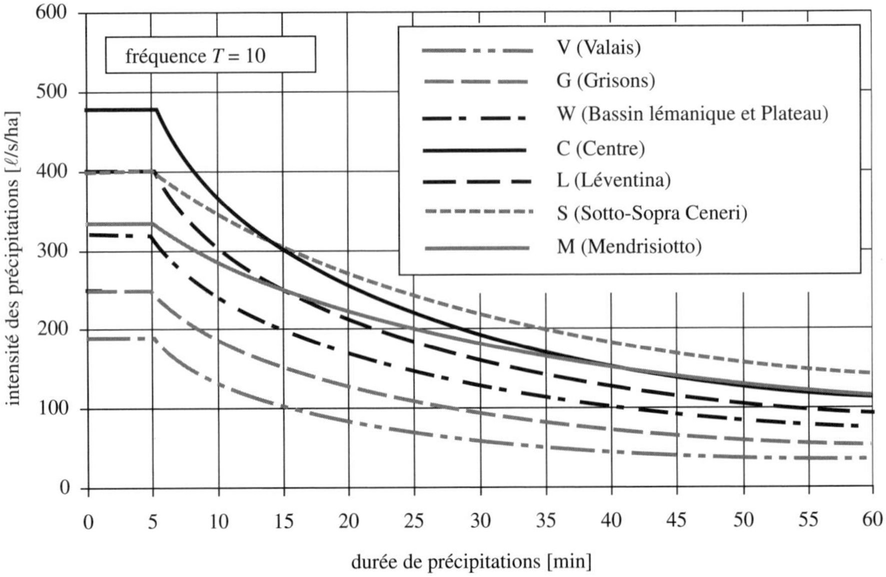

Fig. 4.11 Courbes IDF pour les différentes régions de Suisse, déterminées par l'EAWAG.

Construction statistique

Lorsque l'on dispose de suffisamment de données, il est préférable de déterminer les courbes IDF à partir de ces dernières. A partir du jeu de données couvrant une période de n années, on peut par exemple déterminer les n plus fortes intensités pour diverses durées de précipitations – par exemple 6, 15, 30, 45, 60, 90 minutes –, ce qui suppose qu'une analyse des précipitations a été effectuée. Sur la base de cette analyse, il convient alors de calculer la fréquence de dépassement de chacune des valeurs. Un tel calcul permet donc de déterminer divers couples d'intensité, durée, fréquence qu'il convient ensuite de reporter sur une représentation graphique. Il reste alors à extrapoler l'allure générale des courbes IDF.

En guise d'illustration, nous présentons ci-après la construction de courbes IDF pour les précipitations tombées à Sousse en Tunisie. Les données récoltées ont permis de déterminer les 10 plus grandes intensités pour diverses durées allant de 6 minutes à 60 minutes et ceci à partir des résultats de 10 ans de mesure (tab. 4.6).

Tableau 4.6 Dix plus grandes intensités pour chaque durée de pluie à la station de Sousse classées dans l'ordre décroissant.

Durée [min]	Intensités I [mm/h]									
6	152	120	120	108	96	95	92	90	80	78
15	130	120	93	80	60	58	57	54	48	47
30	103	78	74	57	52	43	39	38	34	32
45	81	68	47	37	36	28	26	26	25	23
60	71	56	42	32	27	24	23	21	19	18

A partir de ces données, comme nous l'avons mentionné à l'équation (4.9), il est intéressant de déterminer les probabilités – ou fréquences de dépassement – $F_X(x_X) = P(X \leq x_X)$. On sait aussi que plus une intensité est atteinte ou dépassée rarement et plus son temps de retour – c'est-à-dire l'inverse de la fréquence de non-dépassement ou d'apparition – est importante. Ceci signifie donc dans le cas des données présentées au tableau 4.7 que l'intensité, pour une durée de 45 minutes, de 23 mm/h, présentera un temps de retour plus faible que l'intensité, pour la même durée, de 81 mm/h. On peut ainsi facilement déterminer les temps de retour des événements présentés puisque l'intensité de 23 mm/h a été atteinte ou dépassée 10 fois en dix ans pour une durée de précipitations de 45 minutes. Le temps de retour de cet événement se détermine comme le quotient entre le nombre de fois (10) où la valeur a été atteinte ou dépassée et la durée de la période de référence (10 ans). Ainsi, le temps de retour de la valeur qui a été atteinte ou dépassée 10 fois durant une période de 10 ans est de 1 an (10/10 = 1).

On peut alors procéder de cette manière pour déterminer les temps de retour de chaque événement. Cependant, pour des raisons pratiques[5], on préfère souvent limiter le nombre de temps de retour à des valeurs caractéristiques entières telles que 1 an, 5 ans ou 10 ans. Afin de faciliter la lecture d'un tel tableau, on représente encore les valeurs des intensités en fonction des durées des précipitations et des temps de retour. Dans l'exemple traité ici, nous avons conservé des valeurs de temps de retour respectives de 1, 2, 5 et 10 ans.

Tableau 4.7 Intensités des pluies en fonction de leur durée et leur temps de retour.

Durée [min]	Temps de retour T [an]			
	1	2	5	10
6	78	96	120	152
15	47	60	120	130
30	32	52	78	103
45	23	36	68	81
60	18	27	56	71

A partir de ces résultats, il est alors possible de représenter par voie graphique les résultats obtenus au tableau précédent. La figure 4.12 présente ces résultats. On y a reporté les points du tableau 4.3 et l'on a aussi tracé les courbes IDF pour les temps de retour 10 ans et 2 ans à titre d'illustration.

5 Les valeurs de temps de retour sont aussi utilisées lors de projet de dimensionnement d'ouvrage de contrôle des eaux de surface et souterraines ainsi que dans les projets d'aménagement agricole. On utilise dans ce cas des valeurs entières de temps de retour.

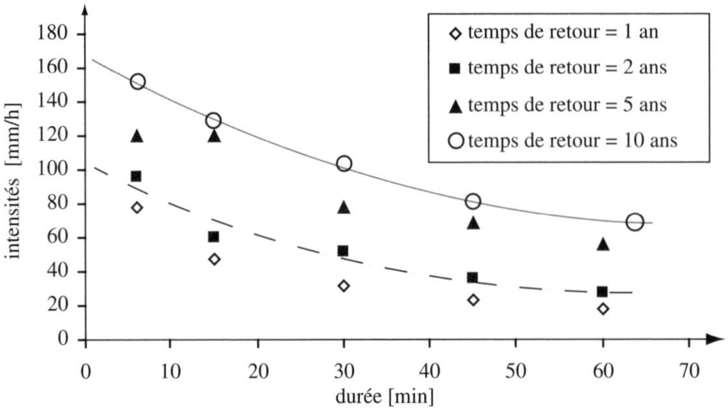

Fig. 4.12 Résultats de l'analyse fréquentielle des précipitations à Sousse.

4.7.8 Structure des pluies

La structure d'une averse est définie comme la distribution de la hauteur de pluie dans le temps. Cette distribution influence de manière notoire le comportement hydrologique du bassin versant. Une comparaison entre deux précipitations de durée et de volume identiques telles qu'illustrées à la figure 4.14 mais présentant des distributions temporelles fortement différentes, montre dans le premier cas une précipitation dont la majorité du volume arrive au sol dans les premiers temps de l'événement. Dans le second cas, la fraction de la précipitation présentant une intensité élevée arrive après qu'une partie de la pluie est déjà tombée sur le sol et a pû saturer – du moins en partie – le sol. Le second événement présente donc – potentiellement – un risque bien plus élevé d'impliquer un débit de crue plus important que dans le cas de la première situation du fait qu'au moment où l'intensité est maximale, la capacité de rétention du sol est déjà diminuée par les précipitations antérieures.

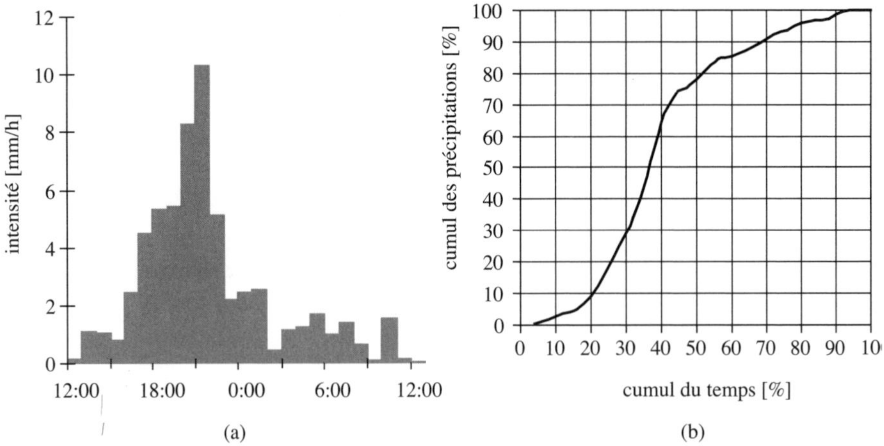

Fig. 4.13 Exemple de hyétogramme (a) et de structure correspondante (b) pour une précipitation enregistrée au nord de Lausanne du 13 novembre 1991 à 12h00 au 14 novembre à 12h00.

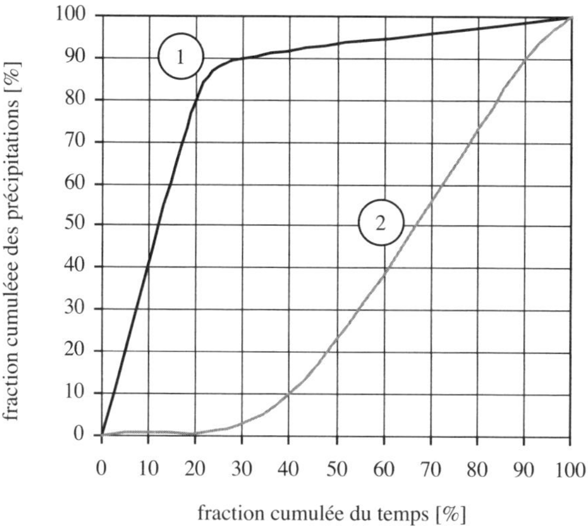

Fig. 4.14 Deux exemples de structures de pluies différentes pour un même volume et une même durée.

Une pluie peut être caractérisée par plusieurs paramètres qui peuvent avoir, au sein de la même pluie, des temps de retour très différents. Citons notamment :

- la hauteur totale de pluie,
- la durée,
- l'intensité moyenne,
- les intensités maximales sur des intervalles de temps quelconques,
- la distribution d'intensité instantanée $i(t)$.

Il appartient donc à l'ingénieur de déterminer, en fonction du type de projet qu'il effectue, les types de paramètres qu'il convient de considérer.

4.7.9 Analyse fractales des précipitations

Comme nous l'avons déjà introduit au paragraphe 3.3.2, certains processus naturels présentent des caractéristiques qui ne peuvent être décrites au moyen de la géométrie traditionnelle, vu notamment la grande diversité d'échelles auxquelles ils se produisent. La géométrie fractale permet alors de mieux rendre compte de certains phénomènes dits autosimilaires, à savoir lorsqu'ils présentent des similitudes à différentes échelles, ce qui est le cas des champs de précipitations (zones pluvieuses), de l'évolution temporelle des précipitations ou encore de l'occurrence des précipitations. Ces questions faisant appel à des développements qui dépassent largement le cadre de cet ouvrage, nous nous bornerons dans ce qui suit à quelques considérations, simples et intuitives, au travers de deux exemples ; le premier relatif à la couverture nuageuse, le second concernant l'occurrence des précipitations.

Pour mémoire, on peut caractériser un objet fractal à partir des propriétés suivantes (Falconer, 1997) :

- L'objet possède une structure fine présentant des détails à chaque échelle.
- L'objet est trop irrégulier pour être décrit avec la géométrie traditionnelle.

- L'objet présente une autosimilarité, à savoir qu'il montre des similitudes à chaque échelle d'observation.
- En général, la dimension fractale est supérieure à la dimension topologique.
- En général, l'objet a une définition simple et parfois récursive.
- En général, l'objet a une apparence « naturelle ».

Cette définition, comme nous l'avons observé précédemment, s'applique aussi bien au réseau hydrographique qu'à la structure des nuages ou au régime des précipitations. Au premier abord, il convient de remarquer qu'avant d'être une notion quantitative, l'échelle caractéristique de mesure d'une grandeur ou d'un phénomène se présente sous une forme intuitive. La perception sensible permet de définir une échelle naturelle pour l'ensemble des phénomènes que nous connaissons. Par exemple, l'échelle temporelle d'un géologue est de l'ordre du million d'années plutôt que de la seconde. L'échelle spatiale des déplacements humains est de l'ordre du kilomètre et non de l'année lumière. Mathématiquement, l'échelle caractéristique d'un processus est associée à sa longueur d'onde. Dans le cas d'un processus fractal, l'autosimilarité à différentes échelles implique que le processus n'a pas d'échelle caractéristique. Ceci se comprend aisément en considérant par exemple la couverture nuageuse qui peut s'étendre sur des surfaces allant de quelques dizaines de mètres carrés à plusieurs milliers de kilomètres carrés sans pour autant avoir une échelle de référence qui lui soit propre.

Ainsi, par exemple, Lovejoy (1982) a étudié la relation entre le périmètre des nuages et leur surface (fig. 4.15) en mettant en évidence l'absence d'échelle caractéristique pour les processus atmosphériques ainsi qu'une relation d'échelle sous la forme $P \sim \sqrt{S^D}$ où P est le périmètre, S la surface et D la dimension fractale. Cette relation permet ainsi d'étudier le degré de « rugosité » de la couverture nuageuse ou son degré de complexité. Si les nuages présentent un périmètre lisse (circulaire ou rectangulaire par exemple), la dimension fractale s'approche de 1 et la relation entre la surface et le périmètre prend la forme $P \sim \sqrt{S}$. A l'inverse, plus le périmètre présente une forme complexe, plus il tend à remplir le plan et tend vers 2. Dans le cas étudié par Lovejoy, la dimension fractale obtenue est de l'ordre de 1,35. Ceci est intéressant dans la mesure où l'auteur met en évidence la relation qui existe entre cette dimension fractale et le modèle de turbulence développé par Kolmogorov dès 1941 en étudiant la dissipation de l'énergie des tourbillons de grande taille vers des échelles plus petites. Dans son modèle de dissipation de l'énergie, Kolmogorov (1941) montre que cette dissipation – dans certaines conditions particulières – suit une loi s'exprimant par une puissance dont l'exposant est 4/3 soit 1,33, valeur très voisine de la dimension fractale étudiée par Lovejoy.

Cette similitude permet ainsi de souligner l'importance de la géométrie fractale en vue de la simulation des phénomènes météorologiques. Une problématique bien connue de l'hydrologue mais aussi du météorologue est de pouvoir changer d'échelle, notamment lors de la modélisation. Généralement, le modèle est défini à une échelle spatiale et temporelle différente de l'échelle des jeux de données à disposition. La surface d'un pluviomètre étant de l'ordre de la centaine de cm^2 alors que celle d'un bassin versant de l'ordre du km^2, l'amplitude des échelles en jeu dépasse facilement 10^9 à 10^{10} ! L'hydrologue va ainsi travailler à l'échelle d'un bassin mais disposera de jeux de données ponctuelles telles que des mesures de débits, des données pluviométriques ou climatiques en certains points du bassin versant et donc à une autre échelle

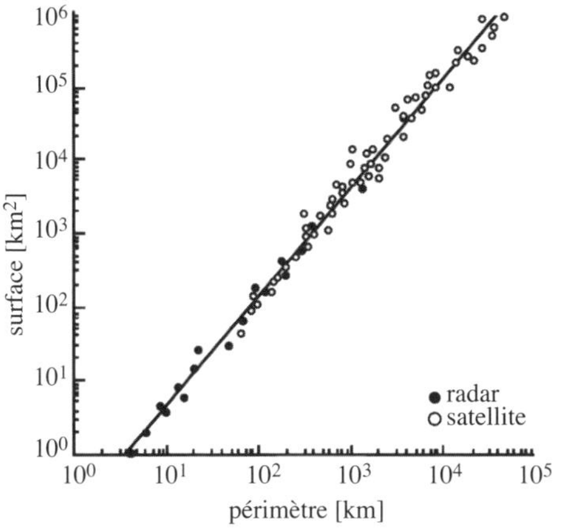

Fig. 4.15 Relation entre le périmètre des nuages et leur surface. Les mesures ont été effectuées à partir de d'images obtenues soit par radar au sol soit par satellite (d'après Lovejoy, 1982, adapté de Gouyet, 1992).

que celle de son périmètre d'étude. La tâche est alors complexe car il faut transformer les données pour passer d'une échelle à une autre, en recourant à des outils statistiques parfois fort élaborés. La mise en évidence de loi d'échelle ou d'une dimension fractale permet ainsi d'améliorer l'évaluation de ces grandeurs en vue de la simulation, par exemple de champs de précipitations, en caractérisant la variabilité des précipitations au travers des échelles et non plus à une échelle donnée (Schertzer *et al.*, 2006). Toutefois, dans le cadre de l'étude des champs de précipitations, certains auteurs ont montré que le recours à une seule dimension fractale n'était pas suffisant car la dimension fractale évolue en fonction du seuil retenu. Le concept de multi-fractal a alors été développé (Schertzer et Lovejoy, 1987 ; Parisi et Frisch, 1985 ; Olsson et Burlando, 2002) et peut se comprendre comme suit.

Si l'on considère la répartition de la couverture nuageuse à la surface de la terre, on peut observer des régions avec de grosses masses nuageuses (présence de cumulonimbus ou cumulus par exemple) et des zones où la couverture nuageuse est plus fine mais plus étendue. L'étude de la dimension fractale va nous renseigner sur la couverture générale des nuages mais cela ne sera pas suffisant. En effet, si la dimension fractale est très proche de 2, la couverture nuageuse tend à être répartie sur l'ensemble de la terre de manière uniforme. A l'inverse, si la dimension obtenue est faible, cela signifie qu'il y a des nuages en quelques endroits seulement mais rien ne permet de faire des déductions quant aux quantités de précipitations. Par contre, si l'on fait intervenir la quantité d'eau précipitable au sein du nuage, il est possible de découper notre vue de la terre en fonction de cette quantité caractéristique du processus étudié. Ainsi, pour chaque valeur seuil d'humidité retenue, si une dimension fractale peut être déterminée, on parle alors de processus multi-fractal.

Le second exemple qui nous intéresse ici est celui de l'étude de l'occurrence de pluies et non les quantités de pluies tombées durant un intervalle de temps. On obtient ainsi un signal sous forme d'alternance de période sèches et humide. L'idée sous-jacente à cette représentation est de compter le nombre de périodes pluvieuses pour un pas de temps donné. On effectue ainsi un « pavage » de la série temporelle au moyen d'éléments dont la taille est variable et l'on compte le nombre d'éléments requis pour recouvrir complètement la série temporelle d'occurrences des précipitations. En exprimant comme précédemment le phénomène à l'aide d'une fonction exponentielle (ou plus généralement une fonction de type puissance), la dimension fractale est définie comme une limite du rapport des logarithmes d'une quantité déterminée par rapport à l'échelle de mesure. Cette méthode est celle appliquée dans le cas du comptage des boîtes décrite au paragraphe suivant.

Il s'agit d'un recouvrement classique à l'aide de boîtes disjointes. On pave ainsi le plan à l'aide de carrés de côtés ε où ε est supérieur à l'échelle minimale d'observation du phénomène. De plus, chaque carré est fermé. Il contient donc sa propre frontière, ce qui inclut la possibilité de trouver des carrés adjacents. Soit alors $N(\varepsilon)$ le nombre de carrés recouvrant l'ensemble des occurrences de pluie. On construit alors le diagramme logarithmique représentant l'évolution de $\log(N(\varepsilon))$ en fonction de $\log(\varepsilon)$. Un tel diagramme est représenté par une droite dans le cas où le phénomène étudié est fractal et la pente de cette droite peut alors être considérée comme une approximation de la dimension fractale du phénomène. Analytiquement, on exprime le nombre de boîtes à l'aide de la relation suivante : $N(\varepsilon) = \varepsilon^{-D}$ où D est la dimension fractale du phénomène. D peut alors être évalué par la relation :

$$D = -\lim_{\varepsilon \to 0} \frac{\log\left(N(\varepsilon)\right)}{\left|\log(\varepsilon)\right|} \tag{4.21}$$

Fig. 4.16 Occurrence des pluies pour la période allant de 1922 à 1966 à Dédougou au Burkina Faso. Les journées pluvieuses apparaissent en noir (tiré de Hubert et Carbonnel, 1989).

En fait, comme le processus d'occurrence des pluies n'est pas connu de manière analytique, la détermination de D s'effectue en réalisant différentes estimations de $N(\varepsilon)$ en fonction de ε. On détermine ensuite la valeur de D en procédant à un ajustement par les moindres carrés de la relation entre $\log(N(\varepsilon))$ et $\log(\varepsilon)$. Cette méthode a pour avantage d'être relativement simple à mettre en œuvre sur un micro-ordinateur. Pour leur part, Pierre Hubert et Jean-Pierre Carbonnel (1989) ont analysé les occurrences des pluies pour la station de Dédougou au Burkina Faso sur la période allant de 1922 à 1966. En représentant les périodes pluvieuses (fig. 4.16) et en déterminant la dimension fractale de l'occurrence des précipitations selon la méthode présentée précédemment, les auteurs ont montré que cette dimension était proche de 0,8, ce qui correspond globalement à la durée de la saison humide (7 mois par an) en Afrique sahélienne. De même, les résultats sont très proches d'une poussière de Cantor dont la dimension fractale est log(7) / log(12). Enfin, il apparaît aussi dans cette étude que l'occurrence des pluies présente une structure autosimilaire pour des pas de temps allant de 8 à 128 jours. Néamoins, comme cela a été mis en évidence par certains auteurs (Hubert *et al.*, 1995) voire de plus récentes études (Macor, 2007), cette dimension fractale dépend du seuil de décision retenu pour caractériser l'occurrence de la pluie. Dès lors, l'occurrence des pluies devrait être considéré, comme cela est le cas des champs de précipitations, comme étant multi-fractale.

4.8 ÉVALUATION RÉGIONALE DES PRÉCIPITATIONS

L'analyse spatiale des précipitations consiste à tenir compte de leur variabilité dans l'espace. Cette étude est très importante car la pluie est un des processus hydrologiques les plus variables non seulement dans le temps mais aussi dans l'espace en fonction de paramètres régionaux et / ou locaux comme la vitesse du vent ou la topographie.

D'emblée, on rappellera que la problématique de la représentativité d'une mesure ponctuelle des précipitations n'est pas chose simple et qu'il convient d'être extrêmement prudent face à l'intégration spatiale de mesures effectuées localement, comme nous l'avons observé au paragraphe précédent. Quoi qu'il en soit, il existe différentes méthodes permettant de déterminer des valeurs moyennes de précipitations de manière satisfaisante si certaines conditions métrologiques sont respectées (chap. 8).

D'un point de vue pratique, la représentation spatiale des précipitations est importante pour les projets d'aménagements des terres et des eaux tels que le drainage, l'estimation des ressources hydriques d'un bassin ou encore le dimensionnement de collecteurs pour des projets de drainage urbain.

Pour l'évaluation régionale des précipitations, on procède d'ordinaire à une interpolation des données pluviométriques collectées localement. Cette interpolation permet d'atteindre plusieurs objectifs, notamment :

- le calcul des lames d'eau moyennes à l'échelle du bassin,
- la cartographie des précipitations.

Avant de procéder au calcul de la précipitation moyenne du bassin versant, il importe de contrôler la qualité des données pluviométriques, leur homogénéité et leur représentativité. Cette question fait l'objet du chapitre 9.

4.8.1 Calcul de la pluie moyenne sur le bassin versant

La pluie moyenne sur un bassin versant peut être évaluée à partir des données ponctuelles obtenues en plusieurs stations pluviométriques sur le bassin ou à proximité. On calcule une moyenne arithmétique ou une moyenne pondérée, suivant les cas. La méthode de Thiessen permet de réaliser cette pondération en affectant à chaque pluviomètre une zone d'influence dont l'aire représente le facteur de pondération des valeurs mesurées. Les différentes zones d'influence sont déterminées par découpage géométrique du bassin sur une carte topographique. Il est également possible d'attribuer un poids aux pluviomètres de la zone d'étude en fonction de la courbe hypsométrique de celle-ci et en tenant compte du gradient pluviométrique altimétrique.

D'autres méthodes peuvent aussi être utilisées pour calculer une pluie moyenne sur un bassin donné. Parmi celles-ci, citons :

- La *méthode des isovaleurs ou isohyètes* (lignes de même pluviosité) qui autorise un calcul direct de la pluie moyenne à la simple lecture de ces courbes, si disponibles. Les isohyètes peuvent présenter des variations temporelles, notamment suite aux modifications ressenties du climat. La figure 4.17 ci-après montre l'évolution des isohyètes des précipitations pour le Burkina Faso entre les années 1950 et 2000. On constate alors un déplacement vers le sud des courbes d'isovaleur des précipitations ayant pour conséquence une diminution des précipitations totales sur l'ensemble du pays et une redéfinition des zones climatiques du pays (PANA, 2003).
- Les *méthodes d'interpolation*, celle du krigeage en particulier (Meylan, 1986), qui permet la pondération des mesures disponibles en minimisant la variance d'estimation résultante. Le krigeage est basé sur une fonction de corrélation spatiale qui s'apparente au corrélogramme, ou encore à son inverse, au variogramme.

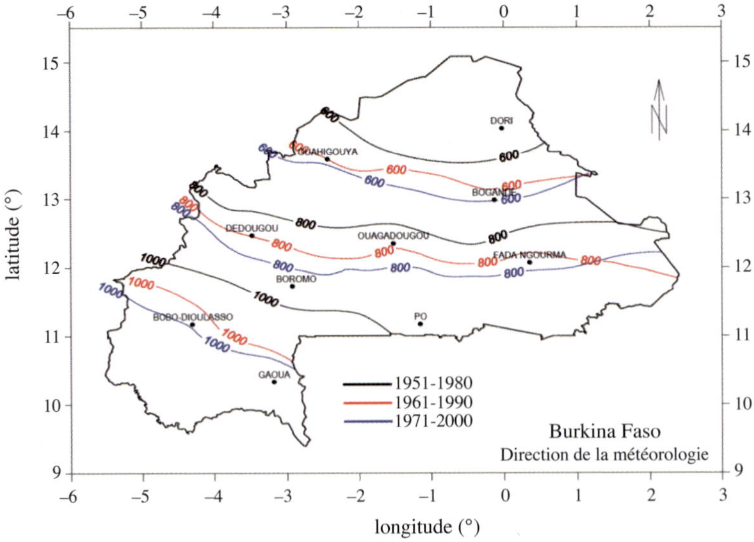

Fig. 4.17 Evolution des isohyètes pour le Burkina Faso entre 1951 et 2000 (tiré de PANA, 2003).

4.8.2 Passage des pluies ponctuelles aux pluies moyennes sur une surface

La hauteur des précipitations tombant sur une surface diminue lorsqu'on s'éloigne du centre de l'averse. Il est possible de tracer les courbes donnant la hauteur de précipitation en fonction de la surface considérée dans l'emprise d'une averse et ainsi de préciser le taux de décroissance, autrement dit le rapport de la hauteur de la lame d'eau moyenne à la hauteur de lame d'eau maximale. On peut également tracer des courbes donnant la valeur de ce rapport, appelé ***coefficient d'abattement***, en fonction de la surface considérée et de la durée ou de la hauteur de précipitation (Brunet-Moret et Roche, 1966).

4.9 CONCLUSION

Sans se substituer à un cours de météorologie, ce chapitre nous a permis d'introduire le lecteur aux principes fondamentaux de formation des précipitations d'une part, ainsi que, d'autre part, aux méthodes essentielles d'analyse des précipitations au travers de deux notions fondamentales de l'hydrologie que sont le temps de retour et les courbes intensité-durée-fréquence. Enfin, nous avons sommairement abordé l'étude de la structure des pluies ainsi que leur évaluation régionale. Ces éléments faisant appel à des méthodes d'ingénierie appliquée, ils sont traités dans le volume intitulé *Hydrologie 2 Une science pour l'ingénieur* (Hingray *et al.*, 2009).

Benoît Hingray
Cécile Picouet
André Musy

Hydrologie

2 Une science pour l'ingénieur

Toutes les réponses opérationnelles aux problématiques de l'hydrologie contemporaine

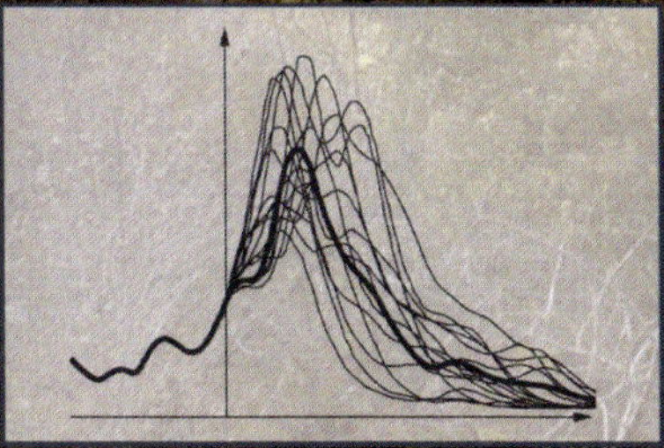

CD-Rom inclus, compatible Mac® et Windows®

PRESSES POLYTECHNIQUES ET UNIVERSITAIRES ROMANDES

INGÉNIERIE DE L'ENVIRONNEMENT

Hydrologie
2 Une science pour l'ingénieur

Benoît Hingray, Cécile Picouet, André Musy

Cet ouvrage sans équivalent en langue française expose les principales méthodes et techniques nécessaires à la réhabilitation, la réalisation, la planification d'aménagements utiles à la gestion des ressources en eau et des risques naturels associés.
Il couvre les principaux thèmes de l'ingénierie des eaux de surface, de la production des écoulements à leur propagation en rivière ou au travers d'ouvrages spécifiques. Il traite de façon détaillée les problématiques des données, de la modélisation hydrologique, de la prédétermination et de la prévision des crues et des étiages, ainsi que d'autres thèmes plus novateurs tels que l'hydrologie alpine, la régionalisation et la production de scénarios météorologiques pour les analyses hydrologiques.
Les sujets sont présentés de manière rigoureuse, les méthodes décrites dans le détail et leurs applications commentées sur la base de la vaste expérience des auteurs dans ce domaine. Un CD-Rom comportant plus de 150 exercices et études de cas est intégré à l'ouvrage.

Originalité

- Couvre l'ensemble des problématiques de l'hydrologie, expose les principes fondamentaux et méthodologiques permettant d'y apporter des réponses opérationnelles
- Illustré de nombreux cas pratiques, augmenté d'un CD-ROM comportant plus de 150 exercices et études de cas détaillées

Public

Ce livre s'adresse à un public exigeant et varié, professeurs, étudiants, chercheurs, ingénieurs, géographes, écologues et spécialistes de l'environnement et de l'aménagement du territoire concernés par la gestion des ressources hydriques.

Benoît Hingray est chargé de recherche du CNRS depuis 2007; il poursuit ses travaux à Grenoble au Laboratoire d'étude des Transferts en Hydrologie et Environnement.
Cécile Picouet, docteur de l'Université de Montpellier, est co-fondatrice de SODELO, bureau d'expertise et de recherche en hydrologie.
André Musy dirige depuis 2005 le consortium Ouranos sur les changements climatiques au Canada. Il a auparavant été professeur titulaire de la chaire de génie rural de l'Ecole polytechnique fédérale de Lausanne et directeur du laboratoire Hydrologie et Aménagements et de l'Institut des Sciences et Technologies de l'Environnement.

2009, 616 pages, 16x24 cm, broché, ISBN 978-2-88074-798-5

TABLE DES MATIÈRES

PRESSES POLYTECHNIQUES ET UNIVERSITAIRES ROMANDES

Ingénierie des eaux et du sol

Processus et aménagements

Marc Soutter, André Mermoud et André Musy

Cet ouvrage traite des méthodes et techniques des sciences de l'ingénieur dont les objectifs sont la maîtrise des eaux et leur gestion, dans un cadre global de préservation des ressources naturelles. Les notions abordées couvrent les nombreux aspects de la gestion des eaux en relation avec la production alimentaire (irrigation et drainage) et la conservation des milieux naturels. Le concept de maîtrise des eaux renvoie en effet à la fonction de protection qu'exercent les ouvrages et aménagements, en particulier à l'égard de la ressource que constitue le sol. Les divers domaines de l'agrohydrologie sont associés et intégrés dans une perspective d'ingénierie environnementale qui met en évidence les liens étroits unissant ces ressources naturelles vitales que sont l'eau et le sol.Articulé en deux parties consacrées d'une part à la description des processus fondamentaux et d'autre part à celle des techniques d'aménagement, cet ouvrage original et pédagogique propose une vision complète, équilibrée et détaillée de plusieurs disciplines, en un ensemble cohérent et rigoureux. Il répond ainsi aussi bien aux besoins de formation des étudiants, qu'à celui de référence pour le praticien.

Sommaire: Préface – Table des matières – Avant propos – Introduction – Eléments de dynamique des fluides – Echanges sol-atmosphère – Ecoulements souterrains vers les ouvrages de captage – Erosion hydrique – Assainissement des sols – Irrigation – Maîtrise du ruissellement et de l'érosion – Références bibliographiques – Index – Symboles et unités.

2007, 294 pages, 16 × 24 cm, broché, ISBN 978-2-88074-724-4

BULLETIN DE COMMANDE

Vous pouvez commander nos livres auprès de votre libraire ou:
• par téléphone: + 41 - 21/693 41 31 • par fax: + 41 - 21/693 40 27
• par E-mail: ppur@epfl.ch • par Internet: http://www.ppur.org
ou nous retourner ce bon de commande à l'adresse suivante:
PPUR, CP 119, EPFL – Rolex Learning Center, CH-1015 Lausanne

Je désire commander:	Suisse (CHF ttc):	France (€ ttc):	Export (€ ht):
___ ex. de «Hydrologie 2» • (3829)	82.–	62.00	58.75
___ ex. de «Ingénierie des eaux...» • (3825)	54.–	42.50	40.30

(prix sous réserve de modifications)

Vous souhaitez être averti de nos parutions par e-mail?
Connectez-vous sur notre site www.ppur.com et cliquez sur le lien «recevez notre documentation».

Modalités de paiement:

❑ Paiement par carte Visa ou Eurocard-Mastercard
Frais de port offerts pour la Suisse à partir de 50.– d'achat,
en sus pour expédition hors de Suisse

N°: ____________ Date d'échéance: ____________

❑ A réception de la facture, avec participation aux frais postaux. Hors de Suisse, réservé exclusivement aux écoles, universités et administrations, avec une commande officielle

Les commandes sont fermes et sans droit de retour

Société/Organisme: ____________

Nom/Prénom: ____________

Adresse: ____________ E-mail: ____________

Code postal: ____________ Ville: ____________ Pays: ____________

Date: ____________ Signature: ____________

CHAPITRE 5

INTERCEPTION ET ÉVAPORATION

Dans l'étude du bilan hydrologique et la compréhension des mécanismes du cycle de l'eau, les processus d'interception, de transpiration et d'évaporation de l'eau tiennent un rôle particulier. Ces phénomènes sont essentiels pour l'ingénieur praticien qui doit réaliser des ouvrages de drainage et d'irrigation. Sans connaissances des pertes en eau par interception et évapotranspiration, le dimensionnement des ouvrages est impossible. Il faut reconnaître que la communauté scientifique ne s'accorde toujours pas sur l'explication de certains de ces phénomènes. Le sujet est donc crucial pour toutes les personnes ayant de près ou de loin un lien avec les problématiques d'approvisionnement en eau (pour des cultures par exemple) mais aussi pour la recherche plus fondamentale, étant donné les nombreux points qu'il reste à éclaircir dans les mécanismes mis en jeu. Si l'étude de ce domaine mériterait à lui seul plusieurs ouvrages, ce chapitre en présente néanmoins les éléments essentiels, à savoir le rôle des processus évoqués, leur quantification et leur analyse d'un point de vue hydrologique plus qu'agricole. Les nombreux renvois à des références pertinentes permettront au lecteur de compléter ses connaissances.

5.1 INTRODUCTION

L'analyse du bilan hydrologique à l'échelle continentale montre qu'à l'exception de l'Antarctique, les continents évaporent une fraction de leurs précipitations allant de 55 % pour l'Amérique du Nord et l'Asie à 75 % pour le continent africain. Cela souligne à quel point ce processus est un élément fondamental du bilan hydrique de par les volumes d'eau mis en jeu mais aussi de par son influence sur la circulation climatique mondiale.

Même à une échelle plus fine, on sait aujourd'hui que l'évaporation d'un lac ou d'une retenue à l'amont d'un barrage peut aussi jouer un rôle significatif. Le lac Nasser par exemple, conséquence du haut-barrage d'Assouan, évapore annuellement 11 % de son volume d'eau, soit un volume équivalent de 14 km^3 d'eau. Ceci représente une lame d'eau sur la surface du lac de 3 m. Au-dessus d'un couvert végétal tel que la forêt, le processus d'évaporation est aussi loin d'être négligeable. Par exemple, au-dessus de la forêt amazonienne ce processus peut représenter jusqu'à 80 % des précipitations incidentes.

Cependant, le volume d'eau retourné sous la forme de vapeur dans l'atmosphère ne se fait pas de façon unique mais selon trois termes que nous allons successivement étudier dans ce chapitre. Le premier terme est formé par la fraction de l'eau interceptée par les végétaux avant d'atteindre le sol, le deuxième par la transpiration du végétal et enfin, le troisième par l'évaporation de l'eau libre.

5.1.1 Interception

Une partie non négligeable de l'eau des précipitations n'atteint pas le sol. Cette eau peut être en effet interceptée par des obstacles au cours de son trajet vertical mais aussi horizontal. On sait aujourd'hui qu'il existe ainsi un mécanisme d'interception horizontale des brouillards ou des rosées qui prend toute son importance dans certaines régions du globe (e.g. les forêts situées à proximité de la côte chilienne).

> *« L'interception horizontale de l'eau, essentiellement des brouillards, peut permettre de sauver des villages dépourvus de ressources en eau. C'est le cas au Chili où suite à la fermeture d'une mine de fer, l'entreprise emporta aussi son système de distribution de l'eau. Malgré cela, la communauté peut survivre en captant les brouillards grâce à des filets sur lesquels l'eau se condensent. De tels filets permettent ainsi de fournir un peu plus de quatre litres d'eau par jour et par mètre carré de filet. Les habitants du village d'El Tofo au Chili disposent depuis lors de 25 litres d'eau par habitant et par jour. »*
>
> *(Jacques Sironneau, Revue Française de Géoéconomie, 1998)*

Dans ce chapitre, nous aborderons essentiellement l'interception verticale des précipitations, définie comme la fraction de l'eau qui n'atteint jamais le sol. On comprend déjà ici que l'interception telle qu'elle est définie par les hydrologues est l'interception évaporée. C'est pourquoi les auteurs anglo-saxons parlent le plus souvent de *interception losses* soit littéralement des « pertes par interception ». De façon analytique, les pertes par interception s'expriment par la relation suivante :

$$I = P_b - (P_c + P_t) \tag{5.1}$$

où P_b, [mm] représente la pluie brute, c'est-à-dire la précipitation qui arrive à la surface supérieure du couvert végétal, P_c [mm] la pluie drainée au travers du couvert végétal (canopée) et P_t [mm] la pluie écoulée le long des branches et des troncs.

L'interception et l'évaporation sont donc intimement liées. Toutefois, comme l'interception fait appel à l'évaporation, nous présenterons tout d'abord plus en détail ce processus, puis celui de l'évaporation, avant de revenir de manière plus détaillée sur le rôle joué par l'interception et sa description au sein du cycle de l'eau.

5.1.2 Evaporation et transpiration

Dans la troposphère, c'est-à-dire, la couche de l'atmosphère au voisinage du sol (son épaisseur est de 2 à 3 kilomètres environ), l'air ambiant n'est jamais sec mais contient une part plus ou moins importante d'eau sous forme gazeuse (vapeur d'eau) qui est fournie par:

- L'évaporation physique au-dessus des surfaces d'eau libre (océans, mers, lacs et cours d'eau) des sols dépourvus de végétation et des surfaces couvertes par de la neige ou de la glace.
- La transpiration des végétaux qui permet à la vapeur d'eau de s'échapper des plantes vers l'atmosphère.
- L'évapotranspiration du sol lorsque celui-ci est recouvert par de la végétation. Le terme évapotranspiration regroupe en fait la transpiration et l'évaporation de l'eau lorsque l'on est en présence d'un végétal. Le regroupement de ces deux processus sous un terme spécifique est dû au fait qu'il est souvent difficile de les différencier.

L'évaporation et la transpiration se traduisent par la transformation de l'eau liquide en eau gazeuse et requièrent donc de l'énergie. Il n'est donc pas inutile de rappeler que ces processus se traduisent par un refroidissement tandis que la transformation inverse, à savoir la condensation, libère de l'énergie calorifique et s'accompagne d'une augmentation de la température.

L'évaporation et plus particulièrement l'évapotranspiration jouent un rôle essentiel dans l'étude du cycle de l'eau. Comme l'illustre la figure 5.1, ces mécanismes sont importants en regard des quantités de précipitations incidentes aussi bien à l'échelle de la planète qu'à celle du bassin versant.

Importance de l'évapotranspiration

… à l'échelle de la planète:	$P = 116000$ km^3,	$ET = 72000$ km^3/an	**(62%)**
… à l'échelle d'une zone climatique:	$P = 49000$ km^3,	$ET = 27800$ km^3/an	**(57%)**
… à l'échelle de la Suisse:	$P = 60$ km^3,	$ET = 19{,}5$ km^3/an	**(33%)**
… à l'échelle d'un bassin versant:	$P = 2{,}2$ mio m^3,	$ET = 1{,}2$ mio m^3/an	**(55%)**

Fig. 5.1 Importance relative de l'évapotranspiration (*ET*) par rapport à la précipitation incidente (*P*) pour différentes échelles spatiales.

La figure 5.2 résume schématiquement les différents éléments intervenant dans les processus d'interception (termes en italique) et d'évaporation et d'évapotranspiration, qui font l'objet de ce chapitre, à savoir: la précipitation incidente à la surface du couvert végétal, la transpiration du végétal, l'évaporation de l'eau interceptée, le drainage de l'eau résiduelle au travers de la canopée, l'écoulement de l'eau le long du végétal et des troncs et, enfin, l'évaporation de l'eau du sol ainsi que les prélèvements par les végétaux qui sont en partie convertis en transpiration.

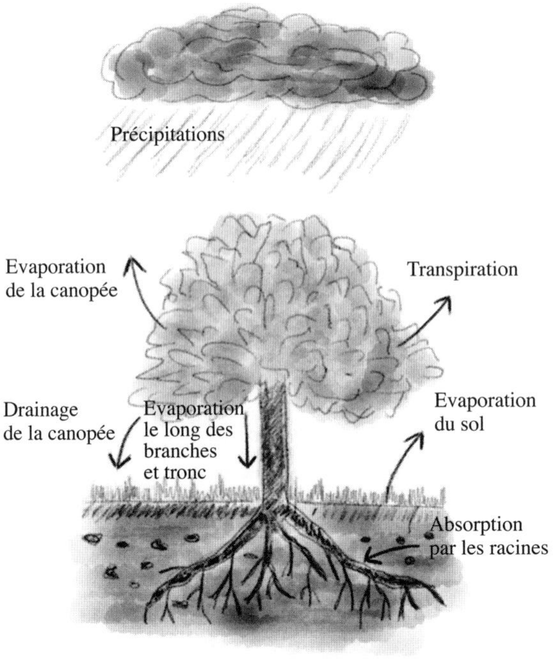

Fig. 5.2 Principaux éléments intervenant dans les concepts d'interception et d'évapotranspiration.

5.2 ÉVAPORATION

5.2.1 Description et formulation du processus physique

C'est par le mouvement des molécules d'eau que débute l'évaporation comme nous l'avons précédemment observé (§ 4.1.1). A l'intérieur d'une masse d'eau liquide, les molécules vibrent et circulent de manière désordonnée et ce mouvement est lié à la température : plus elle est élevée, plus le mouvement est amplifié et plus l'énergie associée est suffisante pour permettre à certaines molécules de s'échapper et d'entrer dans l'atmosphère. Dalton a établi en 1802, suite à des travaux sur le sujet, une loi qui exprime le taux d'évaporation d'un plan d'eau en fonction du déficit de saturation de l'air (quantité d'eau $e_s - e$ que l'air peut stocker exprimée en Pascal [Pa], en millibars [mb] ou millimètres de mercure [mm Hg]) et de la vitesse du vent u. Cette loi est formulée selon la relation suivante :

$$E = f(u) \cdot (e_s - e) \tag{5.2}$$

où E est le taux d'évaporation (ou flux d'évaporation ou vitesse d'évaporation), e la pression effective ou actuelle de vapeur d'eau dans l'air, e_s la pression de vapeur d'eau à saturation à la température de la surface évaporante et $f(u)$ la constante de proportionnalité, fonction de la vitesse du vent u.

Cette relation exprime aussi que, en théorie et dans des conditions de pression et de température données, le processus d'évaporation est possible jusqu'à ce que la pression de vapeur effective atteigne une limite supérieure qui n'est autre que la pression de vapeur saturante (l'évaporation cesse dès que $e_s = e$). Ainsi, pour qu'il y ait évaporation, il faut que le gradient de pression dû à la vapeur d'eau soit positif.

On soulignera encore que la pression de vapeur saturante augmente avec la température (éq. 5.3) selon l'expression suivante avec la température exprimée en degrés Celsius :

$$e_s(T) = 611 \cdot \exp\left(\frac{17{,}27 \cdot T}{237{,}3 + T}\right) \text{ [Pa] = [N/m}^2\text{]} \tag{5.3}$$

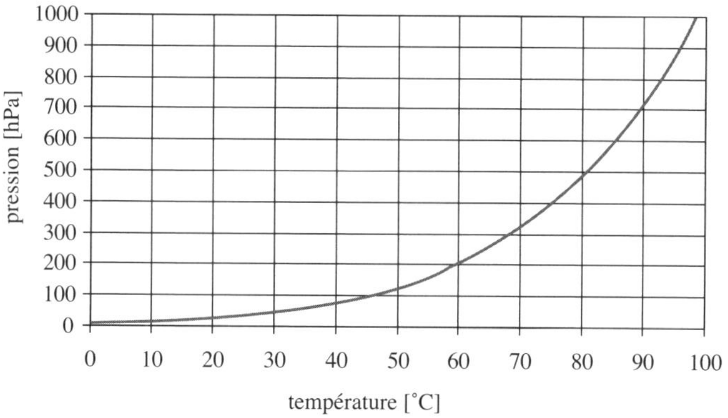

Fig. 5.3 Evolution de la pression de vapeur saturante en fonction de la température.

La figure 5.3 illustre cette relation entre pression et température. Pour mémoire, on rappelera encore, l'équation (5.3) étant exprimée en Pascal et la figure 5.3 en millimètre de mercure, que 101325 Pa = 1013,25 hPa = 1,013 bar ≈ 760 mmHg.

5.2.2 Facteurs météorologiques intervenant dans le processus d'évaporation

Comme nous l'avons vu, l'évaporation dépend d'une part de la capacité de l'air à stocker de l'eau et, d'autre part, de la quantité de chaleur à disposition.

Quantité de chaleur disponible

La quantité d'eau pouvant être évaporée à partir d'une surface dépend de la quantité de chaleur provenant du soleil. Cette quantité de chaleur varie, d'une part, selon les conditions géographiques (gradient de latitude), et d'autre part, selon l'élévation de la surface liquide par rapport au niveau de la mer (gradient altimétrique). Le gradient altimétrique de l'évaporation est, en réalité, une image du gradient thermique. Il vaut environ 0,65 °C par 100 mètres d'élévation.

Les échanges de chaleur entre l'atmosphère, la surface du sol et la surface des lacs et des océans, qui sont les agents de l'évaporation, s'effectuent par convection et conduction. Cette énergie échangée est, en tout point, compensée par un transfert d'eau qui s'évapore à un endroit, pour se condenser à un autre et retomber sous forme de précipitations. Ces échanges de chaleur entretiennent le cycle de l'eau.

Les mouvements horizontaux et verticaux qui brassent l'atmosphère mettent en jeu des échanges et des transformations d'énergie. L'une des causes fondamentales de cette agitation réside dans la distribution des températures à la surface terrestre ainsi qu'au sein de l'atmosphère elle-même. L'évaporation est donc fonction des rapports énergétiques entre l'atmosphère et le plan d'eau.

Les transferts se produisent donc entre le soleil, l'atmosphère et la surface terrestre. Le rayonnement solaire n'est que légèrement absorbé de façon directe par l'atmosphère. Il parvient donc jusqu'au sol qui restitue ensuite une grande partie de l'énergie reçue ; ce qui met en jeu des transferts radiatifs, mais aussi conductifs et convectifs vers l'atmosphère.

Le rayonnement solaire (R_S)

Le rayonnement solaire est l'élément moteur des conditions météorologiques et climatiques, et par voie de conséquence, du cycle hydrologique. Son action intéresse l'atmosphère, l'hydrosphère et la lithosphère, par émission, convection, absorption, réflexion, transmission, diffraction ou diffusion.

Le soleil émet de l'énergie rayonnée sous forme d'ondes électromagnétiques. L'analyse du spectre solaire montre qu'il se comporte comme un corps noir d'une température de 6000 °K. L'émission solaire se situe essentiellement dans une bande de longueur d'onde allant de 0,25 à 5 µm. Signalons en outre qu'approximativement 8 % de cette émission correspondent à des longueurs d'onde inférieures à 0,4 µm (radiations ultraviolettes notamment), 41 % correspondent à des longueurs d'onde

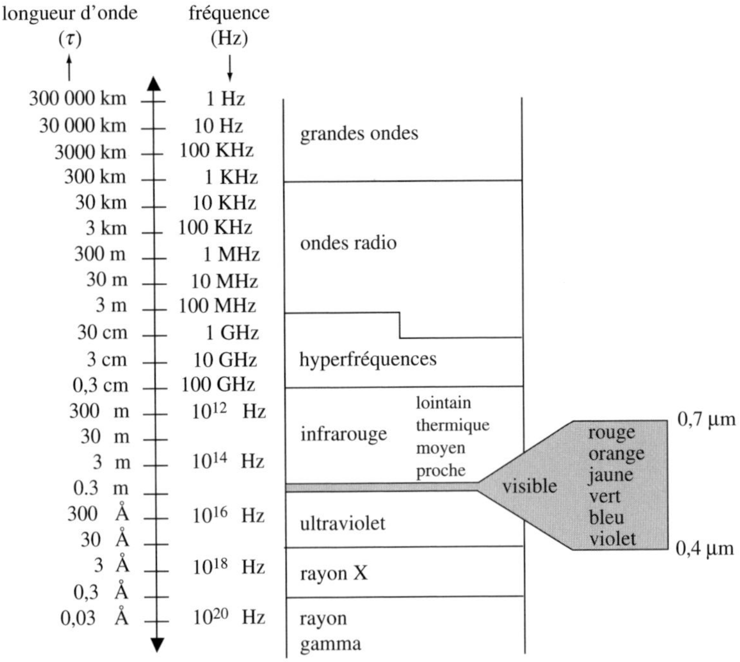

Fig. 5.4 Spectre électromagnétique.

comprises entre 0,4 et 0,7 μm (domaine visible), enfin 51 % correspondent à des longueurs d'onde supérieures à 0,7 μm (radiations infra-rouges). A titre de rappel, la figure 5.4 représente le spectre électromagnétique tandis que la figure 5.5 présente schématiquement les phénomènes d'absorption, de réflexion et de diffusion du rayonnement solaire. L'échelle des longueurs d'onde et des fréquences est logarithmique. L'énergie globale émise sur l'ensemble du spectre est de l'ordre de 74 millions de W/m^2, et le taux de radiation solaire ou ***constante solaire*** est évaluée à 1367 ± 7 W/m^2 soit environ 2 $cal/cm^2/min$. Cette constante solaire représente ainsi l'énergie solaire arrivant sur une unité de surface extérieure de l'atmosphère, perpendiculairement au rayonnement solaire pour une distance moyenne terre-soleil. Etablie par des chercheurs de l'Observatoire physico-météorologique (PMOD) de Davos en Suisse sur la base de mesures effectuées entre 1969 et 1980, la constante solaire a été adoptée par la Commision des instruments et des méthodes d'observation CIMO de l'Organisation météorologique mondiale OMM à Mexico en 1981 (Bessemoulin et Olivieri, 2000; OMM, 2012). Pour compléter cette notion de constante solaire, soulignons que certains auteurs l'expriment en Joule par mètre carré et par minute. Elle vaut ainsi 0,03 $MJ/m^2/min$.

Au cours de sa traversée dans l'atmosphère, le rayonnement solaire incident est partiellement atténué par absorption et par réflexion diffuse dans toutes les directions. Ces phénomènes se produisent de manière différente selon le domaine spectral. Environ un tiers du rayonnement solaire R_{S_DIF} est renvoyé vers l'espace par réflexion diffuse, cette proportion pouvant atteindre 75 % lorsque le ciel est couvert.

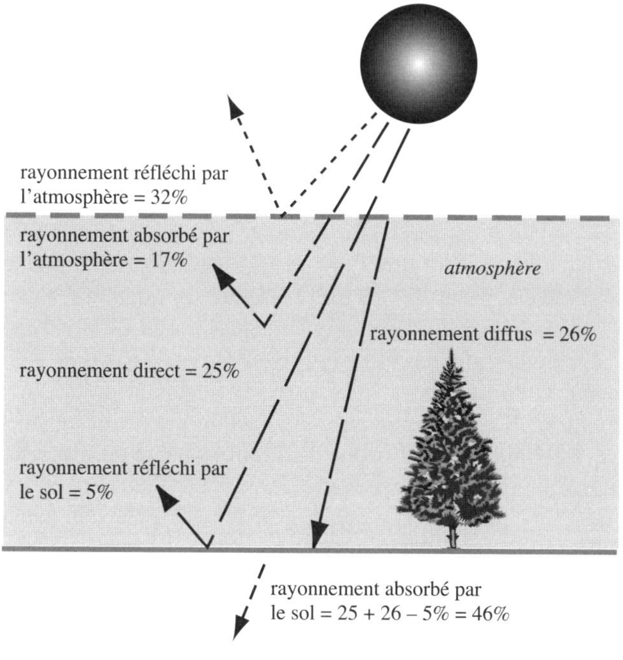

Fig. 5.5 Absorption, réflexion et diffusion du rayonnement solaire.

Tableau 5.1 Valeurs de l'albédo pur différentes surfaces.

Surface du sol	Albédo
Surface d'eau	0,03 à 0,1
Forêt	0,05 à 0,2
Sol cultivé	0,07 à 0,14
Pierres et rochers	0,15 à 0,25
Champs et prairies	0,1 à 0,3
Sol nu	0,15 à 0,4
Neige ancienne	0,5 à 0,7
Neige fraîche	0,8 à 0,95

Le rayonnement atmosphérique (R_A)

Etant donné les températures régnant dans les différentes couches atmosphériques, ces dernières émettent un rayonnement de grandes longueurs d'onde comprises entre 5 et 100 μm (infrarouge et basses fréquences). Cette émission est due essentiellement à la vapeur d'eau, au gaz carbonique ainsi qu'à l'ozone.

Un volume atmosphérique donné émet donc dans toutes les directions des rayonnements de grandes longueurs d'onde. Les volumes gazeux voisins absorbent partiellement le rayonnement issu du volume émetteur, et émettent eux aussi des rayonnements similaires (dans les mêmes longueurs d'onde). Par transferts radiatifs successifs, une partie de l'énergie rayonnée se perd dans l'espace ; mais une autre partie parvient au sol, où elle est par la suite presque entièrement absorbée (absorption moyenne voisine de 95 %), et tend ainsi à contrebalancer les pertes par émission propre des corps naturels.

Les aérosols, les poussières, les cristaux, etc., en suspension interviennent également dans les transferts radiatifs atmosphériques tandis que la présence de nuages accroît sensiblement l'importance de l'émission atmosphérique.

Le rayonnement terrestre (R_T)

La Terre correspondant à un corps noir de 300 °K, elle émet un rayonnement thermique qui se situe entre 8 et 14 μm. Cependant, l'émission thermique est également présente et mesurable à partir de 3,5 μm, bien que les quantités d'énergie y soient plus faibles. Le domaine spectral du rayonnement terrestre est donc celui des basses fréquences ou encore des grandes longueurs d'onde.

Le rayonnement terrestre est aussi appelé rayonnement propre ou rayonnement thermique ascendant. Il est absorbé en quasi-totalité par l'atmosphère du fait de la présence de gaz carbonique et de l'ozone dans l'atmosphère mais surtout de la vapeur d'eau. L'essentiel du rayonnement terrestre absorbé par l'atmosphère est ensuite réémis partiellement en direction de l'espace, car les gaz précédemment cités ont un spectre d'émission similaire à leur spectre d'absorption. En présence d'une couverture nuageuse, le rayonnement terrestre est réfléchi. C'est donc au cours des nuits sans nuages que les températures de surface sont les plus basses.

Comme le rayonnement émis par la surface de la Terre dépend de sa température de surface, on peut mesurer à distance cette température au moyen d'un radiomètre infrarouge (base de la thermographie) et la nuit, en l'absence de rayonnement solaire visible. A l'aide de la loi des corps noirs on peut alors écrire :

$$R_T = \varepsilon \cdot \sigma \cdot T_s^4 \tag{5.4}$$

où ε est l'émissivité du corps [-], σ la constante de Stefan-Boltzmann [W/m^2/K^4] et T_s^4 la température de surface du corps [K].

Notion de rayonnement net

En résumé, les gains d'énergie de la surface du sol proviennent de l'absorption d'une partie des grandeurs suivantes :

- du rayonnement solaire direct atteignant le sol R_S,
- du rayonnement solaire diffus par l'atmosphère vers le sol R_{S_DIF},
- du rayonnement atmosphérique dirigé vers le sol R_A.

Ces trois éléments permettent de définir le bilan radiatif de la surface terrestre. On appelle ***rayonnement solaire incident global*** la somme du rayonnement solaire direct atteignant le sol (R_S) et du rayonnement solaire diffus par l'atmosphère vers le sol (R_{S_DIF}) :

$$R_G = R_S + R_{S\_DIF} \tag{5.5}$$

Sachant que la surface terrestre absorbe une fraction du rayonnement global en fonction de l'albédo α de la surface, on peut alors exprimer le rayonnement solaire incident global absorbé (R_{G_ABS}) par la relation ci-dessous :

$$R_{G\_ABS} = R_G \cdot (1 - \alpha) \tag{5.6}$$

De plus, connaissant le coefficient d'absorption de la surface terrestre γ (en général proche de 1), la fraction absorbée du rayonnement atmosphérique dirigé vers le sol (R_{A_ABS}) s'écrit de la manière suivante :

$$R_{A\_ABS} = \gamma \cdot R_A \tag{5.7}$$

Finalement, on exprime généralement le bilan des échanges radiatifs à la surface du sol par le rayonnement net R_N défini comme :

$$R_N = R_{G\_ABS} + R_{A\_ABS} - R_T \tag{5.8}$$

ou encore

$$R_N = R_G \cdot (1 - \alpha) + \gamma \cdot R_A - R_T \tag{5.9}$$

où, R_N est le rayonnement net [W/m^2], R_G le rayonnement solaire incident global (direct et diffus) de petite longueur d'onde [W/m^2], R_{G_ABS} le rayonnement solaire incident global absorbé [W/m^2], R_A le rayonnement atmosphérique de grande longueur d'onde [W/m^2], R_{A_ABS} le rayonnement atmosphérique absorbé [W/m^2], R_T le rayonnement terrestre de grande longueur d'onde [W/m^2], α l'albédo de la surface et γle coefficient d'absorption de la surface terrestre (en général proche de 1).

Le rayonnement net est ainsi défini comme la quantité d'énergie radiative disponible à la surface de la Terre et pouvant être transformée en d'autres formes d'énergie par les divers mécanismes physiques ou biologiques de la surface. La valeur du rayonnement net est positive si de l'énergie est gagnée par le sol et négative si de l'énergie est perdue. Le rayonnement net est habituellement négatif la nuit, et il l'est d'autant plus que le ciel est dégagé, ce qui accélère le refroidissement de la surface.

De manière simplifiée, on considère souvent que le rayonnement terrestre est négligeable dans le calcul du rayonnement net.

Formulation du bilan énergétique

Selon le premier principe de la thermodynamique, il ne peut y avoir d'accumulation d'énergie en un point donné : la somme des énergies reçues est égale à la somme des énergies dépensées. Ainsi, l'énergie nette qui arrive à la surface terrestre est intégralement dépensée pour diverses tâches.

Un premier partie de l'énergie nette sert à réchauffer le sol par conduction. Le flux de chaleur dans le sol ϕC est composé de deux termes rendant respectivement compte du transport de chaleur par conduction dans le sol ainsi que du transfert d'eau sous la forme de vapeur. Un second type important d'échange d'énergie est le flux de chaleur sensible ϕS qui est dû à la convection thermique au voisinage de la surface évaporante. Ce flux de chaleur n'affecte donc qu'une hauteur restreinte de l'atmosphère. Enfin, lorsqu'il n'y a pas d'accumulation de vapeur au sein du couvert végétal ou au sein de la tranche d'eau qui recouvre le sol, toute vaporisation conduit à un flux de vapeur à l'interface sol-atmosphère. Il s'agit d'un flux de chaleur latente ϕL. La chaleur latente est donc la conséquence d'un changement de phase, le transfert de chaleur est de ce fait associé à un transfert de masse.

Finalement, au travers de la surface du sol ou de la mer et, plus généralement, au travers de la surface évaporante, le bilan d'énergie exprime que la somme des densités de flux de chaleur est nulle au niveau de cette surface :

$$R_N + \phi C + \phi S + \phi L = 0 \tag{5.10}$$

Cette équation traduit simplement le fait que le flux d'énergie perdu par la surface de la Terre au cours de l'évaporation est égal au flux apporté par rayonnement, diminué du flux d'énergie perdue par convection dans l'air et dans le sol.

Aux quatre termes de l'équation précédente s'ajoute encore la quantité d'énergie utilisée dans le processus de la photosynthèse. Cependant, ce terme représente moins du centième des autres termes intervenant dans le bilan d'énergie. Par conséquent, il ne sera pas considéré par la suite bien qu'il joue un rôle fondamental sur la Terre.

Température de l'air et de l'eau

La température est étroitement liée au taux de radiation qui est lui-même directement corrélé à l'évaporation. Il s'ensuit donc qu'une certaine relation existe entre l'évaporation et la température de la surface évaporante. Le taux d'évaporation est, en particulier, une fonction croissante de la température de l'eau. Comme la température de l'eau varie dans le même sens que la température de l'air, il est plus facile de mesurer cette dernière. De plus, la température de l'air est liée à d'autres facteurs météorologiques de l'évaporation, tels que l'insolation ou l'humidité relative de l'air ; on conçoit donc que l'évaporation varie avec la température de l'air. On utilise ainsi dans les formules de calcul de l'évaporation, la température de l'air plutôt que celle de l'eau.

Au voisinage du sol, la température de l'air est fortement influencée par la nature de la surface terrestre et par l'importance de l'ensoleillement. A la base de la troposphère (c'est-à-dire à proximité du sol), la température de l'air suit un cycle quotidien appelé variation ou cycle diurne, avec un minimum et un maximum observables au cours d'une journée. Ces deux extrêmes ont la particularité de ne pas correspondre exactement aux pics de la courbe de radiation solaire ou terrestre. Il existe également un cycle annuel de température, plus ou moins bien marqué suivant les régions climatiques. Les facteurs influant sur les variations de la température atmosphérique dans le temps sont en fait nombreux. Il y a la latitude, l'altitude, le relief, le type de surface ou de végétation, la proximité de la mer, les masses d'air dominantes et le degré d'urbanisation et de pollution, etc. De tels éléments agissent sur les amplitudes thermiques du jour, du mois ou de l'année.

Humidité relative et spécifique de l'air

Comme déjà présenté au chapitre précédent, le déficit de saturation (différence entre la pression de vapeur saturante e_s et la pression de vapeur actuelle e) peut aussi s'exprimer en recourant à la notion d'humidité relative h_r. Cette dernière s'exprime sans unité ou en pourcentage par la relation (4.2) reprise ici :

$$h_r = \frac{e}{e_s(T)} \ [-] \text{ ou encore } h_r = \frac{e}{e_s(T)} \cdot 100 \ [\%] \tag{5.11}$$

Pour mémoire, l'humidité relative est donc le rapport entre la quantité d'eau contenue dans une masse d'air et la quantité maximale d'eau que peut contenir cette masse d'air. En guise d'illustration, la figure 5.6 ci-après présente les relations entre température et pression de vapeur ainsi qu'entre température et humidité relative. La valeur du coefficient d'ajustement pour ces deux relations atteste de la qualité de ces relations.

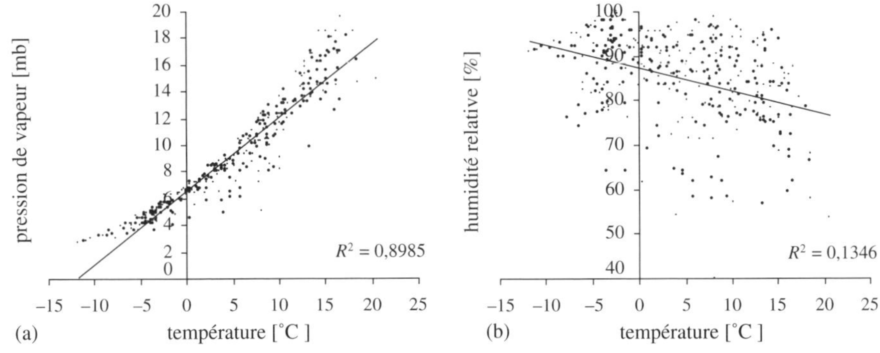

Fig. 5.6 Relation entre température et pression de vapeur (a) ainsi qu'entre température et humidité relative (b) pour la station météorologique de Payerne (Suisse) pour les valeurs mesurées à 7h00 durant l'année 1998 (d'après Higy, 2000).

Pression atmosphérique

La pression atmosphérique, exprimée en kilopascal (kPa), en millimètres de mercure (mm Hg) ou encore en millibars (mb), représente le poids d'une colonne d'air par unité de surface considérée. Elle constitue un indicateur de la variation des types de masse d'air passant au-dessus d'un point donné et intervient dans le calcul des humidités spécifiques et absolues (chap. 4).

Plus la pression totale au-dessus d'un liquide est élevée, plus grande est sa tension de vapeur ; mais cet effet reste négligeable pour des pressions totales inférieures à 10^6 Pa (ou 10 bars). Par contre, certains auteurs considèrent que le taux d'évaporation augmente lorsque la pression atmosphérique diminue. Cependant, cette relation inverse n'est pas encore clairement démontrée, car la variation de la pression barométrique est généralement suivie d'autres variations, comme celles de la température et du régime du vent.

Profil et vitesse du vent

Le vent joue un rôle essentiel sur les processus d'évaporation car c'est lui qui permet, par le mélange de l'air ambiant, de remplacer au voisinage de la surface évaporante, l'air saturé par de l'air plus sec[1]. En effet, l'air au voisinage de la surface évaporante va se saturer plus ou moins rapidement et par conséquent stopper le processus d'évaporation. Un verre d'eau placé dans une enceinte fermée à l'abri de tout mouvement de l'air ne pourrait évaporer son contenu bien longtemps, même dans une atmosphère extrêmement sèche. Le vent, par le bais de sa vitesse mais aussi de sa structure verticale et de ses turbulences, joue un rôle prépondérant dans le processus d'évaporation. Les turbulences permettent entre autres l'ascension de l'air humide, tandis que l'air sec descend et se charge d'humidité.

Afin d'établir la structure verticale des profils de vent, on peut considérer que la couche basse de l'atmosphère se comporte comme une couche dite *couche limite* en ce sens que les gradients verticaux et les vitesses horizontales sont nettement supérieurs aux gradients horizontaux et aux vitesses verticales. Cette couche limite constitue la région de l'atmosphère pour laquelle les conditions de surface affectent de façon notable les phénomènes de transport à son voisinage. C'est aussi dans cette partie de l'atmosphère qu'apparaissent des phénomènes de turbulence.

En général, on définit la vitesse moyenne $\bar{u}$ [m/s] ou le gradient de vitesse moyenne $\mathrm{d}\bar{u}/\mathrm{d}z$ dans un écoulement en fonction de la contrainte de cisaillement, de la masse volumique du fluide et de la distance à la paroi z. On peut ainsi écrire la relation suivante :

$$\frac{u_*}{z \cdot (\mathrm{d}\bar{u} / \mathrm{d}z)} = \kappa \tag{5.12}$$

où κ [-] est la constante adimensionnelle de Von Karman valant approximativement 0,41. La vitesse u_* [m/s] peut être considérée comme une vitesse de friction traduisant le frottement dû aux turbulences de la circulation de l'air au-dessus de la surface du sol.

En intégrant l'équation (5.12) entre z_0 et z, on obtient respectivement :

---

[1] Le rôle du vent ne s'arrête cependant pas uniquement à celui qu'il joue dans les processus d'évaporation. Le vent est un élément central de l'analyse des flux de chaleur, des gaz ou encore des matières solides en suspension dans l'air telles que poussières et pollens.

$$\bar{u} = \frac{u_*}{\kappa} \cdot \ln\left(\frac{z}{z_0}\right) \tag{5.13}$$

avec z_0, une constante d'intégration dont la dimension est celle d'une longueur.

On peut définir cette valeur comme l'intersection de la droite représentant l'évolution de la vitesse du vent en fonction de l'élévation dans un système de coordonnées semi-logarithmiques. Elle dépend en principe uniquement de la géométrie du milieu et se nomme communément hauteur de rugosité ou hauteur de frottement. Toutefois, pour des surfaces qui présentent un couvert végétal, il est difficile de préciser une valeur correcte de cette grandeur et l'on est contraint d'admettre que z_0 se situe quelque part entre le niveau du sol et la hauteur de l'obstacle (par exemple la végétation). u_* est la vitesse de frottement définie comme la racine carrée du rapport entre la contrainte de cisaillement τ [Pa] et la masse volumique du fluide ρ [kg/m^3], soit $u_* = \sqrt{\tau / \rho}$.

Les éléments précédemment exposés ont conduit les scientifiques à proposer une formulation légèrement différente de la relation (5.13) :

$$\frac{u_*}{(z-\mathrm{d}) \cdot (\mathrm{d}\bar{u} / \mathrm{d}z)} = \kappa \tag{5.14}$$

soit :

$$\bar{u} = \frac{u_*}{\kappa} \cdot \ln\left(\frac{z-d}{z_0}\right) \tag{5.15}$$

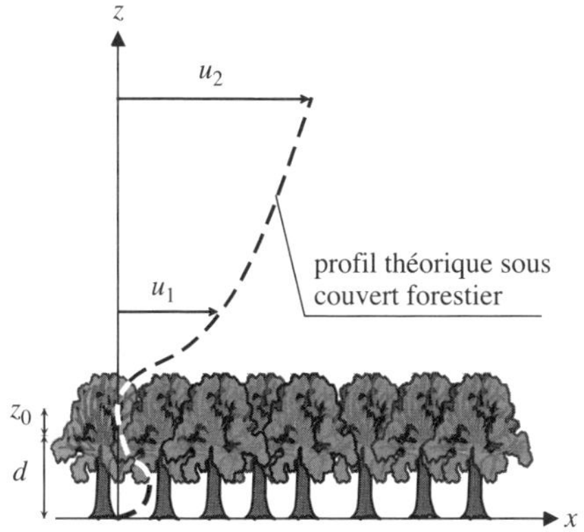

Fig. 5.7 Profil vertical des vitesses du vent sous couvert forestier.

La grandeur d représente la hauteur de déplacement du plan de flux nul. Elle constitue en fait un terme correctif car la vitesse nulle du vent n'est pas obtenue directement à l'altitude du sol mais à une altitude correspondant à $d + z_0$. Les relations ci-dessus permettent de déterminer la vitesse du vent à une altitude quelconque à partir de la connaissance de la vitesse du vent mesurée à une autre altitude, par exemple celle de la station météorologique (fig. 5.7) :

$$u_2 = u_1 \cdot \frac{\ln\left(\dfrac{z_1 - d}{z_0}\right)}{\ln\left(\dfrac{z_2 - d}{z_0}\right)} \tag{5.16}$$

où d et z_0 représentent respectivement la hauteur de déplacement du plan de flux nul et la constante d'intégration de la relation (5.13), z_1 et z_2 représentent les hauteurs correspondant aux vitesses u_2 et u_1[2].

5.2.3 Facteurs physiques intervenant dans le processus d'évaporation

Les facteurs physiques qui affectent l'évaporation d'une surface dépendent non seulement de la capacité à emmagasiner de la vapeur d'eau, mais aussi des propriétés de cette surface ; ils sont donc variables selon qu'il s'agit de l'évaporation à partir d'une surface d'eau libre, d'un sol nu ou d'une surface recouverte de neige.

Evaporation à partir des surfaces d'eau libre

L'évaporation d'une surface d'eau libre dépend non seulement de propriétés physiques et géométriques de cette surface (profondeur, étendue) mais aussi des propriétés physiques de l'eau (outre la température déjà évoquée ci-dessus, on peut citer la salinité).

Salinité

Une augmentation de la teneur en sel de 1 % environ diminue l'évaporation de 1 % suite à la diminution de pression de vapeur dans l'eau salée. Un constat similaire peut être dressé pour d'autres substances en solution puisque la dissolution d'un produit entraîne une diminution de la pression de vapeur. Cette baisse de pression est directement proportionnelle à la concentration de la substance en solution.

Profondeur

La profondeur de la surface d'eau libre joue un rôle primordial sur la capacité de cette dernière à emmagasiner de l'énergie. D'une manière générale, la différence essentielle entre une surface d'eau libre peu profonde et une surface d'eau libre profonde réside dans la sensibilité de la première aux variations climatiques saisonnières. Il s'ensuit qu'une surface d'eau libre peu profonde sera sensible aux variations météorologiques selon la saison tandis qu'une surface d'eau libre profonde, de par son inertie thermique, présentera une réponse évaporative nettement différente.

Dans le cas d'une surface d'eau profonde et durant l'été, seule une couche relativement peu profonde est chauffée par le rayonnement solaire. Par la suite, cette couche d'eau se refroidit. Son augmentation de densité la fait plonger vers les profondeurs, provoquant ainsi une remontée d'eau qui est plus chaude. Il s'établit un gradient entre la température de l'eau et celle de l'air environnant. Or plus cet écart est important, plus le taux d'évaporation est grand. Ceci a donc pour conséquence une évaporation déphasée

---

2 On rendra ici attentif le lecteur quant au fait qu'il existe encore d'autres formulations des profils de vent et que celles-ci sont encore largement discutées dans la littérature scientifique actuelle. A titre indicatif, on consultera Jetten, V.G., 1996. *Interception of tropical rain forest : performance of a canopy water balance model*. Hydrological Processes, 10 : 671-685. ainsi que FAO, 1998. *Crop evapo-transpiration*. FAO Irrigation and drainage paper, 56. FAO, 300 p.

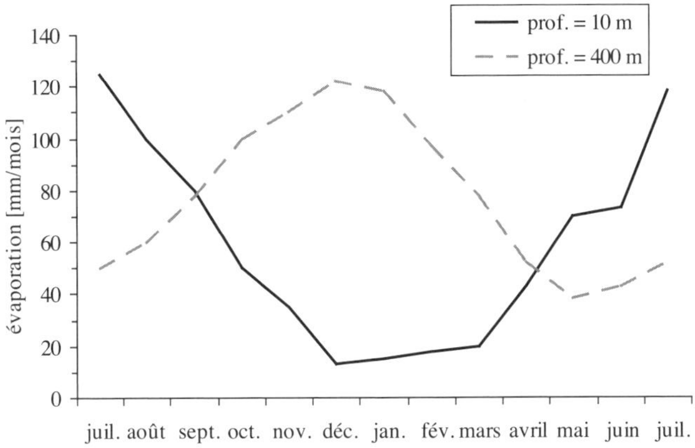

Fig. 5.8 Exemple d'évaporation annuelle d'un plan d'eau peu profond et d'un lac profond.

dans le cas d'une surface d'eau profonde, c'est-à-dire une évaporation plus importante durant la saison hivernale (fig. 5.8). Cependant, les volumes totaux évaporés peuvent être sensiblement les mêmes dans les deux cas des lacs profonds ou peu profonds.

Etendue

L'étendue de la surface d'eau libre joue un rôle important sur les quantités évaporées puisque l'évaporation, à vitesse du vent égale, est proportionnelle à la surface évaporante ainsi qu'à l'humidité relative.

Finalement, le tableau 5.2 présente quelques exemples de surface pour lesquelles on connaît l'évaporation moyenne annuelle.

Tableau 5.2 Ordre de grandeur de l'évaporation moyenne annuelle des grandes nappes d'eau libres sous différents climats. Tiré de Réméniéras (1976).

Régions	Evaporation moyenne annuelle [mm]
Régions tropicales	1500[3] à 3000
Lac Tchad (profondeur 4 à 5 m)	2260
France, sauf bassins méditerranéens	660 à 700
Sud de la France et Espagne	1000 à 1500
Italie (réservoirs de moyenne altitude)	1200
Nord-ouest de l'Allemagne et Pologne	450 à 700
Lacs de la Suède méridionale (moyenne d'après Wallen)	600
Lac d'Ercé	835
Lacs Michigan et Huron	643
Lac Léman	650
Mer morte	2400
Lacs de montagne des Alpes (vers 2000 m d'altitude)	200 (?)
Lacs de Russie d'Europe (prof. moy. 5 m, longueur moy. suivant la direction du vent dominant : 10 km)	400 mm pour 64° de latitude. 950 mm pour 48° de latitude
Lacs de l'Asie moyenne (Stalinabad)	1500 à 1600

[3] Régions tropicales humides.

Evaporation à partir d'un sol nu

L'évaporation d'un sol nu est conditionnée par les mêmes facteurs météorologiques que ceux intervenant dans l'évaporation d'une surface d'eau libre. Toutefois, si la quantité d'eau à disposition n'était pas un facteur limitant dans le cas de l'évaporation à partir d'une surface d'eau libre, elle le devient dans la situation d'un sol nu. L'évaporation d'un sol nu est donc influencée d'une part par la demande évaporative mais aussi par la capacité du sol à répondre à cette demande et sa capacité à transmettre de l'eau vers la surface, fonction de diverses caractéristiques.

Teneur en eau du sol

La teneur en eau du sol conditionne les processus d'évaporation. Plus le sol est sec et plus les flux évaporés seront faibles. A l'inverse, un sol saturé peut même évaporer de l'eau à un taux supérieur à celui d'une surface d'eau libre vu que le microrelief du sol peut constituer une surface évaporante plus importante que celle d'un lac ou d'un réservoir.

Capillarité

Dans le cas où le sol est relativement peu humide et dans la situation d'un sol nu en l'absence de nappe, le régime d'évaporation est fixé par la plus petite des contraintes entre les conditions météorologiques et la capacité du sol à transmettre de l'eau vers sa surface. Dans ce cas, les remontées capillaires permettent d'amener de l'eau jusqu'au front d'évaporation. On retiendra toutefois que l'évaporation faisant suite à des remontées capillaires est généralement peu importante.

Couleur du sol et albédo

Les sols de couleur claire présentant des valeurs d'albédo élevées vont absorber moins de rayonnement que des sols foncés. Toutefois, dans le cas où la quantité d'eau n'est pas un facteur limitant, les écarts entre l'évaporation d'un sol clair et celui d'un sol foncé ne sont généralement que de l'ordre de quelques pour cent, l'avantage étant donné au sol foncé.

Evaporation de la neige et de la glace

Dans le cas de la neige et de la glace, le processus mis en œuvre est celui de la sublimation. On estime toutefois qu'en règle générale, les quantités évaporées à partir d'une surface couverte de neige sont assez faibles puisque la neige fond à zéro degré et qu'à cette température, la pression de vapeur saturante est faible. L'évaporation doit donc cesser lorsque le point de rosée atteint cette température et que la fonte de la neige prend le relais sur le processus d'évaporation.

Bien que l'on ait longtemps admis que l'effet de fœhn (fig. 4.1) pouvait provoquer des évaporations importantes, on sait aujourd'hui qu'il existe une valeur maximale limite de l'ordre de 5 mm / j.

5.2.4 Estimation de l'évaporation à partir des surfaces d'eau libre ou des sols nus

Il existe différentes méthodes, directes et indirectes, pour évaluer le taux d'évaporation à partir des surfaces d'eau libre. Les méthodes de mesures directes de l'évaporation, telles que les bacs d'évaporation ou l'emploi de lysimètres (cuves étanches enterrées surtout utilisées en agriculture pour déterminer les besoins en eau des plantes) sont abordées en détail dans le chapitre 8. Les méthodes indirectes font appel au bilan d'énergie (éq. (5.10)), au bilan d'eau (bilan hydrologique) ou au bilan de transfert de masse. Ces dernières sont pour la plupart établies d'après l'équation de Dalton présentée au début du chapitre (éq. (5.2)). A titre d'exemple citons les formules empiriques de Primault et de Rowher.

La formule de Primault (pour un réservoir), utilisée uniquement en Suisse, s'exprime comme suit :

$$E = \frac{103 - h_r}{100} \cdot (N + 2 \cdot n_j) \tag{5.17}$$

où E est l'évaporation physique d'un grand réservoir [mm], h_r l'humidité relative [%], N la durée d'insolation effective pendant la période de calcul [h] et n_j le nombre total de jours de la période considérée.

La formule de Rohwer s'écrit :

$$E = 0{,}484 \cdot (1 + 0{,}6 \cdot u) \cdot (e_s - e) \tag{5.18}$$

où E est le pouvoir évaporant de l'air [mm], u la vitesse du vent [m/s], e_s la pression de vapeur saturant [kPa] et e la pression de vapeur actuelle de l'air [kPa].

Il existe également des méthodes combinées (bilan d'énergie + bilan de transfert de masse) dont la plus rigoureuse, à condition d'introduire la valeur correcte de tous les paramètres, est la formule de Penman. Une des formulations de l'équation de Penman est la suivante :

$$E = \frac{\Delta + 2\gamma}{\Delta + \gamma} \cdot E_c - \left(\frac{\gamma^{(2-\lambda)} \cdot E_a}{\Delta + 2 \cdot \gamma} \right) \quad \text{avec } \gamma = \frac{C_p \cdot P}{\varepsilon \cdot \lambda} \cdot 10^{-3} = 0{,}00163 \cdot \frac{P}{\lambda} \tag{5.19}$$

où E est l'évaporation physique d'un grand réservoir [mm] ; γla constante psychrométrique [k Pa/C°] ; P la pression atmosphérique [k Pa] ; C_p la chaleur spécifique à pression constante = 1,013 10^{-3} Mj/kg/°C ; Δ la pente de la courbe de tension maximale de vapeur d'eau saturant l'air en fonction de la température ; λ la chaleur latente de vaporisation (= 2,45 Mj/kg à 20°C) ; ε le rapport poids moléculaire vapeur/air sec = 0,622 ; E_a le pouvoir évaporant de l'air approché par la formule de Rohwer [mm] ; E_c l' évaporation mesurée sur bac Colorado [mm].

Cette formule pseudo-empirique repose ainsi sur des relations entre l'évaporation à un endroit donné et les facteurs atmosphériques responsables de celle-ci. Les formulations et les valeurs (tables des valeurs) des différentes constantes météorologiques citées dans l'équation ci-dessus peuvent être consultées dans un ouvrage publié par la Food and Agriculture Organization des Nations Unies (FAO, 1998) ou sur le site Internet de la FAO.

5.3 ÉVAPOTRANSPIRATION D'UN SOL COUVERT PAR DE LA VÉGÉTATION

La notion d'évapotranspiration regroupe deux processus, à savoir l'évaporation directe de l'eau du sol et la transpiration par les plantes. Sur un sol présentant une couverture végétale, même partielle, les échanges par transpiration sont quantitativement plus importants que les échanges par évaporation directe. L'évapotranspiration peut s'exprimer en mm / j ou en m^3 / ha pour une période donnée.

On distingue en règle générale trois notions :

- On définit l'***évapotranspiration de référence*** (ET_0) comme l'ensemble des pertes en eau par évaporation et transpiration d'un couvert végétal de référence (en général le gazon) couvrant totalement le terrain, ayant une hauteur uniforme de quelques centimètres, abondamment pourvu en eau et à son stade de développement végétatif maximal.
- L'***évapotranspiration maximale*** *(ETM)* d'une culture donnée est définie à différents stades de développement végétatif, lorsque l'eau est en quantité suffisante et que les conditions agronomiques sont optimales (sol fertile, bon état sanitaire...).
- L'***évapotranspiration réelle*** *(ETR)* est la somme des quantités de vapeur d'eau évaporées par le sol et par les plantes quand le sol est à son humidité spécifique actuelle et les plantes à un stade de développement physiologique et sanitaire réel.

Pour la culture de référence, en l'occurrence le gazon, on a donc :

$$ETR \le ETM \le ET_0 \qquad (5.20)$$

En effet, l'*ETM* ne peut jamais atteindre l'ET_0 car la végétation offre toujours une certaine résistance au transfert de la vapeur d'eau, même si les stomates des plantes sont largement ouverts.

L'évapotranspiration de référence a longtemps été considérée et nommée comme une évapotranspiration dite potentielle. D'un point de vue théorique, cette évaporation « potentielle » était définie à partir d'une formulation mathématique et représentait une valeur limite maximale d'eau susceptible d'être évaporée sous un climat donné par un couvert végétal continu bien alimenté en eau. Le problème posé par cette terminologie et relevé par certains scientifiques, est que, bien souvent, les données mesurées puis introduites dans les relations analytiques permettant le calcul de cette évapotranspiration « potentielle » ne sont pas effectuées dans une situation météorologique qui elle aussi peut être qualifiée de « potentielle ». Ainsi, d'un point de vue physique, une évapotranspiration « potentielle », calculée à partir de mesures déterminées dans des conditions qui ne sont pas « potentielles », n'existe pas *in situ* (Lhomme, 1997). C'est pourquoi il est plus judicieux de recourir à la notion d'évapotranspiration de référence qui n'implique aucunement l'existence d'une situation météorologique particulière si ce n'est la condition que le végétal soit suffisamment irrigué.

5.3.1 Rappel sur le processus physique de transpiration des végétaux

La transpiration est le processus par lequel l'eau des végétaux est transférée dans l'atmosphère sous forme de vapeur. La plante prélève l'eau du sol par l'intermédiaire de ses racines munies de cellules épidermiques. Le développement du système radiculaire est lié à la quantité d'eau disponible dans le sol ; les racines peuvent atteindre des profondeurs très variables, d'une dizaine de centimètres à plusieurs mètres. L'absorption de l'eau est réalisée par osmose ou par imbibition. L'eau circule à l'intérieur des canaux du système vasculaire de la plante pour atteindre les feuilles où aura lieu l'évaporation. Les feuilles sont constituées d'une couche de cellules à parois fines (mésophylle) communiquant avec les extrémités des canaux du système vasculaire; elles sont recouvertes d'une couche de cellules plus ou moins imperméables comportant de nombreux pores, appelés stomates. Le siège de l'évaporation se situe essentiellement au niveau des parois internes des stomates. Une certaine évaporation peut aussi se produire directement au travers de la cuticule des feuilles.

Outre sa participation au cycle hydrologique comme source de vapeur d'eau dans l'atmosphère, la transpiration a de multiples autres fonctions au niveau de la plante. La transpiration permet le transport des éléments nutritifs à travers les différentes parties de la plante depuis le sol mais aussi la régulation thermique vitale de la plante. En effet, l'énergie de vaporisation de l'eau cellulaire est compensée par un refroidissement des tissus. Certains auteurs voient également une relation entre la transpiration et la photosynthèse. Le départ d'eau serait lié à l'entrée de CO_2 par l'intermédiaire des stomates des feuilles.

La quantité d'eau transpirée par la végétation va dépendre de facteurs météorologiques (les mêmes que pour le processus physique d'évaporation étudiés ci-après), de l'humidité du sol dans la zone racinaire, de l'âge et de l'espèce de la plante, ainsi que du développement de son feuillage et de la profondeur des racines. La quantité d'eau transpirée par la végétation va dépendre d'un certain nombre de facteurs physiques et physiologiques:

- Les facteurs météorologiques qui influencent la transpiration sont les mêmes que pour l'évaporation. La transpiration est d'abord fonction du pouvoir évaporant de l'atmosphère, donc de l'insolation, de la température, du taux d'humidité de l'air et de la vitesse du vent. Les agents météorologiques, chaleur, lumière (jour et nuit) et humidité de l'air, agissent sur la vie de la plante en conditionnant l'ouverture des stomates. Il a été démontré que le taux de transpiration des plantes suivait assez fidèlement le taux de radiation solaire mesuré au niveau du feuillage, à la condition qu'il y ait de l'eau disponible dans le sol.
- L'humidité du sol dans la zone racinaire, elle-même influencée par la nappe phréatique, et dans une moindre mesure par le régime des précipitations.
- L'âge et l'espèce de la plante, ainsi que le développement de son feuillage et de la profondeur des racines (pour les mêmes conditions atmosphériques et pour un même type de sol). En outre, la transpiration est particulièrement importante lors de la période de croissance des plantes, allant de la germination à la tombée des feuilles. Le taux de transpiration subit enfin l'influence d'autres paramètres tels que le comportement, le nombre et l'emplacement des stomates.

Ce sont finalement trois éléments distincts, à savoir l'atmosphère, le sol et le type de plante, qui déterminent l'intensité de la transpiration. Ces éléments sont liés par une relation énergétique qui fait généralement intervenir une différence entre la pression de vapeur à l'intérieur de la feuille et une pression de vapeur de l'air environnant ainsi qu'une résistance des stomates au transfert de la vapeur d'eau.

5.3.2 Facteurs intervenant dans le processus d'évapotranspiration

D'une manière générale, l'évapotranspiration est conditionnée, comme nous l'avons vu dans le cas de l'évaporation des surfaces d'eau libre et des sols nus, par les conditions climatiques ainsi que par celles liées au sol et à la végétation. Il existe cependant une différence notable avec les surfaces non couvertes par de la végétation. En effet, il existe deux résistances aux flux évaporatoires à partir d'un couvert végétal, d'une part une résistance aérodynamique et d'autre part une résistance de surface, toutes deux dues à la présence de cette végétation (fig. 5.9).

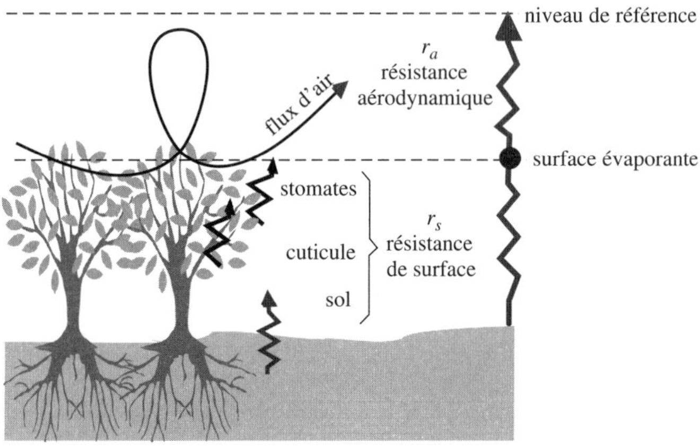

Fig. 5.9 Représentation simplifiée de la résistance aérodynamique et de la résistance de surface (d'après FAO, 1998).

Résistance aérodynamique

La présence de végétation entraîne une modification de la structure de la turbulence du vent. Cette modification, due à la rugosité de surface, nous conduit à l'introduction d'une résistance nommée résistance aérodynamique (r_a).

En reprenant ce que l'on a vu préalablement au sujet des profils logarithmiques de vent, on sait désormais que cette approche est valable uniquement sous certaines hypothèses :

- atmosphère stable (ou neutre),
- état permanent,
- flux constants,
- similarité des coefficients de transfert.

La première condition signifie que, relativement à une tranche d'air, la distribution des vitesses du vent suit un processus adiabatique, c'est-à-dire sans échange de quantité de chaleur. La seconde contrainte implique qu'il n'y a pas de modification du champ des vitesses durant la période d'observation (soit le pas de temps). Si ces hypothèses sont vérifiées, il est alors possible d'introduire l'expression du profil logarithmique dans l'équation décrivant le flux de chaleur sensible ainsi que la valeur de la vitesse de frottement, ce qui permet d'introduire la formulation suivante de la résistance aérodynamique, exprimée en [s / m] :

$$r_a = \frac{1}{\kappa^2 \cdot u} \cdot \left[\ln\left(\frac{z-d}{z_0} \right)^2 \right] \tag{5.21}$$

où κ est la constante de Von Karman, u la vitesse du vent [m/s] (déterminée à une hauteur z), z la hauteur de l'anémomètre [m] (= h +2 où h est la hauteur de la végétation en m), z_0 la hauteur de frottement [m] et d la translation du plan origine de la relation logarithmique entre la vitesse du vent et la hauteur, c'est-à-dire la hauteur du plan de flux nul [m].

Ainsi, en terme physique, la résistance aérodynamique peut être vue comme la résistance rencontrée par la vapeur d'eau à son transfert de la surface du végétal dans l'air ambiant. Ses valeurs sont généralement comprises entre 10 et 100 s/m.

Résistance de surface

Un second élément qui prend aussi la forme d'une résistance est la résistance dite de surface (r_s) ou résistance de la canopée. Elle représente la contrainte physiologique imposée par la végétation au mouvement de l'eau à travers ses stomates. Ce terme a été initialement introduit par Monteith dans l'équation de Penman afin de la rendre compatible avec la situation où la végétation n'est pas saturée. En fait, l'introduction d'une résistance de surface permet de pallier la difficulté de déterminer l'humidité spécifique à la surface du feuillage tout en remplaçant cette dernière par sa valeur à saturation.

La résistance de la couverture végétale offre une forte variabilité. Les plus faibles valeurs de résistance sous couvert forestier sont obtenues pour des périodes humides (valeurs comprises entre 20 et 60 s/m) tandis que durant des périodes sèches, ces mêmes grandeurs valent en moyenne 320 s/m. Elles peuvent atteindre 1100 s/m en milieu d'après-midi. En conditions sèches, la forêt présente de plus fortes valeurs de résistance de surface que l'herbe mais ce résultat est modifié lorsque le milieu devient humide, car la présence d'eau agit comme un court-circuit sur le système et tend à faire diminuer la valeur de la résistance de surface jusqu'à zéro, lorsque celle-ci est saturée.

L'importance de la résistance de la couverture végétale a été montrée dans l'étude des processus d'évaporation d'un couvert végétal humide. En effet, lorsque le couvert végétal est humide, les pertes par évaporation sont essentiellement contrôlées par la canopée et non plus par le rayonnement car la végétation agit comme un puits pour le transfert d'énergie par advection. L'évaporation de l'eau entraîne un gradient thermique entre l'air ambiant et le végétal, suffisant pour fournir un flux de chaleur. Ceci est aussi confirmé par les quantités non négligeables qui sont évaporées durant la nuit. Ces divers processus sont conditionnés par les valeurs de la résistance de la canopée.

5.3.3 Evaluation de l'évapotranspiration

L'évapotranspiration d'un sol couvert par de la végétation est difficile à estimer. Il existe une grande variété de méthodes pour mesurer l'évapotranspiration ; suivant les objectifs de l'étude, certaines méthodes sont plus appropriées que d'autres du fait de leur exactitude ou de leur coût, ou encore de leur meilleure adaptation à des échelles de temps et d'espace données. La prédétermination de l'évapotranspiration est souvent essentielle dans de nombreuses applications et doit être généralement estimée par l'intermédiaire de modèles.

Il est généralement plus pratique de considérer séparément les méthodes de « mesures » et les méthodes d'estimation (modélisation) de l'évapotranspiration. De plus, à l'intérieur de ces deux catégories, il est nécessaire de distinguer différentes approches.

Parmi les méthodes de «mesures[4]» de l'évapotranspiration, on distingue ainsi trois approches qui ont été développées dans le but de répondre à des objectifs spécifiques :

- *Approches hydrologiques* : bilan hydrologique sur une parcelle expérimentale ou sur un bassin versant ; bilan d'eau d'un lysimètre (mesures de drainage, de pluie et des profils de teneurs en eau du profil du sol d'un milieu naturel).
- *Approches micrométéorologiques* : méthode des corrélations «*eddy correlation*» (fournit une mesure directe en continu et d'une manière indépendante des flux de masse et d'énergie sur une échelle de temps saisonnière voire annuelle) ; système du rapport de Bowen ; méthode utilisant les propriétés optiques de l'air (scintillométrie) ; etc.
- *Approches selon la physiologie de la plante* : mesure du flux de sèves, mesure d'émission de gaz dans des chambres à pression.

Parmi les modèles d'estimation de l'évapotranspiration, on distingue aussi deux approches :

- *Approches empiriques* : méthodes basées sur le coefficient cultural et une estimation de l'évapotranspiration d'une culture de référence (formulations à caractère empirique ou semi empirique – à base physique), méthodes basées sur le bilan hydrique du sol.
- *Approches analytiques ou physiques* : modèles combinés basés sur le bilan énergétique et le transfert de masse tels que l'équation de Penman-Monteith.

Nous nous intéressons plus particulièrement dans cette section aux méthodes d'estimation, plus ou moins complexes, de l'évapotranspiration.

Estimation empirique de l'évapotranspiration

Pour faciliter la tâche et dans un souci d'homogénéisation des modèles, les chercheurs sont arrivés à déterminer les besoins en eau des cultures, équivalents à l'*ETM*, par la correction de l'évapotranspiration de référence (ET_0) d'une culture de référence, qui est normalement le gazon, grâce à un coefficient appelé *coefficient cultural* (k_c) en utilisant la formule suivante (fig. 5.10) :

$$ETM_{(culture)} = kc \cdot ET_{0\ (gazon)} \tag{5.22}$$

L'échelle de temps sur laquelle les besoins sont calculés peut être l'heure, la journée, la décade, le mois ou la phase de croissance, selon l'objectif poursuivi et la disponibilité de données. La valeur du coefficient k_c est largement affectée par la nature de la culture, sa hauteur, sa durée de cycle et son taux de croissance, mais aussi par la fréquence des pluies ou de l'irrigation au début du cycle de la culture. k_c est toujours établi expérimentalement au début, pour une région et une culture données, puis ensuite confiné dans des tables pour une utilisation ultérieure dans la même région ou

4 Conventionnellement, si une valeur d'un paramètre donné est quantifiée en utilisant un instrument unique, c'est une mesure directe ; quand cette valeur est le résultat d'une relation entre plusieurs paramètres, c'est une mesure indirecte.

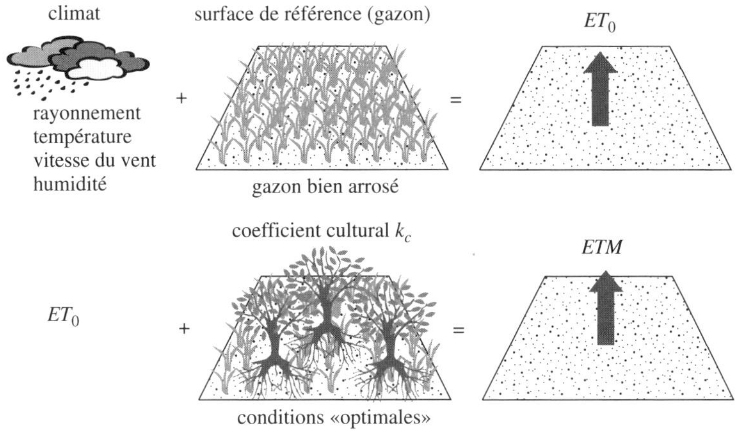

Fig. 5.10 Besoin en eau des cultures (ETM) et évapotranspiration de référence (ET0) (d'après FAO, 1998 et modifié).

dans une région similaire. Les valeurs du coefficient k_c sont théoriquement comprises entre 0 et 1, selon le stade de la culture.

Finalement, la précision de cette méthode va dépendre, d'une part, du choix de la culture de référence (gazon ou nappe d'eau libre dans un bac standardisé), et, d'autre part, de la méthode d'évaluation du coefficient k_c. Le choix de la méthode utilisée pour évaluer l'évapotranspiration de référence, ET_0, va évidement influencer la qualité des résultats.

La détermination de cette évapotranspiration de référence peut être faite comme pour l'évapotranspiration réelle par différentes approches (e.g. mesures – lysimètre – ou estimation).

De nombreux auteurs proposent des méthodes simples d'estimation de l'ET_0 basées sur des formulations statistiques-empiriques (une liste exhaustive de ces différentes méthodes peut être trouvée dans FAO (FAO, 1998)). D'un point de vue pratique, ces méthodes sont facilement utilisables mais la plupart de ces formules ont été établies et testées pour une zone particulière ou une culture donnée. Ainsi, leur extrapolation à d'autres conditions climatiques nécessite un contrôle et parfois des ajustements afin qu'elles soient adaptées aux conditions locales. Par exemple, la relation proposée par Blaney et Criddle en 1970, qui permet une estimation correcte de l'évapotranspiration pour des régions arides ou semi-arides a tendance à la surestimer pour des climats tempérés.

La formule de Turc (1961) est en revanche une relation qui peut être appliquée dans les régions tempérées pour estimer l'évapotranspiration de référence. Elle s'écrit dans son expression mensuelle ou décadaire :

$$ET_0 = 0{,}4 \cdot (R_G + 50) \cdot \frac{t}{t+15} \quad \text{(pas de temps mensuel) [mm]} \tag{5.23}$$

$$ET_0 = 0{,}13 \cdot (R_G + 50) \cdot \frac{t}{t+15} \quad \text{(pas de temps décadaire) [mm]} \tag{5.24}$$

La formule de Turc fait donc appel à des valeurs moyennes de grandeurs climatiques telles que la température t en °C et le rayonnement global R_G en cal / cm^2 / jour. Dans le cas où le rayonnement global est exprimé en W / m^2, les relations ci-dessus s'expriment en multipliant la valeur de R_G par 2,065. Cette formulation est très simple d'emploi mais ne permet pas de prendre en compte les effets du vent. De plus, elle n'est pas applicable à des échelles de temps réduites (pas de temps horaire ou journalier) qui sont justement celles qui intéressent l'ingénieur lors de projets d'irrigation.

Dans le cas où l'humidité relative est inférieure à 50 %, l'équation (5.23) doit être corrigée comme suit :

$$ET_0 = 0{,}4 \cdot (R_G + 50) \cdot \frac{t}{t+15} \cdot \left(1 + \frac{50 - H_r}{70}\right) si\ H_r \leq 50\,\% \quad [\text{mm}] \tag{5.25}$$

Il existe aussi des formulations empiriques permettant d'estimer l'évaporation physique d'un réservoir comme celles de Primault ou de Rohwer évoquées précédemment.

Enfin, rappelons encore la formule proposée par Thornthwaite en 1944 basée sur de longues séries d'observations sur des cases lysimétriques[5]. Cette formule fait appel au calcul d'un indice thermique mensuel défini comme suit :

$$i = \left(\frac{t}{5}\right)^{1{,}514} \tag{5.26}$$

De suite, on détermine cet indice pour chaque mois de l'année et l'on calcule sa somme I :

$$I = \sum_{j=1}^{12} i \tag{5.27}$$

Finalement, l'expression de l'évaporation de référence est donnée par :

$$ET_0 = 1{,}6 \cdot \left(10 \cdot \frac{t}{I}\right)^{\frac{1{,}6}{100} \cdot I + 0{,}5} \quad [\text{cm}] \tag{5.28}$$

Aujourd'hui, les méthodes conseillées et les plus utilisées pour estimer l'évapotranspiration de référence sont des méthodes analytiques – ou à base physique, basées sur le modèle de Penman-Monteith que nous développons dans le paragraphe suivant.

Modèle d'estimation de l'évapotranspiration – formulation à base physique

Penman (1948) fut le premier à proposer un modèle combinant la théorie aérodynamique et les bilans d'énergie pour le calcul de l'évapotranspiration. Ces types de modèles, dit combinés, ont une signification physique bien définie puisqu'ils prennent en compte à la fois les propriétés de la canopée et les conditions météorologiques. Nous retiendrons surtout la formule de Penman-Monteith (1981). Ce modèle qui dérive de l'équation de Penman originale forme l'approche la plus complète du

---

5 Un lysimètre est un dispositif permettant de déterminer en continu les échanges de surface, soit l'infiltration et l'évapotranspiration par le biais de pesées (Musy et Soutter, 1991).

processus d'évapotranspiration puisqu'il a l'avantage d'inclure la physiologie de la plante par l'intermédiaire de la résistance de surface.

La forme générale de l'équation de Penman pour l'estimation de l'évapotranspiration de référence ET_0 est :

$$ET_0 = \frac{R_n \cdot \quad + \dfrac{\rho \cdot c_p \cdot \delta e}{r_a}}{\lambda(\quad + \gamma)} \tag{5.29}$$

où ET_0 est l'évapotranspiration de référence [mm/s], R_n le rayonnement net [W/m^2], Δ la pente de la courbe de pression de vapeur à la température moyenne de l'air [kPa/C°], ρ la densité de l'air à pression constante [kg/m^3], c_p la capacité thermique de l'air humide [kJ/kg/C°], δe la différence entre la pression de vapeur saturante e_s [kPa] et la pression de vapeur effective dans l'air e_a [kPa] ($\delta e = e_s - e_a$), r_a la résistance aérodynamique [s/m] (descripteur météorologique traduisant le rôle des turbulences atmosphériques dans le processus d'évaporation), λ la chaleur latente de vaporisation de l'eau [MJ/kg] et γ la constante psychrométrique [kPa/C°].

Pour l'exécution pratique des calculs, certaines des variables climatiques définies ci-dessus sont considérées comme constantes et certaines sont à calculer sur la base des données météorologiques disponibles (en règle générale : la température, la vitesse du vent, la pression, le rayonnement global, l'humidité et l'albédo). Les valeurs des différentes constantes météorologiques citées ci-dessus peuvent être consultées dans des tables (FAO, 1998).

Une fois ces valeurs précisées, on peut déterminer la résistance aérodynamique r_a par le biais de l'équation (5.21), la pression de vapeur saturante e_s (éq. (5.3)), la pression de vapeur effective dans l'air e_a (en kPa et avec la température en degrés Celsius), etc. On détermine ensuite :

$$e = e_s \cdot \frac{h_r}{100} \quad \text{[kPa]} \tag{5.30}$$

où e est la pression de vapeur effective [kPa], h_r l'humidité relative de l'air [%].

On obtient donc :

$$\delta e = e_s - e \quad \text{[kPa]} \tag{5.31}$$

et finalement :

$$\Delta = \frac{4098 \cdot e_s}{(T + 237{,}3)^2} \quad [\text{kPa}/°\text{C}^2] \tag{5.32}$$

L'introduction de la notion de résistance de surface (r_s) dans l'équation de Penman conduit à la formulation de l'***équation de Penman-Monteith** :*

$$ET_0 = \frac{R_n \cdot \quad + \dfrac{\rho \cdot c_p \cdot \delta e}{r_a}}{\lambda\left[\quad + \gamma\left(1 + \dfrac{r_c}{r_a}\right)\right]} \tag{5.33}$$

Le succès de cette méthode dépendra de la précision obtenue pour l'estimation du terme exprimant la résistance de la canopée (ou résistance de surface, r_s). Ce terme est souvent modélisé à partir d'une relation liant la résistance stomatique (fonction des caractéristiques morphologiques et anatomiques des stomates, du rayonnement et du potentiel hydrique) et l'indice foliaire (LAI, Leaf Aera Index).

Finalement, on retiendra ici qu'il est possible d'estimer l'évaporation ainsi que l'évapotranspiration de référence par le biais de formulations plus ou moins complexes qui requièrent toutes la connaissance d'un certain nombre de paramètres climatiques et végétatifs. Ce sont en fin de compte la disponibilité en données météorologiques qui conditionnera le choix d'une formulation au détriment d'une autre ainsi que ses possibilités d'application pour la région d'étude concernée. L'ouvrage publié par la Food and Agriculture Organization des Nations Unies (FAO, 1998) recense de manière exhaustive les méthodes de calcul de l'évapotranspiration d'un couvert végétatif[6]. On y trouve notamment diverses méthodes et approches permettant d'approcher au mieux certains paramètres climatiques faisant parfois défaut tels que l'humidité relative (déterminée à partie des valeurs de température), pression atmosphérique (à partir de l'altitude) ou encore le rayonnement global à partir des coordonnées géographiques du lieu de l'étude et de données solaires tabulées.

Afin de comparer la précision des différentes relations présentées ci-dessus, la figure 5.11 illustre les quantités mensuelles évapotranspirées déterminées d'une part par la relation de Penman-Monteith (éq. (5.33)) ainsi que pour les formules de Turc (éq. (5.23)) et Thornthwaite (éq. (5.26)) d'autre part. La culture qui a été retenue est une prairie dont la hauteur est de 20 cm, l'albédo 0,25 et dont la résistance de surface r_c a été fixée à 200 s/m. Les données météorologiques sont des données de pression, de vitesse du vent, de température et d'humidité relative (déterminées à pas de temps horaire par une station automatique).

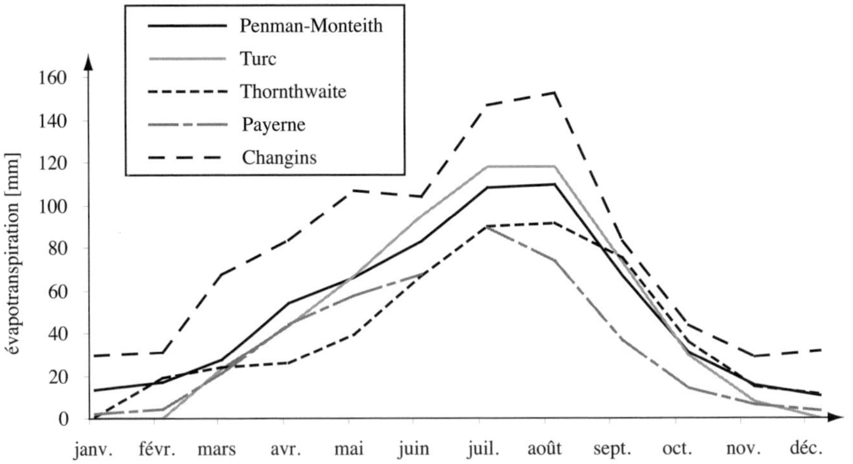

Fig. 5.11 Exemple d'évapotranspiration mensuelle déterminée pour une culture selon différentes méthodes et valeurs mesurées en deux stations.

6 Cet ouvrage est aussi accessible en ligne via Internet à la page suivante : http ://www.fao.org/docrep/X0490E/X0490E00.htm

A titre d'indication, la figure 5.11 montre encore les valeurs de l'évapotranspiration mesurées *in situ* en deux endroits : d'une part à la station agronomique de Changins où il s'agit de mesures dans des conditions proches des conditions optimales (culture de référence) et, d'autre part à Payerne, où il s'agit de mesures d'évaporation dans des conditions standards. Les résultats sont présentés pour l'année 1991.

5.3.4 Synthèse sur l'évaporation et l'évapotranspiration

L'évapotranspiration est un processus complexe composé d'une évaporation physique (surface d'eau libre, neige, glace, eau du sol nu) et d'une évaporation physiologique (transpiration). Au vu de la difficulté de distinguer ces deux types de processus dans la situation d'un sol couvert par de la végétation et du fait qu'ils se produisent simultanément, ils sont généralement regroupés sous le terme générique d'évapotranspiration.

Toutefois, pour que les processus d'évaporation ou d'évapotranspiration puissent se produire, il faut d'une part que le système ait la capacité d'évaporer de l'eau (facteur limitant) et, d'autre part, que l'air ambiant exerce une demande évaporative (l'air ne doit pas être saturé). L'évaporation dépend donc des conditions météorologiques mais aussi de la disponibilité en eau. A ces deux types de facteurs s'ajoutent encore dans le cas de l'évapotranspiration les propriétés physiques et physiologiques de la couverture végétale. Pour terminer, mentionnons que les premiers travaux basés sur une description de l'évaporation à partir des processus d'échanges énergétiques sont dus à Penman, qui a mis au point ces relations alors qu'il était mandaté par l'armée pour déterminer les conditions de mouvements des chars sur des sols humides. Par la suite, Monteith introduit les notions de résistance du végétal ainsi qu'aérodynamique, le conduisant à la formulation de l'équation de Penman-Monteith. Bien que cette relation soit véritablement à base physique, elle est parfois mise en défaut par le fait de la méconnaissance des paramètres qui la composent et elle souligne les problèmes posés par la complexité du système sol-plante-atmosphère. Il apparaît souvent délicat de représenter des interactions à large échelle – le bassin versant pour l'hydrologue par exemple – à partir de relations établies à des échelles plus fines, ce qui conduit notamment Morton (1995) à postuler que l'équation de Penman-Monteith n'a pas véritablement d'avenir pour évaluer l'évaporation d'un bassin versant !

5.4 INTERCEPTION

5.4.1 Facteurs météorologiques et végétatifs intervenant dans le processus d'interception

Les pertes importantes, qui résultent du phénomène d'interception par le couvert végétal mais aussi par les surfaces plus ou moins perméables comme les constructions ou les routes (à ne pas négliger en hydrologie urbaine), vont dépendre de facteurs météorologiques et de la nature de la couverture du sol.

Facteurs météorologiques

Le processus d'interception en hydrologie étant lié aux pertes par évaporation, on retrouve les mêmes facteurs météorologiques intervenant dans ce processus que ceux que l'on a évoqués au sujet de l'évaporation. La structure de l'épisode pluvieux va toutefois jouer un rôle essentiel sur le processus d'interception. En effet, on admet aujourd'hui que même durant la pluie, une fraction de l'eau interceptée peut s'évaporer. Ainsi, la durée de la précipitation va influencer directement les volumes interceptés : si une averse est fractionnée, une plus grande partie de l'eau interceptée mécaniquement par le feuillage peut s'évaporer par rapport à la situation d'une précipitation constante. En d'autres termes, pour un même volume et une même durée de précipitation directe, l'interception est moins importante pour une averse continue que pour une averse fractionnée (en plusieurs averses). La figure 5.12 illustre l'importance de la structure des précipitations sur l'évolution de la hauteur d'eau stockée par le feuillage.

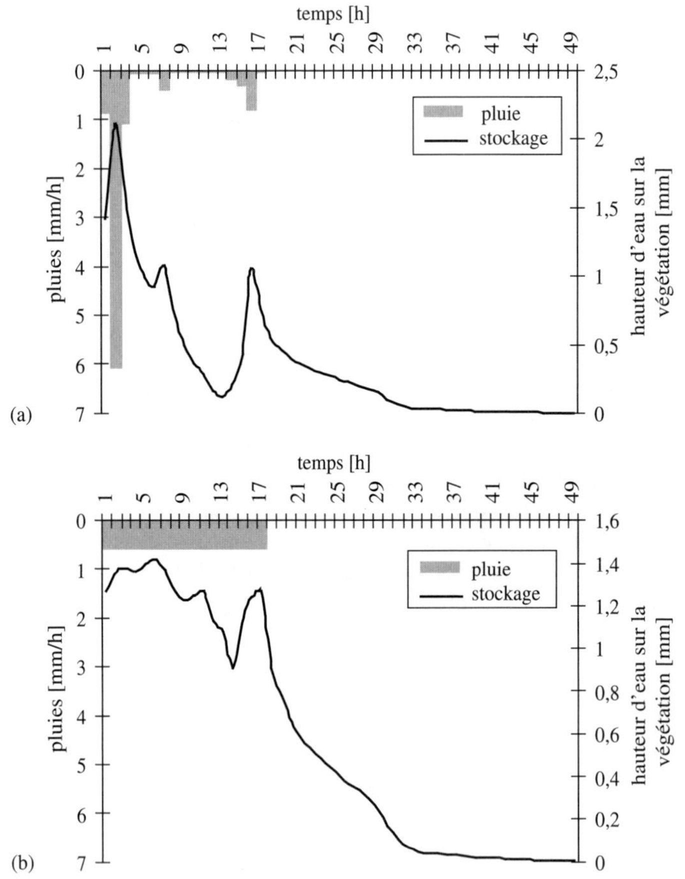

Fig. 5.12 Evolution du stockage sur la canopée pour deux structures de précipitations différentes : (a) cas d'une précipitation observée (non uniforme) ; (b) cas d'une précipitation uniforme de même durée et de même volume total que la précipitation observée.

Facteurs végétatifs

Les facteurs essentiels qui conditionnent les quantités d'eau pouvant être interceptées par un couvert végétal sont les suivants :

- *Morphologie des végétaux* et *capacité de stockage* (structure intrinsèque de la végétation). On caractérise en général le fait qu'un végétal puisse intercepter de l'eau par sa capacité de stockage S ainsi que par sa vitesse de drainage k. La capacité de stockage varie en fonction du type de végétal et selon sa morphologie par le biais de l'agencement des feuilles le long des branches. Ainsi, un peuplement de feuillus intercepte en règle générale moins d'eau qu'un peuplement de résineux. De plus, il est à noter que la végétation basse telle que des fougères ont des capacités de stockages qui sont loin d'être négligeables puisque celles-ci peuvent être du même ordre de grandeur que celle des feuillus.
- *Densité des peuplements* (densité de couverture sur une surface donnée). On définit généralement plusieurs indicateurs de densité des peuplements. Le premier indice utilisé se nomme indice de surface foliaire totale du couvert végétal et se note $PLAI$ [-]. Il représente la proportion en plan de la surface du sol cachée par de la végétation. Un second indice $CLAI$ [-] est assimilé au rapport entre la surface totale des feuilles du couvert végétal et la surface couverte par la végétation.
- *Age des peuplements*. Il joue un rôle semblable à celui de la densité de couverture en ce sens que la capacité de stockage augmente rapidement avec l'âge mais finit par atteindre un seuil.

Le calcul de la pluie nette se fait en établissant le bilan entre la fraction de pluie tombant sur la canopée, la fraction qui s'en évapore et celle qui est drainée vers le sol. Afin d'effectuer ce bilan, on définit encore les grandeurs suivantes : AL [m^2] la surface totale des feuilles et AG [m^2] la surface totale occupée par un type donné de végétation. A l'aide de ces deux grandeurs, on peut proposer une expression de l'indice $CLAI$ [-] défini auparavant comme suit :

$$CLAI = \frac{AL}{PLAI \cdot AG} \tag{5.34}$$

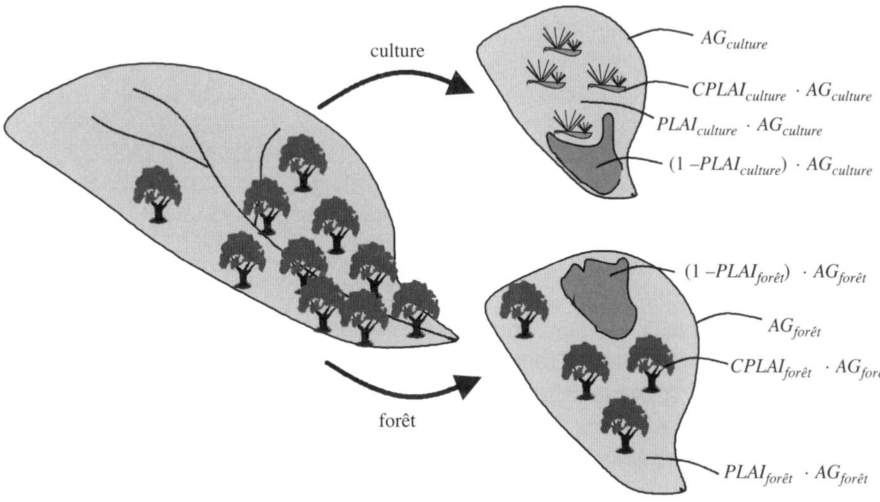

Fig. 5.13 Illustration des différentes notions relatives aux indices de couverture de la végétation.

A partir de cette dernière équation et des définitions de *CLAI* et *PLAI*, on définit encore un indice *CPLAI* qui représente la proportion de la surface toujours couverte par de la végétation. On a donc :

$$\begin{cases} CPLAI = CLAI \cdot PLAI = \dfrac{AL}{AG} \ si \ CLAI < 1 \\ CPLAI = PLAI \ si \ CLAI \geq 1 \end{cases} \tag{5.35}$$

Graphiquement, on peut encore représenter ces différentes notions comme suit pour deux types de couverture végétale (fig. 5.13).

5.4.2 Interception et bilan hydrique

Le rôle de l'interception sur le bilan hydrique est désormais connu. Cependant, des positions contradictoires sur son rôle ont coexisté durant plusieurs années, les uns attribuaient à l'interception un rôle positif, les autres un rôle neutre ou encore négatif. Dans l'hypothèse d'un effet neutre, l'interception était perçue comme une alternative à la transpiration. Pour les partisans de l'hypothèse négative, l'interception était un facteur de réduction de la quantité d'eau disponible pour les processus de transpiration, d'évaporation et de l'écoulement en rivière. Enfin, le rôle positif de l'interception sur le bilan hydrique a été mis en évidence à partir des années 1960. En effet, les recherches menées sur les forêts montrent que l'eau interceptée s'évapore plus rapidement que l'eau transpirée et que la majeure partie de cette eau représente une perte additionnelle au bilan hydrologique. Certaines études ont ainsi permis de souligner une diminution de rendement en eau lors d'un changement de couverture forestière (passage d'un couvert de bois dur à des pins) ainsi qu'une augmentation du même rendement en cas d'afforestation. En fait, une combinaison d'arguments théoriques et d'observations montrent que l'eau interceptée s'évapore plus rapidement que l'eau transpirée du même végétal et dans des conditions météorologiques similaires. Dans certains cas, la quantité d'eau disponible pour la transpiration est un facteur plus limitant que la quantité de chaleur. Ceci est le cas durant les périodes hivernales de nos régions, lorsque la température est minime.

En fait, l'explication d'un taux élevé d'évaporation des surfaces humides réside dans les résistances de la végétation au transfert de flux de vapeur d'eau. En conditions sèches, la forêt présente normalement une résistance de surface plus élevée que l'herbe mais cette situation est littéralement court-circuitée lorsque le milieu devient humide. Finalement, on retiendra que la résistance au mouvement d'un flux de vapeur d'eau est d'autant plus faible que le milieu est humide.

5.4.3 Expression analytique de l'interception

Bien qu'il existe plusieurs représentations analytiques du processus d'interception, une des plus classiques est sans conteste celle proposée par Rutter (1971 ; 1977 ; 1975) qui formule l'interception de la manière suivante[7] :

$$\frac{\partial C}{\partial t} = Q - k \cdot \exp\big(b \cdot (C - S)\big) \tag{5.36}$$

[7] Cette représentation sera discutée plus en détail dans le prochain volume de ce cours d'hydrologie.

où C est la hauteur d'eau sur la canopée [mm], S la capacité de stockage de la canopée [mm], k [mm/s] et b [1/mm] des paramètres de drainage et Q le taux de précipitation duquel on soustrait l'évaporation [mm/h].

La valeur de Q s'évalue dans deux situations distinctes, à savoir lorsque $C \geq S$ ou $C < S$. Dans le premier cas, c'est-à-dire lorsque toute la canopée est humide, Q s'écrit :

$$Q = PLAI \cdot CLAI \cdot (P - ET_0) \tag{5.37}$$

$PLAI$ et $CLAI$ sont les indices de couverture végétale tels que nous les avons définis précédemment, P est la pluie brute [mm/h] et ET_0 est l'évapotranspiration de référence déterminée généralement par la relation de Penman [mm/h] (éq. (5.29)).

Dans le second cas ($C < S$), on a :

$$Q = PLAI \cdot CLAI \cdot \left(P - ET_0 \cdot \frac{C}{S} \right) \tag{5.38}$$

On rappellera encore que si $CLAI \geq 1$, $PLAI \cdot CLAI = PLAI$ (éq. (5.34)). Ainsi, l'équation (5.38) peut encore s'écrire :

$$Q = CPLAI \cdot \left(P - ET_0 \cdot \frac{C}{S} \right) \tag{5.39}$$

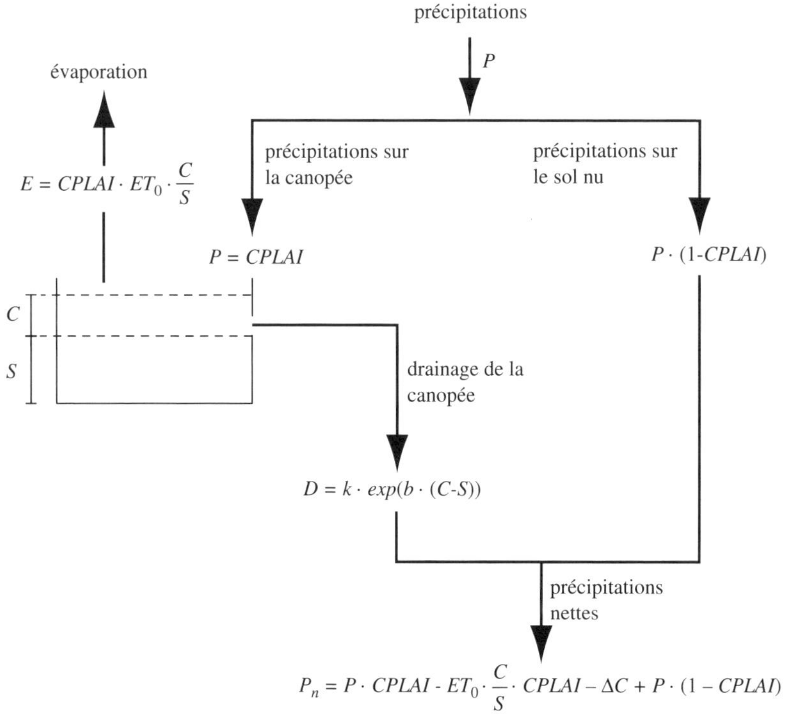

Fig. 5.14 Représentation schématique du modèle d'interception des précipitations de Rutter.

La représentation proposée par Rutter, illustrée dans la figure 5.14, permet ainsi de décomposer les précipitations incidentes selon la fraction qui est interceptée et celle qui tombe directement sur le sol nu. La fraction interceptée peut ensuite s'évaporer ou être drainée le long des branches et du tronc, augmentant ainsi la quantité de précipitations dite nette.

5.4.4 Limitation de la description du processus de l'interception

Les limitations essentielles de cette description de l'interception résident essentiellement dans le fait qu'il n'est généralement pas possible de déterminer directement les valeurs des grandeurs S, k, LAI et $CLAI$. Elles sont obtenues par mesures indirectes de la pluie brute, de la pluie nette sous la canopée ainsi que de l'évapotranspiration. Le second problème est celui de la variabilité temporelle des paramètres décrivant la végétation. En effet, le stade végétatif entraîne une variation des paramètres tout au long de l'année, variation que l'on n'introduit que très difficilement faute de mesures. Enfin, on notera en général que l'interception est déterminée pour un seul type de végétation (lorsque l'on recourt à des modèles). Il n'est donc pas possible de tenir compte des processus d'interception dans le cas où un second type de végétation se situe sous le premier. Ainsi, par exemple, il est impossible de prendre en compte l'interception de la prairie sous la couverture forestière.

5.4.5 Ordre de grandeur du processus

Il est délicat de faire des comparaisons pertinentes entre les valeurs proposées dans la littérature pour différents types de végétation, étant donné d'une part la complexité des processus d'interception, et d'autre part les relations entre les facteurs liés à la végétation elle-même et ceux liés aux conditions météorologiques.

Le tableau 5.3 donne toutefois quelques chiffres sur l'ordre de grandeur de l'interception pour différentes composantes du milieu et en relation avec le type de climat. Reprécisons les quelques définitions utilisées dans ce tableau :

- L'*interception nette* est la quantité de précipitations brutes perdue par évaporation après interception par le feuillage.
- L'*écoulement supercortical* est la quantité de précipitations brutes interceptées, ruisselant le long de l'écorce des branches et du tronc avant d'atteindre le sol.
- La *précipitation au sol* ou *précipitation brute* est la quantité d'eau de pluie qui atteint effectivement la surface du sol. Elle est égale à la précipitation totale moins la précipitation interceptée ou encore à la somme des quantités d'eau tombées directement au sol et celles provenant de l'écoulement supercortical.

Le pourcentage d'interception varie en fonction des conditions climatiques, il diminue avec l'intensité des précipitations. A l'échelle d'une averse, l'interception est meilleure s'il s'agit d'une pluie fine et faible plutôt qu'une pluie de type orageux. Ce sont pour des petites pluies (< 15 mm) et des précipitations de faible intensité que les pertes d'interception du feuillage sont les plus élevées (50 % environ des pluies). Pour des pluies abondantes (> 15 mm), les pertes d'interception diminuent à 10-20 % par rapport aux précipitations. La précipitation au sol nette est plus basse dans les régions de pluies de faible intensité (e.g. dans la plupart des climats tempérés) que

Tableau 5.3 Redistributions des précipitations brutes en différents composants, pour les arbres individuels, ou pour la végétation prise dans son ensemble, en relation avec le type de climat (climat tempéré et tropical), l'intensité des précipitations et les espèces ligneuses (d'après http://www.gew.nl/kiosk/LIGNEUX/LIGN2.HTM).

Végétation, pays et source	Evénement pluvieux + spécifications	Pertes d'interception	Précipitations au sol	Ecoulement supercortical	Précipitations au sol nettes
		Climat tempéré			
jeunes épicéas,	2,5mm	64 %			
Angleterre	17,8 mm	21 %			
bois durs, Est des	2,5 mm	40 %	60 %	0 %	60 %
USA	20 mm	10 %	86 %	4 %	90 %
	à base annuelle	13 %			87 %
peuplements	à base annuelle :				
forestiers	– hêtre	22 %	65 %	13 %	78 %
en Allemagne	– chêne	21 %	74 %	6 %	79 %
	– érable	23 %	72 %	6 %	78 %
	– épicéa	59 %	40 %	1 %	41 %
		Climat tropical à pluviosité élevée			
Forêts tropicales	2,5mm	48 %			52 %
au Surinam	20 mm	21 %			79 %
Forêts tropicales	2mm	60 %			40 %
humides	20 mm	12 %			88 %
en Tanzanie					
Forêts tropicales	à base annuelle	12-14 %	86 %	0,5-2,0 %	86-88 %
humides					
		Régions semi-arides			
Juniperus	à base annuelle :				
occidentalis	– bord du couvert	19 %			81 %
en Californie	– sous couvert	51 %			49 %
300 mm/an	– près du tronc	69 %			31 %
	– total couvert	42 %	58 %	0,1 %	58 %
Acacia holosericea	10 mm	12 %	84 %	4 %	88 %
en Australie 1200	300 mm	6 %	67 %	27 %	94 %
mm/an	à base annuelle	11 %	73 %	16 %	89 %
Acacia aneura,	1 mm	70 %	30 %	0 %	30 %
à Alice Springs	> 12 mm	5 %	55 %	40 %	95 %
275 mm/an					
Acacia aneura	2 mm	~ 35 %	~60 %	<5 %	~65 %
à Charlesville	10 mm	10 %	68 %	22 %	90 %
500 mm/an	à base annuelle	13 %	69 %	18 %	87 %
Eucalyptus melano-	5 mm	30 %	70 %	0 %	70 %
phloia en Australie	15 mm	~ 13 %	87 %	0,6 %	~87 %
700 mm/an	à base annuelle	~ 12 %	88 %	0,6 %	~ 87 %
Faidherbia albida	< 15 mm				95 %
au Sénégal	>15 mm				120 %
300 mm/an	à base annuelle				110 %

dans les régions de fortes précipitations (e.g. dans la plupart des régions semi-arides). Les pertes par interception peuvent être moindres lorsque les feuillages sont secoués par des vents violents. Ainsi, les quantités d'eau écoulée le long du tronc et la précipitation au sol augmentent avec l'intensité des précipitations et la vitesse du vent ; la capacité de stockage du feuillage n'est pas constante.

5.5 CONCLUSION

En recourant à des notions de physique, de biologie et de météorologie, ce chapitre consacré aux processus d'interception et d'évapotranspiration rappelle le caractère transdisciplinaire de l'hydrologie ainsi que la frontière ténue entre une science dite « appliquée » et une discipline « naturelle ».

Ce chapitre a montré, dans la mesure du possible, la complexité de ces deux processus, leurs interrelations ainsi que les mécanismes essentiels qui les sous-tendent. On retiendra donc, d'une part, la diversité des facteurs intervenant dans ces processus et, d'autre part, la variété des équations les quantifiant. Enfin, on gardera en mémoire que si l'on a beaucoup étudié les méthodes d'analyse et de mesure des précipitations et des écoulements, la composante interception et évaporation peut représenter jusqu'aux trois quarts des précipitations incidentes, selon les conditions hydro-climatiques rencontrées.

CHAPITRE 6

ÉCOULEMENTS ET INFILTRATION

Conséquence logique du chapitre précédent, les notions d'infiltration et d'écoulement sont maintenant abordées. Sans entrer dans la description détaillée de processus physiques et mécaniques qui font d'une part l'objet d'un chapitre détaillé mais surtout sortent du cadre que nous nous sommes fixés, ce chapitre présente néanmoins les notions essentielles d'infiltration pour la bonne compréhension du cycle de l'eau. Dans une seconde partie, on aborde succinctement tous les principaux éléments liés à la notion d'écoulement ou de ruissellement, en terminant par une bref survol de la question du transport solide, qui est une préoccupation majeure de la gestion actuelle des fleuves au vu des pertes en terres arables de certaines régions du monde sous l'effet de processus érosifs.

6.1 INTRODUCTION

Les écoulements représentent une partie essentielle du cycle hydrologique. L'eau précipitée sur un bassin versant se répartit en eau interceptée, évaporée, infiltrée et écoulée. Ce chapitre est consacré à ce dernier élément ainsi qu'à son processus connexe qui est l'infiltration. La quantité d'eau collectée puis transportée par la rivière résulte des précipitations directes à la surface du cours d'eau et des écoulements de surface, de subsurface et souterrains. On distingue ainsi, d'une part, la partie infiltrée et qui finalement transite lentement dans les nappes vers les exutoires formant l'écoulement souterrain et, d'autre part, la partie de l'eau qui gagne rapidement les exutoires pour constituer les crues et qui forme ce que l'on nomme parfois l'***écoulement rapide***, à savoir les écoulements de surface et de subsurface :

- Le ***ruissellement*** ou *écoulement*[1] *de surface* est constitué par la frange d'eau qui, après une averse, s'écoule plus ou moins librement à la surface des sols. L'importance de l'écoulement superficiel dépend de l'intensité des précipitations et de leur capacité à saturer rapidement les premiers centimètres du milieu poreux du sol, avant que l'infiltration, phénomène plus lent, soit prépondérante.

---

[1] La notion de « ruissellement » traduit assez mal les processus physiques de génération de l'écoulement. Elle est donc *de facto* de plus en plus souvent abandonnée au profit de la notion «d'écoulement».

- L'***écoulement de subsurface*** ou ***écoulement hypodermique*** se distingue du précédent car il apparaît en temps différé dans une crue à l'exutoire du bassin. Il s'agit d'une contribution des horizons de surface partiellement ou totalement saturés en eau ou d'écoulement de nappes perchées temporairement au-dessus des horizons argileux d'accumulation des sols par exemple. Ces éléments de subsurface ont une capacité de vidange plus lente que le ruissellement superficiel, mais plus rapide que l'écoulement différé des nappes profondes.

Les écoulements représentent une partie essentielle du cycle hydrologique[2]. On a déjà vu que l'eau précipitée sur un bassin versant va se répartir en eau interceptée, évaporée, infiltrée et écoulée. La quantité d'eau collectée puis transportée par la rivière résultera des précipitations directes à la surface même du cours d'eau et des *écoulements de surface* et *souterrain* parvenant à son exutoire. La proportion entre ces deux types d'écoulements est définie par la quantité d'eau infiltrée dans le sol. Les différents processus d'*infiltration* et d'écoulements participant à la génération de crue sont représentés de manière schématique dans la figure 6.1. L'analyse des *écoulements* et la compréhension des *processus générateurs* font l'objet des chapitres 11 et 12 et, par conséquent, seront traités succinctement dans ce chapitre.

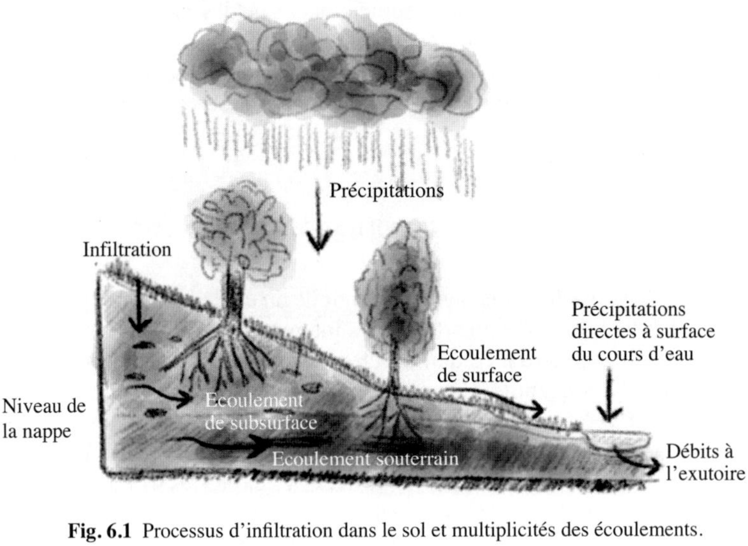

Fig. 6.1 Processus d'infiltration dans le sol et multiplicités des écoulements.

6.2 INFILTRATION

L'estimation de l'importance du processus d'infiltration permet de déterminer quelle fraction de la pluie va participer à l'écoulement de surface, et quelle fraction va alimenter les écoulements souterrains et donc aussi participer à la recharge des nappes souterraines.

---

2 Pour des ordres de grandeur du rôle de l'écoulement sur le cycle hydrologique, on se reportera au chapitre 2 consacré au cycle de l'eau.

6.2.1 Définitions et paramètres descriptifs de l'infiltration

D'une manière générale, on définit successivement :

- L'***infiltration*** qualifie le transfert de l'eau à travers les couches superficielles du sol, lorsque celui-ci reçoit une averse ou s'il est exposé à une submersion. L'eau d'infiltration remplit en premier lieu les interstices du sol en surface et pénètre par la suite dans le sol sous l'action de la gravité et des forces de succion. L'infiltration influence de nombreux aspects de l'hydrologie et de l'hydrogéologie.
- Le ***régime d'infiltration*** $i(t)$, nommé aussi *taux d'infiltration,* qui désigne le flux d'eau pénétrant dans le sol en surface. Il est généralement exprimé en mm/h. Le régime d'infiltration dépend avant tout du régime d'alimentation (irrigation, pluie naturelle) mais également des propriétés du sol.
- L'***infiltration cumulative***, notée $I(t)$, est le volume total d'eau infiltrée pendant une période donnée. Elle est égale à l'intégrale dans le temps du régime d'infiltration (fig. 6.2) :

$$I(t) = \int_{t=t_0}^{t} i(t) \cdot \mathrm{d}t \tag{6.1}$$

où $I(t)$ est l'infiltration cumulative au temps t [mm] et $i(t)$ le régime ou taux d'infiltration au temps t [mm/h].

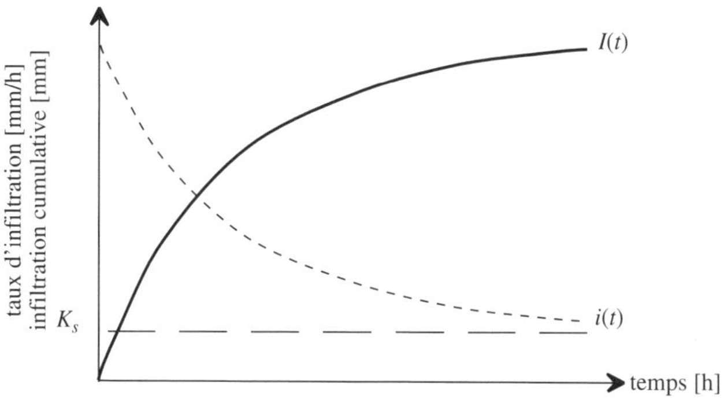

Fig. 6.2 Evolution générale du régime d'infiltration et de l'infiltration cumulative au cours du temps (K_s = conductivité hydraulique à saturation).

- La ***conductivité hydraulique à saturation*** K_s est un paramètre essentiel de l'infiltration. Il représente la valeur limite du taux d'infiltration si le sol est saturé et homogène. Ce paramètre entre dans de nombreuses équations pour le calcul de l'infiltration.
- La ***capacité d'infiltration*** ou *capacité d'absorption* représente le flux d'eau maximal que le sol est capable d'absorber à travers sa surface, lorsqu'il reçoit une pluie efficace ou s'il est recouvert d'eau. Elle dépend, par le biais de la conductivité hydraulique, de la texture et de la structure du sol, mais également des conditions aux limites, c'est-à-dire, la teneur en eau initiale du profil et la teneur en eau imposée en surface.

- La ***percolation*** désigne l'écoulement plutôt vertical de l'eau dans le sol (milieu poreux non saturé) en direction de la nappe phréatique, sous l'influence prépondérante de la gravité. Ce processus suit l'infiltration et conditionne directement l'alimentation en eau des nappes souterraines.
- La ***pluie nette*** représente la quantité de pluie qui ruisselle strictement sur la surface du terrain lors d'une averse. La pluie nette est déduite de la pluie totale, diminuée des fractions interceptées par la végétation et stockée dans les dépressions du terrain et de la fraction infiltrée. La séparation entre la pluie infiltrée et la pluie écoulée en surface s'appelle *fonction de production*. Ce concept est développé dans le chapitre 11 sur la réponse hydrologique.

6.2.2 Facteurs influençant l'infiltration

L'infiltration est conditionnée par les principaux facteurs ci-dessous :

- *Le type de sol (structure, texture, porosité).* Les caractéristiques de la matrice du sol influencent les forces de capillarité et d'adsorption dont résultent les forces de succion, qui elles-mêmes, régissent en partie l'infiltration.
- *La compaction de la surface du sol.* A cause de l'impact des gouttes de pluie (battance) ou à cause d'autres effets (thermiques et anthropiques). L'utilisation de lourdes machines agricoles dans les champs peut par exemple avoir pour conséquences la dégradation de la structure de la couche de surface du sol et la formation d'une croûte dense et imperméable à une certaine profondeur (sensible au labour). La figure 6.3 montre à titre d'exemple les différentes évolutions du régime d'infiltration au cours du temps selon le type de sol.

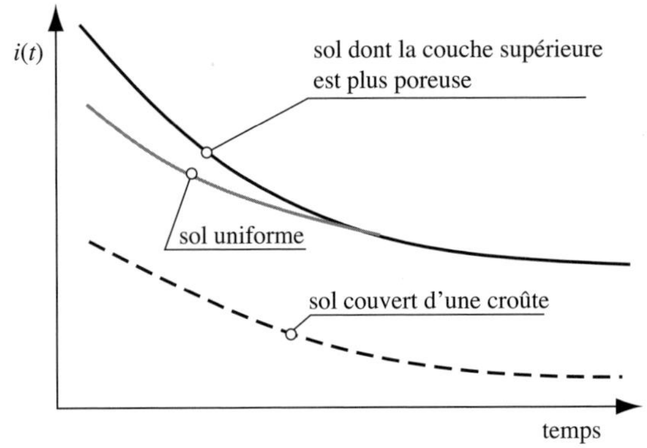

Fig. 6.3 Régime d'infiltration en fonction du temps pour différents types de sol (d'après Musy et Soutter, 1991).

- *La couverture du sol.* La végétation influence positivement l'infiltration en ralentissant l'écoulement de l'eau à la surface, lui donnant ainsi plus de temps pour pénétrer dans le sol. De plus, le système radiculaire améliore la perméabilité du sol. Enfin, le feuillage protège le sol de l'impact de la pluie et diminue par voie de conséquence le phénomène de battance.

- *La topographie et la morphologie*. La pente par exemple agit à l'opposé de la végétation. En effet, une forte pente favorise les écoulements au dépend de l'infiltration.
- *Le débit d'alimentation*. Il s'agit de l'intensité de la précipitation, ou du débit d'irrigation.
- *La teneur en eau initiale du sol*. L'humidité du sol est un facteur essentiel du régime d'infiltration, car les forces de succion sont aussi fonction du taux d'humidité du sol. Le régime d'infiltration au cours du temps évolue différemment selon que le sol est initialement sec ou humide. L'humidité d'un sol est généralement appréhendée en étudiant les précipitations tombées au cours d'une certaine période précédant un événement pluvieux. Les Indices de Précipitations Antécédentes (IPA) sont souvent utilisés pour caractériser les conditions d'humidité antécédentes à une pluie (chap. 2).

Finalement, les facteurs les plus influents, pour une même topographie, sont le type de sol, sa couverture et son taux initial d'humidité.

6.2.3 Variation du taux d'infiltration au cours d'une averse

La variabilité spatiale et temporelle de la teneur en eau dans le sol est décrite par des profils d'infiltration, ou plus généralement des ***profils hydriques***, successifs, représentant la distribution verticale des teneurs en eau dans le sol, à différents instants donnés. Dans un sol homogène et lorsque la surface du sol est submergée, le profil hydrique du sol présente : une ***zone de saturation***, située immédiatement sous la surface du sol ; une zone proche de la saturation appelée ***zone de transmission***, qui présente une teneur en eau proche de la saturation et en apparence uniforme ; et finalement une zone d'humidification qui se caractérise par une teneur en eau fortement décroissante avec la profondeur selon un fort gradient d'humidité appelé front d'humidification qui délimite le sol humide du sol sec sous-jacent (fig. 6.4).

Finalement, la pluie qui arrive à la surface du sol y pénètre assez régulièrement selon un front d'humectation qui progresse en fonction des apports, selon le jeu des

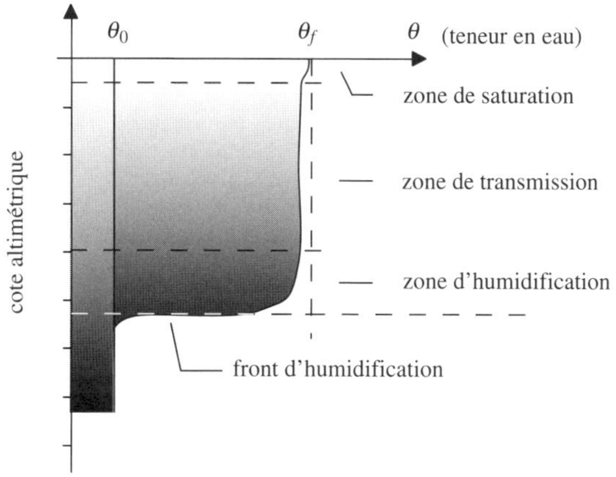

Fig. 6.4 Caractéristiques du profil hydrique au cours d'une infiltration (avec (θ_0) teneur initiale en eau et (θ_f) teneur finale) (d'après Musy et Soutter, 1991).

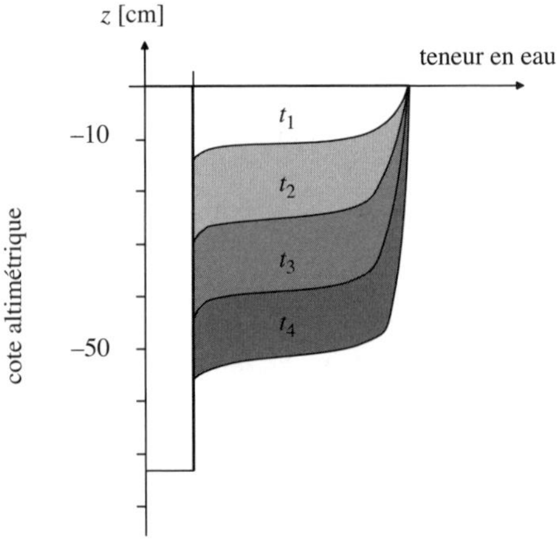

Fig. 6.5 Evolution du profil hydrique au cours de l'infiltration (d'après Musy et Soutter, 1991).

forces de gravité et de succion. La figure 6.5 montre comment au cours d'une infiltration, la zone de transmission s'allonge progressivement tandis que la zone et le front d'humidification se déplacent en profondeur, la pente de ce dernier augmentant avec le temps.

Au cours d'une averse, la *capacité d'infiltration du sol* décroît d'une valeur initiale jusqu'à une valeur limite qui exprime le potentiel d'infiltration à saturation. En fait, elle diminue très rapidement au début de l'infiltration mais par la suite, la décroissance est plus progressive et tend en règle générale vers un régime constant, proche de la valeur de la conductivité hydraulique à saturation. Cette décroissance, due essentiellement à la diminution du gradient de pression, peut être renforcée entre autres par le colmatage partiel des pores et la formation d'une croûte superficielle suite à la dégradation de la structure du sol provoquant la migration de particules.

Si l'on compare l'intensité de la pluie et la capacité d'infiltration d'un sol, une alternative existe.

D'une part, tant que l'intensité de la pluie est inférieure à la capacité d'infiltration, l'eau s'infiltre aussi vite qu'elle est fournie. Le régime d'infiltration est dans ce cas déterminé par le régime d'alimentation. C'est le cas au début du processus. Le temps nécessaire pour égaler la capacité d'infiltration est variable. Il dépend principalement des conditions antécédentes d'humidité du sol et de l'averse. Le temps requis est d'autant plus long que le sol est sec et que le régime d'alimentation est voisin de la conductivité hydraulique à saturation K_s.

D'autre part, lorsque l'intensité des précipitations est supérieure à la capacité d'infiltration du sol, l'excédent d'eau s'accumule en surface ou dans les dépressions formant des flaques, ou bien encore s'écoule en suivant les dénivelés topographiques. Dans ce cas, on a atteint le *seuil de* submersion (ou temps de submersion) et l'on parle d'infiltration à capacité (le régime d'infiltration est limité par la capacité d'infiltration du sol). Comme la détermination du seuil de submersion définit le début de l'écoulement superficiel (principe de Horton), on peut alors déduire la lame ruisselée provoquée par une averse (volume du ruissellement divisé par la surface du bassin versant). Celle-ci correspond à la pluie nette (fig. 6.6).

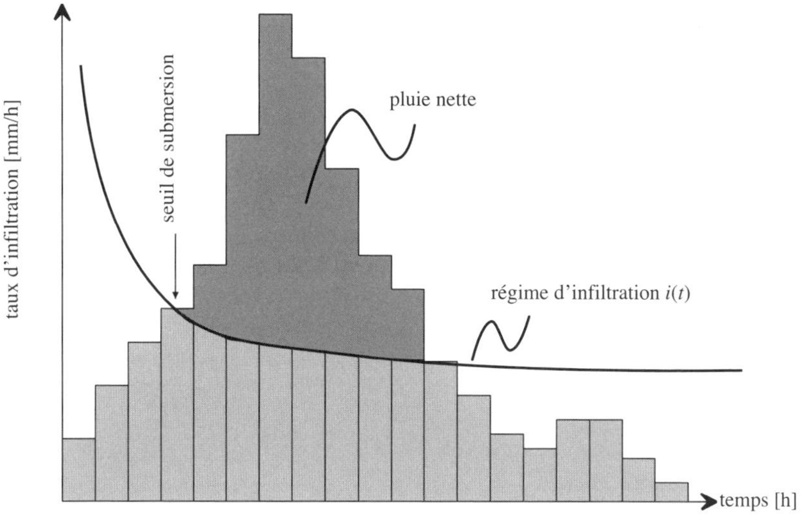

Fig. 6.6 Régime d'infiltration et capacité d'infiltration d'un sol (d'après Musy et Soutter, 1991).

6.2.4 Modélisation du processus d'infiltration

Parmi les nombreux modèles existants, on peut retenir deux grandes approches, à savoir celles basées sur des relations empiriques, à 2, 3 ou 4 paramètres, et celles qui font appel à une modélisation dite « à base physique ».

Relations empiriques

Les relations empiriques expriment une décroissance de l'infiltration en fonction du temps à partir d'une valeur initiale (soit exponentiellement, soit comme une fonction quadratique du temps) qui tend vers une valeur limite, en général K_s mais pouvant être proche de zéro. Citons à titre d'exemple deux formules empiriques :

- La *formule de Horton :* La capacité d'infiltration s'exprime comme suit :

$$i(t) = i_f + \left(i_0 - i_f\right) \cdot e^{-\gamma \cdot t} \tag{6.2}$$

  où $i(t)$ [mm/h] est la capacité d'infiltration au temps t [h], i_0 la capacité d'infiltration respectivement initiale dépendant surtout du type de sol [mm/h], i_f la capacité d'infiltration finale [mm/h], t le temps écoulé depuis le début de l'averse et γ une constante empirique, fonction de la nature du sol [min^{-1}]. L'utilisation de ce type d'équation, quoique répandue, reste limitée, car la détermination des paramètres, i_0, i_f, et γ présente certaines difficultés pratiques.
- La formule de l'Institut d'Aménagement des Terres et des Eaux[3] de l'EPFL : la relation est légèrement différente de celle de Horton (avec deux paramètres uniquement). Elle est du type :

$$i(t) = i_f + a \cdot e^{-b \cdot t} \tag{6.3}$$

[3] Actuellement Laboratoire d'Ecohydrologie ECHO.

où $i(t)$ est la capacité d'infiltration au temps t [mm/h], i_f la capacité d'infiltration finale [mm/h], a et b sont des coefficients d'ajustement.
Cette relation a l'avantage de permettre la recherche de relations fonctionnelles, d'une part entre la capacité limite (ou finale) d'infiltration et la texture du sol, d'autre part entre le paramètre a et l'humidité volumique. On lève ainsi l'indétermination sur certains paramètres par l'intervention de caractéristiques objectives.

D'autres formules peuvent être utilisées pour déterminer le régime d'infiltration de l'eau du sol (tab. 6.1). Elles font toutes appel à des coefficients empiriques à évaluer en fonction du type de sol rencontré.

Tableau 6.1 Principales fonctions d'infiltration utilisées (d'après Jaton, 1982).

Auteur	Fonction	Légende
Horton	$i(t) = i_f + (i_0 - i_f) \cdot e^{-\gamma \cdot t}$	$i(t)$: capacité d'infiltration au cours du temps [cm/s] i_0 : capacité d'infiltration initiale [cm/s] i_f : capacité d'infiltration finale [cm/s] γ : constante fonction de la nature du sol [min^{-1}]
Kostiakov	$i(t) = i_0 \cdot t^{-\alpha}$	α : paramètre fonction des conditions du sol
Dvorak-Mezencev	$i(t) = i_0 + (i_1 - i_f) \cdot e^{-b}$	i_1 : capacité d'infiltration au temps t =1 min [cm/s] t : temps [s] b : constante
Holtan	$i(t) = i_f + c \cdot w((IMD) - F)^n$	c : facteur variant de 0,25 à 0,8 w : facteur d'échelle de l'équation de Holtan n : exposant expérimental proche de 1,4 IMD : capacité de stockage potentielle au début de la pluie
Philip	$i(t) = 0{,}5 \cdot s \cdot t^{-0{,}5} + A$	s : sorptivité [cm · s$^{-0,5}$] A : composante gravitaire fonction de la conductivité hydraulique à saturation [cm/s]
Dooge	$i(t) = a(F_{max} - F_t)$	a : constante F_{max} : capacité de rétention maximale F_t : teneur en eau au temps t
Green&Ampt	$i(t) = K_s\left(1 + \frac{h_0 - h_f}{z_f(t)}\right)$	K_s : conductivité hydraulique à saturation [mm/h] h_0 : charge de pression en surface [mm] h_f : charge de pression au front d'humidification [mm] z_f : profondeur atteinte par le front d'humidification [mm]

Modèles à base physique

Ces modèles décrivent d'une manière simplifiée le mouvement de l'eau dans le sol, en particulier au niveau du front d'humidification et en fonction de certains paramètres physiques. Parmi les modèles présentés dans le tableau 6.1, les deux modèles suivants sont les plus connus :

- Le *modèle de Philip :* Philip a proposé une méthode de résolution de l'équation de l'infiltration verticale pour certaines conditions initiales et limites (tab. 6.1). Ce modèle introduit la notion de *sorptivité* qui représente la capacité d'un sol à absorber l'eau lorsque l'écoulement se produit uniquement sous l'action du gradient de pression. La sorptivité est définie par la lame infiltrée I en écoulement horizontal. Elle dépend des conditions initiales et des conditions aux limites du système. Elle est fonction des teneurs en eau initiale du sol θ_i et imposée en surface θ_0.

- Le *modèle de Green et Ampt:* Un autre modèle tout aussi connu que le précédent est celui de Green et Ampt (tab. 6.1). Ce modèle repose sur des hypothèses simplificatrices qui impliquent une schématisation du processus d'infiltration (fig. 6.7).

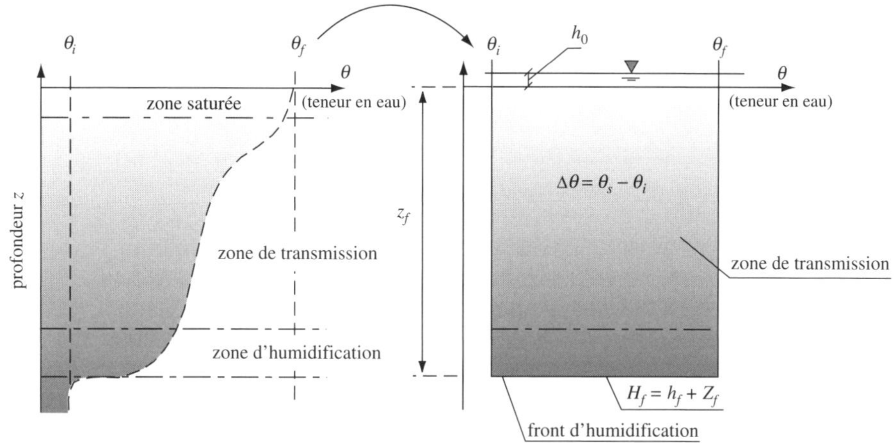

Fig. 6.7 Schématisation du processus de l'infiltration selon Green et Ampt (selon Musy et Soutter, 1991).

Il est basé sur la loi de Darcy (chap. 7) et inclut les paramètres hydrodynamiques du sol tels que les charges hydrauliques totales, au niveau du front d'humidification (H_f est la somme de la hauteur d'eau infiltrée depuis le début de l'alimentation jusqu'à Z_f et de la charge de pression au front d'humidification h_f) et en surface ($H_0 = h_0$ = charge de pression en surface).

Une des hypothèses du modèle de Green et Ampt stipule que la teneur en eau de la zone de transmission est uniforme. L'infiltration cumulative $I(t)$ résulte alors du produit de la variation de teneur en eau et de la profondeur du front d'humidification. Ce modèle s'avère satisfaisant dans le cas de son application à un sol dont la texture est grossière. Cette méthode reste cependant empirique puisqu'elle nécessite la détermination expérimentale de la valeur de la charge de pression au front d'humidification.

6.3 ÉCOULEMENTS

6.3.1 Généralités

De par la diversité de ses formes, on ne peut plus aujourd'hui parler d'un seul type d'écoulement mais bien des écoulements. On distingue dans un premier temps deux grands types d'écoulements, à savoir: les *écoulements «rapides»* et par opposition, les *écoulements souterrains* qualifiés de «lents» qui représentent la part infiltrée de l'eau de pluie transitant lentement dans les nappes vers les exutoires. Les écoulements qui gagnent rapidement les exutoires pour constituer les crues se subdivisent en *écoulement de surface* et *écoulement de subsurface*.

L'écoulement de surface ou ruissellement est constitué par la frange d'eau qui, après une averse, s'écoule plus ou moins librement à la surface des sols. L'importance de l'écoulement superficiel dépend de l'intensité des précipitations et de leur capacité à saturer rapidement les premiers centimètres du sol, avant que l'infiltration et la percolation, phénomènes plus lents, soient prépondérants.

L'écoulement de subsurface ou écoulement hypodermique comprend la contribution des horizons de surface partiellement ou totalement saturés en eau ou celle des nappes perchées temporairement au-dessus des horizons peu perméables. Ces éléments de subsurface ont une capacité de vidange plus lente que l'écoulement superficiel, mais plus rapide que l'écoulement différé des nappes profondes.

Les différents types d'écoulements sont illustrés par la figure 6.8.

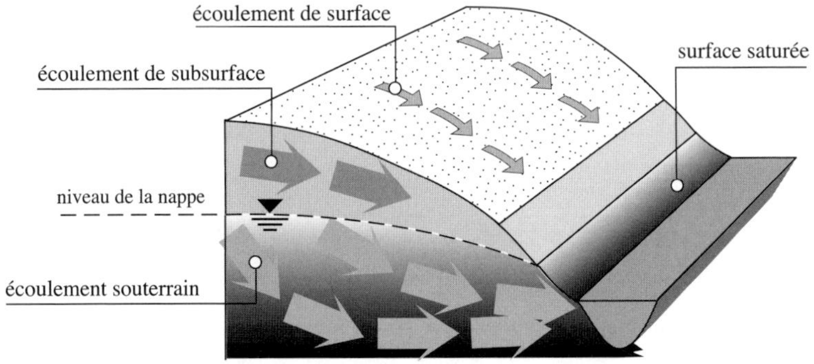

Fig. 6.8 Les différents types d'écoulements.

A cet ensemble de processus peut encore s'ajouter l'écoulement dû à la fonte des neiges.

Les différentes composantes de l'écoulement dans le cas simple d'une averse uniforme dans le temps et dans l'espace, sont également représentées schématiquement dans la figure 6.9.

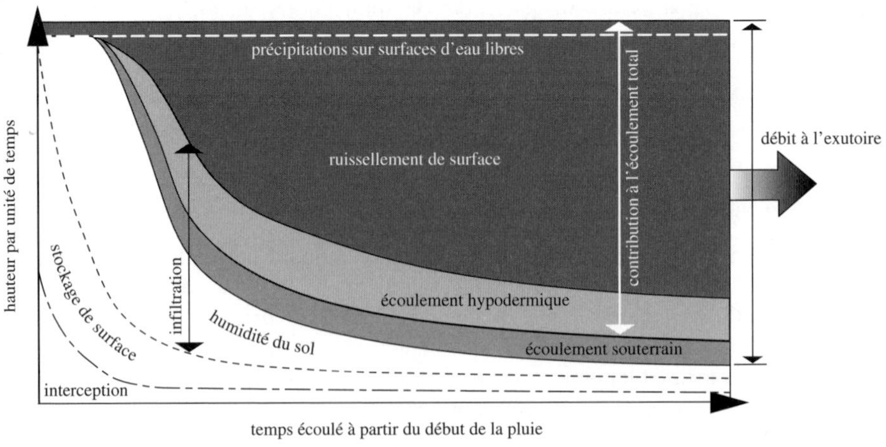

Fig. 6.9 Répartition de la hauteur de précipitations au cours d'une averse d'intensité constante (d'après Réméniéras, 1976).

Ces processus qui se produisent à des vitesses très différentes, mobilisent des eaux d'âge, d'origine et de cheminement très distincts, et permettent d'expliquer la plupart des comportements hydrologiques rencontrés sur les bassins versants, depuis les crues de «ruissellement pur» jusqu'aux crues où la contribution à l'écoulement final est essentiellement hypodermique ou souterrain.

Les éléments les plus importants dans la génération des crues sont finalement les écoulements de surface et de subsurface et les précipitations directes à la surface du cours d'eau, l'écoulement souterrain n'entrant que pour une faible part dans la composition du débit de crue (fig. 6.10).

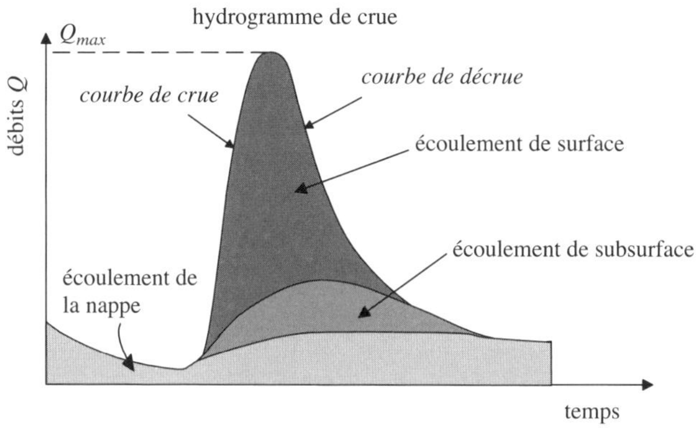

Fig. 6.10 Découpage de différentes phase d'un hydrogramme de crue.

Rappelons que l'écoulement de surface ne peut pas être mesuré directement sur un versant, sauf dans le cas de très petites parcelles expérimentales équipées à cet effet. Généralement, on mesure indirectement cette composante des écoulements par l'évaluation des débits dans le réseau hydrographique (chap. 7). Les procédures permettant de distinguer l'écoulement de surface de l'écoulement de subsurface et souterrain, sont traitées dans les deux derniers chapitres de ce livre (chap. 10 et 11).

6.3.2 Ecoulement de surface

Après interception éventuelle par la végétation, il y a partage de la pluie disponible au niveau de la surface du sol entre l'eau qui s'infiltre et qui contribue, par un écoulement plus lent à travers les couches de sol, à la recharge de la nappe et au débit de base, et celle du ruissellement de surface dès lors que l'intensité des pluies dépasse la capacité d'infiltration du sol (elle-même variable, entre autres selon l'humidité du sol). Cet *écoulement de surface*, où l'excès d'eau s'écoule par gravité le long des pentes, forme l'essentiel de l'écoulement rapide de crue.

L'écoulement par dépassement de la *capacité d'infiltration du sol* – dit aussi écoulement hortonien – est considéré comme pertinent pour expliquer la réponse hydrologique des bassins en climats semi-arides ainsi que lors de conditions de fortes intensités pluviométriques. Il est généralement admis que même des sols naturels présentant une *conductivité hydraulique* élevée en climats tempérés et humides peuvent avoir une capacité d'infiltration inférieure aux intensités maximales des précipitations enregistrées.

Cependant, des crues sont fréquemment observées pour des pluies d'intensité inférieure à la capacité d'infiltration des sols. Dans ce cas, d'autres processus tel que l'écoulement sur des surfaces saturées en eau, permettent d'expliquer la formation des écoulements. Des zones de sol peuvent être saturées soit par contribution de l'eau de subsurface restituée par *exfiltration* (d'une nappe perchée par exemple), soit par contribution directe des précipitations tombant sur ces surfaces saturées.

Enfin, soulignons encore que ces deux modes principaux d'écoulement, à savoir l'écoulement par dépassement de la capacité d'infiltration (écoulement hortonien) et l'écoulement sur surfaces saturées, peuvent se combiner (chap. 11).

6.3.3 Ecoulement de subsurface

Une partie des précipitations infiltrée chemine quasi horizontalement dans les couches supérieures du sol pour réapparaître à l'air libre, à la rencontre d'un chenal d'écoulement. Cette eau qui peut contribuer rapidement au gonflement de la crue est désignée sous le terme d'*écoulement de subsurface* (aussi appelé, dans le passé, écoulement hypodermique ou retardé). L'importance de la fraction du débit total qui emprunte la voie subsuperficielle dépend essentiellement de la structure du sol. La présence d'une couche relativement imperméable à faible profondeur favorise ce genre d'écoulement. Les caractéristiques du sol déterminent l'importance de cet écoulement de subsurface qui peut être considérable. Cet écoulement tend à ralentir le cheminement de l'eau et à allonger la durée de l'hydrogramme.

6.3.4 Ecoulement souterrain

Lorsque la zone d'aération du sol contient une humidité suffisante pour permettre la percolation profonde de l'eau, une fraction des précipitations atteint la *nappe phréatique*. L'importance de cet apport dépend de la structure et de la géologie du sous-sol ainsi que du volume d'eau précipité. L'eau va transiter à travers l'*aquifère* à une vitesse de quelques mètres par jour à quelques millimètres par an avant de rejoindre le cours d'eau. Cet écoulement, en provenance de la nappe phréatique, est appelé *écoulement de base* ou *écoulement souterrain*. A cause des faibles vitesses de l'eau dans le sous-sol, l'écoulement de base n'intervient que pour une faible part dans l'écoulement de crue. De plus, il ne peut pas être toujours relié au même événement pluvieux que l'écoulement de surface et provient généralement des pluies antécédentes. L'écoulement de base assure en général le débit des rivières en l'absence de précipitations et soutient les débits d'étiage (l'écoulement souterrain des régions karstiques fait exception à cette règle).

6.3.5 Ecoulement dû à la fonte des neiges

L'écoulement par fonte de neige ou de glace domine en règle générale l'hydrologie des régions de montagne ainsi que celles des glaciers ou celles des climats tempérés froids. Le processus de fonte des neiges provoque la remontée des nappes ainsi que la saturation du sol. Selon les cas, il peut contribuer de manière significative à l'écoulement des eaux de surface. Une crue provoquée par la fonte des neiges dépendra de l'équivalent en eau de la couverture neigeuse, du taux et du régime de fonte et finalement des caractéristiques de la neige.

6.3.6 Bilan annuel des écoulements

L'écoulement total E_t représente la quantité d'eau qui s'écoule chaque année à l'exutoire d'un bassin versant considéré. L'écoulement est la somme des différents termes : écoulement superficiel E_s, écoulement de subsurface E_h et écoulement de base (ou écoulement souterrain) E_b qui résulte de la vidange des nappes. L'écoulement total s'exprime ainsi :

$$E_t = E_s + E_h + E_b \tag{6.4}$$

Le bilan hydrologique d'un bassin versant est également caractérisé par trois coefficients essentiels :

- Le ***coefficient d'écoulement total*** C_{et} est défini par le rapport entre les quantités d'eau écoulées et les quantités d'eau précipitées P :

$$C_{et} = \frac{E_t}{P} \; [-] \text{ ou encore } C_{et}[\%] = \frac{E_t}{P} \cdot 100 \; [\%] \tag{6.5}$$

En guise d'illustration, on note par exemple en Afrique saharienne que l'étude de l'évolution des coefficients d'écoulement fait apparaître ce que certains nomment le paradoxe sahélien (Amogu *et al.*, 2010). Depuis les années 1970, on observe une diminution des précipitations dans la région sahélienne. Cette diminution s'accompagne d'une diminution des débits des fleuves Sénégal et Niger mais à l'inverse, d'une augmentation des débits de certains cours d'eau, notamment au Burkina Faso (Mahé, 2010). Ainsi, dans le cas du bassin versant du Nakambe, les débits ont augmenté depuis 1970 bien que les précipitations aient diminué de l'ordre de 15 à 20 %. L'évolution des coefficients d'écoulements de l'étude menée par Mahé montre un accroissement de 9,8 % pour la période allant de 1962 à 1970, à 11,3 % pour la période de 1970 à 1980 et finalement à 15,8 % pour celle de 1980 à 1994. L'auteur explique cette variation par les changements d'occupation du sol (réduction du couvert végétal naturel et accroissement des surfaces cultivées).

- Le ***coefficient d'écoulement de surface C_{es}*** est obtenu en calculant le rapport entre les quantités d'eau écoulées rapidement en surface et subsurface et les quantités d'eau précipitées :

$$C_{es} = \frac{E_s + E_h}{P} \tag{6.6}$$

- Le ***coefficient de ruissellement C_r*** est défini par le rapport entre la quantité d'eau ruisselée (i.e. écoulée) à la surface du sol et celle des précipitations :

$$C_r = \frac{E_s}{P} \tag{6.7}$$

Pour de fortes précipitations, $E_s >> E_h$. Par ailleurs, il n'est pas toujours évident de distinguer quantitativement sur le terrain E_s et E_h. Par conséquent on adopte souvent $C_r \approx C_{es}$. C_r qui varie en général entre 0 et 1 mais peut être supérieur à 1 dans le cas d'échanges entre bassins via le système géologique, par exemple dans les milieux karstiques, comme nous l'avons déjà discuté au chapitre 3.

6.4 NOTION DE TRANSPORT SOLIDE

Les écoulements de surface transportent avec eux les produits de la désagrégation des roches des régions hautes vers les zones basses et en définitive vers la mer. Cette section est une introduction brève aux problématiques du transport solide dont l'étude est devenue essentielle dans de nombreux domaines, de l'étude des processus d'érosion et de sédimentation (dans les retenues par exemple) aux études sur la pollution des cours d'eau.

6.4.1 Transport solide dans les cours d'eau

Le transport solide est par définition la quantité de sédiments (ou débit solide) transportée par un cours d'eau. Ce phénomène est limité par la quantité de matériaux susceptible d'être transportée (c'est-à-dire la *fourniture sédimentaire*). Il est principalement réglé par deux propriétés du cours d'eau :

- Sa *compétence :* elle est mesurée par le diamètre maximal des débris rocheux que peut transporter le cours d'eau. Cette caractéristique est essentiellement fonction de la vitesse de l'eau. Les variations de la compétence en fonction de la vitesse ont été étudiées par Hjulstrom (fig. 6.11).
- Sa *capacité :* c'est la quantité maximale de matériaux solides que peut transporter en un point et à un instant donné le cours d'eau. La capacité est fonction de la vitesse de l'eau, du débit et des caractéristiques de la section (forme, rugosité, etc.).

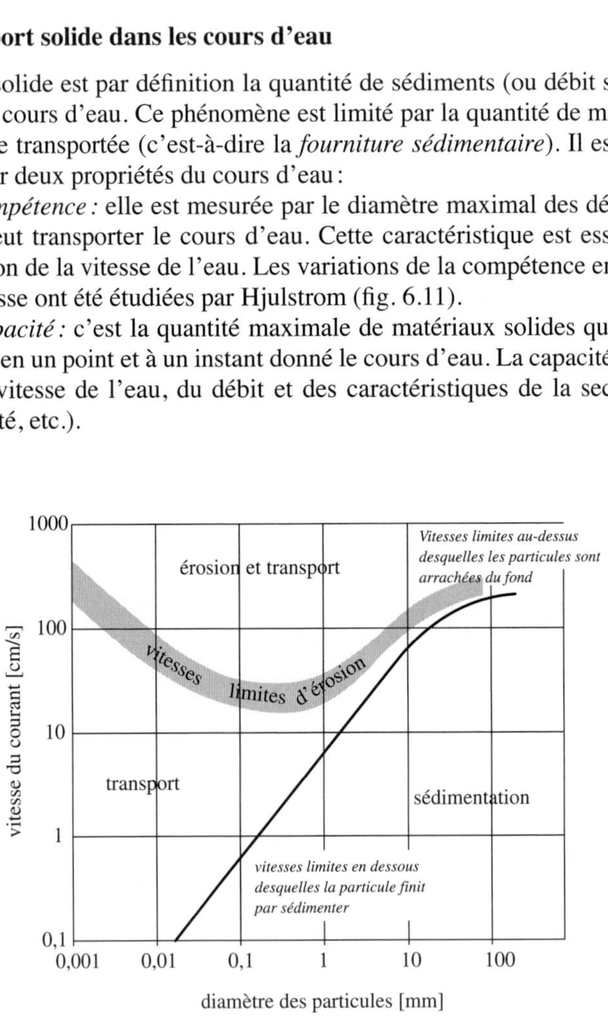

Fig. 6.11 Diagramme de Hjulstrom.

Ces deux propriétés du cours d'eau ne sont pas directement liées. Ainsi, dans un fleuve, la compétence décroît vers l'aval, ce qui n'est pas le cas de la capacité.

Le transport des sédiments par les cours d'eau est donc déterminé par les caractéristiques des particules (taille, forme, concentration, vitesse de chutes et densité des particules). Ce qui permet de distinguer :

- La *charge en suspension* (*suspended load*), constituée de matériaux dont la taille et la densité leur permettent, dans des conditions d'écoulement déterminées, de se déplacer sans toucher le fond du lit. Le transport en suspension est en général constitué de matériaux fins, argiles et colloïdes et quelquefois de silts. C'est souvent la seule fraction du débit solide qui puisse être aisément mesurée : par rapport à la capacité de mesures, on peut d'ailleurs distinguer la charge échantillonnée de la charge non échantillonnée (fig. 6.12). Dans la très grande partie des cas, la charge en suspension représente quantitativement un pourcentage très important du transport global.
- La *charge de fond* (*bed load*), formée de matériaux trop gros pour être mis en suspension compte tenu de leur densité et de la vitesse du courant. Ces particules roulent sur le fond (charriage) ou se déplacent par saltation. Le transport par saltation correspond à un déplacement par bonds successifs.

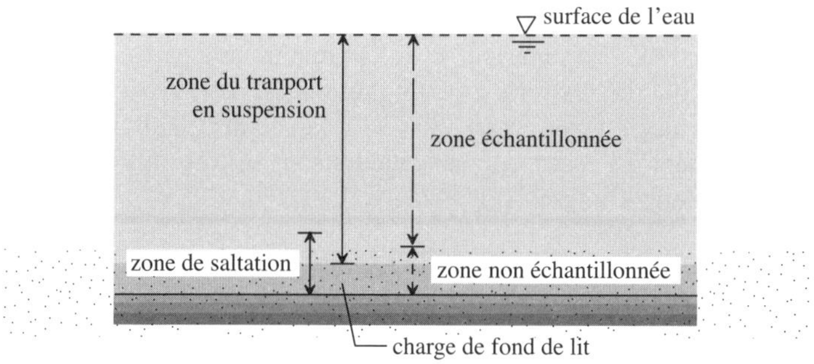

Fig. 6.12 Classification des différentes «couches» de transport solide (d'après Wen Shen et Julien, 1992).

Les principales méthodes utilisées pour évaluer ces deux charges sont décrites dans le chapitre 8. On calcule en général un flux de matières transportées par unité de temps que l'on peut ramener à la surface du basin versant (transport spécifique).

6.4.2 Notions de transport spécifique et érosion mécanique sur un bassin versant

Les notions d'érosion mécanique sur un bassin versant (ou prédictions des pertes en sols) et de transport spécifique dans les fleuves (flux annuel de MES rapporté à la superficie du bassin versant) regroupent deux processus différents. Ces deux notions permettent de distinguer d'une part les processus de détachement et de transport de matériaux du sol avant leur entrée dans le système « rivière » et d'autre part leur transport dans la rivière elle-même. Pour le premier point, on peut parler des agents de l'érosion qui sont principalement les pluies, les ruissellements qui en découlent et le vent, ainsi que des facteurs qui vont conditionner les quantités de particules arrachées : caractéristiques des pluies, des sols, de la végétation, de la topographie et enfin les activités humaines. Les taux de particules transportées vont à leur tour être régis par de nombreux facteurs dont la vitesse de l'eau, les caractéristiques du lit, la granulométrie des particules... Le matériel particulaire ainsi transporté par le cours d'eau ne reflétera qu'en partie les phénomènes d'érosion sur les versants puisqu'une partie des sédiments arrachés au bassin pourra se déposer (éventuellement temporairement) entre les sources d'érosion et l'exutoire du bassin de drainage. De plus, l'érosion des berges pourra contribuer à la charge en suspension mesurée dans le cours d'eau tandis que la présence de lacs et de réservoirs entraîne une sédimentation des particules. Pour ces différentes raisons, il est donc généralement admis que le transport spécifique de matières particulaires calculé dans les fleuves ne peut être assimilé à un taux de dénudation mécanique des versants.

6.4.3 Distribution du transport spécifique à travers le monde

Pour l'ensemble du monde, tous continents réunis, la quantité totale des sédiments évacués en suspension est aujourd'hui d'un peu plus de 13 000 millions de tonnes par année pour une surface de drainage d'environ 86 millions de kilomètres carrés. Le transport des sédiments est, tout comme celui de l'eau ou des grandes distributions climatiques, inégalement réparti sur l'ensemble de la planète. Des îles du Pacifique à l'Australie, la charge sédimentaire exprimée en tonnes par kilomètre carré et par année varie d'un facteur supérieur à 30. On remarquera cependant au travers des valeurs du tableau 6.2, la très forte érosion mécanique des massifs de l'Himalaya se traduisant par une charge moyenne de 380 t / km^2 / an contre 50 environ pour l'Europe. On gardera cependant à l'esprit que ces valeurs sont souvent difficiles à acquérir et qu'elles souffrent donc d'imprécision.

Tableau 6.2 Bilan sédimentaire à l'échelle continentale (tiré de Gleick, 1993).

	Charges sédimentaire [t / km^2 / an]	Masse sédimentaire [10^6t / an]
Europe	49,9	230
Afrique	32,6	500
Asie	376,1	6349
Amérique du Nord	83,5	1462
Amérique du Sud	99,9	1788
Australie et Océanie[3]	588,8	3062
Reste du monde	7,5	84
Total	116	13 475

Un second élément pertinent consiste à comparer la charge transportée par les grands fleuves de la planète. Ceci permet de mieux se représenter l'importance du charriage par les fleuves le long desquels vivent des millions de gens.

Le tableau 6.3 donne les valeurs de sédiments transportés pour 14 cours d'eau majeurs du monde.

4 Sur ce terme, la contribution des îles océaniques est de loin la plus importante car elle représente environ 3000 millions de tonnes de sédiments par an contre 62 millions seulement pour l'Australie.

Tableau 6.3 Bilan sédimentaire à l'échelle continentale (tiré de Gleick, 1993).

Nom	Pays	Surface du bassin versant [10^6 km^2]	Charges sédimentaire [t/km^2/an]
Haihe	Chine	0,05	1620
Huanghe	Chine	0,77	1403
Gange-Brahmaputre	Bangladesh	1,48	1128
Indus	Pakistan	0,97	454
Yangzijiang	Chine	1,94	246
Orinoque	Venezuela	0,99	212
Mékong	Vietnam	0,79	203
Amazone	Brésil	6,15	146
Mississippi	USA	3,27	107
Tigre-Euphrate	Irak	1,05	50
Nil	Egypte	2,96	38
Niger	Nigeria	1,21	33
Amour	Russie	1,85	28
Zaïre	Zaïre	3,82	11

6.5 CONCLUSION

A la frontière avec une autre discipline (la physique du sol) et en introduction au chapitre consacré aux processus hydrologiques, les écoulements de surface et souterrains ainsi que l'infiltration ont été présentés brièvement dans le cadre de l'analyse des éléments du bilan hydrologique.

Après avoir clarifié un certain nombre de termes essentiels, ce chapitre nous a permis de présenter les principaux facteurs qui influencent le phénomène d'infiltration de l'eau dans les sols ainsi que la représentation analytique de celui-ci. Dans une seconde partie, on procède à l'analyse de l'hydrogramme de crue en détaillant ses différents termes. Enfin, on accorde une certaine attention aux problèmes de transports solides en soulignant notamment l'importance des volumes de sédiments transportés à l'échelle continentale d'une part et par les grands fleuves de la planète d'autre part.

CHAPITRE 7

STOCKAGE ET RÉSERVES EN EAU

Dernier terme dans la lecture de l'équation du bilan hydrologique, le stockage – ou sa variation – doit maintenant être analysé. Ce chapitre propose ainsi une typologie du stockage de l'eau, tant sous sa forme liquide que solide, en surface ou souterrain. Enfin, on aborde aussi succinctement le stockage de l'eau sous forme glaciaire de l'eau.

7.1 INTRODUCTION

Pour compléter l'étude des composantes du cycle de l'eau, il est indispensable de déterminer le *stockage d'eau* et ses variations. Rappelons que l'équation du bilan hydrologique peut s'écrire pour une période donnée :

$$E = I - O \pm \Delta S \tag{7.1}$$

où E est l'évaporation [mm] ou [m^3], I le volume entrant [mm] ou [m^3], O le volume sortant [mm] ou [m^3] et ΔS variation de stockage [mm] ou m^3].

Le stockage d'eau se présente sous différentes formes. On peut distinguer trois grands types de réservoirs :

- Les dépressions de la surface du sol dans lesquelles l'eau peut s'accumuler. C'est le stock d'eau de surface.
- Le sol et le sous-sol dans lesquelles l'eau est emmagasinée. C'est le stock d'eau souterraine.
- Les couvertures neigeuses et glaciaires qui constituent le stock d'eau sous forme solide.

7.2 STOCKS D'EAU DE SURFACE

7.2.1 Quelques définitions

La *rétention de surface* comprend toute l'eau accumulée sur ou au-dessus du sol. Elle comprend l'*eau interceptée* qui est la fraction de la pluie retenue par le couvert végétal et le *stockage superficiel* qui est celle emmagasinée dans les dépressions du sol.

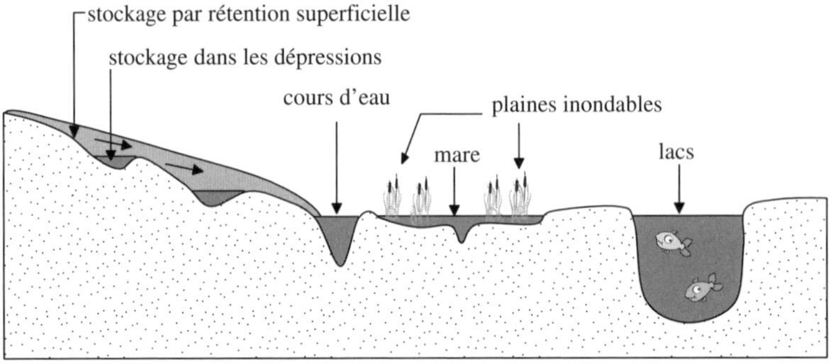

Fig. 7.1 Stockage de surface.

L'eau captée dans les dépressions de surface, des plus petites – dues à la rugosité du sol – aux plus grandes plaines inondées, lacs, marais, étangs, etc., est désignée comme le ***stock d'eau de surface***.

Selon l'échelle de temps (averse, saison, année, etc.) et l'échelle spatiale (type de dépression), on peut donc distinguer :

- Les petites dépressions de surface qui se remplissent dès que l'intensité des précipitations est supérieure à la capacité d'absorption du sol. Lors d'averses suffisamment importantes, ces dépressions sont comblées et le surplus prend part au ruissellement de surface. Le volume total d'eau pouvant être retenu dans ces dépressions de surface est appelé ***capacité de rétention de surface***. Après l'averse, l'eau emmagasinée dans ces dépressions s'infiltre dans le sol, ou est utilisée par les végétaux ou encore s'évapore directement. Ces dépressions ne sont que de petits réservoirs temporaires, qui peuvent cependant agir comme tampons durant une averse sur un bassin versant.
- Les lacs, les étangs ou les plaines inondées sont des réservoirs d'eau de surface, naturels ou artificiels, de volume et superficie pouvant être très importants. Ils interviennent directement dans le bilan hydrologique par les échanges d'eau avec le sol (relations eau de surface-nappe), en favorisant l'évaporation à leur surface ou encore, en retardant l'écoulement en rivière par laminage. L'étude de ce type de réservoir fait appel à la limnologie.

7.2.2 Introduction à la limnologie et caractéristiques générales des lacs

La ***limnologie*** est la discipline qui étudie les phénomènes hydrologiques et biologiques se rapportant aux lacs en relation avec leur environnement. Elle s'intéresse à l'origine des lacs, à leur morphologie, aux propriétés de l'eau tant physiques (propriétés optiques, thermiques, etc.) que chimiques (problème de pollution, etc.) mais aussi à leurs propriétés biologiques (macrophytes, poissons, etc.), et enfin au bilan hydrologique et à l'hydrodynamisme. Différents facteurs morphologiques, géographiques, climatiques permettent d'identifier un lac, à savoir :

- l'âge de la cuvette au moment de son remplissage,
- la nature géologique de la cuvette qui définit sa forme et la composition des eaux qu'elle contient,
- le climat qui a permis l'installation de conditions hydrologiques et biologiques particulières pour chaque lac.

L'étude de l'état ou du comportement d'un lac nécessite la connaissance d'un certain nombre de ses caractéristiques physiques dont :

- le volume du lac qui varie en fonction de son niveau (relation *H* et *V*),
- le volume utile, c'est-à-dire le volume qui au cours d'une année peut être exploité (fonction du niveau et des apports),
- la surface du plan d'eau, fonction de son niveau (relation *H* et *S*),
- la profondeur maximale ainsi que la profondeur moyenne,
- les dimensions (longueur et largeur),
- l'orientation de la surface lacustre par rapport aux vents dominants,
- l'altitude.

Les variations de niveaux du plan d'eau sont un facteur important. Toute surface lacustre est soumise à des variations de niveau, du fait des apports d'eau, de l'évaporation, des pompages et des écoulements à l'émissaire. Le vent agit aussi fortement sur le fonctionnement et la morphologie des lacs. Il crée notamment un déplacement général des eaux superficielles vers le côté du lac sous le vent. L'amplitude de la dénivellation produite est fonction de la forme et de la profondeur du lac. Elle est plus forte dans les lacs peu profonds et allongés. Le lac Erié au Canada est un bon exemple ; des vents de 30 nœuds soufflant dans l'axe du lac produisent une dénivellation de 1 mètre (3 pieds). Le régime d'un lac est finalement défini par la connaissance du niveau moyen sur quelques années et des niveaux maximal et minimal enregistrés durant ces années.

Les apports à un lac varient généralement suivant les saisons. Ces mouvements saisonniers sont principalement dus aux variations saisonnières du climat. Sous nos latitudes, la fonte de la neige ou des glaciers provoque en général une augmentation du niveau des lacs. Le Léman par exemple, a un maximum en été causé par l'apport de la fonte des neiges et des glaciers et un minimum en février-mars. Actuellement, le niveau de nombreux lacs est toutefois régulé par des vannes à la sortie de ces réservoirs et les mouvements saisonniers sont très fortement atténués, voire supprimés. Rappelons que la présence de plans d'eau influence fortement le comportement hydrologique d'un bassin versant, notamment par leur capacité de stockage qui a pour effet de laminer les crues.

7.3 STOCKS D'EAU SOUTERRAINE

Cette section s'intéresse à l'eau qui pénètre dans le sol et y séjourne, un court instant ou de longues années (phase souterraine du cycle de l'eau). Les contraintes qui régissent la circulation de l'eau dans toute l'épaisseur du sol et du sous-sol amènent à distinguer l'eau du sol et l'eau des réservoirs souterrains. Ces deux « compartiments » sont étudiés séparément.

7.3.1 Distinction zone saturée et zone non saturée

Au-dessous de la surface du sol, deux zones peuvent être identifiées de haut en bas (fig. 7.2) :

- la *zone non saturée*, système à trois phases (solide, liquide, gaz) ou seule une partie des espaces lacunaires sont remplis d'eau, le reste étant occupé par l'air du sol,
- la *zone saturée*, système à deux phases (solide, liquide) où tous les pores sont remplis d'eau.

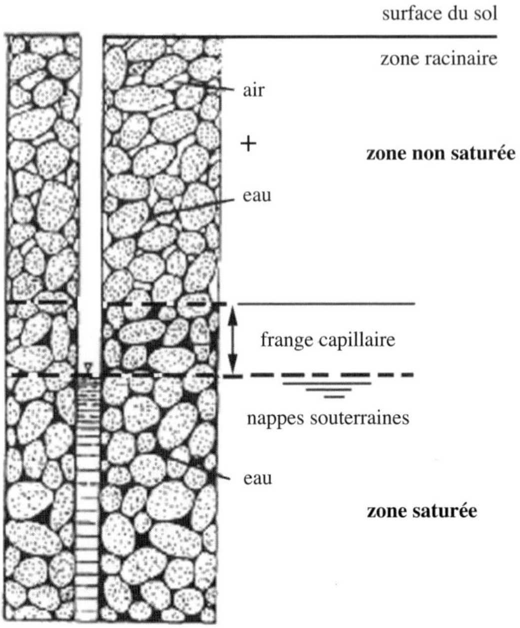

Fig. 7.2 Distinction entre la zone non saturée et la zone saturée (d'après Musy et Soutter, 1991).

La distinction fondamentale entre la zone saturée et la zone non saturée réside dans le comportement hydrodynamique de l'eau dû à l'effet de l'air et se traduit notamment par une *conductivité hydraulique* différente. Cependant, les zones saturées et non saturées ne sont pas des domaines séparés, mais font partie d'un système d'écoulement continu. Pour faciliter l'étude de l'eau souterraine, nous distinguons toutefois :

- L'*eau du sol*, assimilée à celle se trouvant dans la zone non saturée. La zone de l'eau du sol est le siège des racines des végétaux et constitue surtout une limite supérieure importante des nappes (alimentation, évaporation) ; elle est également le lieu de transit de matières et de substances. Ces processus font partie du continuum sol-plante-atmosphère.
- L'*eau du sous-sol* correspondant à celle de la nappe. L'infiltration renouvelle l'eau du sous-sol et des réservoirs souterrains et entretient, par son circuit dans les aquifères, le débit de l'écoulement souterrain (débit de base). Celui-ci alimente les sources et les cours d'eau. Le niveau de l'eau souterraine est influencé par le régime de percolation de la pluie ou de l'eau d'irrigation à travers la zone non saturée. L'étude des réservoirs souterrains intéresse l'*hydrogéologie*.

7.3.2 Eau du sol

Le sol dans sa partie non saturée apparaît comme un complexe dynamique à trois phases : liquide, solide et gazeuse. La variabilité temporelle et spatiale de la phase liquide d'un sol se manifeste aussi bien sur le plan quantitatif que qualitatif. L'évolution de la quantité (volume) et de la qualité (composition de l'eau qui découle d'une dynamique de transferts liée aux propriétés même de l'eau et aux caractéristiques du sol).

Caractéristiques de la phase liquide du sol

La description quantitative de la phase liquide repose sur la notion de *teneur en eau* ou *humidité du sol*. Celle-ci varie principalement en fonction de la structure du sol et de sa porosité. Selon qu'on la rapporte à la masse ou au volume, la teneur en eau d'un sol peut s'exprimer par:

- La *teneur en eau volumique* ou *humidité volumique* θ: rapport du volume d'eau présent dans le sol au volume apparent de ce sol (volume de sol en place). La teneur en eau volumique varie entre une valeur minimale, la teneur en eau résiduelle θ_r, et une valeur maximale, la teneur en eau à saturation θ_s. Celle-ci est en principe égale à la *porosité efficace* (définie comme le rapport du volume des vides au volume total du milieu).
- Un *indice de saturation* S_w défini comme le rapport du volume d'eau au volume des pores. Cette grandeur exprime le volume des pores occupé par l'eau. Elle varie entre un minimum résiduel et la valeur de 100 %.
- La *teneur en eau massique* ou *humidité massique* w: quantité (masse) d'eau contenue dans un échantillon de sol, rapportée à la masse des particules de sol sec.

La teneur en eau des éléments minéraux varie généralement entre 5 et 40 %. La présence de matière organique augmente cette valeur qui peut dépasser 100 % (par exemple les tourbes où la teneur en eau pondérale peut atteindre 800 %).

La variabilité spatiale et temporelle de la teneur en eau dans le sol est décrite par des *profils hydriques* successifs, représentant la distribution verticale des teneurs en eau dans le sol, à différents instants donnés. La surface comprise entre deux profils successifs, aux temps t_1 et t_2, représente le volume d'eau par unité de surface stocké ou perdu dans l'intervalle de temps (fig. 7.3).

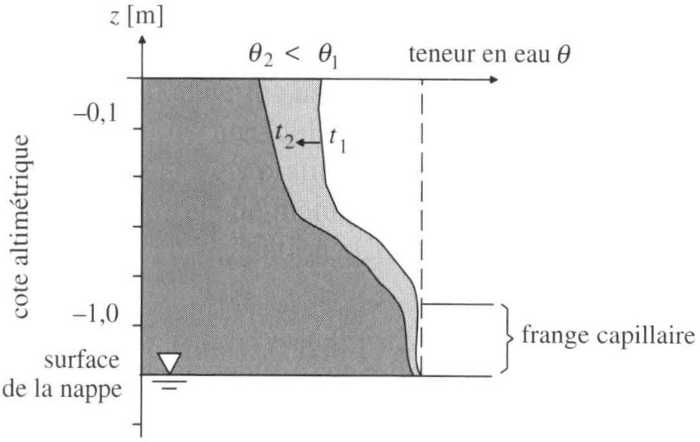

Fig. 7.3 Exemples de profils hydriques au temps t_1 et t_2 (d'après Musy et Soutter, 1991).

Etat énergétique de l'eau dans le sol

La dynamique de l'eau résulte de l'action de différents champs de forces auxquelles elle est soumise: force de gravité, de capillarité, d'adsorption, etc. On parle ainsi d'*eau gravitaire* lorsque l'effet de la gravité est prépondérant, d'*eau capillaire* lorsque l'effet des forces de capillarité prédomine, ou encore d'*eau hygroscopique* pour signaler la supériorité des forces d'adsorption. Signalons cependant que cette description crée une discontinuité arbitraire entre les diverses fractions de la phase liquide. Il est donc préférable de décrire le comportement dynamique de la phase liquide en se basant sur les principes généraux de la thermodynamique et donc sur une quantification de l'état énergétique de la phase liquide en un point du sol et à un instant donné.

L'état énergétique de la phase liquide dans le sol est ainsi caractérisé par la somme de son énergie interne (mise en jeu à l'échelle atomique), de son énergie cinétique et de son énergie potentielle. L'énergie cinétique pouvant être négligée en raison des très faibles vitesses d'écoulement, on ne tient compte que de l'énergie potentielle. L'énergie interne est aussi négligée de par son échelle atomique.

Le concept de potentiel total de la phase liquide permet de quantifier l'état énergétique de l'eau du sol et de décrire son comportement au sein du système sol-plante-atmosphère. De manière générale, il s'écrit comme la somme de ses diverses énergies (pression, gravité, chimique, etc.). Il s'exprime de façon courante par la notion de la *charge hydraulique totale H*, définie comme la somme des énergies potentielles de pression et de gravité, rapportée à l'unité de poids de liquide :

$$H = h + z \tag{7.2}$$

où H est la charge hydraulique totale [m], soit la pression exprimée en hauteur d'eau équivalente, soit la pression exercée par une colonne d'eau verticale de même hauteur, h représente la charge de pression [m], c'est-à-dire la pression effective de l'eau du sol, en hauteur d'eau, par rapport à la pression atmosphérique et z la charge de gravité [m], c'est-à-dire la hauteur de l'eau au-dessus du plan de référence.

La distribution des potentiels de pression, de gravité et du potentiel total dans le sol le long d'une verticale est représentée graphiquement par des *profils de charge* de pression, de gravité et de charge totale (fig. 7.4).

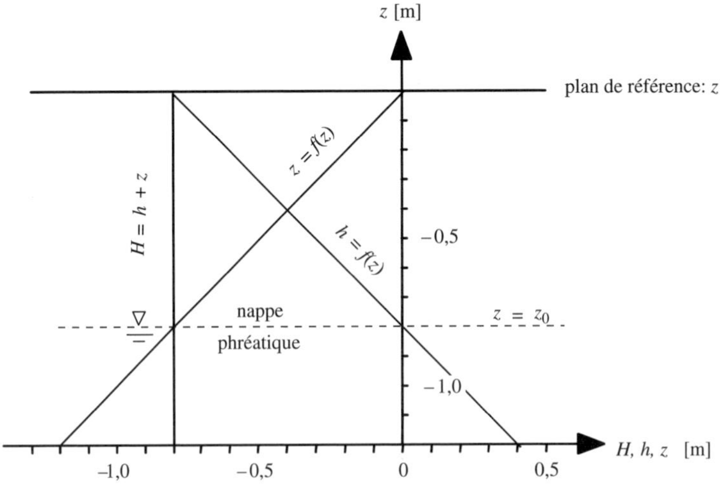

Fig. 7.4 Profils de charge de pression, de gravité et de charge totale d'un système en équilibre hydrostatique (d'après Musy et Soutter, 1991).

Les mouvements d'eau dans le sol, leur direction et leur importance sont régis par les différences d'énergie potentielle totale de l'eau, celle-ci se déplaçant d'un point à énergie élevée vers un point de plus basse énergie, pour tendre vers un équilibre.

Comportement dynamique : la loi de Darcy

La loi de comportement dynamique de la phase liquide d'un sol traduit l'existence d'une relation entre les forces auxquelles est soumis le fluide et sa vitesse d'écoulement. Dans son mémoire intitulé *Les fontaines publiques de la ville de Dijon*, Henry Philibert Gaspard Darcy (1856) relate les expériences menées avec Charles Ritter afin de déterminer les lois de l'écoulement de l'eau au travers de sable en mesurant la charge aux extrémités d'une colonne munie de manomètres à mercure. A partir des observations effectuées, Darcy met en évidence l'accroissement du débit proportionnellement à la charge. Cette loi, appelée *loi de Darcy*, permet de déterminer le flux d'eau total transitant dans un milieu (une colonne de sable dans le cadre de l'expérimentation de Darcy) comme le produit d'une constante de proportionnalité (la conductivité hydraulique à saturation) et d'un gradient, celui de la charge hydraulique en fonction de la profondeur. Elle s'exprime comme suit :

$$q = -K_s \cdot \frac{dH}{dz} \tag{7.3}$$

avec q le flux transitant [mm/h], H la charge hydraulique totale [m], z la profondeur à partir de la surface du sol [m] et K_S la conductivité hydraulique à saturation [mm/h].

Deux cas sont alors à distinguer selon que l'on se situe en milieu saturé ou non. Dans le cas d'un milieu non saturé, la conductivité hydraulique n'est plus constante ; elle varie avec la teneur en eau θ tout comme la pression effective de l'eau du sol qui devient négative. Au contraire, en milieu saturé, la pression effective de l'eau du sol est positive ; elle correspond à la profondeur de submersion en dessous de la surface d'eau libre.

Percolation et phénomène critique

Au-delà de la formulation de la loi Darcy, il peut être intéressant de s'intéresser au milieu poreux formé par le sol. Un milieu poreux peut être défini comme un milieu comportant des canaux aléatoirement multi-connectés. L'espace (ou le volume) occupé par ces canaux se quantifie au travers de la porosité. Lorsque la porosité diminue, la conductivité hydraulique se réduit pour atteindre un seuil minimal nommé porosité critique en deçà duquel l'écoulement n'est plus possible (Gouyet, 1992). De nombreuses recherches portent aujourd'hui sur l'étude du comportement des fluides dans un milieu poreux au voisinage de cette porosité critique que l'on nomme seuil de percolation, terme proposé en 1957 par le mathématicien Hammersley (Broadbent S.R. et Hammersley J.M., 1957). Ce seuil marque ainsi le début d'un changement d'état du liquide (ou d'un autre phénomène) évoluant de la rétention au mouvement. Afin d'étudier ce phénomène qualifié de critique (Sapoval, 1997), il est possible de modéliser un tel milieu par le biais d'une grille, chaque élément de la grille pouvant être vide ou plein. On part d'un milieu totalement plein, la porosité est nulle et aucun fluide ne peut s'écouler. On choisit alors un certain nombre d'éléments de la grille comme étant « vide » selon une probabilité donnée. En accroissant la probabilité, des amas de cellules interconnectées apparaissent peu à peu jusqu'un seuil où les extrémités sont reliées provoquant ainsi un écoulement. La figure 7.5 illustre ce processus. On note en particulier l'apparition de cellules interconnectées formant des amas de plus en plus grands, en gris clair sur la figure 7.5(b), tandis que dans l'image 7.5(c) une liaison entre le haut et le bas du quadrillage se réalise, permettant le passage du fluide. Dans cet exemple, l'amas qui relie les deux extrémités de la grille et qui permet ainsi l'écoulement est appelé *amas de percolation*. Cet amas est un *objet fractal* dont la dimension peut être évaluée de manière formelle à 91 / 48 soit 1,9 (Stauffer *et al.*, 1999 ; Guyon et Troadec, 1994).

(a) (b) (c)

Fig. 7.5 Illustration de la percolation pour trois probabilités données. En (a) la probabilité est de 0,15, aucun écoulement se produit. En (b) la probabilité est de 0,50, l'organisation de l'écoulement se structure. En (c) la probabilité est de 0,60 et l'écoulement a lieu.

On notera encore que cette question de percolation trouve différentes applications, notamment dans l'étude de la propagation des feux de forêts, des épidémies ou encore des crises économiques.

Calcul du stock d'eau

La quantification des flux se fait à l'aide de profils hydriques et repose sur l'application de l'*équation de continuité*. La loi de continuité exprime que la variation de la teneur en eau dans le temps est égale aux variations spatiales du flux :

$$\frac{\Delta\theta}{\Delta t} = -\frac{\Delta q}{\Delta z} \quad \text{soit encore} \tag{7.4}$$

$$\Delta q = -\frac{\Delta\theta \cdot \Delta z}{\Delta t} \tag{7.5}$$

où $\Delta\theta$ est la variation de la teneur en eau $[m^3/m^3] = 100$ [%], valeur positive ou négative suivant que le sol perd ou stocke de l'eau, Δq la variation du flux transitant [mm / h], Δz la variation de la profondeur [mm] et Δt la variation du temps [h].

Soient deux profils hydriques mesurés respectivement aux temps t_1 et t_2, la variation de stock ΔS entre les cotes altimétriques z_1 et z_2 durant l'intervalle de temps $\Delta t = t_2 - t_1$ est représentée par la surface de profondeur unitaire comprise entre ces deux profondeurs et les deux profils hydriques correspondants (fig. 7.6). On a alors les équations suivantes :

$$\Delta q = q_{z2} - q_{z1} \tag{7.6}$$

$$\Delta q = -\frac{1}{\Delta t}\int_{z_1}^{z_2} \Delta\theta \cdot \mathrm{d}z \tag{7.7}$$

$$\Delta q = -\frac{1}{\Delta t}(\Delta S)_{z2-z1} \tag{7.8}$$

où qz_1 *et* qz_2 représentent les flux d'eau moyen entre t_1 et t_2 à travers les sections de cote respective z_1 et z_2, Δt l'intervalle de temps compris entre t_1 et t_2, et $\Delta Sz_2 - z_1$ la surface comprise entre les deux profils hydriques et les profondeurs z_1 et z_2.

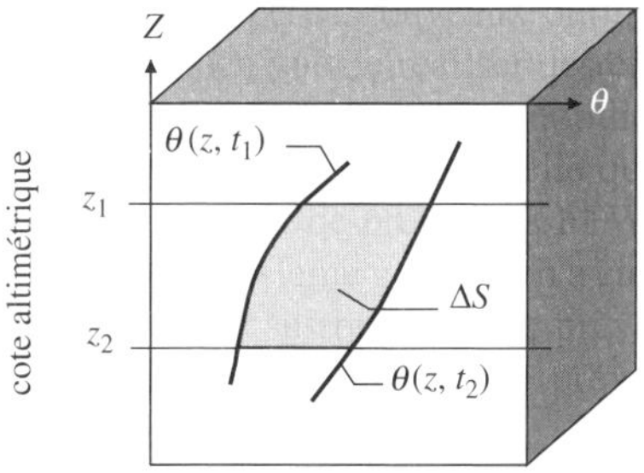

Fig. 7.6 Calcul des variations du stock d'eau du sol (d'après Musy et Soutter, 1991).

7.3.3 Eau du sous-sol ou souterraine

La discipline des sciences hydrologiques qui s'occupe des eaux souterraines est l'***hydrogéologie***. Celle-ci a pour objet d'une part la connaissance des conditions géologiques et hydrologiques ainsi que des lois physiques qui régissent l'origine, la présence, les mouvements et les propriétés des eaux souterraines, et d'autre part l'application de ces connaissances à la prospection, au captage, à l'exploitation, à la protection et à la gestion des eaux souterraines. L'hydrogéologie met aussi l'accent sur la relation entre les eaux souterraines et l'environnement géologique, c'est-à-dire la chimie, les modes de migration des substances chimiques, l'accumulation de l'eau, etc.

Des études hydrogéologiques détaillées sont souvent nécessaires pour l'établissement du *bilan hydrologique* d'un bassin. La connaissance des structures hydrogéologiques permet de fixer les limites du bassin versant, de vérifier la concordance du bassin hydrographique avec le bassin des eaux souterraines (chap. 2), de localiser les couches aquifères aux différentes profondeurs et d'établir leurs relations entre elles et avec les eaux de surface.

Rappelons encore que le système des eaux souterraines est lié au cycle hydrologique par différents processus: infiltration par la zone non saturée, apport souterrain par percolation et drainance, évaporation par la zone non saturée et finalement écoulement souterrain.

Définitions : aquifères et type de nappes

L'hydrogéologie se base sur l'analyse de deux entités essentielles, l'*aquifère* et la *nappe d'eau souterraine :*

Un ***aquifère*** est une formation géologique perméable (sol ou roche) dont les pores ou fissures communiquent et sont suffisamment larges pour que l'eau puisse y circuler librement sous l'effet de la gravité (exemples : sables, graviers, craie fissurée, grès, etc.). L'aquifère constitue ainsi un réservoir des nappes d'eau souterraines.

La ***nappe d'eau souterraine*** est constituée par l'ensemble des eaux comprises dans la zone saturée de l'aquifère dont toutes les parties sont en continuité hydraulique.

On distingue différents types de nappes :

- Une *nappe libre* est une nappe dont la limite supérieure dans la formation poreuse est à surface libre, sans contraintes physiques. On appelle *nappe phréatique,* la première nappe libre rencontrée. La pression exercée sur le toit de cette nappe est égale à la pression atmosphérique.
- Une *nappe captive* est une nappe d'eau souterraine emprisonnée dans une formation géologique perméable, entre deux formations imperméables (fig. 7.7). L'eau contenue dans la nappe captive est donc soumise à une pression supérieure à la pression atmosphérique. La surface fictive de cette nappe correspondant à la *surface piézométrique* est située au-dessus de la limite supérieure de l'aquifère confiné. Lorsque la charge hydraulique est supérieure au niveau du sol, l'eau jaillit naturellement (cf. puits artésien dans fig. 7.7). Ce phénomène est appelé *artésianisme* et on appelle alors ce type de nappe captive, *nappe artésienne*. Notons qu'une nappe captive présente également une surface libre par où l'eau peut s'infiltrer. Cette zone d'alimentation s'appelle la *surface de captage*.
- Une *nappe semi-captive* appartient à un aquifère dont le toit ou/et le substratum est constitué par une formation semi-perméable. Les échanges d'eau avec cette formation semi-perméable superposée ou sous-jacente réalisés dans

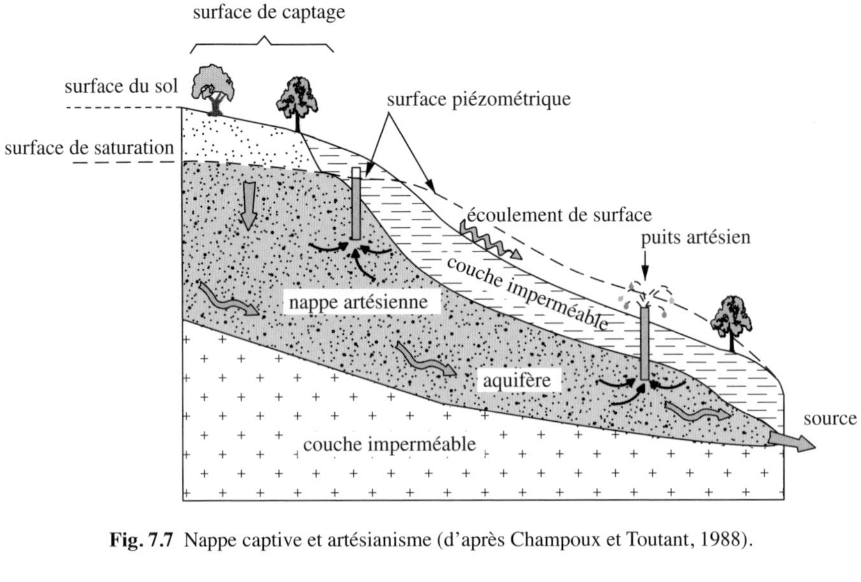

Fig. 7.7 Nappe captive et artésianisme (d'après Champoux et Toutant, 1988).

certaines conditions hydrodynamiques favorables (différences de charge), sont appelés *drainance*.

- Une *nappe perchée* est une nappe libre, permanente ou temporaire, formée dans une zone non saturée, et qui surmonte une nappe libre de plus grande extension.

En résumé, l'aquifère est un système dynamique caractérisé par sa configuration et sa structure. Ces derniers permettent de distinguer trois types d'hydrodynamisme de nappe: nappe libre, nappe captive et nappe semi-captive.

Définitions et mesure de la surface piézométrique

La *surface d'une nappe* ou ***surface piézométrique*** est la surface de la zone saturée d'un aquifère à nappe libre, mais peut aussi correspondre au toit d'un aquifère à nappe captive. C'est une donnée dimensionnelle importante. Sa forme permet d'étudier les caractéristiques de l'écoulement des eaux souterraines et la réserve de la nappe. Dans un aquifère à nappe libre, elle ne doit pas être confondue avec la surface libre, dont elle diffère dès que la frange capillaire saturée n'est plus négligeable.

La ***surface libre d'une nappe*** correspond au lieu des points d'une nappe où la pression de l'eau est égale à la pression atmosphérique. Celle-ci est un cas particulier de surface piézométrique (surface d'équipression).

La mesure du niveau de la surface piézométrique de la nappe se fait ponctuellement à l'aide de ***piézomètres***. Ce sont des tubes de faibles diamètres, en plastique ou en métal, munis de nombreux orifices, forés ou battus verticalement dans la couche aquifère.

En présence de systèmes stratifiés présentant plusieurs nappes superposées séparées par des niveaux imperméables, les nappes profondes peuvent être étudiées à l'aide de piézomètres dont les orifices se situent à des profondeurs adéquates.

Caractéristiques principales de l'aquifère

La première fonction de l'aquifère est l'emmagasinement souterrain réglant le stockage et la libération de l'eau mobile. L'aquifère peut être caractérisé par des indices qui se rapportent à l'aptitude de récupérer de l'eau contenue dans les vides (seuls les gros orifices sont susceptibles de libérer l'eau facilement). Ces indices sont donc liés au volume d'eau exploitable.

On distingue ainsi:

- La *porosité efficace* qui correspond au rapport du volume d'eau «mobile» à saturation, libérée sous l'effet de la gravité, au volume total du milieu qui la contient. Elle varie généralement entre 0,1 et 30 %. La porosité efficace est un paramètre déterminé en laboratoire ou sur le terrain.
- Le *coefficient d'emmagasinement* qui est le rapport du volume d'eau libéré ou emmagasiné, par unité de surface de l'aquifère, à la variation de charge hydraulique Δh correspondante. Le coefficient d'emmagasinement est utilisé pour caractériser plus précisément le volume d'eau exploitable, il conditionne l'emmagasinement de l'eau souterraine mobile dans les vides du réservoir. Pour une nappe captive, ce coefficient est extrêmement faible; il représente en fait le degré de compression de l'eau.
- La *conductivité hydraulique* à saturation figurant dans la loi de Darcy caractérise l'effet de résistance à l'écoulement dû aux forces de frottement. Ces

dernières sont fonction des caractéristiques de la matrice solide et de la viscosité du fluide. Elle est déterminée par expérimentation soit au laboratoire, soit directement sur le terrain par essai de pompage.

- La *transmissivité* est le débit d'eau qui s'écoule d'un aquifère, par unité de largeur, sous l'effet d'une unité de gradient hydraulique. Elle est égale au produit de la conductivité hydraulique à saturation et de la *puissance* (hauteur) de la nappe.
- La *diffusivité* caractérise la vitesse de réaction d'un aquifère lors d'une perturbation (variation de niveau de la rivière, de la nappe, pompage). Elle s'exprime par le rapport entre la transmissivité et le coefficient d'emmagasinement.

Vitesses d'écoulement réelle et fictive, débit d'une nappe

Rappelons que l'écoulement de l'eau à travers les formations perméables, en milieu saturé, est régi par la *loi de Darcy*. La vitesse d'écoulement de l'eau est en fait une vitesse fictive de l'eau à travers la section totale d'écoulement. La figure 7.8 montre que, compte tenu du fait que la section d'écoulement n'est pas similaire à celle de l'ensemble du massif sol, l'eau devra circuler beaucoup plus rapidement dans les cheminements disponibles. Ce fait est traduit par la tortuosité du milieu définie comme étant une fonction du rapport entre la longueur réelle L_r et la longueur apparente L_a (fig. 7.8a et b). Certains auteurs ont par ailleurs mis en évidence des relations entre porosité et milieu et sa tortuosité (Kou *et al.*, 2012).

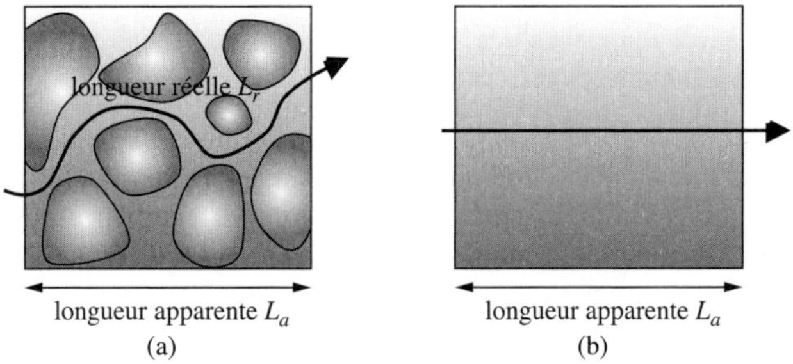

Fig. 7.8 Ecoulement réel (a) et écoulement fictif (b).

Le débit d'une nappe Q est le volume d'eau par unité de temps, traversant une section transversale d'aquifère sous l'effet d'un gradient hydraulique déterminé.

Le débit d'une nappe souterraine, à travers une section de sol, peut s'exprimer par l'équation :

$$Q = K_s \cdot i \cdot A \text{ , } Q = K_s \cdot i \cdot H \cdot l \text{ , soit encore } Q = T \cdot i \cdot l \tag{8.9}$$

où Q est le débit d'une nappe souterraine [m^3/s], K_S la conductivité hydraulique à saturation du milieu [m/s], i le gradient de charge hydraulique [m/m], A la section de sol [m^2], H l'épaisseur de l'aquifère [m], L la largeur moyenne de la section d'écoulement [m] et T la transmissivité [m_2/s]. La transmissivité $T = K_s \cdot H$ exprime la capacité de production de la nappe soit le débit total par unité de largeur de la nappe sous une charge unitaire.

Calcul du stock d'eau

Pour évaluer le volume des eaux souterraines, on procède soit par estimation du niveau imperméable par une étude géologique appropriée, soit par détermination du coefficient d'emmagasinement de la roche ou encore par des mesures des niveaux piézométriques.

La *réserve exploitable* d'eau souterraine d'une nappe libre ou captive est donnée par la différence du niveau piézométrique actuel avec le niveau auquel on accepte de rabattre la nappe, multiplié ensuite par sa surface moyenne et son coefficient d'emmagasinement.

Concept de tarissement des nappes

Le concept de *tarissement* désigne la vidange des nappes. En l'absence de pluies, l'évaporation et la transpiration végétale épuisent progressivement les réserves en eau souterraine du bassin versant. Les débits décroissent alors régulièrement.

On appelle ***tarissement simple*** tout tarissement de nappe, de source, de cours d'eau qui se déroule en conditions semblables à la décharge, en régime non influencé (dû à l'apport de pluie par exemple, pendant la période de tarissement), d'une nappe captive ou d'une nappe libre, profonde ou phréatique. Le tarissement simple peut être décrit par différentes lois. Nous ne développerons ici que la *loi exponentielle simple* qui est l'une des lois les plus appliquées. Celle-ci s'exprime par la relation suivante avec le temps t en seconde :

$$Q = Q_0 \cdot e^{-\alpha t} \tag{7.10}$$

où Q est le débit d'étiage au temps t [m^3/s], α le coefficient de tarissement, et Q_0 le débit initial au temps t_0 [m^3/s].

Une application immédiate de la loi de tarissement simple est la détermination du volume utile d'eau emmagasiné dans la nappe à un temps donné. En effet, si la loi de tarissement $f(t)$ du bassin versant est connue, il est alors possible d'évaluer sa capacité d'emmagasinement par son intégration sur l'intervalle de temps $[t, \infty]$. Le volume d'eau disponible à un instant t est alors donné par l'équation suivante :

$$V = \int_t^\infty Q(t) \cdot \mathrm{d}t \tag{7.11}$$

où V est le volume d'eau disponible contenu dans les réserves d'un bassin versant. Dans le cas particulier d'une loi décroissante exponentielle (fig. 7.9), et en prenant $t = 0$, on obtient :

$$V = \int_t^\infty Q(t) \cdot \mathrm{d}t = \int_t^\infty Q_0 \cdot e^{-\alpha t} \cdot \mathrm{d}t = Q_0 \cdot \left[-\frac{1}{\alpha} \cdot e^{-\alpha t} \right]_0^\infty = \frac{Q_0}{\alpha} \tag{7.12}$$

Le calcul du volume d'eau disponible permet d'évaluer la possibilité du soutien à l'étiage (plus petit débit observé dans un cours d'eau) en période sèche d'une région donnée.

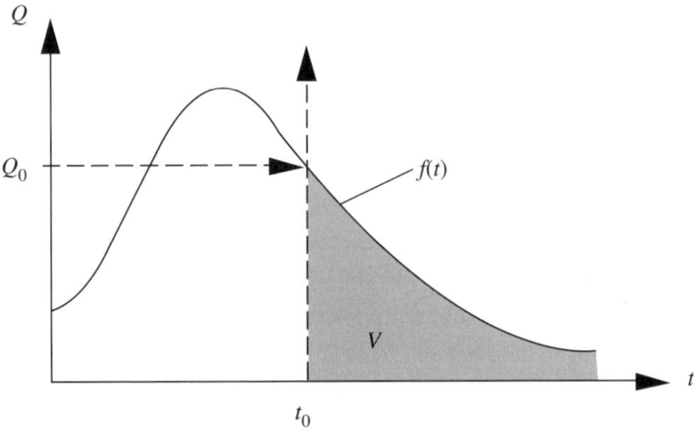

Fig. 7.9 Capacité d'emmagasinement d'un bassin versant.

7.4 STOCKS D'EAU SOUS FORME SOLIDE

7.4.1 Couverture neigeuse

La couverture neigeuse est une composante essentielle du stockage dans les régions montagneuses. La neige accumulée sur un bassin versant constitue une réserve potentiellement utilisable pour l'alimentation en eau d'une région et le remplissage de réservoirs.

Sur les bassins montagneux, l'écoulement en rivière est pour une grande part composé de la fonte de la neige. Celle-ci influence le ruissellement de surface en modifiant la surface d'écoulement.

Evaluation du stock neigeux

L'épaisseur et l'étendue du manteau neigeux peuvent être évaluées par différentes méthodes.

La photographie aérienne et la photogramétrie peuvent fournir des informations sur l'étendue de la couverture neigeuse, ainsi que sur sa répartition, dans les régions montagneuses dénudées ou faiblement boisées. L'épaisseur de la neige est évaluée par soustraction des niveaux de la surface de la neige et de la surface du sol.

L'utilisation de relevés topographiques permet de déterminer l'altitude de la limite des neiges sur les versants montagneux.

Les photographies prises par satellites (analogiques ou digitales) peuvent également être utilisées dans la détermination générale de l'étendue du manteau nival, aussi bien en montagne qu'en plaine.

Cependant, la prospection in situ reste le système le plus employé pour estimer les variations de l'épaisseur de neige.

Les mesures du manteau nival sur de grandes surfaces, combinées avec les valeurs de densité de la neige estimées localement, permettent une évaluation de l'*équivalent en eau* pour toute une région. L'équivalent en eau moyen du stock neigeux sur l'ensemble du bassin versant peut être déduit à partir des mesures de l'équivalent en neige obtenues aux diverses stations ou zones témoins, en appliquant par exemple une méthode de pondération de type polygones de Thiessen.

La connaissance du volume d'eau emmagasiné sous forme de neige ne suffit souvent pas à l'hydrologue ; il doit également estimer le temps de fonte et d'écoulement du stock neigeux.

Ecoulement de l'eau à l'intérieur du massif de neige

Pendant la période de fonte, le couvert de neige est formé de deux parties distinctes, à savoir : la partie supérieure, non saturée, qui peut tout de même contenir une certaine quantité d'eau (l'eau s'y écoule verticalement, par percolation) et la partie sous-jacente, en contact avec le sol, qui est constituée par de la neige saturée en eau (fig. 7.10). Cette dernière fournit le ruissellement superficiel qui alimente les rivières et les lacs. L'écoulement se fait parallèlement au terrain suivant la loi de Darcy.

La vitesse à laquelle l'eau accumulée sous forme de neige apparaît dans les rivières n'est pas seulement déterminée par le taux de fonte de neige, mais aussi par le temps pris par l'eau pour atteindre ces rivières. Le couvert neigeux traversé par cette eau contrôle le type d'écoulement et sa vitesse.

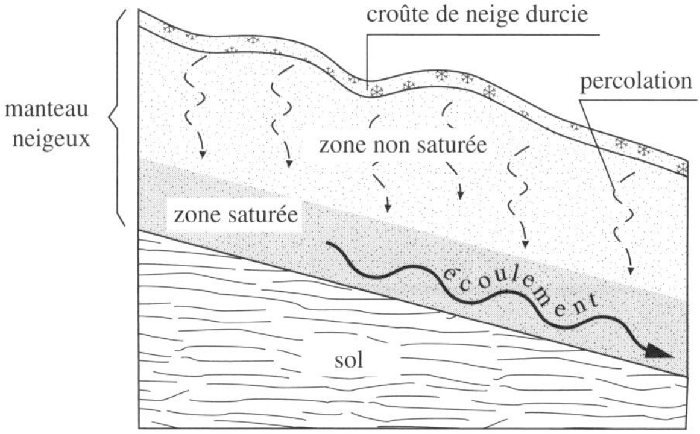

Fig. 7.10 Illustration des processus d'écoulement au sein d'une couche neigeuse.

7.4.2 Couverture glaciaire

On peut distinguer deux types de couvertures glaciaires : les glaciers permanents et la glace qui se forme au-dessus des plans d'eau (lacs et rivières).

Glaciers

Un ***glacier*** est défini comme une masse de glace à la surface du sol (l'hydrologue englobe dans la notion de glacier, toutes glaces et neige pérennes), constituée de la recristallisation de la neige ou d'autres précipitations, se déplaçant lentement vers l'aval.

Rappelons que l'équivalent en eau des glaciers ne représente que 2 % de la totalité de l'eau du globe, mais 77 % des ressources en eau douce. La glace du globe se retrouve essentiellement en Antarctique (13,9 10^6 km^2 et 90 % de la glace totale) et au Groenland (1,8 10^6 km^2 et 9 % de la glace totale). Seulement 1 % de glace se retrouve dans les autres régions du globe. Toutefois, cela peut représenter une quantité de glace importante à une échelle locale. Par exemple, le volume total des glaciers suisses actuels pourrait recouvrir tout ce pays d'une couche de glace de 150 cm d'épaisseur, ce qui correspond à peu près aux précipitations moyennes annuelles de la Suisse.

Le bilan annuel d'un glacier est, en général, calculé par des méthodes indirectes. Les études glaciologiques étant très complexes et très coûteuses, on se contente, pour de nombreux glaciers, d'observer la fluctuation de leur front. Ce calcul du bilan peut se faire selon trois possibilités, soit par bilan d'énergie, soit par bilan hydrologique ou encore par bilan géodésique.

Glace recouvrant les lacs et les rivières

Les quantités de glace recouvrant les cours d'eau, les lacs et les réservoirs peuvent causer divers problèmes, entre autres gêner la navigation, endommager certains ouvrages ou former des *embâcles*. Ces dernières peuvent par la suite générer des *débâcles* brutales pouvant provoquer de sérieuses inondations.

Le régime caractérisant la formation de glace recouvrant des lacs et des rivières peut être estimé par les éléments suivants :

- époques auxquelles apparaissent les premiers indices de glace flottante ;
- nature, densité et épaisseur de la glace ;
- époques auxquelles la glace prend toute la surface de l'eau ;
- époques de la débâcle ;
- époques auxquelles la glace a complètement disparu des cours d'eau.

L'épaisseur de la glace est le seul élément qui peut être déterminé par des mesures, au moyen d'une tarière de sondage et à la règle et à des endroits représentatifs de la rivière, lac ou réservoir. Les autres caractéristiques sont évaluées visuellement.

Sur les cours d'eau et lacs importants, les observations aériennes sur la formation de la glace ou la débâcle sont d'une grande valeur. Les données de télédétection fournies par les satellites, permettent également une estimation des caractéristiques de la glace sur les lacs et les réservoirs.

Glaces de mer

Lorsque la température s'abaisse au-dessous de 1,9 °C environ (Cojan et Renard, 2013), l'eau de mer gèle, formant ainsi de la glace dite « huileuse ». Cette glace va s'accumuler sous l'effet des vagues pour s'agglomérer en une surface plus compacte que l'on nomme banquise. La glace de mer peut recouvrir des surfaces de plusieurs millions de kilomètres carrés comme en Arctique ou en Antarctique. Elle peut aussi se former à l'embouchure de fleuves comme le Saint-Laurent en décembre pour fondre entre mars et mai ou encore dans les fjords, le plus connu étant le fjord glacé d'Ilulissat à l'ouest du Groenland.

7.5 CONCLUSION

Si le terme de stockage est en général exprimé sous la forme de ses variations dans l'équation du bilan hydrologique, on doit se rappeler que les réserves en eau de la Terre sont estimées approximativement à 1 386 000 000 km^3 sur lesquels seuls 35 029 000 km^3 sont de l'eau douce.

Les concepts présentés dans ce chapitre ne doivent donc pas faire oublier au lecteur qu'au-delà de notions spécifiques comme le profil hydrique d'un sol, la loi de Darcy ou encore les crues d'embâcle, les réserves en eau conditionnent l'évolution de la vie sur Terre. Sans reprendre les considérations générales abordées au chapitre 2, il a été introduit dans ce chapitre une typologie du stockage de l'eau en insistant quelque peu sur la rétention de l'eau liquide dans les sols.

CHAPITRE 8

LA MESURE HYDROLOGIQUE

Les précédents chapitres nous ont permis de décrire les diverses composantes du cycle de l'eau. Il nous appartient maintenant de préciser comment ces dernières peuvent faire l'objet de mesures afin de pouvoir quantifier les échanges entre les différents réservoirs du cycle, car c'est bien là que se situe une des tâches essentielles de l'hydrologue. Cette partie aborde donc les mesures des précipitations, de l'évaporation, des débits ainsi que du transport solide.

8.1 MESURE DES PRÉCIPITATIONS

La mesure des précipitations est l'une des plus complexes en météorologie car on observe une forte variation spatiale selon le déplacement de la perturbation, le lieu de l'averse, la topographie et les obstacles géographiques locaux gênant sa captation.

On exprime généralement les précipitations en hauteur ou lame d'eau précipitée par unité de surface horizontale (mm). Si on rapporte cette hauteur d'eau à l'unité de temps, il s'agit d'une intensité (mm / h). Rappelons que :

$$1 \text{ mm} = 1\ \ell / \text{m}^2 = 10 \text{ m}^3 / \text{ha}$$

La précision de la mesure est au mieux de l'ordre de 0,1 mm. En Suisse, toute précipitation supérieure à 0,5 mm est considérée comme pluie effective.

L'enregistrement des pluies en général, et des averses en particulier, se fait au moyen de divers appareils de mesure. Les plus classiques sont les pluviomètres et les pluviographes, à enregistrement mécano-graphique ou digital. Au contraire de ces approches ponctuelles, il existe des méthodes de mesures globales fondées sur les méthodes radar, la télédétection ainsi que l'utilisation des réseaux de téléphonie mobile.

Historiquement, comme le rappelle Biswas (1970), les premières mesures des précipitations ont été effectuées dès le IVe siècle av. J.-C. en Inde puis en Palestine et en Chine dès le premier siècle. Le premier pluviomètre connu provient de Corée et fut découvert en 1441 (fig. 8.1). En Europe, il faut attendre le XVIIe siècle et les expériences menées par l'Italien Benedetto Castelli ainsi que celles de Christopher Wren en Angleterre pour voir se développer les premières mesures des précipitations et la réalisation de pluviomètres. En Suisse, malgré les propositions d'observer le climat

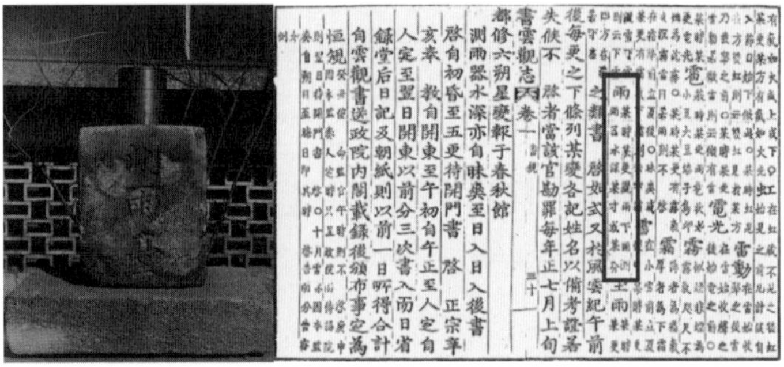

(a) (b)

Fig. 8.1 (a) Pluviomètre coréen datant de 1441 (tiré de Biswas, 1970) et enregistrement des pluies datant de 1818. L'encadré en noir présente un enregistrement avec l'heure et la date ainsi que la profondeur d'eau mesurée dans le pluviomètre (tiré de Chun et Jeon, 2005).

dès 1697 sous la houlette du naturaliste Johann Jakob Scheuchzer, il faudra attendre 1863 pour qu'un réseau comprenant 88 stations soit mis en place. C'est à partir de cette date que débuteront les observations météorologiques pour la Suisse.

8.1.1 Pluviomètres

Le pluviomètre est l'instrument de base de la mesure des précipitations liquides ou solides. Il indique la pluie globale précipitée dans l'intervalle de temps séparant deux relevés. Le pluviomètre est généralement relevé une fois par jour (en Suisse, tous les matins à 7h30). La hauteur de pluie lue le jour j est attribuée au jour *j-1* et constitue sa « pluie journalière » ou « pluie en 24 heures ». Si la station pluviométrique est éloignée ou difficile d'accès, il est recommandé de recourir au pluviomètre totalisateur. Cet appareil reçoit les précipitations sur une longue période et la lecture se fait par mesure de la hauteur d'eau recueillie ou par pesée. En cas de neige ou de grêle on procède à une fusion avant mesure.

Un pluviomètre se compose d'une bague à arête chanfreinée, l'orifice, qui surmonte un entonnoir conduisant au récepteur (seau). Pour uniformiser les méthodes et minimiser les erreurs, chaque pays a dû fixer les dimensions des appareils et les conditions d'installation. Chaque pays a pourtant son type de pluviomètre, dont les caractéristiques sont toutefois peu différentes. En France, c'est le type SPIEA qui est utilisé (surface réceptrice de 400 cm^2) ; en Suisse, nous utilisons le pluviomètre de type Hellmann, d'une surface de 200 cm^2 (fig. 8.2).

La quantité d'eau recueillie est mesurée à l'aide d'une éprouvette graduée. Le choix du site du pluviomètre est très important. Les normes standard sont basées sur le principe qu'un site est représentatif et caractérisé par l'absence d'obstacles à proximité.

La hauteur au-dessus du sol de la bague du pluviomètre est également déterminante pour une mesure correcte de la pluie. En effet, les effets du vent créent un déficit en eau, dans le cas où le pluviomètre serait en position élevée. Aussi, malgré les erreurs de captation, les normes OMM (1996) préconisent que la surface réceptrice des pluviomètres (et pluviographes) soit horizontale et située entre 0,5 et 2 m

Fig. 8.2 Pluviomètre totalisateur en plaine et en montagne.

au-dessus du sol; cette hauteur permet de placer facilement l'appareil et évite les rejaillissements. De même, la pente du terrain devrait être inférieure à 19 °C et la distance entre l'obstacle et le pluviomètre devrait être au minimum égale à quatre fois la hauteur de l'obstacle (fig. 8.3).

Fig. 8.3 Principe général de positionnement d'un pluviomètre.

8.1.2 Pluviographes

Le pluviographe se distingue du pluviomètre en ce sens que la précipitation, au lieu de s'écouler directement dans un récipient collecteur, passe d'abord dans un dispositif particulier (réservoir à flotteur, augets, etc) qui permet l'enregistrement automatique de la hauteur instantanée de précipitation. L'enregistrement est permanent et continu, et permet de déterminer non seulement la hauteur de précipitation, mais aussi sa répartition dans le temps donc son intensité. Les pluviographes fournissent des diagrammes de hauteurs de précipitations cumulées en fonction du temps. Il en existe deux types principaux utilisés en Europe.

Pluviographe à siphon

L'accumulation de la pluie dans un réservoir cylindrique est enregistrée par l'élévation d'un flotteur. Lorsque le cylindre est plein, un siphon s'amorce et le vide rapidement. Les mouvements du flotteur sont enregistrés par un tambour rotatif à vitesse constante, entouré d'un papier, et déterminent le tracé du pluviogramme. (fig. 8.4).

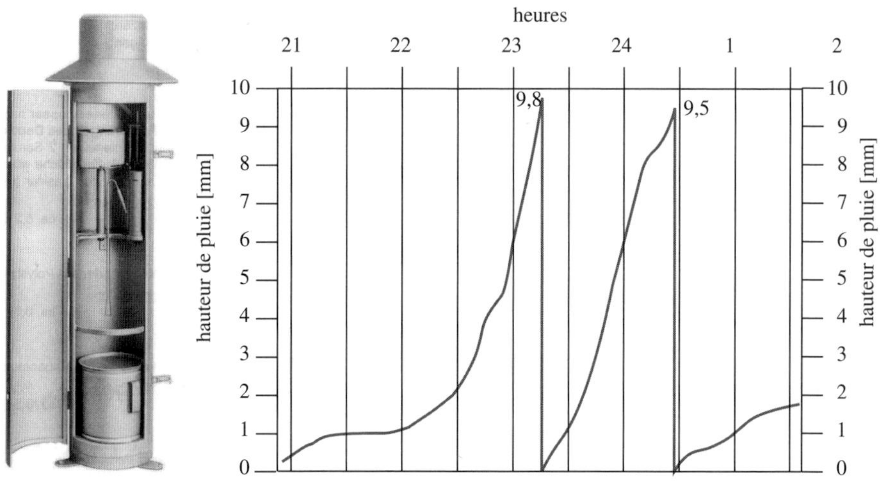

Fig. 8.4 Pluviographe à syphon modèle Lambrecht et pluviogramme.

Pluviographe à augets basculeurs

Cet appareil comporte, en dessous de son entonnoir de collecte de l'eau, une pièce pivotante dont les deux compartiments peuvent recevoir l'eau tour à tour (augets basculeurs). Quand un poids d'eau déterminé (correspondant en général à 0,1 ou 0,2 mm

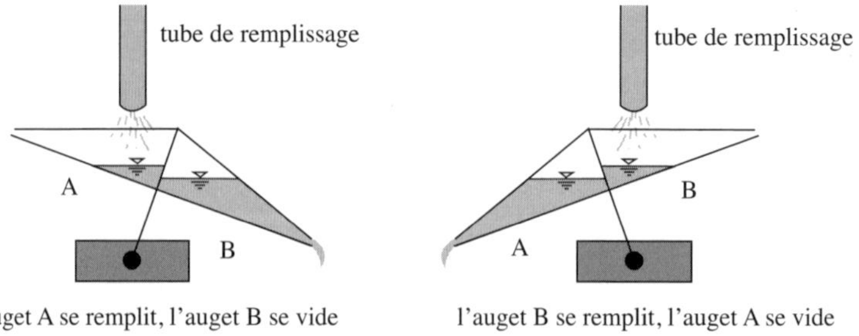

Fig. 8.5 Principe des augets basculeurs.

de pluie) s'est accumulé dans un des compartiments, la bascule change de position : le premier auget se vide et le deuxième commence à se remplir (fig. 8.5). Les basculements sont comptés soit mécaniquement avec enregistrement sur papier enroulé autour d'un tambour rotatif, soit électriquement par comptage d'impulsions (par exemple système MADD) : appareil permettant l'acquisition d'événements en temps réel, développé par l'HYDRAM en 1983. Les pluviographes à augets basculeurs sont actuellement les plus précis et les plus utilisés (fig. 8.6).

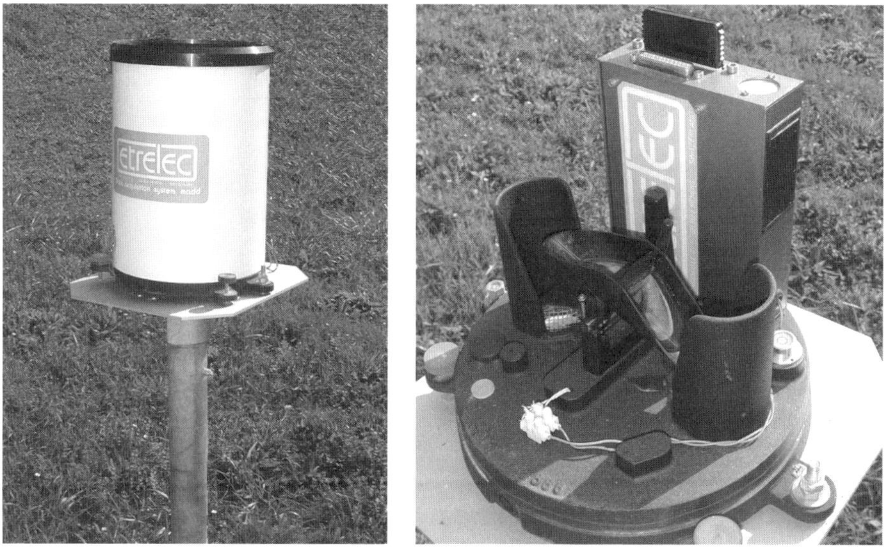

Fig. 8.6 Pluviographe, augets basculeurs et système d'enregistrement MADD.

8.1.3 Radar

Le radar (*Radio Detection And Ranging*) est devenu un instrument d'investigation et de mesure indispensable en physique de l'atmosphère (fig. 8.7). La mesure des précipitations est rendue possible par la forte influence que les hydrométéores exercent sur la propagation des ondes électromagnétiques de faible longueur d'onde. Le radar permet ainsi de localiser et de suivre le déplacement des nuages. Certains radars peuvent estimer l'intensité de la précipitation, avec cependant quelques difficultés dues à la calibration.

L'avantage essentiel du radar, par rapport à un réseau classique de pluviographes, réside dans sa capacité d'acquérir, depuis un seul point, de l'information sur l'état des systèmes précipitants intéressant une vaste région ($\rightarrow 10^5$ km^2). La portée d'un radar oscille en général entre 200 et 300 km.

De nombreuses sources d'erreur affectent toutefois la qualité des estimations de précipitation par radar. Un des points sensibles est la nécessité de trouver une relation moyenne pour la transformation des réflectivités des cibles en intensité des précipitations. Malgré l'incertitude des résultats, le radar est un des seuls instruments permettant la mesure en temps réel sur l'ensemble d'un bassin versant et il est, par

Fig. 8.7 Radar météorologique (Tlemcen, Algérie).

conséquent, très utile pour la prévision en temps réel. Il permet une bonne représentation des phénomènes dans un rayon d'environ 100 km. En Suisse par exemple, il est possible de visualiser les zones de précipitations pour l'ensemble du pays. Les images sont acquises par trois radars opérationnels. La figure 8.8 ci-après donne quelques illustrations du suivi.

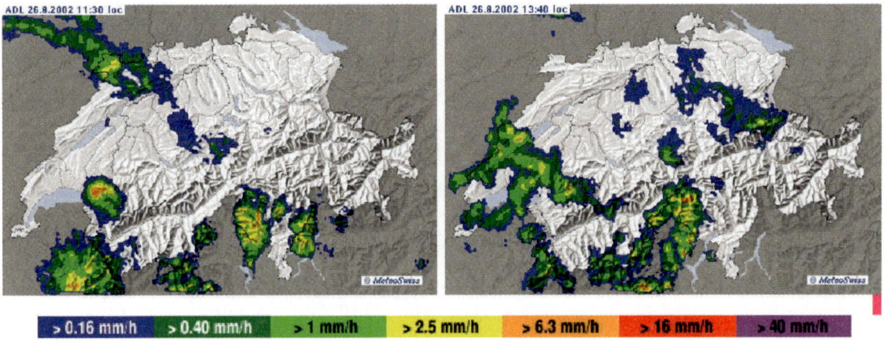

Fig. 8.8 Champs de précipitation obtenus pour la Suisse par méthode radar[1] pour le 26.8.2002 à 11h30 puis 13h40.

[1] Ces images sont extraites du site internet de l'Office fédéral de météorologie et de climatologie MeteoSuisse accessible à l'adresse suivante : http://www.meteosuisse.admin.ch/web/fr/meteo/temps_actuel/image_radar.html

8.1.4 Mesures des précipitations par réseau de téléphonie mobile

En utilisant les perturbations dans les réseaux de communications mobiles, certains chercheurs travaillent l'estimation des champs de précipitations (Musy *et al.*, 2002 ; Allix G., 2013 ; Zinevitch *et al.*, 2008 ; Overeem *et al.*, 2013). Les auteurs ont constaté que la densité des réseaux de mesures pluviométriques diminue bien que les besoins en informations sont absolument nécessaires afin de gérer les ressources en eau. A l'inverse, les réseaux de télécommunication se sont développés de façon exponentielle ces dernières années. Les communications étant altérées par la présence de pluie dans l'atmosphère, les chercheurs ont proposé d'utiliser les mesures des perturbations afin de reconstruire les champs de précipitations. Les réseaux de téléphonie mobile étant aujourd'hui plus denses que les réseaux de pluviomètres, ces mesures présentent une précision supérieure aux mesures classiques.

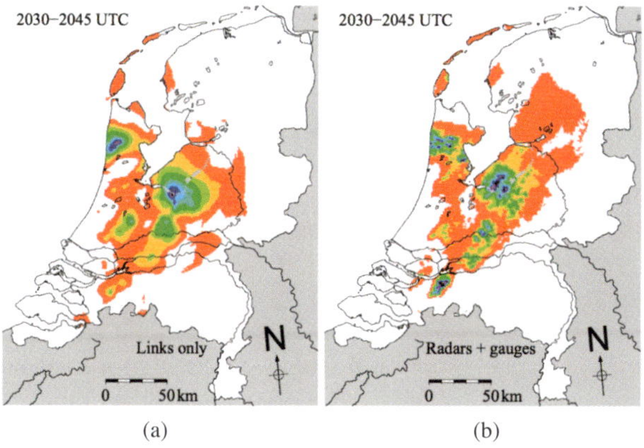

Fig. 8.9 Deux champs de précipitations obtenus par mesure des perturbations du champ de télécommunication mobile (a) et (b) par des méthodes classiques combinant les mesures radar avec des mesures au sol le 10.09.2011 aux Pays-Bas (tiré de Overeem *et al.*, 2013).

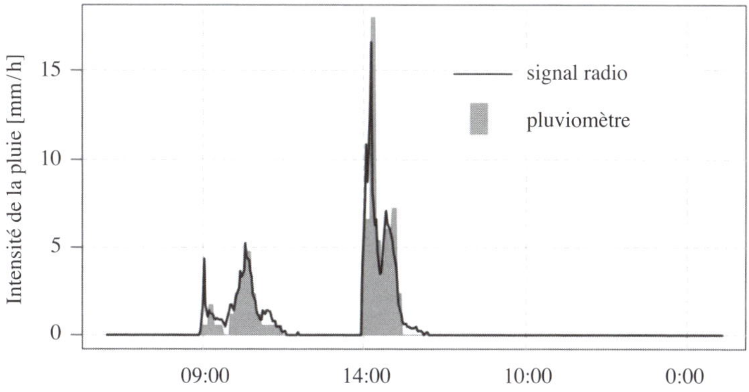

Fig. 8.10 Exemple de mesure d'intensité des précipitations obtenues par les perturbations du réseau de communication mobile et par mesure traditionnelle (tiré de EAWAG, 2010).

En Suisse, des recherches sont actuellement menées au sein de l'Institut de Recherche de l'Eau (EAWAG) du Domaine des EPF en particulier en vue d'améliorer les systèmes de régulation d'évacuation des eaux pluviales en milieu urbain. La figure 8.9 illustre les résultats obtenus à l'aide de cette approche appliquée aux Pays-Bas. La figure 8.10 montre la corrélation obtenue entre l'intensité d'une pluie déterminée par le biais de la perturbation des signaux de téléphonie mobile et les mesures traditionelles pour la Suisse.

8.1.5 Erreurs de mesure

Les *erreurs instrumentales* sont multiples et ont presque toutes pour conséquence de sous-estimer les quantités précipitées. On distingue en général:

- Les erreurs de captation (5 à 80 %): pluie inclinée, fortes pentes, turbulences du vent autour du pluviomètre.
- Les erreurs de l'instrument (environ 0,5 %): déformation de l'appareil de mesure (par exemple déformation du papier enregistreur).
- Les erreurs dues aux rejaillissements (environ 1 %).
- Les pertes par mouillage (environ 0,5 %) : déficit équivalent à l'eau qui humecte les parois intérieures du pluviomètre.
- Les erreurs dues à l'évaporation dans le récipient (environ 1 %).
- Les erreurs propres aux pluviographes: en cas de fortes pluies, la vidange du système à siphon, et respectivement la vitesse de basculement des augets peuvent être trop lentes. Des pertes d'eau au moment du basculement des augets peuvent aussi avoir lieu.

Les *erreurs d'observation* sont en principe systématiques mais ne sont pas trop graves du moment que l'on ne change pas d'observateur (possibilité de corrections).

Les *erreurs de positionnement de l'appareil* (on peut avoir une bonne mesure mais pas représentative du phénomène).

Les *erreurs de représentativité spatiale ou d'échantillonnage* sont difficiles à estimer, car nous ne savons pas dans quelle mesure les quantités recueillies ponctuellement sont représentatives du volume total d'eau précipitée sur l'ensemble du bassin. Le manque de précision de ces appareils de mesure classiques, ainsi que leur coût en entretien ont motivé des chercheurs à développer de nouveaux systèmes basés sur une technologie de pointe.

8.2 MESURE DE L'ÉVAPORATION, DE LA TRANSPIRATION ET DE L'ÉVAPOTRANSPIRATION

8.2.1 Facteurs influençant la mesure de l'évaporation

Les facteurs qui conditionnent l'évaporation sont les suivants: les rayonnements solaires et atmosphériques, la température de l'eau et de l'air, l'humidité de l'air, la pression atmosphérique, le vent, la profondeur et la dimension de la nappe d'eau, la qualité de l'eau et les caractéristiques du bassin (exposition des versants au soleil, au vent, pentes, sol...). Certains de ces paramètres (facteurs météorologiques) sont facilement mesurables. La figure 8.11 montre une station météo équipée de l'ensemble des instruments de mesures de ces paramètres.

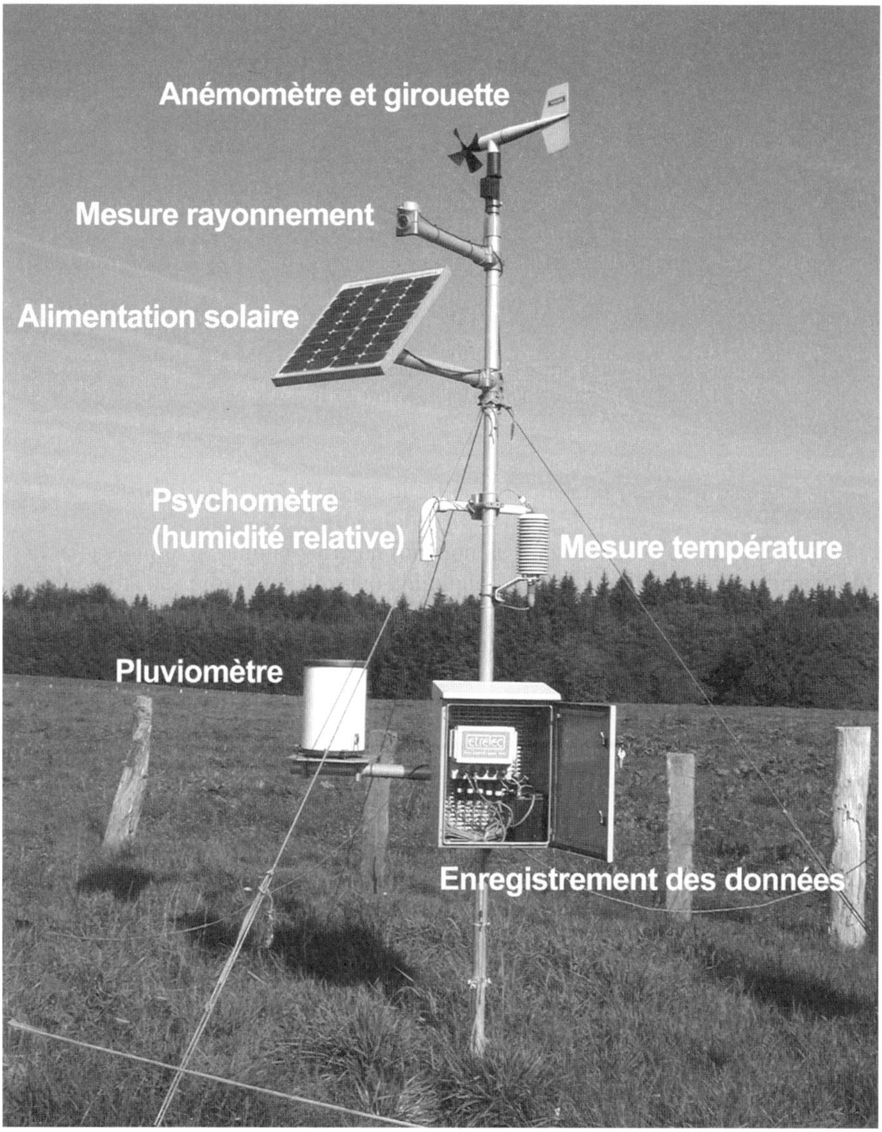

Fig. 8.11 Station métérologique avec enregistrement automatisé (Haute-Mentue, Suisse).

Rayonnement solaire et durée d'insolation
On mesure couramment le rayonnement solaire parvenant au sol. Les mesures portent d'une part sur l'intensité du rayonnement direct, et d'autre part sur le rayonnement global tant sous forme de rayonnement diffus que sous forme de rayonnement direct. Les instruments utilisés sont désignés sous le nom général d'***actinomètres***. Pour la mesure du rayonnement net, on utilise des ***pyranomètres*** à thermopiles, à lames ou plus rarement à distillation.

Il existe plusieurs appareils, nommés ***héliographes***, qui évaluent chaque jour la durée totale de l'insolation pour une station. Ils déterminent la somme des intervalles de temps au cours desquels l'intensité du rayonnement solaire direct a dépassé un certain seuil.

Température

L'instrument de mesure de la température est le ***thermomètre***. Il mesure la dilatation d'un liquide ou d'un solide à fort coefficient de dilatation, ce qui permet d'en déduire la température. Les plus courants sont les thermomètres à mercure, à alcool et à toluène. Citons ici le thermomètre à maxima et/ou minima, qui est capable de retenir la valeur maximale et/ou minimale diurne en utilisant la capillarité.

La mesure de la température de l'air exige quelques précautions en raison des effets perturbateurs, principalement ceux du rayonnement. Il est donc nécessaire de protéger le thermomètre en le mettant sous un abri météorologique (fig. 8.12).

Ces abris météorologiques abritent en général d'autres instruments tels qu'un barographe ou un psychromètre par exemple. La forme et la position de l'abri sont normalisées (2 m). L'abri doit être peint en blanc, avec la porte orientée au nord et des jalousies (normes OMM).

Fig. 8.12 Abri météorologique.

Humidité de l'air

On mesure le taux d'humidité dans l'air avec un instrument appelé ***hygromètre***. Les plus simples sont les hygromètres organiques. Ils sont basés sur la propriété des substances organiques de se contracter ou se dilater selon l'humidité. Le cheveu humain, dégraissé, s'allonge de 2,5 % lorsque l'humidité relative passe de 0 à 100 %. La lecture peut être aisément faite sur un tambour ou sur un cadran qu'on étalonne en fonction de l'humidité relative. L'appareil relié à un système d'enregistrement constitue un hygrographe.

Pour la détermination simultanée de la température de l'air et de l'humidité, on utilise un ***psychromètre***. Celui-ci est constitué d'un thermomètre à bulbe sec qui détermine la température ambiante et d'un thermomètre à bulbe mouillé (bulbe entouré d'un linge humide) qui mesure la température après ventilation de l'instrument. Le principe du psychromètre consiste à déduire l'humidité de l'air des deux températures indiquées respectivement par le thermomètre sec et le thermomètre mouillé, à 0,1 °C près. Cet appareil est le plus précis pour la mesure de l'humidité.

Pression atmosphérique

Il existe divers instruments mesurant la pression atmosphérique. On distingue d'abord le ***baromètre*** à liquide ; le mercure est le plus souvent utilisé à cause de sa densité 13,6 fois supérieure à celle de l'eau. On a parfois recourt à un baromètre mécanique ou ***aéroïde***, installé sous abri météorologique. Il peut se rattacher à un système d'enregistrement (stylo) ; on obtient ainsi un barographe mesurant la pression en fonction du temps.

Vent

Les instruments de mesure du vent sont de deux types ; certains évaluent la vitesse, d'autres la direction. A la surface du sol, les ***anémomètres*** mesurent la vitesse du vent. Ils sont installés à 10 mètres au-dessus du sol, à un endroit dégagé de tout obstacle (bâtiment, arbre...). Les plus fréquemment utilisés sont les anémomètres totalisateurs, constitués de trois ou quatre branches terminées respectivement par une coupelle hémisphérique. Le système se rattache aussi à un dispositif d'enregistrement pour former un ensemble appelé ***anémographe***. Pour la mesure en altitude troposphérique, on se sert d'un ballon rempli d'hydrogène qui s'élève dans l'atmosphère. Connaissant sa vitesse d'ascension et son déplacement horizontal en fonction du temps, on calcule aisément la vitesse du vent qui l'entraîne. La direction du vent est, quant à elle, déterminée à l'aide d'une *girouette* ou d'une manche à air. La direction du vent est donnée

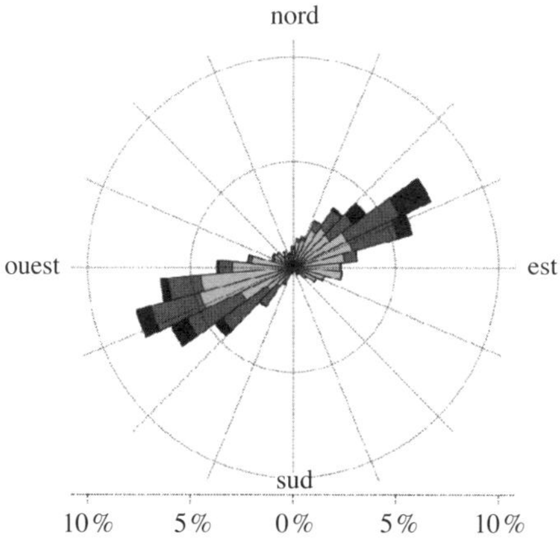

Fig. 8.13 Rose des vents pour Genève-Cointrin pour la période allant de janvier 1989 à décembre 2000 (tiré de MétéoSuisse).

selon les points cardinaux et représentée par un diagramme nommé *rose des vents*. Ce diagramme permet de placer les intensités du vent selon leur direction et leur fréquence. La figure 8.13 montre la répartition des vents pour la station météorologique de Genève-Cointrin. Les vitesses du vent sont respectivement classées en trois catégories, à savoir < 3 m/s (en gris clair), de 3 à 5,9 m/s (en gris) et > 5,9 m/s (en noir).

8.2.2 Mesure de l'évaporation des nappes d'eau libre

Evaporimètres

Les évaporimètres simulent l'évaporation naturelle en évaporant de l'eau distillée à travers une surface poreuse. Le plus simple de ces appareils est l'évaporimètre de Piche. Il est constitué d'un tube d'où l'eau s'évapore à travers la surface de papier filtre. La baisse du niveau de l'eau est directement lisible sur le tube calibré et le taux d'évaporation est alors calculé par unité de surface de papier filtre.

Balances d'évaporation

Les balances d'évaporation mesurent l'évaporation en continu par diminution du poids de l'eau placée dans un plateau sous abri. Elles ne sont pas très représentatives de l'évaporation naturelle en raison de leur faible surface d'eau libre. De plus, le faible volume de l'eau favorise le rôle thermique des parois.

Bacs d'évaporation

Il existe différents types de bacs d'évaporation. Ce sont des bassins de 1 à 5 mètres de diamètre et de 10 à 70 cm de profondeur, posés sur ou dans le sol (bacs hors sol, fig. 8.14) ou encore dans l'eau (bacs flottants). Dans tous les cas, on doit maintenir le niveau de l'eau à faible distance au-dessous du bord du bac. Les variations du niveau d'eau du bac, mesurées à des intervalles fixes, sont le reflet de l'intensité de l'évaporation.

Fig. 8.14 Bac d'évaporation.

8.2.3 Mesure de l'évaporation à partir des sols nus

Verrières ou châssis vitrés

Les verrières sont constituées d'un cadre métallique sans fond, de 1 m^2 de section, posé sur le sol. Une vitre inclinée recouvre ce châssis. L'eau du sol s'évapore et la vapeur se condense sur la paroi froide de la vitre. L'eau condensée est alors collectée par une gouttière et recueillie dans un récipient. Ce type de mesure doit cependant subir des corrections pour tenir compte des effets du vent et de la température à l'air libre.

Lysimètre

Le lysimètre est une cuve étanche enterrée, à parois verticales, ouverte en surface et remplie par une portion de terrain d'une épaisseur de 0,5 à 2 mètres (fig. 8.15). La végétation et les conditions à chaque niveau, surtout la teneur en eau, sont maintenues sensiblement identiques à celles du terrain en place. Les variations de stock d'eau peuvent alors être mesurées avec précision.

Le lysimètre est pourvu à sa base d'un dispositif recueillant l'eau de drainage. On peut déduire l'évaporation à la surface du terrain de ces variations de stock par pesée, ou encore à l'aide des mesures de l'eau du sol et de drainage et des données de précipitations indiquées par un pluviomètre à proximité. L'aire horizontale de la portion de terrain isolé doit être suffisamment grande pour obtenir une bonne précision de la hauteur d'eau évaporée, en théorie à 0,01 mm près.

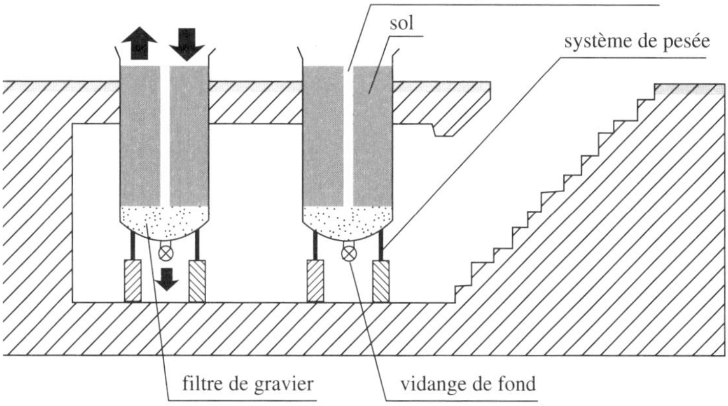

Fig. 8.15 Schéma d'une cuve lysimétrique (tiré de Musy et Soutter, 1991).

8.2.4 Mesure de l'évapotranspiration

La mesure de l'évapotranspiration est une mesure complexe. A l'inverse des autres termes du bilan hydrique, elle est le plus souvent indirecte (en procédant par bilan hydrologique sur une parcelle expérimentale ou sur un bassin versant). Cependant, la mesure de l'*évapotranspiration réelle* (*Etr*) peut être effectuée de façon ponctuelle et directe en se basant par exemple, sur les pertes en eau d'une case lysimétrique portant de la végétation.

L'*évapotranspiration de référence* ET_0 est calculée directement à partir de mesures liées au pouvoir évaporant de l'air (température, humidité, pression, etc.). Le lecteur intéressé par cette détermination peut se référer au manuel édité par la FAO (1998) qui comprend une méthodologie détaillée pour l'estimation de cette grandeur. Deux logiciels peuvent aussi être téléchargés sur le site internet de la FAO[2]. De manière plus générale, une synthèse des méthodes de calcul de l'évaporation peut être consultée dans Mc Mahon *et al.*, 2013.

Enfin, mentionnons encore que certaines recherches portent désormais sur les mesures d'évapotranspiration par le biais d'une méthode nommée *eddy covariance* (Calanca *et al.*, 2011). Cette méthode utilise les mesures de la turbulence atmosphérique afin de déterminer les flux énergétiques au-dessus de la surface étudiée.

8.3 MESURE DES DÉBITS

8.3.1 Définitions

On appelle ***hydrométrie*** l'ensemble des techniques de mesures des différents paramètres caractérisant les écoulements dans les cours d'eau naturels ou artificiels et dans les conduites. Les deux variables principales qui caractérisent l'écoulement sont :

- La *cote de la surface d'eau libre*, notée H et exprimée en mètre. Sa mesure concerne la *limnimétrie*.
- Le *débit du cours d'eau*, noté Q et exprimé en m^3/s ou l/s, représentant le volume total d'eau qui s'écoule à travers une section droite du cours d'eau pendant l'unité de temps considérée. Sa mesure est du ressort de la *débitmétrie*.

Le niveau d'eau dans un canal est facilement observable, mais il n'est représentatif que de la section d'observation et peut être soumis à des modifications dans le temps.

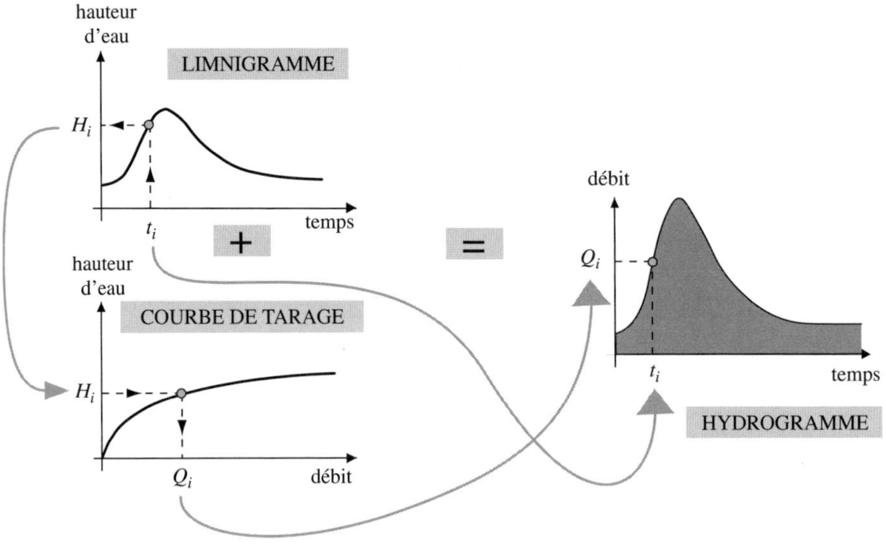

Fig. 8.16 Passage d'un limnigramme à un hydrogramme par l'intermédiaire de la courbe de tarage.

[2] Il s'agit du programme « Eto calculator » (http://www.fao.org/nr/water/eto.html) et « Cropwat » (http://www.fao.org/nr/water/infores_databases_cropwat.html).

Seule la variable débit reflète physiquement le comportement du bassin versant, et peut être interprétée dans le temps et l'espace. Généralement, on ne dispose pas d'une mesure directe et continue des débits mais d'un enregistrement des variations de la hauteur d'eau en une section donnée (station hydrométrique). On passe alors de la courbe des hauteurs d'eau en fonction du temps $H = f(t)$ (appelée *limnigramme*) à celle des débits $Q = f(t)$ (appelée *hydrogramme*) par l'établissement d'une *courbe de tarage* $Q = f(H)$ (fig. 8.16).

La détermination de la courbe de tarage est généralement effectuée au moyen de campagnes de mesures de débits épisodiques, dont la fréquence est un élément essentiel de la qualité et de la précision des données ainsi obtenues. Le nombre de points nécessaire à l'établissement d'une courbe de tarage est de 10 minimum, répartis entre les basses et les hautes eaux. On appelle ***jaugeage*** l'ensemble des opérations destinées à mesurer le débit d'une rivière.

Il est nécessaire de procéder régulièrement à des vérifications de la courbe de tarage au cours du temps, pour tenir compte d'éventuelles déficiences de l'appareil de mesure ou modifications de la section du cours d'eau.

8.3.2 Mesure des hauteurs d'eau (limnimétrie)

La mesure des hauteurs d'eau ou de la variation d'un plan d'eau s'effectue généralement de manière discontinue par la lecture d'une règle graduée (échelle limnimétrique) fixée sur un support. Pour connaître en continu les variations d'un plan d'eau, on utilise des limnigraphes qui fournissent sur un support un enregistrement continu des variations du niveau d'eau dans la rivière en fonction du temps (enregistrement graphique sur bande papier, enregistrement magnétique sur cassette, etc.).

Limnimètre

Le limnimètre est l'élément de base des dispositifs de lecture et d'enregistrement du niveau de l'eau : il est constitué le plus souvent par une *échelle limnimétrique*

Fig. 8.17 Echelles limnimétriques inclinée et verticale.

(fig. 8.17) qui est une règle ou une tige graduée en métal (éventuellement en bois ou en pierre), placée verticalement ou inclinée, et permettant la lecture directe de la hauteur d'eau à la station. Si l'échelle est inclinée, la graduation est corrigée en fonction de l'angle d'inclinaison avec la verticale. La lecture de l'échelle limnimétrique se fait généralement au demi-centimètre près. Le zéro de l'échelle limnimétrique doit être placé au-dessous des plus basses eaux possibles dans les conditions de creusement maximal du lit dans la section de contrôle, et ce pour ne pas avoir de cotes négatives.

Limnigraphe à flotteur

Le limnigraphe à flotteur est un appareil qui maintient un flotteur à la surface de l'eau grâce à un contrepoids, par l'intermédiaire d'un câble et d'une poulie (fig. 8.18). Le flotteur suit les fluctuations du niveau d'eau, qui sont reportées sur un graphe solidaire d'un tambour rotatif (à raison d'un tour par 24h ou par semaine ou par mois). La précision de la mesure est de 5 mm environ.

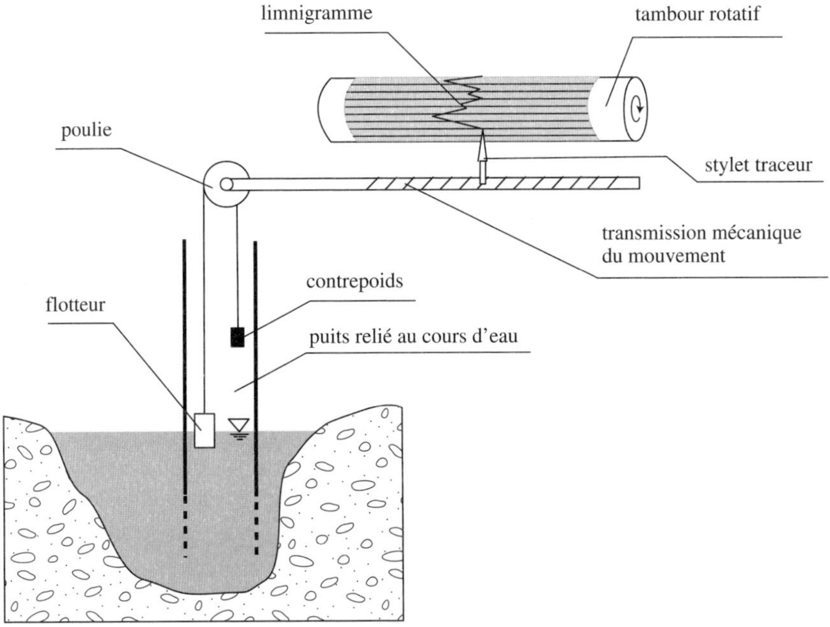

Fig. 8.18 Schéma du limnigraphe à flotteur.

Limnigraphe à pression

Le limnigraphe à pression ou « bulle à bulle » mesure les variations de pression causées par les changements de niveau d'eau. Cet appareil comprend une bonbonne de gaz comprimé, un dispositif de contrôle de pression et un tube immergé relié à la bonbonne (fig. 8.19). Un débit d'air constant sous pression est envoyé au fond de la rivière. Par un manomètre à mercure, on mesure la pression de l'air dans le tube qui est proportionnelle à la hauteur d'eau au-dessus de la prise installée dans la rivière.

Fig. 8.19 Limnigraphe à pression (pneumatique).

Autres capteurs pour la mesure des hauteurs d'eau

Les sondes destinées à remplacer les échelles limnimétriques et autres limnigraphes classiques, permettent l'automatisation du réseau de mesures des hauteurs d'eau. Le point commun de la plupart de ces capteurs est l'emploi de paramètres électriques qui varient en fonction d'une pression exercée sur le système. Citons à titre d'exemple le capteur capacitif et le capteur à ultrasons.

Le capteur capacitif (fig. 8.20), principal instrument de mesure utilisé à l'HYDRAM, est notamment basé sur le principe du condensateur. Une variation de la distance entre les deux plaques du condensateur induit une variation de tension

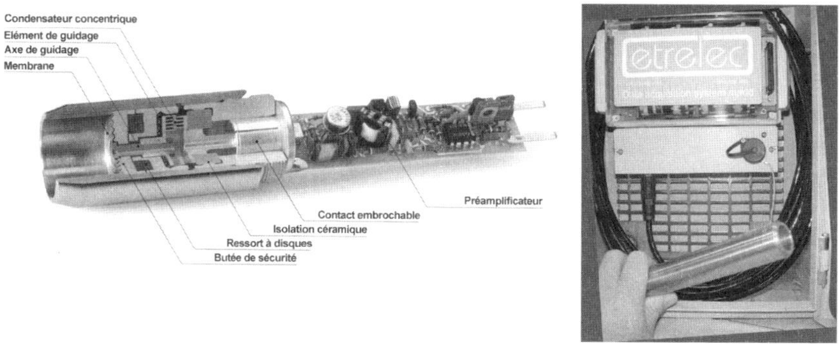

Fig. 8.20 Capteur capacitif et système automatique de lecture.

mesurable. L'appareil, constitué d'une plaque fixe et d'une plaque mobile selon la pression, peut ainsi mesurer des différences de hauteur d'eau lorsqu'on l'immerge verticalement dans le cours d'eau. La pression de l'eau est transmise par l'intermédiaire d'une membrane solidaire de la partie mobile du condensateur.

8.3.3 Mesure des débits

Pour mesurer le débit d'un écoulement naturel (cours d'eau, canal, dérivation...), il existe quatre grandes catégories de méthodes.

- Les *méthodes volumétriques* (ou jaugeage capacitif) permettent de déterminer le débit directement à partir du temps nécessaire pour remplir un récipient d'eau d'une contenance déterminée. Compte tenu des aspects pratiques inhérents à la méthode de mesure (taille du récipient nécessaire, incertitude sur la mesure du temps, aménagement spécifique éventuel), cette méthode n'est généralement pratiquée que pour des débits très faibles, quelques l/s au plus.
- Les *méthodes hydrauliques* tiennent compte des forces qui régissent l'écoulement (pesanteur, inertie, viscosité...). Ces méthodes obéissent aux lois de l'hydraulique.
- Les *méthodes d'exploration du champ de vitesse* consistent à déterminer la vitesse de l'écoulement en différents points de la section, tout en mesurant la surface de la section mouillée. Ces techniques nécessitent un matériel spécifique (moulinet, perche, saumon, courantomètre...) et un personnel formé à son utilisation. Parmi les nombreuses méthodes d'exploration du champ de vitesse, les jaugeages au moulinet et au flotteur sont présentés ci-dessous, ainsi que le principe de fonctionnement des capteurs électromagnétiques.
- Les *méthodes physico-chimiques* prennent en compte les variations, lors de l'écoulement, de certaines propriétés physiques du liquide (concentration en certains éléments dissous). Ces méthodes consistent généralement à injecter dans le cours d'eau un corps en solution, et à suivre l'évolution de sa concentration au cours du temps. Ce sont les méthodes dites *chimique* ou encore *par dilution*.

Toutes ces méthodes de mesures des débits nécessitent généralement un régime d'écoulement en régime fluvial, sauf les jaugeages chimiques, qui sont appropriés en cas d'écoulement torrentiel.

Jaugeage par exploration du champ de vitesse

Rappelons que la vitesse d'écoulement n'est jamais uniforme dans la section transversale d'un cours d'eau. Le principe de cette méthode consiste donc à calculer le débit à partir du champ de vitesse déterminé dans une section transversale du cours d'eau (en un certain nombre de points, situés le long de verticales judicieusement réparties sur la largeur du cours d'eau). Parallèlement à cette exploration du champ de vitesse, on relève le profil en travers du cours d'eau en mesurant sa largeur et en effectuant des mesures de profondeur. Le débit Q [m^3/s] s'écoulant dans une section d'écoulement S [m^2] d'une rivière peut être défini à partir de la vitesse moyenne V [m/s] perpendiculaire à cette section par la relation :

$$Q = V \cdot S$$

La section d'écoulement peut être évaluée en relevant la profondeur d'eau en diverses verticales réparties régulièrement sur toute la largeur. Plusieurs méthodes permettent de déterminer la vitesse moyenne de l'eau.

Jaugeage au moulinet

Le moulinet hydrométrique permet de mesurer la vitesse ponctuelle de l'écoulement. Le nombre de mesures sur une verticale est choisi de façon à obtenir une bonne description de la répartition des vitesses sur cette verticale. De manière générale, on fera entre 1, 3 ou 5 mesures suivant la profondeur du lit (fig. 8.21).

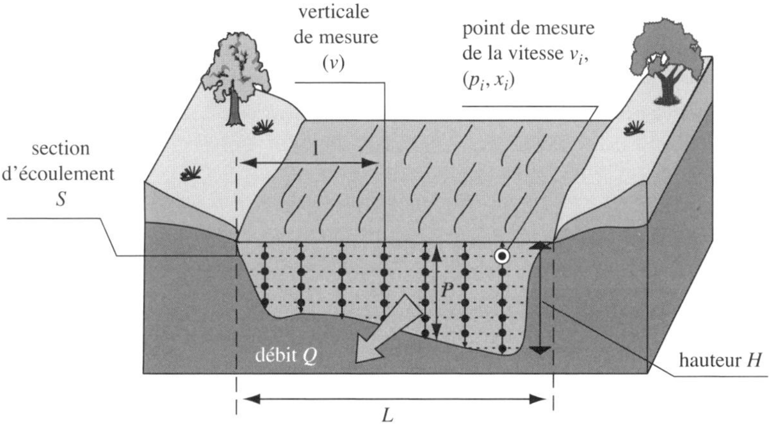

Fig. 8.21 Débit et champ des vitesses à travers une section.

La vitesse d'écoulement est mesurée en chacun des points à partir de la vitesse de rotation de l'hélice située à l'avant du moulinet (nombre de tours n par unité de temps). La fonction $v = f(n)$ est établie par une opération d'étalonnage (courbe de tarage du moulinet). Suivant le mode opératoire adopté pour le jaugeage, le moulinet peut être monté sur une perche rigide ou sur un lest profilé appelé *saumon* (fig. 8.22).

Dans le cas du montage sur perche, le moulinet peut être manœuvré de deux manières. Soit l'opérateur placé dans le cours d'eau (jaugeage à gué) manie directement le moulinet, la perche reposant dans ce cas sur le fond du lit. Cette méthode est

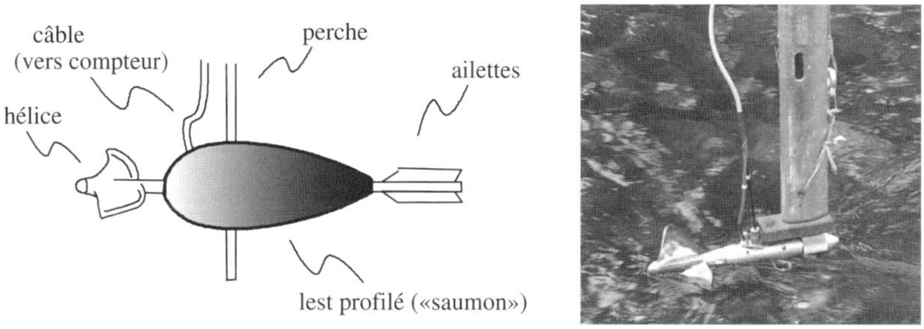

Fig. 8.22 Adaptation du moulinet aux différents modes opératoires.

utilisable dans des sections de profondeur inférieure à 1 mètre et avec des vitesses d'écoulement inférieures à 1 m/s (fig. 8.23). Soit il le fait à partir d'une passerelle, la perche étant suspendue à un support permettant les déplacements verticaux. Les différents modes opératoires du jaugeage au moulinet monté sur un lest sont présentés dans le tableau 8.1.

Tableau 8.1 Méthodes et limites des différents modes opératoires du jaugeage au moulinet monté sur un lest.

Modes opératoires	Limites de la méthode
Mesures à partir d'un pont	Profondeur < 10 m et vitesse < 2 m/s
Mesure à l'aide d'un canot (fig. 8.23)	Profondeur < 10 m et vitesse < 2 m/s
Mesures à partir de stations téléphériques	Vitesses à mesurer supérieures 3 m/s.
Mesures à partir d'un bateau mobile	Rivière large (> 200 m), uniforme et sans présence de hauts-fonds afin d'y manœuvrer facilement.

Finalement, le calcul de la vitesse moyenne de l'écoulement sur l'ensemble de la section S de longueur L se fait par intégration des vitesses v_i définies en chacun des points de la section de profondeur p_i (variant pour chaque verticale de 0 à une profondeur maximale P) et d'abscisse x_i (variant pour chaque verticale de 0 à L). Soit l'expression suivante :

$$Q = \iint_S V \cdot \mathrm{d}S = \int_0^p \int_0^x v_i \cdot \mathrm{d}p \cdot \mathrm{d}x \tag{8.1}$$

L'énorme avantage de la méthode du moulinet est d'être une technique éprouvée quel que soit son mode opératoire. Le moulinet reste l'appareil le plus utilisé pour la mesure des débits en rivière par exploration du champ des vitesses. Cependant cette méthode nécessite un matériel lourd ainsi qu'un personnel nombreux et qualifié.

Fig. 8.23 Jaugeage au moulinet à l'aide d'un bateau (photo A. Musy).

Jaugeage au flotteur

Lorsque le jaugeage au moulinet ne peut pas être effectué en raison de vitesses et de profondeurs excessives ou au contraire trop faibles, ou de la présence de matériaux en suspension, il est possible de mesurer la vitesse d'écoulement au moyen de flotteurs. Il s'agit dans cette méthode de mesurer uniquement des vitesses de surface, ou plus exactement les vitesses dans la tranche superficielle de l'écoulement (les 20 premiers centimètres environ).

Les flotteurs peuvent être soit artificiels (bouteilles en plastiques) soit naturels (arbres, grosses branches, etc.). Le déplacement horizontal d'un flotteur de surface durant un temps *t* permet de déterminer la vitesse de l'écoulement de surface. Plusieurs mesures de vitesse du flotteur doivent être réalisées. La moyenne de ces mesures est ensuite multipliée par un coefficient approprié pour obtenir la vitesse moyenne de l'élément de section. En général, la vitesse moyenne dans la section est de l'ordre de 0,4 à 0,9 fois la vitesse de surface.

Cette méthode donne de bonnes approximations du débit, parfois suffisantes pour les études envisagées.

Sondes électromagnétiques

Différents principes de mesure peuvent être mis en œuvre basés sur le développement récent des instruments utilisant des sondes électromagnétiques. On peut citer :

- Les mesures au *capteur électromagnétique*, basées sur l'application de la loi d'induction de Faraday selon laquelle un conducteur électrique traversant perpendiculairement un champ magnétique induit une tension. En débitmétrie, cette tension est proportionnelle à la vitesse de passage du liquide considéré et est indépendante des caractéristiques du liquide à mesurer telles que densité, viscosité, conductivité électrique, mais non des caractéristiques de sa charge particulaire.
- Les capteurs à *ultrason Doppler*, fixés sur un côté de l'écoulement, émettent un signal ultrasonique dans le flux du liquide (fig. 8.24). Lorsque ce signal est

Les sondes A et B sont à la fois émettrices et réceptrices. Elles émettent alternativement l'une vers l'autre.

Le signal acoustique qui se propage dans le fluide est recueilli par la sonde opposée.

Les temps de propagation Amont/Aval et Aval/Amont sont mesurés avec grande précision (typiquement 0.2 ns).

A partir de ces temps et de la position géométrique des sondes, la vitesse moyenne sur le trajet acoustique peut être calculée.

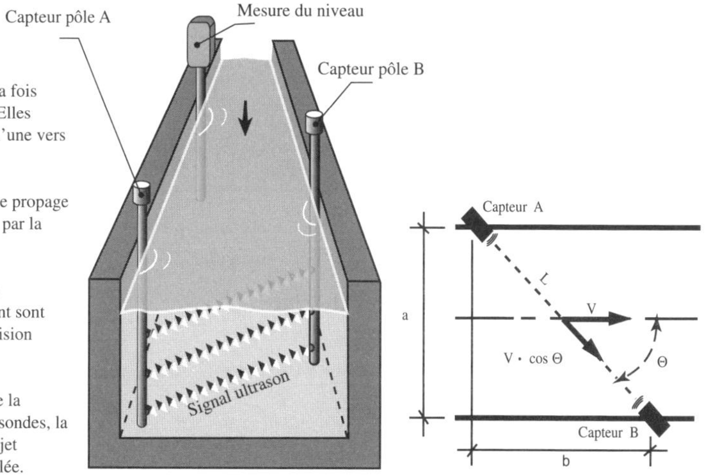

Fig. 8.24 Capteur à ultrason Doppler.

réfléchi par les particules solides ou les bulles d'air, sa fréquence se modifie proportionnellement à la vitesse du fluide. On peut signaler ici l'existence d'un «profileur» de courant à effet Doppler, l'ADCP (Acoustic Doppler Current Profiler) qui permet de mesurer des profils verticaux de la vitesse de l'eau, en utilisant l'énergie acoustique.
- Les mesures au *capteur à ultrason de transfert*, basées sur la vitesse de transfert en fonction du courant.

Ce domaine de la débitmétrie est caractérisé par la diversité des facteurs à prendre en compte et par les multiples principes de mesures susceptibles d'être mis en œuvre. Le choix d'un appareil suppose que préalablement toutes les conditions d'utilisation soient identifiées avec rigueur.

Détermination du débit à l'aide d'ouvrages calibrés

La construction d'un déversoir ou d'un canal calibré (fig. 8.25) pour la détermination des débits d'un cours d'eau a pour but l'obtention d'une relation entre le niveau de l'eau *H* et le débit *Q* aussi stable que possible, et en principe sans jaugeage sur le terrain. Le débit est alors obtenu par des formules hydrauliques et par étalonnage sur modèles. Les canaux jaugeurs et les déversoirs calibrés sont notamment utilisés dans le cas de petits cours d'eau aux lits étroits, instables, encombrés de blocs et à faible tirant d'eau, pour lesquels l'installation de stations à échelles limnimétriques et l'exécution de jaugeages au moulinet ne sont pas recommandés. Leur fonctionnement obéit aux lois de l'hydraulique classique.

Fig. 8.25 Déversoir triangulaire en mince paroi et canal de Venturi.

Jaugeages «chimique» ou par dilution

Cette méthode s'applique à des torrents ou des rivières en forte pente où l'écoulement est turbulent ou pour lesquels on ne trouve pas de section se prêtant à des jaugeages au moulinet.

Le principe général consiste à injecter dans la rivière une solution concentrée d'un traceur (sel, colorant...) et à rechercher dans quelle proportion cette solution a été diluée par la rivière, par prélèvements d'échantillons d'eau à l'aval du point d'injection (fig. 8.26). Cette dilution est notamment fonction du débit, supposé constant le long du tronçon, concerné pendant la durée de la mesure. On obtient la relation (8.2) dans laquelle le rapport C_1/C_2 représente la dilution :

$$Q = k \cdot \left(\frac{C_1}{C_2} \right) \tag{8.2}$$

où Q représente le débit du cours d'eau [ℓ/s], C_1 la concentration de la solution injectée dans le cours d'eau [g/ℓ], C_2 la concentration de la solution restante dans des échantillons prélevés à l'aval du point d'injection dans le cours d'eau [g/ℓ] et k un coefficient caractéristique du procédé et du matériel utilisé.

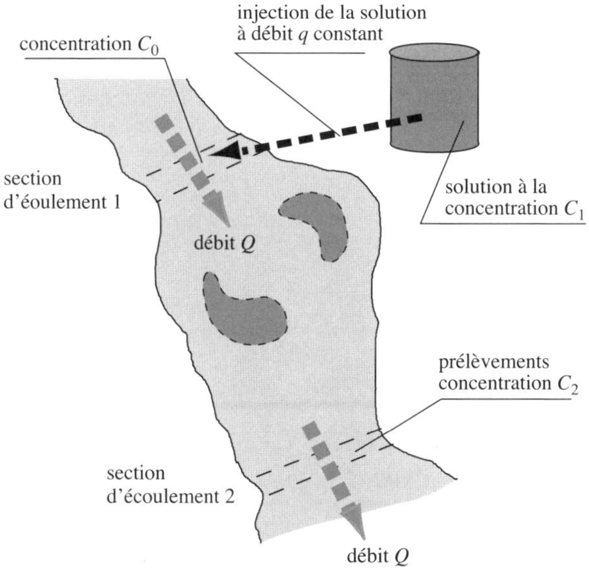

Fig. 8.26 Principe du jaugeage par dilution ; mode opératoire.

Les conditions suivantes sont nécessaires pour que les méthodes par intégration ou dilution puissent être appliquées :

- le débit de la rivière doit rester à peu près constant pendant la mesure,
- le traceur doit passer dans sa totalité par l'emplacement de prélèvement des échantillons,
- à la hauteur des prélèvements, le mélange doit être tel qu'en chaque point de la section du cours d'eau, doit passer la même quantité de traceur.

On utilise différents traceurs minéraux ou organiques, tels que la fluorescéine ou la rhodamine. Suivant le débit à évaluer, on n'utilisera pas le même traceur.

Méthode à débit constant (injection continue)
Cette méthode consiste à injecter dans le cours d'eau un débit constant connu q d'une solution de traceur, à la concentration C_1 (solution mère), pendant un temps déterminé (fig. 8.27). La durée de l'injection doit être telle que la concentration C_2 du traceur

à la section de prélèvement reste constante pendant un certain laps de temps, appelé *palier*. A partir des hypothèses suivantes :

- le débit Q du cours d'eau est constant pendant la mesure (régime permanent),
- le débit q du traceur à la section de prélèvement est égal à celui de l'injection (pas de perte), et négligeable devant Q,
- le mélange est homogène à la section de prélèvement.

En appliquant l'hypothèse de la conservation de la masse de traceur, l'équation (8.2) s'écrit alors :

$$Q = q \cdot \left(\frac{C_1}{C_2} \right) \tag{8.3}$$

où Q représente le débit du cours d'eau [ℓ/s], C_1 la concentration de la solution injectée dans le cours d'eau [g/ℓ], C_2 la concentration de la solution restante dans des échantillons prélevés à l'aval du point d'injection dans le cours d'eau [g/ℓ] et q le débit constant du traceur injecté dans le cours d'eau [ℓ/s].

Fig. 8.27 Jaugeage à débit constant.

Méthode par intégration (injection instantanée)

Cette méthode consiste à injecter en un point du cours d'eau un volume V de traceur en solution concentrée C_1. Au terme d'un parcours suffisamment long pour que le mélange avec l'eau de la rivière soit bon, des échantillons sont prélevés, et cela pendant toute la durée T de passage du nuage de traceur. Les prélèvements sont effectués en plusieurs points de la section d'échantillonnage de façon à fournir une valeur moyenne de la concentration C_2 qui évolue en fonction du temps et du point de prélèvement.

En intégrant au cours du temps les différentes valeurs de concentration $C_2(t)$, on détermine la valeur moyenne $\overline{C_2}$. En appliquant l'hypothèse de la conservation de la masse du traceur, on peut exprimer le débit comme suit:

$$Q = \frac{M}{\int_0^T C_2(t) \cdot \mathrm{d}t} = \frac{V \cdot C_1}{T \cdot \overline{C_2}} \tag{8.4}$$

où Q est le débit du cours d'eau [ℓ/s ou m^3/s], M la masse de traceur injecté [g], V le volume de la solution lâchée dans le cours d'eau [ℓ ou m^3], C_1 la concentration de la solution lâchée dans le cours d'eau [g/ℓ], $\overline{C_2}$ la concentration moyenne du traceur dans les échantillons, obtenue par intégration [g/l], $C_2(t)$ la concentration de l'échantillon prélevé au temps t [g/ℓ] et T la durée du prélèvement [s].

Cas particulier du jaugeage au sel à l'aide d'une sonde conductimétrique
Dans ce cas, on injecte en un point du cours d'eau une masse connue de sel (NaCl) diluée dans un volume d'eau de la rivière. On place une sonde conductimétrique en aval de l'injection, à une distance suffisamment longue pour que le mélange soit bon. La sonde mesure la conductivité électrique de l'eau au cours du passage du nuage de sel. On peut alors tracer la courbe conductivité en fonction du temps.

Une relation linéaire existe entre la conductivité de l'eau et sa concentration en sel dissous. On peut donc en déduire la courbe concentration en fonction du temps. Le débit est alors obtenu par intégration de la concentration au cours du temps.

8.4 MESURE DU TRANSPORT SOLIDE DANS LES COURS D'EAU

La quantité de sédiments (ou flux solide, charge solide[3], débit solide[4]) transportée par un cours d'eau à une section donnée pendant un temps Δt (Δt = 1 jour, 1 mois, 1 année) est composé de la *charge en suspension* (*suspended load*) et du *transport de fond* (glissement ou roulement sur le fond et saltation). Différentes méthodes de mesures sont envisageables. Il est possible de procéder à la collecte d'échantillons à hauteur d'une section de mesure pour suivre dans le temps les variations du transport solide, puis mesurer par filtration au laboratoire. De même, il est aussi possible de procéder à des levers topographiques et bathymétriques de lacs ou de retenues artificielles pour évaluer l'apport global de sédiments pendant une période déterminée (entre deux instants connus). Enfin, on peut utiliser des traceurs de sédiment ou d'éléments dont les signatures permettent d'étudier surtout les taux de sédimentation (exemple Pb^{218}, Cs^{137}).

3 Le terme *charge solide* est utilisé pour une période déterminée (e.g. charge annuelle).

4 Chez les hydrologues, on parle de *débit solide*, qui correspond au poids total des matériaux transportés par les cours d'eau, d'une manière ou d'une autre, passant à travers une section par unité de temps. On l'exprime généralement en kg · s^{-1}. On distingue ensuite le débit solide en suspension et le débit de charriage associés aux deux modes de transport des matériaux.

A titre indicatif, mentionnons encore la question rédhibitoire des programmes de surveillance du transport solide qui est de pouvoir estimer ce dernier avec un coût acceptable tout en sachant que le bilan exact des matériaux en suspension transportés demeure inaccessible. Outre les erreurs analytiques produites, la source majeure d'incertitudes dans la mesure de la charge solide d'un cours d'eau est en fonction de la variabilité des concentrations en sédiments à travers le temps et la possibilité du programme d'échantillonnage de caractériser précisément cette variabilité. Ce dernier point peut être partiellement résolu par le choix judicieux de la fréquence d'échantillonnage.

Mesure du transport en suspension

En pratique, on mesure une concentration en *Matières En Suspension* (MES) qui correspond à la quantité de matériaux en suspension recueillie à travers une membrane poreuse (la taille moyenne des pores est en général de 0,2 μm). Elle s'exprime en milligrammes par litre d'eau brute.

Une large gamme d'options est aujourd'hui disponible pour mesurer la quantité de sédiments en suspension transportée par un cours d'eau. La méthode la plus rigoureuse pour obtenir une estimation de la charge solide en suspension consiste à procéder, comme pour la mesure du débit liquide, à une intégration de différentes concentrations et des vitesses sur plusieurs verticales. Cette technique nécessite un matériel de prélèvement adapté aux caractéristiques de la section de mesure. Le contrôle en continu de la charge solide est possible grâce aux programmes d'échantillonnages intensifs avec des pompes automatiques ou, de manière indirecte, avec l'installation de *turbidimètres*.

Matériel de prélèvements

Outre les prélèvements manuels réalisés dans des récipients généralement en polypropylène, il existe du matériel de prélèvements plus ou moins automatisé qui peut être classé en trois catégories principales:

- Les *préleveurs instantanés :* ils sont constitués d'un récipient largement ouvert qui peut se refermer, de façon quasi instantanée, au moyen d'une commande appropriée.
- Les *préleveurs à pompe :* un embout formé d'un tube métallique faiblement coudé, fixé sur un lest ou une perche, permet d'effectuer, à l'aide d'un tuyau flexible et d'une pompe, des prélèvements en divers points de la section de mesures.
- Les *préleveurs par intégration :* ils prélèvent des échantillons durant un intervalle de temps suffisamment long pour atténuer les fluctuations de concentrations. Ils peuvent selon les modèles, fonctionner point par point ou par intégration le long d'une verticale. Dans ce dernier cas l'échantillon recueilli permet de mesurer la concentration moyenne pondérée par les débits sur toute une verticale. Le plus simple d'entre eux est constitué d'une bouteille à large col fixée à une perche (fig. 8.28). A travers le bouchon passe un ajustage d'admission qui doit être dirigé face au courant tandis qu'un deuxième conduit, dirigé vers l'aval, permet à l'air de s'échapper. Des systèmes obéissant au même principe peuvent être installés sur des saumons de lestage.

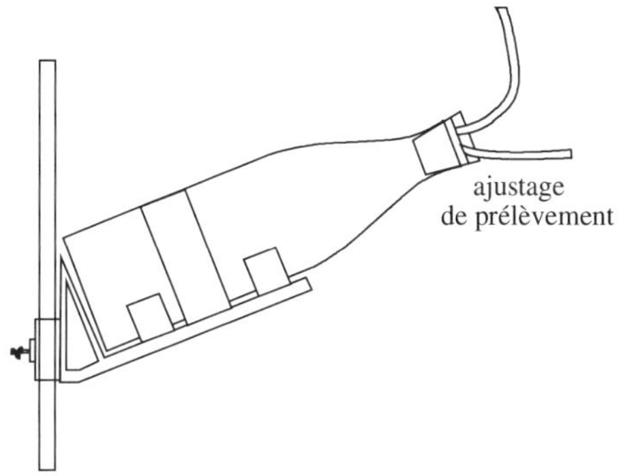

Fig. 8.28 Bouteille de prélèvements fixée sur une perche avec système d'ajustage.

Calcul du débit solide en suspension

En considérant la section S d'un cours d'eau de largeur L, chaque verticale V peut être définie par son abscisse ℓ (distance à l'une des 2 rives), et sa profondeur totale P. Si en un point d'une verticale V, situé à la profondeur p, sont mesurées à la fois la vitesse du courant v et la concentration c de matériaux en suspension, le débit solide sur la surface dS de la section S s'écrit : $q_s = c \cdot v \cdot \mathrm{d}s$. Le débit solide total sur l'ensemble de la section S s'obtient par intégration :

$$Q_s = \iint_s q_s = \iint_s c \cdot v \cdot \mathrm{d}s = \iint_s c \cdot v \cdot \mathrm{d}\ell \cdot \mathrm{d}p \qquad (8.5)$$

où Qs représente le débit solide du cours d'eau [kg / s] et où la concentration moyenne dans la section est définie par le rapport : $C_m = Q_S / Q_L$, Q_L étant le débit liquide total sur la section S ($Q_L = \iint_s v \cdot \mathrm{d}s$).

Cette méthode pour mesurer la quantité de sédiments transportée par un cours d'eau est évidemment très coûteuse. Les mesures sont donc généralement simplifiées. Elles sont surtout utiles pour valider les protocoles d'échantillonnages des réseaux de surveillance du transport en suspension.

Mesures en continu

L'échantillonnage en continu est en fait basé sur deux types de mesures.

- Une mesure des matières en suspension à l'aide de préleveur d'échantillon automatique réglé pour un certain pas de temps. Ce type d'instrument comprend un dispositif de programmation, une pompe, un tuyau d'aspiration et de transfert entre la crépine et la série de flacons. Pour être significatifs, les prélèvements doivent être proportionnels au débit ou effectués à des intervalles de temps prédéterminés lorsque le débit est constant. Si le débit est variable, on peut coupler le préleveur à un débit-mètre. Dans ce cas, le préleveur peut être programmé pour fonctionner selon un volume prédéterminé.
- Une mesure de la *turbidité* peut être exécutée à l'aide de turbidimètres (fig. 8.29). La turbidité correspond à la réduction de la transparence d'un liquide due à la présence de particules en suspension. Elle se mesure en faisant passer un faisceau

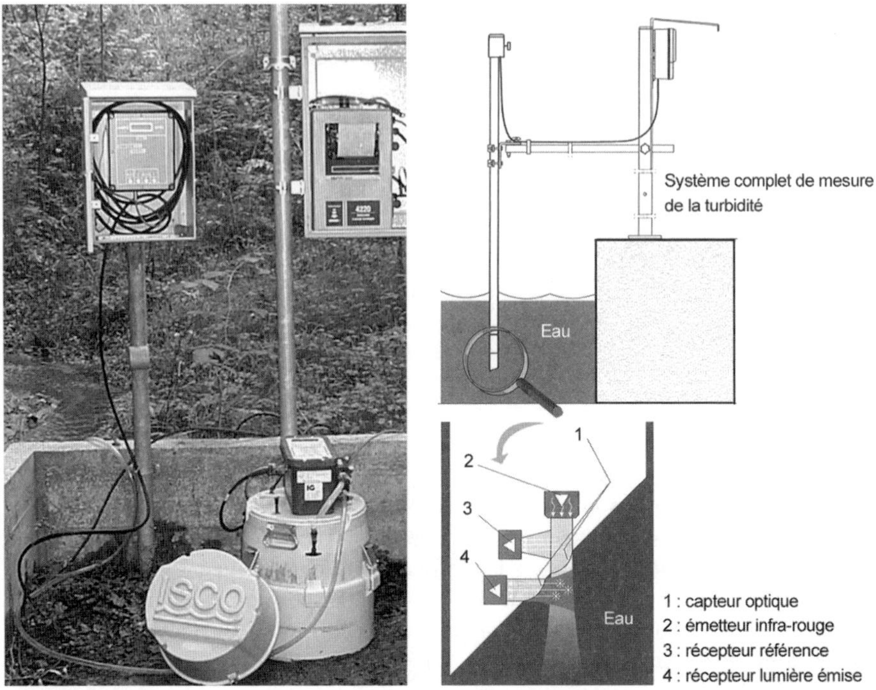

Fig. 8.29 Echantillonneur et turbidimètre.

lumineux à travers l'échantillon à tester et en déterminant la lumière qui est diffusée par les particules en suspension. Cette mesure nécessite en général un calibrage préalable. Les appareils de mesure de turbidité (turbidimètres) sont très nombreux sur le marché.

Mesure du transport de fond (charriage)
Parmi les équipements de mesures actuellement disponibles, on peut décrire très sommairement :

- Les nasses constituées d'une poche de grillage montée sur un cadre métallique qui laissent passer les matières en suspension, mais retiennent les matériaux grossiers.
- Les pièges constitués de récipients très aplatis de section longitudinale triangulaire dont le bord correspondant au sommet du triangle est dirigé vers l'amont. A l'opposé dans la partie supérieure aval du récipient, une série de petites cloisons inclinées vers l'aval constituent le piège où viennent se prendre les matériaux (sable essentiellement).
- Les sondeurs à ultrasons qui permettent de suivre le déplacement des dunes dans les fonds sableux à faibles pentes.

Hors des parcelles et des petits bassins versants dont les exutoires peuvent être équipés de pièges ou de fosses à sédiments, la mesure du transport de fond reste imprécise. Les dispositifs communément utilisés perturbent en effet de manière non négligeable le régime du transport de fond.

8.5 MESURE DE L'INFILTRATION

Divers paramètres du processus d'infiltration peuvent être mesurés. En particulier, l'infiltration cumulative est obtenue par la détermination de profils hydriques successifs. Une autre méthode simple, pouvant être réalisée facilement en divers sites, permet d'évaluer la *capacité d'infiltration*. Celle-ci est basée sur l'application d'une lame d'eau sur une partie délimitée de sol. On mesure le débit nécessaire pour maintenir la lame d'eau à un niveau constant (méthode à charge constante), ou alors on détermine sa vitesse d'abaissement (méthode à charge variable). Les méthodes les plus connues pour mesurer directement et ponctuellement l'infiltration sont les suivantes:

• *Infiltromètre de Müntz:* la méthode de l'infiltromètre de Müntz est fondée sur le principe de l'infiltration à charge constante. Un réservoir gradué entretient un niveau d'eau constant de 30 mm dans un cylindre implanté dans le sol. Les variations, en fonction du temps, du niveau de l'eau dans le réservoir d'alimentation gradué déterminent le taux d'infiltration (fig. 8.30).

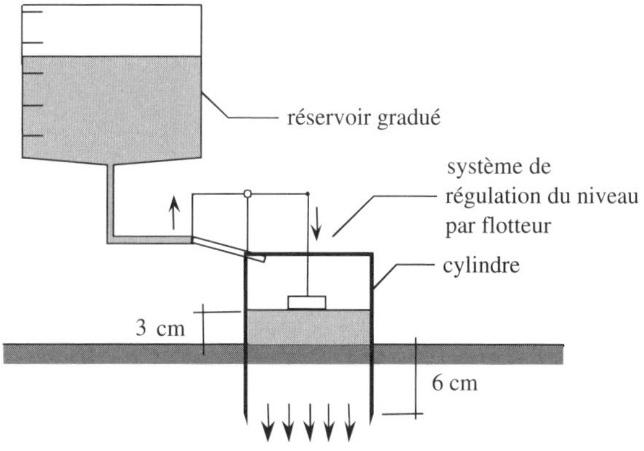

Fig. 8.30 Infiltromètre de Müntz (d'après Musy et Soutter, 1991).

• *Infiltromètre à double cylindre:* deux cylindres concentriques sont implantés dans le sol. Le cylindre externe est rempli d'eau de façon à saturer le sol autour du cylindre central et limiter également l'écoulement latéral de l'eau infiltrée dans le sol à partir de ce dernier. On favorise ainsi un flux vertical de l'eau. La mesure est basée sur le principe de l'infiltration à charge variable. Après remplissage des deux cylindres, les variations du niveau d'eau dans le cylindre central sont mesurées au cours du temps. Cette méthode permet donc d'évaluer l'infiltration verticale de l'eau dans le sol (fig. 8.31).

• *Infiltromètre de Guelph:* cet appareil est constitué de deux tubes concentriques. Le tube intérieur permet l'entrée d'air et le tube extérieur sert de réservoir d'eau pour l'alimentation. L'introduction de l'eau, à charge constante (3 à 25 cm), se fait dans un cylindre métallique de petit diamètre (~ 10 cm) fiché dans le sol jusqu'à environ 1 à 5 cm. Cette méthode permet la détermination de la conductivité hydraulique et de la sorptivité à partir des mesures de flux entrant dans le sol, et en tenant compte du comportement de la zone non saturée (fig. 8.32).

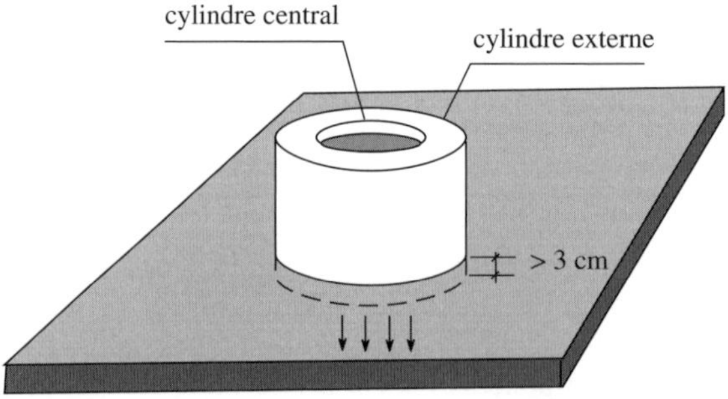

Fig. 8.31 Infiltromètre à double cylindre (d'après Musy et Soutter, 1991).

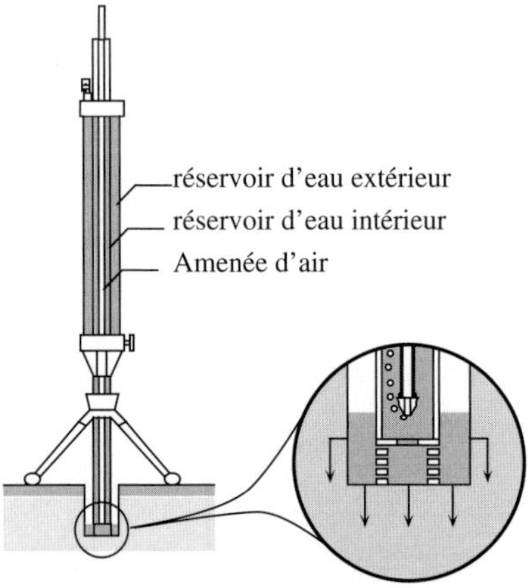

Fig. 8.32 Perméamètre de Guelph.

Fig. 8.33 Simulateur de pluie (a) Orstom ; (b) Agricultural Research Service USDA (photo Scott Bauer).

• *Infiltromètre à aspersion :* on utilise le principe du simulateur de pluie mis au point à l'IRD (Institut de Recherche en France pour le développement, ex-ORSTOM). L'arrosage d'une microparcelle expérimentale est assuré par un gicleur animé d'un mouvement de balancier. La microparcelle comporte un cadre et une gouttière collectant les eaux de ruissellement. L'infiltration est mesurée indirectement par l'évaluation de la lame d'eau ruisselée. Cet appareil permet également d'étudier la hauteur de pluie d'imbibition qui est la pluie tombant avant le déclenchement du ruissellement (fig. 8.33).

8.6 MESURE DE L'HUMIDITÉ DU SOL

L'humidité du sol peut être déterminée de plusieurs façons soit par une méthode directe, qui consiste à peser les échantillons avant et après étuvage, soit par des méthodes indirectes, qui sont établies sur des relations entre les propriétés physiques (conductivité électrique, température) ou chimiques des sols et leur teneur en eau. Afin de suivre dans le temps l'évolution de l'humidité du sol, il est nécessaire de recourir à des méthodes indirectes qui sont non destructives, telles que les mesures neutroniques, les mesures de conductivité électrique ou de la constance diélectrique dans le sol.

8.6.1 Sonde à neutrons

Le mesure neutronique de la teneur en eau du sol repose sur les propriétés de réflexion que possèdent les molécules d'eau à l'égard d'un flux de neutrons. Rappelons que parmi les divers éléments que l'on trouve dans le sol, ce sont les atomes d'hydrogène qui possèdent le noyau dont la masse est la plus proche de celle du neutron. Les deux parties essentielles d'une sonde à neutrons, isolées l'une de l'autre, sont l'émetteur et le détecteur de neutrons. Elles sont fixées à un câble qui transmet les impulsions électriques émises par le détecteur à un compteur. Le blindage (fig. 8.34) sert à neutraliser la source radioactive lors de son transport.

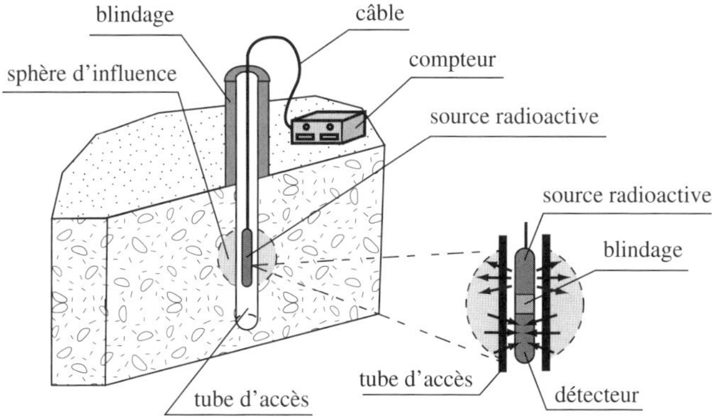

Fig. 8.34 Principe d'une mesure par sonde à neutrons (d'après Musy et Soutter, 1991).

Lorsque la sonde est en place dans le sol, des neutrons rapides sont émis par la source (mélange de americium et de beryllium) dans toutes les directions. Ils se heurtent aux noyaux des divers atomes qui se trouvent sur leur trajectoire et voient ainsi leur énergie cinétique et leur vitesse diminuer progressivement. Si le sol présente une concentration d'atomes d'hydrogène suffisante, le ralentissement des neutrons émis par la source se produit alors qu'ils se trouvent encore à proximité de celle-ci. Les neutrons ralentis par collisions successives se propagent dans des directions aléatoires, si bien qu'il se forme un nuage neutronique dont la densité est plus ou moins constante. Une partie de ces neutrons, qui dépendent de la concentration en atomes d'hydrogène, sont renvoyés directement en direction du détecteur en créant des impulsions. Le nombre d'impulsions pendant un intervalle de temps est enregistré par un compteur. La conversion de la valeur enregistrée par le compteur en une teneur en eau se fait par le biais d'une courbe d'étalonnage.

Cette technique a l'avantage de permettre des mesures rapides et répétées sur un site sans perturbation du sol et avec une bonne précision.

8.6.2 Technique TDR (*Time Domain Reflectometry*)

La détermination de la teneur en eau par la méthode TDR (Robinson *et al.*, 2003, Savi *et al.*, 2011) passe par la détermination de la constante diélectrique du sol (fig. 8.35).

La définition de la constante diélectrique relative (ε_r) d'un matériau est le rapport entre le potentiel mesuré entre deux électrodes dans le vide V_o et le potentiel mesuré entre ces deux électrodes identiquement chargées et espacées, immergées dans un matériau diélectrique V.

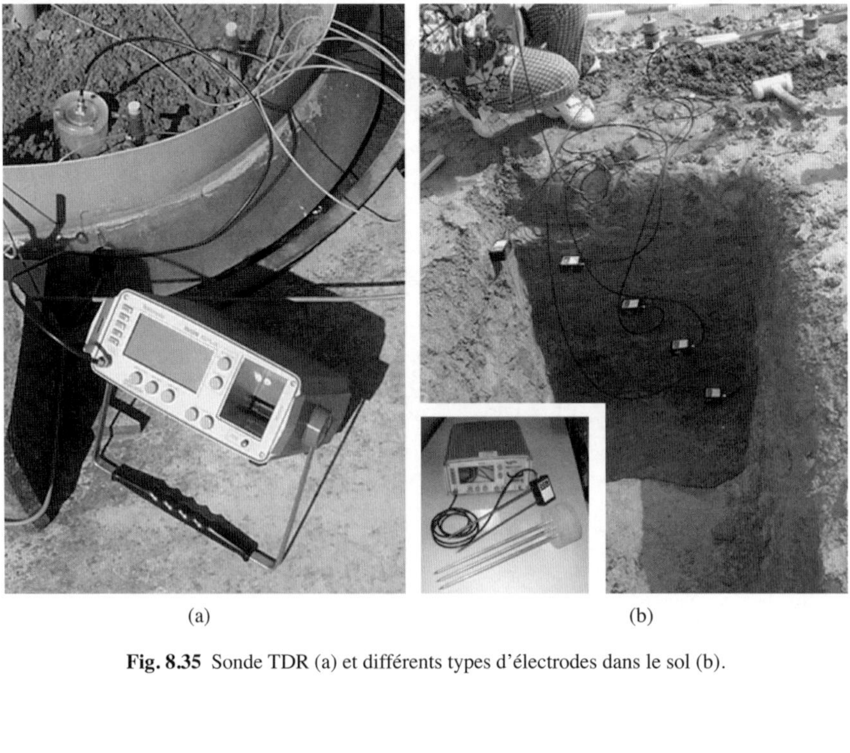

(a) (b)

Fig. 8.35 Sonde TDR (a) et différents types d'électrodes dans le sol (b).

A titre d'information, les composantes diélectriques des matériaux constituants les sols sont indiquées dans le tableau 8.2. La constante diélectrique de l'eau est nettement plus élevée que celle des autres constituants du sol. Par conséquent, les constantes diélectriques des sols sont étroitement dépendantes de leur humidité.

Tableau 8.2 Composantes diélectriques des matériaux constituant les sols.

Matériau	Constante diélectrique
Vide	1 (par définition)
Air	1,00054
Eau à 25 °C	78,54
Sol sec	3-5
Sol humide	5-40

Connaissant la valeur de la constante diélectrique relative ε_r, la relation suivante (Topp *et al.*, 1980) permet de calculer la teneur en eau volumique θ:

$$\theta = a + b \cdot \varepsilon_r + c \cdot \varepsilon_r^2 + d \cdot \varepsilon_r^3 \qquad (8.6)$$

où θ est le teneur en eau volumique du sol et ε_r la constante diélectrique relative. Pour des teneurs en eau inférieures à 0,5, la relation précédente peut s'exprimer comme suit (Jones *et al.*, 2002):

$$\theta = -5,3 \cdot 10^{-2} + 2,92 \cdot 10^{-2} \cdot \varepsilon_r - 5,5 \cdot 10^{-4} \cdot \varepsilon_r^2 + 4,3 \cdot 10^{-6} \cdot \varepsilon_r^3 \qquad (8.7)$$

Cette méthode a l'avantage d'être non destructive, facile à mettre en œuvre et nécessite peu d'information sur le milieu sondé. Son principal défaut est le faible volume échantillonné par les sondes. Elle est notamment appliquée en vue de déterminer le degré de compaction des sols (Alaoui, 2005).

8.6.3 Mesure de la résistivité électrique

La *résistivité électrique* d'un sol dépend de sa composition, de sa texture, de sa teneur en eau et de la concentration en solutés de la phase liquide. Elle diminue globalement lorsque l'humidité augmente car des substances conductrices sont alors mises en solution.

La mesure de la résistivité du sol, effectuée en maintenant une tension électrique entre deux électrodes (fig. 8.36), permet ainsi, après calibrage, d'évaluer la teneur en eau moyenne de la zone de sol prospectée. Le même principe s'applique à une échelle plus réduite, lorsqu'un corps poreux en gypse, en nylon ou en fibre de verre, est mis en contact avec le sol en un point déterminé: son humidité s'équilibre alors avec celle du sol alentour.

Dans ce dernier cas, le calibrage peut s'effectuer par des mesures d'humidité d'un autre type, mais de préférence par mesure tensiométrique car le bloc poreux a tendance à s'équilibrer avec le potentiel matriciel plutôt qu'avec la teneur en eau proprement dite. La mesure de résistivité est ainsi également influencée par le phénomène d'hystérèse. Elle est en outre sensible à la qualité du contact avec le sol; un mauvais contact pouvant notamment provoquer un décalage temporel de la réaction d'équilibre. Selon la nature du matériau composant le bloc poreux, la sensibilité de la méthode peut varier avec l'humidité. Ainsi les blocs de gypse sont plus sensibles dans la gamme des teneurs en eau faibles, alors que les blocs de nylon ont une sensibilité plus forte dans la gamme des teneurs en eau élevées, de par un diamètre moyen des pores plus élevé. De plus, la sensibilité à une variation de salinité (adjonction d'engrais ou autre) peut être très grande, ce qui est le cas de matériaux inertes tels que les fibres de verre. Finalement, la résistivité mesurée est encore influencée par la température et une dérive dans le temps est souvent constatée.

Pour toutes ces raisons, la précision des déterminations de teneur en eau effectuées par mesure de la résistivité électrique est limitée. Cette méthode possède toutefois l'avantage d'être d'un maniement simple et rapide, recourant à un appareillage léger, peu encombrant et peu coûteux.

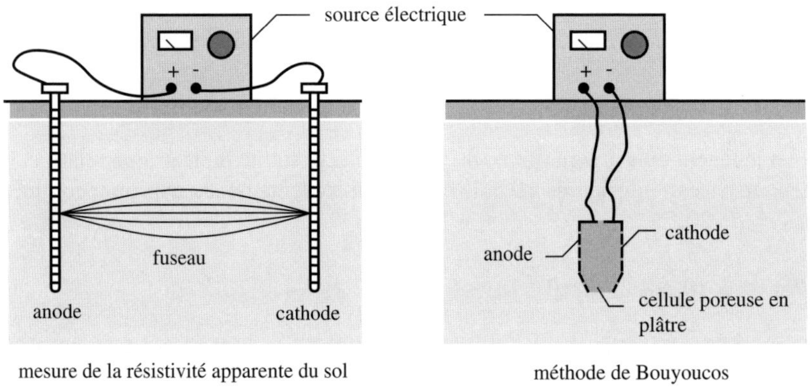

Fig. 8.36 Principe d'une mesure par sonde à neutrons (d'après Musy et Soutter, 1991).

8.7 CONCLUSION

Après avoir examiné les différents termes du bilan hydrique, ce chapitre aborde leurs aspects quantitatifs en présentant plusieurs méthodes de mesure. En reprenant ainsi chaque terme du bilan, ce chapitre donne une orientation « opérationnelle » à l'hydrologie en montrant qu'en amont de toute explication causale ou factuelle se situe la mesure ou la quantification des phénomènes. Sans viser l'exhaustivité, ce chapitre présente une grande variété de méthodes que l'hydrologue ou l'ingénieur devra par la suite choisir en fonction du type d'étude entreprise et des phénomènes analysés. Leurs choix dépendront aussi des moyens temporels, humains et financiers à disposition pour assurer, tant que faire se peut, l'acquisition correcte des jeux de données nécessaires à leurs projets.

Chapitre 9

CONTRÔLE ET ORGANISATION DES DONNÉES[1]

Avant d'aborder l'étude des processus hydrologiques, les éléments qui suivent s'inscrivent dans la suite logique du chapitre précédent. L'acquisition des données étant un point central de l'activité hydrologique, il faut ensuite traiter, contrôler et gérer les données acquises. Ceci se fait de plus en plus à l'aide de moyens informatisés et partiellement automatiques. Il n'en reste pas moins que de nombreuses régions du monde ne bénéficient pas de tels moyens et qu'il convient d'effectuer encore divers calculs et vérifications. Ce chapitre présente donc ces approches puis introduit un certain nombre de méthodes statistiques qui sont reprises et détaillées dans un ouvrage spécialisé (Musy *et al.*, 2008).

9.1 ORGANISATION DES DONNÉES

La compréhension des processus intervenant dans le cycle de l'eau ainsi que l'étude de leurs variations spatiales et temporelles nécessitent de disposer de données. Celles-ci sont essentielles et constituent un préalable à toute analyse hydrologique, que ce soit dans le but de procéder à une étude du cycle de l'eau, d'impacts environnementaux ou pour procéder au dimensionnement d'ouvrages hydrauliques.

Pour permettre le passage de l'acquisition des données à leur utilisation effective dans le cadre d'une analyse hydrologique, on distingue les étapes suivantes : acquisition, traitement, contrôle et validation, organisation, diffusion et publication. Une collaboration entre l'Institut d'Aménagement des Terres et des Eaux (aujourd'hui Laboratoire d'Ecohydrologie) de l'EPFL et des bureaux privés a permis par exemple la création d'un logiciel complet de traitement des données hydrologiques nommé CODEAU qui comprend une partie de ces étapes.

9.1.1 Acquisition des données

L'acquisition de données consiste à procéder, par le biais d'un instrument adéquat, à la mesure de l'information (par exemple : hauteur d'eau d'une station limnimétrique,

[1] Ce chapitre a été conçu et rédigé en très grande partie par Mme Dr. A.C. Favre lors de son activité au sein du laboratoire HYDRAM (actuellement ECHO) de l'EPFL.

comptage des basculements d'un pluviographe à augets, vitesse du vent, etc.). Le chapitre 8 précédent traite en détails de ce sujet. Mentionnons simplement que l'acquisition des données peut être automatisée ou non et que la méthode ou la technique utilisée pour ce faire aura une influence sur le type d'erreurs que l'on peut commettre.

9.1.2 Traitement primaire des données

La donnée acquise précédemment nécessite souvent un traitement préalable – ou *traitement primaire* – afin de la rendre pertinente et exploitable. Il s'agit pour l'essentiel de la conversion de la mesure effectuée en une grandeur qui soit hydrologiquement significative (par exemple : transformation d'impulsions électriques en intensités de précipitations, de hauteurs d'eau en débits, génération de données à pas de temps constant à partir de mesures effectuées à pas de temps variables, etc.).

Le traitement des données inclut aussi le *contrôle primaire* des données qui comprend les contrôles de cohérence à l'exclusion de tout traitement statistique. Il s'agit par exemple, dans le cas d'une acquisition manuelle des données, de les convertir en fichiers informatiques. Dans ce cas, on procède généralement à une double saisie des données puis les fichiers sont comparés afin de déceler d'éventuelles erreurs de saisie. Dans la situation où l'on procède à l'acquisition de données de précipitations et de débits, on vérifie encore la cohérence temporelle des données acquises, à savoir par exemple qu'une crue est bien la conséquence d'un épisode pluvieux.

9.1.3 Contrôle des données

Avant de pouvoir exploiter les données et bien qu'elles soient dans un format adéquat, il importe de contrôler la fiabilité et la précision de ces dernières. Le contrôle permet de valider les données avant leur organisation au sein d'une banque de données pour leur mise à disposition à des fins opérationnelles. Lors de cette opération, on introduit des indices de qualité de la donnée ainsi que des indices indiquant que celle-ci est reconstituée, calculée voire manquante. Par exemple, le logiciel CODEAU utilise pour ce faire toute une série d'indices ou flags permettant de qualifier des données présentant une rupture de continuité, une ou plusieurs mauvaises valeurs, des valeurs manquantes ou à vérifier, etc.

9.1.4 Organisation des données

Au vu de l'importance quantitative et qualitative des données, il importe de les organiser avec soin. Ceci se fait à partir d'un corpus de documents originels (formulaires de terrain, diagrammes, unité de stockage électronique) constituant les *archives* qui sont en règle générale accessibles uniquement à un personnel spécifique (responsable du centre de collecte, archiviste...). La traduction des archives sous la forme de fichiers de base génère les *fichiers en l'état* et fournit une indication sur la provenance de la donnée (mesure, calcul, copie, etc.) ainsi que sur sa qualité (fiable, complète ou non) et sa précision. Enfin, on constitue un *fichier de travail* provisoire permettant une visualisation des données et permettant de procéder aux différents tests de qualité et de précision des données qui seront développés tout au long de ce chapitre. L'élément ultime de cette chaîne opératoire est la constitution des *fichiers opérationnels* avec indices de qualité pouvant être publiés et distribués auprès des utilisateurs (fig. 9.1).

9.1.5 Diffusion et publication

La diffusion des données en vue de leur utilisation opérationnelle peut être faite selon deux modes :

- *Publication papier :* il s'agit par exemple de la publication d'annuaires comme l'Annuaire hydrologique de la Suisse ou de bulletins journaliers tels que ceux émis par MétéoSuisse et accessible également par une ligne téléphonique.
- *Diffusion informatique :* actuellement et grâce aux développements des interfaces liées à Internet, les données sont de plus en plus accessibles de manière conviviale et en tout temps. Le site de MétéoSuisse (http://www.meteosuisse.admin.ch) présente notamment des cartes de situation météorologique. L'Annuaire hydrologique de la Suisse est également publié par la division Hydrologie de l'Office fédéral de l'environnement[2].

Le contrôle des données

La constitution d'une série de valeurs, constituant un échantillon au sens statistique du terme, est un processus long, parsemé d'embûches, et au cours duquel de nombreuses erreurs, de nature fort différente, sont susceptibles d'être commises.

Des erreurs peuvent en effet être perpétrées lors de l'une ou de l'autre des quatre phases du déroulement classique des opérations, à savoir : la mesure, la transmission de l'information, le stockage de l'information et le traitement de l'information (prétraitement et analyse). Il est donc indispensable, avant d'utiliser des séries de données, de se préoccuper de leur qualité et de leur représentativité en utilisant diverses techniques en général de type statistique ou graphique.

Une erreur de mesure est définie comme étant la différence entre la vraie valeur (qui est l'idéal recherché, mais qui n'est en principe et malheureusement jamais connue) et la valeur mesurée. Il est commode, tant pour les présenter que pour différencier la façon de les aborder, de considérer deux types d'erreur :

- Les *erreurs aléatoires* (ou accidentelles) : elles affectent la précision des données et sont non corrélées. Ce type d'erreur est dû à des raisons nombreuses et variées, généralement inconnues, affectant différemment chaque mesure individuelle. Généralement on considère que ces erreurs sont les réalisations d'une variable aléatoire normale centrée en 0 et de variance σ^2. Ces erreurs étant inévitables, il faut en estimer l'importance afin de pouvoir en tenir compte lors de l'évaluation de l'incertitude finale. Dans la mesure du possible, la technique de mesure induisant les erreurs aléatoires les plus faibles devrait être préférée.
- Les *erreurs systématiques* : elles affectent la fiabilité des données et sont totalement corrélées. On parle aussi d'inconsistance. Supposons qu'aucune erreur aléatoire n'affecte les mesures. La différence entre la vraie valeur et la valeur mesurée, si elle existe, est alors due à une erreur systématique. L'origine des erreurs systématiques est le plus souvent liée à la calibration de l'appareil de mesure qui n'est pas parfaite ou à un phénomène extérieur qui perturbe la mesure (erreur d'appareillage, changement d'observateur...).

---

2 http://www.bafu.admin.ch/hydrologie/01832/01852/index.html?lang=fr

9.2 RECHERCHE DES ERREURS ET CORRECTIONS DES MESURES

Selon la nature des erreurs constatées ou supposées, la recherche de ces dernières fait appel à différentes techniques et méthodes qui sont généralement :

- Des approches « in situ » qui consistent à vérifier sur place la manière dont les données ont été organisées, traitées et / ou transformées.
- Des investigations de bureau qui consistent à vérifier la chaîne de traitement de la mesure / donnée à chaque étape de son élaboration (fig. 9.1), tout comme la manière dont on a constitué les séries de données soumises à contrôle et / ou publication.
- Des analyses statistiques qui, à l'aide d'outils spécifiques, permettent de mettre en évidence certaines erreurs ou inconsistance. Ces techniques efficientes sont largement utilisées dans la pratique professionnelle et se basent sur des hypothèses spécifiques qu'il convient de bien connaître.

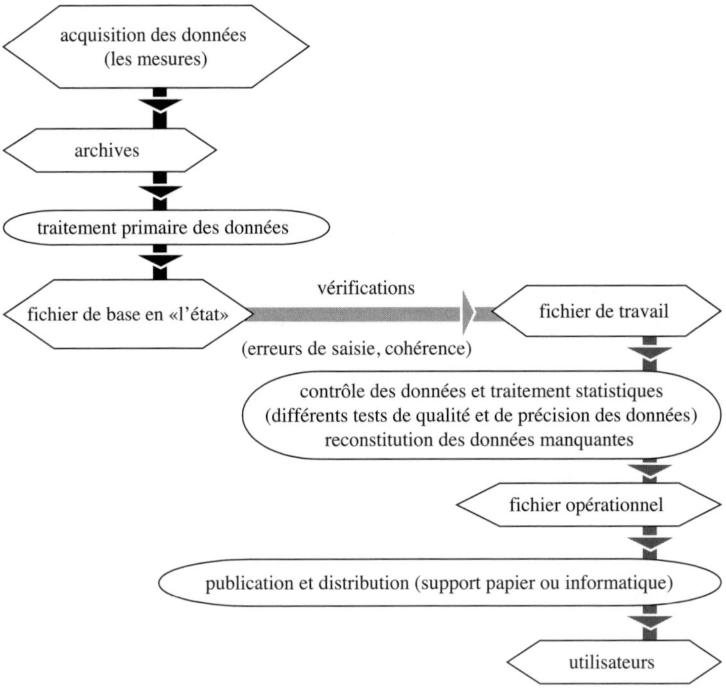

Fig. 9.1 Schéma d'organisation du traitement des données hydro-météorologiques.

Hypothèses de l'analyse statistique

Les calculs statistiques sont basés sur un certain nombre d'hypothèses qui doivent en principe être vérifiées. Parmi celles-ci, citons :

- *Les mesures reflètent les vraies valeurs.* Cette hypothèse n'est malheureusement jamais réalisée en pratique, du fait des erreurs systématiques ou aléatoires.
- *Les données sont consistantes.* Aucune modification dans les conditions internes du système n'intervient durant la période d'observation (position du pluviomètre, procédures d'observation, observateur unique).

- *La série de données est stationnaire*. Les propriétés de la loi statistique qui régit le phénomène (moyenne, variance ou moments d'ordre supérieur) sont invariantes au cours du temps.
- *Les données sont homogènes*. Une série de données est réputée non homogène lorsque :
  - Elle provient de la mesure d'un phénomène dont les caractéristiques évoluent durant la période de mesure ; le phénomène est alors dit *non stationnaire* (par exemple : variations climatiques, variations du régime des débits dues à une déforestation ou un reboisement). Il est également possible d'observer des signes d'une non-stationnarité apparente lorsque l'électronique intégrée à l'équipement de mesure présente une dérive temporelle ou lors du changement de l'observateur.
  - Elle reflète deux ou plusieurs phénomènes différents. Le régime d'une rivière à l'aval de la confluence de deux sous-bassins dont le comportement hydrologique est très contrasté constitue un bon exemple de ce défaut d'homogénéité.
- *La série de données est aléatoire et simple*. Le caractère aléatoire et simple d'une série d'observations est une hypothèse fondamentale pour l'analyse statistique. Un *échantillon aléatoire* signifie que tous les individus de la population ont la même probabilité d'être prélevés. Un *échantillon simple* signifie que le prélèvement d'un individu n'influence pas la probabilité d'apparition des individus suivants. Autrement dit, si toutes les observations de la série sont issues de la même population et qu'elles sont indépendantes entre elles, la série est alors aléatoire et simple. La non-vérification du caractère aléatoire et simple peut avoir plusieurs causes, parfois simultanément. Ces causes se groupent en deux catégories, les défauts d'autocorrélation d'une part (caractère non aléatoire des séries) et les défauts de stationnarité du processus d'autre part (dérive à long terme et dérive cyclique).
- *La série doit être suffisamment longue*. La longueur de la série influe sur les erreurs d'échantillonnage, notamment sur le calcul des moments d'ordre supérieur donc sur les tests inhérents à leur fiabilité.

9.3 INTRODUCTION AUX TESTS STATISTIQUES

9.3.1 Démarche d'un test

Cet exemple est adapté de Saporta (1990). Des relevés effectués pendant de nombreuses années ont permis d'établir que la hauteur annuelle des pluies dans la Beauce (France) [en mm] suit une loi normale $N(\mu, \sigma^2)$ avec $\mu = 600$ et $\sigma^2 = 10\,000$). Des entrepreneurs, surnommés faiseurs de pluie, prétendaient pouvoir augmenter de 50 mm le niveau moyen de pluie, ceci par l'insémination des nuages au moyen d'iodure d'argent et au-delà augmenter le taux de production requise de ce grenier français. Leur procédé fut mis à l'essai entre 1951 et 1959 et on releva les hauteurs de pluies indiquées dans le tableau 9.1.

Tableau 9.1 Hauteur annuelle des pluies dans la Beauce (France) [en mm] de 1951 à 1959.

Année	1951	1952	1953	1954	1955	1956	1957	1958	1959
mm	510	614	780	512	501	534	603	788	650

Que pouvait-on en conclure ? Deux hypothèses s'affrontaient. Ou bien l'insémination était sans effet, ou bien elle augmentait réellement le niveau moyen de pluie de 50 mm. Ces hypothèses pouvaient se formaliser comme suit.

Si M désigne l'espérance mathématique de X variable aléatoire égale à la hauteur annuelle de pluie, on formule alors les hypothèses suivantes :

$$\begin{cases} H_0 : \mu = 600 \text{ mm} & H_0 : \text{hypothèse nulle} \\ H_1 : \mu = 650 \text{ mm} & H_1 : \text{hypothèse alternative} \end{cases} \tag{9.1}$$

Les agriculteurs hésitant à opter pour le procédé forcément onéreux des faiseurs de pluie tenaient pour l'hypothèse H_0 et il fallait donc que l'expérience puisse les convaincre ; c'est-à-dire que les faits observés contredisent nettement la validité de l'hypothèse H_0 dite « hypothèse nulle » (H_1 est l'hypothèse alternative).

Ils choisirent $\alpha = 0{,}05$ comme niveau de probabilité, c'est-à-dire qu'ils étaient prêts à accepter H_1 si le résultat obtenu faisait partie d'une éventualité peu probable qui n'avait que 5 chances sur 100 de se produire. Autrement dit, ils admettaient implicitement que des événements rares ne sauraient se produire sans remettre en cause le bien-fondé de l'hypothèse de départ H_0 ; ce faisant, ils assumaient le risque de se tromper dans 5 cas sur 100, cas où précisément les événements « rares » arrivent quand même.

Comment décider ? Puisqu'il s'agit de « tester » la valeur μ, il est naturel de s'intéresser à $\bar{x}$, moyenne des observations, qui nous apporte le plus de renseignements sur μ. $\bar{x}$ est la ***variable de décision***.

Si H_0 est vraie, comme l'expérience a porté sur n = 9 ans, $\bar{x}$ doit suivre une loi normale :

$$N\left(600, \frac{10000}{9}\right) \tag{9.2}$$

En principe, de grandes valeurs de $\bar{x}$ sont improbables et on prendra comme règle de décision la suivante : si $\bar{x}$ est trop grand, c'est-à-dire si $\bar{x}$ est supérieur à un seuil k qui n'a que 5 chances sur 100 d'être dépassé, on optera pour H_1 avec une probabilité 0,05 de se tromper. Si $\bar{x} < k$ on ne pourra pas rejeter H_0 faute de preuves suivantes. k est appelé ***valeur critique***.

Il est facile de calculer la valeur critique grâce aux tables de la loi normale. On trouve ainsi :

$$k = 600 + \frac{100}{3} \cdot 1{,}64 = 655 \tag{9.3}$$

La règle de décision est donc la suivante :

1. *Si* $\bar{x} > 655$, *repousser* H_0, *et accepter* H_1 *;*
2. *Si* $\bar{x} < 655$, *conserver* H_0.

L'ensemble d'événements $\{\bar{x} > 655\}$ s'appelle la ***région critique*** ou région de rejet de H_0. L'ensemble complémentaire $\{\bar{x} < 655\}$ s'appelle la ***région de non-rejet*** de H_0. Or les données relevées indiquent que $\bar{x} = 610{,}2$ mm. La conclusion était donc de conserver H_0 ; c'est-à-dire que l'insémination était sans effet notable sur le niveau des pluies : les valeurs observées pouvaient donc être dues au hasard en l'absence de toute influence de l'iodure d'argent. Cependant, rien ne dit que ne pas rejeter H_0 mette à l'abri de se tromper : en effet, les faiseurs de pluie ont peut-être raison, mais on ne s'en est pas aperçu.

Il y avait en fait deux manières de se tromper : croire les faiseurs de pluie, alors qu'ils n'étaient pour rien dans le résultat obtenu (probabilité $\alpha = 0{,}05$) ; ne pas croire les faiseurs de pluies, alors que leur méthode est bonne et que seul le hasard (malencontreux pour eux), dû au faible nombre d'observations, a donné des résultats insuffisants pour convaincre les agriculteurs.

Supposons que les faiseurs de pluie ont raison, on commet alors une erreur chaque fois que $\bar{x}$ prend une valeur inférieure à 655 mm, c'est-à-dire avec une probabilité :

$$\beta = \Pr\left(Z < \frac{655-650}{100/3}\right) = \Pr\left(Z < 0{,}15\right) = 0{,}56 \qquad \text{où } Z \sim N(0{,}1) \tag{9.4}$$

ce qui est considérable. Avec α qui s'appelle le ***risque de première espèce*** (probabilité de choisir H_1 alors que H_0 est vraie) (en l'occurrence 5 % dans cet exemple) ; et β qui s'appelle le ***risque de deuxième espèce*** (probabilité de conserver H_0, alors que H_1 est vraie) (c'est-à-dire 56 % dans cette application).

Ces erreurs correspondent à des risques différents en pratique ; ainsi, dans l'exemple des faiseurs de pluie, le risque de première espèce consiste à acheter un procédé d'insémination qui ne vaut rien ; le risque de deuxième espèce à laisser perdre une occasion d'augmenter le niveau de pluie et peut-être de récoltes plus abondantes. Dans la pratique des tests statistiques, il est de règle de se fixer α comme donnée (les valeurs courantes sont par exemple 0,05 ; 0,01 ou 0,1) de préférence en fonction du risque de première espèce couru, ce qui fait jouer à H_0 un rôle prééminent.

Sur la base de cet exemple, la démarche d'un test peut se résumer selon les cinq étapes suivantes :

1. Formulation et choix de H_0 et de H_1.
2. Détermination de la variable de décision.
3. Calcul de la valeur critique et de la région critique en fonction de α.
4. Calcul de la valeur expérimentale de la variable de décision.
5. Conclusion : rejet ou acceptation de H_0.

9.3.2 Les grandes catégories de tests

On peut classer les tests soit selon leur objet (but) ou selon leurs propriétés mathématiques.

Tests selon leurs propriétés mathématiques

Un test est dit *paramétrique* si son objet est de tester certaines hypothèses relatives à un ou plusieurs paramètres d'une variable aléatoire de loi spécifiée. Dans la plupart des cas, ces tests sont basés sur la considération de la loi normale et supposent donc explicitement l'existence d'une variable aléatoire de référence X suivant une loi normale. La question se pose alors de savoir si les résultats restent encore valables lorsque X n'est pas normale : si les résultats sont valables on dit que le test en question est *robuste*. La robustesse d'un test par rapport à un certain modèle est donc la qualité de rester relativement insensible à certaines modifications du modèle. Un test est dit *non paramétrique* s'il ne fait pas appel à des paramètres ou d'hypothèses précises concernant la distribution sous-jacente.

Tests selon leur objet

Les tests sont généralement classés en quatre groupes principaux qui contiennent la plupart des tests statistiques généralement utilisés en hydrologie.

- *Test de conformité :* comparaison d'une caractéristique d'un échantillon à une valeur de référence, destinée à vérifier si la caractéristique correspondante de la population peut être admise égale à la valeur de référence. Par exemple $H_0 : \mu = \mu_0$; μ_0 est la valeur de référence (ou norme), μ est la moyenne, inconnue, de la population.
- *Test d'homogénéité* ou test de comparaison d'échantillons : étant donné deux échantillons de taille n_1 et n_2, peut-on admettre qu'ils ont été prélevés dans une même population indépendamment l'un de l'autre ?
  Mathématiquement le problème se formalise de la manière suivante : on observe sur le premier échantillon les réalisations d'une variable aléatoire X_1 de fonction de répartition $F_1(x)$ et sur le deuxième échantillon les réalisations d'une variable aléatoire X_2 de fonction de répartition $F_2(x)$.

$$\begin{cases} H_0 : F_1(x) = F_2(x) \\ H_1 : F_1(x) \neq F_2(x) \end{cases} \tag{9.5}$$

- Le choix de H_0 est dicté par des considérations pratiques car $F_1(x) \neq F_2(x)$ est trop vague pour obtenir une région critique. Dans la pratique on se contentera de vérifier l'égalité des espérances mathématiques et des variances de X_1 et X_2, en disposant de $\bar{x}_1, \bar{x}_2$ et s_1^2, s_2^2 moyennes et variances empiriques des deux échantillons.
- *Test d'ajustement :* vérifier si un échantillon donné peut être considéré comme tiré d'une population-parente spécifiée.
- *Test d'autocorrélation :* vérifier si une dépendance (due à la proximité temporelle par exemple) existe dans des données chronologiques d'une série d'observations.

L'***autocorrélation*** ρ_k de décalage k d'une série temporelle stationnaire est définie par :

$$\rho_k = \frac{\gamma_k}{\gamma_0} = \frac{Cov(X_t, X_{t+k})}{Var(X_t)} \tag{9.6}$$

L'***autocovariance*** $\gamma_k = Cov(X_t, X_{t+k})$ est estimée au moyen d'une série de n observations $x_1, x_2, ..., x_n$ par la relation suivante :

$$\hat{\gamma}_k = \frac{1}{n} \cdot \sum_{t=1}^{n-k} (x_t - \bar{x})(x_{t+k} - \bar{x}) \tag{9.7}$$

L'autocorrélation est une mesure de la mémoire, donc de la persistance du phénomène.

Tests selon la nature des informations

En hydrologie, diverses situations peuvent se rencontrer en fonction des situations hydrologiques particulières. Ainsi il est parfois nécessaire de contrôler un seul type de données (pluie, température, évaporation) à l'échelle locale (à l'endroit où la mesure a été effectuée) ou à l'échelle régionale (d'un bassin versant où plusieurs sites de mesures ont été établis). Il est également parfois souhaitable de vérifier la qualité de plusieurs types de données (par ex. pluie-débit, température-vitesse du vent...) aussi bien à l'échelle locale que régionale. Ainsi divers contrôles de données, recoupant à la fois des tests numériques (strictement statistiques) et graphiques (à caractère plus hydrologique) peuvent être classés en 4 grands groupes selon l'échelle spatiale et le nombre de paramètres considérés : 1 paramètre – échelle locale ; 1 paramètre – échelle régionale ; plusieurs paramètres – échelle locale ; plusieurs paramètres – échelle régionale.

9.3.3 Contrôle des données : application au débit de la Viège

Les divers tests exposés ci-dessous vont être appliqués à l'aide du jeu de données suivant représentant les débits de pointe annuels en [m^3/s] de la Viège à Viège de 1922

Tableau 9.2 Débits de pointe annuels en [m^3/s] de la Viège à Viège de 1922 à 1996.

année	Q_p annuel [m^3/s]	année	Q_p annuel [m^3/s]	année	Q_p annuel [m^3/s]
1922	240	1948	375	1973	115
1923	171	1949	175	1974	87
1924	186	1950	175	1975	105
1925	158	1951	185	1976	92
1926	138	1952	140	1977	88
1927	179	1953	165	1978	143
1928	200	1954	240	1979	89
1929	179	1955	145	1980	100
1930	162	1956	155	1981	168
1931	234	1957	230	1982	120
1932	148	1958	270	1983	123
1933	177	1959	135	1984	99
1934	199	1960	160	1985	89
1935	240	1961	205	1986	125
1936	170	1962	140	1987	285
1937	145	1963	150	1988	105
1938	210	1964	125	1989	110
1939	250	1965	115	1990	110
1940	145	1966	100	1991	115
1941	160	1967	85	1992	110
1942	150	1968	76	1993	330
1943	260	1969	110	1994	55
1944	235	1969	110	1995	63
1945	245	1970	94	1996	49
1946	155	1971	150		
1947	210	1972	140		

à 1996 (tab. 9.2). Cette série de débits possède la particularité qu'un changement de nature anthropique a eu lieu en 1964. En effet, à cette date, un barrage a été construit en amont du point de mesure (barrage du Mattmark).

La figure 9.2 présente nos données sous forme de série temporelle. Les moyennes avant et après barrage sont représentées sous forme de droite.

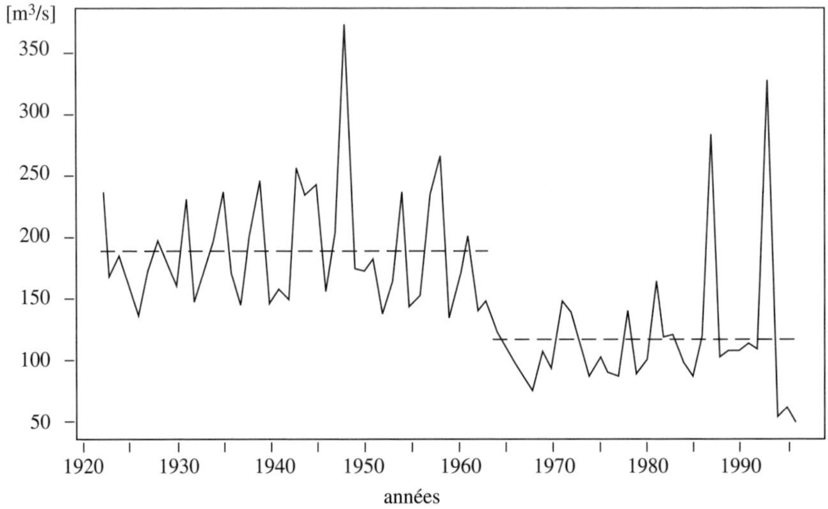

Fig. 9.2 Débits de pointe annuels de la Viège à Viège [m^3/s] de 1922 à 1996.

Les principales caractéristiques statistiques des deux sous séries avant et après barrage ainsi que de la série complète sont résumées dans le tableau 9.3.

Tableau 9.3 Principales caractéristiques statistiques des deux sous séries (avant et après la construction du barrage).

série	longueur	moyenne	médiane
1922-1963	$n_1 = 42$	$\bar{x} = 190{,}26$	$\tilde{x} = 176$
1964-1996	$n_2 = 33$	$\bar{y} = 117{,}27$	$\tilde{y} = 110$
1922-1996	$n = 75$	$\bar{z} = 158{,}14$	$\tilde{z} = 150$
série	**écart type**	**asymétrie**	**kurtosis**
1922-1963	$s_x = 48{,}52$	$\gamma_x = 1{,}47$	$\kappa_x = 2{,}88$
1964-1996	$s_y = 55{,}51$	$\gamma_y = 2{,}47$	$\kappa_y = 6{,}54$
1922-1996	$s_z = 62{,}99$	$\gamma_z = 0{,}90$	$\kappa_z = 0{,}96$

9.3.4 Un paramètre – échelle locale

Il s'agit par exemple de tester la série de débits de pointe ci-dessus (1 paramètre) à l'endroit où ils ont été mesurés, donc à Viège (échelle locale).

Tests paramétriques

Tests de conformité

Les tests de conformité comparent la moyenne ou la variance d'un échantillon à la moyenne ou la variance de la loi théorique (de la population dont il est issu). Deux tests sont utilisés pour la conformité de la moyenne selon que la variance est connue ou doit être estimée, il s'agit respectivement des *test z* et de *Student* (appelé aussi *test t*). Pour ces tests statistiques de base, le lecteur se référera à un ouvrage général de statistiques (Morgenthaler, 1997).

Exemple: On aimerait tester si la moyenne des débits de pointe de la Viège à Viège pour la période avant barrage est égale à 200 m^3/s. Pour tous les tests ci-dessous, le seuil de signification choisi est $\alpha = 5\,\%$. Nous avons donc :

$$\begin{cases} H_0 : \mu_x = 200 \\ H_1 : \mu_x \neq 200 \end{cases} \tag{9.8}$$

Comme la variance n'est pas connue, nous utilisons le test t de Student. Le score est donné par :

$$t_{obs} = \frac{\sqrt{n} \cdot (\bar{x} - 200)}{s_x} = -1{,}30 \tag{9.9}$$

Comme le test est bilatéral, la valeur critique est donnée par le quantile à 97,5 % d'une loi t de Student à $(n - 1) = 41$ degrés de liberté. Nous avons $qt_{41}(97{,}5) = 2{,}01$ et $|-1{,}3| < 2{,}01$. On ne peut donc pas rejeter l'hypothèse nulle que la moyenne des débits est égale à 200 m^3/s.

Pour la conformité de la variance, on se base sur l'étude de la distribution d'échantillonnage de l'écart $s^2 - s_0^2$ par comparaison du rapport des variances. La fonction discriminante suit une loi du *chi-carré*. La procédure de ce test est résumée dans le tableau 9.4.

Tableau 9.4 Procédure du test de conformité pour la variance.

Etapes	Expressions		
H_0	$\sigma^2 = s_0^2$	$\sigma^2 = s_0^2$	$\sigma^2 = s_0^2$
H_1	$\sigma^2 \neq s_0^2$	$\sigma^2 < s_0^2$	$\sigma^2 > s_0^2$
Fonction discriminante	$\chi^2_{obs} = \frac{n \cdot s^2}{s_0^2}$, suit une loi du chi-carré à $n - 1$ degrés de liberté		
Non-rejet de H_0	$\chi^2_{\alpha/2} < \chi^2_{obs} < \chi^2_{1-\alpha/2}$	$\chi^2_{obs} > \chi^2_{\alpha}$	$\chi^2_{obs} < \chi^2_{1-\alpha}$

Exemple : Un hydrologue vous affirme que la variance des débits de pointe de la Viège à Viège de 1922 à 1963 est de 1600 m^{σ}/s^2. Votre expérience d'hydrologue vous incite à penser que celle-ci est en fait supérieure à la valeur donnée par votre collègue :

Nous avons dans ce cas :
$$H_0 : \sigma_x^2 = 1600$$
$$H_1 : \sigma_x^2 > 1600 \quad (9.10)$$

à fonction discriminante :
$$\chi^2_{obs} = \frac{n \cdot s^2}{s_0^2} = 61{,}80 \quad (9.11)$$

Comme le test est unilatéral à droite, le quantile à considérer est le quantile à 95 %. Les tables numériques indiquent que qc^2_{41} (95 %) = 56,94 < 61,80, on rejette donc l'hypothèse nulle. Votre intuition d'hydrologue s'avère correcte !

Tests d'homogénéité

Le test d'homogénéité de la moyenne se base sur la *statistique de Student pour deux échantillons* tandis que le test d'homogénéité de la variance correspond au *test de Fisher-Snedecor*. Dans ce cas également le lecteur se référera à un ouvrage classique de statistique.

Exemple : Motivée par le fait qu'une intervention humaine a eu lieu sur le bassin versant de la Viège en 1964, la série de débits de pointes est séparée en deux échantillons :

$x_1, x_2, ..., x_{42}$ (débits de pointe de 1922 à 1963),

et

$y_1, y_2, ..., y_{33}$ (débits de pointe de 1964 à 1996).

Comme dans le test t de Student, nous devons faire l'hypothèse que les variances sont égales mais inconnues, il est judicieux de réaliser d'abord le test de Fisher-Snedecor. On a alors :

$$\begin{cases} H_0 : \sigma_x = \sigma_y \\ H_1 : \sigma_x \neq \sigma_y \end{cases} \quad (9.12)$$

La fonction discriminante[3] s'écrit ainsi :

$$F_{obs} = \frac{\dfrac{n_1 \cdot s_x^2}{n_1 - 1}}{\dfrac{n_2 \cdot s_y^2}{n_2 - 1}} = 1{,}31 \quad (9.13)$$

La valeur critique est $F_{n_1-1,n_2-1}(97{,}5\%) = 1{,}72$. Etant donné que 1,31 est inférieur à 1,72, on ne peut pas rejeter l'hypothèse nulle que les variances sont égales et l'on peut appliquer le test de Student pour deux échantillons.

Connaissant les effets de la construction du barrage, on peut s'attendre à avoir une diminution significative des débits pour le deuxième échantillon, cela nous guide dans

[3] En pratique pour la fonction discriminante, on met toujours au numérateur la plus grande des deux quantités $n_1 \cdot s_x^2 / n_1 - 1$ et $n_2 \cdot s_y^2 / n_2 - 1$ ainsi la région critique est de la forme $F > k$ avec $k > 1$.

la formulation de l'hypothèse alternative pour tester l'homogénéité des échantillons à partir de la valeur moyenne.

On a ainsi :

$$\begin{cases} H_0 : \mu_x = \mu_y \\ H_1 : \mu_y \neq \mu_x \end{cases} \tag{9.14}$$

$$\text{et } t_{obs} = \frac{\overline{x} - \overline{y}}{\sqrt{\dfrac{s_p^2 \cdot (n_1 + n_2)}{n_1 \cdot n_2}}} = 5{,}9 \text{ avec } S_p^2 = \frac{\left((n_1 - 1) \cdot s_x^2 + (n_2 - 1) \cdot s_y^2\right)}{n_1 + n_2 - 2} \tag{9.15}$$

La valeur critique est donnée par $qt_{n_1+n_2-2}(95\%) = 1{,}66$. On rejette donc l'hypothèse nulle puisque $1{,}66 < |-5{,}90|$ et, comme on s'y attendait, la moyenne des débits de pointe a diminué significativement après barrage.

Tests d'adéquation

Le test paramétrique servant à l'adéquation, basé sur la comparaison des fréquences théoriques et effectives, est le *test de chi-carré* (Morgenthaler, 1997).

Exemple : On cherche ici à savoir si la série des débits de pointe étudiée précédemment suit une loi normale. Soit Z la variable aléatoire modélisant les débits. On a alors les hypothèses nulle et alternative suivantes :

$$\begin{cases} H_0 : Z \quad N\left(\mu_z, \sigma_z^2\right) \\ H_1 : Z \text{ ne suit pas une loi normale} \end{cases} \tag{9.16}$$

Les deux paramètres de la loi normale sont estimés respectivement par la moyenne et la variance d'échantillonage. On obtient alors :

$$\mu_z = \overline{z} = 158{,}14 \quad \text{et} \quad \sigma_z^2 = s_z^2 = 3967{,}4$$

On procède ensuite à la répartition des observations dans 12 classes – il s'agit d'un choix arbitraire – et après calculs des effectifs observés et théoriques, on obtient finalement $\chi^2_{obs} = 14{,}12$. Cette valeur est à comparer avec le quantile de la loi chi-carré à 12 – 1 – 2 = 9 degrés de libertés, soit $\chi_9^2(95\%) = 16{,}92$. De fait, il n'est pas possible de rejeter l'hypothèse nulle et l'on doit conclure que les débits suivent une loi normale.

Tests d'autocorrélation

Il faut tout d'abord remarquer que la façon la plus simple et la plus immédiate d'évaluer l'indépendance sérielle, adoptée dans de nombreux ouvrages d'hydrologie statistique, consiste à calculer le coefficient d'autocorrélation de rang un de la série, et d'appliquer ensuite l'un des tests « classiques » paramétriques ou non paramétriques proposés pour le coefficient de corrélation $r_{x,y}$ « standard », à savoir :

- Test de nullité du coefficient de corrélation selon Fisher.
- Test de nullité du coefficient de corrélation des rangs de Spearman.
- Test de nullité du coefficient de corrélation des rangs de Kendall.

Ces trois tests ont un comportement nominal tout à fait correct, lorsqu'ils sont appliqués à une série bivariée « classique », mais s'avèrent inapplicables dans le cas du coefficient d'autocorrélation, comme cela ressort de certains développements (Meylan *et al.*, 2007).

Anderson a étudié la distribution du coefficient d'autocorrélation pour une population parente normale. Dans ce cas, le coefficient d'autocorrélation est calculé sur n paires de valeurs $(x_1, x_2), (x_2, x_3), \ldots, (x_{n-1}, x_n)$, et (x_n, x_1).

Pour une taille n « assez grande » (Anderson fixe une limite de 75 valeurs !), le coefficient d'autocorrélation suit une loi normale de moyenne et variance :

$$E[R] \approx -\frac{1}{n-1};\ Var[R] \approx \frac{n-2}{(n-1)^2} \tag{9.17}$$

Pour des tailles inférieures d'échantillons, la distribution est assez compliquée. Anderson donne par conséquent des tables des valeurs critiques du coefficient de corrélation (tab. 9.5).

Tableau 9.5 Table des valeurs critiques du coefficient d'autocorrélation d'Anderson pour les tests unilatéraux. Les valeurs entre parenthèses ont été interpolées par Anderson.

N	$\alpha = 5\,\%$	$\alpha = 10\,\%$
5	0,253	0,297
6	0,345	0,447
7	0,370	0,510
8	0,371	0,531
9	0,366	0,533
10	0,360	0,525
11	0,353	0,515
12	0,348	0,505
13	0,341	0,495
14	0,335	0,485
15	0,328	0,475
20	0,299	0,432
25	0,276	0,396
30	0,257	0,370
(35)	0,242	0,347
(40)	0,229	0,329
45	0,218	0,314
(50)	0,208	0,301
(55)	0,199	0,289
(60)	0,191	0,278
(65)	0,184	0,268
(70)	0,178	0,259
75	0,173	0,250

Exemple : Testons la nullité du coefficient d'autocorrélation de décalage 1 sur notre première série de débits. Les hypothèses de ce test sont donc :

$$\begin{cases} H_0 : \rho_1 = 0 \\ H_1 : \rho_1 \neq 0 \end{cases} \tag{9.18}$$

Si on estime le coefficient d'autocorrélation de décalage 1 sur nos données (1922 à 1963), on obtient: 0,002. La valeur critique étant selon le tableau 9.5 d'environ 0,22, on ne peut pas rejeter l'hypothèse nulle. Il est à remarquer que ce résultat était prévisible puisque nous avons affaire à une série annuelle donc l'effet de persistance est nul.

Tests non paramétriques
Il est rappelé que les tests non paramétriques ne font pas appel à des paramètres ou d'hypothèses précises concernant la distribution sous-jacente.

Tests de conformité
Le test de conformité de la moyenne classique non paramétrique est le *test de Wilcoxon* pour un échantillon (Morgenthaler, 1997). Nous allons reprendre les mêmes hypothèses que dans le cas paramétrique ci-dessus – test de Student –, à savoir:

$$\begin{cases} H_0 : \mu_x = 200 \\ H_1 : \mu_x \neq 200 \end{cases} \tag{9.19}$$

Le score de Wilcoxon pour un seul échantillon s'exprime par la relation:

$$W^+ = signe(x_1 - norme)R^+(x_1 - norme) + \ldots + signe(x_n - norme)R^+(x_n - norme) \tag{9.20}$$

où R^+ est le rang signé, soit le rang de la valeur absolue de l'observation signée, où signe (u) est égal à 1 si $u > 0$ et égal à zéro sinon.
Exemple: Dans la situation étudiée jusqu'à présent pour les débits de la Viège, on obtient $W^+ = 497$. Pour un échantillon de taille supérieur à 15, l'approximation normale suivante est possible:

$$W^+ \sim N\left(\frac{n\cdot(n+1)}{4}, \frac{n\cdot(n+1)\cdot(2n+1)}{24}\right)$$

$$W = \frac{n\cdot(n+1)}{4} + 1{,}96\cdot\sqrt{\frac{n\cdot(n+1)\cdot(2n+1)}{24}} = 608$$

Etant donné l'inégalité suivante $497 < 608$, on ne peut pas rejeter l'hypothèse nulle et l'on doit admettre la moyenne de ces débits de pointe est de 200 m^3/s.

Tests d'homogénéité
Comme nous l'avons dit auparavant, le test d'homogénéité compare deux échantillons afin de vérifier si ils sont issus de la même population ou non.

Test de Wilcoxon
Pour tester l'homogénéité de données issues de deux populations, on utilise les deux statistiques équivalentes de Mann-Whitney et Wilcoxon (Morgenthaler, 1997), ainsi que le test de la médiane.

Exemple: Test de Wilcoxon pour deux échantillons. Comme on s'attend à avoir une diminution significative des débits après 1964, on pose les hypothèses suivantes:

$$\begin{cases} H_0 : \mu_x = \mu_y \\ H_1 : \mu_y < \mu_x \end{cases} \tag{9.21}$$

Les débits en gras sont ceux de la deuxième série.

débits	**49**	**55**	**63**	**76**	**...**	**125**	**125**
rang	1	2	3	4	...	26,5	26,5
débits	135	138	...	270	**285**	**330**	375
rang	28	29	...	72	73	74	75

La statistique W de Wilcoxon est la somme des rangs du premier échantillon. On a donc:

$$W_x = 28 + 29 + ... + 72 + 75 = 2174$$

$$W_y = 1 + 2 + ... + 26,5 + 26,5 + ... + 73 + 74 = 676$$

Pour $n_1, n_2 > 10$, on utilise l'approximation suivante:

$$W_x \sim N\left(\frac{n_1 \cdot (n_1 + n_2 + 1)}{2}, \frac{n_1 \cdot n_2 \cdot (n_1 + n_2 + 1)}{12}\right) = N(1596, 8778)$$

La valeur critique est 1750. Comme $W_x > 1750$, on rejette l'hypothèse nulle ce qui est conforme à notre attente.

Test de la médiane

Soit un échantillon de n valeurs x_i (série chronologique par exemple) de médiane $\tilde{x}$ (une variante consiste à utiliser la moyenne $\overline{x}$). Chaque observation x_i est affectée d'un signe **+** si elle est supérieure à la médiane, d'un signe – dans le cas contraire. Tout groupe de valeurs «**+**» est une séquence positive (ou suite positive), et tout groupe de valeurs «**–**» est une séquence négative (ou suite négative). Il s'agit de déterminer N_s le nombre total de séquences positives ou négatives ainsi que T_s, la taille de la plus longue de ces suites, qui suit une loi binomiale. On a la relation suivante:

$$N_s \sim N\left(\frac{n+1}{2}, \frac{n-1}{4}\right) \tag{9.22}$$

Pour un seuil de signification compris entre 91 et 95 %, les conditions de vérification du test sont les suivantes:

$$\frac{1}{2}\left(n + 1 - 1,96 \cdot \sqrt{n-1}\right) < N_s < \frac{1}{2}\left(n + 1 + 1,96 \cdot \sqrt{n-1}\right) \tag{9.23}$$

$$T_s < 3{,}3 \cdot (\log_{10} n + 1) \qquad (9.24)$$

Si les conditions (9.23) et (9.24) sont vérifiées, la série est homogène.
Exemple : On veut vérifier l'homogénéité de la série des débits de pointe de la Viège sur la période totale d'observation.

débits	240	171	186	158	...	145	155
signe	+	+	+	+	...	–	+
débits	230	270		330	55	63	49
signe	+	+		+	–	–	–

On a $N_S = 22$ et $T_S = 9$. Comme $N_s < 1/2\left(n+1-1{,}96 \cdot \sqrt{n-1}\right) = 29{,}5$, on doit donc rejeter l'hypothèse nulle.

Test d'autocorrélation
A la suite des travaux d'Anderson, Wald et Wolfowitz ont développé un test non paramétrique du coefficient d'autocorrélation. La statistique du test est calculée comme suit :

$$R = \sum_{i=1}^{n-1} x_i x_{i+1} + x_n x_1 \qquad (9.25)$$

Pour n « suffisamment grand », cette statistique suit une distribution normale de moyenne et de variance :

$$E[R] = \frac{S_1^{\,2} - S_2}{n-1} \qquad (9.26)$$

$$Var[R] = \frac{S_2^{\,2} - S_4}{n-1} + \frac{S_1^4 - 4S_1^2 S_2 + 4S_1 S_3 + S_2^2 - 2S_4}{(n-1)(n-2)} - \{E[R]\}^2$$

$$\text{avec } S_k = \sum_{i=1}^{n} x_i^k \qquad (9.27)$$

9.3.5 1 paramètre – échelle régionale

Ces méthodes s'appliquent par exemple pour contrôler des données pluviométriques à plusieurs stations situées dans un bassin versant.

Les deux tests développés dans ce paragraphe sont essentiellement utilisés en hydrologie. Leur but spécifique est de comparer un ou plusieurs échantillons, acquis à des stations voisines, afin de déceler une éventuelle inhomogénéité (dont la cause la plus classique est une modification de l'une des stations, par exemple, le déplacement du pluviomètre).

Méthode du double cumul

Le principe de la méthode consiste à vérifier la proportionnalité des valeurs mesurées à deux stations. L'une des stations (station *X*) est la station de base ou station de référence, supposée correcte. L'autre station (*Y*) est la station à contrôler. Un effet de lissage est obtenu en comparant, au pas de temps choisi (année, saison, mois, décade), non pas les valeurs observées, mais leur cumul. La méthode est d'un concept extrêmement simple, puisqu'il suffit de tracer un graphe des quantités :

$$X(t) = \sum_{i=0}^{t} x(i) \quad \text{et} \quad Y(t) = \sum_{i=0}^{t} y(i) \tag{9.28}$$

Exemple : Nous voulons tester graphiquement l'homogénéité des données des débits de pointe de la Viège à Viège[4]. Pour cela, nous allons utiliser comme station de référence, les débits du Rhône à Brigue (après s'être assuré que cette série ne présente pas d'inhomogénéité). La figure 9.3 présente l'application de la méthode des doubles cumuls dans ce cadre. Elle nous montre une nette cassure de pente à la station que l'on désire contrôler à partir de 1964. Cette méthode est capable de détecter une anomalie (la construction du barrage).

La méthode du double cumul a l'avantage d'être simple, bien connue de tous et très rapidement réalisable. Par contre, l'interprétation des graphes obtenus n'est pas toujours aisée et, surtout, la méthode ne propose aucune graduation en probabilité des défauts constatés : un test, au sens statistique, est donc exclu. Enfin, elle permet de détecter l'erreur mais pas de la corriger, du moins pas directement. Après une analyse approfondie d'une situation critique constatée, une correction peut être toutefois envisagée.

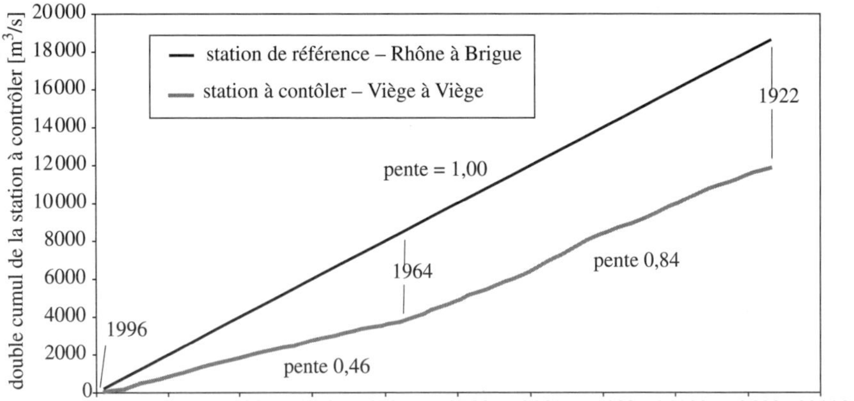

Fig. 9.3 Exemple d'application pratique de la méthode du double cumul.

---

[4] La station de base peut être remplacée avantageusement par une station fictive, représentative d'un ensemble de stations de la région.

Méthode du cumul des résidus

La méthode du cumul des résidus, due à Philippe Bois de l'Ecole nationale supérieure d'hydraulique de Grenoble, est une extension de l'idée de la méthode du double cumul, à laquelle elle ajoute un contenu statistique autorisant la pratique d'un véritable test d'homogénéité (Bois, 1986) : c'est donc un progrès décisif.

A nouveau pour une série double de valeurs x_i (série de base) et y_i (série à contrôler), l'idée de base consiste à étudier, non pas directement les valeurs x_i et y_i (ou Σx_i et Σy_i) mais les cumuls des résidus ε_i de la régression linéaire de y en x :

$$y_i = a_0 + a_1 x_i + \varepsilon_i \tag{9.29}$$

$$\varepsilon_i = y_i - (a_0 + a_1 x_i) = y_i - \hat{y}_i \tag{9.30}$$

La figure 9.4 présente une telle régression.

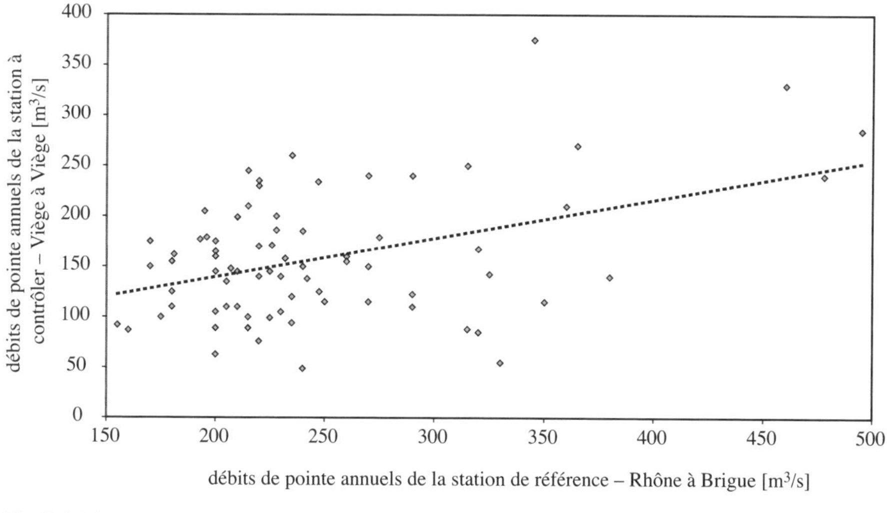

Fig. 9.4 Diagramme de dispersion des débits de pointe annuels du Rhône à Brigue et de la Viège à Viège (1922-1996).

De la théorie classique de la régression, il découle que la somme des résidus est nulle par construction et que leur distribution est normale, d'écart type :

$$\sigma_\varepsilon = \sigma_Y \cdot \sqrt{1 - r^2} \tag{9.31}$$

où r est le coefficient de corrélation linéaire entre X et Y.

Pour un échantillon d'effectif n, le cumul des résidus E_j est défini comme :

$$E_0 = 0;\ E_j = \sum_{i=1}^{j} \varepsilon_i \ \ \forall j = 1,2,...,n \tag{9.32}$$

Le report graphique des résidus cumulés E_j (en ordonnée) en fonction des numéros d'ordre j des valeurs (en abscisse, $j = 0$ à n, avec $E_0 = 0$) devrait, pour une corrélation avérée entre X et Y, donner une ligne partant de 0, oscillant aléatoirement autour de zéro entre $j = 0$ et $j = n$, et aboutissant à 0 pour $j = n$. La présence d'une inhomogénéité se manifeste par des déviations non aléatoires autour de la valeur nulle.

Bois a décrit et testé de nombreux types d'inhomogénéités. Il a en outre montré que, pour un niveau de confiance $1 - \alpha$ choisi, le graphe des E_j en fonction de j doit être inscrit dans une ellipse de grand axe n et de demi petit axe :

$$z_{1-\alpha/2} \cdot \sigma_\varepsilon \cdot \frac{n}{\sqrt{n-1}} \tag{9.33}$$

où $z_{1-\alpha/2}$ est le $1-\alpha/2$-ième quantile de la loi normale centrée réduite.

Ces développements fournissent un véritable test de l'homogénéité de deux stations.

La figure 9.5 présente le test de Bois effectué pour les données des deux stations utilisées précédemment. Les résidus ont été cumulés en partant de 1996, le dernier résidu étant celui de 1922. Les résidus sont décroissants pendant les 32 dernières années, avant de devenir croissants : l'anomalie se situe donc autour de 1996 – 32 = 1964, ce qui a déjà été constaté avec la méthode du double cumul.

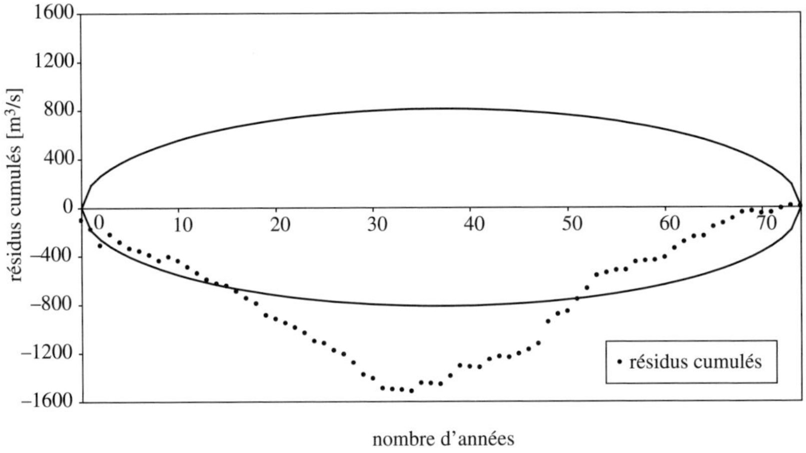

Fig. 9.5 Résultat du test de Bois pour les débits de pointe annuels de la Viège à Viège avec comme série de référence les débits du Rhône à Brigue. Ellipse de confiance à 95%.

9.3.6 Plusieurs paramètres – échelle locale

Cette méthode est basée sur les relations existant entre certaines grandeurs hydrologiques telles que les précipitations et les débits ou la température et l'humidité relative de l'air. Si on suppose cette relation connue, ou tout au moins approchée à l'aide de modèles divers (physiques ou mathématiques), il est possible alors de détecter les données qui ne cadrent pas avec cette relation.

9.3.7 Plusieurs paramètres – échelle régionale

Les méthodes qui prévalent à ce niveau sont d'ordre hydrologique ou statistique, selon les cas envisagés.

Méthode des bilans

Rappelons l'équation simplifiée du bilan hydrologique (éq. (2.7)):

$$P-(R+E)=\pm\Delta S \tag{9.34}$$

où P, R, E, ΔS représentent respectivement les précipitations, l'écoulement, l'évapotranspiration et la variation de stockage. Ces grandeurs sont généralement exprimées en hauteurs d'eau.

Un contrôle possible des données est de mesurer tous les paramètres du bilan et vérifier l'égalité: si l'hypothèse $\Delta S \cong 0$ est vérifiée, alors on déduit que $P-R \cong E$ (éq. 9.34). La mesure de la pluie et de l'écoulement nous donne une évaluation du degré de vraisemblance de l'évapotranspiration. Si celui-ci n'est pas acceptable (fig. 5.1), on se doit alors de vérifier les données de pluie et de ruissellement.

Une autre analyse possible consiste à estimer grossièrement le coefficient de ruissellement, d'évaluer sa vraisemblance en regard des caractéristiques du bassin versant ou alors de vérifier si le calcul obtenu avec les données pluie-débit donne un résultat similaire. Dans le cas où le calcul du coefficient de ruissellement donnerait des valeurs a priori aberrantes (par exemple supérieures à l'unité), l'erreur a priori est manifeste. Cette erreur a aussi des chances de provenir de la non-concordance des bassins topographiques et hydrogéologiques, à défaut d'une erreur sur les données de pluie et de débit.

Méthode des débits spécifiques maximaux

Un autre exemple de contrôle hydrologique simple est celui qui utilise les *débits spécifiques maximaux* $q_{s,max}$. On sait que ces débits spécifiques varient de manière inversement proportionnelle à la surface sur laquelle ils sont calculés. Ainsi, si on dispose de plusieurs stations hydrométriques sur un même réseau hydrographique, on peut tracer la courbe décroissante $q_{max} = f(A)$. Si un des points, correspondant à une station, n'est pas «hydrologiquement» bien placé, il y a lieu de craindre une erreur (fig. 9.6). Cependant, il faut être attentif au fait que cette erreur ne provient pas forcément d'une mauvaise mesure du débit, elle peut provenir d'une erreur d'estimation de la superficie des bassins versants!

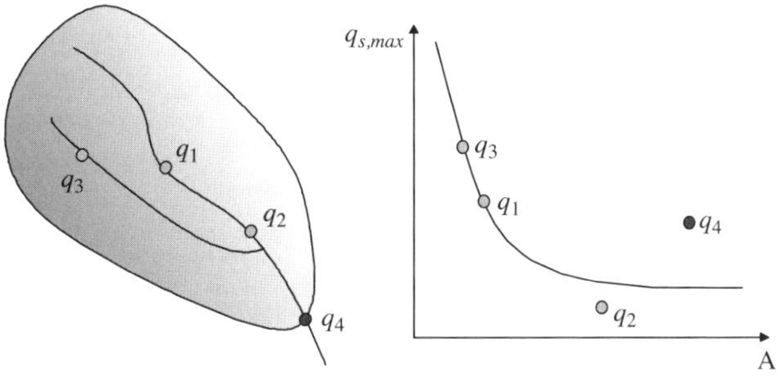

Fig. 9.6 Méthode des débits spécifiques maximaux: visiblement une erreur est présente dans le débit spécifique de la station 4. Il s'agit alors de chercher à découvrir les sources de cette erreur.

Méthodes statistiques multivariées

Souvent, lors de l'étude d'un phénomène hydrologique, on observe une multitude de variables différentes qui pourraient potentiellement offrir un intérêt. Dans ce cas on peut faire appel à des méthodes *statistiques multivariées*. Parmi ces méthodes, on trouve l'analyse en composantes principales et l'analyse factorielle.

Le principe de l'***analyse en composantes principales*** (ACP) est d'obtenir une représentation approchée d'une nuage de n individus dans un sous-espace de dimension faible. Ceci s'effectue par une projection. L'ACP construit de nouvelles variables, artificielles, et des représentations graphiques permettant de visualiser les relations entre variables, ainsi que l'existence éventuelle de groupes d'individus et de groupes de variables. Il est à remarquer de l'interprétation des résultats est une phase délicate qui doit se faire en respectant une démarche.

L'***analyse factorielle*** est un modèle mathématique qui tente d'expliquer les corrélations entre un grand nombre de variables par un nombre restreint de facteurs correspondants. Une hypothèse fondamentale de l'analyse factorielle est qu'il n'est pas possible d'observer ces facteurs directement ; les variables dépendent des facteurs mais sont également sujettes à des erreurs aléatoires.

9.3.8 Estimation des données manquantes, correction des données

On peut estimer les données manquantes ou erronées à une station à partir des valeurs provenant des stations voisines soumises aux mêmes conditions climatiques et situées dans la même zone géographique. Trois méthodes sont proposées pour les données pluviométriques :

- Remplacer la valeur manquante par celle de la station la plus proche.
- Remplacer la valeur manquante par la moyenne des stations voisines. Cette méthode est utilisée lorsque les précipitations moyennes annuelles de la station à compléter ne diffèrent pas de plus de 10 % des précipitations moyennes annuelles aux stations de référence.
- Remplacer la valeur manquante par une moyenne pondérée par la tendance annuelle des stations pluviométriques, soit :

$$P_x = \frac{1}{n} \cdot \sum_{i=1}^{n} \left(\frac{\overline{P}_x}{\overline{P}_i} \cdot P_i \right) \tag{9.35}$$

où P_x est la donnée manquante de précipitation (par exemple), n le nombre de stations de référence, P_i la précipitation à la station de référence i, $\overline{P}_x$ la précipitation moyenne à long terme de la station x et $\overline{P}_i$ la précipitation moyenne à long terme de la station de référence i.

Pour reconstituer des données de hauteurs d'eau, on peut utiliser des critères de proportionnalité analogues dans le cas de stations limnimétriques placées sur un même cours d'eau (transposition géographique, conservation des volumes...). Les méthodes basées sur l'analyse de régressions et corrélations (relations pluie-pluie ou pluie-débit, relations inter-postes) sont utilisées à cet effet.

Le calcul de la régression se fait en déterminant les valeurs des paramètres de la relation entre la variable expliquée et la ou les variables explicatives. Cette régression peut être simple ou multiple.

9.4 CONCLUSION

Complément indispensable aux aspects métrologiques, il est examiné ici différentes méthodes inhérentes au contrôle des données. Il est en effet impératif de pouvoir, d'une part, déceler d'éventuelles fautes lors de l'acquisition de grandeurs hydrologiques et, d'autre part, de quantifier la qualité de ces dernières ainsi que de procéder à des comparatifs. La voie la plus fiable pour répondre à ce type de questions étant le recours aux statistiques, quelques méthodes et tests statistiques sont présentés dans ce chapitre et sont appliqués aux données hydrologiques.

Enfin, sans entrer dans trop de détails, ce chapitre nous a aussi permis d'introduire des notions fondamentales de gestion et d'organisation des données.

CHAPITRE 10

RÉGIMES HYDROLOGIQUES

L'analyse et la compréhension des régimes hydrologiques revêtent une place de choix. Ne faisant pas explicitement partie du cycle en terme de processus, les régimes hydrologiques jouent cependant un rôle intégrateur en ce sens que le débit est une grandeur intégrative de l'ensemble des conditions qui conduisent à la génération d'un écoulement et que l'analyse des régimes hydrologiques repose sur la connaissance de longue séries de données et requiert par là même un certain nombre d'outils statistiques. Le régime hydrologique peut donc être vu comme l'élément de liaison de l'espace-temps hydrologique et se révèle être une information extrêmement précieuse pour quiconque s'intéresse aux comportement d'un cours d'eau ou d'une région, que ce soit au plan hydrologique, géographique ou climatologique. Ce chapitre, après avoir présenté quelques notions essentielles, présente les classifications possibles et décrit plus spécifiquement les régimes que l'on connaît sous nos latitudes.

10.1 INTRODUCTION

Les relevés des débits d'une rivière pendant une longue série d'années montrent des variations saisonnières systématiques (position des hautes et basses eaux) en fonction des principaux facteurs influençant l'écoulement: le régime des précipitations, la nature du bassin versant, sa situation géographique, l'infiltration, etc. Le régime hydrologique d'un cours d'eau intègre l'ensemble de ses caractéristiques hydrologiques, son mode de variation et se définit par les variations de son débit. Cette notion de régime hydrologique est fondamentale car elle lie les processus hydrologiques à leur saison d'occurrence comme le rappelle Lambert (1996).

Cette question du régime hydrologique a intéressé les ingénieurs et géographes depuis le XIXe siècle déjà. C'est l'inspecteur des eaux et des égouts de Paris, Eugène Belgrand, un des pionniers de l'hydrologie, qui, dès 1849, propose d'étudier les régimes des cours d'eau en collectant notamment à partir de 1854 les hauteurs d'eau des principaux cours d'eau du bassin de la Seine, réunissant ainsi une chronique de 38 ans (Lemoigne, 1892). Les études sur les régimes des cours d'eau vont dès lors se multiplier en relation avec celles du climat, souvent dans le but de proposer des règles d'hygiène pour les Européens vivant dans les pays d'Afrique. C'est ainsi que, par exemple, le médecin Alfred Borius publie en 1875 une large étude sur le climat du Sénégal dans laquelle il analyse le régime des eaux du fleuve à Bakel et Dagana (fig. 10.1).

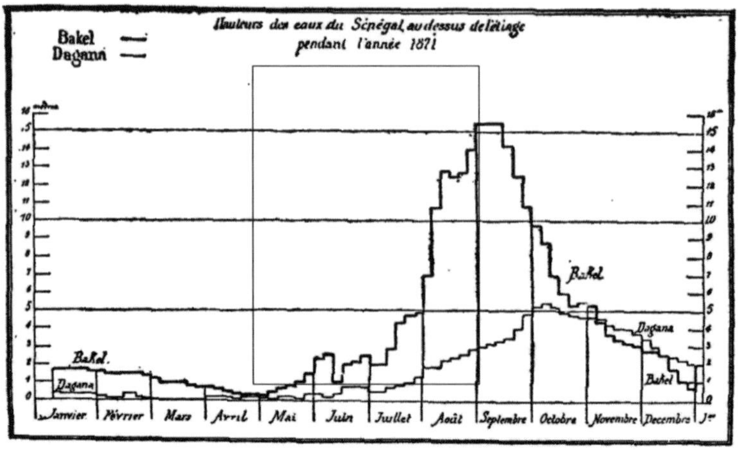

Fig. 10.1 Evolution des hauteurs d'eau pour le fleuve Sénégal à Bakel et Dagana (tiré de Borius, 1875).

En toute généralité, il est possible de caractériser un bassin versant et son écoulement en adoptant une classification du régime des cours d'eau d'après l'allure de la fluctuation saisonnière systématique des débits qu'ils présentent, et d'après leur mode d'alimentation. La répartition mensuelle des débits est alors utilisée pour classifier le régime d'écoulement d'un cours d'eau.

10.1.1 Coefficient mensuel de débit

On définit le coefficient mensuel de débits appelé aussi *coefficient de Pardé* (1955), comme le rapport du débit mensuel moyen (calculé sur un certain nombre d'années) appelé débit *intermensuel* au module interannuel. Le module interannuel se détermine par moyenne arithmétique sur une série d'observations de plusieurs années. On a ainsi une répartition en pourcentage des débits mensuels au cours de l'année :

$$C_m(\%) = \frac{\text{débit mensuel moyen}}{\text{module interranuel}} \cdot 100 \qquad (10.1)$$

On définit aussi le coefficient d'écoulement annuel par le rapport suivant :

$$C_a(\%) = \frac{L_e}{P} \cdot 100 \qquad (10.2)$$

où L_e est la lame moyenne écoulée et P la pluie moyenne annuelle.

La connaissance de ce coefficient est d'un grand intérêt pour pouvoir estimer les volumes écoulés au cours d'une saison afin de dimensionner une retenue. Ce coefficient varie en fonction des éléments suivants :

- nature du sol et couverture végétale,
- surface du bassin,
- hauteur de précipitation annuelle,
- répartition des pluies dans l'année.

Les coefficients d'écoulement annuel sont très variables. La courbe des coefficients mensuels de débits de l'année moyenne permet de mettre en évidence le caractère systématique des variations saisonnières, et de comparer les rivières entre elles. La figure 10.2 ci-après donne quelques exemples de coefficients mensuels de débits pour divers cours d'eau.

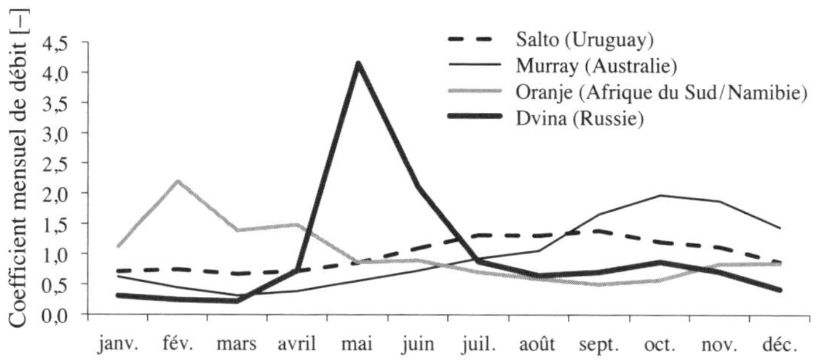

Fig. 10.2 Exemples de coefficients mensuels de débits.

De même, les courbes des fréquences relatives des débits sur une longue série d'années définissent la variation saisonnière des quantiles de débits. Les courbes cotées 10, 25,..., 90 % indiquent donc les valeurs de hauteur d'eau (ou débit) mensuelles qui ont respectivement 10, 25,..., 90 chances sur 100 d'être atteintes ou dépassées (fig. 10.3).

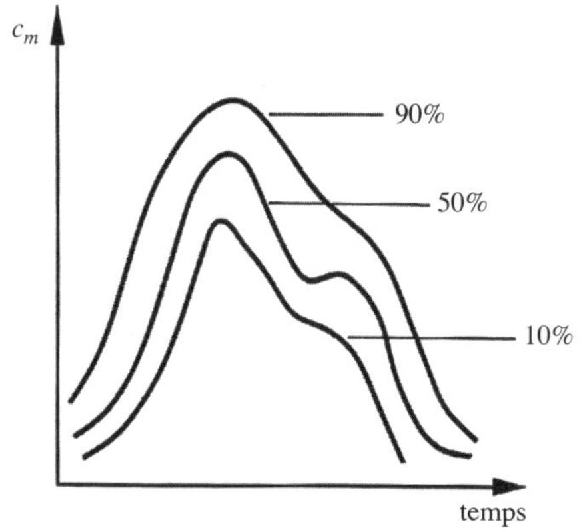

Fig 10.3 Exemple de courbes fréquentielles.

10.1.2 Classification des régimes hydrologiques

La classification des régimes hydrologiques des rivières généralement retenue traduit les variations saisonnières des débits. Elle étudie d'une part la complexité de la répartition des débits au cours de l'année (variations moyennes au cours de l'année des coefficients mensuels de débits). Elle considère d'autre part le mode d'alimentation, c'est-à-dire la nature et l'origine des hautes eaux (pluviale, nivale ou glaciaire). Selon Pardé (1955), on distingue trois types de régimes :

- *régime simple* : caractérisé par 1 maximum, 1 minimum, et, en général, par un seul mode d'alimentation ; ce régime traduit l'existence de deux saisons hydrologiques distinctes,
- *régime mixte* : 2 maximas et 2 minimas par an, correspondant à plusieurs modes d'alimentation,
- *régime complexe* : plusieurs extremas et modes d'alimentation.

Cette classification peut être éventuellement rectifiée en fonction de phénomènes d'embâcle et de débâcle pouvant provoquer l'apparition de hautes eaux.

L'embâcle désigne une accumulation de glaçons ou de bois dans un cours d'eau, créant un barrage, et due à la présence d'un pont, d'un barrage, d'un rétrécissement, d'un coude ou de tout autre obstacle. La débâcle succède à l'embâcle. Il s'agit d'un démantèlement de la couche de glace qui, sur les cours d'eau, traduit l'effet du dégel. La débâcle produit un charriage de glaçons de tailles plus ou moins grosses, pouvant à leur tour occasionner, lorsqu'ils sont arrêtés par un accident hydrographique ou autre, des barrages provisoires (embâcle) qui provoquent souvent des inondations.

Par ailleurs, la géologie peut modifier sensiblement les écoulements et par-delà le régime d'alimentation des cours d'eau. Ceci est particulièrement vrai dans les régions karstiques (ex. dans le Jura).

10.1.3 Autres typologies des régimes hydrologiques

Si la classification de Maurice Pardé a le mérite d'être pédagogique et utilisée dans les pays francophones ainsi que par ailleurs en Russie (George P., 1957), il n'en reste pas moins que, d'une part, elle n'est pas unique et, d'autre part, que cette dernière reste difficilement traduisible sous la forme d'un algorithme en vue d'automatiser la procédure de détermination du régime hydrologique. Lvovich (1973) a proposé une classification des régimes hydrologiques dès 1938 sur la base du mode d'alimentation principal et de la répartition du volume d'eau écoulé durant l'année. Il considère ainsi quatre modes principaux d'écoulements (origine souterraine, fonte des glaciers, précipitations et neige) ainsi que quatre saisons qui sont découpées selon la répartition du volume écoulé. La matrice ainsi formée comprend 144 régimes possibles. Sur la terre, seules 38 situations ont été formellement identifiées (Sauquet, 2000). Lvovich les a par la suite regroupées en 12 classes fondamentales. Si cette classification est intéressante à bien des égards, elle requiert cependant la connaissance des processus de génération des écoulements pour pouvoir être appliquée, ce qui rend son utilisation délicate.

Une seconde « famille » de classifications est formée par les classifications suédoises. Elle se fonde sur la distinction des périodes de basses et hautes eaux qui sont chacune divisées et trois éléments distincts. Pour les étiages, on retient trois groupes qui sont respectivement les étiages dus à la rétention nivale (les débits moyens interannuels les plus faibles apparaissent au printemps ou au début de l'été), le groupe intermédiaire dans le cas où les deux débits mensuels moyens interannuels les plus faibles ne se succèdent pas, les étiages favorisés par un processus d'évapotranspiration dominant ou lorsque les précipitations estivales sont très faibles. De la même manière, les débits de crue ou période de hautes eaux sont répartis en trois groupes, à savoir un groupe qui comprend les crues alimentées par la fonte des neiges, un groupe de transition vers un régime pluvial et un groupe où les débits mensuels maximaux ont lieu en automne (alimentation essentiellement pluviale). Ces groupes sont généralement notés L1, L2 et L3 pour les étiages et H1, H2, H3 pour les crues. Les principales caractéristiques sont les suivantes :

L1 : deux débits mensuels moyens interannuels minimaux entre janvier et avril, la rétention de la neige est donc à l'origine des étiages.

L2 : un débit mensuel moyen interannuel minimal entre janvier et avril, un débit mensuel moyen interannuel minimal entre mai et août.

L3 : deux débits mensuels moyens interannuels minimaux entre juin et septembre.

H1 : deux ou trois débits mensuels moyens interannuels maximaux entre avril et août, l'origine des crues s'explique par la fonte des neiges.

H2 : un débit mensuel moyen interannuel maximal entre mars et août, un ou deux débits mensuels moyens interannuels maximaux entre septembre et octobre.

H3 : deux débits mensuels moyens interannuels maximaux entre septembre et mars.

A ceci s'ajoutent encore les catégories H1m (deux crues entre avril et août pour des bassins dont l'altitude est supérieure à 500 m) et H3se (une crue entre janvier et février, une crue entre novembre et décembre). Enfin, la catégorie H0L0 s'applique aux régimes présentant un écart entre les débits mensuels maximal et minimal inférieur à 10 %.

Forts de cette classification, certains auteurs ont identifié dans les pays scandinaves six combinaisons représentant six régimes hydrologiques. Enfin, au-delà des pays du nord de l'Europe, soulignons que cette classification a été étendue à la zone des pays participants au projet FRIEND[1] qui est un projet du Programme hydrologique international de l'UNESCO consacré à l'étude des « régimes d'écoulement déterminés au moyen de séries de données internationales, expérimentales et des réseaux ». Ce programme, débuté en 1985 à l'occasion de la troisième phase du programme hydrologique international (PHI, cf. chapitre 1), se poursuit toujours et vise à améliorer la compréhension des processus hydrologiques à différentes échelles. La classification retenue par le programme FRIEND a été proposée la première fois en 1979. Enfin, Lambert (1996) distingue les régimes hydrologiques selon leurs facteurs d'influence prépondérants à savoir les précipitations, la géologie ou les conditions climatiques par exemple. Cela conduit l'auteur a découper les régimes hydrologiques en sept groupes principaux à savoir :

1. *Régime pluvial :* les précipitations contrôlent le régime hydrologique. Ce régime couvre la zone intertropicale et se démarque par l'absence de précipitations sous forme neigeuse. Ce régime se décompose en régime pluvial équatorial, pluvial tropical humide, tropical sec, semi-aride ou encore aride. Dans la zone tempérée, ce régime se trouve dans les régions tempérées océaniques.
2. *Régime thermique :* le régime hydrologique est sous l'influence de la température qui conditionne la fonte de la neige ou de la glace. Ce régime se décompose en régime glaciaire, potamologique glaciaire (rivière issues des glaciers),

[1] FRIEND est l'acronyme de « Flow Regimes from International Experimental and Network Data » accessible à l'adresse internet http://www.unesco.org/new/fr/natural-sciences/environment/water/ihp/ihp-programmes/friend/

nival des hautes montagnes, nivo-glaciel[2] des plaines, nival de plaine (par exemple au Canada) ou encore nival des montagnes continentales semi-arides.

3. *Régime pluvio-thermal* ou *pluvio-évaporal :* le régime hydrologique est conduit par les précipitations d'une part et, d'autre part, par l'influence de l'évapotranspiration donc du bilan radiatif. Les bassins versants des zones tempérées sont classés dans cette catégorie de régime qui se divise en régime nivo-pluvial de montagne de la zone tempérée, pluvio-nival de plaine à climat tempéré continental, pluvio-thermal de montagne moyenne tempérée, pluvio-thermal de montagne moyenne tempérée et pluvio-thermal des plaines océaniques.
4. *Régime pondéré :* dans la situation où les réserves en eau du bassin influencent significativement les écoulements, le régime est appelé pondéré. On distingue alors le régime pondéré phréatique, pondéré lacustre ou pondéré palustre comme le Nil blanc (fig. 10.4).
5. *Régime socialisé :* dans le cas où les interventions humaines ont modifié le régime hydrologique du cours d'eau, le régime est appelé socialisé. Ce type de régime se trouve par exemple à l'aval d'une retenue telle qu'un barrage par exemple. Ce régime se subdivise en régime à débit perturbé, influencé ou socialisé (fig. 10.5).

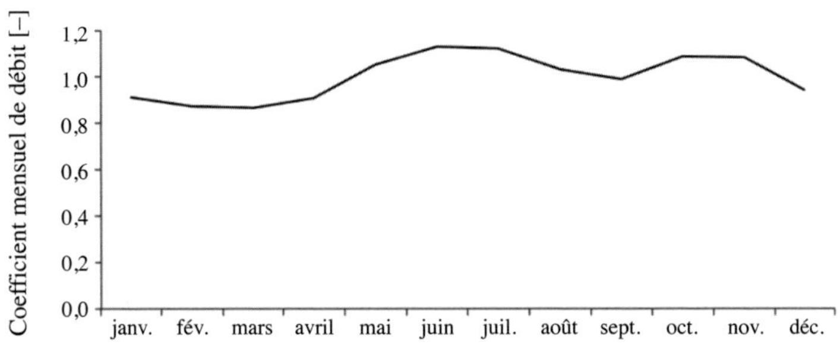

Fig. 10.4 Coefficient mensuel de débits pour le régime pondéré palustre (Nil Blanc à Mongalla).

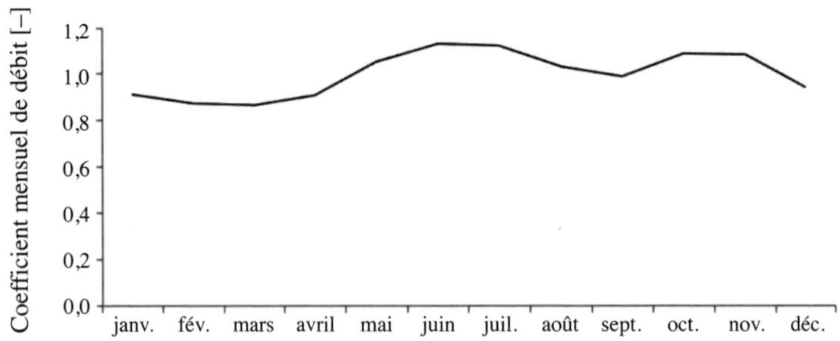

Fig. 10.5 Coefficient mensuel de débits pour le régime socialisé (fleuve Nelson, Canada).

[2] Lambert utilise le terme nivo-glaciel pour des régimes hydrologiques de bassins versants dont les sols sont des pergélisols, à savoir des sols gelés en permanence.

6. *Régime fluvial:* plus la taille du bassin versant s'accroît et plus le régime peut devenir complexe de par le fait que les paramètres qui le conditionnent présentent une forte hétérogénéité. Le régime fluvial se décompose alors en régime des grands fleuves nordiques, des grands fleuves équatoriaux, des grands fleuves tropicaux ainsi que des fleuves de la zone tempérée.
7. *Régime d'inféro-flux:* souvent réservé aux rivière présentant un fonds d'alluvions pour lesquels seules les crues génèrent des écoulements, le régime d'inféro-flux se caractérise par un fonctionnement similaire à celui des oueds, soit des cours d'eau qui sont souvent à sec et qui peuvent néanmoins connaître des crues spectaculaires complétées par un charriage important de matériaux (fig. 10.6).

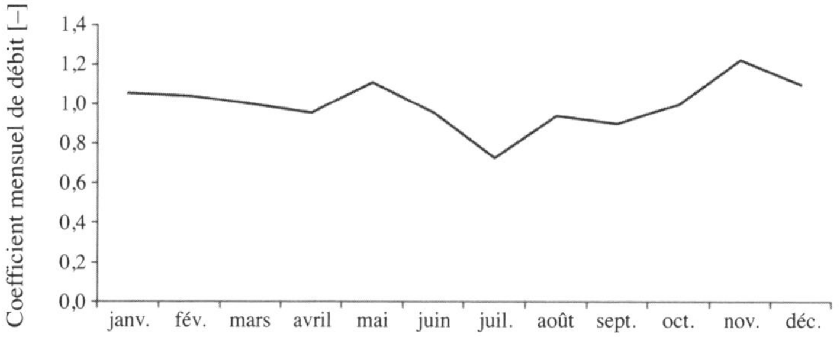

Fig. 10.6 Coefficient mensuel de débits pour le régime d'inféro-flux (oued Toudgha, Sud Maroc).

10.1.4 Aspects quantitatifs

D'un point de vue quantitatif, nous avons précédemment remarqué qu'il était difficile d'exploiter automatiquement des séries de débits afin de procéder à une détermination du régime hydrologique. Haines *et al.* (1988) ont proposé de construire une typologie basée sur un indice de similarité entre des débits moyens mensuels interannuels. Cette classification, validée a posteriori sur un jeu de 913 séries de débits mesurés sur tous les continents, permet d'automatiser l'attribution d'une station de mesure à un type de régime hydrologique. L'indice de similarité utilisé est le suivant:

$$I_s\left(Qm_{X1,i};Qm_{X2,i}\right)=\frac{\sum_{i=1}^{12}Qm_{X1,i}\cdot Qm_{X2,i}}{\sqrt{\sum_{i=1}^{12}\left(Qm_{X1,i}\right)^2}\cdot\sqrt{\sum_{i=1}^{12}\left(Qm_{X2\,i}\right)^2}} \tag{10.3}$$

où I_s est l'indice de similarité $Q_{mX1,i}$ le débit moyen mensuel interranuel pour le i-ème mois de l'année au point $X1$ et $Q_{mX2,i}$ la débit moyen mensuel interranuel pour le i-ème mois de l'année au point $X2$.

Dans une approche différente, Krasovskaïa (1995) puis Krasovskaïa et Gottschalk (1996) ont aussi proposé une détermination analytique du régime hydrologique en calculant un indice de stabilité de l'occurrence des périodes d'étiages et de hautes eaux. Cet indice repose sur la notion de contenu d'information et d'entropie qui se calcule comme suit:

$$H = -\sum_{i=1}^{n} p_i \cdot \ln(p_i) \text{ avec } \sum_{i=1}^{n} p_i = 1 \tag{10.4}$$

où H est l'entropie du système et p_i la probabilité d'occurrence de l'état i du système qui compte au maximum n états. A partir de cette définition, les auteurs proposent une classification basée sur une procédure itérative qui permet d'attribuer une série d'observations déterminées en une station à une classe (un régime) ou à une autre. On peut montrer que l'entropie est maximale lorsque les probabilités p_i sont égales entre elles à savoir lorsque $p_i = 1/n$. Dans cas, l'entropie maximale se détermine par :

$$H_{max} = -\sum_{i=1}^{n} p_i \cdot \ln(p_i) = \ln(n) \tag{10.5}$$

Krasovskaia propose alors de définir un indice d'instabilité en lieu et place du terme d'entropie. Pour l'auteur, l'instabilité est maximale lorsque l'entropie est maximale et minimale dans la situation inverse. Il est alors possible d'étudier les régimes hydrologiques définis par la classification du programme FRIEND en recourant à cette notion en déterminant l'indice de stabilité pour chaque période d'apparition des débits maximal et minimal. Le calcul de cette entropie dépend uniquement du nombre de périodes utilisées pour discriminer les régimes hydrologiques. Ainsi dans le cas d'un cours d'eau dont le régime serait H2L2 au sens de la classification issue de FRIEND, on sait que ce cours d'eau présente deux débits maximaux et deux débits minimaux alors que les périodes de discrimination des débits maximaux sont au nombre de trois et que celles pour les débits minimaux de deux. En reprenant la relation précédente, on peut donc écrire :

$$H_{max} = 2 \cdot \ln(3) + 2 \cdot \ln(2) = 3{,}584 \tag{10.6}$$

De même, l'entropie maximale dans le cas d'un cours d'eau présentant trois débits maximaux et un débit minimal, l'entropie maximale est la suivante :

$$H_{max} = 3 \cdot \ln(3) + 1 \cdot \ln(2) = 3{,}989 \tag{10.7}$$

Enfin, au-delà de classifications relativement complexes que nous venons d'évoquer, soulignons qu'il existe aussi des méthodes présentant un caractère plus empirique et qui sont essentiellement basées sur des classifications climatiques.

10.2 RÉGIME SIMPLE

Il est caractérisé par un seul maximum et un seul minimum du coefficient annuel des débits et traduit la prépondérance d'un seul mode d'alimentation (régime glaciaire, nival ou pluvial). Il existe différents types de régimes simples.

10.2.1 Régime glaciaire

Sous nos climats, le régime glaciaire se caractérise entre autres par les faits suivants :

- Débits très importants en été, par suite de la fonte de la glace ; dans nos régions, le maximum annuel unique et très accentué se place en juillet-août.

- Débits très faibles en fin d'automne, hiver, début du printemps (quelques l / s / km^2).
- Amplitude de variation mensuelle des débits supérieure à 25.
- Très grande variabilité journalière des débits au cours de l'année (rapport de l'ordre de 1 à 20).
- Grande régularité interannuelle du régime car la température est de tous les paramètres météorologiques le moins irrégulier.
- Ecoulement assez important (quelques dizaines l / s / km^2).

Ce régime est rencontré sur les bassins versants de haute altitude (altitude moyenne supérieure à 2500 mètres), partiellement recouverts par les glaciers (fig. 10.7).

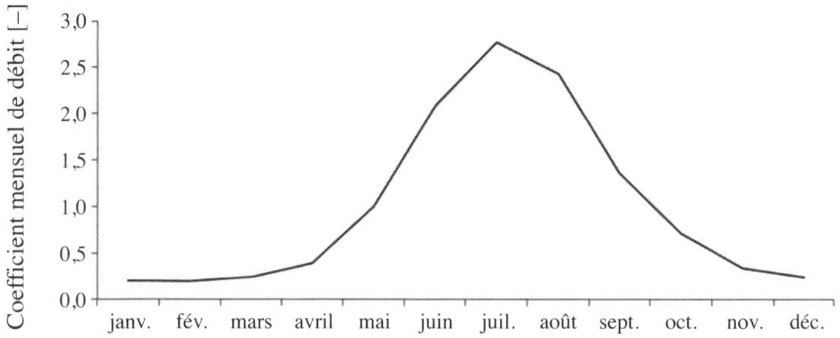

Fig. 10.7 Coefficient mensuel de débits pour le régime glaciaire (Rhône à Brigue).

On distingue également le régime glaciaire de transition qui varie par rapport au régime glaciaire normal par les caractéristiques suivantes :

- Altitude moyenne de 2300 à 2600 mètres.
- Coefficient mensuel de débits minimaux se situant entre 0,8 et 0,12.
- Amplitude de variation mensuelle de débits variant de 12 à 35.

10.2.2 Régime nival

Le régime nival pur présente sous une forme atténuée les mêmes caractéristiques que le régime glaciaire. Le maximum a lieu cependant plus tôt (juin). Il se subdivise en nival de montagne et nival de plaine (fig. 10.8).

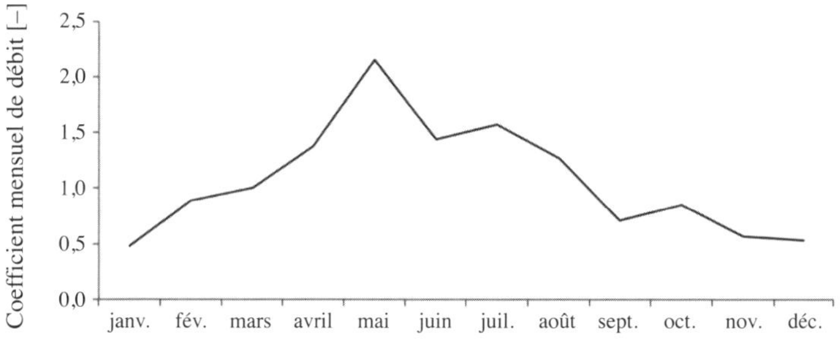

Fig. 10.8 Coefficient mensuel de débits pour le régime nival (Simme à Oberwil).

Le régime nival de plaine intéresse les régions continentales et maritimes à faible altitude du nord de l'Europe. Ses caractéristiques sont les suivantes :

- Crue violente et brève en avril-mai à la suite de la fusion massive au printemps des neiges hivernales ; pour une même latitude, la crue en plaine arrive cependant plus tôt que celle de montagne.
- Grande variabilité journalière.
- Très grande variabilité au cours de l'année.
- Grande variabilité interannuelle.
- Ecoulement important.

On distingue également un régime nival de transition que l'on rencontre sur les bassins versants d'altitude moyenne comprise entre 1200 et 1600 mètres. Le régime nival de transition se rapproche davantage d'un type complexe dans ce sens qu'il présente quatre saisons hydrologiques. Ses caractéristiques sont les suivantes :

- Courbe des coefficients mensuels des débits montrant deux maxima et deux minima.
- Coefficient minimum, en janvier, de l'ordre de 0,2 à 0,5.
- Après un étiage relatif en octobre, on observe en novembre, une légère hausse due à la pluie, induisant un maximum secondaire de coefficient inférieur à 1.

10.2.3 Régime pluvial pur

Bien que le régime pluvial appartienne aux régimes simples, il présente des caractéristiques différentes de celles des régimes précédents (fig. 10.9). Il se distingue par les faits suivants :

- Hautes eaux (avec un maximum plus ou moins marqué) en hiver et basses eaux en été ; l'évaporation joue ici un grand rôle, car il est fréquent que les pluies de la saison de basses eaux soient égales ou supérieures à celles de la saison des hautes eaux.
- Grande variabilité interannuelle ; l'époque du maximum de hautes eaux se déplace sensiblement d'une année à l'autre suivant le caprice des pluies.
- Ecoulement généralement assez faible (Seine : 6 l/s/km^2).

C'est le régime des cours d'eau de faible à moyenne altitude (500-1000 mètres).

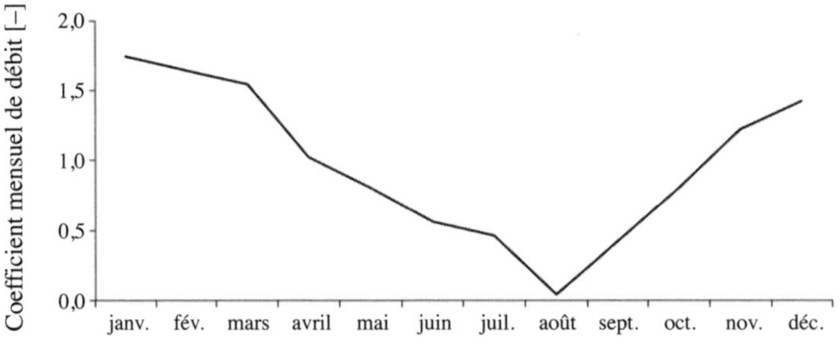

Fig. 10.9 Coefficient mensuel de débits pour le régime pluvial (Saône à Saint-Albin).

10.2.4 Régime pluvial tropical

On distingue le régime pluvial tropical dont l'allure des courbes de variation de c_m ressemble au régime glaciaire (fig. 10.10). Il présente les caractéristiques suivantes :

- Sécheresse de la saison froide et abondance des pluies de la saison chaude (de juin à septembre) ; le maximum se place en fin d'été.
- Minimum pouvant atteindre des valeurs très faibles ; à Koulikoro au Mali, le débit peut excéder 8000 m^3/s en septembre mais rester inférieur à 100 m^3/s à la fin du printemps. Ceci dénote une grande variabilité des débits au cours de l'année.
- Relativement régulier d'une année à l'autre ; on observe cependant des années marquées par un net déficit des pluies (cas des années 1971 et 1973) en région subsaharienne.

Le Niger est une rivière caractéristique du régime tropical.

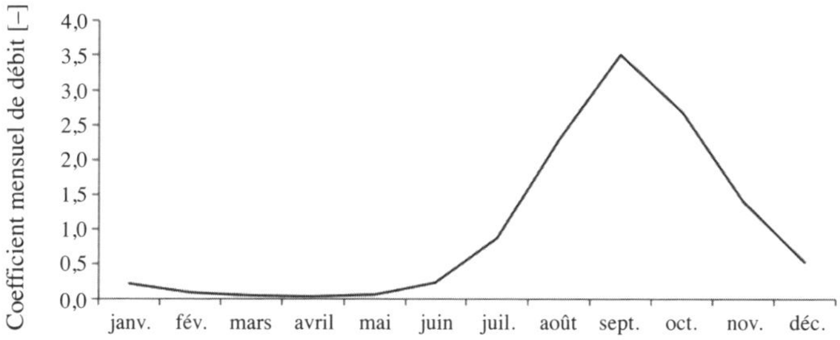

Fig. 10.10 Coefficient mensuel de débit pour le régime tropical (Niger à Banankoro).

10.3 RÉGIME MIXTE

Il se caractérise par deux maxima et deux minima, sous l'influence de plusieurs modes d'alimentation (nivo-glaciaire, glacio-nival, nivo-pluvial, pluvio-nival).

10.3.1 Régime nivo-glaciaire

Il présente les traits suivants :

- Un seul vrai maximum annuel assez précoce (en mai-juin-juillet), correspondant à la fonte nivale suivie de la fonte glaciaire (fig. 10.11).

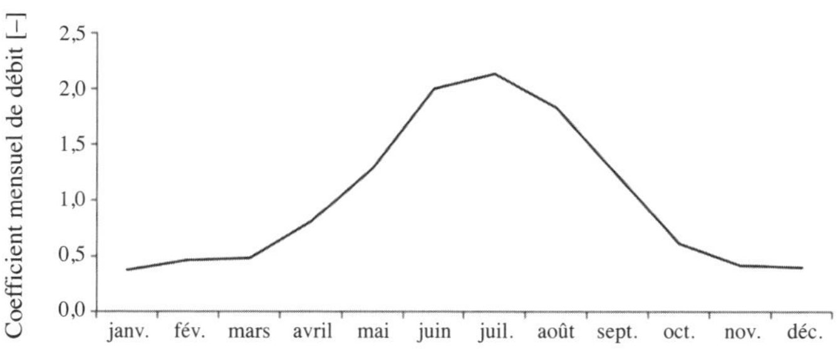

Fig. 10.11 Coefficient mensuel de débit pour le nivo-glaciaire (Amou-Daria, Turkménistan).

- Variations diurnes relativement élevées pendant la saison chaude.
- Grandes variations d'une année à l'autre, mais cependant moindres que pour le régime nival.
- Ecoulement important.

10.3.2 Régime nivo-pluvial

Il se subdivise en nivo-pluvial supérieur (altitude moyenne entre 1000 et 1200 mètres) et nivo-pluvial inférieur (altitude moyenne entre 750 et 1000 mètres) et se caractérise par (fig. 10.12) :

- Deux maxima, l'un assez prononcé vers avril-mai, et l'autre vers novembre ; le second maximum, dépendant des pluies tombées en automne, peut être faible (de coefficient inférieur à 1).
- Un étiage principal en octobre et un étiage secondaire en janvier, tous deux de l'ordre de 0,6 à 0,8.
- L'amplitude, définie comme le rapport entre les coefficients mensuels extrêmes, est comprise entre 2 et 5.
- Variations interannuelles importantes.

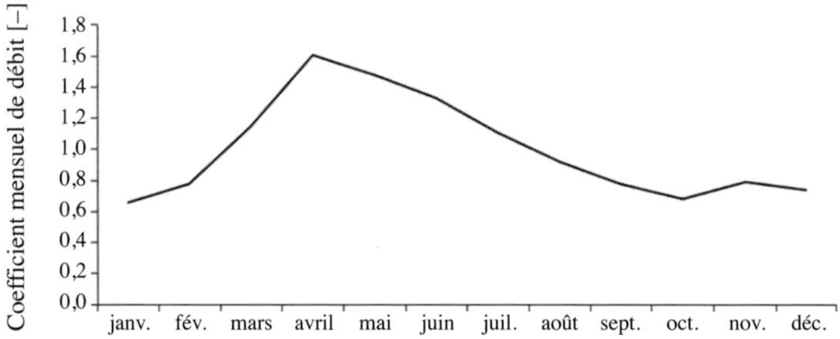

Fig. 10.12 Exemple de courbe des coefficients mensuels de débit pour les régimes nivo-pluviaux (Emme à Emmenmat).

10.3.3 Régime pluvio-nival

La tendance pluviale est d'autant plus marquée que le bassin se situe à basse altitude (650 à 750 mètres) (fig. 10.13). Ce régime présente de bonnes similitudes avec le

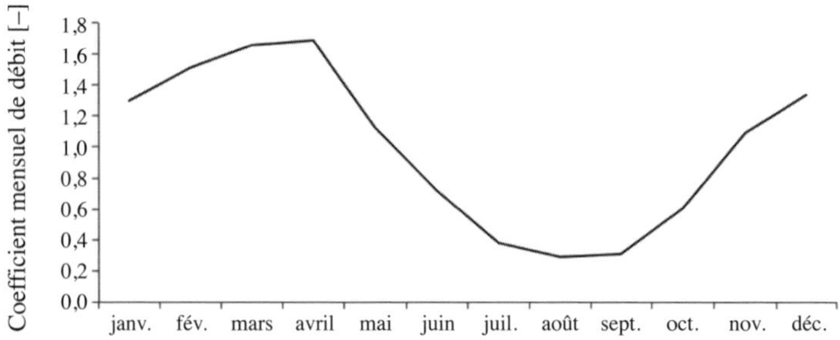

Fig. 10.13 Coefficient mensuel de débits pour le régime pluvio-nival (Lot à Cahors).

régime pluvial bien que la fonte des neiges contribue à situer le débit mensuel maximal en mars ou avril quant bien même que les apports d'eau dus à la fonte restent assez faibles (Lachiver, 1963). Le régime pluvio-nival est caractérisé par :

- Un palier en janvier, suivi d'une légère augmentation en février-mars.
- Un étiage principal ou unique en octobre, avec un coefficient de 0,7 à 0,85.
- Une amplitude faible (1,4 à 2).

10.4 RÉGIME COMPLEXE

Le régime complexe est généralement rencontré sur les grands fleuves, dont les affluents, d'amont en aval, influencent de façon très diverse l'écoulement général (fig. 10.14). Le régime des grands fleuves se présente comme une synthèse de ceux de leurs sous-bassins constitutifs, le plus souvent très variés du point de vue altitude, climat, etc. Habituellement, ces influences diverses tendent à atténuer les débits extrêmes et à accroître la régularité annuelle des débits moyens mensuels, de l'amont vers l'aval.

Fig. 10.14 Coefficient mensuel de débits pour le régime pluvio-nival (Ishikari à Ishikari-Ohashi, Japon).

10.5 RÉGIMES HYDROLOGIQUES EN SUISSE

En Suisse, la classification et la régionalisation des régimes hydrologiques ont été réalisées suite à l'étude de 95 bassins représentatifs choisis dans les réseaux fédéral et cantonal, suivant des critères bien définis : régime d'écoulement naturel, avec des séries de mesures homogènes sur plusieurs années, une surface comprise entre 10 et 500 km^2 et écoulements non influencés par des grands lacs. Cette étude menée par l'Institut de Géographie de l'Université de Berne (Aschwanden et Weingartner, 1985) a abouti au dessin d'une carte des régimes hydrologiques naturels caractérisés par les débits moyens interannuels. Trois classes de régimes hydrologiques ont été distinguées, soient :

- le régime alpin,
- le régime du Plateau et du Jura,
- le régime du sud des Alpes.

Ces trois classes principales ont été à leur tour subdivisées en 16 types de régimes (fig. 10.15 et 10.16), attribués en fonction de paramètres spatiaux (altitude moyenne,

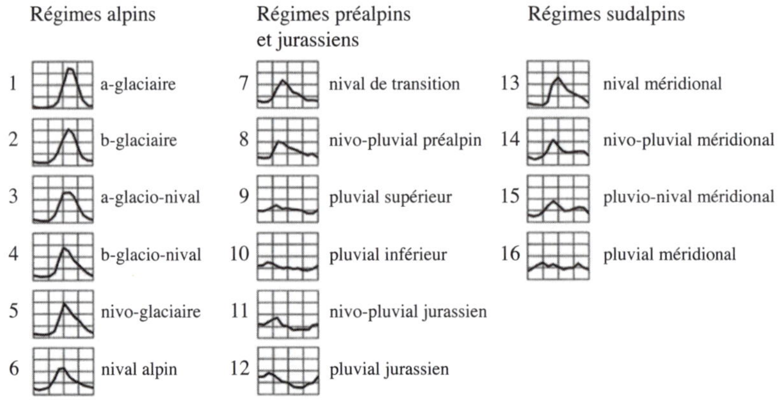

Fig. 10.15 Les 16 types de régime d'écoulement de la Suisse (tiré de http://www.bafu.admin.ch).

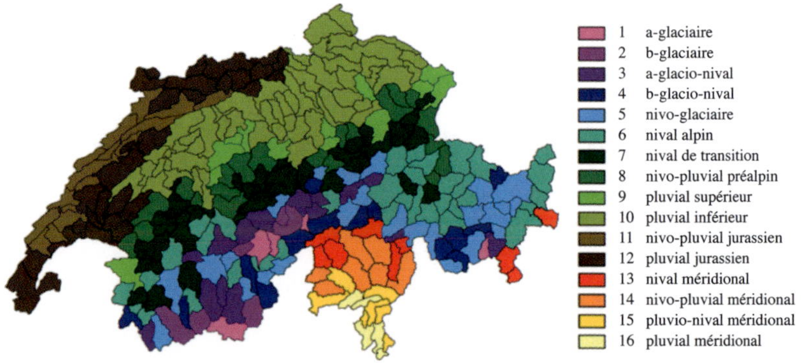

Fig. 10.16 Répartition géographiques des types de régime d'écoulement de la Suisse (tiré de Pfaundler M. *et al.* 2011).

surface de glaciers) ou suite aux résultats d'analyses statistiques. On notera que les régimes ainsi déterminés le sont pour des conditions naturelles et qu'un certain nombre de cours d'eau voient actuellement leur comportement modifié par des actions anthropogènes.

Dans le cadre de cette analyse, une procédure automatisée d'attribution d'une station à l'un des seize régimes de la classification a été mise au point. Elle se fait uniquement sur la base de critères géographiques, soit le bassin fluvial, le degré de glaciation du bassin versant et l'altitude moyenne du bassin versant (Pfaundler *et al.*, 2011). Mentionnons encore que la plateforme internet GEWISS[3] permet d'accéder à diverses informations relatives aux bassins versants suisses, dont leur régime hydrologique.

[3] http://www.bafu.admin.ch/hydrologie/01835/02114/02116/index.html?lang=fr

10.6 STABILITÉ DES RÉGIMES HYDROLOGIQUES

L'étude des régimes hydrologiques proposée dans ce chapitre fait implicitement l'hypothèse d'une stabilité du comportement du cours d'eau étudié au long du temps. Cette stabilité, étudiée au chapitre 8 sous le terme d'homogénéité, doit être vérifiée lors de l'étude du régime hydrologique, surtout lorsque l'on dispose de longues séries de données. Or on sait aujourd'hui que des perturbations des régimes hydrologiques seront quasiment inévitables au vu des modifications des conditions climatiques globales. Reste alors à déterminer si des changements de climat peuvent induire des changements de régimes hydrologiques significatifs. De même, les aménagements des cours d'eau et leur exploitation (barrage ou retenue par exemple, fig. 10.17) peuvent eux aussi avoir des répercutions sur le régime hydrologique. Cette section examine brièvement ces deux situations qui dépassent néamoins le cadre de cet ouvrage.

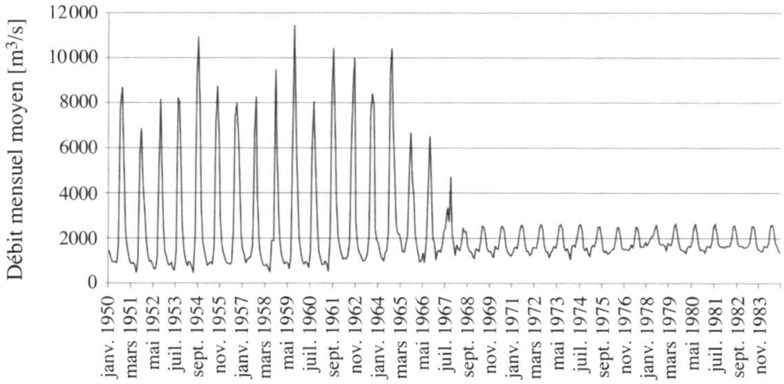

Fig. 10.17 Evolution des débits du Nil à Assouan suite à la construction du barrage d'Assouan.

10.6.1 Changement climatique

D'une façon générale, on observe depuis quelques années des modifications substantielles du climat mondial se traduisant par une élévation de la température moyenne à la surface de la terre, une élévation du niveau moyen des océans, une réduction de la couverture neigeuse ou encore un accroissement des précipitations dans certaines régions du monde tandis qu'à l'inverse, les précipitations se réduisent en Afrique, dans certaines régions méditerranéennes ou encore en Asie du Sud (GIEC, 2007, IPCC, 2012). Ces changements n'ont pas uniquement des conséquences hydrologiques mais ils vont avoir un impact sur l'humanité tout entière (Beniston, 2009) sur le plan de la santé publique (OMS, 2004 ; Kumaresan J. et Sathiakumar N., 2010), des migrations (Argos, 2007) ou encore de l'économie (Stern, 2007), le climat jouant un rôle sur les facteurs mondiaux de production.

En Suisse et dans le monde, divers scénarios ont été élaborés afin de simuler le comportement des bassins versants face à des modifications des conditions climatiques. De manière schématique, on postule pour la Suisse une augmentation des précipitations liquides dans les périodes hivernales de l'ordre de 15 %, une réduction de ces dernières durant les périodes estivales de 28 % et un accroissement global de la température pour la fin du XXIe siècle de l'ordre de 3,5 °C[4]. Dans le domaine des régimes hydrologiques, l'OFEV a mené en Suisse une analyse portant sur l'évolution des régimes de 189 bassins versants (OFEV, 2012), l'idée étant de déterminer, à partir de scénarios de modifications des conditions climatiques, l'évolution des coefficients de Pardé et d'évaluer si des bassins versants pouvaient voir leur régime hydrologique se modifier dans le futur. Sommairement[5], les changements de climat pourraient se traduire par des changements de régime hydrologique, étant entendu notamment que les débits durant l'été devraient être réduits tandis que les débits hivernaux augmenteraient. Les périodes de fonte des neiges pourraient être décalées dans le temps, arrivant plus tôt dans la saison. De même, plus le bassin versant est élevé en altitude, plus le régime hydrologique serait corrélé avec les modifications de la température (Horton *et al.*, 2006). La figure 10.18 montre l'évolution possible du régime hydrologique de la Simme pour deux scénarios de modification du climat, le premier pour l'année 2035, le second pour l'année 2085 (OFEV, 2012). On observe alors un glissement progressif du régime actuel de type nival de transition au régime nivo-pluvial jurassien marqué par une baisse des débits maximaux en mai mais avec un débit minimal décalé dans la saison, soit vers la fin de l'été.

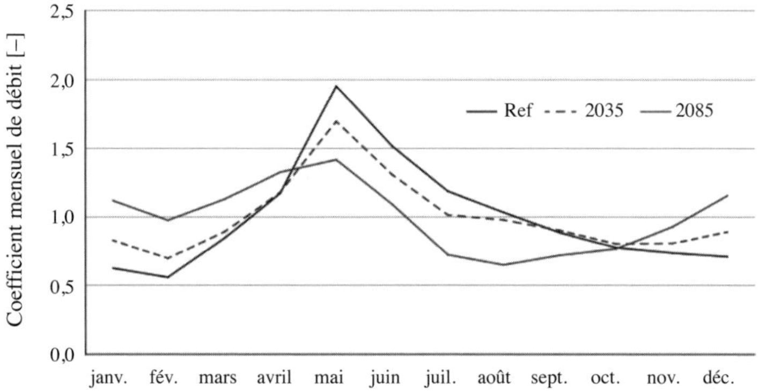

Fig. 10.18 Evolution du régime hydrologique de la Simme du régime nival de transition (réf, scénario 2035) à un régime voisin du régime nivo-pluvial jurassien (scénario 2085) (tiré de OFEV, 2012).

10.6.2 Persistance

Un second exemple qui nous semble pertinent de développer ici est celui de la persistance des débits dans le temps, ceci indépendamment de la question des changements

4 Il existe aujourd'hui une recherche abondante sur la question des changements climatiques et leurs effets sur les ressources en eau, recherche qui dépasse le cadre de cet ouvrage. De nombreuses publications sont consacrées à ces sujets et nous renvoyons le lecteur à quelques articles à partir desquels il pourra se référer pour aborder cette question (Schaefli B. 2005 ; Horton *et al.*, 2006 ; CIPR, 2009 ; UNESCO, 2009 ; Teutschbein C. et Seibert J., 2010 ; OFEV, 2012). De plus le chapitre 18 aborde également ces questions, notamment l'influence des modifications climatiques appréhendées sur la gestion des ressources en eau.

5 Les questions posées par l'application de modèles hydrologiques sont complexes, notamment car il convient d'étudier l'influence des incertitudes sur les réponses obtenues afin de déterminer si les changements simulés sont significatifs, c'est-à-dire imputables aux changements des paramètres d'entrée du modèle, ou ne sont que la traduction d'incertitudes.

du climat que nous venons d'évoquer. Né en janvier 1880, Harold Edwin Hurst débuta sa carrière auprès du gouvernement égyptien en 1906 (Sutclife, 1979), pour la terminer en 1960 après avoir passé près de quarante-six ans à la seule étude du Nil. Parmi les tâches que Hurst réalisa, il en est une particulièrement digne d'intérêt dans la question évoquée par ce paragraphe. En 1951, Hurst (1951) s'intéresse à la question du stockage de l'eau du Nil dans des retenues lors des « bonnes » années afin de la restituer dans les années de pénurie. Cela implique de pouvoir disposer de réservoirs de capacité suffisante afin de pouvoir procéder au stockage de l'eau. A cette question ayant déjà fait l'objet de recherche quelques décennies auparavant, Hurst objecte d'une part que les approches sont souvent uniquement graphiques et que, surtout, ces approches reposent sur des hypothèses de normalité au sens statistique. Hurst développe alors une approche originale visant à déterminer le volume de stockage que devraient avoir les Grands Lacs du bassin du Nil afin d'optimiser l'utilisation de l'eau sur une période relativement longue, à savoir un siècle.

Hurst va alors développer une statistique notée R qui mesure l'écart entre une valeur maximale et une valeur minimale sur la courbe cumulative de la somme des écarts à la moyenne annuelle divisée par son écart type des pertes du réservoir étudié. Ce modèle va par la suite être étendu à des périodes différentes que celle de l'année initialement retenue pour l'étude des capacités de stockage du Nil (Hurst, 1951 ; Mandelbrot et Wallis, 1969). Soit alors une série partielle de débits mesurés $q_1, q_2, q_3, \ldots, q_n$. La moyenne de cet échantillon est notée

$$\overline{q_n} = \frac{1}{n} \cdot \sum_{i=1}^{n} q_i \tag{10.8}$$

et son écart type

$$S_n = \sqrt{\frac{1}{n} \cdot \sum_{i=1}^{n} \left(q_i - \overline{q_n}\right)} \tag{10.9}$$

On peut alors représenter l'évolution de Q_t

$$Q_t = \sum_{i=1}^{n} \left(q_i - \overline{q_n}\right) \tag{10.10}$$

telle qu'illustrée à la figure 10.19. A partir de cette représentation, il est possible de définir la grandeur

$$R(t, d) = \max(\Delta u(t, d)) - \min(\Delta u(t, d)) \quad \text{avec} \quad \Delta u = Q(t + u) - Q(t).$$

Les figures 10.19 et 10.20 présentent les principaux éléments relatifs à la détermination de la statistique R/S, notamment suivant l'approche de Hurst lorsqu'il étudiait la question du stockage optimal de l'eau du Nil.

Ainsi, pour chaque série partielle de n valeurs de la série complète des débits, on calcule successivement :

- la moyenne de la série partielle $\overline{q_n} = \frac{1}{n} \cdot \sum_{i=1}^{n} q_i$;

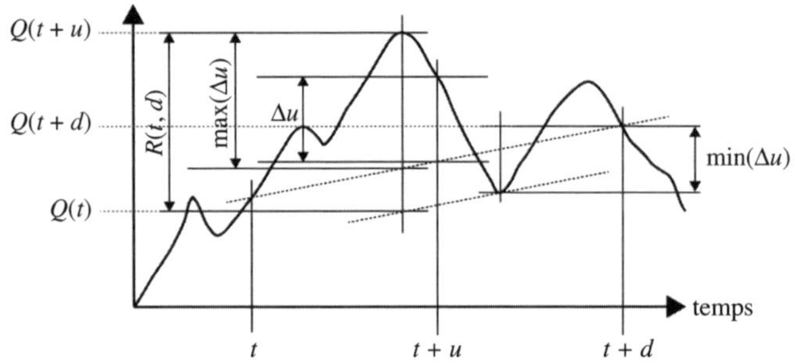

Fig. 10.19 Définition des éléments utiles au calcul de la statistique R/S de Hurst (d'après Mandelbrot, 1997).

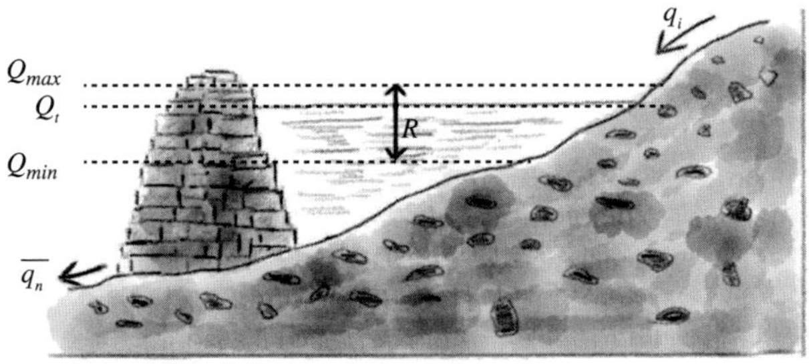

Fig. 10.20 Représentation des éléments de la statistique R/S de Hurst en analogie avec le comportement du barrage étudié par Hurst (d'après Feder, 1988).

- la série corrigée $q^*(t) = q_i - \overline{q_n}$;
- les écarts cumulés $Q_t = \sum_{i=1}^{n}\left(q_i - \overline{q_n}\right)$;
- la grandeur $R_n = \max(Q_1, Q_2, ..., Q_t) - \min(Q_1, Q_2, ..., Q_t)$;
- l'écart type $S_n = \sqrt{\frac{1}{n} \cdot \sum_{i=1}^{n}\left(q_i - \overline{q_n}\right)}$

Finalement, on détermine les valeurs de R_n/S_n pour différentes tailles de l'échantillon n. En représentant graphiquement l'évolution du rapport R_n/S_n, on observe que ces rapports suivent une droite dans un espace logarithmique, à savoir que :

$$\log\left(R_n/S_n\right) = \log(k) + H \cdot \log(n) \text{ avec } k = \text{constante} \tag{10.10}$$

où H est appelé exposant de Hurst (fig. 10.21). Les théories classiques prédisent normalement que la valeur de H doit être àgale à 0,5. Or Hurst observe que bien souvent, les valeurs obtenues sont proches de 0,5 mais que la valeur de l'exposant peut aussi bien atteindre 0,7 que des valeurs inférieures à 0,5. En fait, l'exposant de Hurst peut prendre trois groupes de valeurs. Soit H est inférieur à 0,5 et la série observée est antipersistante, c'est-à-dire qu'elle ne montre pas de tendance à long terme. Soit H est égal à 0,5 et l'on observe ce que l'on nomme un bruit blanc. Soit l'exposant est supérieur à 0,5 et dans ce cas, la série observée présente une certaine capacité à suivre des tendances à long terme. Cela signifie que si la série a subi des variations, elle présente alors une forte probabilité de subir à nouveau des variations. Enfin, on peut montrer que si H est l'exposant de Hurst d'une série temporelle, la quantité $2 - H$ est la dimension fractale de la série.

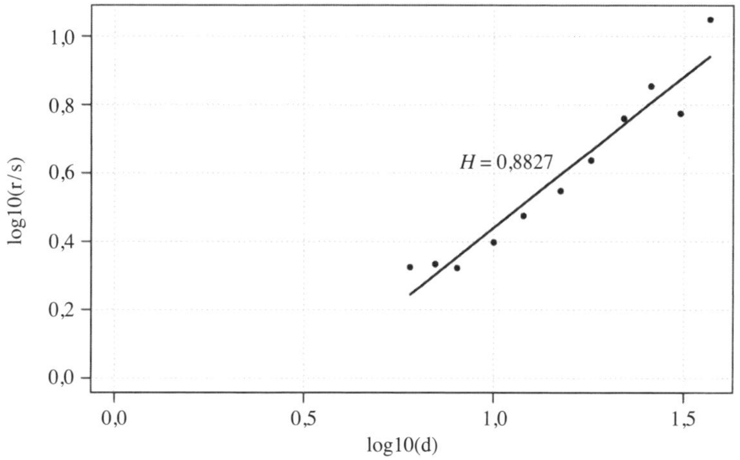

Fig. 10.21 Application du calcul de l'exposant de Hurst pour les séries des débits du Nil pour les années 1870 à 1980.

Hurst a ainsi mis en évidence la présence de cycles longs dans l'analyse du comportement des débits du Nil, la valeur de H dans ce cas supérieure à 0,5 (fig. 10.21). Cette persistance sera nommée *effet Joseph* par le mathématicien Benoit Mandelbrot (1973). De même, une telle série peut aussi manifester un changement brutal, une crue beaucoup plus importante que la « moyenne » ou au contraire, un étiage particulièrement sévère. Cet effet est appelé *effet Noé* (Mandelbrot, 1973). Hurst a montré dans les faits que l'évolution des débits de certains cours d'eau ne suit pas des processus stochastiques stationnaires, ce qui conduit notamment à sous-estimer les volumes de stockage des retenues en appliquant des méthodes de calcul traditionnelles par exemple.

10.7 CONCLUSION

Ce chapitre a pour l'essentiel présenté quelques typologies de régimes hydrologiques de cours d'eau. Nous avons pu ainsi constater, en opposition à l'approche basée sur la similarité climatique de la classification de Pardé, que l'on tend de plus en plus aujourd'hui vers des classifications automatiques « objectives » pouvant se traduire par des algorithmes.

On retiendra donc de ce chapitre que le régime hydrologique est la conséquence complexe de l'interaction de plusieurs facteurs, allant de la structure du bassin versant à son régime d'alimentation en passant par la topologie de ses cours d'eau et la structure de son substratum géologique. Enfin, de par les interventions humaines par le biais d'aménagements toujours plus importants, les régimes hydrologiques évoluent désormais à l'échelle de la décennie ou du siècle et non plus uniquement selon des temps géologiques. Ces régimes ne sont néanmoins pas nécessairement stables dans le temps, les effets de l'anthropisation, les changements climatiques ou certaines fluctuations brutales voire certains cycles lents pouvant les modifier. On restera donc attentif, lors de l'évaluation du régime hydrologique d'un cours d'eau, à l'évolution des débits durant la période pour laquelle les données sont disponibles sous peine de manquer quelques phénomènes ou évolutions digne d'intérêt.

CHAPITRE 11

PROCESSUS ET RÉPONSE HYDROLOGIQUES

Ce dernier chapitre reprend de manière détaillée les différents processus de génération de l'écoulement afin de répondre aux questions essentielles portant sur l'origine de l'eau des rivières et le devenir de l'eau des pluies. On insiste ainsi sur la description qualitative des différents types d'écoulements ainsi que sur les méthodes opérationnelles de mesure que l'on peut mettre en œuvre afin de les identifier. On introduit de ce fait les notions de traçage environnemental. Enfin, après avoir discuté des processus d'écoulement en présence d'une couverture neigeuse, ce chapitre présente brièvement la notion de réponse hydrologique qui est subséquente à une sollicitation pluvieuse. Finalement, on introduit encore le lecteur à l'hydrologie dite de l'ingénieur ou appliquée.

11.1 INTRODUCTION

En proposant une théorie de la génération des écoulements basée sur leur séparation en écoulement de surface (à la surface du sol) et en écoulement dans le sol, Horton a donné à l'hydrologie un statut de paradigme. Cette séparation, reposant sur la notion de capacité d'infiltration du sol, constitue une des premières bases scientifiques de l'hydrologie. Celle-ci ayant acquis par la suite une noble place au sein des autres domaines scientifiques, l'étude des processus s'est rapidement diversifiée. On peut ainsi rappeler que la théorie hortonienne du ruissellement ne date que de 1933. Dûment complétée par le concept d'hydrogramme unitaire proposée par Sherman (1932) ainsi que par la notion de bilan hydrologique proposée par Hursch en 1938, l'hydrologie verra éclore par la suite beaucoup de nouveaux concepts. Les idées principales seront alors mises en défaut à maintes reprises et l'on verra apparaître des conceptions alternatives à celles de Horton faisant appel notamment à l'écoulement de subsurface.

L'objectif de ce chapitre est de présenter les aspects à la fois généraux et modernes des théories relatives aux mécanismes de génération de l'écoulement depuis les idées – novatrices à l'époque – de Horton, jusqu'à celles de ce jour, basées sur l'idée des cheminements préférentiels. On se gardera toutefois d'affirmer que la recherche en ce domaine est achevée car le fonctionnement hydrologique, malgré l'importance des apports de ces dernières années, reste encore bien mal compris. Le développement de nouvelles théories a même donné lieu à toute une série de nouveaux problèmes et soulevé de nouvelles questions. L'objectif principal de ce chapitre étant la description des principaux processus de génération des écoulements, nous ne détaillerons pas les protocoles expérimentaux qui doivent être mis en place afin de les identifier. Seul le traçage environnemental sera brièvement présenté à cette fin.

11.2 GÉNÉRALITÉS

Les développements relatifs à l'étude des processus étant relativement récents, il règne une certaine confusion concernant la terminologie utilisée pour leur dénomination. De ce fait, lorsque nous distinguerons les différents processus, nous indiquerons les autres terminologies connues. Globalement, les processus régissant la génération des écoulements sont encore mal connus. Ceci est dû en partie au fait que les réponses aux deux questions essentielles de l'hydrologie sont multiples. En effet, on peut tenter de répondre – du moins partiellement – aux deux questions : « Quel est le devenir de l'eau des pluies ? » (Penmann, 1963) et « Quelle est la provenance de l'eau des rivières ? » (Hewlett, 1961), en distinguant tout d'abord quatre cheminements principaux de l'eau à la rivière (fig. 11.1) comme l'ont proposé Ward et Robinson (1990) :

1. Précipitations directes P_d à la surface libre du cours d'eau (*Direct precipitation*).
2. Ecoulement de surface (*Overland flow*) ou ruissellement de surface. La notion de « ruissellement » traduisant assez mal les processus physiques de génération de l'écoulement, est de plus en plus souvent abandonné au profit de la notion « d'écoulement ».
3. Ecoulement de subsurface R_s (*Subsurface flow*, *Throughflow*, *Interflow*) que l'on peut aussi traduire par « écoulement rapide interne ».
4. Ecoulement souterrain (*Groundwater flow*).

On peut encore décomposer l'écoulement de surface en (fig. 11.1) :

- Ecoulement (ruissellement) par dépassement de la capacité d'infiltration R_a ou ruissellement hortonien (*Excess infiltration overland flow*, *Horton overland flow*).
- Ecoulement par saturation R_b (*Excess saturation overland flow*) constitué par l'écoulement en surface des précipitations directes tombées sur les surfaces saturées.

Quant à l'écoulement subsuperficiel, on peut distinguer quatre processus principaux:

1. Effet piston (*Translatory flow*),
2. Ecoulement par macropores (*Macropores flow*),
3. Intumescence de la nappe (*Groundwater ridging*),
4. Ecoulement de retour (*Return flow*).

A cet ensemble de processus peut encore s'ajouter un cinquième élément qui est le ruissellement dû à la fonte des neiges (*Snowmelt runoff*).

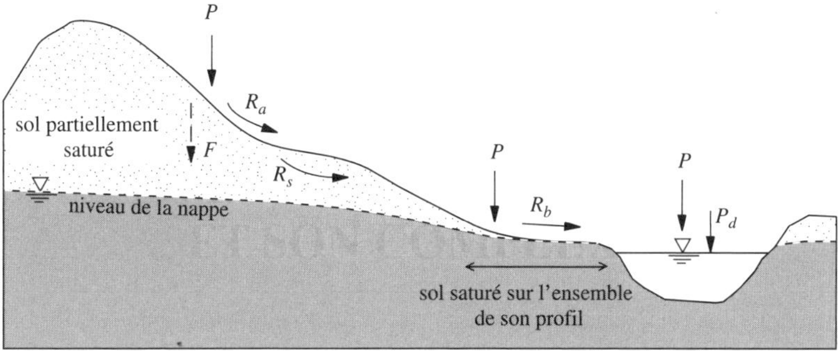

Fig. 11.1 Ecoulement par dépassement de la capacité d'infiltration (R_a) et écoulement par saturation (R_b).

Finalement, les éléments les plus importants dans la génération des crues sont les écoulements de surface et de subsurface.

La classification adoptée ici n'est pas la seule qui existe. Par exemple, Dunne (1978) propose de classer les écoulements en cinq processus essentiels qui sont respectivement (fig. 11.2):

- *Chemin 1 :* Ecoulement de surface par dépassement de la capacité d'infiltration.
- *Chemin 2 :* Ecoulement de base ou souterrain.
- *Chemin 3 :* Ecoulement de subsurface.
- *Chemin 4 :* Ecoulement sur surfaces saturées (ruissellement par saturation).
- *Chemin 5 :* Précipitations directes à la surface des cours d'eau.

De plus, on trouve parfois dans le système adopté par Ward et Robinson (1990) que nous venons de présenter, l'écoulement de retour classé dans les écoulements de surface.

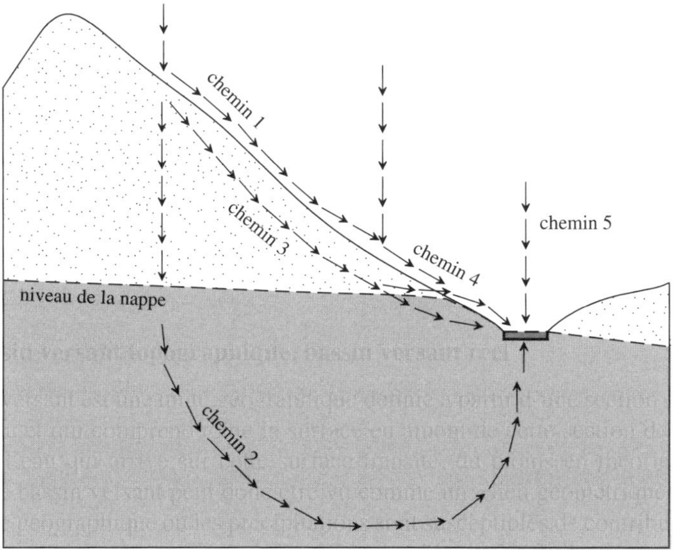

Fig. 11.2 Chemins de l'écoulement de l'eau sur le versant (d'après Dunne, 1978).

11.3 PRÉCIPITATIONS DIRECTES À LA SURFACE LIBRE DU COURS D'EAU

Parmi les processus de génération de crue, le premier qui peut être souligné est bien évidemment la contribution directe de la précipitation sur la surface des cours d'eau du bassin versant. Cependant, ce type de processus est considéré comme marginal du fait que la surface occupée par les cours d'eau de type pérenne ne représente qu'une très faible fraction de la surface totale du versant. L'importance des précipitations directes croît toutefois dans le cas où le bassin versant développe un réseau hydrologique important suite à des précipitations de longues durées ou si ce dernier présente d'importantes zones lacustres ou marécageuses. A titre d'exemple, si l'on considère le bassin versant du Rhône à Chancy (GE) dont la surface totale est de 10 299 km^2, le Léman – un des plus grands lacs d'Europe – ne représente que 5,6 % de la surface totale dudit versant. Toutefois, une étude menée sur un petit bassin versant de Pennsylvannie a montré que 3 à 60 % environ des eaux de crue étaient provoquées par les précipitations directes sur les cours d'eau du bassin (Pearce *et al.*, 1986).

Comme nous le verrons dans la section 11.5, les précipitations directes sont généralement considérées comme des précipitations sur des surfaces saturées. Il se pose alors le problème de la détermination de ces surfaces saturées et plus précisément de leur extension. Dans cet esprit, Gburek (1990) a introduit l'idée des surfaces contributives initiales (*Initial Contributive Aera* ou ICA) qui sont les surfaces comprenant les cours d'eau et les lacs ainsi que les zones d'affleurement de la nappe. Afin de quantifier l'importance des surfaces saturées et leur rôle dans le processus d'écoulement, l'auteur analyse la relation entre l'ICA et l'écoulement de base et propose une relation non linéaire entre ces deux variables. Toutefois, il obtient des résultats médiocres (coefficient de corrélation de 0,6) qui montrent que même pour des événements de faibles intensités, les surfaces contributives initiales évoluent largement et ne sont pas facilement quantifiables.

On retiendra finalement du processus de précipitations directes qu'il est généralement marginal mais qu'il peut devenir important dans les cas de crues de faible amplitude.

11.4 ÉCOULEMENT SOUTERRAIN

L'eau souterraine joue un rôle important dans la génération des écoulements et notamment dans la composante « débit de base » de l'hydrogramme. Comme nous le verrons ultérieurement, plusieurs processus ont été invoqués afin de mettre en évidence la contribution de l'eau du sol. Pour les scientifiques, il s'agissait de comprendre comment une eau transitant lentement (de quelques jours à quelques années) dans le réservoir sol pouvait se retrouver rapidement dans la crue de la rivière. Ce paragraphe présente brièvement les explications relatives à ce type de processus et introduit une méthode d'investigation expérimentale devenue désormais classique : le traçage environnemental.

11.4.1 Principes généraux

Dès 1936, Hursh proposait l'hypothèse d'une participation de l'écoulement souterrain aux eaux de crue résultant d'un événement pluvieux donné. Bien que cette idée s'accompagnât d'un certain nombre d'observations la corroborant, elle mit longtemps à s'imposer comme un processus de génération de l'écoulement. Pour expliquer la réponse rapide de l'eau du sol à une sollicitation pluvieuse, une des hypothèses qui fut alors avancée était que suite au processus d'infiltration, l'eau récente poussait l'eau déjà présente dans le sol. Il s'agit là de l'effet piston qui fait l'objet du paragraphe 11.6.1. D'autres théories ont été émises sur l'existence d'écoulements de subsurface qui peuvent être considérés comme des écoulements souterrains relativement proches de la surface. Ce type d'écoulement est donc à considérer comme intermédiaire entre les écoulements de surface et les écoulements profonds.

Dans ce paragraphe, nous considérerons essentiellement les écoulements profonds dont l'étude complète appartient à l'hydrogéologie (Fetter, 1993). En terme de processus, l'eau qui rejoint la nappe peut être considérée comme de l'eau souterraine. Une partie de cette eau, après percolation, va transiter à travers l'aquifère avec une vitesse de quelques mètres par jour à quelques millimètres par an avant de rejoindre le cours d'eau souvent par le biais d'un phénomène de résurgence de la nappe[1]. L'écoulement de base assure ainsi le débit des rivières en l'absence de précipitations et soutient les débits d'étiage. Si l'on s'attache à la zone de résurgence – ou zone de contact – de la nappe, on doit noter que celle-ci n'existe pas nécessairement. Il peut donc s'avérer, dans certaines situations, que la nappe souterraine n'apporte aucune contribution à l'écoulement de la rivière. Cette situation peut notamment se produire dans des climats semi-arides à arides présentant un faible module pluviométrique : le toit de la nappe étant plus bas que le fond de la rivière, la nappe va drainer le cours d'eau. Au contraire, si le niveau de la nappe est suffisamment élevé, on assiste à la situation inverse (fig. 11.3).

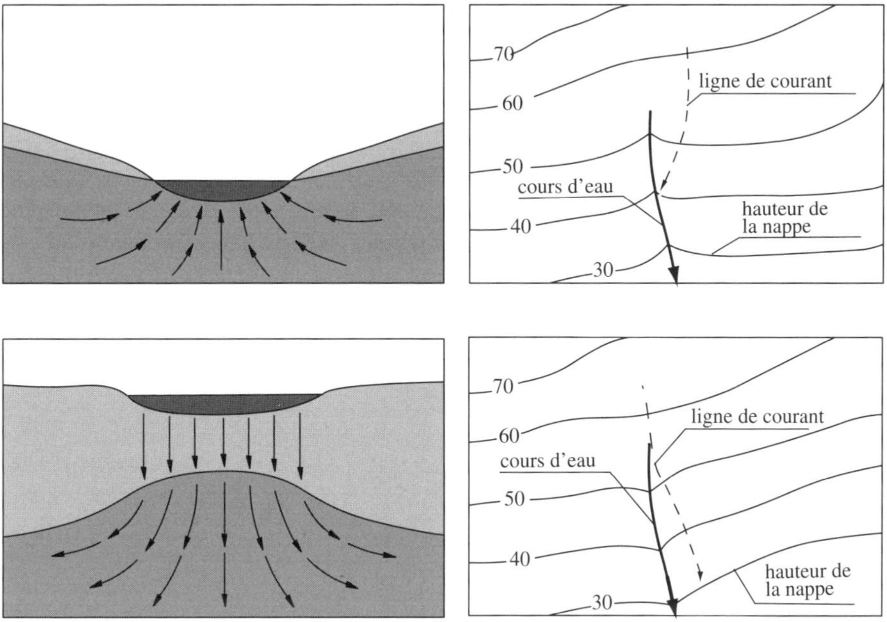

Fig. 11.3 Deux situations distinctes où la nappe peut contribuer au débit de la rivière (a) et où la nappe peut drainer le cours d'eau (b) (d'après Fetter, 1993).

1 Phénomène de mise en contact de la nappe avec le cours d'eau ou la surface du sol.

11.4.2 Traceurs isotopiques

Les traceurs environnementaux sont apparus durant les années 1960 et ont rapidement vu leurs applications se diversifier tant dans le domaine de l'hydrologie que de l'hydrogéologie (Kazemi *et al.*, 2006). Parmi celles-ci, on peut noter l'analyse de la recharge des nappes d'eau souterraines, leur datation ainsi que l'estimation de leur contribution au débit des rivières et leurs interactions avec l'eau provenant d'autres sources. Ces méthodes ont aussi donné la possibilité d'effectuer des études qualitatives de contamination des nappes souterraines ainsi que de leur salinisation. Dans le domaine de l'hydrologie, les premières applications des traceurs datent de la fin des années 1960 dans l'optique d'estimer l'origine des eaux durant les crues. On notera au passage que la contribution de la Suisse fut relativement importante dans ces premières années, spécialement dans l'analyse des crues associées à la fonte de neige.

Parmi les traceurs environnementaux utilisés, les traceurs isotopiques sont privilégiés. Les isotopes naturels les plus utilisés sont les isotopes stables : l'hydrogène lourd ou deutérium (^2H ou D) et l'oxygène 18 (^{18}O). Comme cela a été mentionné au début de cet ouvrage, ces deux traceurs sont des constituants de l'eau naturelle et sont, de ce fait, de bons éléments pour l'analyse du cheminement de l'eau. Les traceurs peuvent avoir une origine naturelle ou être la conséquence d'activités industrielle ou militaire (Leibundgut *et al.*, 2011), impliquant des rejets tels que les CFC (chlorofluorocarbure utilisé dans l'industrie du froid, ayant une durée de vie supérieure au demi-siècle), le krypton (gaz inerte) ou le tritium (isotope instable de l'hydrogène).

Principe

Le principe de base des méthodes de traçages isotopiques est que la composition isotopique de l'eau contenue dans les sols est différente de celle de l'eau de pluie et de celle de l'eau des rivières. On considère alors que l'eau contenue dans les sols est de l'eau « ancienne » tandis que l'eau de pluie est dénommée eau « nouvelle ». Il est alors possible de déterminer les contributions respectives d'eau ancienne et d'eau nouvelle d'un débit mesuré Q à l'aide d'un système de deux équations à deux inconnues :

$$\begin{cases} Q = Q_a + Q_n \\ \delta \cdot Q = \delta_a \cdot Q_a + \delta_n \cdot Q_n \end{cases} \tag{11.1}$$

La première équation exprime simplement que le débit total Q du cours d'eau est la somme du débit d'eau ancienne Q_a et du débit d'eau nouvelle Q_n tandis que la seconde équation exprime le fait que le produit de la concentration en isotope (δ) avec le débit total est la somme des produits des concentrations et des débits pour les deux sources d'eau ancienne (δ_a) et nouvelle (δ_n). En mesurant les différentes concentrations ainsi que le débit total, il est alors possible de déterminer les débits dus à l'eau ancienne et à l'eau nouvelle :

$$Q_a = Q \cdot \frac{\delta - \delta_n}{\delta_a - \delta_n} \tag{11.2}$$

$$Q_n = Q - Q_a \tag{11.3}$$

D'un point de vue opérationnel, on détermine les teneurs en isotopes de la pluie (δ_n), de l'eau du sol (δ_a) et de l'eau de la rivière (δ) en effectuant un échantillonnage répété. On mesure encore le débit de la rivière Q. Ainsi, les seules inconnues sont bien les contributions de l'eau ancienne et de l'eau nouvelle. Dans une certaine mesure, ce type de modèle simple à deux composantes n'offre pas la possibilité d'effectuer une détermination de l'ensemble des processus de génération de l'écoulement. Toutefois, cette méthode permet à l'hydrologue de détecter l'importance de certains mécanismes. Par exemple, si les processus dominants de génération des crues sont des écoulements sur des surfaces saturés ou des écoulements par dépassement de la capacité d'infiltration, une décomposition de l'hydrogramme montrera une forte contribution de l'eau nouvelle. Dans le cas contraire où les processus dominants sont des écoulements souterrains, l'application de cette méthode montrera une forte contribution de l'eau ancienne.

Variations de la composition isotopique des eaux

La mesure des teneurs en isotopes peut se faire à l'aide d'un spectromètre de masse. On détermine les rapports ${}^{18}O/{}^{16}O$ et ${}^{2}H/{}^{1}H$. Etant donné que la teneur en oxygène 18 par rapport à l'oxygène total vaut environ 0,2 %, il est commode de déterminer sa concentration par rapport à une référence. Celle-ci est la teneur moyenne en oxygène 18 des eaux océaniques nommée SMOW (Standard Mean Ocean Water). On évalue ainsi, pour l'oxygène 18 :

$$\delta^{18}O = \left[\frac{\left({}^{18}O/{}^{16}O\right)_{échantillon}}{\left({}^{18}O/{}^{16}O\right)_{SMOW}} - 1 \right] \cdot 10^3 \ [‰] \tag{11.4}$$

On procède de même pour l'hydrogène :

$$\delta^{2}H = \left[\frac{\left({}^{2}H/{}^{1}H\right)_{échantillon}}{\left({}^{2}H/{}^{1}H\right)_{SMOW}} - 1 \right] \cdot 10^3 \ [‰] \tag{11.5}$$

A titre indicatif, la teneur moyenne en isotope des eaux océaniques étant nulle (il s'agit bien évidemment de la composition relative), les teneurs en oxygène 18 varient entre –55‰ à 30‰ environ. On notera encore que les valeurs négatives signifient que l'échantillon est plus pauvre que la valeur moyenne des eaux océaniques tandis que les valeurs positives entraînent le constat inverse. Par exemple, on détermine la valeur de la teneur en oxygène 18 relative d'une eau et l'on obtient le résultat suivant : $\delta^{18}O(‰) = +5$. Ceci signifie que l'eau analysée est enrichie en oxygène 18 de 5 ‰ par rapport à la valeur du SMOW. On utilise enfin très souvent la relation linéaire qui existe entre les concentrations relatives en oxygène 18 et en deutérium. Pour les pluies, cette relation porte le nom de droite des eaux météoriques et s'exprime comme suit pour les eaux météoriques mondiales :

$$\delta^{2}H = 8 \cdot \delta^{18}O + 10 \tag{11.6}$$

D'une façon générale, on constate que la valeur de la pente de cette droite est assez constante tandis que l'ordonnée à l'origine qui marque l'excès de deutérium peut dépasser la valeur de 10. Ce dépassement se produit lorsque la vapeur d'eau d'origine océanique a été enrichie de manière significative par une évaporation au niveau des continents ou de mers fermées. Dans le cas du bassin de la Méditerranée par exemple, l'équation (11.6) s'écrit :

$$\delta^2\mathrm{H} = 8 \cdot \delta^{18}\mathrm{O} + 22 \tag{11.7}$$

Cette équation peut aussi s'établir de manière locale (pluie locale). On peut encore noter que l'analyse de la relation entre oxygène 18 et deutérium permet de mettre en évidence des eaux qui ont subi un processus d'évaporation. Le suivi des différentes valeurs de ^{18}O et D au cours du temps permet de tracer la droite d'évaporation qui présente une pente plus faible que la droite des eaux météoriques ainsi qu'une valeur plus faible de l'ordonnée à l'origine. L'intersection de cette droite avec la droite des eaux météoriques donne ainsi la possibilité de déterminer la composition isotopique de l'eau avant son évaporation.

Enfin, si les isotopes présentés dans ce chapitre présentent l'avantage d'être conservatif, il est toutefois possible de noter quelques exceptions à ce principe. Dans le cas de nappes d'eau thermales, on peut noter un mécanisme d'échange entre l'oxygène 18 et la matrice du milieu faisant office de réservoir. L'eau circulant dans des régions géothermiques va ainsi s'enrichir fortement en oxygène 18 et la relation entre cet isotope et le deutérium prend l'allure d'une droite horizontale sous la droite des eaux météoriques. De la même manière que précédemment, l'intersection de la droite d'échange géothermique avec la droite des eaux météoriques donne la composition isotopique initiale. La figure 11.4 résume les différentes situations exposées.

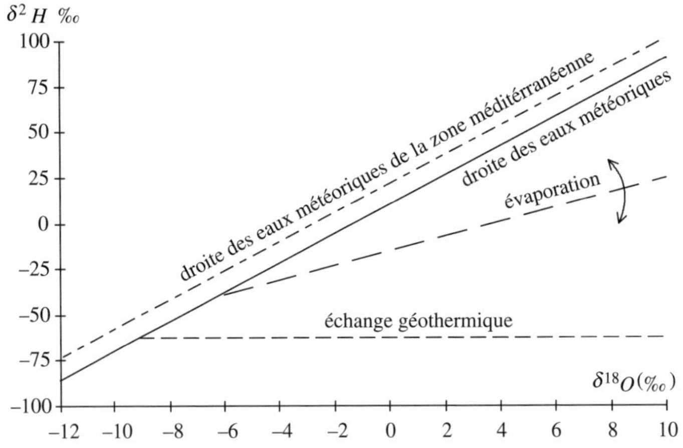

Fig. 11.4 Relation entre oxygène 18 et deutérium dans les eaux naturelles (d'après Fontes, 1980).

Conditions d'utilisation

On peut essentiellement relever cinq conditions principales d'utilisation des traceurs isotopiques (Jordan, 1992) :

1. Le signal de la pluie doit être différent du signal de la nappe ou du débit de base. Si cette condition n'est pas respectée, il n'est évidemment pas possible d'effectuer une séparation des écoulements telle qu'indiquée auparavant et il est nécessaire de recourir à d'autres types de traceurs.
2. Le contenu isotopique de l'eau de la nappe et du débit de base est unique. Cette condition n'est pas toujours respectée puisque le débit de base peut être alimenté par plusieurs aquifères.
3. La contribution de la zone non saturée est négligeable. La composition de l'eau en provenance de la zone non saturée est différente de celle de la nappe et des précipitations. Ainsi, il devient nécessaire de recourir à deux traceurs au minimum si l'on souhaite pouvoir interpréter les résultats (voir l'exemple d'application).
4. La pluie est caractérisée par un signal unique. D'une façon générale, les variations isotopiques de la pluie sont essentiellement temporelles. La teneur isotopique varie fortement en fonction de la durée et du type de précipitations comme le montre la figure 11.5.
5. La contribution de l'eau stockée dans les réservoirs de surface est négligeable.

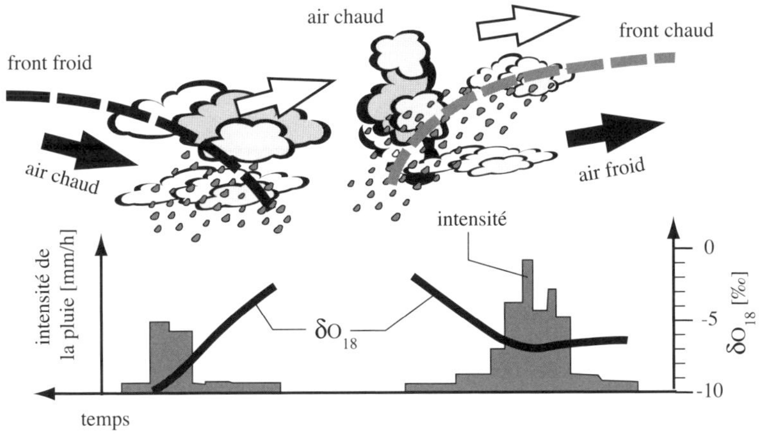

Fig. 11.5 Variations des teneurs en oxygène 18 de la pluie (d'après Blavoux, 1978).

Exemple d'application : modèle à deux composantes

L'exemple ci-dessous montre la séparation entre eau nouvelle et eau ancienne à l'aide de l'oxygène 18. L'événement analysé est une crue ayant eu lieu sur le bassin versant de Bois-Vuacoz (24 ha) entre le 7 et le 8 septembre 1993[2]. L'épisode pluvieux est considéré comme étant de volume important (45 mm) mais d'intensité modérée (intensité maximale = 9 mm/h). La figure 11.6 montre successivement le résultat de la décomposition isotopique en terme de débit, l'évolution des teneurs en oxygène 18 de l'eau de la pluie ainsi que de l'eau de la rivière et, en dernier lieu, l'évolution relative de la quantité d'eau ancienne-eau nouvelle dans le débit mesuré.

2 Les mesures pluviométriques sont effectuées au pas de temps horaire.

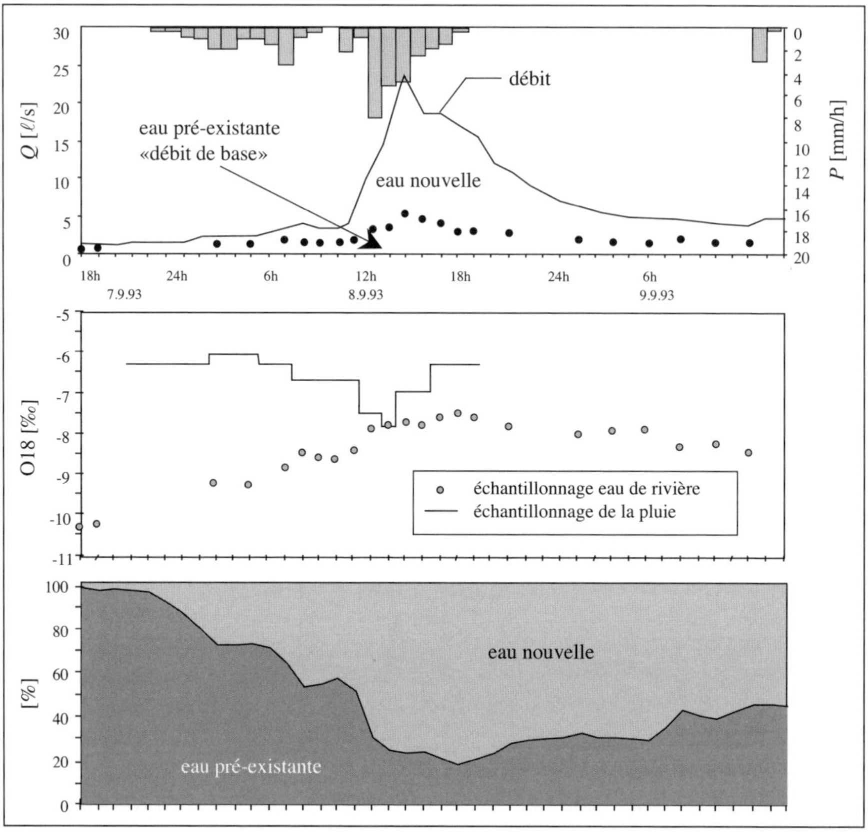

Fig. 11.6 Séparation isotopique des écoulements et variation des teneurs isotopiques pour l'événement des 7-8 septembre 1993 (d'après Iorgulescu, 1997).

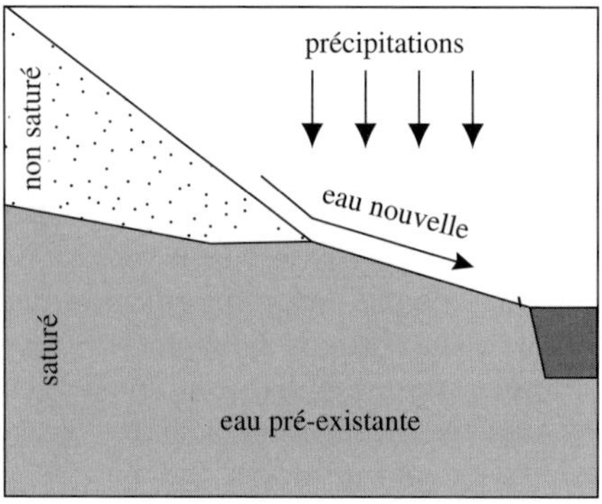

Fig. 11.7 Schéma de fonctionnement du bassin versant de Bois-Vuacoz pour l'événement des 7-8 septembre 1993 (d'après Iorgulescu, 1997).

On peut noter l'importance de l'eau ancienne au début de l'événement ainsi que l'augmentation rapide de la fraction d'eau nouvelle dans le débit de la rivière. Ce type de représentation permet alors de proposer un modèle de comportement hydrologique du bassin versant. Pour la situation qui vient d'être exposée, on peut supposer un effet piston au début de l'événement qui aurait tendance à expulser, par le biais d'une onde de pression, l'eau contenue dans le sol. Toutefois, au vu de l'accroissement rapide de la composante eau nouvelle, le second mécanisme qu'il convient de retenir est le développement rapide de surfaces saturées. Ceci nous conduit alors à proposer le schéma suivant de fonctionnement hydrologique du bassin versant pour l'événement considéré (fig. 11.7).

Autres types de traceurs

Pour déterminer le cheminement de l'eau, il est aussi possible de recourir à d'autres types de traceurs naturels ou artificiels, chimiques et isotopiques. Les traceurs artificiels (rhodamine, fluorescéine) sont bien adaptés à des études locales sur de petites surfaces mais présentent différents inconvénients à l'échelle du bassin versant. Leur répartition spatiale et temporelle ainsi que leur coût et la difficulté d'obtenir un état d'équilibre avec leur concentration limitent fortement leur usage à l'échelle du versant. Les traceurs chimiques ont été relativement utilisés avant la généralisation des méthodes isotopiques. Les analyses portent sur les différents éléments chimiques majeurs à savoir:

- Cations: calcium, magnésium, sodium, potassium,
- Anions: chlorures, nitrates, sulfates ainsi que la silice,
- Différents paramètres physico-chimiques tels que le pH, la conductivité électrique et l'alcalinité.

Les traceurs chimiques ont toutefois le très grand inconvénient de ne pas être conservatifs. Ceci implique par exemple qu'une pluie va s'enrichir par pluvio-lessivage avant même qu'elle n'atteigne le sol. Les isotopes naturels de l'eau ne présentent pas ces inconvénients. C'est pourquoi, dans la pratique, on recourt le plus souvent aux molécules contenant de l'oxygène 18 ainsi qu'à celles contenant du deutérium.

Le tritium ^3H, isotope instable de l'hydrogène, est aussi utilisé dans certains cas comme traceur artificiel. Cet élément, de 12,3 ans de demi-vie, est émetteur de rayonnement bêta. Suite aux développements et aux essais d'armes nucléaires dans l'atmosphère depuis les années 1950, la concentration de cet élément a augmenté pour atteindre son maximum dans la période 1960-1970. Actuellement, il devient de plus en plus difficile de recourir à cet isotope puisque sa concentration a largement diminué.

Par analogie avec ce que l'on a présenté au sujet de l'oxygène 18 et du deutérium, on peut développer un modèle d'analyse de l'origine et du cheminement de l'eau en recourant à plusieurs traceurs. En reprenant les équations du système (11.1), ce modèle de mélange à j traceurs et i composantes peut s'exprimer comme suit:

$$\begin{cases} Q_t = \sum_{i=1}^{n} Q_i \\ \delta_t^j \cdot Q_t = \sum_{i=1}^{n} \delta_i^j \cdot Q_i \end{cases} \tag{11.8}$$

où Q_t est le débit total de la rivière exprimé comme la somme des débits due à chaque composante Q_i, δ_t^j est la concentration du j-ème traceur dans le débit total et δ_i^j est la concentration du j-ème traceur dans la i-ème composante. On notera encore que la seconde équation du système (11.8) est à écrire pour chacun des j traceurs. Dans le cas où $i = 2$ et $j = 1$, on retrouve la formulation du système d'équations (11.1).

Modèle à trois composantes, la méthode EMMA

Dans le but de déterminer le comportement hydrologique des bassins versants, une méthode originale (EMMA[3]) a été proposée pour déterminer la contribution des différentes sources d'écoulement. Cette méthode reposait initialement sur le fait que les sols dans les régions à climat tempéré présentent une signature chimique verticale et/ou horizontale. La chimie de la rivière est alors supposée être un mélange d'eau de subsurface de profondeur variable (par exemple, eau de la nappe et eau du sol). Les composantes sont définies selon leur aptitude à expliquer la variabilité des compositions chimiques observées dans la rivière. Ainsi, le domaine défini dans l'espace des traceurs par les concentrations des composantes doit contenir l'ensemble des concentrations chimiques de l'eau de rivière.

La résolution mathématique de la méthode EMMA ainsi que ses conditions d'application sont les mêmes que celles des modèles de mélange présentés ci-dessus. Toutefois une hypothèse supplémentaire est nécessaire à son application : les concentrations chimiques des composantes doivent correspondre aux valeurs extrêmes des concentrations des eaux de rivière.

Les composantes du modèle peuvent être sélectionnées grâce à la représentation graphique des composantes et de l'eau de rivière dans l'espace des traceurs. Pour le cas particulier des modèles à trois composantes et deux traceurs, le diagramme de mélange correspond à un triangle dont les sommets représentent la signature chimique des composantes (fig. 11.8).

En conclusion, le traçage environnemental permet d'effectuer une analyse des processus hydrologiques en recourant soit à des traceurs isotopiques (oxygène 18, deutérium), soit à d'autres traceurs chimiques tels que le calcium ou la silice. Les

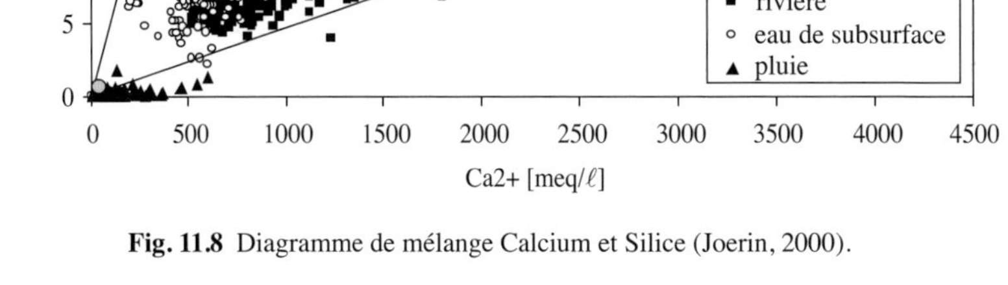

Fig. 11.8 Diagramme de mélange Calcium et Silice (Joerin, 2000).

[3] EMMA est l'acronyme de End Member Mixing Analysis.

méthodes exposées ici ne sont pas uniques mais elles constituent une approche opérationnelle capable de mettre en évidence les processus dominants de la génération de l'écoulement sur un bassin versant.

11.5 ÉCOULEMENT DE SURFACE

11.5.1 Ecoulement par dépassement de la capacité d'infiltration (écoulement hortonien)

L'écoulement par dépassement de la capacité d'infiltration est un écoulement de surface. Il apparaît lorsque l'intensité de la pluie dépasse la capacité maximale du sol à absorber l'eau. Cette capacité d'infiltration, caractérisée par l'infiltrabilité du sol, est supposée décroissante dans le temps jusqu'à une valeur constante. Dans un sol homogène avec une nappe profonde, cette constante finale est la conductivité hydraulique à saturation K_s. L'écoulement de surface se produit donc lorsque la capacité d'infiltration devient inférieure à l'intensité des précipitations.

En cas d'averse, le processus d'écoulement se développe en deux phases :

- Au début de l'averse, la capacité d'infiltration est en général supérieure à l'intensité de la pluie et celle-ci s'infiltre intégralement. La teneur en eau et la charge hydraulique en surface croissent jusqu'à ce que la teneur en eau à saturation et la pression atmosphérique soient atteintes. On définit alors le temps de submersion t_s comme la durée entre le début de la précipitation et le moment où la surface du sol est saturée. Le temps de submersion marque ainsi le début de l'écoulement. Pour un sol donné, le temps de submersion est d'autant plus court que l'intensité de la pluie est grande et que l'humidité initiale du sol est importante.
- Par la suite, l'intensité de la pluie devient plus importante que la capacité d'infiltration. L'écoulement de surface est alors constitué par la différence entre ces deux termes (fig. 11.9).

A titre indicatif, on rappellera que la variabilité spatiale des propriétés hydrodynamiques des sols, capacité d'infiltration inclue, est très importante. Typiquement, ces propriétés hydrodynamiques peuvent varier de plusieurs ordres de grandeur (Musy et Soutter, 1991). Le processus d'écoulement par dépassement de la capacité d'infiltration est couplé à celui de la réinfiltration (« runon »). L'eau s'écoulant par excès d'infiltration d'une zone ayant une capacité d'infiltration réduite peut ruisseler et se réinfiltrer dans une autre zone du bassin versant située à l'aval et ayant une capacité d'infiltration supérieure. Ceci peut aussi se produire dans la situation où l'intensité variable des pluies devient inférieure à la capacité d'infiltration. Les résultats de simulation, à l'aide de modèles mathématiques, et l'expérimentation *in situ* laissent penser que la réinfiltration pourrait être, dans certains cas, un processus hydrologique important. Cependant, cette hypothèse d'écoulement et de réinfiltration est parfois considérée comme simplificatrice car elle ne prend pas en considération le fait que la microtopographie tend à concentrer rapidement les écoulements en microcanaux, diminuant ainsi les possibilités qu'a l'eau de se réinfiltrer.

L'écoulement par dépassement de la capacité d'infiltration est considéré comme pertinent pour expliquer la réponse hydrologique des bassins en climats semi-arides

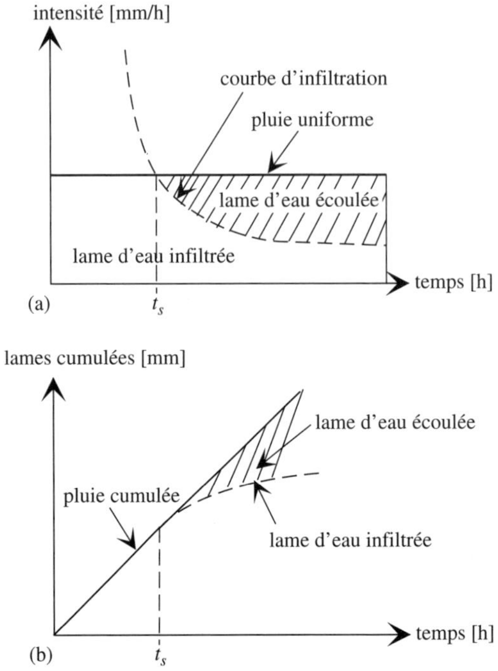

Fig. 11.9 Taux d'infiltration (a) et infiltration cumulée (b) pour une pluie uniforme, définition du temps de submersion.

ainsi que lors de conditions de fortes intensités pluviométriques. Il est généralement admis que même des sols naturels présentant une conductivité hydraulique élevée en climats tempérés et humides peuvent avoir une capacité d'infiltration inférieure aux intensités maximales des précipitations enregistrées.

11.5.2 Ecoulement sur surfaces saturées

L'écoulement sur surfaces saturées se produit lorsque la capacité du sol à stocker l'eau est épuisée et lorsque la capacité à transmettre latéralement le flux d'eau (i.e. écoulement de subsurface) est dépassée[4]. Par conséquent, l'eau ne pourra plus s'infiltrer et va s'écouler en surface. Les définitions classiques de ce processus impliquent que l'écoulement par saturation est produit seulement par les précipitations (Chorley, 1978). Dans la classification de Dunne (1978), les précipitations sur les surfaces saturées représentent seulement une des composantes de cet écoulement, l'autre étant l'écoulement de retour (§ 11.6.4).

Le développement de conditions saturées à la surface du sol peut résulter de l'écoulement latéral d'une nappe profonde ou perchée. La remontée de la nappe à partir d'un horizon peu perméable ou à partir d'une nappe préexistante peut aussi être à l'origine de ce développement. Dans ces trois cas, il s'agit donc d'une saturation

[4] L'écoulement par percolation profonde est supposé négligeable.

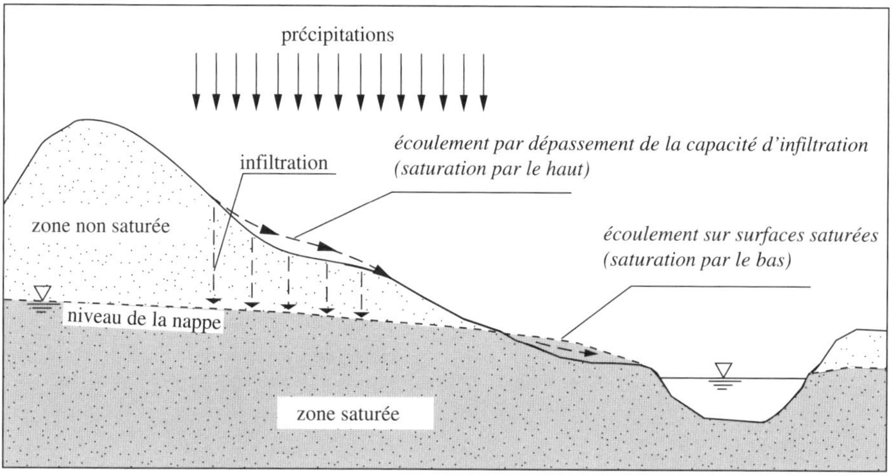

Fig. 11.10 Processus de génération d'écoulement par dépassement de la capacité d'infiltration ainsi que sur surfaces saturées.

« par-dessous ». La convergence des lignes de courants[5] (c.a.d. la concavité des lignes d'écoulement vers l'aval), les pentes faibles et les sols minces favorisent la saturation par-dessous. Cette forme de saturation est à opposer à la saturation « par-dessus » qui est quant à elle favorisée par les conditions évoquées dans le paragraphe précédent ainsi que par la présence d'un horizon peu perméable à faible profondeur et de fortes précipitations.

En résumé, on retiendra de ces deux derniers paragraphes deux modes principaux d'écoulement qui sont respectivement l'écoulement par dépassement de la capacité d'infiltration (écoulement hortonien) et l'écoulement sur surfaces saturées. Dans le premier cas, on se souviendra que la saturation se fait par le haut tandis que le second processus fait appel en général à une saturation par le bas, qui survient essentiellement en bas de pente (fig. 11.10).

11.5.3 Localisation des surfaces saturées

Les contrôles du sol et de la topographie sur l'écoulement latéral et implicitement sur le développement des surfaces saturées ont été identifiés à l'aide d'indices exclusivement topographiques (éq. 3.20). Cependant, l'application à des mesures *in situ* de ces indices est controversée. En effet, leur utilisation dépend principalement de l'hypothèse, rarement vérifiable, d'un état stationnaire du sol (l'épaisseur du sol reste constante), et de la connaissance, généralement incomplète, de la variation spatiale des propriétés du sol. A titre d'exemple, la figure 11.11 montre un bassin versant et l'extension des surfaces saturées et du réseau hydrographique durant un événement pluvieux.

---

5 Lignes imaginaires tracées dans un fluide dont les tangentes à tous les points sont parallèles à la direction de l'écoulement.

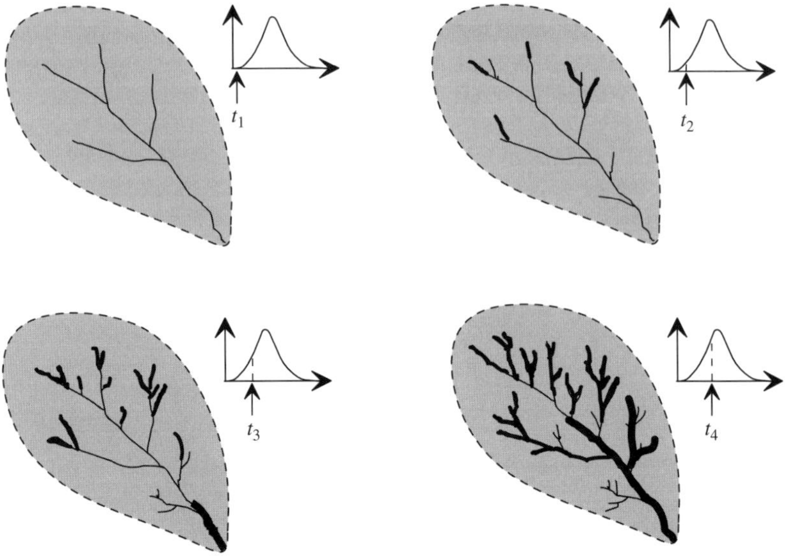

Fig. 11.11 Extension du réseau hydrographique et des surfaces saturées durant une crue pour 4 pas de temps (d'après Chorley, 1978).

11.6 ÉCOULEMENT DE SUBSURFACE

Comme nous l'avons déjà souligné en introduction à ce chapitre, les notions relatives aux écoulements de subsurface sont encore loin de rendre unanime la communauté des hydrologues. Certains auteurs incluent par exemple l'écoulement de retour au sein des écoulements de surface. D'autres le considèrent comme un mécanisme à part entière. L'écoulement souterrain est lui aussi parfois assimilé à un écoulement de subsurface profond.

Dans cette section, on admettra que les écoulements de subsurface apparaissent dans les couches peu profondes du sol et sont principalement caractérisés par un mouvement latéral de l'eau suite au processus d'infiltration. La condition essentielle pour voir apparaître des écoulements de subsurface est que la conductivité hydraulique latérale du milieu doit être nettement supérieure à la conductivité hydraulique verticale. Dans ce cas l'eau s'écoule latéralement en zone non saturée, par un mécanisme type « toit de chaume[6] », ou, dans le cas d'un écoulement en zone saturée, lorsqu'une nappe perchée se forme dans la partie supérieure d'un horizon peu perméable.

Des conditions particulièrement favorables existent là où une couche de sol, mince et perméable, couvre un substratum quasi imperméable. Il se peut aussi que plusieurs niveaux superposés d'écoulement de subsurface se forment. Ces niveaux correspondent à des changements de texture et/ou de structure dans le sol. Hewlett et Hibbert (1963) ont montré que l'écoulement de subsurface en régime non saturé

[6] L'analogie avec un toit de chaume se comprend aisément. Le toit de chaume, par l'organisation structurée de ses fibres, permet un écoulement latéral tandis que le mouvement vertical de l'eau est difficile. Dans le cas du sol, une conductivité hydraulique latérale élevée couplée à une conductivité verticale faible permet ce type de transport de l'eau.

pouvait devenir l'écoulement de base dans des terrains de fortes pentes ; une frange saturée réduite au pied du versant étant continuellement alimentée par les écoulements non saturés.

Enfin, rappelons que les écoulements de subsurface dominent dans les régions humides aux sols couverts de végétation et bien drainés.

11.6.1 Effet piston

Parmi les analyses du processus des écoulements de subsurface, visant à expliquer la forte proportion d'eau ancienne dans l'hydrogramme de crue, certains auteurs ont supposé l'existence d'un mécanisme de transmission quasi instantanée d'une onde de pression. Ce mécanisme, nommé ***effet piston*** (Horton et Hawkins, 1965), suppose qu'une impulsion d'eau reçue par le versant est transmise à l'aide d'une onde de pression vers l'aval, provoquant une exfiltration immédiate en bas de versant. Ce phénomène peut s'expliquer par analogie avec une colonne de sol saturée sur laquelle on applique une charge d'eau et qui peut très bien s'observer par ailleurs en laboratoire. L'eau se déplace sous l'effet de la gravité en chassant celle qui se trouve à l'autre extrémité de la colonne. Il faut alors distinguer la vitesse «fictive» de l'eau dans le sol qui est relativement lente et qui détermine le temps moyen de transit de l'eau sur le versant de la vitesse de propagation de l'onde de pression qui peut exprimer la vitesse de réaction du bassin versant.

Malgré la simplicité de cette explication, l'effet piston est limité par le fait qu'une impulsion d'une certaine quantité d'eau ne s'accompagne d'une exfiltration équivalente, ou presque, que dans les cas où le sol présente une capacité de stockage très faible. De même, il convient de distinguer cet effet d'un écoulement en milieu karstique qui peut être mis en évidence en recourant à l'usage de traceurs environnementaux tels que le carbone ^{14}C (Mazor E., 2004).

11.6.2 Ecoulement par macropores

L'écoulement par macroporosité est un phénomène pris en considération par les hydrologues depuis une quinzaine d'années. On lui attribue principalement le rôle d'accélérer la recharge de la nappe tout en favorisant le déclenchement de l'effet piston par l'accroissement des vitesses de percolation. Au vu de l'importance des macropores dans les processus d'écoulement de subsurface, il nous a paru essentiel de bien détailler leur comportement[7].

Définition d'un macropore

Avant même d'analyser les écoulements par macroposité, il convient de tenter de définir un macropore. Cette définition n'est pas aisée car les relations entre la porosité et le comportement de l'eau dans les sols sont complexes. Le tableau 11.1 présente plusieurs définitions possibles de macropores. La méthode la plus courante revient à interpréter la relation entre teneur en eau et potentiel de pression en regard de la distribution de la taille des pores. Ce type d'étude ne permet toutefois pas de proposer une relation univoque permettant de définir clairement un macropore. La définition du macropore dépend ainsi d'une part d'arbitraire quant au choix d'une taille effective ainsi que de l'expérience pratique que l'on a sur le terrain. D'autre part, l'analogie

[7] Cette partie consacrée aux macropores s'inspire largement d'un article de Beven et Germann (1982).

du comportement de l'eau dans le sol avec celui d'un ensemble de capillaires (notion de diamètre équivalent) devient discutable dès lors que la porosité augmente. Ceci implique qu'il peut être pertinent de classer les types de pores selon la conductivité hydraulique et non plus uniquement selon des critères dimensionnels (par exemple le diamètre équivalent). Pour terminer, on peut encore mentionner une définition relativement facile à mémoriser : un macropore est un pore où les phénomènes de capillarité sont inexistants.

Tableau 11.1 Définitions de macropores (d'après Beven et Germann, 1982).

Référence	Potentiel capillaire[8] [kPa]	Diamètre équivalent[9] [μm]
Nelson et Baver [1940]	> –3,0	
Marshall [1959]	> –10,0	> 30
Brewer [1964]		
macropores grossiers		5000
macropores moyens		2000-5000
macropores fins		1000-5000
macropores très fins		75-1000
Mc Donald [1967]	> –6,0	
Webster [1974]	> –5,0	
Ranken [1974]	> –1,0	
Bullock et Thomasson [1979]	> –5,0	> 60
Reeves [1980]		
macrofissures larges		2000-10 000
macrofissures		200-2000
Luxmoore [1981]	> –0,3	> 1000
Beven et Germann [1981]	> –0,1	> 3000

Types et origines des macropores

On peut distinguer plusieurs origines à la macroporosité :

- *Pores formés par la faune du sol.* Il s'agit de pores de 1 mm à 50 mm de diamètre, formés par le passage de la microfaune du sol. En général, ces pores se situent à proximité de la surface du sol et ne dépassent que rarement la profondeur de 1 m.

8 Le potentiel capillaire ou potentiel de pression capillaire est un potentiel de pression négatif résultant des forces de capillarité et d'adsorption. La matrice solide du sol attire et lie la phase liquide dans le sol de telle sorte que le potentiel de pression est inférieur à celui d'une eau libre (Musy et Soutter, 1991).

9 Mis à part les développements récents issus de la théorie fractale de la percolation qui permettent de quantifier la dimension des pores du sol, la physique du sol recourt aux courbes de rétention (relation entre charge de pression et teneur en eau du sol). Afin de modéliser ces courbes de rétention, on peut schématiser le système poral à l'aide d'une succession de tubes verticaux. Le diamètre de ces tubes est alors déterminé de telle sorte que les courbes de rétention obtenues par l'application du modèle et celles mesurées in situ soient équivalentes. On parle alors de diamètre équivalent au lieu de diamètre des pores puisque la valeur obtenue n'est pas celle du diamètre réel des pores.

- *Pores formés par la végétation.* Ils sont formés lors de la pénétration des racines dans le sol et deviennent libres pour le passage de l'eau lorsque la plante meurt. La distinction entre ces deux situations du cycle de la plante reste toutefois délicate, ceci d'autant plus que les racines des jeunes plantes tentent préférentiellement d'emprunter le cheminement des anciennes racines. La structure du réseau des macropores va alors dépendre du type de plante ainsi que du stade de développement végétatif.
- *Macropores naturels.* Une macroporosité naturelle peut apparaître dans la situation où le sol présente une forte conductivité hydraulique initiale[10], une constitution sans grande cohésion ainsi que des gradients hydrauliques élevés. Le macropore se forme alors sous l'action du cheminement de l'eau dans la zone de subsurface.
- *Fissures.* Ce type de porosité peut s'attribuer à des processus chimiques ou physiques tels que la diminution de la teneur en eau de sols argileux (phénomènes de retrait) ainsi qu'au lessivage de certains matériaux. Certaines pratiques culturales peuvent aussi introduire de manière artificielle une macroporosité dans les sols.

Détermination expérimentale et dynamique

La détermination expérimentale de la présence des macropores doit faire la distinction entre les vides de taille importante qui peuvent jouer un rôle sur le comportement hydrologique et hydraulique et ceux dont l'influence est moindre. Cette notion d'efficacité est sans conteste soumise à caution puisque dans des conditions différentes, ce sont différents types de macropores qui peuvent s'avérer déterminants. Pourtant, les hydrologues s'intéressent fortement au rôle de l'écoulement par macroporosité à différentes échelles du bassin versant.

Cette détermination est d'autant plus délicate que le système concerné par la macroporosité du sol est dynamique. Tout changement de l'équilibre sol-plante-animal va modifier la structure et la distribution de la macroporosité. A titre d'exemple, on peut souligner plusieurs facteurs importants de la dynamique de la macroporosité. Il s'agit respectivement des périodes de sécheresse, de gel, de l'effet d'impact causé par les gouttes de pluie (effet « splash »). Toutefois, ces facteurs ne sont pas les seuls. Une diminution des oiseaux et des renards en Europe centrale a entraîné une augmentation de la population de rongeurs et ainsi, une augmentation de la macroporosité d'origine animale. Cependant, le changement le plus significatif peut sans doute être attribué au changement d'occupation du sol. La mécanisation et la modification des pratiques culturales ont entraîné un sectionnement du réseau des macropores naturels ainsi que des fissurations verticales.

D'une manière générale, la détermination expérimentale de la macroporosité doit distinguer les macropores actifs sur le plan des écoulements (ce sont les macropores connectés) de ceux qui ne le sont pas. On peut ainsi recourir à des traceurs chimiques qui permettent de mettre en évidence les cheminements préférentiels de l'eau. Certaines études ont parfois recouru à ce système en injectant un traceur à l'amont d'un profil pédologique puis en effectuant une série de photographies en fausses couleurs. Cette méthode, essentiellement qualitative, permet de mettre en évidence les cheminements

---

[10] La conductivité hydraulique du sol est ensuite accentuée par la présence de macropores. C'est donc aussi une conséquence de la macroporosité.

de l'eau au sein du sol et constitue une bonne approche à l'échelle locale. Il n'en reste pas moins qu'il est difficile de déterminer quantitativement la dimension des macropores et leur importance sur l'écoulement de l'eau dans le sol par cette approche bien que quelques efforts méthodologiques dans ce sens aient été entrepris.

Une seconde méthode permettant de déterminer la présence de macropores réside dans l'emploi du porosimètre à intrusion de mercure. Cet instrument permet d'injecter du mercure sous pression dans les pores d'un échantillon de sol. En injectant le mercure sous différentes pressions, il est alors possible de déterminer la distribution de la taille des pores contenus dans l'échantillons et d'en déduire la courbe porosimétrique. La figure 11.12 présente trois exemples de telles courbes.

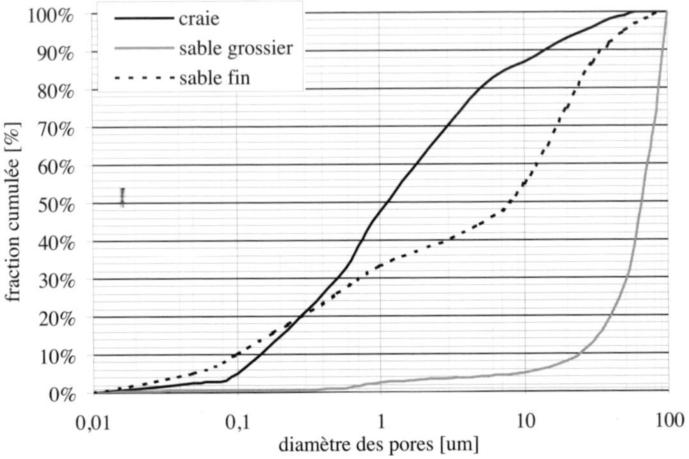

Fig. 11.12 Courbe de distribution des diamètres des pores pour trois types de sol: craie, sable grossier, sable fin (d'après Musy et Soutter, 1991).

Relation entre macroporosité et infiltration

La présence de macropores connectés avec la surface du sol peut jouer un rôle important dans le processus d'infiltration. Le comportement hydraulique met alors en défaut la loi de Darcy car le sol ne présente plus les propriétés hydrauliques requises (Musy et Soutter, 1991). Les flux hydrauliques peuvent alors varier de plusieurs ordres de grandeur pour des distances de quelques centimètres seulement. Il s'ensuit que l'idée d'une conductivité hydraulique moyenne ayant un sens physique est vouée à l'échec. Des études ont mis en évidence que le champ des pressions se développant durant l'infiltration était très irrégulier et que le comportement de type darcien n'était guère représentatif du phénomène physique sous-jacent décrit ci-dessous.

Soit une précipitation $P(t)$ arrivant à la surface d'un sol présentant des macropores. Dans un premier temps, l'eau va s'infiltrer dans la matrice du sol au taux $I1(t)$ puis, lorsque la capacité d'infiltration est dépassée par l'intensité de la pluie, l'infiltration s'effectue dans les macropores au taux $IM(t)$. Toutefois, le flux d'eau dans les macropores va être transféré dans des pores de tailles plus faibles sous l'effet des forces de capillarité. Ceci s'effectue au régime $I2(t)$ et constitue un second type d'infiltration de l'eau dans la matrice. Finalement, une fois que le sol est saturé,

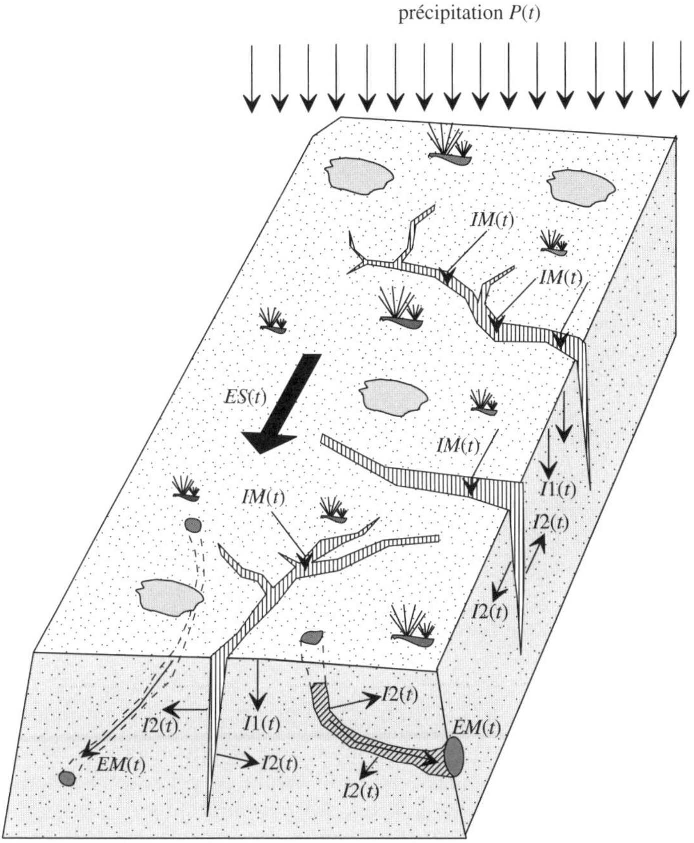

Fig. 11.13 Infiltration de l'eau dans un sol présentant des macropores.

l'écoulement à travers les macropores *EM*(t) peut avoir lieu, tout comme l'écoulement de surface *ES*(t). La figure 11.13 illustre cette schématisation.

Un certain nombre d'observations montre donc qu'il est nécessaire de formuler de manière nouvelle les processus d'infiltration et de redistribution dans le cas de sols présentant une macroporosité. Pourtant, le rejet des idées de Darcy n'est pas pertinent. On conseille plutôt de proposer un couplage entre les processus d'infiltration dans la matrice poreuse où la loi de Darcy est justifiée avec le comportement de l'eau dans les macropores. Cependant, il convient de préciser certains éléments :

- La nature des écoulements dans le domaine matriciel. Le flux au sein de la matrice du sol peut être modélisé par la loi de Richards mais la continuité du domaine ne peut pas être assurée. De ce fait, il devient très délicat de préciser les conditions aux limites.
- La nature des écoulements dans le domaine des macropores. Les macropores peuvent véhiculer beaucoup d'eau sans pour autant être saturés. L'écoulement doit être souvent laminaire mais certaines phases de transition, sous des conditions de non-saturation, doivent induire des passages par des régimes turbulents ou quasi turbulents.

- Les caractéristiques spatiales et temporelles du réseau des macropores. Les variabilités spatiale et temporelle de la distribution des macropores posent un certain nombre de problèmes, notamment en ce qui concerne l'échelle des processus. Certains macropores peuvent par exemple changer de taille et d'aspect en l'espace de quelques minutes ou quelques heures.
- L'interaction entre domaines. Les interactions entre les domaines de la matrice du sol et les macropores ne sont pas négligeables puisque d'importants mouvements de transfert et d'échange existent entre ces deux milieux.

Relations entre macropores et écoulement de subsurface
On admet en règle générale que l'hydrogramme de crue est souvent contrôlé par les écoulements de subsurface. Si ces écoulements transitent principalement par la présence de macropores, la transmission de l'eau doit se faire à des vitesses du même ordre de grandeur que celles obtenues pour l'écoulement de surface. Cependant et comme nous l'avons remarqué, les macropores ne sont pas les seules et uniques causes d'écoulement de subsurface. Dans le cas où l'on considère uniquement la contribution due à la macroporosité, nous avons vu que la loi de Darcy ne pouvait pas être appliquée principalement dans deux cas de figure:

1. Macropores conduisant l'eau en amont du front d'humectation dans la zone non saturée du sol.
2. Flux quasi turbulent ou turbulent dans les zones non saturées ou saturées.

A nouveau, cette mise en défaut de la relation proposée par Darcy va entraîner des difficultés lors de l'établissement d'un modèle de comportement. De plus, si la contribution des macropores à l'écoulement de subsurface est importante, il faut encore que le réseau présente un degré de connectivité suffisant afin de permettre l'acheminement de l'eau jusqu'à la rivière. Si ce n'est pas le cas, il faut au minimum que le réseau achemine l'eau jusqu'à une zone saturée contribuant directement à l'écoulement en rivière[11].

Ecoulement par «tubes» éphémères et pérennes
Comme pour les écoulements par macropores, les écoulements par tubes (*pipeflow*) peuvent accélérer le drainage du sol et l'écoulement de l'eau. Il est cependant difficile d'établir une distinction exacte entre les macropores et ces tubes. On considère généralement que les tubes sont de très gros macropores. En plus de ce critère strictement géométrique, les tubes présentent un degré de connectivité plus élevé que celui offert par un réseau de macropores sans que l'on puisse pour autant affirmer que les tubes forment un réseau continu.

11.6.3 Intumescence de la nappe

Le processus d'écoulement par intumescence de la nappe trouve son origine dans le soulèvement rapide de la nappe en bas de versant. Ce soulèvement est rendu possible par la proximité du sommet de la nappe avec la surface. Il entraîne alors une

---

[11] On doit cependant être attentif au fait qu'un terrain trop souvent saturé n'est pas favorable au développement des macropores puisque la saturation entraîne une diminution de l'activité animale et végétale. Ainsi, lorsque l'on met en évidence l'importance des macropores dans l'augmentation de la conductivité hydraulique, ceci est valable uniquement pour des zones dont la saturation n'est pas permanente.

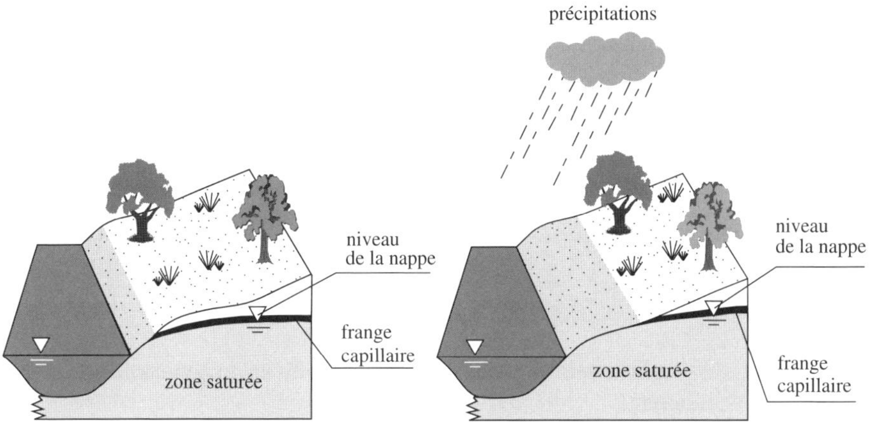

Fig. 11.14 Illustration du phénomène d'intumescence de la nappe.

augmentation rapide du gradient de charge hydraulique de la nappe durant la crue. De plus, ce processus est fortement lié à la présence d'une frange capillaire proche de la surface d'où un profil de sol proche de la saturation. En conséquence, seule une faible quantité d'eau suffit à déclencher ce type de processus (fig. 11.14).

11.6.4 Ecoulement de retour

Si la nappe ou la frange capillaire est proche de la surface du sol, une petite quantité d'eau suffit à saturer le profil. Ainsi, si la capacité du sol à transmettre l'écoulement de subsurface diminue[12], ce dernier revient en surface et ruisselle. On retrouve alors dans

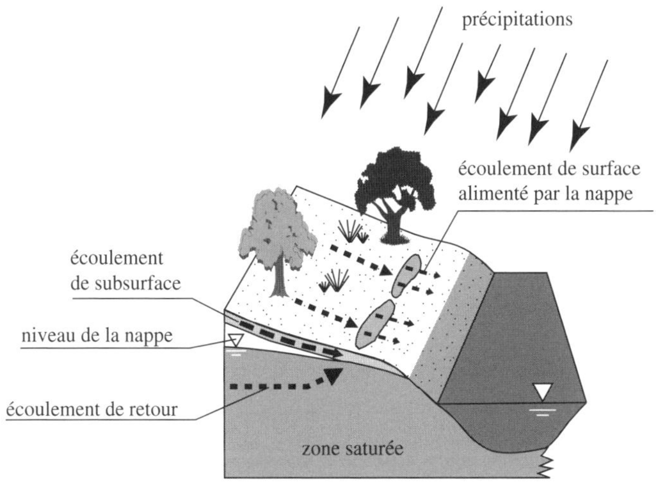

Fig. 11.15 Illustration du phénomène d'écoulement de retour.

12 Ceci peut se produire par exemple si le type de sol change.

l'écoulement de surface de l'eau antérieure à l'eau de pluie. Cette contribution d'eau « ancienne » va donc augmenter le volume de l'écoulement de surface. En analysant la répartition spatiale des zones où se produit ce type de phénomène, on met en évidence que ces zones peuvent subir une extension rapide là où la frange capillaire est proche de la surface du sol[13]. On doit toutefois insister sur le fait que ces surfaces propices à l'écoulement de retour deviennent aussi favorables au développement du processus d'écoulement sur surfaces saturées. L'hydrogramme résultant de ces deux types de processus sera donc composé d'eau ancienne et d'eau nouvelle. Une fois encore, on peut noter que le processus de formation d'une crue est la résultante de plusieurs phénomènes concomitants (fig. 11.15).

11.6.5 Essai de synthèse relative à la notion de processus de génération de l'écoulement

L'évidence de la diversité des processus de génération de crues s'est imposée tout au long de ce chapitre. Ces mécanismes n'agissent pas de manière isolée mais forment un domaine continu de processus. Il s'ensuit que sur un même bassin versant, plusieurs processus concomitants peuvent intervenir durant un même événement pluvieux. De la même manière, il se peut que le type de processus change selon le type d'événement. Les crues générées durant l'été ou l'hiver ne font pas nécessairement appel aux même types de processus. On comprend ainsi qu'il est difficile de caractériser l'ensemble des processus de génération de crue. Dunne (1978) a proposé une classification des processus dominants en fonction de trois critères, qui sont respectivement, le temps de montée de la crue (*peak lag time*), le débit spécifique maximal (*peak runoff rate*) et la surface du bassin versant. Les figures 11.16 et 11.17 présentent ces classifications. On y distingue l'écoulement hortonien (*Horton overland flow*), l'écoulement

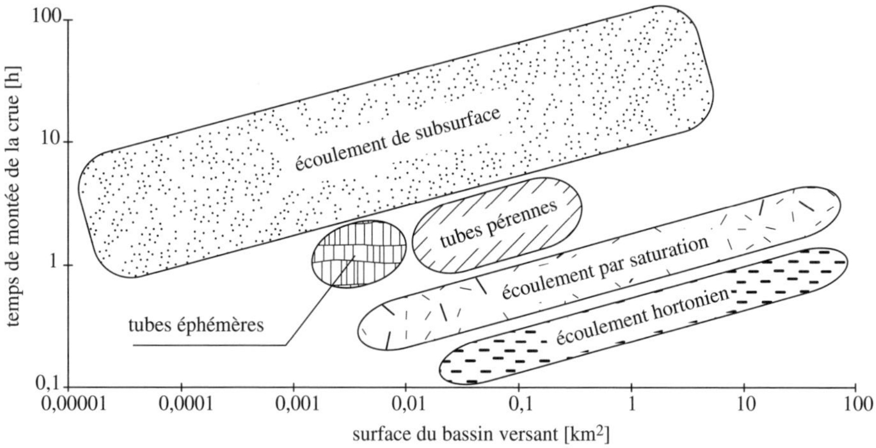

Fig. 11.16 Courbes enveloppes du temps de montée en fonction de la surface du bassin versant (d'après Jones, 1997).

---

13 La répartition spatiale des zones propices aux écoulements de retour est donc liée à la topographie du bassin versant.

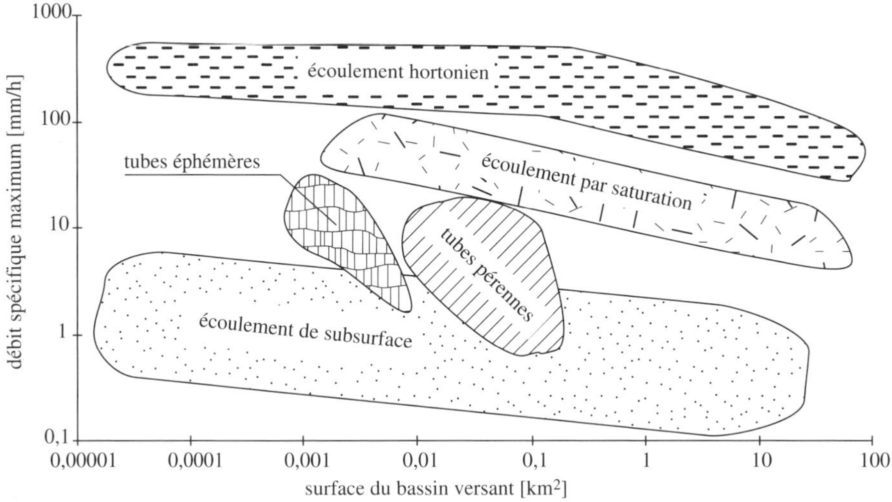

Fig. 11.17 Courbes enveloppes du débit spécifique maximum en fonction de la surface du bassin versant (d'après Jones, 1997).

par saturation (*saturation overland flow*), l'écoulement de subsurface (*throughflow*) ainsi que deux types d'écoulements par tubes.

Les figures 11.16 et 11.17 permettent ainsi de noter que si l'on s'intéresse spécifiquement à des problèmes liés aux crues – c'est-à-dire pour des valeurs de débits importantes –, il conviendra d'être attentif au fait qu'il s'agit essentiellement de

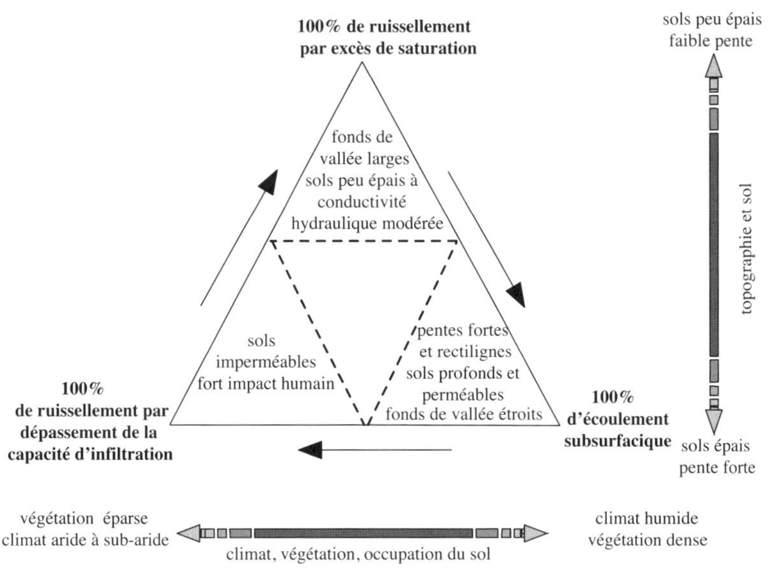

Fig. 11.18 Représentation des différents processus de génération de l'écoulement en fonction du milieu naturel (d'après Dunne, 1983).

processus de type hortonien et ceci indépendamment de la taille du bassin versant. A l'inverse, des crues de faible volume dont le temps de montée peut être de l'ordre de une à plusieurs heures sont représentatives de processus d'écoulement de subsurface. On soulignera encore que les figures présentées ci-dessus, bien qu'elles n'ont pas la prétention de se révéler l'unique outil d'identification des processus, permettent néanmoins, sur la base d'observations élémentaires, de fixer une gamme possible de processus de génération des écoulements pour la situation étudiée.

Enfin, la figure 11.18 permet de replacer les différents types d'écoulement dans leur contexte géomorphologique en faisant intervenir les facteurs : sols, climat et topographie.

11.7 ÉCOULEMENT DÛ À LA FONTE DES NEIGES

L'écoulement dû à la fonte des neiges domine en règle générale l'hydrologie des régions de montagne et de glaciers ainsi que celle où le climat favorise la persistance de couverture neigeuse. L'intérêt des scientifiques pour les régions polaires ou régulièrement enneigées et l'amélioration des équipements permettant d'affronter ces milieux hostiles, ont participé ces dernières années au regain d'intérêt pour l'étude des processus de fonte des neiges et aux écoulements qui lui sont liés. Le taux de fonte dépend largement de l'apport d'énergie à la surface de la neige. Cet apport est fonction du climat, de la végétation et de la topographie. Les modèles développés à ce jour prédisent en règle générale des taux moyens à des pas de temps horaire ou journalier (Musy et Laglaine, 1991). L'étude du cheminement de l'eau au travers de la couche neigeuse a fait l'objet de recherches en laboratoire qui ont permis de mettre en évidence la dominance d'un mouvement vertical dans un milieu non saturé.

Lors de l'étude de ce type de processus, on peut encore ajouter que les crues provoquées par la fonte des neiges présentent un comportement particulier du fait que les régimes hydrologiques sont eux aussi particuliers (Musy et Laglaine, 1991). En effet, en zone de montagne, la période des étiages correspond souvent aux périodes de précipitations neigeuses maximales tandis que la phase de crue correspond aux précipitations minimales car il s'agit de la période de fonte des neiges. Globalement, la crue provoquée par la fonte de la neige dépend des facteurs suivants :

- Equivalent en eau de la couverture neigeuse.
- Taux et régime de fonte.
- Caractéristiques physiques de la neige.

Les différents aspects qui permettent de comprendre les mécanismes d'écoulements provoqués par la fonte de la couverture neigeuse sont brièvement présentés dans les paragraphes suivants.

11.7.1 Fonte de la neige

La fonte de la neige résulte d'un transfert de chaleur de la couverture neigeuse et dépend des éléments ci-dessous :

- Radiation solaire (plus spécialement le rayonnement de grande longueur d'onde).
- Transfert de chaleur sensible par convection et conduction.
- Transfert de chaleur latente par évaporation et condensation.

Dans le cas où le bassin versant est recouvert d'une végétation de type forestier, la situation devient extrêmement complexe car les différents paramètres qu'il convient de déterminer afin d'estimer le taux de fonte sont rarement mesurables. Un autre problème qui peut survenir lors de cette évaluation est celui lié à la température. En effet, pour estimer la quantité d'eau disponible dans le manteau neigeux, il est nécessaire de poser un certain nombre d'hypothèses simplificatrices. On admet par exemple que la chaleur latente de la glace ou neige solide est de 80 cal / g, que la neige est de la glace pure et que la température de la neige est de zéro degré. Or, durant les mois d'hiver, il n'est pas rare de constater que cette dernière hypothèse n'est pas respectée et que la température de la neige est négative. De plus, durant la période de fonte, la couverture neigeuse n'est pas isotherme puisqu'une partie d'eau liquide peut se trouver occluse dans la neige. Ce constat a conduit les scientifiques à proposer, par analogie avec la notion de teneur en eau et de capacité de rétention du sol, une teneur en eau de la neige ainsi qu'une valeur limite de rétention (« absence de fonte ») nommée ***capacité au champ de la neige***. La figure 11.19 illustre ces principes en relation avec la répartition altimétrique de la neige sur le bassin versant.

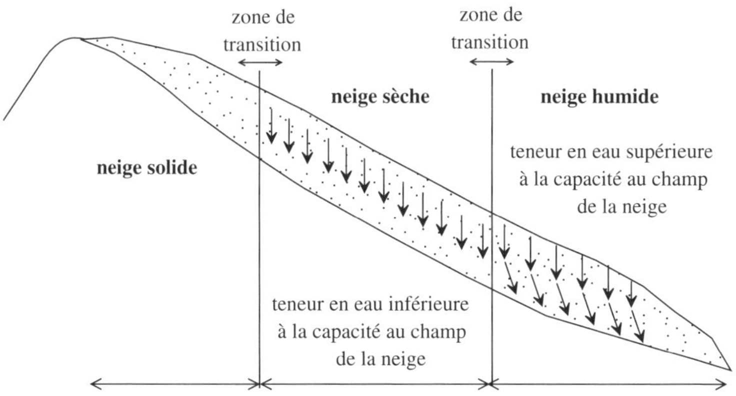

Fig. 11.19 Distribution des conditions de fonte des neiges dans un bassin versant montagneux (d'après Ward et Robinson, 1990).

Une méthode de calcul de fonte de neige relativement simple, originaire des Etats-Unis, est la méthode d'indice de température ou de la méthode des degrés-jour qui relie le phénomène de fonte à la température de l'air. Elle présente l'avantage d'utiliser des données météorologiques généralement accessibles.

La hauteur d'eau de fonte provenant de la fonte, sur i jours, est calculée par la formule suivante :

$$hf_{ijours} = K \cdot \sum_{j=1}^{i} \left(T_i - T_0\right) \tag{11.9}$$

où hf_{ijours} est la hauteur d'eau de fonte en i jours [cm], K un coefficient exprimant l'influence des conditions naturelles et climatiques du bassin (excepté la température) sur la fonte de la neige [cm / °C], T_i la température moyenne journalière de l'air, au-dessus de zéro [°C] pour le jour j, déterminée pour l'altitude moyenne du bassin et T_0 la température de référence, généralement admise comme égale à la température de congélation [°C].

11.7.2 Mouvement de l'eau à travers la neige

L'eau qui provient de la fonte de la neige peut percoler à travers le manteau neigeux avant de rejoindre le réseau hydrographique par gravité. On assiste donc tout d'abord à une phase d'infiltration. La plupart des couches neigeuses se développent en différentes strates présentant des propriétés d'infiltration différentes. Il s'ensuit que la structure des couches de neige influence les écoulements et complique de manière sensible leur description. Durant la première phase d'infiltration, si la capacité de rétention de la neige n'est pas atteinte, on assiste à une accumulation d'eau dans le manteau neigeux mais aucun écoulement n'est provoqué. Il se forme alors des poches d'eau ou « doigts d'eau[14] » qui peuvent libérer leur contenu et ainsi provoquer d'importantes crues. Pour terminer, durant la période de fonte, il peut se développer un véritable réseau de « pores » dans la couche neigeuse. Cette porosité favorise alors, comme dans le cas du sol, le drainage de l'eau provenant de la fonte de la neige (fig. 7.10). Finalement, l'étude du cheminement de l'eau à travers la couche neigeuse a permis de mettre en évidence la dominance d'un écoulement vertical en zone non saturée. Cependant, la présence de couches de glace ainsi que la surface du sol entraînent un mouvement latéral.

Du point de vue de la modélisation, certains auteurs ont proposé avec succès des modèles se fondant sur un comportement de type ondes cinématiques. Par exemple, le modèle à base physique SHE (Système Hydrologique Européen) peut prédire le transfert d'eau pour les situations suivantes : addition de neige, fonte de la neige, interception et évaporation en présence de neige (Hingray *et al.*, 2009).

11.8 DES PROCESSUS À LA RÉPONSE HYDROLOGIQUE DU BASSIN VERSANT

La première partie de ce chapitre nous a donné l'occasion de décrire les principaux processus intervenant dans la génération des écoulements sur un bassin versant. Cependant, les tâches de l'ingénieur hydrologue et du chercheur ne s'arrêtent pas ici car il reste à comprendre les relations qui existent entre l'impulsion ou la sollicitation – sous forme de précipitations – reçue par le bassin et sa réponse hydrologique se traduisant à l'exutoire de ce dernier par une variation temporelle du débit. La manière dont réagit le bassin lorsqu'il est soumis à une sollicitation se nomme *réponse hydrologique*. Elle est schématiquement représentée à la figure 11.20.

Une averse tombant sur un bassin versant aura pour conséquence, en une station de contrôle située sur le cours d'eau, une réponse pouvant être nulle (absence de modification de l'écoulement ou absence de crue) ou positive (écoulement modifié ou crue). Cette réponse peut être :

---

[14] L'expression « doigt d'eau » est donnée ici par analogie au « doigts de sel » que l'on trouve dans les mers.

- *Rapide*. La réponse rapide est imputable à l'écoulement de surface ou, par exemple, à un effet piston (écoulement souterrain rapide), ou encore à l'effet de la macroporosité du sol.
- *Retardée*. C'est notamment le cas lorsque la réponse hydrologique est due principalement aux écoulements souterrains.

De plus, la réponse peut être différenciée selon que cette dernière est :
- *Totale*. Dans ce cas, la réponse hydrologique est composée à la fois par des écoulements de surface et souterrains.
- *Partielle*. C'est-à-dire lorsque la réponse est la résultante de l'un ou l'autre des processus décrits précédemment

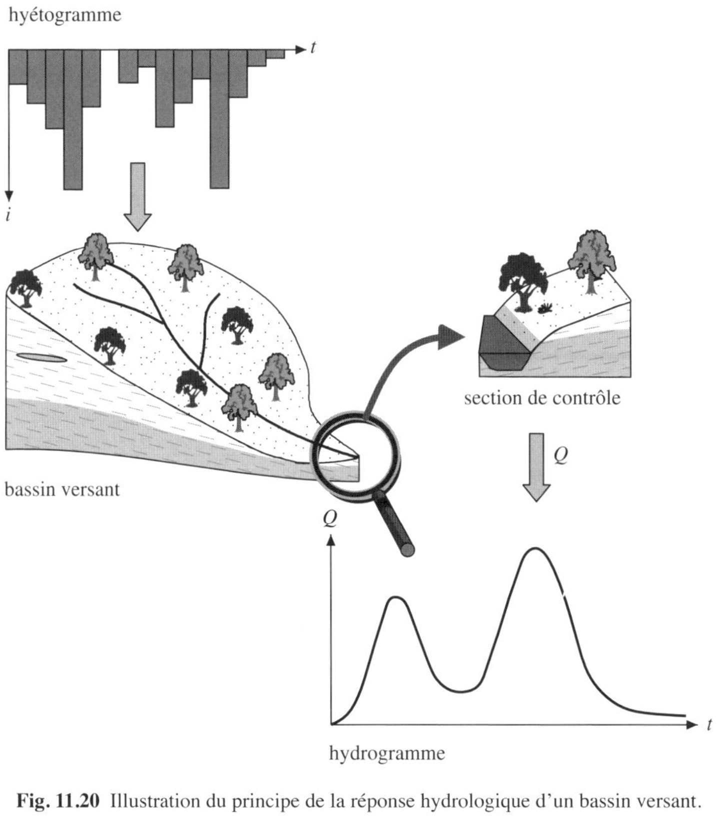

Fig. 11.20 Illustration du principe de la réponse hydrologique d'un bassin versant.

Le rôle de l'hydrologue est donc d'une part d'identifier les processus hydrologiques et leur part respective dans la réponse du bassin versant et, d'autre part, d'étudier les modalités du passage de l'impulsion pluviométrique à la réponse hydrologique. La problématique qui se pose alors est de comprendre et interpréter les mécanismes de transformation de la pluie en hydrogramme de crue.

Dans le cadre d'une description des processus selon le principe établi par Horton, la transformation de la pluie en hydrogramme de crue se traduit par l'application successive de deux fonctions, nommées respectivement fonction de production – ou fonction d'infiltration – et fonction de transfert. La fonction de production permet de déterminer le hyétogramme de pluie nette à partir de la pluie brute[15]. La fonction de transfert permet quant à elle de déterminer l'hydrogramme de crue résultant de la pluie nette[16] (fig. 11.21).

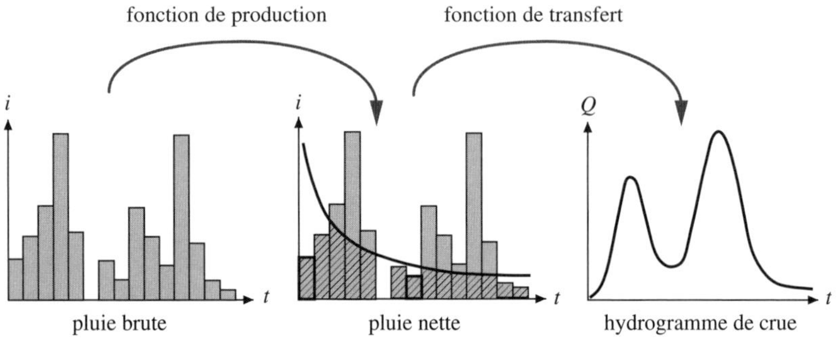

Fig. 11.21 Transformation de la pluie brute en hydrogramme de crue.

Le passage du hyétogramme de pluie à l'hydrogramme de crue fait intervenir toutes les caractéristiques météorologiques, physiques et hydrologiques du bassin versant considéré. Dès lors, on comprendra aisément que la détermination d'une relation analytique rigoureuse entre précipitations et débits est une tâche très difficile. Toutefois, l'analyse de séries de couples pluies-débits permet d'obtenir des informations pertinentes sur la fonction de transfert du bassin versant.

11.8.1 Analyse des événements pluies-débits

Une averse, définie dans le temps et dans l'espace, tombant sur un bassin versant de caractéristiques connues, et dans des conditions initiales données, provoque à l'exutoire du bassin considéré un hydrogramme défini. La figure 11.22 définit quelques éléments essentiels relatifs à l'hydrogramme de crue résultant d'un hyétogramme spécifique. L'hydrogramme de crue présente la forme générale d'une courbe en cloche dissymétrique que l'on divise en quatre parties :

- La *courbe de montée* ou *de concentration* qui correspond à la montée de la crue. L'allure de cette courbe reflète les caractéristiques topographiques du bassin et celles de l'averse.
- La *pointe*, ou crête de l'hydrogramme, est la région comprise entre le point d'inflexion de la courbe de concentration et celui de la courbe de décrue. L'instant où la pointe de l'hydrogramme se produit est pris en compte pour la détermination du temps de réponse du bassin et du temps de montée de l'hydrogramme. En pratique, les hydrogrammes comportent souvent plusieurs pointes en raison de la forme irrégulière du bassin et de l'hétérogénéité spatiale et temporelle de l'averse.

15 La pluie brute est la pluie totale tombant sur le sol.

16 La pluie nette est la fraction de pluie brute participant totalement à l'écoulement.

- La *courbe de décrue* traduit la vidange du bassin, toute alimentation directe ayant cessé. L'allure de cette courbe est presque indépendante des variations d'intensité de la pluie et de l'infiltration. Elle est principalement fonction des caractéristiques physiques du réseau hydrographique. Cette courbe est donc la seule partie de l'hydrogramme qui puisse être approximativement représentée par une équation générale de forme exponentielle applicable à la majorité des averses tombant sur un même bassin.
- La *courbe de tarissement* est la partie de l'hydrogramme générée par les seuls écoulements souterrains, alors que tout écoulement de surface a déjà cessé.

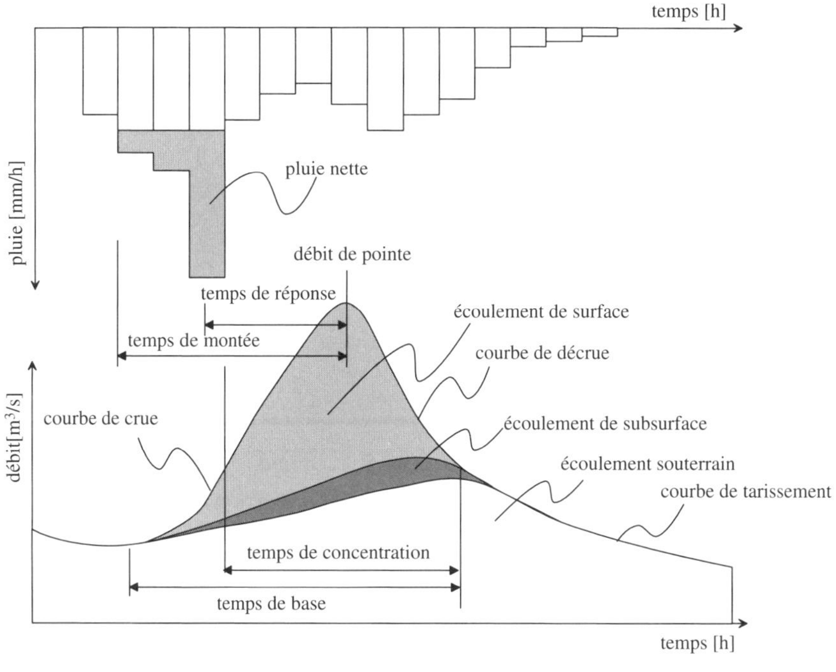

Fig. 11.22 Hyétogramme et hydrogramme résultant d'un événement pluie-débit.

On définit aussi des temps caractéristiques :

- *Temps de réponse du bassin* t_p (ou *lag*) : intervalle de temps qui sépare le centre de gravité de la pluie nette de la pointe de crue ou parfois du centre de gravité de l'hydrogramme de ruissellement.
- *Temps de concentration* t_c : temps que met une particule d'eau provenant de la partie du bassin la plus éloignée de l'exutoire pour parvenir à celui-ci. On peut estimer t_c en mesurant la durée comprise entre la fin de la pluie nette et la fin du ruissellement direct.
- *Temps de montée* t_m : temps qui s'écoule entre l'arrivée à l'exutoire de l'écoulement rapide (décelable par le limnigraphe) et le maximum de l'hydrogramme de ruissellement.
- *Temps de base* t_b : durée du ruissellement direct, c'est-à-dire la longueur sur l'abscisse des temps de la base de l'hydrogramme de ruissellement.

Pratiquement, on adopte en règle générale une durée de pluie t égale au temps de concentration t_c pour la recherche de l'intensité moyenne maximale de la pluie tombant sur le bassin. On se place donc du côté de la sécurité, puisque dans ce cas précis tout le bassin participe au ruissellement.

Enfin, la surface comprise entre la courbe de l'écoulement retardé et l'hydrogramme de crue représente le volume ruisselé. Ce volume, exprimé en lame d'eau, est égal par définition au volume de la pluie nette. Cependant, la distinction entre écoulement retardé et ruissellement direct étant relativement floue, il n'est pas rare de considérer un volume de ruissellement direct équivalent à celui de la pluie nette défini comme la surface comprise entre la courbe de l'hydrogramme de crue et celle de l'écoulement souterrain[17].

11.8.2 Genèse des crues

La nature et l'origine des crues ou hautes eaux sont liées aux régimes hydrologiques et à la taille du bassin versant. Les bassins versants du Plateau suisse, par exemple, appartiennent au régime pluvial ou au régime nivo-pluvial. Les crues auront ainsi pour origine les averses (liquides et/ou solides) et/ou la fonte de neige. Les crues peuvent être groupées, selon les causes qui les engendrent selon :

- les crues d'averses (fortes pluies de plusieurs jours ou averses orageuses localisées),
- les crues de fonte de neige (dues à une augmentation de la température accompagnée ou pas de précipitations),
- les crues d'embâcle de glace (lorsque des blocs de glace d'un cours d'eau gelé emportés lors du dégel s'accumulent et forment des barrages à l'amont desquels les plaines s'inondent). La débâcle résulte de la brusque rupture de ces barrages, provoquant ainsi des crues violentes mais brèves.

11.8.3 Facteurs d'influence de la réponse hydrologique

La réponse hydrologique d'un bassin versant est influencée par une multitude de facteurs tels que ceux liés :

- aux conditions climatiques du milieu,
- à la pluviosité (répartition spatiale et temporelle, intensité et durée),
- à la morphologie du bassin versant (forme, dimension, altimétrie, orientation des versants),
- aux propriétés physiques du bassin (nature des sols, couverture végétale),
- à la structuration du réseau hydrographique (extension, dimension, propriétés hydrauliques),
- à l'état antécédent d'humidité des sols.

Les facteurs liés aux précipitations ainsi qu'aux conditions climatiques sont des facteurs externes au milieu tandis que la morphologie, les propriétés physiques du versant, la structuration du réseau et les conditions antécédentes d'humidité sont des

[17] Il s'agit là d'un constat identique à celui que l'on a fait lorsque l'on a présenté les notions de coefficient d'écoulement de surface et coefficient de ruissellement au chapitre consacré à l'étude de l'écoulement et de l'infiltration.

facteurs internes. L'ensemble de ces éléments ayant été étudié tout au long des chapitres précédents, nous n'y reviendrons pas ici à l'exception du rôle de la pluviosité qui sera développé dans les prochains paragraphes ainsi que l'importance de l'état antécédent d'humidité.

Dans ce cadre, l'Institut d'Aménagement des Terres et des Eaux (aujourd'hui Laboratoire d'écohydrologie) de l'EPFL a développé un didacticiel DHYDRO[18] permettant en outre d'étudier la réponse hydrologique d'un bassin versant lorsque celui-ci est soumis à une sollicitation pluvieuse dans quelques situations simples. La figure 11.25 ci-dessous donne un aperçu sommaire des fonctionnalités de cette application. On y a représenté quatre fenêtres nommées *A, B, C* et *D*. La fenêtre *A* illustre le contrôle essentiel du bassin versant, à savoir sa couverture du sol et la pente du versant ainsi que le type de réseau hydrographique qu'il comporte, la fenêtre *B* donne la description topographique du versant ainsi que celle du réseau hydrographique. La fenêtre *C* permet de déterminer la pluie nette à partir d'un fichier de pluie brute selon différentes fonctions d'infiltration que l'utilisateur peut choisir. Enfin, la dernière fenêtre (*D*) représente graphiquement l'hydrogramme résultant d'une précipitation donnée sur un bassin versant auparavant défini.

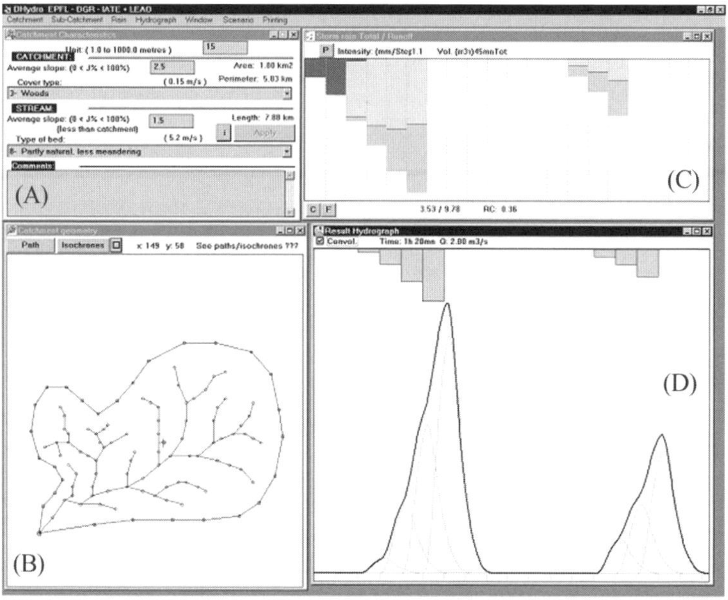

Fig. 11.23 Transformation de la pluie brute en hydrogramme de crue.

11.9 CONCLUSIONS

Ce chapitre consacré à l'étude des processus hydrologiques nous a donné l'occasion de détailler les divers phénomènes intervenant lors de la génération des crues. Nous

18 Accessible à l'adresse http://echo2.epfl.ch/e-drologie/exos/chapitre11/DHydro_v3.1F.zip

avons ainsi pu constater leur diversité ainsi que leur hétérogénéité spatiale et temporelle. De plus, et ceci nous paraît essentiel, nous avons souligné à plusieurs reprises leurs interrelations. Bien que l'on connaisse de mieux en mieux les processus de génération de l'écoulement, il n'en reste pas moins que leur identification à l'échelle du versant reste une tâche délicate qui nécessite de la part de l'ingénieur de bonnes connaissances du versant ainsi que la mise en place de méthodes expérimentales parfois sophistiquées.

11.10 CONCLUSION GÉNÉRALE À LA PREMIÈRE PARTIE

L'ingénieur est aujourd'hui de plus en plus confronté à des problèmes variés. Son champ d'activité ne se borne plus uniquement aux dimensionnements d'ouvrages hydrauliques en vue d'une production électrique, aux calculs de réseaux d'assainissement ou encore à la mise en place d'ouvrages de lutte contre l'érosion. L'approche plus globale à l'échelle du bassin versant et la prise en considération de contraintes environnementales justifient l'intérêt toujours croissant de l'ingénieur praticien à comprendre quels sont, en terme de processus, les causes de l'écoulement à l'exutoire d'un bassin versant. A titre d'exemple, l'ingénieur peut être amené à évaluer l'impact d'un changement d'occupation du sol d'un bassin versant sur les écoulements à son exutoire. Dans ce cas, l'étude des processus peut s'avérer déterminante car les volumes d'eau qui s'écoulent dans la rivière située à l'aval du versant peuvent changer de manière considérable si le processus dominant de génération de crue est du type écoulement de surface. Un déboisement pourrait par exemple avoir une influence désastreuse sur le volume d'eau transporté ainsi que sur le transport de sédiments en augmentant l'érosion. A l'inverse, si le bassin versant présente essentiellement une génération de l'écoulement par un écoulement souterrain du fait de son occupation du sol et de leur nature, le déboisement envisagé peut avoir un impact moindre sur les débits. En revanche, il sera nécessaire d'être extrêmement attentif aux questions liées à la pollution de la nappe d'eau souterraine.

Arrivant au terme de cette partie, nous avons successivement vu les principaux facteurs qui conditionnent le comportement hydrologique d'un bassin versant. Du rôle de la topographie à celui des conditions initiales d'humidité du sol en passant par l'importance des facteurs météorologiques, nous avons ainsi souligné la diversité des processus intervenant dans le cycle de l'eau à l'échelle du bassin versant mais aussi leur complexité et leurs interrelations.

Bien qu'elle puisse constituer une fin en soi lors de travaux de recherche, la compréhension des processus hydrologiques et leur identification reste une étape intermédiaire pour l'hydrologue. En effet, ce dernier a besoin de connaître la réponse hydrologique ainsi que les facteurs qui l'influencent que ce soit en vue du dimensionnement d'ouvrages ou lors d'études d'impacts. Ces questions liées à une approche quantitative de la réponse hydrologique, abordées de manière relativement succincte dans ce livre, sont spécifiquement traitées dans le livre *Hydrologie 2, une science de l'ingénieur* (Hingray *et al.*, 2009). Enfin, au-delà de ces questions, le champ d'investigation de l'hydrologie ne saurait être complet sans que l'on aborde celles liées à la gestion de l'eau et son approche sociétale. C'est précisément l'objet de la seconde partie de ce livre.

Seconde partie

Ressources en eau : Les principes de gestion

CHAPITRE 12

LES ENJEUX

La gestion de l'eau constitue à l'aube du XXIe siècle un enjeu pour l'humanité. La croissance démographique et économique des dernières décennies a induit une pression de plus en plus forte sur cette ressource. Les enjeux concernent différentes facettes (environnementale, économique, politique, sociale) et touchent l'ensemble de la planète, avec des effets particuliers sur certains espaces, tels que les villes, les régions de montagne, les zones arides et les espaces touristiques. La complexification de la gestion de l'eau dans toutes les régions du monde a conduit la communauté internationale à développer des actions à l'échelle mondiale dès la fin des années 1970. Nous détaillons ci-après les principales étapes de cette prise de conscience internationale.

12.1 L'EAU, ENJEU MONDIAL DU XXIE SIÈCLE

12.1.1 Un enjeu mondial

« L'eau, un enjeu mondial pour le XXIe siècle ! » Cette formule, tant de fois entendue, n'est certainement pas dénuée de fondements, tant il est vrai que les problèmes liés à la ressource en eau se sont multipliés au cours du dernier demi-siècle. A mesure que la population mondiale poursuivait sa progression quasi exponentielle, les quantités d'eau à disposition pour chaque habitant diminuaient. Malgré des réserves somme toute encore très suffisantes bien qu'inégalement réparties, il devenait de plus en plus évident que les besoins croissants des populations seraient difficiles à satisfaire, les solutions techniques ne parvenant pas toujours à amener l'eau là où on l'attendait. Ainsi, en 2009, 48 pays étaient en dessous du seuil de 1700 mètres cubes par habitant et par année et 29 pays n'atteignaient pas le seuil de 1000 m^3/hab/an, dont 21 étaient en dessous du seuil de pénurie absolue (500 m^3/hab/an) (chap. 14).

Les développements de l'industrie, de l'urbanisation et de l'agriculture (extension des pratiques d'irrigation) se sont avérés extrêmement dommageables pour la qualité de la ressource en eau, nécessitant la mise en œuvre de techniques toujours plus sophistiquées de dépollution (apparition dans les années 1960 des premières stations d'épuration en Suisse), afin de préserver le renouvellement qualitatif de la ressource au travers du cycle hydrologique.

Les cours d'eau des pays industrialisés ont été endigués, canalisés, domestiqués depuis le milieu du XIXe siècle. Aujourd'hui, il s'agit de leur redonner de l'espace.

Ainsi, la « revitalisation » et la « revalorisation » des paysages fluviaux et des zones humides sont encouragées par de nouvelles législations, notamment la Directive cadre européenne sur l'eau (DCE), adoptée en 2000, afin que les hydrosystèmes retrouvent leur fonctionnement naturel.

L'eau est un bien vital, mais économique également, ayant de tout temps accompagné le développement puis le déclin des civilisations humaines. Il suffit de penser par exemple au génie hydraulique agricole des civilisations du Croissant fertile mésopotamien ou de l'ancienne Egypte, à la civilisation romaine et à son génie hydraulique urbain ou encore à la défense par l'eau des villes médiévales pour s'en convaincre. Son contrôle, son aménagement, sa gestion ont été et restent d'un intérêt primordial pour toute civilisation.

A l'heure de la globalisation de l'économie et de la société, la communauté internationale l'a bien compris et multiplie depuis plus de vingt ans les forums et autres rencontres sur la thématique de l'eau. Toutes ces actions visent à cerner les problèmes actuels et à y trouver des solutions, bien souvent dans la douleur. On peut citer à cet effet le combat qui oppose les tenants d'une vision patrimoniale de l'eau comme bien commun de l'humanité (Petrella, 1999 ; Barlow et Clarke, 2002 ; Collectif, 2002) et les tenants d'une vision économique de la ressource en eau, ouvrant la porte à sa marchandisation.

Bien vital et économique, l'eau est également une ressource stratégique et son contrôle revêt une importance capitale pour le développement des pays, surtout dans les régions où elle se fait rare. La rétention des eaux en amont peut oblitérer les usages à l'aval. C'est le cas du grand projet anatolien de construction de barrages de la Turquie qui prive à terme la Syrie et l'Irak de ressources en eau substantielles amenées par le Tigre et l'Euphrate. Le barrage sur la Narmada en Inde, les transferts d'eau en Afrique australe et dans le cadre du projet Sud-Nord en Chine ou la présence de réservoirs souterrains d'eau douce, comme cela est le cas sous le plateau du Golan, sont autant de situations conflictuelles et explosives, parfois au sens propre du terme, où les relations entre pays ou régions sont envenimées par la question de l'accès à l'eau et de son contrôle (Roy, 1999 ; Lacoste *et al.*, 2001).

12.1.2 Des enjeux nationaux ou régionaux

Ces enjeux d'échelle planétaire concernent également, avec plus ou moins d'acuité, les échelles nationales et régionales (bassins versants). Les principes de gestion restent les mêmes, seules les méthodes changent compte tenu du contexte national ou local. A titre d'exemple, nous développons ci-dessous le cas de la Suisse, pays développé sous climat tempéré, où les ressources en eau sont abondantes, et celui du Burkina Faso, pays en développement dans un contexte climatique semi-aride, où les ressources sont nettement plus limitées.

Un enjeu pour la Suisse

Si, en Suisse, des situations proches d'une « guerre de l'eau » sont loin de se produire, force est de constater que dans le château d'eau de l'Europe, la question de l'eau tient une place centrale en matière de gestion environnementale. Un bref coup d'œil en arrière montre en effet que l'eau a joué un rôle essentiel dans le développement économique du pays. L'industrialisation de la Suisse et le développement du réseau ferroviaire n'ont pu se faire que grâce aux grands travaux de correction et d'assainissement du XIXe siècle (correction de la Linth, correction des eaux du Jura, correction du Rhône et du Rhin, etc.) (Vischer 2003) et certains secteurs industriels clés de la Suisse, tels que la chimie ou la métallurgie, doivent leur implantation au potentiel énergétique des cours d'eau. Mais ce développement n'est pas allé sans provoquer des modifications majeures dans le fonctionnement du système hydrologique naturel et de nombreux efforts sont encore nécessaires pour tenter de corriger les erreurs du passé (ex. contamination de sites, disparition de zones humides, corrections de cours d'eau trop importantes et perte de biodiversité associée, pollution des lacs par les phosphates, assèchements de tronçons à l'aval de certains ouvrages hydroélectriques, etc.) et pour prévenir les impacts négatifs futurs de notre mode de vie et de consommation (ex. pollution diffuse, pollution par les métaux lourds et les micropolluants, accroissement des écoulements de surface en raison de l'imperméabilisation des sols, etc.).

De ce fait, la gestion actuelle de l'eau en Suisse gravite autour de trois enjeux principaux. Le premier est celui du maintien de la qualité de la ressource. S'il est vrai que les mesures politiques prises depuis le début des années 1970 ont permis d'améliorer la qualité des eaux des lacs – notamment en matière de concentration en phosphore –, la pollution diffuse, en particulier par l'agriculture, et la pollution par les micropolluants restent des problèmes cruciaux pour la conservation de la qualité des eaux souterraines et de surface. Un second enjeu est celui du maintien des débits à l'aval des ouvrages de dérivation, essentiel pour la préservation de la biodiversité des milieux humides et de la qualité des paysages alluviaux. Finalement, la gestion des écoulements de surface est soumise à deux types de pressions cumulatives : d'une part, les changements climatiques globaux qui modifient le régime hydrologique des cours d'eau pourraient augmenter la fréquence d'événements hydrologiques extrêmes (crues et inondations catastrophiques), tels que ceux vécus en 1987, 1993, 2000 et 2005 dans les Alpes, et pourraient réduire le potentiel de production hydroélectrique dans le futur, et d'autre part, l'imperméabilisation croissante des sols par l'urbanisation et les techniques modernes d'exploitation des terres agricoles qui accentuent les effets des changements du régime hydrologique des cours d'eau.

Un enjeu pour le Burkina Faso

Au Burkina Faso, pays d'Afrique subsaharienne au climat semi-aride, l'eau peut être considérée comme un facteur limitant pour le développement du pays. Les enjeux liés à l'eau renvoient autant à des facteurs climatiques que socio-démographiques. Le climat est de type soudano-sahélien, marqué par une diminution des précipitations annuelles, un allongement de la durée de la saison sèche et une augmentation de la variabilité spatiale et temporelle des précipitations, du Sud au Nord. Les moyennes pluviométriques annuelles sont ainsi inférieures à 400 mm au Nord et peuvent atteindre plus de 1000 mm au Sud-Ouest. Quant à la population du pays (un peu plus de 16 millions d'habitants en 2010), elle est en forte croissance, comme dans tous les pays de la zone sahélienne, avec un accroissement naturel supérieur à 3 %, un âge médian de 17 ans et une espérance de vie de 51 ans pour les hommes et de 55 ans pour les femmes. L'agriculture – principalement l'élevage et la culture sous pluie de céréales – occupe 80 % de la population active et constitue l'activité économique principale du pays.

La gestion de l'eau au Burkina Faso doit ainsi faire face à plusieurs enjeux de taille (Dezzeter, 1996). Le premier est relatif à l'explosion démographique, à la croissance de la population urbaine – Ouagadougou est ainsi passée de 60 000 habitants en 1960 à 700 000 habitants en 2006 et quasiment 1 million et demi d'habitants en 2010 – et à l'augmentation concomitante des besoins. Les besoins en équipements hydrauliques sont importants, tant en zone rurale qu'en milieu urbain, et les gestionnaires ne parviennent souvent pas à faire face à la rapidité des changements socio-démographiques. Il s'ensuit un niveau d'équipement et d'accès aux ressources en eau encore largement insuffisant. Le second enjeu a trait aux changements climatiques. Les sécheresses des années 1970 et la tendance forte à une réduction des précipitations ont induit une pression sur l'agriculture pluviale et une augmentation des conflits territoriaux entre agriculteurs et éleveurs, une situation existant également dans d'autres pays de la zone sahélienne (Niger, par exemple). Il s'ensuit notamment la nécessité d'augmenter le recours à l'agriculture irriguée. Le troisième enjeu est d'ordre institutionnel et concerne le niveau d'intervention en matière de gestion des ressources en eau. En particulier se pose la question du choix entre le recours à la grande hydraulique – gérée par des organismes de niveau national – ou à des infrastructures de taille moyenne à petite, permettant une participation plus active des communautés locales.

12.2 UNE RESSOURCE VITALE ET COMPLEXE

La ressource en eau est considérée comme la part du système hydrologique (ou hydrosystème) utilisée par l'homme pour satisfaire ses besoins. Elle se renouvelle continuellement sous la forme d'un cycle, le cycle hydrologique ou cycle de l'eau (chap. 2). Ce cycle naturel est actuellement très souvent modifié par les activités humaines, raison pour laquelle on parle de *cycle influencé*.

Quelles sont les principales caractéristiques de cette ressource ? L'eau est tout d'abord une *ressource vitale*, au même titre que l'air. Comme bon nombre de ressources naturelles, l'eau peut ainsi être décrite selon ses caractéristiques quantitatives et qualitatives. Mais contrairement à d'autres ressources naturelles telles que le bois, les minerais ou encore le paysage, l'eau a également un caractère dynamique. En ce sens, à l'exception des stocks que sont les lacs et les nappes d'eau souterraines, il s'agit principalement d'une *ressource-flux*, dont la disponibilité varie au cours de l'année en fonction du régime hydrologique. Ces trois caractéristiques – quantitative, qualitative et dynamique – doivent être prises en compte dans toute réflexion sur la gestion de la ressource.

L'eau est une *ressource renouvelable mais limitée*. Son renouvellement est assuré par le cycle hydrologique. Du point de vue quantitatif, c'est le processus de l'évaporation suivie de la condensation dans les nuages, associée au déplacement des masses d'air, qui permet le renouvellement du stock dans une région donnée (chap. 2). En termes qualitatifs, ce sont à la fois les processus d'autoépuration (c'est-à-dire la capacité de la ressource en eau à absorber certains polluants et à les éliminer par dilution) et de filtrage à travers des sédiments meubles poreux ou des roches qui permettent le renouvellement de la qualité initiale de l'eau. Le taux de régénération de cette ressource dépend fortement de l'échelle géographique et temporelle considérée : à celle de la planète, la ressource en eau est renouvelable du point de vue quantitatif ; ce n'est pas (ou plus) forcément le cas à l'échelle régionale. Ainsi, la gestion actuelle de l'eau potable en Libye est un exemple de non-renouvellement de la ressource : ce pays exploite en effet des nappes d'eau fossiles, qui ne sont donc pas alimentées par les infiltrations actuelles et qui se tariront tôt ou tard. Il faut également tenir compte

Tableau 12.1 Principaux usages de l'eau dans les pays industrialisés (Reynard *et al.*, 2001).

N°	Catégories d'usage	Type d'utilisation par catégories	Types d'usagers
1	Milieu vital	Nourriture, reproduction	Organismes vivants, animaux et végétaux
2	Consommation	Prélèvement d'eau de boisson	Collectivités publiques (producteurs), ménages (consommateurs finaux)
3	Production	3a. Prélèvement d'eau industrielle	Entreprises privées, industrielles ou artisanales
		3b. Refroidissement des centrales thermiques	Entreprises privées ou mixtes
		3c. Prélèvement d'eau agricole (irrigation)	Entreprises agricoles privées, associations d'irrigants
		3d. Drainage de zones humides pour l'agriculture	Entreprises agricoles privées et collectivités publiques
		3e. Production d'eaux minérales	Entreprises privées
		3f. Infrastructures de loisirs et tourisme (piscines, etc.)	Entreprises privées ou collectivités publiques
4	Production d'énergie	Hydroélectricité (avec barrage et chute)	Entreprises privées, publiques ou mixtes
		Hydroélectricité (au fil de l'eau)	Entreprises privées, publiques ou mixtes
5	Transport et absorption de déchets et de sédiments	5a. Transport et absorption des rejets ménagers, industriels et agricoles	Collectivités publiques (producteurs), ménages et entreprises (consommateurs finaux)
		5b. Transport de sédiments	–
6	Support à des activités économiques ou récréatives	6a. Navigation commerciale (lacs et rivières)	Entreprises privées ou publiques
		6b. Navigation de plaisance (lacs et rivières)	Particuliers
		6c. Extraction de granulats	Entreprises privées et collectivités publiques
		6d. Pêche commerciale (lacs et rivières)	Entreprises privées ou pêcheurs professionnels indépendants
		6e Pêche sportive (lacs et rivières)	Pêcheurs particuliers, sociétés de pêche
7	Récréation	7a. Paysage	Particuliers (indigènes et visiteurs d'une région)
		7b. Sport	Particuliers (indigènes et visiteurs d'une région)
		7c. Thermalisme	Particuliers (indigènes et visiteurs d'une région)
8	Milieu médical	Thermalisme	Cliniques (producteurs), particuliers (consommateurs finaux)
9	Transformations géomorphologiques	9a. Modelé du relief	Collectivités publiques (producteurs), population et entreprises (consommateurs finaux)
		9b. Régulation du cycle hydrologique	Collectivités publiques (producteurs), population et entreprises (consommateurs finaux)
10	Réserve stratégique	10a. Réserve en cas de guerre	Collectivités publiques, population
		10b. Réserve incendie	Collectivités publiques, population

de l'aspect qualitatif. Le cycle de l'eau peut certes continuer de fonctionner du point de vue quantitatif, mais peut être totalement perturbé (et donc ne pas se renouveler) du point de vue qualitatif : la pollution persistante des nappes d'eau souterraines dans certaines régions d'agriculture intensive (Bretagne, Canada, Etats-Unis) en est un exemple. Il faut donc considérer l'eau comme une ressource renouvelable, mais épuisable (Tietenberg, 1992). L'eau est finalement une ressource complexe, qui se présente sous trois phases : solide, liquide et gazeuse (chap. 2). Ces trois phases sont au centre du cycle de l'eau et interfèrent dans son développement, de manière spécifique ou combinée.

En termes de gestion, les trois caractéristiques (qualité, quantité et dynamique) jouent un rôle essentiel. C'est bien sûr la quantité d'eau qui est souvent le facteur le plus important guidant la gestion de l'eau à l'échelle régionale ou locale. Il y a *rareté absolue* lorsque les quantités d'eau sont extrêmement limitées et ne permettent pas de satisfaire les besoins. C'est le cas par exemple du Sahara. Il y a par contre *rareté relative* lorsque les quantités physiques de la ressource sont suffisantes pour satisfaire la demande, mais que des problèmes perturbent sa mise en valeur. Ces entraves peuvent être d'ordre politique (ex. une ressource est disponible dans un pays mais pas dans le pays voisin), financier, technique (ex. le savoir-faire n'est pas suffisant pour mettre en valeur une ressource), culturel, etc. En Suisse, les situations de pénurie qui peuvent apparaître en certains lieux à certains moments traduisent clairement des situations de rareté relative. Le concept de *pénurie* est d'une certaine manière lié à celui de rareté. Il y a pénurie lorsque la ressource ne satisfait plus la demande, en qualité ou en quantité. Le concept de pénurie s'applique autant à un contexte de rareté absolue que relative. La qualité est également un facteur important : certains usages nécessitent des qualités spécifiques (ex. eaux minérales, eau potable, eau distillée pour la chimie, etc.) ; on peut également réutiliser en chaîne des eaux de qualités différentes (ex. eaux usées utilisées pour l'irrigation). La dynamique est essentielle pour certains usages (ex. production d'énergie). Elle est au centre de la problématique des dangers liés à l'eau (crues, inondations).

La complexité de la ressource dépend également de la multiplicité des usages. On peut ainsi parler de *ressource multifonctionnelle*, ce qui peut provoquer une certaine rivalité entre usages différents. Certains usages sont complémentaires (ex. baignade et navigation) ; d'autres sont rivaux (ex. pêche et hydroélectricité en Suisse, tourisme et agriculture en Tunisie ou au Maroc). Nous pouvons classer les principaux usages de l'eau dans les pays industrialisés en dix catégories principales (Reynard *et al.*, 2001 ; tab. 12.1).

12.3 QUATRE PRÉOCCUPATIONS PRINCIPALES

Les problèmes actuels de gestion des ressources en eau sont fortement influencés par certaines tendances générales, dont celles-ci :

- Les changements climatiques globaux qui peuvent modifier singulièrement le cycle hydrologique.
- La péjoration de la qualité des eaux qui constitue une tendance générale à l'échelle mondiale.
- L'accroissement de la demande en eau en raison de la croissance démographique et de l'élévation du niveau de vie et l'augmentation de la pression sur

la ressource par des usages divers en compétition, ce qui nécessite une amélioration des mécanismes de gestion.
- L'irrigation qui, à l'échelle mondiale, représente l'usage dominant et utilise 70 % de l'eau douce actuellement mobilisée.
- La difficulté de l'accès à l'eau potable qui affecte 783 millions de personnes (soit 11 % de la population mondiale) en 2012, malgré une nette amélioration au cours de la dernière décennie.
- L'urbanisation qui entraîne des augmentations constantes des coûts de production en raison de la technicité de la production d'eau, de l'expansion des réseaux et de la pénurie croissante d'eau qui nécessite le recours à de nouvelles techniques telles que le dessalement de l'eau de mer.
- La qualification de l'eau comme « bien économique » qui, à partir du concept de couverture totale des coûts *(full cost recovery)* considère, sur le modèle du consommateur-payeur, que l'ensemble des coûts de production de l'eau doit être couvert par les consommateurs. Or les infrastructures dans le domaine de l'eau représentent des sommes énormes. Ce modèle ne peut souvent être mis en œuvre que de manière partielle. Même si ce ne sont que les coûts de maintenance, d'entretien et de distribution qui sont pris en compte, l'application de ce modèle provoque souvent une augmentation de la facture d'eau.
- L'imperméabilisation progressive des sols qui provoque une augmentation du ruissellement de surface et des phénomènes d'inondation, spécialement dans les régions urbanisées. Cette tendance est accentuée par les travaux de correction des cours d'eau dont plusieurs ont tenté de concentrer les écoulements sur des tracés à section réduite.

On peut regrouper les enjeux actuels de gestion autour de quatre grands types de préoccupations.

12.3.1 Préoccupations environnementales

Les préoccupations environnementales tournent autour de trois questions : la péjoration de la qualité des eaux, la tendance à la pénurie et les aléas hydrologiques.

La majeure partie de l'eau douce est stockée sous forme d'eau souterraine ou de glace. La partie accessible du cycle de l'eau est donc infime au vu des besoins de l'humanité, qui explosent en raison de la croissance démographique. Du point de vue qualitatif, ce sont les nappes souterraines qui sont les plus vulnérables. Comme le soulignent Brown *et al.* (2001), « la crise de l'eau existe, mais elle est cachée ». Les menaces sur les nappes souterraines proviennent de la pollution industrielle, de la pollution urbaine ou encore de la pollution agricole. Les sites contaminés, souvent oubliés, sont également une source importante de pollution (Brown *et al.*, 2001 : 27 ss.) et à l'échelle mondiale, 80 % des eaux usées sont rejetées dans l'environnement sans traitement.

Les raisons de la pénurie sont multiples. Il y a bien sûr l'augmentation des besoins domestiques. Mais la principale menace de pénurie vient de l'agriculture, elle-même liée à la demande alimentaire. D'ici 2035, la production de céréales devrait augmenter de 70 à 100 % (par rapport à 2010) pour nourrir toute la planète. Une telle augmentation passe notamment par un renforcement de l'agriculture irriguée. Or, en moyenne mondiale, l'irrigation représente déjà 70 % des usages de l'eau. Dans les pays du Sud, cette proportion s'élève même à 80 % et dans certains pays du Maghreb, comme le Maroc, elle dépasse 90 %. De plus, 10 % des terres agricoles irriguées sont salinisées à l'échelle de la planète (UNESCO, 2003). Les agriculteurs paient l'eau à un prix très bas ; parfois, elle est gratuite. Cet état de fait suscite des reproches de la part de certains économistes qui considèrent l'eau comme un bien économique qui a un coût et un prix. L'expansion massive depuis 50 ans de l'agriculture irriguée a été guidée par la question de l'autosuffisance alimentaire et dépend de la forte croissance démographique. De plus, les techniques d'irrigation sont très gourmandes en eau. Des solutions s'esquissent autour de l'adoption du goutte-à-goutte, comme l'a fait l'Etat d'Israël de manière systématique. L'industrie est également un grand consommateur d'eau, qui puise 22 % des ressources (UNESCO, 2003). Dans les pays industrialisés, cette part se monte à 59 %. Il faut par exemple 400 000 litres d'eau pour produire une automobile (Barlow et Clarke, 2002 : 27). L'industrie informatique est également très gourmande en eau, soit directement, pour le refroidissement des serveurs de données par les eaux froides (ex. *data center* de Google sur la Baltique, en Finlande), soit indirectement sous forme d'énergie hydroélectrique. D'ici 2025, les besoins en eau industrielle devraient doubler par rapport au début des années 2000. De plus, les rejets polluants, notamment en métaux lourds, sont énormes : 300 à 500 millions de tonnes de métaux lourds, de boues toxiques, de solvants, etc. s'accumulent chaque année dans l'hydrosystème (UNESCO, 2003). Plus de 80 % de ces déchets dangereux sont produits par les pays industrialisés.

Les aléas hydrologiques sont aussi une préoccupation environnementale essentielle dans le contexte de réchauffement global. Ces aléas sont des phénomènes hydrologiques extraordinaires, qu'il s'agisse de sécheresses ou d'inondations. Les précipitations ont augmenté de 5 à 10 % au cours du XXe siècle dans l'hémisphère nord et elles ont diminué dans le même temps dans d'autres régions du monde, telles que la Méditerranée ou l'Afrique occidentale. Les fortes précipitations sont probablement en augmentation aux latitudes moyennes et élevées de l'hémisphère nord, alors que dans certaines régions d'Asie et d'Afrique, on a observé une augmentation de la fréquence des sécheresses au cours des dernières décennies. Malgré les incertitudes, il est à prévoir que les phénomènes extraordinaires augmenteront et que les modifications du régime des précipitations auront des conséquences importantes sur la gestion future de la ressource en eau[1]. Actuellement, les catastrophes liées à l'eau comptent pour 90 % des dommages associés à l'ensemble des risques naturels à l'échelle mondiale.

12.3.2 Préoccupations économiques

Les préoccupations économiques concernent principalement la question du coût des infrastructures et du prix de l'eau, ou plus précisément des services de l'eau, mais aussi le développement de l'industrie de l'eau en bouteille et les conséquences économiques des catastrophes naturelles liées à l'eau qui sont en constante augmentation (sur ces différents thèmes, voir notamment Barlow et Clarke, 2002 ; Lasserre, 2003).

Concernant les coûts des infrastructures, les dernières évaluations laissent entrevoir d'énormes investissements pour les prochaines décennies, aussi bien dans les pays du Nord que du Sud. On estime que les engagements financiers actuels, unique-

---

1 Pour le détail, on se réfèrera aux publications du Groupe d'experts intergouvernemental sur l'évolution du climat (GIEC).

ment dans les pays en développement, se montent à 70 milliards de dollars par année. Ils devraient être relevés à 180 milliards de dollars par an pour assurer la sécurité en eau d'ici 2025 (World Water Commission, 2000 ; World Bank, 2003 : 54). La Banque mondiale joue un rôle central dans ces stratégies de financement et veut promouvoir un partenariat entre les secteurs public et privé.

L'industrie de l'eau en bouteille est née en France au XIXe siècle (Cans, 2001). Actuellement, les grands groupes agro-alimentaires s'y intéressent de près et le marché de l'eau en bouteille explose. Récemment est apparue sur le marché, notamment en Europe et en Amérique du Nord, l'eau « purifiée », eau provenant de différentes sources et commercialisées en bonbonnes (fontaines à eau).

En ce qui concerne les risques naturels, on considère qu'entre 1991 et 2000, 665 000 personnes ont péri dans plus de 2500 catastrophes naturelles, dont 90 % étaient liées à l'eau. 97 % des victimes étaient situées dans les pays en développement (UNESCO, 2003).

12.3.3 Préoccupations politiques

La géopolitique de l'eau est un champ de recherche important (voir notamment Lacoste *et al.*, 2001). Les préoccupations politiques concernent principalement les conflits, latents ou déclarés, relatifs à l'eau, les transferts interbassins, ainsi que la construction des grands barrages (sur ces thèmes, voir notamment Sironneau, 1996 ; De Villiers, 2000 ; Cans, 2001 ; Lacoste *et al.*, 2001 ; Lasserre, 2003 ; Lasserre et Descroix, 2011).

Les conflits actuels sont nombreux. Citons ici le bassin du Tigre et de l'Euphrate, où les projets hydrauliques de la Turquie modifient fortement le fonctionnement de l'hydrosystème aval (Syrie, Irak), les questions conflictuelles au Moyen-Orient entre Israël et la Palestine pour le contrôle de la ressource en eau, entre Israël et la Syrie pour l'exploitation des ressources en eau du plateau du Golan, entre Israël et le Liban pour la propriété des eaux du Sud Liban, différents conflits entre Etats d'Afrique australe, ainsi que des tensions entre la Hongrie et la Slovaquie à propos des eaux du Danube. Les principaux projets de transferts interbassins qui posent problème actuellement sont le transfert du bassin de l'Ebre en direction du Sud de l'Espagne, le transfert du Sud de la Chine en direction du Nord, ainsi que le transfert de la basse vallée du Rhône à la Catalogne. Actuellement, plusieurs projets provoquent des tensions géopolitiques et sociales, notamment le barrage des Trois-Gorges en Chine et les barrages de la Narmada en Inde (Lacoste *et al.*, 2001).

12.3.4 Préoccupations sociales

Les préoccupations sociales concernent les problèmes de santé et d'hygiène, de développement social et d'accès à l'eau (sur ces différents thèmes, voir notamment Petrella, 1999 ; Collectif, 2002 ; Barlow et Clarke, 2003 ; UNESCO, 2003).

Les maladies liées à l'eau sont la source principale de mauvaise santé et de décès dans de nombreux pays en développement, notamment sous la forme de diarrhées. Ainsi, 5000 enfants meurent chaque jour, victimes de maladies liées à l'eau. Le développement de la malaria est également favorisé par le maintien de zones humides à proximité des zones habitées. On considère que 2,5 milliards d'êtres humains, soit plus du tiers de la population mondiale, n'ont actuellement pas accès à un assainissement des eaux usées. Une amélioration de la situation sanitaire liée à l'eau passe indiscutablement par des programmes de réduction de la pauvreté.

La question de l'accès à l'eau touche à la caractéristique vitale de la ressource. Dans les métropoles du Sud notamment, la gestion des réseaux de distribution est souvent confiée à des entreprises privées, ce qui a tendance à renchérir la facture d'eau. Dans plusieurs régions du monde, la multiplication du prix de l'eau s'est soldée par des troubles sociaux. Le cas le plus emblématique est celui de la ville de Cochabamba, en Bolivie (par ex. Barlow et Clarke, 2002 : 262 ss.). Les actions locales de lutte contre la privatisation des réseaux sont maintenant soutenues par la mouvance altermondialiste (voir notamment Collectif, 2002). Leur action est basée sur le principe de la valeur patrimoniale de l'eau.

12.4 ENJEUX GÉOGRAPHIQUES

Certains enjeux de gestion de la ressource en eau sont spécifiques à certains espaces géographiques : c'est le cas des villes, des régions de montagne, des régions arides et des espaces touristiques. Les enjeux actuels de la gestion de l'eau dans les *milieux urbains* peuvent être groupés en trois grands domaines (Reynard, 2005) :

- La ville est caractérisée par une concentration spatiale des besoins en eau et des rejets d'eaux usées. Il s'ensuit une double série de rivalités. Les premières concernent les relations entre la ville et son arrière-pays. La ville est dépendante de ce dernier pour son approvisionnement en eau. On constate également que le développement urbain a des impacts indirects sur certains usages de l'eau. C'est le cas, par exemple, de la réalisation des grands aménagements hydroélectriques dans les Alpes qui a été encouragée par les régions urbaines demandeuses d'électricité. Quant aux rejets d'eaux usées, ils provoquent très souvent des impacts majeurs sur l'hydrosystème, principalement à l'aval des agglomérations. Dans les régions où l'épuration est inexistante, les impacts sont dramatiques pour la qualité des eaux et pour les écosystèmes. Ce fut le cas en Suisse avant le développement de l'épuration à partir des années 1960.

- Le deuxième problème est lié à l'imperméabilisation des sols qui se solde par une modification du cycle de l'eau – une partie de l'eau qui s'infiltrait dans des terrains plus perméables, ruisselle en surface – et par voie de conséquence réduit la recharge des nappes souterraines, ce qui affecte également le taux de renouvellement de ces dernières. Combinée avec des captages toujours plus intensifs, la situation peut devenir dramatique, comme cela est le cas à Mexico-City, où la réduction du volume des eaux souterraines situées sous la ville se traduit par des tassements de grande ampleur.

- La troisième difficulté rencontrée concerne la vulnérabilité par rapport aux aléas hydrologiques. En raison de l'intensité de l'utilisation du sol et de la concentration démographique et de biens de haute valeur, les agglomérations situées dans les plaines alluviales et à proximité des grands fleuves sont particulièrement vulnérables face aux inondations. En 2011, par exemple, la Thaïlande, en particulier la capitale Bangkok, a été affectée par des crues catastrophiques qui ont touché 13,6 millions de personnes et coûté plus de 45 milliards de dollars américains. Selon la Banque mondiale, il s'agit de la quatrième catastrophe la plus coûteuse, après le tremblement de terre et tsunami du Japon (2011), le tremblement de terre de Kobe (1995) et l'ouragan Katrina en Louisiane (2005).

Dans les *régions de montagne*, les enjeux concernent principalement la gestion des crues et des inondations, qui touchent autant la zone montagneuse elle-même que les plaines environnantes, et le développement de l'hydroélectricité, qui amène des bénéfices économiques pour les populations locales, mais provoque également des impacts sur les hydrosystèmes et parfois sur les populations locales (déplacements de population).

Dans les *régions arides et semi-arides*, c'est l'importance des besoins en eau pour l'agriculture qui constitue souvent l'enjeu central. L'irrigation a parfois pour corollaire une certaine salinisation des sols en raison de la forte évaporation. La FAO estime que les surfaces irriguées sont réduites chaque année de 0,5 à 1 % en raison de la salinisation des sols. En 2000, on estimait que 2 % des terres cultivées en Afrique étaient affectées par des problèmes de salinisation. La proportion était de 5 % au Proche-Orient. Dans les régions touristiques en milieu aride, les gestionnaires de l'eau sont confrontés au problème de rivalités d'usage entre touristes (souvent gros consommateurs d'eau), agriculteurs et population locale. Le cas du développement de golfs dans les pays arides est emblématique de cette problématique.

Dans les *régions touristiques*, ce sont essentiellement les fluctuations de la population, entre la basse et la haute saison, qui constituent une contrainte dans la gestion de l'eau. Il faut ainsi dimensionner les infrastructures en fonction des besoins maximaux pour garantir des ressources suffisantes afin de satisfaire les besoins en haute saison. Dans le domaine de l'assainissement également, des contraintes se posent : ainsi, les brusques changements de population peuvent perturber fortement le fonctionnement des stations d'épuration des eaux usées. De manière plus générale, notamment dans les pays en développement, l'essor touristique provoque des impacts majeurs sur l'hydrosystème. Ainsi, l'assainissement déficient dans les Caraïbes provoque des impacts négatifs sur les barrières de corail, alors que les besoins importants des touristes dans des régions désertiques (ex. Maroc, Israël) ou pour l'irrigation de terrains de golf (Tunisie, Madagascar) provoquent des tensions avec la population locale. Au Népal, les besoins des touristes en douches chaudes ont des impacts négatifs sur la gestion des forêts, dont le bois est partiellement utilisé pour chauffer l'eau.

12.5 QUARANTE ANS DE POLITIQUE INTERNATIONALE DE L'EAU

Il ne passe actuellement plus une année sans que la communauté internationale ne se réunisse pour une grande conférence touchant à l'un ou l'autre secteur de la gestion de l'eau que nous avons esquissés ci-dessus. La tendance n'est pas nouvelle et a débuté à la fin des années 1970. Les principales étapes de cet intérêt de la communauté internationale pour les problématiques de l'eau sont résumées ci-après :

- 1977 : Conférence des Nations Unies sur l'eau, Mar del Plata (Argentine). La conférence débouche sur l'adoption d'un plan d'action sur l'évaluation mondiale des ressources en eau.
- 1981-1990 : Décennie internationale de l'eau potable et de l'assainissement (DIEPA). L'objectif de ce programme était de garantir l'accès à l'eau potable et à

l'assainissement à l'ensemble de la population mondiale. Certes, la situation s'est améliorée dans de nombreuses zones rurales et urbaines, mais la progression a été lente en raison de la croissance démographique et de la mauvaise préparation des populations locales. La communauté internationale a ainsi pris conscience de la nécessité de gérer les ressources en eau de manière globale et de trouver des solutions appropriées à chaque pays.

• 1990-2000 : Décennie internationale sur la réduction des désastres. L'accent est mis sur la réduction des risques hydrologiques et de leurs conséquences néfastes pour l'homme.

• 1992 : *Conférence internationale sur l'eau et l'environnement*, Dublin. Cette conférence avait pour but de préparer la Conférence sur le développement et l'environnement de Rio dans le domaine des ressources en eau. Elle débouchera sur l'adoption de quatre principes essentiels *(Déclaration de Dublin)* :

- Principe 1 : L'eau douce – ressource fragile et partiellement renouvelable – est indispensable à la vie, au développement et à l'environnement.
- Principe 2 : La gestion et la mise en valeur des ressources en eau doivent associer usagers, planificateurs et décideurs à tous les échelons.
- Principe 3 : Les femmes jouent un rôle essentiel dans l'approvisionnement, la gestion et la préservation de l'eau.
- Principe 4 : L'eau, utilisée à de multiples fins, a une valeur économique et devrait donc être reconnue comme bien économique.

• 1992 : *Conférence des Nations Unies sur l'environnement et le développement* (Sommet de la Terre), Rio de Janeiro. La conférence débouche sur l'adoption de deux textes fondamentaux. La *Déclaration de Rio sur l'environnement et le développement* veut établir un partenariat mondial sur une base nouvelle et équitable en créant des niveaux de coopération nouveaux entre les Etats, les secteurs-clefs de la société et les peuples. L'*Agenda 21* a un chapitre (18 « Protection des ressources en eau douce et de leur qualité ») consacré à la gestion de l'eau. Il propose de mettre l'accent sur l'intégration de la gestion des ressources en eau, sur l'estimation de ces ressources, sur leur protection qualitative et quantitative, sur la protection des zones humides, sur l'approvisionnement en eau potable, sur le développement urbain et rural durable en ce qui concerne les ressources en eau et sur l'étude des impacts des modifications climatiques sur les ressources.

• 1992 : Convention UNECE sur l'eau, la protection et l'utilisation des cours fluviaux transfrontaliers et des lacs internationaux. Cette convention, concernant les pays européens, l'Eurasie, l'Amérique du Nord et Israël (zone CEE-ONU), est adoptée à Helsinki peu de temps avant la Conférence de Rio et fournit un cadre juridique relatif à la coopération régionale sur les ressources en eau partagées (rivières, lacs et eaux souterraines). Cette convention a notamment permis de développer une gestion concertée du Danube (1994) ou du Rhin (1999). En 2003, la convention a été élargie à l'ensemble des pays de la planète voulant y adhérer.

• 1993 : Adoption de la date du *22 mars comme journée mondiale de l'eau*. Cette journée est l'occasion de sensibiliser les populations aux problèmes liés à l'eau. Chaque année, l'accent est mis sur une thématique particulière (ex. 2011 : l'eau pour les villes ; 2012 : l'eau et la sécurité alimentaire) (www.unwater.org/worldwaterday).

• 1996 : Institution du *Conseil mondial de l'eau* (CME, www.worldwatercouncil.org), regroupant toutes les organisations intéressées par le domaine de l'eau. Le CME a pour but de promouvoir une gestion durable de l'eau et de favoriser une réelle mobilisation politique autour des questions essentielles liées à l'eau à tous les niveaux. Le Conseil mondial de l'eau organise notamment chaque trois ans un Forum mondial de l'eau.

• 1997 : Premier Forum mondial de l'eau, Marrakech. La *Déclaration de Marrakech* reconnaît le besoin fondamental humain d'avoir accès à l'eau saine et à l'assainissement et veut établir un mécanisme efficace pour la gestion des eaux partagées, soutenir et conserver les écosystèmes et encourager l'utilisation efficace de l'eau.

• 1998 : Conférence internationale sur l'eau et le développement durable, Paris. La *Déclaration de Paris* propose de développer la coopération entre agences et organisations internationales dans le domaine de l'eau. La Déclaration reconnaît l'importance d'associer la société civile dans ce processus.

• 2000 : Deuxième Forum mondial de l'eau, La Haye. Ce forum insiste sur la nécessité de mettre en œuvre la gestion intégrée des ressources en eau et consacre la vision économique de l'eau. Il débouche sur l'adoption de deux documents :

- La *Vision mondiale de l'eau*. Ce document est préparé par le Conseil Mondial de l'eau et vise une série d'objectifs : la promotion de la gestion intégrée par bassins versants, la tarification de tous les services de l'eau en fonction de la totalité des coûts, le renforcement de la coopération transfrontalière au sein des bassins fluviaux internationaux, l'accroissement des investissements et de la recherche dans le domaine de l'eau.
- La *Déclaration ministérielle sur la sécurité de l'eau au XXIe siècle* qui consacre les objectifs de la Vision mondiale de l'eau et veut relever sept défis : satisfaire les besoins fondamentaux, assurer l'approvisionnement alimentaire, protéger les écosystèmes, partager les ressources en eau, gérer les risques, valoriser l'eau, gérer l'eau de manière responsable. Les ministres décident la rédaction par l'ONU d'un rapport biennal sur la mise en valeur des eaux dans le monde, dans le cadre du suivi général de l'Agenda 21.

• 2000 : Déclaration du Millénaire des Nations Unies (8 septembre 2000). L'ONU établit huit objectifs de développement à atteindre à l'horizon 2015. Le domaine de l'eau est concerné par l'Objectif 7 (Assurer un environnement durable) : la cible 7C vise à réduire de moitié, d'ici 2015, la proportion des personnes qui n'ont pas accès à l'eau potable et à un assainissement des eaux usées. L'objectif est d'aboutir à un accès de tous à l'eau et à l'assainissement d'ici 2025. Un tel objectif passe par le développement de stratégies de gestion de l'eau au niveau régional, national et local et doit promouvoir un accès équitable à l'eau, tout en favorisant des usages adéquats (UNESCO, 2003).

• 2000 : Directive cadre européenne sur l'eau. La Directive 2000/60/CE du Parlement européen et du Conseil du 23 octobre 2000 (Directive cadre sur l'eau, DCE) a pour objectif l'établissement d'un cadre communautaire pour la protection et la gestion de l'eau. La Directive poursuit plusieurs objectifs « tels que la prévention et la réduction de la pollution, la promotion d'une utilisation durable de l'eau, la protection de l'environnement, l'amélioration de l'état des écosystèmes aquatiques et l'atténuation des effets des inondations et des sécheresses » et vise à atteindre « le bon état écologique et chimique de toutes les eaux communautaires d'ici à 2015 » (http://europa.eu/legislation_summaries/agriculture/environment/l28002b_fr.htm).

• 2001 : Conférence internationale sur l'eau douce, Bonn. Un développement durable et équitable passe par la lutte contre la pauvreté, dont l'eau est un facteur essentiel (Déclaration ministérielle). La Conférence recommande d'agir en priorité dans les trois domaines de la gouvernance, de la mobilisation des ressources financières et de la coordination des connaissances.

• 2002 : Sommet mondial du développement durable, Rio +10, Johannesburg. Parmi les huit Objectifs du Millénaire pour le Développement (OMD), le Sommet déclare la volonté qu'à l'horizon 2015, l'accès de la population mondiale à l'eau potable et à l'assainissement atteigne respectivement 88 % et 75 % (cible 7C). En 2012, l'objectif est atteint pour l'accès à l'eau potable (89 %), mais pas pour l'assainissement (63 %).

• 2002 : Initiative européenne pour l'eau (*European Union Water Initiative*, EUWI). L'initiative a pour objectif de faciliter la mise en œuvre des Objectifs du Millénaire en matière d'eau dans les pays d'Afrique, des Caraïbes et du Pacifique (pays ACP). Entre 2003 et 2012, elle a permis à plus de 32 millions de personnes d'avoir accès à l'eau potable et à 9 millions de bénéficier d'installations sanitaires.

• 2003 : Troisième Forum mondial de l'eau, Kyoto (Japon) et Année internationale de l'eau douce. Publication du Premier rapport mondial sur la mise en valeur des ressources en eau (UNESCO, 2003).

• 2006 : Quatrième Forum mondial de l'eau, Mexico-City. Les débats sont focalisés sur l'importance des acteurs locaux dans la gestion de l'eau et sur la question de l'accès à l'eau. Le Forum réunit près de 20 000 participants qui débattent autour de cinq thématiques principales (l'eau pour la croissance et le développement ; la mise en œuvre de la gestion intégrée des ressources en eau ; l'approvisionnement en eau et l'assainissement pour tous ; l'eau pour l'alimentation et l'environnement ; la gestion des risques) et cinq thèmes transversaux (nouveaux modèles pour le financement d'initiatives locales en matière d'eau ; développement institutionnel et processus politiques ; renforcement des capacités et apprentissage ; mise en application de la science, des technologies et des connaissances ; mise en œuvre de mécanismes de suivi et évaluation). Les débats aboutissent à la conclusion de la nécessité de renforcer les moyens mis à disposition des acteurs de l'eau au niveau local et d'améliorer les conditions cadre permettant la coordination entre les objectifs de gestion des acteurs locaux et des instances régionales et nationales. Le Forum relève également la nature politique de l'eau.

• 2009 : Cinquième Forum mondial de l'eau, Istanbul. La réunion, qui réunit 25 000 participants, est placée sous le signe « *Bridging Divides for Water* ». L'objectif est d'établir des passerelles entre conceptions divergentes en matière d'eau. Une Déclaration ministérielle, à laquelle est associé un Guide de l'eau, est adoptée à l'issue des débats. La Déclaration s'engage à renforcer les efforts en vue de la réalisation des Objectifs du Millénaire en matière d'eau et de la mise en œuvre de la gestion intégrée des ressources en eau (GIRE) et du partage des informations à l'échelle des bassins versants. Le document ne fait par contre pas l'unanimité sur la question du droit à l'eau (l'eau est-elle un droit de l'Homme ou un droit social et économique ?). Le Guide, organisé en six sections (changements globaux et risques, objectifs du Millénaire, gestion et protection de l'eau en vue de satisfaire les besoins humains et de l'environnement, gouvernance et gestion, financement, éducation et développement des connaissances) a pour objectif d'orienter les gouvernements dans la mise en œuvre de la déclaration ministérielle. A l'occasion de ce Forum est également adopté un Pacte des villes pour faciliter l'adaptation aux défis liés à l'eau (*Istanbul Water Consensus*, IWC). Ce document, signé par 58 maires, dont la ville de Lausanne, a pour objectif de favoriser la mise en œuvre des Objectifs du Millénaire en matière d'eau à l'échelle des agglomérations urbaines, notamment par l'échange d'informations et l'adoption d'objectifs chiffrés et d'indicateurs. Lausanne a été choisie comme l'une des dix villes pilotes de l'IWC. Lors du Forum est également lancé un Service international permanent d'assistance aux parlementaires, afin de faciliter la coopération politique sur la législation de l'eau et sa mise en œuvre.

- 2010: Le 28 juillet 2010, l'Assemblée générale de l'ONU adopte la résolution A/RES/64/292, qui reconnaît que le droit à une eau potable, salubre et propre est un «droit fondamental, essentiel au plein exercice du droit à la vie et de tous les droits de l'homme».

- 2012: Sixième Forum mondial de l'eau, Marseille. Le Forum est placé sous le signe de la recherche de solutions aux problèmes de gestion de l'eau (slogan du Forum: «Le temps des solutions»). La Déclaration ministérielle reconnaît qu'il existe un consensus international concernant le droit à l'eau et à l'assainissement et les Etats s'engagent à accélérer les actions pour garantir ce double accès. Le Forum met également en avant la nécessité d'aborder conjointement les trois questions de l'eau, de la sécurité alimentaire et de la production intégrée d'énergie. Les différents résultats des sessions thématiques (droit à l'eau, assainissement intégré, risques et crises liés à l'eau, utilisation intelligente des ressources, sécurité alimentaire, contribution à la paix par l'eau, harmonisation entre eau et énergie, valeur environnementale de l'eau, eau et changement climatique, gouvernance de l'eau, financement de l'eau pour tous) sont considérés comme une base de travail pour la Conférence de Rio+20. Lors de ce sixième forum, les travaux des parlementaires et des villes et gouvernements régionaux, initiés à Istanbul, continuent et les moyens d'action sont renforcés.

- 2012: Conférence de Rio+20, Rio de Janeiro. La Conférence a pour objectif de faire le point vingt ans après le Sommet de la Terre et de prendre de nouveaux engagements pour le développement durable. L'eau et l'assainissement figurent parmi les dix thèmes prioritaires. Malgré l'opposition de différents pays industrialisés, le droit à l'eau est réaffirmé, «dans le plein respect de la souveraineté nationale» (art. 121 des Résultats de la Conférence).

Cette énumération des principales résolutions et conférences internationales permet de tirer quelques conclusions.

- L'eau constitue depuis au moins deux décennies un enjeu planétaire traité autant lors de rencontres spécialisées (par ex. les forums mondiaux de l'eau) que lors des grands sommets relatifs au développement durable (Sommet de la Terre, Conférence de Johannesburg, Conférence de Rio+20).
- La question de l'accès à l'eau potable et à l'assainissement, qui était au centre des premières rencontres, reste d'actualité; après plusieurs décennies d'efforts, pour la première fois, la part de la population mondiale ayant accès à l'eau potable est en progression à la fin des années 2010.

- Le modèle de la gestion intégrée des ressources en eau (GIRE) est promu depuis le Sommet de la Terre de Rio comme le meilleur moyen de gérer durablement la ressource en eau.
- Le Forum mondial de l'eau de Mexico (2006) a mis en exergue l'importance de la participation locale dans les processus décisionnels, et plus récemment (2010), l'ONU a reconnu officiellement, malgré plusieurs oppositions, que l'accès à l'eau et à l'assainissement est un droit humain fondamental.

CHAPITRE 13

LES CONCEPTS

Dans ce chapitre, nous décrivons certains concepts relatifs à la gestion de l'eau. Dans un premier temps, nous proposons d'appréhender la gestion de l'eau par l'approche systémique. La gestion de l'eau consiste surtout à développer des systèmes socio-techniques et institutionnels visant à mettre en relation l'hydrosystème (qui constitue l'offre en eau) et le « système » des usages (la demande). Nous détaillons ensuite les caractéristiques, les points forts et les limites de la gestion intégrée des ressources en eau (GIRE) avant d'étudier les modalités de la gestion de l'eau sous l'angle de la durabilité (gestion patrimoniale, durabilité environnementale, sociale et économique, indicateurs de durabilité).

13.1 GESTION HOLISTIQUE

La grande diversité de la ressource, la multiplicité des usages et la complexité de la gestion ne peuvent être appréhendées, de manière globale, que par l'adoption d'une approche holistique (ou systémique), une approche sectorielle ne permettant pas d'identifier et de prendre en compte toutes les interactions. L'approche systémique est utilisable à deux niveaux : comme outil d'analyse, pour comprendre et modéliser le fonctionnement de l'objet d'étude, et comme outil d'intervention, en utilisant ces modèles pour concevoir, gérer ou corriger des systèmes techniques, économiques, sociaux, humains ou écologiques.

Un système peut être défini comme un ensemble d'éléments et d'interactions entre les éléments, organisés en fonction d'un but précis (De Rosney, 1975). Il doit donc être vu comme un ensemble organisé et dynamique et se caractérise autant par des traits structuraux que fonctionnels. Le système est dit ouvert quand il échange de l'énergie, de la matière ou de l'information avec son environnement, contrairement au système fermé.

Un système ouvert présente un perpétuel renouvellement du contenu du système, qui « apparemment » reste identique à lui-même dans le temps. La réaction n'est généralement pas immédiate ; le temps de réaction dépend du niveau de complexité du système, des phénomènes de stockage, de la résistance au changement des différents éléments du système (résilience), ainsi que de l'amplitude et de la direction du changement (Chorley et Kennedy, 1971). Chaque système ouvert est lui-même constitué de sous-systèmes interdépendants, reliés par un réseau de causalités, eux-mêmes

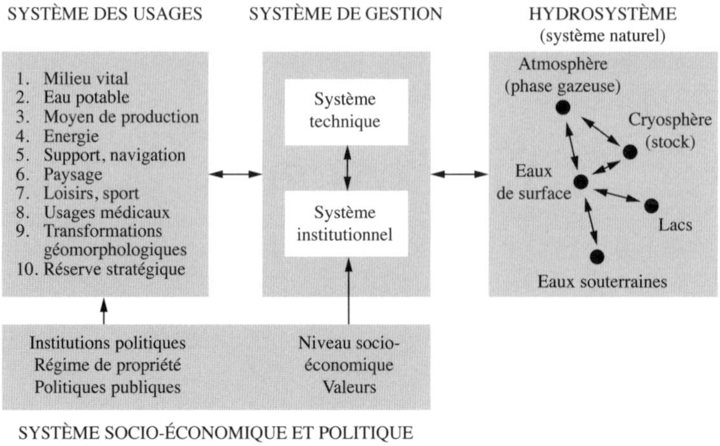

Fig. 13.1 Structure simplifiée d'un système de gestion des ressources en eau.

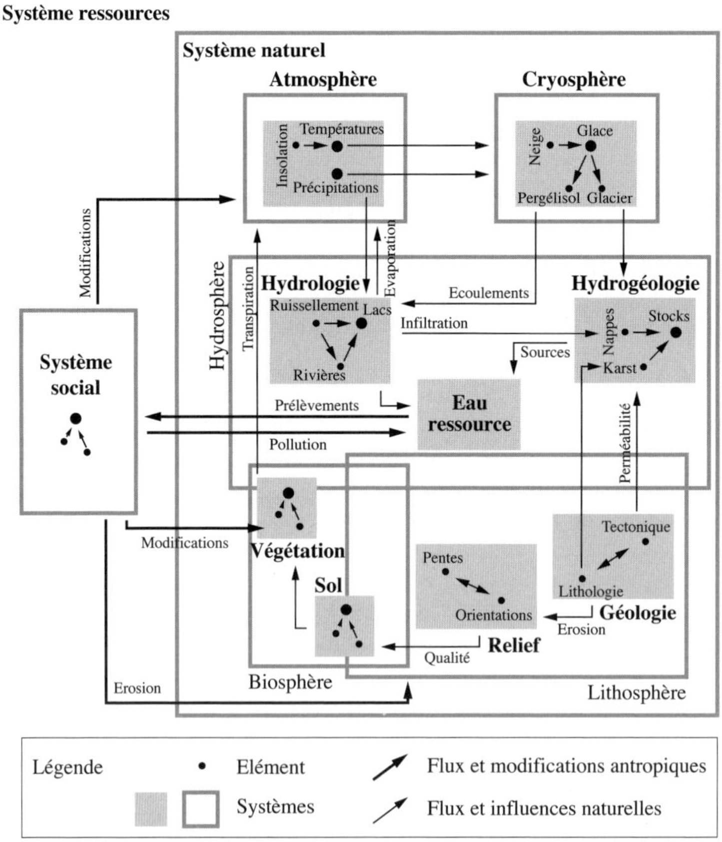

Fig. 13.2 L'hydrosystème et ses interactions (Reynard, 2000).

constitués de sous-sous-systèmes, etc. Inversement, il est intégré dans un ou plusieurs systèmes de plus grande taille. En raison de cette forte intégration, des situations d'incompatibilités entre systèmes peuvent survenir, qui elles-mêmes provoquent des conflits, sources de changement.

La ressource en eau et sa gestion peuvent être considérées comme un système complexe, comprenant trois sous-systèmes principaux: les sous-systèmes «Ressources», «Usages» et «Gestion» (fig. 13.1). Chacun des trois systèmes principaux peut lui-même être divisé en plusieurs sous-systèmes (fig. 13.2 et 13.3).

Le *système naturel* de l'eau (système «ressource» ou hydrosystème) est un système complexe, à l'interface avec différents autres systèmes naturels et anthropiques (fig. 13.2). Le *système des usages* regroupe l'ensemble des usages à l'œuvre dans le bassin versant (tab. 12.1). Certains usages ont lieu dans l'hydrosystème (usages *in situ:* baignade, exploitation de granulats (gravières), d'autres ont lieu à l'extérieur

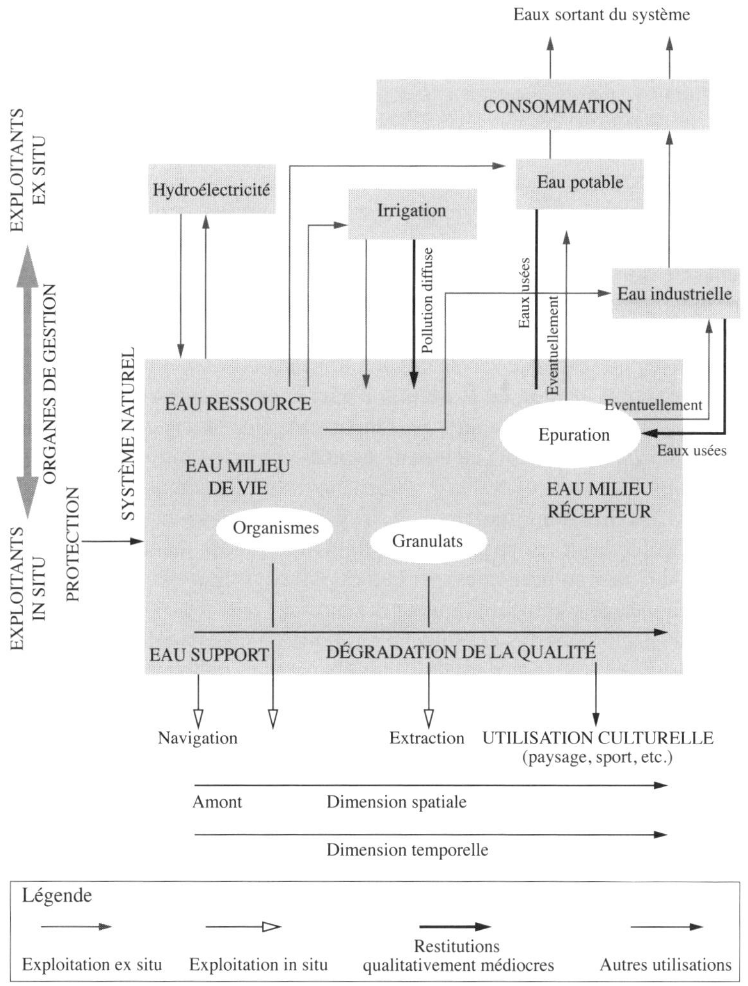

Fig. 13.3 Le système des usages et ses interactions (Reynard, 2000).

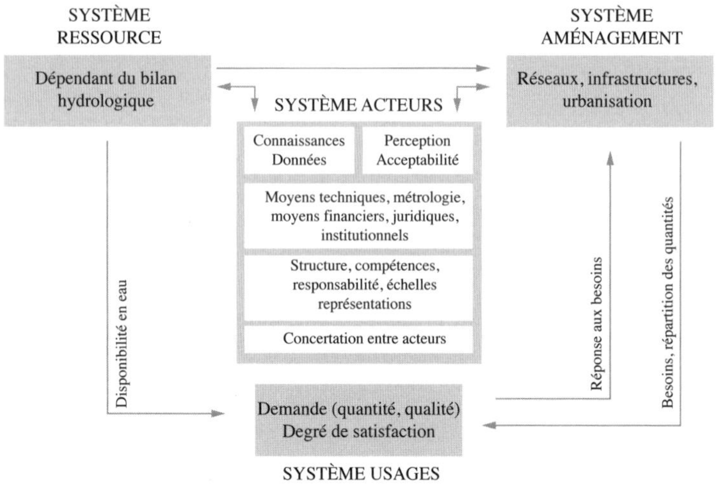

Fig. 13.4 Structure simplifiée d'un système de gestion de l'eau (Charnay, 2010).

de l'hydrosystème (dérivations, consommation d'eau, etc.) et peuvent restituer l'eau au système naturel avec une qualité plus ou moins altérée (usages *ex situ*). Dans les usages *ex situ*, on distingue les *prélèvements* (qui restituent l'eau après usage) et la *consommation* (lorsque l'eau n'est pas restituée). Le *système de gestion* comprend principalement deux éléments : l'ensemble des infrastructures et des services techniques, ainsi que les composantes institutionnelles (chap. 15).

Afin de mettre en évidence le rôle des acteurs dans la gestion de l'eau et de montrer les interactions entre gestion de l'eau et aménagement du territoire, Charnay (2010) propose une structuration du système « Gestion de l'eau » en quatre sous-systèmes interconnectés : ressources, aménagement, acteurs et usages (fig. 13.4). Elle distingue ainsi différentes actions sur les hydrosystèmes : les prélèvements (eau potable, etc.), les dérivations, l'extraction (granulats), les rejets, les aménagements dans l'hydrosystème, les aspects ludiques et paysagers. Certains usages ont une dimension culturelle et immatérielle (l'eau comme paysage, par ex.). Le système des usages dépend ainsi fortement du contexte socio-économique et culturel.

L'intérêt de l'approche systémique pour l'étude de problématiques liées à l'eau se situe à deux niveaux : (1) elle permet d'appréhender en même temps les deux pôles, naturel et anthropique (usages), de la gestion, ce qui permet de décrire la réalité de la gestion dans sa globalité ; (2) elle permet d'analyser autant la structure que le fonctionnement des systèmes de gestion de l'eau et de comprendre dans le même temps le jeu complexe des acteurs.

13.2 GESTION INTÉGRÉE

13.2.1 Gestion intégrée des ressources en eau

Le concept de « gestion intégrée des ressources en eau » (GIRE) ajoute au concept de « gestion de l'eau » les notions d'organisation, d'interdépendance, de hiérarchisation, de coordination et d'intégration. Il met donc l'accent sur l'aspect structurel du système « eau ». Une gestion intégrée de l'eau doit tendre à la fois à :

- Une intégration horizontale de la ressource (offre), des usages (demande) et des acteurs, en d'autres termes une intégration entre la partie naturelle et la partie « humaine » de la gestion de l'eau ; à l'intérieur de ces systèmes, on vise également une intégration, à savoir :
  - pour les ressources : entre eaux douces et eaux salines, entre gestion des terres et des eaux, entre eaux de surface et eaux souterraines, entre « eau bleue » (qui s'écoule) et « eau perdue » (utilisée pour l'évapotranspiration), entre quantité et qualité ;
  - pour les usages : entre les rives des cours d'eau, entre l'amont et l'aval, entre les usages (ou intérêts sectoriels) ;
  - pour les acteurs : entre les différents types d'acteurs, notamment les acteurs institutionnels (administration, gestionnaires) et non institutionnels (société civile, usagers).
- Une intégration verticale des différentes échelles de gestion (de l'échelle locale à celle du niveau international).

Au cours des vingt dernières années, la GIRE s'est peu à peu imposée comme un standard de gestion, préconisé notamment au niveau international dès 1992, suite à la Conférence de Dublin (Déclaration de Dublin) et à l'adoption du chapitre 18 de l'Agenda 21 lors du Sommet de la Terre de Rio (chap. 12). La GIRE peut être définie comme « un processus qui favorise le développement et la gestion coordonnés de l'eau, des terres et des ressources connexes, en vue de maximiser, de manière équitable, le bien-être économique et social en résultant, sans pour autant compromettre la pérennité d'écosystèmes vitaux » (GWP, 2000). S'y ajoute également une dimension temporelle : la GIRE « poursuit des objectifs à long terme et se déroule en processus cycliques de conception, de mise en œuvre et de surveillance. Son périmètre de référence est le bassin versant » (Agenda 21 pour l'eau, 2011).

La GIRE présente six dimensions principales :

- Une *dimension écologique*. L'unité de base de gestion est le bassin versant (chap. 3), en l'occurrence une unité naturelle ; en ce sens, il s'agit de mettre la protection à long terme de la ressource sur le même pied que l'utilisation de la ressource (par les différents usages). Choisir comme unité de gestion un espace à caractère naturel, c'est afficher la volonté d'adapter la demande à la ressource disponible et non le contraire.

- Une *dimension sociale*. La GIRE implique la participation de l'ensemble des acteurs concernés (autorités, institutions, associations y compris les ONG, société civile, secteur privé et public, etc.), en particulier des minorités et des femmes. Une gestion purement technique par une administration à l'échelle d'un bassin versant ne peut donc pas être considérée comme une GIRE. De même, afin de garantir la participation de tous les acteurs concernés, notamment des populations locales, de petites unités de gestion sont à préférer aux grands ensembles.

- Une *dimension économique*. La mise en œuvre de la GIRE implique de développer des mécanismes de financement (notamment par le biais de la fixation de prix pour les différents usages de l'eau) transparents et équitables.

• Une *dimension institutionnelle*. Dans le périmètre choisi, la gestion de l'eau est confiée à un « organisme de bassin », pouvant prendre des formes très diverses, chargé de gérer la ressource, en tenant compte des trois dimensions évoquées ci-dessus.

• Par ailleurs, la GIRE a une visée planificatrice et en ce sens une *dimension temporelle*. Elle vise « un processus continu, volontariste, autorégulé, planifié sur le long terme et adaptatif sur le court terme » qui nécessite une coordination à partir d'objectifs et d'orientations clairs, prévoyant « une procédure d'évolution souple et évolutive pour le choix des actions et des moyens » (Wasson, 1992). Une gestion de ce type a pour objectif de passer d'une « politique de cueillette où chaque usager tire sur le milieu naturel à sa guise » à une politique volontariste « limitant les concurrences entre les divers usagers en préservant au maximum le milieu naturel et l'environnement à un coût minimal pour la collectivité » (Valiron, 1990). En d'autres termes (Agenda 21 pour l'eau, 2012 : 20), la GIRE est une gestion stratégique, dont les actions sont guidées par des objectifs fixés sur le long terme, qui s'oppose à une gestion réactive, basée sur le principe d'opportunité, dans laquelle les actions de gestion sont guidées par des opportunités liées soit à des problèmes (par ex. connexion de deux réseaux d'alimentation après une crise due à une pollution ou une sécheresse) ou à des occasions (par ex. réalisation d'une dérivation à l'occasion d'une autre réalisation (par ex. construction d'une route). L'horizon temporel de la GIRE peut être scindé en trois (OFEV, 2012a) :

- l'horizon de la vision est de l'ordre de 50 à 80 ans (il s'agit de ramener les attentes sectorielles à l'échelle du bassin versant pour établir une vision à long terme de la gestion ;
- l'horizon de la planification porte sur 15 à 20 ans et consiste à établir des priorités et planifier les mesures ;
- l'horizon des mesures est plus court (4-8 ans).

• Finalement, la GIRE a également une *dimension technique* car elle nécessite une bonne connaissance du système. Il s'agit de pouvoir évaluer de manière précise la disponibilité de la ressource et la demande. La mise en place de stations de mesure et l'élaboration de bases de données (souvent gérées au moyen de systèmes d'information géographique) sont une caractéristique intrinsèque de la GIRE. Ces bases de données constituent également la base pour une information transparente des usagers. La nécessité d'acquérir des connaissances sur le système implique une certaine professionnalisation de la gestion.

13.2.2 Gestion par bassin versant

L'espace géographique privilégié pour développer la GIRE est le *bassin versant*, dans lequel les eaux souterraines, les eaux de surface et les sols sont intimement liés[1]. C'est pourquoi, on parle souvent de *gestion par bassin versant* (Agenda 21 pour l'eau, 2011) ou mieux, s'agissant de la GIRE, de *gestion intégrée des eaux par bassin versant*. Cette notion est *adimensionnelle :* il peut s'agir de bassins versants régionaux (ex. la Garonne, la Venoge, l'Aar) ou de grands bassins fluviaux (le Mississipi, le Mékong, le

---

1 La notion de bassin versant est conceptualisée en 1752 par Philippe Buache, qui découpe le monde en unités hydrographiques et topographiques (Ghiotti, 2006).

Nil, le Pô). Même s'il s'agit d'un découpage basé sur des critères naturels physiques (hydrographie, topographie), il s'agit bien d'une *entité socio-politique* (Molle, 2006).

Gérer l'eau par bassin versant n'est pas une idée nouvelle. Déjà à la fin du XIXe siècle, le géographe John Wesley Powell proposait de mettre en valeur l'Ouest américain par la création de districts hydrographiques (Graefe, 2011). Le bassin hydrographique a également été vu comme un instrument au service des visées coloniales (par ex. sur le Nil) (Molle, 2006). En Espagne existent des Confédérations hydrographiques *(Confederaciones Hidrográficas)* depuis 1926 (Clarimont, 2004)[2]. Ces organismes autonomes – au nombre de 10 actuellement – sont chargés de la gestion hydrologique, de la planification hydraulique (construction des grandes infrastructures), de l'octroi des concessions d'usage et de la gestion environnementale de l'eau. En France, la gestion de l'eau est depuis 1964 fortement influencée par la mise en place de six Agences de l'eau (fig. 13.5) qui sont calquées plus ou moins sur les grands bassins fluviaux du pays (Rhône, Loire, Seine, Rhin, etc.). La création de ces agences devait pallier les problèmes de qualité des eaux par l'adoption du principe du pollueur-payeur, la fonction première des agences étant de prélever des redevances

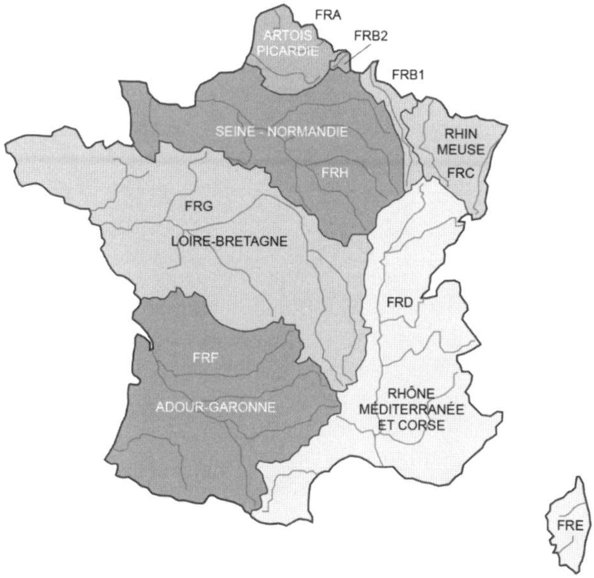

Fig. 13.5 Les six Agences de l'eau et les neuf districts hydrographiques de France métropolitaine. Les noms des Agences de l'eau sont indiqués sur la carte. Codes des districts hydrographiques : FRF = Adour, Garonne, Dordogne, Charente et côtiers charentais et aquitains ; FRG = Loire, côtiers vendéens et bretons ; FRH = Seine et Côtiers Normands ; FRA = Escaut, Somme et côtiers Manche Mer du Nord ; FRB2 = Sambre ; FRB1 = Meuse ; FRC = Rhin ; FRD = Rhône et côtiers méditerranéens ; FRE = Corse. Certains districts sont transfrontaliers et englobent plusieurs pays (Escaut, Rhin, Rhône).

2 L'élaboration d'unités politiques suivant le contour des principaux bassins versants émerge au milieu du XIXe siècle sous l'impulsion du mouvement politique du *regeneracionismo* et une première partition du pays en 10 bassins fluviaux a lieu en 1865.

auprès des usagers pour les affecter à l'assainissement des eaux usées. Plus récemment, la France a développé des instruments de gestion intégrée à l'échelle des petits bassins versants (Schéma d'aménagement et de gestion des eaux (SAGE) et contrats de rivière). D'autres pays ont également développé des institutions de gestion calées sur les limites des bassins versants. C'est le cas par exemple des *Wassergenossenchaften* dans la Ruhr allemande, qui existent depuis la fin du XIXe siècle et qui ont été conçues comme des associations volontaires visant la mise en valeur hydroélectrique de la ressource et le drainage des zones humides, ou des *River Basin Authorities* aux Etats-Unis. Ainsi, la *Tennessee Valley Authority* (TVA), créée en 1933 par Roosevelt dans le cadre du « New Deal », visait le développement de la navigation, de l'hydroélectricité et la gestion des crues à l'échelle du bassin du Tennessee. En France, la Compagnie nationale du Rhône (CNR), créée en 1921, obtint une concession de l'Etat pour une mise en valeur hydroélectrique rationnelle du fleuve. Plusieurs grands fleuves transfrontaliers ont également fait l'objet de mécanismes et d'institutions de gestion intégrée afin de régler des problèmes de pollution ou de gestion des débits : c'est le cas du Rhin (depuis 1963), du Niger (années 1960) ou du Mékong (1995). De même, la Directive cadre européenne sur l'eau (2000) considère la gestion intégrée comme l'un des instruments permettant d'atteindre un bon état des ressources en eau à l'horizon 2015. Plusieurs pays ont par ailleurs modifié récemment leur législation sur l'eau afin d'intégrer les principes de la GIRE (le Mexique en 1992, le Maroc en 1995, le Brésil en 1997, etc.).

L'intérêt de considérer le bassin versant comme unité de base pour la gestion intégrée des ressources en eau est évidemment de trouver une adéquation entre le fonctionnement hydrologique des hydrosystèmes et la gestion de ces derniers. Dans une approche économique, le bassin versant permet également d'internaliser les coûts externes des différents usages. Plusieurs *problèmes* peuvent toutefois survenir dans la définition des limites de l'unité de gestion.

Le premier est celui de la prise en compte des *eaux souterraines*, qui ne suivent pas toujours les limites du bassin versant topographique, notamment en région karstique. On peut dans ce cas délimiter un bassin versant souterrain (ou bassin hydrogéologique). C'est ce qui a été fait pour la nappe du Genevois (Machard de Gramont *et al.*, 2010 : 82-84). Cette dernière, longue de 19 km, est située à cheval entre le canton de Genève et la Haute-Savoie et elle fournit 20 % de l'eau potable de l'agglomération genevoise. Dans les années 1960-70, l'augmentation des prélèvements a provoqué un abaissement important du niveau de la nappe (7 m en 20 ans), ce qui a abouti à la signature d'un accord de gestion transfrontalier en 1978, qui régule les prélèvements et la réalimentation de la nappe et met en place un système d'alerte en cas de pollution. Un autre exemple est celui du Système Aquifère du Sahara Septentrional (SASS) (OSS, 2008), un aquifère de plus d'un million de km^2, réparti entre l'Algérie (70 %), la Libye (25 %) et la Tunisie (5 %) (fig. 14.1). Les prélèvements, surtout pour l'agriculture, ont été multipliés par cinq entre 1950 et 2000, entraînant une réduction du niveau piézométrique à partir des années 1980. En 2007, les trois pays concernés ont décidé la mise en place d'un mécanisme de gestion concertée de l'aquifère. Dans les régions arides, où les écoulements pérennes sont quasi inexistants, la notion même de bassin versant, basée sur la topographie, n'est pas forcément pertinente.

Un autre problème concerne l'adéquation entre le « *périmètre des usages* » et celui du bassin versant. En effet, nombre d'usages nécessitent la mise en place de dérivations qui transfèrent l'eau d'un bassin versant à un autre. On connaît bien le cas des aménagements hydroélectriques dans les Alpes. L'approvisionnement en eau potable des grandes agglomérations nécessite aussi souvent d'importants transferts d'eau depuis des bassins versants éloignés. En conséquence, il est envisageable, dans certains cas, de concevoir des bassins versants « artificiels », tenant compte des dérivations. C'est ce qu'a fait, par exemple, le canton du Valais (Suisse). La plupart des bassins versants du canton sont influencés par les captages et dérivations hydroélectriques. Le canton a ainsi divisé son territoire en six groupes de bassins versants tenant compte des grands aménagements hydroélectriques (Grande-Dixence, Mauvoisin, etc.), ce qui permet une planification basée autant sur les caractéristiques naturelles (les bassins versants) qu'anthropiques (les aménagements hydroélectriques, les réseaux de distribution).

De telles unités de gestion peuvent également créer des interférences avec les *limites des collectivités territoriales* (communes, cantons, régions). Ces dernières ont souvent des responsabilités en matière de gestion de l'eau. Créer un nouvel espace décisionnel indépendant des limites territoriales peut amener à des conflits de compétences, ceci d'autant plus si les prérogatives en matière de gestion de l'eau sont réparties à différentes échelles institutionnelles. En Suisse par exemple, la distribution de l'eau potable est une compétence communale, alors que la protection contre les crues est généralement une compétence cantonale, tout comme la protection des eaux. Comme les limites communales et cantonales ne suivent pas toujours les limites hydrographiques, il devient souvent difficile de définir un bassin versant opérationnel. En Espagne, le processus de décentralisation amorcé en 1978 a généré des conflits de compétences en matière de gestion de l'eau entre les Confédérations hydrographiques existantes et les nouvelles régions (Clarimont, 2004). Il en est de même en France (Ghiotti, 2006). Par ailleurs, comme la GIRE ambitionne parfois de coordonner la gestion de l'eau et des sols, elle se heurte souvent au fait que la gestion des sols dépend de politiques publiques (agriculture, aménagement du territoire) qui dépendent de services de l'administration qui ne correspondent pas forcément aux limites du bassin versant.

Se pose aussi un *problème d'échelle*. Sous le terme de « bassin versant », on entend autant des grands bassins fluviaux de plusieurs milliers de kilomètres carrés que les bassins versants des tributaires, dont la taille peut être réduite à quelques kilomètres carrés. La « bonne » taille d'un bassin versant de gestion va dépendre du type de problématique : les grands bassins fluviaux sont bien adaptés à des problèmes de pollution des eaux (le Rhin, par ex.) ou de gestion des crues, alors que les problématiques liées aux débits résiduels[3] ou à la coordination des prélèvements nécessiteront une échelle d'action plus réduite (bassins versants régionaux).

Au final, en termes de gestion de l'eau, le bassin versant combine une unité naturelle (hydrosystème) et un système anthropique (usages, prélèvements, etc.) (Romagny et Cudennec, 2006 : 10). C'est pour ces raisons que dans la pratique, on définit souvent non pas de véritables bassins versants de gestion, calqués sur les limites hydrographiques ou hydrologiques, mais plutôt des *espaces fonctionnels* qui suivent plus ou moins les limites de l'hydrosystème considéré, en suivant des limites territoriales existantes (par ex. sous la forme d'associations de communes).

---

3 Le débit résiduel d'un cours d'eau est le débit restant après tous les prélèvements. Dans plusieurs pays, des débits résiduels minimaux ont été fixés dans la législation afin de protéger les fonctions écologiques des cours d'eau.

13.2.3 Quelques exemples de gestion intégrée des ressources en eau

Le rôle pionnier de la France

La France est l'un des pays d'Europe occidentale qui a le plus développé la gestion de l'eau à l'échelle du bassin versant. Les Agences de l'eau, créées en 1964, bien qu'elles ne couvrent pas strictement les limites de bassins versants hydrographiques[4] (Vieillard-Coffre, 2001 et fig. 13.5), fonctionnent sur le principe de la gestion intégrée. Elles sont avant tout des organismes de redistribution financière. Se basant sur le principe du pollueur-payeur, les agences encaissent des redevances auprès des usagers de l'eau ayant des incidences néfastes sur le fonctionnement de l'hydrosystème ; le fruit de ces redevances est ensuite redistribué pour réaliser des actions ayant pour objectif d'améliorer la qualité de l'hydrosystème, principalement les installations d'épuration des eaux (Vieillard-Coffre, 2001 ; Ghiotti, 2006).

Les Schémas d'aménagement et de gestion des eaux (SAGE) ont été développés dans la loi sur l'eau de 1992 pour faire face à la pression quantitative des usages sur l'eau. Il s'agit d'associer les techniciens, les élus et les usagers, afin de coordonner les différents usages de l'eau à l'échelle du bassin versant. N'étant pas obligatoires, les SAGE ne couvrent pas l'ensemble des bassins versants du pays. Ils concernent des bassins régionaux et s'inscrivent dans le mouvement de décentralisation (Ghiotti, 2006). Afin d'associer les Agences de l'eau dans le processus, la loi de 1992 prévoit également la création des Schémas directeurs d'aménagement et de gestion des eaux (SDAGE) qui couvrent l'ensemble du territoire des Agences de l'eau. Il s'agit d'un outil de planification visant à coordonner les actions mises en œuvre sur le territoire par les agences de l'eau.

Les SAGE sont des instruments de mise en œuvre du principe de la gestion intégrée à l'échelle du bassin versant. Ils concernent tant les eaux de surface que les eaux souterraines et couvrent l'ensemble des usages du bassin versant. Ils ont un objectif de planification et les décisions sont prises dans une assemblée regroupant l'ensemble des acteurs concernés : la Commission locale de l'eau (CLE). En ce sens, les SAGE sont des outils de gestion participative.

Les contrats de rivière sont un autre instrument de gestion concertée de l'eau. Ils ont été développés à partir des années 1980 et impliquent l'Etat, les Agences de l'eau, les collectivités territoriales, les usagers et les associations, voire le grand public. L'échelle de gestion est le bassin versant hydrographique. L'objectif général d'un contrat de rivière est d'atteindre un bon état des eaux et des milieux. Les contrats de rivière sont un outil de gestion volontaire, sans portée réglementaire ; ils devraient progressivement être convertis en SAGE, qui ont une portée réglementaire.

Le cas de la Communauté européenne

La Directive cadre européenne sur l'eau (DCE), adoptée en 2000, a pour objectif d'atteindre le « bon état » des eaux superficielles, souterraines et côtières des pays membres d'ici 2015. Le bon état est défini selon des paramètres physico-chimiques,

---

4 L'idée de définir des unités de gestion basées sur les limites des bassins versants est bien antérieure à la loi de 1964. Déjà, après la Révolution, à la suite des travaux de Philippe Buache, le bassin versant est l'un des critères de définition des départements. Finalement, on optera pour des départements de taille homogène, nommés pour la plupart sur la base de l'hydrographie. Au milieu du XIXe siècle, un projet de regroupement des départements en 22 régions suivant les principaux bassins fluviaux avait pour objectif de contrer le centralisme parisien (Ghiotti, 2006 ; Molle, 2006).

biologiques et quantitatifs (débits). Les instruments permettant d'atteindre les objectifs fixés sont notamment le principe des coûts/bénéfices, la gestion à l'échelle des bassins versants, la coopération internationale et la gestion intégrée (Aubin et Varone, 2004: 67). L'instrument clé de la directive est la mise sur pied de districts hydrographiques dans lesquels tous les aspects relatifs à l'eau sont gérés de manière intégrée (Aubin et Varone, 2004: 71). Un district hydrographique est une «zone terrestre et maritime, composée d'un ou plusieurs bassins hydrographiques ainsi que des eaux souterraines et eaux côtières associées, identifiée comme principale unité aux fins de la gestion des bassins hydrographiques» (DCE). L'échelle concernée est celle des fleuves (dont les eaux atteignent la mer) et les aquifères souterrains sont reliés au bassin «le plus adapté», partant du principe que les écoulements souterrains ne suivent pas forcément l'organisation des écoulements superficiels. Chaque district hydrographique est assorti d'un plan de gestion qui énumère les caractéristiques physiques du bassin, une analyse des impacts anthropiques sur l'hydrosystème, un système de suivi (monitoring), une liste d'objectifs environnementaux pour chaque élément hydrique du bassin, une analyse économique et un programme de mesures (Aubin et Varone, 2004: 74). L'élaboration des districts hydrographiques au sens de la DCE a des incidences au niveau national. Ainsi, la France a adopté 14 districts hydrographiques (9 en France métropolitaine – regroupés en 6 grands bassins correspondant au périmètre des Agences de l'eau – et 5 outre-mer) (fig. 13.5). Certains districts hydrographiques sont transfrontaliers (Rhône, Rhin, Escaut).

Le cas du Maroc

Le Maroc est l'un des pays arides qui a modifié sa législation sur l'eau afin d'intégrer la GIRE. La loi marocaine sur l'eau a été modifiée en 1995. Depuis 1914, l'ensemble des eaux était considéré comme «domaine public hydraulique». Afin de gérer les ressources en eau de manière optimale, la nouvelle loi introduit le principe de la gestion par bassins hydrauliques, administrés par des Agences de bassin. Un Conseil Supérieur de l'Eau et du Climat est créé au niveau national; il est chargé de développer la politique générale de l'eau. Les neuf agences qui ont ainsi été créées sont administrées par un conseil de 24 à 48 membres, dans lequel siègent des représentants de l'Etat (33 %), des représentants des établissements publics chargés de l'eau potable, de l'électricité et de l'irrigation (25 %) et, pour le reste (42 %) de représentants des chambres d'agriculture et de commerce, des assemblées préfectorales et provinciales, des collectivités ethniques et des associations d'usagers. Les agences assurent autant des tâches de police des eaux (octroi et contrôle des autorisations de prélèvement) que de gestion de l'eau à l'échelle du bassin.

Différents exemples suisses

En Suisse, il n'existe pas de loi unifiée régulant la gestion de l'eau à l'échelle des bassins versants (sect. 15.4). Ainsi, ce sont les cantons (unités administratives qui ne suivent que partiellement les limites des bassins versants), qui constituent l'échelon de base de la gestion de l'eau. En ce qui concerne l'approvisionnement en eau potable, l'unité spatiale de gestion est la commune. Même dans le domaine de la protection contre les crues, qui nécessite pourtant de prendre en compte l'ensemble des écoulements à l'échelle d'un bassin versant, les cantons restent les principaux acteurs de la gestion. Les inondations de l'été 2005 ont mis en lumière les problèmes de coordination qui pouvaient survenir en raison de ce mode de gestion.

Il existe tout de même des cas de gestion à l'échelle du bassin versant en Suisse, soit pour résoudre un problème sectoriel (pollution, par ex.), soit en vue de mettre en œuvre une gestion intégrée. Les lacs transfrontaliers (Constance, Léman, lac Majeur), de par leur position, ont nécessité très tôt de mettre en place de mécanismes de coordination. Afin de faire face aux problèmes de pollution (Léman) ou à la gestion du niveau d'eau (lac Majeur), des institutions transfrontalières de gestion ont ainsi été mises sur pied ; elles couvrent généralement l'ensemble du bassin versant du lac concerné. C'est le cas du rayon d'action de la Commission internationale pour la protection des eaux du Léman (CIPEL). D'autres aspects de gestion transfrontalière sont également considérés, notamment avec la France ; ainsi, le canton de Genève a mis en œuvre au cours des années 1990 cinq contrats transfrontaliers de rivière. Il en est de même du Rhin, pour lequel une gestion transfrontalière existe depuis 1963.

Par ailleurs et plus récemment, divers projets ont été lancés à l'échelle de bassins versants entiers. C'est le cas par exemple :

- du projet Kander 2050 (www.kanderwasser.ch), dans le canton de Berne, qui vise une gestion intégrée à long terme des crues, des usages et de la protection du cours d'eau ;
- du projet de la troisième correction du Rhône, dans les cantons du Valais et de Vaud, qui vise à gérer de manière intégrée la protection contre les crues, la revitalisation écologique et la valorisation économique du fleuve ;
- du projet de gestion de la Birse (www.labirse.ch), où cinq cantons riverains ont mis sur pied une commission intercantonale chargée de gérer de manière concertée les écoulements du cours d'eau.

Certains cantons sont allés plus loin et ont introduit le principe de la gestion par bassin versant dans leur législation. C'est le cas du canton de Fribourg, dont la nouvelle loi cantonale sur les eaux (2009, RS 812.1[5]) regroupe dans une seule loi cantonale les dispositions fédérales et cantonales sur la protection des eaux et sur l'aménagement des cours d'eau. La gestion des eaux se réalise également par bassins versants, dont le périmètre est fixé par le Conseil d'Etat (art. 2). La mise en œuvre passe par l'adoption d'un « plan directeur de bassin versant » (art. 4), établi par les communes situées à l'intérieur du périmètre du bassin versant, sur la base de la planification cantonale. La législation ne prévoit pas un organisme de gestion spécifique au bassin versant, comme cela est le cas en France, en Espagne ou au Maroc, mais une gestion par des associations de communes (comme cela se fait déjà pour différentes tâches relatives à la gestion de l'eau, telles que l'assainissement ou l'approvisionnement en eau potable). Le canton de Genève a également inscrit dans sa loi cantonale sur les eaux le principe de la gestion par bassin versant et s'est doté d'un outil de gestion analogue au modèle français : les Schémas de protection, d'aménagement et de gestion des eaux (SPAGE). Au nombre de six, tous transfrontaliers, ces SPAGE ont pour objectif de concilier, à l'échelle du bassin versant, les différents enjeux liés à l'eau (protection contre les crues, usages, assainissement, pratiques agricoles et protection des eaux). Ces schémas sont établis par le canton, en concertation avec les communes et acteurs concernés.

---

5 En Suisse, les textes légaux sont classés dans un registre systématique des lois (abrégé RS) fédéral et des différents cantons. La référence (RS + numéro) permet de retrouver facilement un texte de loi.

Récemment, en vue de mettre en œuvre les objectifs de développement durable, la Confédération a entrepris une réflexion sur les potentialités de la mise en œuvre de la gestion par bassin versant en Suisse (Agenda 21 pour l'eau, 2011 ; OFEV, 2012a). En raison de la structure fédérale du pays, l'objectif n'est pas de modifier la loi et de développer des agences de bassin comme l'ont fait d'autres pays (Maroc, Brésil), mais plutôt de documenter les actions existantes et de proposer un support aux cantons ou autres organismes voulant développer ce type d'approche. La gestion par bassin versant constitue par ailleurs l'un des moyens d'assurer la coordination entre les cantons concernant les nouvelles tâches (gestion des éclusées[6] par ex.) requises par les modifications de l'Ordonnance fédérale sur la protection des eaux (OEaux, RS 814.201) entrées en vigueur en 2011. La Confédération a pour le moment émis des recommandations et peu d'actions concrètes n'ont vu le jour sur le terrain.

On peut toutefois dégager trois tendances concernant la mise en œuvre de la GIRE en Suisse :

- La compétence d'une telle mise en œuvre est déléguée aux cantons, à qui revient l'initiative de lancer de telles approches, comme l'ont fait par exemple les cantons de Fribourg et de Genève.
- Le périmètre de mise en œuvre de la GIRE étant le bassin versant, il faudra certainement mettre en place des mécanismes de coordination intercantonale, comme cela a été le cas de la Birse par exemple.
- L'élaboration des visions et d'une planification à moyen terme, tout comme l'évaluation des résultats, sont confiées à un organisme supra-communal ou supra-cantonal, à l'échelle du bassin versant, alors que la réalisation des mesures reste de la compétence des collectivités territoriales (communes, canton, selon les cas).

13.2.4 Limites de la GIRE

Plusieurs auteurs ont remis en question récemment la prédominance de la GIRE comme unique instrument de gestion de l'eau (par ex. Molle, 2006; Graefe, 2011). Plusieurs problèmes sont pointés. Le premier a trait au découpage des bassins versants sur la base de critères naturels (hydrologiques), qui fait fi des autres découpages territoriaux (sociaux, politiques). La gestion de l'eau ne devrait pas se fonder uniquement sur ce type de découpage. Le deuxième concerne les transferts interbassins, qui ont été massifs dans certaines régions du monde au cours du dernier siècle (Espagne, Ouest des Etats-Unis), et qui ne peuvent être appréhendés par une GIRE par bassin versant. Troisièmement, dans les pays qui vivent un processus de décentralisation, le découpage par bassins versants entre en concurrence avec d'autres découpages régionaux, mieux adaptés aux activités économiques (tourisme, agriculture, etc.) (Molle, 2006). Certains se demandent par ailleurs si la mise en œuvre de la gestion par bassin versant est faisable dans les pays à structure fédérale, comme la Suisse par exemple. Finalement, la GIRE est vue comme un processus de dépolitisation de la gestion de l'eau (Swyngedouw, 2009) : d'une gestion politique (par les collectivités territoriales) vers une gestion technocratique de la ressource ; une tendance qui pose le problème de la légitimité des prises de décision par les autorités de bassin.

---

[6] Les éclusées sont les brusques variations de débit et de hauteur d'eau à l'aval des usines hydroélectriques à accumulation. Ces variations dépendent du turbinage des eaux.

13.3 GESTION DURABLE

13.3.1 Gestion patrimoniale et durabilité

Par gestion durable, il faut comprendre un ensemble de pratiques qui s'inscrivent dans la perspective du développement durable. Une gestion durable de l'eau couvre ainsi au moins deux principes : (1) il s'agit de concilier les fonctions écologiques de l'eau, la mise en valeur économique de la ressource et l'accès de tous à la ressource ; (2) il faut garantir une ressource suffisante et de qualité pour les générations futures.

Le concept de gestion durable est très proche de celui de gestion patrimoniale de l'eau. Un patrimoine est à la fois un bien économique et un facteur d'identité. Ces deux facettes ne sont toutefois pas antinomiques. La première est plus proche de la signification originelle du terme (« ce qui est transmis par le père ») et, à la suite d'un glissement sémantique de la notion de « bien familial » (ou d'héritage) à celle de « bien collectif » au cours du XVIIIe siècle, privilégie une approche économique. La seconde considère l'eau comme une valeur culturelle à protéger et à conserver. Les deux définitions renvoient au concept de durabilité : que l'on considère sa valeur économique ou sa valeur culturelle, l'eau doit être gérée de telle sorte qu'elle reste toujours disponible pour les générations futures. La gestion durable a pour but principal de préserver la ressource sur le long terme. En ce sens, ce mode de gestion s'oppose clairement à une exploitation de type minier qui, au contraire, vise à maximiser les profits économiques sans tenir compte des impacts quantitatifs et qualitatifs sur la ressource. Il se différencie également d'une exploitation extensive dans la mesure où il nécessite une intervention d'un organe gestionnaire qui canalise les diverses utilisations dans le but de maintenir l'offre dans certaines limites.

13.3.2 L'eau et les trois dimensions de la durabilité

La dimension environnementale

La durabilité environnementale se rapporte à deux dimensions : une dimension écologique (impacts sur l'hydrosystème et sur les espèces) et une dimension sanitaire (impacts sur la santé publique).

La dimension environnementale est intrinsèquement liée à la préservation des fonctions naturelles des hydrosystèmes (habitats pour les espèces, auto-épuration, régénération des milieux par les variations de débits). Il s'agit ainsi de conserver ces fonctions en limitant les rejets polluants dans les hydrosystèmes (notion de valeur limite d'immission (VLI), soit le seuil de déversement de substances au-delà duquel l'hydrosystème n'arrive pas à se régénérer) et en maintenant le fonctionnement hydrologique naturel (préservation des débits et de leurs variabilité, maintien de la dynamique fluviale). La durabilité environnementale fait donc référence aux trois dimensions de la ressource : qualité, quantité et dynamique.

En termes de santé publique, les services d'eau potable doivent respecter des normes sanitaires en matière de distribution de l'eau, tout en protégeant la ressource pour le futur (en qualité et en disponibilité).

La dimension économique

Dans le débat sur la transition vers une gestion durable de l'eau, notamment lors de l'élaboration des Principes de Dublin et du chapitre 18 de l'Agenda 21 (sect. 12.5), la question du prix de l'eau et de l'accès à la ressource a été centrale. Le quatrième principe de Dublin reconnaît que l'eau est un bien économique[7]. Il part du constat que trop souvent l'eau est considérée comme un bien gratuit, ce qui n'incite ni à son économie, ni à une allocation rationnelle de la ressource entre usagers. La considérer comme un bien économique, ayant donc une certaine valeur, devrait favoriser une gestion plus rationnelle de la ressource. Valeur et prix sont toutefois deux notions à ne pas confondre !

La valeur est un concept général : elle présente l'intérêt que l'eau a pour la société. On peut la diviser en trois groupes. La valeur économique (au sens strict) qui regroupe la valeur pour les différents usagers (bénéfices directs liés aux différents usages) et deux autres valeurs qui ont trait aux bénéfices indirects tirés de la ressource, à savoir : la valeur environnementale qui est la valeur de l'eau pour la nature, et la valeur sociale qui regroupe les bénéfices indirects que la société retire de l'eau, par exemple les paysages liés à l'eau qui constituent une valeur immatérielle pour la société.

Le prix de l'eau est l'expression monétaire de la valeur. Il s'agit donc d'un instrument économique qui doit orienter le comportement des usagers vers une utilisation rationnelle, tout en permettant une couverture des coûts (GWP, 2000 : 20). En d'autres termes, c'est la somme que l'usager verse pour s'assurer un service (coûts des infrastructures, de la distribution, etc.). Le prix de l'eau devrait couvrir l'ensemble des coûts ; c'est le principe de la couverture totale des coûts *(full cost recovery)*. Dans la pratique et notamment dans le domaine de l'approvisionnement en eau potable, les coûts des infrastructures sont souvent pris en charge par les collectivités publiques, alors que les coûts du service (traitement de l'eau, distribution, entretien, etc.) sont payés par l'usager. La couverture totale des coûts devrait également prendre en compte les coûts externes environnementaux (soit les effets sur l'environnement et la santé publique, notamment liés au rejet d'eaux polluées après utilisation). Dans la pratique, ces coûts externes sont rarement pris en compte dans la fixation du prix de l'eau. Le recouvrement total des coûts est donc rarement pratiqué, ni même connu. Une estimation des coûts totaux des différents usages est toutefois utile, notamment en situation de pénurie lorsqu'il s'agit d'établir une allocation entre usages concurrents. Finalement et afin de réduire la consommation, il est généralement admis que la tarification au volume (avec parfois une augmentation du tarif au m^3 pour les gros consommateurs) est plus efficace que la tarification forfaitaire.

Le principe de la couverture totale des coûts pose la question de l'accès à l'eau des populations les plus pauvres et plus généralement du droit à l'eau (voir ci-dessous, la dimension sociale). Le Global Water Partnership (GWP, 2000) préconise dans ce cas de subventionner les usagers les plus fragiles, sur la base de critères transparents, tout en maintenant un prix de l'eau reflétant l'ensemble des coûts pour les autres usagers. Dans le domaine des infrastructures se pose la question du service public. L'eau étant reconnue comme un droit, l'Etat devrait garantir son accès comme un service public. C'est pourquoi, dans de nombreux cas, notamment en Suisse, les infrastructures (canalisations, stations de traitement, etc.) sont financées par le secteur public et non par les usagers. Quant aux infrastructures de lutte contre les inondations (digues, etc.), elles sont en principe considérées comme faisant partie du domaine public et financées par l'Etat.

[7] Dans le chapitre 18 de l'Agenda 21, on parle de l'eau comme « bien économique et social ».

La dimension économique de la gestion fait également intervenir le *principe de causalité* (principes du consommateur-payeur ou du pollueur-payeur) selon lequel l'usager qui provoque des coûts externes pour la société (pollution, impacts sur les débits et donc les autres usagers) doit contribuer à l'amélioration du système en payant une contribution totale ou partielle à la couverture de ces coûts externes. Ce principe était par exemple à la base de la loi française sur l'eau de 1964. En percevant des redevances auprès des usagers souillant l'hydrosystème, les Agences de l'eau peuvent financer les opérations d'assainissement, au bénéfice de l'ensemble de la société (amélioration de la qualité des eaux). Toutefois, dans la réalité, on observe souvent des biais dans l'application de ce principe, certains usagers étant « protégés ». C'est le cas par exemple de l'agriculture en France qui ne participe qu'à hauteur de 1 % des redevances encaissées par les Agences de l'eau, malgré un fort impact sur la pollution des eaux. En Suisse également, jusqu'au début des années 1990, la législation n'a pas régulé la pollution des eaux d'origine agricole, reportant la majorité des charges sur les collectivités publiques et l'industrie.

La dimension sociale

La dimension sociale de la gestion durable de l'eau concerne notamment deux questions : l'accès à la ressource et la participation aux processus décisionnels.

La question de l'*accès à l'eau* a opposé durant des décennies les milieux associatifs, les ONG et les milieux altermondialistes d'une part, et certains gouvernements et agences internationales et des entreprises actives dans le domaine de l'eau d'autre part. Depuis 2010, l'Organisation des Nations Unies reconnaît que l'accès à l'eau potable est un *droit humain* (A/RES/64/292), ce qui devrait avoir au moins deux implications. La première responsabilise la collectivité (c'est-à-dire l'Etat) afin de garantir une eau salubre pour tous. La seconde est étroitement liée à la question du prix et de la valeur de l'eau. Garantir un accès à la ressource doit d'une part tenir compte de la capacité financière des usagers, ce qui implique que pour les plus pauvres l'application du principe de la couverture totale des coûts est de fait impossible et que des mécanismes de subventionnement sont nécessaires. D'autre part, il s'agit de donner une valeur à ce droit humain, qui garantit que l'accès de tous à l'eau ne soit pas concurrencé par des usages plus lucratifs.

La *participation des usagers* est l'un des principes de la Déclaration de Dublin. Elle va au-delà des devoirs de communication et de transparence et doit garantir une réelle participation des usagers aux prises de décision. Nombre de systèmes traditionnels de gestion de l'eau, notamment dans le domaine de l'irrigation (sect. 15.5) ont développé de tels mécanismes depuis des siècles. Le développement d'une gestion de plus en plus technique, surtout à partir du XIXe siècle, a provoqué une réduction, voire la suppression totale, de la participation du public à la gestion. La participation active est maintenant considérée comme l'une des bases de la GIRE (GWP, 2000) et plusieurs organismes de gestion prévoient des structures garantissant cette participation. Ainsi, les Agences de bassins françaises ou marocaines prévoient des quotas de participation des principaux groupes d'usagers concernés. Les grands projets hydrauliques peuvent également prévoir des mécanismes de consultation ou de participation du public. C'est le cas par exemple de la 3e correction du Rhône, en Valais (sect. 17.3), qui a développé des comités de pilotages régionaux durant la phase de planification, ou du plan d'aménagement de l'Aar (http://www.aarewasser.ch). La participation ne supprime toutefois pas les risques de blocage et les conflits, comme l'illustre le cas du Rhône, où le processus participatif n'a pas empêché le développement d'un conflit opposant le projet d'élargissement du fleuve et les milieux agricoles. Dans le projet Kander 2050 (Berne), le schéma d'aménagement a été établi en combinant la vision des spécialistes et les attentes de la population, recueillies au moyen d'un processus participatif.

13.3.3 Indicateurs de durabilité

Afin de vérifier si les principes décrits ci-dessus (conciliation des intérêts et préservation de la ressource à long terme) sont réellement mis en œuvre, il est nécessaire de les mesurer à différents moments. Pour cela, on établit des indicateurs[8] de durabilité. Ces derniers portent essentiellement sur les trois dimensions de la durabilité. L'évaluation de la durabilité peut concerner différents aspects de la gestion de l'eau. On pourra évaluer ainsi la durabilité de la gestion dans son ensemble ou se concentrer sur la durabilité du service public de l'eau et de l'assainissement (eaux urbaines). Dans le premier cas, la gestion pourra être considérée comme durable si l'ensemble des usages de l'eau ne surexploite pas – qualitativement et quantitativement – la ressource, tout en participant au développement économique régional et en garantissant un accès équitable à la ressource de tous les usagers. Dans le second cas, un service de l'eau sera considéré comme durable s'il distribue et assainit les eaux en respectant les normes sanitaires et environnementales, tout en recouvrant les coûts des infrastructures et du service et en maintenant des tarifs acceptables pour les abonnés.

Les méthodes sont nombreuses. Nous présentons quelques cas, qui concernent autant la durabilité de la gestion de l'eau que la durabilité des services de l'eau et de l'assainissement.

Indicateurs de durabilité de la gestion de l'eau

En vue d'évaluer le degré de durabilité de la gestion des ressources en eau de la région lémanique, l'Association pour la sauvegarde du Léman (ASL) a mené le projet LEMANO[9]. Ce projet comporte deux volets : un état des lieux des usages de l'eau et une évaluation de la conformité de la gestion actuelle aux principes du développement durable (Bigler *et al.*, 2005). L'un des problèmes principaux de l'étude a été l'accès aux données, ainsi que leur coordination et comparabilité (Bigler *et al.*, 2005, p. 18). Quatre sous-bassins versants du bassin du Léman ont été choisis : l'Aubonne (Suisse), le bassin transfrontalier de la Versoix, la Dranse de Bagnes (Suisse), le Foron (France). Sur la base d'une analyse détaillée des usages de l'eau et de leurs relations réciproques, les enjeux majeurs de chaque bassin versant ont été mis en évidence (l'assainissement des eaux usées et l'approvisionnement en eau pour l'Aubonne ; la pression démographique pour la Versoix ; les impacts de l'hydroélectricité pour la Dranse ; l'urbanisation pour le Foron).

---

8 Un indicateur comprend une variable ou une agrégation de plusieurs variables et permet de décrire un système ou un processus (UNESCO, 2003 : 33). Un indice est la formulation mathématique d'un indicateur et vise à donner une information compacte sur le système observé.

9 Les différents rapports relatifs à ce projet sont disponibles sur le site de l'Association pour la sauvegarde du Léman (www.asleman.org). Voir également un résumé du projet dans le numéro 72 (2009) de la revue *Lémaniques*.

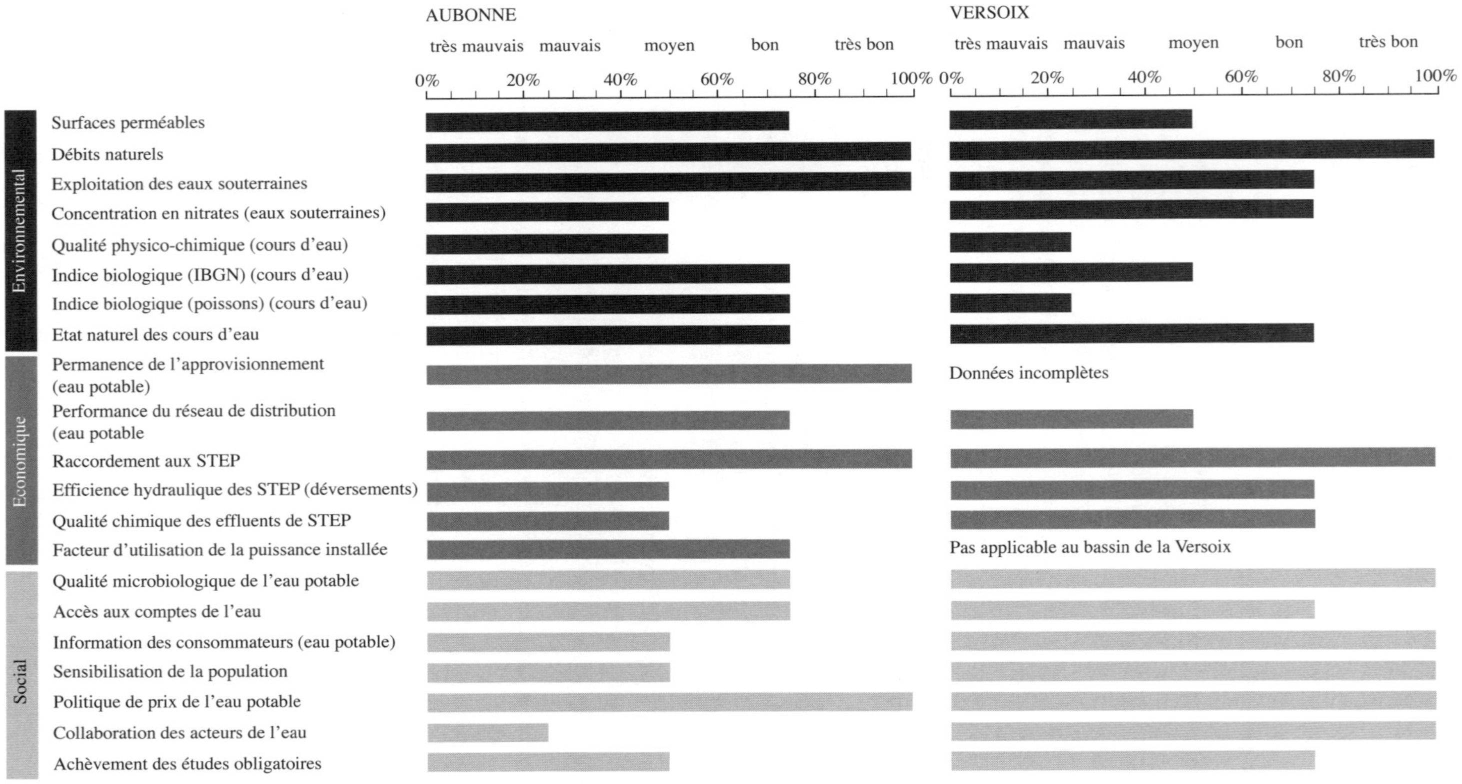

Fig. 13.6 Indicateurs de durabilité de la gestion des eaux dans les bassins versants de l'Aubonne et de la Versoix (Source : Association pour la sauvegarde du Léman, Etude Lémano).

L'évaluation de la durabilité est réalisée par agrégation de trois formes de capitaux (social, économique et environnemental), pour former le capital de développement. «Toute dégradation de la valeur du capital de développement est considérée comme un indice de non-durabilité.» (Bigler *et al.*, 2005: 28) Le capital social est formé d'éléments tels que la confiance, les normes, les valeurs et les réseaux humains; le capital économique comprend notamment les infrastructures et les technologies; le capital environnemental est constitué par les biens naturels (eau, faune, flore, etc.).

«Chaque forme de capital est constituée d'un ensemble de stocks», dont la quantité et la qualité (sous forme de 15 indicateurs, tels que le pourcentage de population ayant accès à l'eau potable, le pourcentage d'eau livrée satisfaisant la valeur de tolérance qualitative, etc.) déterminent l'état (Bigler *et al.*, 2005: 29). En mesurant dans le temps ces indicateurs, il est possible d'évaluer l'évolution de la durabilité de la gestion. Les résultats sont ensuite reportés sur un diagramme permettant une comparaison entre bassins versants (fig. 13.6).

Indicateurs de durabilité des services de l'eau et de l'assainissement

Deux méthodes ont notamment été développées (Pezon, 2006). La première approche consiste à utiliser des indicateurs de performance (Guérin-Schneider et Nakhla, 2003). Ces indicateurs permettent de mesurer l'efficience et l'efficacité du service. Les indicateurs touchent aux différentes étapes de la filière de l'eau et de l'assainissement, par exemple le taux de pertes en réseau, le taux de conformité sur les paramètres microbiologiques et physico-chimiques (qualité de l'eau distribuée), le taux d'occurrence d'interruptions du service non programmées, le taux de réclamation, le taux d'impayés, le taux de renouvellement des réseaux, l'indice de connaissance des rejets d'effluents en milieu naturel, etc. Ils peuvent être classés selon les trois dimensions du développement durable: des indicateurs sanitaires et environnementaux (respect des normes, taux de consommation de ressource), économiques (taux de vétusté du patrimoine, taux de renouvellement) et sociaux (taux d'impayés, niveau de tarif par rapport à d'autres services).

Une seconde méthode – dite des 3E (Environnement, Economie et Ethique) – consiste à mesurer si les tarifs pratiqués par le service couvrent les coûts complets théoriques de production, de distribution et d'assainissement de l'eau, tout en respectant les objectifs environnementaux et financiers. Sur la base des données du service (qualité des eaux, quantité d'eau produite, nombre d'abonnés, etc.), on reconstitue tout d'abord les coûts d'investissement et d'exploitation, qui constituent le coût théorique du service (en tenant compte également des coûts de renouvellement). On calcule ensuite, sur cette base et sur la base du nombre d'abonnés, le tarif de facturation théorique et on le compare au tarif pratiqué effectivement. Si ce dernier est inférieur au tarif théorique, on considérera que la gestion du service n'est pas durable. De même, si le tarif théorique n'est pas accepté par les abonnés, la gestion est réputée non durable (Pezon, 2006).

CHAPITRE 14

LA RESSOURCE ET LES BESOINS

L'eau devient ressource au moment où la société l'exploite pour satisfaire ses besoins. Dans ce chapitre nous définissons la notion de ressource en eau et ses principales caractéristiques. Sont ensuite abordés les principaux indicateurs de ressource avant une description de l'état de la ressource, à l'échelle mondiale et en Suisse. Dans un troisième temps, nous étudions la notion de besoin en eau, en définissant également la notion d'empreinte hydrique.

14.1 DÉFINITIONS ET CARACTÉRISTIQUES

En partant d'un point de vue anthropocentré, on peut considérer qu'une ressource naturelle est une composante (une substance, une matière) présente dans la nature et exploitée pour les besoins d'une société humaine. Par analogie, la ressource en eau (ou ressource hydrique) est une partie de l'hydrosystème, utilisée par l'homme dans le cadre de ses activités. On considère également que la ressource en eau est utilisée pour des fonctionnements écologiques et environnementaux (appelés parfois services écosystémiques).

On peut ainsi considérer que l'hydrosystème offre à la société des *biens* (ex. eau de boisson, eau d'irrigation) et des *services* (ex. eau-paysage, support pour la navigation, soutien à l'étiage, pour les zones humides par exemple). La société met à profit ces biens et services sous forme d'usages (voir tab. 12.1). Partant de cette définition, on peut distinguer trois niveaux de ressources (Valiron, 1990) :

- la *ressource théorique*, constituée de l'ensemble des eaux potentiellement exploitables par l'homme, en dehors de toute contrainte d'ordre juridique, politique, technique, économique, etc. ;
- la *ressource potentielle*, qui est la part de la ressource théorique exploitable, en tenant compte de contraintes extérieures au système de gestion de l'eau ; ces contraintes peuvent être d'ordre écologique (ex. volonté de sauvegarde du milieu ou d'une certaine qualité ou quantité (débits réservés par exemple)), socio-économique (ex. servitudes) ou politique (ex. limites administratives) ;
- la *ressource exploitable*, qui va dépendre des choix des acteurs en présence, en fonction de la possibilité effective de mobiliser et de maîtriser cette ressource (techniques, coûts).

L'eau est une *ressource renouvelable*, dont le moteur est le cycle de l'eau ou cycle hydrologique (chap. 2). D'un point de vue théorique, on peut la diviser en deux parties : le stock autoreproductible *(self-reproducing stock)* et le rendement *(produced yield)* (« fruits » produits par le stock) (Knoepfel *et al.*, 2001). Il s'agit des quantités d'eau produites par le cycle hydrologique (lacs, nappes souterraines, débits d'étiage des cours d'eau) et qui peuvent être utilisées par l'homme sans que le stock ne soit diminué (Reynard *et al.*, 2001). Tous ces stocks (lacs, nappes, et dans une certaine mesure les débits d'étiage) sont des stocks dynamiques. Leur volume varie naturellement d'une année à l'autre, en fonction des conditions météorologiques principalement.

Toute l'eau présente sur Terre n'est pas renouvelable. Les *nappes fossiles*, qui ne sont plus alimentées par le cycle hydrologique actuel, sont à considérer comme des ressources non renouvelables au même titre que les ressources minières ou les énergies fossiles (charbon, gaz, pétrole). L'aquifère du Sahara septentrional en est un exemple (fig. 14.1). Couvrant une surface d'un million de kilomètres carrés, cet aquifère, divisé en deux nappes principales, recèlerait 31 000 milliards de m^3 d'eau, exploités actuellement par plus de 10 000 forages qui en retirent 2,5 milliards de m^3

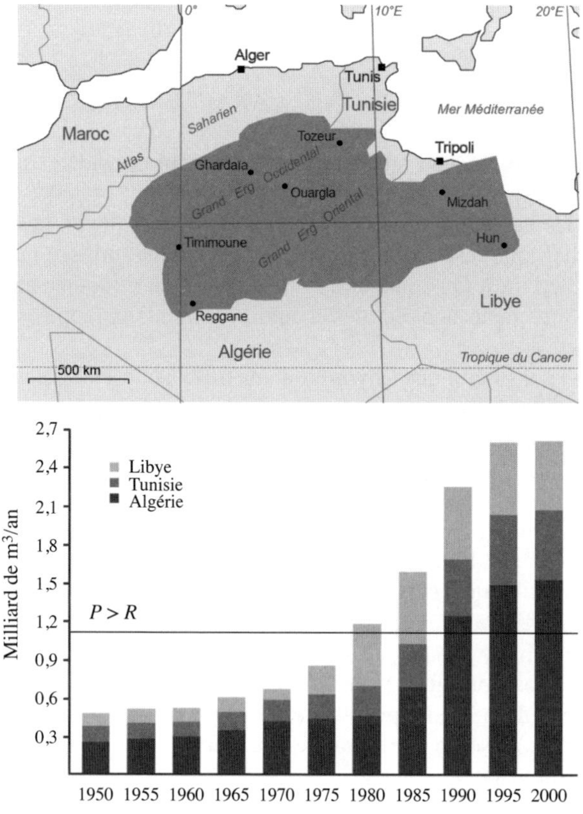

Fig. 14.1 Aquifère du Sahara septentrional et évolution des prélèvements (source : OSS, 2002). *P* = prélèvements ; *R* = ressource.

par an. L'aquifère nubien, à cheval sur la Libye, le Tchad, l'Egypte et le Soudan, est également un aquifère fossile, vieux de 40 000 ans. En 1984, le gouvernement libyen a entrepris de capter cet aquifère d'une capacité de 120 000 milliards de m^3 sur le territoire libyen, au moyen de 1300 forages et de le relier au nord du pays, qui manque d'eau, par un gigantesque réseau de conduites de 4000 km de long : la Grande rivière artificielle. A la fin du projet, il était prévu de pomper 1,35 milliards de m^3 par an. Au rythme d'exploitation actuel de ces deux nappes et au regard des réserves, le tarissement total prendra des centaines d'années ; par contre, l'exploitation provoque des abaissements du niveau piézométrique qui se répercutent sur les oasis en surface, notamment dans l'aquifère du Sahara septentrional qui est relativement proche de la surface dans sa partie occidentale. Les régions tempérées recèlent également des nappes d'eau fossiles, dont certaines sont exploitées. C'est le cas de la nappe de l'Albien du Bassin de Paris (prof. 750 m, âge : 25 000 ans ; réserves estimées : 655 milliards de m^3). Exploitée intensivement dès la seconde moitié du XIXe siècle, son niveau piézométrique baissa fortement (76 mètres entre 1861 et 1934), entraînant l'abandon de certains puits. Plusieurs mesures durent ainsi être prises : décret exigeant une autorisation pour tous les puits de plus de 80 mètres de profondeur en 1935, utilisation exclusive de la nappe pour l'approvisionnement en eau potable et établissement d'un quota maximal de 18 millions de m^3 par an en Ile-de-France en 1979, reconnaissance de l'importance stratégique de la nappe dans le SDAGE Seine-Normandie en 1996, modification du SDAGE donnant de nouveaux moyens pour protéger la nappe en 2003 (source : BRGM).

Les biens et services de l'eau sont fournis autant par le stock que par les « fruits » (Reynard *et al.*, 2001, fig. 14.2) ; ainsi, les paysages lacustres sont un service fourni par le stock, alors que l'eau d'une source captée pour la production d'eaux minérales est un bien fourni par les « fruits ». Autre exemple : les pompages d'eau d'irrigation dans une nappe phréatique utilisent les « fruits » s'ils ne dépassent pas le taux de renouvellement de cette nappe ; ils touchent au contraire au stock s'ils sont supérieurs à ce taux.

Le potentiel d'exploitation de la ressource dépend principalement du *taux de renouvellement*, quantitatif et qualitatif. Le renouvellement quantitatif dépend du cycle de l'eau. Il est traduit par le bilan hydrologique (chap. 2). Le cycle de l'eau provoque

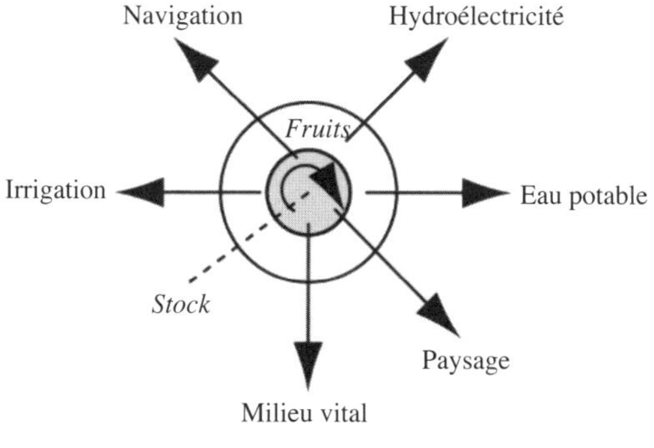

Fig. 14.2 Quelques biens et services fournis par la ressource en eau.

dans beaucoup de cas une disponibilité périodique de la ressource (par exemple dans les régions à mousson, dans les rivières à régime glaciaire ou nival). Le renouvellement qualitatif dépend de la capacité d'autoépuration de l'eau. Cette dernière est la capacité d'un hydrosystème à transformer ou éliminer, par des processus biologiques, physiques ou chimiques internes, des substances polluantes qui lui sont apportées.

Il y a *surexploitation* de la ressource lorsque le taux de renouvellement est dépassé par les prélèvements (ou les rejets d'eau usée). La surexploitation peut être quantitative (ex. lorsque les prélèvements dans une nappe phréatique dépassent la recharge et provoquent un abaissement du niveau piézométrique) et/ou qualitative (par ex. lorsque la pollution diffuse due à des intrants chimiques pollue de manière récurrente une nappe phréatique ou un réservoir et que les taux de concentration en nitrates dans ces systèmes augmentent). On peut également parler de surexploitation de la composante dynamique de la ressource lorsque le fonctionnement hydrologique naturel est très affecté, voire arrêté, par l'exploitation des eaux (par ex. lorsque toutes les eaux d'un cours d'eau sont captées par un aménagement hydroélectrique). L'endiguement sévère d'une rivière très dynamique est également une forme de surexploitation de la composante dynamique de la ressource.

Actuellement, le cycle de l'eau est rarement naturel. C'est pourquoi on parle de *cycle influencé*. Les influences humaines touchent toutes les caractéristiques – qualitatives (pollutions), dynamiques (correction des cours d'eau) et quantitatives (prélèvements, variabilité des débits) – de la ressource. Il devient ainsi parfois difficile d'évaluer le taux de renouvellement dans un bassin versant et d'établir s'il y a surexploitation. Ainsi, pour prendre un exemple, le renouvellement qualitatif des eaux en Suisse n'est assuré que par le recours à de nombreuses mesures techniques (stations d'épuration des eaux par exemple). Il s'agit donc d'un renouvellement très « artificialisé ». On peut faire le même raisonnement du point de vue quantitatif : s'il est vrai que la Suisse ne surexploite pas sa ressource, à l'échelle de certains bassins versants, les influences anthropiques (par les aménagements hydroélectriques notamment) sont très marquées et traduisent une certaine forme de surexploitation.

14.2 ÉTAT DE LA RESSOURCE

14.2.1 Les indicateurs de ressource

Quantifier la ressource disponible n'est pas chose aisée et se heurte autant à des problèmes méthodologiques qu'à des difficultés techniques (récoltes des données, réseaux de mesures, etc.).

La quantification de la ressource consiste non seulement à calculer le bilan hydrique (chap. 2) d'une région ou d'un bassin versant, mais doit aussi mettre cette ressource en regard de la demande en eau. C'est notamment l'approche adoptée par le Programme mondial pour l'évaluation des ressources en eau *(World Water Assessment Programme,* WWAP) créé par les Nations Unies en 2000. Le concept de rareté de l'eau est un concept relatif. D'un point de vue théorique, on distingue la *rareté absolue* (ou physique), lorsque les quantités d'eau sont physiquement insuffisantes pour satisfaire tous les besoins, et la *rareté relative* (ou économique), lorsque les quantités d'eau sont suffisantes pour satisfaire les besoins, mais que des problèmes perturbent sa mise en valeur (chap. 12).

La rareté naturelle de l'eau est liée aux conditions climatiques : les régions du globe pauvres en eau sont les zones arides et semi-arides, alors que les zones tempérées et tropicales humides sont nettement mieux dotées en ressource hydrique. Pour évaluer la ressource en eau par rapport à la demande, on utilise la notion de *stress hydrique*. En dessous d'un certain seuil, une région ou un pays est considéré comme étant en situation de stress hydrique ; cela signifie que la ressource en eau devient un facteur limitant pour le développement du pays ou de la région considérée. Plusieurs approches sont utilisées pour évaluer le stress hydrique. Nous en présentons deux.

La première consiste à évaluer la quantité d'eau douce renouvelable disponible par habitant et par année (en m^3 / an / hab.). La valeur de 1700 m^3 par habitant et par année est considérée comme le seuil de stress hydrique. En dessous de 1000 m^3 / an / hab., l'espace considéré est en situation de rareté *(water scarcity)*. En dessous, de 500 m^3 / an / hab., on parle de pénurie.

La seconde consiste à rapporter l'ensemble des prélèvements d'eau à la quantité de ressource disponible. Il y a stress hydrique lorsque les prélèvements sont supérieurs à 20 % de la ressource totale (Falkenmark et Lindh, 1976). Le stress est élevé en dessus de 40 % (fig. 2.19).

14.2.2 La ressource en eau dans le monde

Bien que la ressource globale soit abondante, la part des eaux douces est extrêmement réduite, soit 2,53 % de la ressource globale (chap. 2, tab. 2.6). Rapportée à la population, la ressource en eau douce mondiale est estimée entre 5000 et 6000 m^3 / an / hab. (FAO, 2007). Elle était trois fois plus importante en 1950, la population mondiale étant nettement plus faible. Mais cette relative abondance est loin d'être uniforme (tab. 14.1). Ainsi, en 2009, 48 pays étaient en dessous du seuil de 1700 m^3 par habitant et par année et 29 pays n'atteignaient pas le seuil de 1000 m^3 / an / hab., dont 21 étaient en dessous du seuil de pénurie absolue (500 m^3 / an / hab.). La situation est particulièrement tendue au Moyen-Orient et dans certaines régions d'Asie, un continent qui regroupe 60 % de la population mondiale. Les projections prévoient que d'ici 2050 au moins 2 milliards de personnes, dans 48 pays, souffriront de pénuries d'eau (UNESCO, 2003 : 13). Les prévisions les plus alarmistes considèrent que ce chiffre pourrait monter à 7 milliards de personnes.

14.2.3 La ressource en eau en Suisse

En comparaison avec ses voisins, la ressource en eau disponible en Suisse est abondante (tab. 14.2) (près de 7000 m^3 / hab. / an). Au niveau européen, seule l'Autriche dispose d'une ressource plus abondante par rapport à sa population. La raison de cette abondance est liée principalement à des précipitations annuelles significatives (1537 mm / an, soit environ le double de la France, de l'Italie ou de l'Allemagne). Le taux de dépendance (24,5 %) peut paraître élevé ; il s'explique par la présence de grands lacs transfrontaliers (Léman, Constance). On notera également l'énorme capacité de stockage dans des barrages. Ramenée à la population, cette dernière est deux fois supérieure à celle de l'Autriche et presque dix fois supérieure à celle de l'Allemagne.

Tableau 14.1 Ressource en eau par année et par habitant de certains pays (source : reproduit avec la permission de *Food and Agriculture Organization of the United Nations (FAO)*. AQUASTAT database, [www.fao.org/nr/water/aquastat/main/indexfra.stm]. Dernière consultation du site le 13/08/2012). Le taux de dépendance permet de mesurer la dépendance du pays par rapport à l'étranger (eaux provenant de bassins versants amont ou bordant le pays). Il ne prend pas en compte les apports du pays aux bassins versants situés à l'aval. La date prise en compte varie selon les pays (entre 2000 et 2010). EAU= Emirats Arabes Unis.

Pays	Pop. 2010 (millions d'hab.)	Ressource par hab. (m^3/an/hab)	Taux de dépendance (%)	Prélèvements (% de la ressource renouvelable disponible)	Prélèvements agricoles (% de la ressource renouvelable disponible)
Islande	0,32	531250	0,00	0,10	0,04
Canada	34,02	85310	1,79	1,58	0,19
Norvège	4,88	78231	0,00	0,77	0,22
Nlle Zélande	4,37	74863	0,00	1,45	1,08
Chili	17,11	53874	4,12	1,23	0,86
Brésil	194,95	42232	34,19	0,71	0,39
Australie	22,27	22094	0,00	4,58	3,39
Argentine	40,41	20143	66,09	3,99	2,64
Etats-Unis	310,38	9888	8,18	15,57	6,27
Suisse	7,66	6981	24,49	4,89	0,09
France	62,79	3361	5,21	14,98	1,86
Italie	60,55	3159	4,60	23,69	10,46
Turquie	72,75	2936	1,01	18,31	13,86
Espagne	46,08	2420	0,27	29,02	17,61
Niger	15,51	2169	89,60	7,03	6,18
Chine	1372,15	2070	0,96	19,51	12,61
Allemagne	82,30	1871	30,52	20,97	0,05
Iran	73,97	1859	6,56	67,71	62,55
Belgique	10,71	1708	34,43	41,19	0,20
Inde	1224,61	1560	30,52	33,88	36,00
Maroc	31,95	908	0,00	43,45	37,97
Egypte	81,12	706	96,86	94,69	103,00
Israël	7,42	240	57,87	101,90	63,43
Jordanie	6,19	151	27,21	90,46	65,23
Malte	0,42	121	0,00	71,29	37,62
Arabie Saoudite	27,45	87	0,00	936,20	867,90
EAU	7,51	20	0,00	1867,00	2208,00
Koweit	2,74	7	100,00	2075,00	2460,00

Tableau 14.2 Statistiques de la ressource en eau de la Suisse et des pays environnants (source : reproduit avec la permission de *Food and Agriculture Organization of the United Nations (FAO)*. AQUASTAT database, [www.fao.org/nr/water/aquastat/main/indexfra.stm]. Dernière consultation du site le 13/08/2012). Le taux de dépendance permet de mesurer la dépendance du pays par rapport à l'étranger (eaux provenant de bassins versants amont et eaux bordant le pays (lacs)). * Allemagne = 2008. ** Autriche, Suisse, Italie = 2000 ; France, Allemagne = 2007.

	Autriche	Suisse	France	Allemagne	Italie
Superficie (km^2)	83 880	41 280	549 190	357 120	301 340
Population (M hab)	8,394	7,664	62,787	82,302	60,551
Densité de population (hab / km^2)	100,1	185,7	114,3	230,5	200,9
Précipitations (mm / an)	1110	1537	867	700	832
Précipitations (km^3 / an)	93,11	63,45	476,1	250	250,7
Ressources internes renouvelables (km^3 / an)	55	40,4	200	107	182,5
Eaux de surface entrant ou bordant le pays (km^3 / an)	22,7	13,1	11	47	8,8
Eaux de surface sortant du pays (km^3 / an)	77,7	40,4	18	90,8	0
Ressource renouvelable totale (km^3 / an)	77,7	53,5	211	154	191,3
Ressource renouvelable par habitant (m^3 / an / hab)	9257	6981	3361	1871	3159
Taux de dépendance (%)	29,21	24,49	5,213	30,52	4,6
Capacité de stockage (barrages) (km^3)*	1,618	3,345	9,917	4	n.d
Capacité de stockage par habitant (m^3 / hab.)	192,8	436,5	157,9	48,6	n.d
Prélèvements d'eau douce (% de la ressource totale)**	4,704	4,886	14,98	20,97	23,69
Prélèvements d'eau douce pour l'agriculture (% de la ressource totale)**	0,1287	0,0935	1,859	0,0526	10,46

14.3 BESOINS EN EAU

14.3.1 Différentes manières de calculer la demande en eau

La notion de besoin est relative. Le minimum vital est de l'ordre de 3 litres par jour et par personne. L'OMS estime que les besoins domestiques en eau d'un individu sont de 15 litres par jour, pour satisfaire la boisson, la préparation des repas et l'hygiène personnelle. L'UNESCO recommande une disponibilité de 50 litres par jour et par personne. Dans la réalité, la consommation domestique varie très fortement d'une région du monde à l'autre, dépendant autant des conditions climatiques que du mode de vie. Ainsi, là où on arrose les jardins avec de l'eau potable, la consommation domestique a tendance à augmenter. Le nombre de piscines individuelles influence également la consommation d'eau potable. Dans les pays industrialisés, l'Italie, le Canada, l'Australie, la Norvège, le Japon et les Etats-Unis consomment plus de 200 litres par jour et par habitant, alors que la consommation journalière est inférieure à 150 litres en Belgique, en Allemagne, aux Pays-Bas, au Danemark, en Grèce, en Finlande, en France et en Angleterre. En Suisse, elle était de 162 litres par jour et par habitant en 1999, ce qui correspond à 59 m^3 par année et par personne (tab. 14.3). Ces chiffres moyens cachent toutefois de grandes disparités régionales. Ainsi, en France, la consommation journalière est de 259 l / j / hab. en Corse, alors qu'elle n'atteint que 118 l / j / hab. dans le Nord-Pas-de-Calais.

Ces consommations ont cependant évolué à la baisse au cours des dernières années. Ainsi, en France, selon le Centre d'information sur l'eau (www.cieau.com), elles étaient de 160 litres / j / hab. au début des années 1980, de 150 litres au début des années 1990, pour ensuite décroître et atteindre 127 l / j / hab. en 2010, grâce notamment aux progrès techniques (réduction de pertes dans les réseaux de distribution, performance des appareils ménagers) et à la lutte contre le gaspillage. On estime ainsi la consommation moyenne d'un foyer français de 4 personnes à 150 m^3 par an.

Tableau 14.3 Répartition de la consommation quotidienne d'eau en Suisse (source : SSIGE / OFEFP, 1999).

Types de besoins	Consommation (l / j / hab)	% de la consommation quotidienne
Toilettes	47,7	29,5
Bain, douches	31,7	19,6
Lavage des habits	30,2	18,6
Cuisine	24,3	15
Hygiène corporelle	20,7	12,8
Lavage vaisselle (machine)	3,6	2,2
Autre	3,8	2,3
Total	162	100

Afin de déterminer la demande globale en eau douce, il faut ajouter à la consommation domestique l'ensemble des autres usages (services publics (hôpitaux, écoles, bâtiments administratifs, etc.), industrie, agriculture). On différencie les prélèvements (qui sont des quantités d'eau prélevées dans l'hydrosystème (eau de surface ou souterraines), mais qui y retournent après usage, et les eaux consommées, qui ne retournent pas directement dans l'hydrosystème[1]. Tant les prélèvements que la consommation ont fortement augmenté au cours du XXe siècle (tab. 14.4).

1 Sur la définition des différents termes utilisés dans les statistiques de l'eau et sur la manière de les interpréter, voir Kohli *et al.* (2010) ou Mekonnen et Hoekstra (2011a). La consommation d'eau est principalement le fait de l'évapotranspiration ; pour cette raison, l'agriculture représente 70 % des prélèvements, mais 85 % de la consommation d'eau, à l'échelle mondiale.

Tableau 14.4 Evolution de l'utilisation mondiale de l'eau au cours du XXe siècle (source : Conseil mondial de l'eau).

	1900		1950		1995	
	Prél.	Cons.	Prél.	Cons.	Prél.	Cons.
Agriculture	500	300	1100	700	2500	1750
Industrie	40	5	200	20	750	80
Municipalités	20	5	90	115	350	50
Réservoirs (évaporation)		0		10		200
Total	560	310	1390	845	3600	2080

Tous les chiffres (en km^3) sont arrondis. Source : Shiklomanov, 1999.

Tableau 14.5 Répartition sectorielle des prélèvements à différentes échelles vers 2003 (source : reproduit avec la permission de *Food and Agriculture Organization of the United Nations (FAO)*. AQUASTAT database, [www.fao.org/nr/water/aquastat/main/indexfra.stm]. Dernière consultation du site le 13/08/2012). La catégorie « Industrie » comprend la production industrielle et minière, ainsi que le refroidissement de centrales thermiques (mais pas l'hydroélectricité). Les eaux urbaines incluent l'arrosage et l'artisanat urbain. Les pertes, qui peuvent se monter à 20-30 %, voire jusqu'à 60 %, sont incluses dans ces chiffres.

Zone géographique	Eaux urbaines (%)	Agriculture (%)	Industrie (%)
Monde	11	70	19
Afrique du Nord	9	86	5
Afrique subsharienne	10	87	3
Amérique du Nord	14	38	48
Proche-Orient	10	78	12
Asie du Sud-Est	9	81	10
Europe	16	28	56
Europe méditerranéenne	16	60	24
Europe de l'Est	14	49	37
Europe du Nord	26	12	61
Suisse	39	2	59

La répartition sectorielle des prélèvements dépend fortement de la structure socio-économique (tab. 14.5, fig. 14.3). Actuellement, à l'échelle mondiale, les prélèvements se répartissent à raison de 70 % pour l'agriculture[2], 19 % pour l'industrie et 11 % pour les usages municipaux et privés (collectivités, ménages). La part des prélèvements par l'agriculture dépasse 80 % en Afrique du Nord, en Afrique subsaharienne et en Asie du Sud-Est. Elle tombe à moins de 30 % en Europe (en raison du climat principalement), moins que les prélèvements nécessaires à l'industrie. A l'intérieur même du continent européen, les différences dans les taux de prélèvement sont fortes : sur le pourtour méditerranéen, l'agriculture prélève 60 % des eaux douces, alors que

2 On notera que les surfaces agricoles irriguées ne représentent que 20 % de l'ensemble des surfaces agricoles mais couvrent 40 % de la production agricole mondiale.

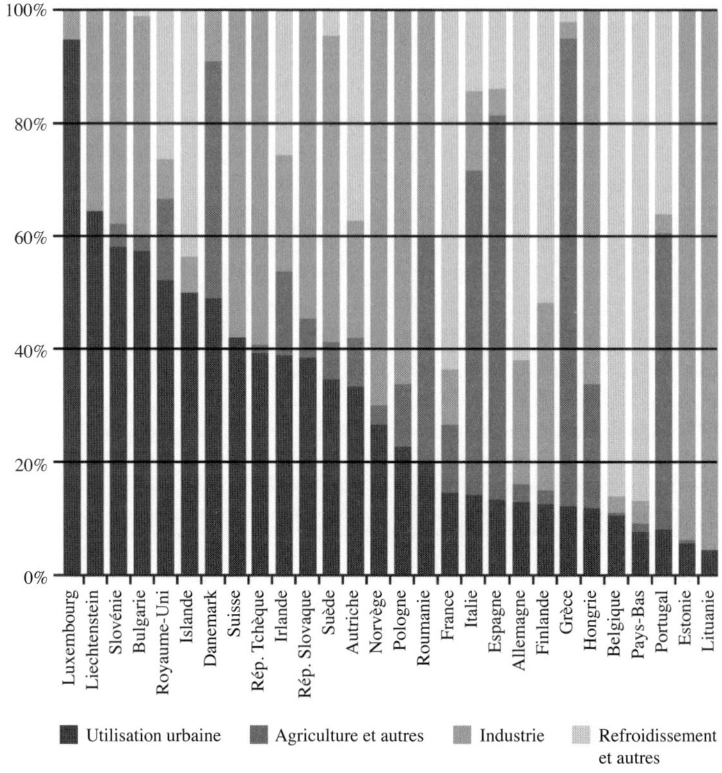

Fig. 14.3 Répartition sectorielle des prélèvements en Europe (source des données : Agence européenne pour l'environnement).

cette part tombe à 12 % dans les pays du Nord de l'Europe. En Suisse, l'industrie opère les prélèvements les plus élevés.

Comme la consommation domestique, la répartition sectorielle des prélèvements globaux varie fortement d'une région à l'autre d'un même pays, tant pour des raisons climatiques qu'économiques, comme le montre l'exemple français (fig. 14.4). Dans ce pays, les prélèvements pour la production d'eau potable dépendent principalement de la démographie. Les grands pôles urbains de Paris, Lyon et Marseille ressortent clairement. Malgré tout, les prélèvements par habitant varient fortement (facteur 2,5) : les régions du Nord (Nord-Pas-de-Calais 66 m^3/an/hab, Bretagne 73 m^3/an/ha., Ile-de-France 74 m^3/an/hab, Pays de la Loire 74 m^3/an/hab) sont nettement moins gourmandes que le sud du pays (Languedoc-Roussillon 121 m^3/an/hab, Provence-Alpes-Côte d'Azur 127 m^3/an/hab, Corse 145 m^3/an/hab), pour une moyenne nationale de 89 m^3/an/hab (Dubois, 2012). Pour les prélèvements industriels se dessine clairement une carte des bassins industriels de la France : région lilloise d'un côté, sillon rhodanien de l'autre, alors que la France du nord-ouest est très peu demandeuse en eau à ce niveau-là. Pour la production d'énergie, c'est à nouveau la région Rhône-Alpes qui est la plus demandeuse, en raison de la grande concentration de centrales nucléaires (refroidissement) et d'aménagements hydroélectriques. Finalement,

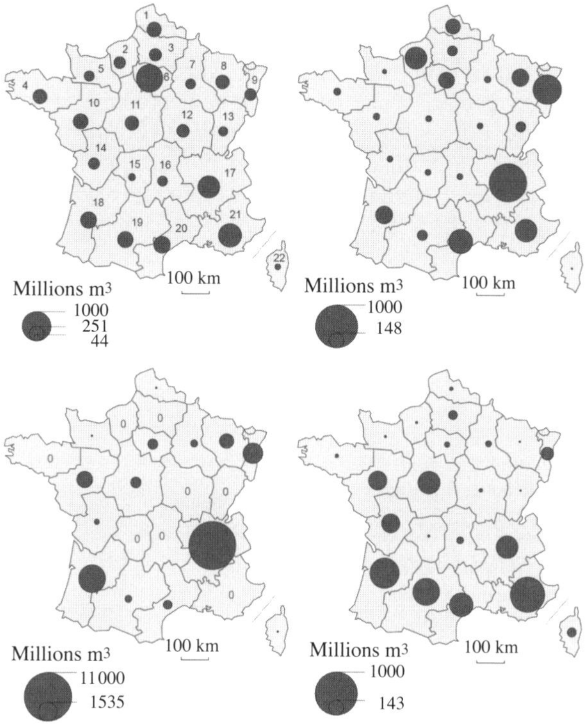

Fig. 14.4 Répartition régionale des prélèvements d'eau par secteurs, en France. Valeurs 2009 (source : Commissariat général au développement durable, 2012).

le facteur climatique explique les besoins majeurs en eau agricole au sud et à l'ouest du pays.

En Suisse, les prélèvements globaux atteignent 2,64 milliards de m^3 par année, dont un peu moins de 1 milliard pour les eaux urbaines, ce qui représente respectivement 360 m^3/an/hab (ou 986 l/j/hab) et 118 m^3/an/hab (ou 325 l/j/hab). Entre 1970 et 1985, cette dernière valeur avoisinait 500 l/j/hab. Il faut y voir surtout les effets de l'amélioration des réseaux d'eau, de la réduction de la demande de l'industrie, de l'amélioration des appareils ménagers et des campagnes de lutte contre le gaspillage.

14.3.2 Empreinte hydrique

Les chiffres présentés ci-dessus ne concernent que les quantités d'eau prélevées dans les hydrosystèmes du pays concerné. Afin de tenir compte des impacts réels d'une société (et de son mode de vie) sur l'hydrosystème mondial, le concept d'*empreinte hydrique (water footprint)* a été développé (Hoekstra, 2003 ; Hoekstra *et al.*, 2011) qui prend en compte l'eau consommée directement et indirectement, pour produire des biens et services. En ce sens, il s'agit d'un indicateur d'appropriation de l'eau par une société ou un secteur économique. L'empreinte hydrique s'exprime en volume par unité de temps, en principe en m^3/année. Pour faciliter les comparaisons, on exprime souvent les résultats en m^3/an/hab.

L'empreinte hydrique nationale correspond ainsi au volume d'eau total que consomme un pays, y compris l'eau nécessaire pour produire les biens et services consommés (fig. 14.5). Elle est formée de l'*empreinte hydrique interne* (qui correspond à l'eau consommée à partir des ressources domestiques) à laquelle on ajoute l'*empreinte hydrique externe* (l'eau consommée à l'étranger pour produire les biens importés dans le pays) (Hoekstra et Chapagain, 2007). La notion d'empreinte hydrique est étroitement associée à celle d'*eau virtuelle* (ou eau cachée), qui fait référence aux quantités d'eau utilisées pour produire un bien (agricole ou industriel) (Allan, 2003). Ainsi, au début du XXIe siècle, la région du Moyen-Orient et de l'Afrique du Nord

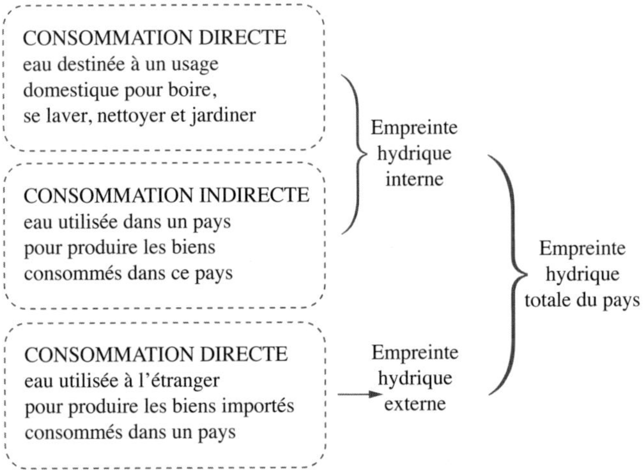

Fig. 14.5 Eléments composant l'empreinte hydrique d'un pays (Gnehm, 2012).

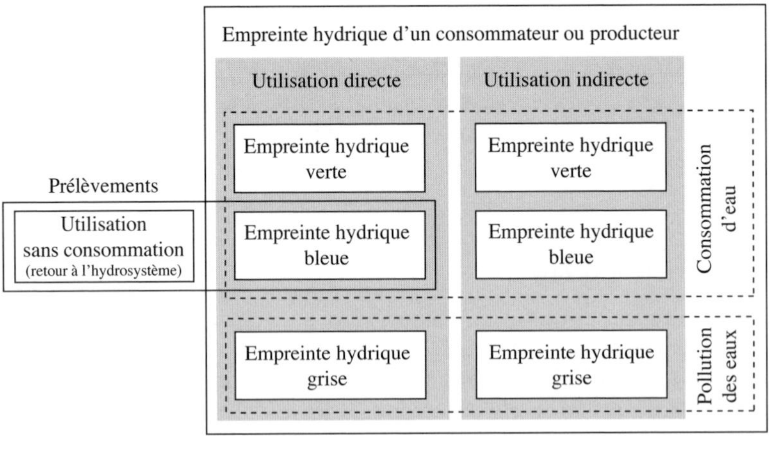

Fig. 14.6 Relations entre le concept d'empreinte hydrique et les autres indicateurs d'usage de l'eau (selon Hoekstra *et al.*, 2011, p. 3, traduit).

importe au moins 50 millions de tonnes de céréales par année, qui nécessitent environ 50 milliards de m^3 d'eau pour être produites, soit l'équivalent des volumes annuels d'eau transitant dans le Nil (Allan, 2003). En d'autres termes, dans les pays arides, il peut être plus rationnel, d'un point de vue économique et hydrologique, d'importer des céréales de pays riches en eau, plutôt que de développer l'agriculture irriguée. Mais se pose évidemment la question de la dépendance alimentaire.

Pour calculer l'empreinte hydrique, on additionne l'*eau bleue* (les eaux de surface et souterraines consommées, soit par évapotranspiration, soit par incorporation dans le produit), l'*eau verte* (l'eau de pluie consommée avant qu'elle ne rejoigne les rivières) et l'*eau grise* (le volume d'eau nécessaire pour assimiler la pollution produite par les processus de production) (Mekonnen et Hoekstra, 2011a et fig. 14.6). Le concept d'empreinte hydrique peut être utilisé pour calculer l'eau nécessaire à la production d'un produit ou l'eau totale consommée par un pays ou une région (Mekonnen et Hoekstra, 2011a, 2011b), voire un individu (voir par ex. www.waterfootprint.org). On peut également se focaliser sur une partie de la vie d'un produit, par exemple l'empreinte hydrique de la phase de production ou de la consommation.

L'empreinte hydrique de quelques pays est résumée dans le tableau 14.6. La Chine, les Etats-Unis et l'Inde ont l'empreinte hydrique liée à la production la plus élevée ; à eux trois, ils totalisent 38 % de l'empreinte hydrique mondiale liée à la production. La Chine a la plus grosse empreinte hydrique grise (pollution des eaux) (26 % de l'empreinte mondiale) et l'Inde la plus grosse empreinte hydrique bleue (24 % de l'empreinte mondiale). Les Etats-Unis, la Chine, l'Inde, le Brésil et l'Argentine sont les plus gros exportateurs d'eau virtuelle (à travers l'exportation de produits agricoles, ils exportent également de l'eau) ; les Etats-Unis, le Japon, l'Allemagne, la Chine et l'Italie sont les plus grands importateurs d'eau virtuelle. Ramenées au nombre d'habitants, les valeurs les plus élevées sont dans les pays industrialisés, avec toutefois de grosses disparités (maximum : Etats-Unis, 2842 m^3/an/hab, minimum : Grande-Bretagne, 1258 m^3/an/hab). Le calcul de l'empreinte hydrique externe permet d'évaluer la dépendance hydrique des pays. Elle peut atteindre plus de 70 % dans certains pays pauvres en eau (Malte, 92 % ; Koweit, 90 % ; Jordanie, 86 % ; Israël, 82 %). La dépendance élevée n'est toutefois pas limitée aux pays arides et plusieurs pays européens présentent une dépendance forte (Belgique 89 %, Suisse, 82 %, Islande 89 %). Ces chiffres élevés résultent de l'importation de produits agricoles demandant de grandes quantités d'eau pour leur production.

L'empreinte hydrique de la Suisse a fait l'objet d'une étude détaillée (Gnehm, 2012). Les 1528 m^3/an/hab (tab. 14.6) représentent une valeur de 4200 l/j/hab, soit 13 fois la consommation interne moyenne (325 l/j/hab), ce qui explique bien le ratio entre l'empreinte hydrique intérieure et totale de 82,3 %. La Suisse présente une forte dépendance hydrique envers l'étranger, par l'importation virtuelle d'eau par les biens agricoles et industriels. 81 % de l'empreinte hydrique suisse est liée aux denrées agricoles, 17 % aux produits industriels et 2 % à la consommation des ménages (Gnehm, 2012, p. 15 et tab. 14.7).

L'empreinte verte est liée essentiellement à l'agriculture à l'étranger (82 % de la consommation d'eau verte) ; il en est de même pour l'eau bleue (69 % de l'eau bleue consommée est le fait de la production agricole à l'étranger). Quant à l'empreinte en eau grise, elle est le fait principalement de la production industrielle (69 %, principalement en Allemagne, Russie, Italie, Etats-Unis) et agricole (22 %) à l'étranger (Gnehm, 2012). L'étude a montré que la Suisse a une empreinte hydrique particulièrement importante sur certains bassins fluviaux : bassins de la Mer d'Aral, Indus, Gange, Tigre et Euphrate.

Tableau 14.6 Empreinte hydrique de quelques pays pour la période 1996-2005 (selon Mekonnen et Hoekstra, 2011b, annexe 8). La liste des pays est la même que celle du tableau 14.1.

Pays	Eau verte (m^3/an/hab)	Eau bleue (m^3/an/hab)	Eau grise (m^3/an/hab)	Total (m^3/an/hab)	Ratio empreinte externe/totale (%)
Islande	1483,4	133,9	491,4	2109	88,5
Canada	1600	153,6	579,7	2333	20,7
Norvège	1023,5	122,5	276,8	1423	68,2
Nouvelle-Zélande	1197,3	148,7	242,7	1589	57,7
Chili	778,8	170,8	205	1155	33,4
Brésil	1804,4	70,4	152,3	2027	9,2
Australie	1853,3	216,3	245	2315	11,8
Argentine	1323,4	109,9	173,5	1607	3,8
Etats-Unis	1968,3	238,9	635,3	2842	20,2
Suisse	1035	114,4	379	1528	82,3
France	1353,4	135,2	297	1786	47,3
Italie	1720,5	192,7	389,8	2303	60,7
Turquie	1149,9	252,8	239,3	1642	21,1
Espagne	1802,1	321,2	338	2461	42,9
Niger	3411	87,1	20,5	3519	2,5
Chine	700,5	117,5	253,1	1071	10
Allemagne	1053,3	85,1	287,8	1426	68,8
Iran	1038,9	588,8	238,7	1866	17,9
Belgique	1215,7	142,2	529,6	1888	89,1
Inde	707,9	218,9	162	1089	2,5
Maroc	1405,5	208,8	110,4	1725	29,2
Egypte	484,5	526,7	329,8	1341	28,5
Israël	1790,5	253,3	259	2303	81,5
Jordanie	1238,8	249,3	189,9	1678	85,8
Malte	1674,8	206,7	334,3	2216	91,7
Arabie Saoudite	1131,2	447,5	270,6	1849	66,1
EAU	1921,2	570,6	644,2	3136	75,7
Koweit	1419,5	291,9	361	2072	89,5

Tableau 14.7 Détail de l'empreinte hydrique de la Suisse (Gnehm, 2012). Valeurs en %.

	Empreinte hydrique		
	interne	externe	totale
Agriculture	15	66	81
Industrie	1	16	17
Ménages	2	–	2

CHAPITRE 15

LES INSTITUTIONS DE GESTION

La gestion de l'eau nécessite des infrastructures techniques, des acteurs et des institutions de gestion. Dans ce chapitre nous traitons des institutions de gestion et des acteurs concernés. Après avoir introduit la notion de régime institutionnel de l'eau, nous traitons successivement du droit de l'eau et de la politique de l'eau, en illustrant les deux domaines par des exemples dans différents contextes géographiques. La dernière partie du chapitre traite de la gestion communautaire de l'eau.

15.1 RÉGIMES INSTITUTIONNELS DE L'EAU

Une institution regroupe un ensemble de règles formelles et informelles (normes légales, structures politico-administratives, normes sociales, coutumes, schémas de pensée, etc.) qui permet la stabilité et la prévisibilité du comportement social (Knoepfel *et al.*, 2001). Les institutions sont à la fois le résultat d'actions passées et le cadre dans lequel de nouvelles activités prennent place. Elles ne sont pas fixes et évoluent dans le temps. Dans le cadre de la gestion de l'eau[1], le système institutionnel

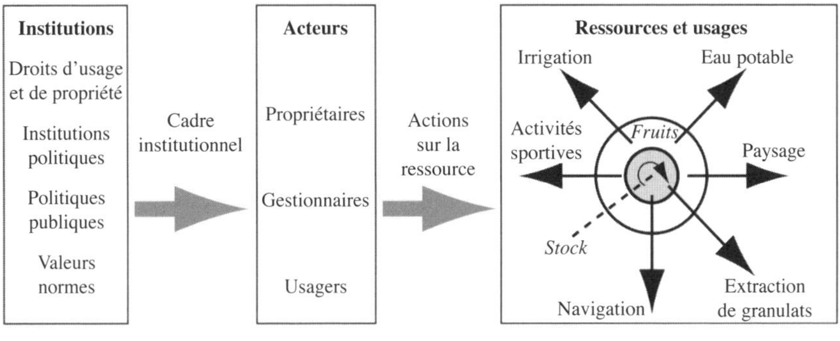

Fig. 15.1 Institutions et gestion de l'eau.

[1] Dans ce chapitre, nous traitons de la gestion institutionnelle de l'eau dans son ensemble. Les institutions spécifiques à certains usages seront abordées au chapitre 16.

constitue une partie de ce que nous avons appelé le *système de gestion* (chap. 13) comprenant un ensemble de règles visant à réguler le comportement des différents acteurs (propriétaires, usagers, gestionnaires) et leurs actions sur la ressource en eau (fig. 15.1).

Le cadre institutionnel est constitué de trois éléments principaux : un ensemble de normes et de valeurs (qui varient d'une société à l'autre), un système politique incluant les institutions politiques du pays, un régime institutionnel comprenant les droits de propriété et les politiques publiques (fig. 15.2) (Knoepfel *et al.*, 2001 ; Knoepfel *et al.*, 2007 ; Gerber *et al.*, 2009).

L'approche par les régimes institutionnels de ressource (RIR) considère cette dernière comme un ensemble complexe d'usages. Vue sous un angle anthropocentré, la ressource fournit à la société des biens et des services variés (usages) qui sont régulés tant par des règles juridique (droit de l'eau) que par des politiques publiques (politique de l'eau).

Le régime de propriété (droit privé) est analysé sous trois angles différents : la propriété formelle, les droits de disposition et les droits d'usage (sect. 15.2). Les politiques publiques (droit public) peuvent être groupées en deux grandes catégories : les politiques de protection et d'exploitation (sect. 15.3).

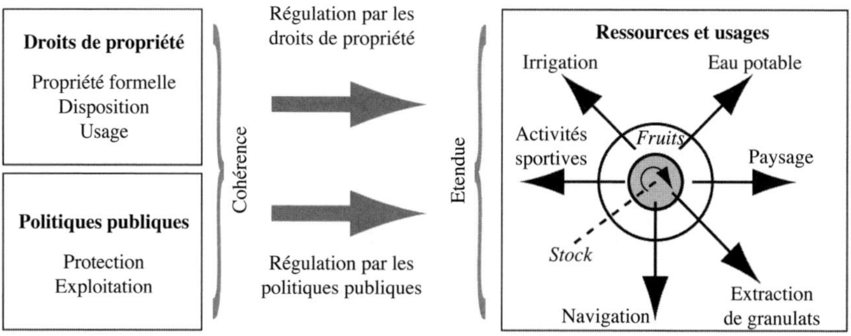

Fig. 15.2 Les régimes institutionnels de ressources naturelles : le cas de l'eau.

Le régime institutionnel est ensuite qualifié en fonction de deux variables : l'*étendue* et la *cohérence*. L'étendue permet de mesurer le nombre et la complexité des usages pris en compte par le régime institutionnel. La cohérence permet d'apprécier le degré de coordination entre le régime de propriété et les politiques publiques. Sur la base de ces deux variables, les régimes institutionnels peuvent être classés en quatre catégories principales (Knoepfel *et al.*, 2001) (tab. 15.1), partant du principe qu'un régime intégré est plus durable qu'un régime complexe.

Tableau 15.1 Classification des régimes institutionnels de ressource, selon l'étendue et la cohérence (Knoepfel *et al.*, 2001).

	Faible étendue	Etendue élevée
Cohérence faible	Absence de régime	Régime complexe
Cohérence élevée	Régime simple	Régime intégré

Le développement de colonies indépendantes (fermes familiales ou petits groupements) lors de la conquête de l'Ouest américain est un exemple d'absence de régime de l'eau. Les systèmes sophistiqués de gestion communautaire de l'irrigation, concernant un seul usage de l'eau, et l'élaboration de règles de gestion et de droits d'usage très stricts (sect. 15.4), sont un exemple de régime simple. La gestion actuelle de l'eau de la plupart des pays européens (voir Kissling-Näf et Kuks, 2004) peut être qualifiée de régime complexe (beaucoup d'usages concurrents, incohérence entre le régime de propriété et plusieurs politiques publiques). Autant à l'échelle européenne qu'en Suisse, on tend actuellement vers un régime intégré, en mettant sur pied une régulation intégrative des usages, parfois à l'échelle du bassin versant (ex. Directive cadre européenne sur l'eau). En Suisse, le régime institutionnel de l'eau est passé d'un régime simple à un régime complexe, en voie d'intégration (Reynard *et al.*, 2001) (tab. 15.2).

Tableau 15.2 Evolution des régimes institutionnels de l'eau en Suisse (Reynard *et al.*, 2001).

Période	Régimes institutionnels
1870-1912	Régime simple marqué par l'absence de système régulatif unifié au niveau fédéral et par l'émergence de trois politiques publiques sectorielles (protection contre les crues, protection des eaux en régions urbaines, production hydroélectrique).
1912-1953	Régime simple dont le système régulatif est fondé sur la distinction entre eaux privées et publiques suite à l'introduction du Code civil suisse en 1912 et sur la régulation par les droits de disposition (concessions). Ce type de régulation va de pair avec le développement des politiques d'exploitation des eaux (hydroélectricité, politique agricole).
1953-1975	Régime complexe marqué par la progressive limitation des droits d'usage par des mesures de protection de la qualité des eaux (droit public).
1975-1991	Régime complexe marqué par une nouvelle limitation des droits d'usage par des mesures de protection quantitative des eaux et par l'introduction du principe de causalité (Loi fédérale sur la protection de l'environnement, 1983).
1991-	Régime en voie d'intégration fondé sur l'intégration des trois politiques publiques sectorielles par le biais de la Loi fédérale sur la protection des eaux (LEaux, 1991), sur la mise en œuvre de mesures de limitation de la pollution diffuse au sein de la politique agricole et sur le développement de mesures de revitalisation des cours d'eau.

Le régime institutionnel de ressource s'intéresse prioritairement à la régulation formelle par le biais de lois, ordonnances, directives, etc. Or, à l'échelle locale, de nombreuses études empiriques ont montré l'importance de l'informalité dans la gestion au quotidien de l'eau (échanges d'eau, accords informels entre gestionnaires, droit coutumier, etc.). Pour cette raison, une distinction entre le régime institutionnel de ressource (formel) et l'*arrangement de régulation localisé (ARL)* a été introduite récemment (Bréthaut, 2012) (fig. 15.3). L'ARL permet aux acteurs locaux une certaine marge de manœuvre par rapport aux règles formelles du régime institutionnel : les acteurs peuvent ainsi concrétiser, compléter, contourner, voire détourner le RIR au moment de sa mise en œuvre. Au niveau local cohabitent ainsi souvent différentes formes de gestion, issues autant du cadre régulatif formel (régime institutionnel : politiques de l'eau, droit de l'eau) que de pratiques plus informelles – parfois non codifiées – provenant d'autres sources, d'où la complexité de la gestion institutionnelle de l'eau au niveau local.

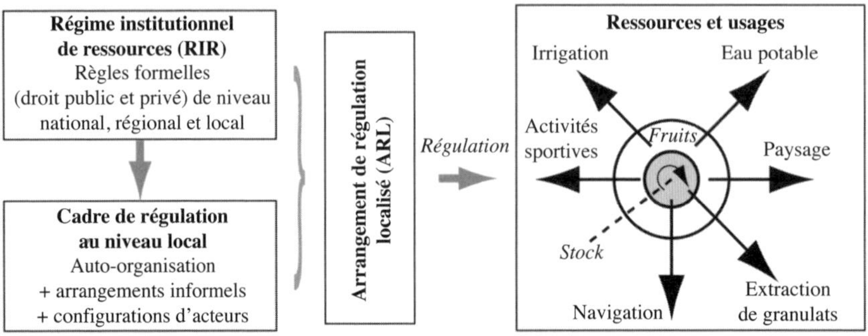

Fig. 15.3 Régulation formelle et informelle de la gestion de l'eau au niveau local (d'après Bréthaut, 2012).

15.2 DROIT DE L'EAU

15.2.1 Définitions et historique

On peut définir le droit de l'eau comme « l'ensemble des règles qui déterminent le régime juridique des eaux, les droits auxquels les particuliers peuvent avoir accès et les mesures qu'il convient de mettre en œuvre pour protéger la ressource » (Gazzaniga *et al.*, 1998, p. 7). Les règles de droit de l'eau sont souvent très peu unifiées et parfois contradictoires. Ressource dynamique, l'eau est difficile à appréhender par le droit, raison pour laquelle le droit de l'eau est intimement lié au droit de la terre (propriété).

Les origines du droit de l'eau sont peu connues mais elles remontent certainement au Néolithique et aux origines de l'agriculture. Les civilisations antiques (Egypte, Mésopotamie) ont développé des règles sophistiquées de gestion de l'irrigation. Un exemple connu est le Code du roi babylonien Hammurabi, vers 1750 av. J.-C., stèle actuellement exposée au Musée du Louvre, qui constitue un ensemble d'articles réglant différents aspects de la vie de la société babylonienne, dont l'irrigation.

En Occident, le droit de l'eau est fortement influencé, encore maintenant, par le *droit romain* qui considère les eaux courantes, au même titre que la mer et l'air, comme une *res communis*, une chose commune qui, par sa nature, ne peut pas être appropriée. Les fleuves sont considérés comme des *res publica*, des « choses publiques, hors du commerce, mises à la disposition de tous » (Gazzaniga *et al.*, 1998, p. 11), alors que les petites rivières et les torrents, souvent non pérennes, sont appropriables par les riverains, à condition de ne pas porter préjudice aux autres riverains. Les eaux de pluie et les sources sont considérées comme *res nullius* (des choses sans maître) et appartiennent donc au propriétaire du fond sur lequel elles tombent (pluie) ou jaillissent (sources). Ces distinctions perdurent encore dans le droit de nombreux pays.

Le *droit féodal* se caractérise par la confusion entre *propriété* et *souveraineté*. Le seigneur exerce sur les terres et les hommes un pouvoir de contrôle et de justice ; de ce fait, les rivières passent sous sa juridiction, mais il s'agit plus d'une souveraineté que d'une réelle propriété. Toutes sortes de franchises et libertés sont en outre octroyées aux riverains, traduisant la perduration de la conception de l'eau comme bien commun, en libre accès, du droit romain. Ainsi se développe un droit coutumier complexe laissant aux communautés locales de nombreuses prérogatives sur l'eau (droits de pêche, de moulin, d'irrigation, de puisage, etc.) bien que le seigneur soit le « maître de l'eau » (souveraineté sur la ressource). Aux XVe et XVIe siècles, ce droit coutumier est souvent mis par écrit et va en quelque sorte être figé (Gazzaniga *et al.*, 1998, p. 14). C'est le cas par exemple des droits d'irrigation perpétuels octroyés par l'évêque de Sion aux consortages de bisses valaisans au XVe siècle. Le système perdure, avec divers changements, jusqu'à la Révolution française.

Là où le pouvoir central est fort (Royaume de France par exemple), la propriété des rivières est partagée entre le roi et les seigneurs locaux. En France, est consacrée ainsi au XVIIe siècle la distinction entre *cours d'eau domaniaux* (navigables), propriété du roi, et *non domaniaux* (cours d'eau de plus petite taille, non navigables) qui restent sous la juridiction des seigneurs locaux. La Révolution française et le Code civil (1804) modifient cette organisation, sans la remettre totalement en question. Les cours d'eau domaniaux passent sous la juridiction de l'Etat. La question de la propriété des cours d'eau non domaniaux est plus complexe et les revendications des différents acteurs remontent autant au droit romain qu'au droit coutumier mis en place au cours des siècles. Finalement, le Code civil ne règle pas la question et la renvoie à un futur Code rural, qui ne verra finalement jamais le jour. Actuellement, en France, les berges et le fond des cours d'eau non domaniaux sont la propriété des riverains, alors que l'eau reste du domaine public.

15.2.2 Différents types de propriété

Afin de comprendre comment les règles du droit de l'eau sont activées par les acteurs dans leurs actes de gestion, il est utile de distinguer différents niveaux de droits sur l'eau. Nous en proposons trois (fig. 15.2):

- les *droits de propriété formelle :* il s'agit du titre de propriété *(ownership)* pour lequel quatre types de propriété existent (tab. 15.3);
- les *droits de disposition* constituent l'ensemble des modalités par lesquelles un propriétaire peut disposer de sa ressource (vente, location, octroi de permis, d'autorisations, de concessions, etc.);
- les *droits d'usage* sont définis au niveau de l'utilisateur de la ressource: il s'agit par exemple des droits d'accès ou d'utilisation.

Prenons l'exemple d'un cours d'eau dans le canton de Neuchâtel (Suisse). Le propriétaire formel est le canton. Ce dernier peut délivrer des autorisations pour la pratique du canoë ou de la pêche, des concessions hydroélectriques (droits de disposition) et décréter le libre accès aux rives pour les promeneurs (droit d'usage). Dans le cas du Léman (lac transfrontalier, Suisse-France), ce dernier est propriété des cantons du Valais, Vaud et Genève et de l'Etat français (propriété publique). Ce sont ces collectivités qui peuvent octroyer des permis de navigation ou de pêche (droit de disposition). Parmi les droits d'usage, certains sont libres (ex. baignade), d'autres nécessitent des autorisations ou des concessions (ex. pêche, extraction de graviers). Dans le cas des *bisses* du Valais (canaux traditionnels d'irrigation), la propriété formelle des eaux appartient aux communes qui octroient une concession pour une certaine durée (dans ce cas illimitée) pour un certain volume d'eau pendant la période d'irrigation à des *consortages* (associations d'irrigants), qui sont propriétaires des infrastructures collectives d'irrigation (ouvrages de prise d'eau, canaux d'amenée et de distribution, bassins de stockage) et qui eux-mêmes octroient des droits d'usage (sous la forme de temps d'utilisation de l'eau) aux irrigants.

Au niveau local, la compréhension des droits d'eau est souvent difficile, d'autant plus que certains droits ne sont pas écrits (droit coutumier) ou que leur octroi est très ancien et remonte parfois à plusieurs siècles. Par ailleurs, dans les pays occidentaux, où l'agriculture a fortement régressé et ou de nombreux propriétaires ne pratiquent plus l'agriculture, les droits d'eau en région rurale sont souvent méconnus par les habitants eux-mêmes.

Tableau 15.3 Classification des types de propriété (selon Knoepfel *et al.*, 2001).

Type de propriété	Propriété privée	Propriété publique	Propriété commune	Absence de propriété, libre-accès
Propriétaire (détenteur du titre de propriété)	Individus, sociétés privées	Etat (différents niveaux)	Associations, corporations, coopératives	Tous et personne
Exclusion*	oui	oui	oui	non
Exemples de ressource	Sol, forêt	Sol, forêt, cours d'eau, lacs, etc.	Alpages, canaux d'irrigation	Air, paysage

* Exclusion : indique que des règles permettent d'exclure les non-membres ou les non-propriétaires.

15.3 POLITIQUE DE L'EAU

Une politique publique est « un enchaînement de décisions ou d'activités, intentionnellement cohérentes, prises par différents acteurs, publics et parfois privés, dont les ressources, les attaches institutionnelles et les intérêts varient, en vue de résoudre de manière ciblée un problème défini politiquement comme collectif » (Knoepfel *et al.*, 2001, p. 29). Elle est composée de deux éléments principaux (Bussmann *et al.*, 1998) : 1) le programme administratif *(policy design)*, qui fixe les bases juridiques pour les objectifs, les instruments d'intervention et les caractéristiques institutionnelles, organisationnelles, financières et opérationnelles de la mise en œuvre de la politique, 2) l'arrangement politico-administratif, qui est l'organisation concrète du processus de mise en œuvre de la politique publique.

Les acteurs, souvent réunis en groupes spécifiques, sont des personnes en situation d'exercer une influence sur les processus de gestion ou qui, d'une manière ou d'une autre, profitent des effets de la gestion (Bussmann *et al.*, 1998). Dans le domaine des politiques publiques, on distingue trois groupes d'acteurs principaux :

- les *acteurs institutionnels :* ce sont les acteurs politiques, qui prennent les décisions relatives à la politique publique, et l'administration responsable de la mise en œuvre de cette dernière (ex. le Parlement, les Agences de l'eau, etc.) ;
- les *groupes cibles :* ce sont les acteurs dont on veut influencer les pratiques en vue d'atteindre les objectifs de la politique publique (ex. les industries ou les entreprises agricoles en matière de pollution des eaux, les entreprises hydroélectriques en matière de débits résiduels, etc.) ;
- les *bénéficiaires finaux :* comme leur nom l'indique, ils bénéficieront des effets de la politique publique (ex. population ou faune piscicole en matière de protection des eaux ; pêcheurs et faune piscicole en matière de débits résiduels, etc.).

Par *politique de l'eau*, on désigne ainsi l'ensemble des mesures prises par les acteurs institutionnels afin de résoudre un problème collectif relatif à la gestion de l'eau (ex. pénuries, pollutions, inondations). Ces mesures donnent lieu à des actes formalisés (lois, directives, etc.), de nature plus ou moins coercitive, en vue de modifier le comportement des groupes cibles (pollueurs, aménageurs, etc.) (Brun, 2006). Dans le domaine des ressources en eau, on peut distinguer deux groupes principaux de politiques publiques :

- les *politiques d'exploitation*, qui régulent l'utilisation économique des biens et services de la ressource (la politique hydraulique ou la politique d'irrigation sont des exemples de politiques d'exploitation) ;
- les *politiques de protection*, qui visent à limiter les impacts négatifs de l'utilisation humaine de la ressource (ex. politique environnementale, politique de protection des eaux).

15.4 EXEMPLES DE GESTION INSTITUTIONNELLE DE L'EAU

Le droit et les politiques de l'eau, notamment la question de la propriété et de l'accès à la ressource, sont fondamentaux pour tout pays. Il n'est évidemment pas possible de passer en revue la multiplicité des formes institutionnelles existantes et nous présenterons quelques exemples. Nous n'effectuons pas une analyse stricte des régimes institutionnels, telles que celles réalisées par Knoepfel *et al.* (2001), Reynard *et al.* (2001), Varone *et al.* (2002) pour la Suisse ou Kissling-Näf et Kuks (2004) pour différents pays européens. Les exemples choisis veulent mettre en évidence la multiplicité des formes juridiques relatives à la gestion des eaux, souvent étroitement liées à l'histoire des pays concernés et à leur situation géographique. En fin de chapitre, nous traitons plus en détail le cas suisse.

15.4.1 La France : l'importance de la gestion intégrée

En France, le droit de l'eau est étroitement lié à l'histoire récente du pays, notamment depuis la Révolution française. Le droit français distingue, conformément au droit féodal, les cours d'eau (et lacs et canaux) domaniaux (originellement navigables et/ou flottables), qui appartiennent à l'Etat (avant la Révolution, ils étaient propriété du roi), et les rivières non domaniales (originellement non navigables ou flottables), qui sont régies par le droit privé (Code civil, Code rural). Dans ce cas, seuls le fond (y compris les alluvions, îles) et les berges appartiennent aux riverains, l'eau faisant toujours partie du domaine public. Ce caractère commun de l'eau a été renforcé par la loi sur l'eau de 1992, qui considère l'eau comme un *patrimoine commun de la nation*. Les riverains de cours d'eau non domaniaux ont toutefois des droits d'usage sur le cours d'eau, notamment le droit de dériver les eaux, par exemple pour l'irrigation. Ceci est considéré comme une compensation des risques encourus en raison de la proximité de la rivière ; ces droits ont toutefois été limités par la suite et sont soumis maintenant à déclaration ou autorisation par la loi sur l'eau de 1992. Sur les cours d'eau domaniaux, ce droit d'usage est dans les mains de l'Etat, les riverains restant propriétaires des rives uniquement, celles-ci étant toutefois grevées d'un certain nombre de servitudes, la plus importante étant la servitude de halage, soit la nécessité de laisser un espace à disposition pour faciliter la navigation.

Les eaux pluviales et les eaux de sources appartiennent au propriétaire du fonds sur lequel elles tombent et s'écoulent (pluie) ou jaillissent (sources). Comme en Suisse, la propriété des eaux souterraines est ambiguë (Gazzaniga *et al.*, 1998). Le propriétaire d'un terrain est également propriétaire des eaux souterraines qui s'écoulent en dessous, mais il n'est propriétaire que de l'eau qu'il prélève et non de l'ensemble des eaux de la nappe. Avec la loi de 1992, un régime d'autorisations de prélèvement à partir d'un certain volume a été mis en place. Les grands lacs appartiennent au domaine public. Les étangs, mares et lacs de petite taille, tout comme les sources, appartiennent aux propriétaires fonciers. Les lacs et retenues collinaires (utilisés pour stocker l'eau d'irrigation et, plus récemment, les eaux destinées à l'enneigement artificiel) suivent le régime juridique des eaux (en principes des eaux publiques non domaniales). Les sources d'eaux minérales et thermales suivent le même régime juridique que les sources ordinaires.

En matière de politiques publiques, la France a développé une politique de l'eau marquée d'une part par l'importance de la régulation de la propriété de l'eau et d'autre part par une mise en œuvre précoce de la *gestion par bassin versant*. Le développement de la politique de l'eau française est marqué par quatre grandes étapes (Gazzaniga *et al.*, 1998) :

- La *loi de 1898*, très influencée par les considérations agricoles, est centrée sur la question de la propriété de l'eau ; l'objectif est de réduire cette propriété, sans la remettre fondamentalement en question. Ainsi, pour les cours d'eau non domaniaux, on distingue le lit et les rives, qui appartiennent aux riverains, et l'eau, qui n'appartient à personne, une conception qui s'avèrera très difficile à mettre en œuvre. La loi de 1919 tentera de réduire ces incohérences, dans le domaine de l'énergie hydraulique, en abolissant la distinction entre cours d'eau domaniaux et non domaniaux.

- La *loi de 1964* a pour objectif de pallier les problèmes de pollution des eaux se manifestant de plus en plus en raison du développement économique de l'après-guerre. Cette législation véritablement novatrice se fonde sur deux principes : assurer une meilleure répartition des eaux et lutter contre la pollution. Deux instruments majeurs sont mis en œuvre : la possibilité de sanctions pénales lourdes pour les gros pollueurs et, surtout, la définition de circonscriptions de gestion centrées sur les grands bassins hydrographiques, les Agences financières de bassin (devenue par la suite les Agences de l'eau), organes chargés de prélever des *redevances* auprès des usagers pollueurs pour les affecter à des mesures de lutte contre la pollution, notamment le développement d'installations d'assainissement. La participation des usagers est garantie par la mise en place de Comités de bassins dans lesquels sont représentés l'Etat, les collectivités territoriales et différentes catégories d'usagers.

- Les années 1980 sont marquées par la complexification des usages de l'eau et par plusieurs années de sécheresse (1976, 1989, 1991). Elles démontrent la nécessité de mieux coordonner les usages et de mieux protéger la ressource dans son intégralité. La *loi de 1992* vise une « gestion équilibrée de la ressource » et consacre la conception de l'eau comme « patrimoine commun de la nation » (art. 1), bien que cette conception soit quelque peu difficile à opérationnaliser. Afin de protéger la ressource, de nouveaux instruments de gestion sont développés à l'échelle des bassins versants régionaux ; il s'agit des *Schémas d'aménagement et de gestion des eaux* (SAGE) (chap. 13), dont l'objectif est de coordonner les usages et les aménagements à l'échelle des bassins versants, en fonction des caractéristiques hydrologiques du bassin. La participation des usagers est garantie par la mise en place de Commissions locales de l'eau (CLE).

• Dès 2000, il s'agit de transposer les objectifs de la Directive cadre sur l'eau (DCE) de l'Union européenne dans le droit français, ce qui est fait par l'adoption de la *loi sur l'eau et les milieux aquatiques* (LEMA) en 2006. Cette loi amène deux innovations conceptuelles : la reconnaissance du droit à l'eau pour tous et la prise en compte de l'adaptation aux changements climatiques dans la gestion de l'eau. Différentes dispositions visent à atteindre le « bon état » écologique des cours d'eau, notamment la généralisation de débits réservés (10 % du débit moyen) d'ici 2014 et des mesures visant à renforcer la connectivité écologique[2].

Au final, la France présente une gestion institutionnelle faisant la part belle à la gestion intégrée par bassin versant, tout en laissant une certaine marge de manœuvre aux acteurs locaux (par le biais des commissions locales de l'eau) et en protégeant l'accès à l'eau pour les riverains et les propriétaires.

15.4.2 Le Royaume-Uni et la privatisation des services de l'eau

Durant une bonne partie du XXe siècle, la Grande-Bretagne a eu un régime juridique très libéral, calqué sur le droit romain. Les riverains étaient propriétaires du lit et des berges des rivières et avaient des droits d'usage privilégiés, comme en France. Ces usages avaient peu de contraintes, pour autant qu'ils restent raisonnables et ne portent pas préjudice aux autres riverains. Par ailleurs, la distribution de l'eau et l'assainissement étaient très éclatés en de multiples opérateurs au niveau local (Barraqué, 1995). Avec l'intensification des usages et l'urbanisation, une plus grande régulation s'est avérée nécessaire et une nouvelle loi sur l'eau a été adoptée en 1973 *(Water Act*, 1973). En raison de la très forte fragmentation de l'approvisionnement en eau et de l'assainissement, ces deux tâches ont été retirées des compétences des autorités locales et confiées à dix institutions régionales, les *Water Authorities*, chargées de gérer la ressource, la distribution de l'eau et l'assainissement sur un mode intégré. Ces institutions régionales devaient financer totalement les infrastructures par les taxes encaissées, mais le manque de contrôle aboutit à une tendance au sous-investissement dans l'entretien des infrastructures, ce qui poussa l'Angleterre et le Pays de Galles à *privatiser le secteur de l'eau* en 1989.

Cette privatisation était complète (services et infrastructures) et les tâches de distribution et d'assainissement de l'eau ont été confiées à de nouvelles sociétés privées *(Water and Sewerage Companies)*. Parallèlement, toutes les tâches d'entretien et de contrôle des cours d'eau, y compris la lutte contre les inondations, ont été confiées à une nouvelle institution, la *National Rivers Authority* (NRA). Ainsi, on aboutit à une séparation des tâches de service aux consommateurs (distribution et assainissement), qui sont privatisées, et des tâches d'entretien des cours d'eau et de protection contre les crues, qui restent dans le secteur public. En conséquence, quatre nouvelles lois (*Water Industry Act*, *Water Resources Act*, *Statutory Water Companies Act*, *Land Drainage Act*) ont été adoptées en 1991. La privatisation s'est accompagnée d'une amélioration de la qualité du service, mais également d'une augmentation du prix de l'eau pour les consommateurs, malgré la présence de garde-fous (nécessité d'approbation des redevances encaissées par le gouvernement, prix maximaux).

---

2 La connectivité écologique est l'ensemble des connexions permettant le fonctionnement des écosystèmes sur le long terme. Elle est assurée par le maintien ou la revitalisation de réseaux écologiques, appelés aussi trames vertes ou bleues (dans le cas des rivières). En raison de leur aspect linéaire, les rivières et leurs berges jouent un rôle important dans le développement des réseaux écologiques.

15.4.3 Les Pays-Bas : la prééminence de la communauté sur l'individu

Les Pays-Bas sont le pays le plus densément peuplé d'Europe, avec 60 % de la population habitant en dessous du niveau de la mer. La politique de l'eau est ainsi consubstantielle du développement du pays, qui a développé dès le Moyen Age des institutions communautaires originales de gestion des eaux, les *wateringues (Waterschappen)* (Barraqué, 1995). Les wateringues sont nées avec un double objectif : le drainage des terres et la protection contre les inondations (des fleuves et, surtout, de la mer). Lors de l'occupation du pays par la France, Napoléon tenta sans succès – notamment en raison de la nécessité de se protéger collectivement contre les inondations – de distinguer les eaux publiques et privées selon le modèle du Code civil français (Barraqué, 1995). Sortes d'associations de propriétaires à l'origine, les wateringues sont maintenant reconnues par la Constitution, au même titre que les provinces, les communes et les autres organismes publics, mais elles restent des organisations communautaires dont les membres sont principalement les propriétaires fonciers concernés.

Les eaux sont généralement considérées comme *res nullius* mais dans les faits, les droits d'usage de la ressource sont très peu utilisés de manière individuelle et l'eau aux Pays-Bas s'apparente plus à une *res communis* gérée collectivement (Barraqué, 1995). Les principaux fleuves et canaux, en raison de leur navigabilité, sont sous la compétence de l'Etat central, alors que la gestion des autres eaux est déléguée aux provinces qui elles-mêmes reportent cette délégation aux wateringues. La distribution de l'eau potable est assurée par les communes, la plupart du temps regroupées dans des entreprises intercommunales à capital public, alors que l'assainissement est en principe du ressort des wateringues. Des wateringues spécialisées dans l'épuration des eaux usées ont également été créées.

15.4.4 L'exemple d'un pays fédéral : l'Allemagne

Les pays fédéraux présentent une organisation de la gestion de l'eau souvent plus complexe que celle des pays centralisés, tels que la France ou la Grande-Bretagne. En vertu du principe de subsidiarité, les compétences sont réparties entre l'Etat fédéral, les différentes subdivisions administratives et les municipalités locales. En Allemagne, ce sont les *Länder* qui concentrent les compétences principales en matière de gestion des eaux, chacun des *Länder* ayant sa propre législation. Toutefois, la loi sur l'eau de 1957 *(Wasserhaushaltsgesetz)* a donné aux *Länder* un cadre juridique commun qu'ils peuvent compléter ou renforcer, mais non atténuer (Barraqué, 1995).

L'Allemagne est également caractérisée par une gestion publique municipale de l'eau potable et de l'assainissement par des entreprises municipales *(Stadtwerke)* développées dès le XIXe siècle et couvrant les principaux services en réseau (eau, gaz, électricité, transport). On observe toutefois une tendance à la privatisation – partielle ou complète – de ces services depuis les années 1990, comme à titre d'exemple, la privatisation partielle (49,9 %) de l'entreprise municipale de la ville de Berlin en 1999.

15.4.5 Le Brésil : la gestion par bassin versant dans un pays fédéral

Avec des réserves d'eau douce estimées à 12 % des réserves mondiales, le Brésil a eu pendant longtemps une politique de l'eau relativement libérale, donnant la priorité à la mise en valeur hydroélectrique, l'électricité d'origine hydraulique couvrant actuellement plus de 90 % des besoins du pays. Pays fédéral, le Brésil est découpé en 26 Etats et un District fédéral (Brasilia), eux-mêmes divisés en plus de 5500 municipalités. Chacun de ces trois niveaux a des prérogatives politiques sur la gestion de l'eau.

Au Brésil, les eaux sont publiques et appartiennent soit à l'Etat fédéral – lorsque le cours d'eau traverse plus d'un Etat, lorsqu'il constitue la frontière avec un autre pays et lorsqu'il s'étend sur des territoires étrangers (ex. Rio Parana) –, soit aux Etats fédérés, lorsque l'ensemble du cours est compris dans un seul Etat (Johnsson, 2001). Cette répartition concerne à la fois les eaux de surface et les eaux souterraines.

Les premières tentatives afin de mieux réguler les usages datent des années 1930, mais ce n'est que dans les années 1990 qu'une réforme visant à passer d'une gestion sectorielle de l'eau à une politique plus intégrative est mise en place, d'abord dans certains Etats fédérés (l'Etat de São Paulo est le premier à adopter une loi sur la gestion intégrée de l'eau en 1991), puis au niveau fédéral, avec l'adoption de la Loi fédérale 9.433 en 1997. D'inspiration française, cette loi place le bassin versant au centre de la gestion de l'eau, avec la création d'Agences et de Comités de bassin, et met en place un système de redevances sur les usages de l'eau (Johnsson, 2001 ; Valle de Carvalho et Machado de Faria Leme Franco, 2006). Toutefois, la mise en œuvre de la nouvelle politique s'avère particulièrement complexe en raison de la structure fédérale du pays: les agences de bassin restent sous la tutelle des Etats et de l'Etat fédéral, ce qui multiplie les niveaux décisionnels; la législation nationale est déclinée en autant de lois des différents Etats fédérés, dont le rythme d'adoption et de mise en œuvre n'est pas identique partout; il en résulte que les bassins versants sont souvent gérés par plusieurs systèmes de gestion; de même, la mise en œuvre des redevances est loin d'être uniforme, ce qui pose notamment des problèmes d'équité entre usagers d'un même bassin versant. Le cas brésilien montre toutefois que la structure fédérale d'un pays ne s'oppose pas à la gestion par bassin versant; les structures de gestion à développer sont par contre plus complexes.

15.4.6 La Communauté européenne

Le droit européen se superpose au droit des Etats membres. Dans le domaine de l'eau, il n'a pas touché au régime juridique de la propriété des eaux mais s'est construit surtout autour de la résolution de problèmes collectifs (ex. pollution, inondations) par l'adoption de *directives*, d'abord sectorielles, puis plus intégratives (ex. Directive cadre sur l'eau). En droit communautaire, les directives, adoptées soit par le Conseil et le Parlement européen, soit par la Commission européenne, ont pour but d'harmoniser les législations des Etats membres, tout en laissant à ces derniers toute latitude quant à la manière d'atteindre les objectifs fixés (Brun et Lasserre, 2012).

C'est la dégradation progressive de la qualité des eaux, surtout à partir des années 1960, qui a conduit l'Union européenne à intervenir d'abord dans le domaine de la qualité des eaux destinées à la production d'eau potable (Directive 75/440, Directive 80/778)[3], de la qualité des eaux de baignade (Directive 76/160 en 1975), des valeurs limites d'émission de substances dangereuses (Directive 76/464 en 1976), des risques majeurs (Directive 82/501, dite Seveso I, en 1982), etc. (Drobenko, 2012). Cette

3 Le premier chiffre correspond à l'année d'adoption. Par souci d'alléger le texte, nous n'indiquons pas forcément le titre exact de la directive, souvent assez long, et renvoyons le lecteur intéressé aux détails à l'étude de Drobenko (2012).

première phase vise avant tout des objectifs de *santé publique* par la protection de la qualité des eaux.

Au début des années 1990 sont adoptées plusieurs directives importantes visant à renforcer la qualité des eaux en tant qu'*écosystèmes* : la Directive 91/271 sur le traitement des eaux urbaines résiduaires et la Directive 91/676 sur la pollution des eaux par les nitrates d'origine agricole, toutes deux adoptées en 1991, ainsi que la Directive sur les habitats (Directive 92/43 en 1992), qui protège notamment les écosystèmes humides.

Les années 2000 sont marquées par l'adoption de la *Directive cadre sur l'eau* (DCE) (Directive 2000/60), dont l'objectif central est une meilleure coordination des différentes politiques en matière de gestion des eaux. Moins connue, la Directive cadre 2008/56 sur le milieu marin vient renforcer la DCE, de manière à gérer globalement l'ensemble des eaux continentales et marines. Ces deux directives sont encore renforcées par la Directive 2007/60 sur les risques d'inondation. Même si sa mise en œuvre est longue et semée d'embuches (il y a par exemple une incompatibilité entre les objectifs de qualité des eaux de la DCE et les objectifs de production intensive de la Politique agricole commune), la politique de l'eau actuelle de l'Union européenne tend clairement vers une intégration de la gestion de l'eau (chap. 13), qui devrait permettre de protéger durablement la ressource.

15.4.7 La Suisse

Le cadre institutionnel suisse est caractérisé par la prédominance d'un certain nombre d'éléments : le fédéralisme « d'exécution », caractérisé par trois niveaux de mise en œuvre de la législation (Etat fédéral, cantons, communes) ; la large autonomie cantonale et communale par rapport à l'Etat fédéral ; les instruments de la démocratie directe : droit d'initiative et de référendum ; le rôle important accordé à la société civile – notamment aux organisations non gouvernementales – dans l'action politique (ex. droits de recours des organisations écologiques).

Le droit de l'eau

Le droit de l'eau est fixé principalement dans trois textes : la Constitution fédérale[4], le Code civil suisse (CC) (entré en vigueur en 1912) et les autres lois fédérales (ainsi que les ordonnances et lois cantonales d'application en découlant). Le droit de l'eau est réglé globalement par deux principes : le principe de la propriété privée *(principe d'accession)* (art. 667 CC), selon lequel « la propriété du sol emporte celle du dessus et du dessous, dans toute la hauteur et la profondeur utiles à son exercice » et qui comprend, sous réserve des restrictions légales, « les constructions, les plantations et les sources », et le principe de la souveraineté de l'Etat sur l'eau *(Gewässerhoheit)*, qui vient limiter la propriété privée en vertu d'un intérêt public prépondérant (Knoepfel *et al.*, 2001).

La Suisse ayant été influencée par la Révolution française, la propriété privée occupe une place importante dans les régimes de propriété en vigueur. Le Code civil de 1912 distingue les eaux publiques (art. 664 CC) et les eaux privées (art. 704 CC) :

---

4 Adoptée en 1848, puis renouvelée à plusieurs reprises, la dernière fois en 1999.

- Les *eaux publiques* comprennent les eaux de surface (cours d'eau et lacs), ainsi que les glaciers et les névés. Tout comme l'air ou le paysage, les eaux courantes ne sont pas considérées comme des choses. Elles peuvent toutefois acquérir ce caractère lorsqu'elles sont mises en bouteilles ou stockées dans des réservoirs. Dans les autres cas, elles doivent être considérées comme un bien commun *(Allgemeingut)*, une *res communes omnium* (Leimbacher et Perler, 2000). En tant que telles, elles sont placées sous la souveraineté de l'Etat, qui peut en disposer à sa guise. Le niveau institutionnel concerné est généralement le canton, ce qui en fait un acteur incontournable de la gestion de l'eau (protection contre les crues, concessions hydroélectriques). Dans certains cantons (ex. Valais), ce sont toutefois les communes qui sont propriétaires des cours d'eau (à l'exception du Rhône, qui est propriété du canton) ; elles sont donc responsables de la protection contre les crues et de l'octroi des concessions hydroélectriques. Le canton de Glaris est une exception, les eaux de surface étant du domaine privé (Leimbacher et Perler, 2000). Dans beaucoup de cantons, il existe des exceptions, les eaux pouvant aussi appartenir à des propriétaires privés ou des corporations. Il faut aussi mentionner quelques cas d'utilisation libre des eaux publiques. Il s'agit des usages pour la baignade et des prélèvements de faibles quantités, notamment pour l'abreuvage des animaux.
- Les sources et les eaux souterraines sont considérées comme des *eaux privées* (art. 704 CC) et font partie intégrante du fonds sur ou sous lequel elles sont situées (art. 667 CC). Le propriétaire foncier peut en disposer librement. Le Code civil prévoit toutefois des servitudes, notamment afin de garantir la livraison d'eau aux voisins, ainsi que dans l'intérêt public général. Sont toutefois considérées comme des eaux publiques les sources jaillissant d'un glacier ou de terrains impropres à la culture (éboulis, rochers, etc.), certaines grandes sources d'intérêt général (par ex. Loèche-les-Bains) et les sources de tête de cours d'eau. De la même manière, si elles sont formellement assimilées aux eaux de sources, les nappes d'eau souterraine d'une certaine taille ont peu à peu été assimilées à des eaux publiques (Liver, 1952 ; Leimbacher et Perler 2000, p. 260).

Lorsque l'Etat (canton, commune) est propriétaire de l'eau, c'est lui qui en règle les droits de disposition et d'usage. Les usages sont répartis selon un système d'autorisations (par ex. pour l'organisation de manifestations nautiques sur des lacs), de patentes ou de permis (par ex. pour la navigation ou la pêche) ou encore de concessions (ces derniers donnant à l'usager un droit exclusif d'usage de la ressource moyennant le paiement d'une redevance). Dans tous ces cas, l'Etat reste souverain sur la ressource, tout en accordant des droits d'usage.

La politique de l'eau

La politique de l'eau en Suisse s'est développée en quatre phases principales (Reynard *et al.*, 2001) : la protection contre les eaux *(Wasserbau)* dès 1871 ; l'exploitation économique des eaux *(Wassernutzung)* dès 1908 ; la protection qualitative des eaux *(Gewässerschutz)* dès 1953 ; la protection globale du système hydrologique dès 1991.

Les dernières décennies du XIXe siècle sont marquées par une recrudescence des inondations qui affectent particulièrement certains cantons de montagne entre 1830 et 1875. Dans ces cantons se pose le problème de la capacité financière en regard des sommes importantes qu'ils doivent affecter à la protection contre les crues et aux travaux de reconstruction. D'autre part, on considère que la cause principale des crues est la déforestation importante qu'ont connue ces régions au cours du XIXe siècle et que les conséquences négatives de ces déboisements ne concernent pas uniquement les régions dans lesquelles ils sont effectués, mais l'ensemble du pays. La combinaison de ces deux facteurs (faible capacité financière des cantons alpins et reconnaissance de la nécessité de prendre des mesures dans ces régions de montagne) et les inondations catastrophiques de 1868 amènent à l'adoption de l'article 24 Cst[5] qui institue la haute surveillance de la Confédération sur la police des endiguements et sur les forêts dans les régions de montagne (1874). De cet article découlent deux lois qui régiront la gestion du risque d'inondation pendant plus de 100 ans : la *Loi fédérale sur la police des forêts* (1876) et la *Loi fédérale sur la police des eaux dans les régions élevées* (1877). En 1897, le périmètre d'action de la loi est étendu à l'ensemble des cours d'eau du pays. Il en sera de même en 1902 pour la loi sur les forêts. En 1991, suite au changement de paradigme concernant la protection contre les crues en Suisse (chap. 17) et aux modifications économiques concernant la gestion des forêts, ces deux lois sont remplacées par deux nouveaux textes : la *Loi fédérale sur les forêts* (LFo, RS 921.0) et la *Loi fédérale sur l'aménagement des cours d'eau* (LACE, RS 721.100). Cette dernière met au premier plan le maintien – ou la reconstitution – des processus hydrologiques naturels. Depuis, on privilégie l'intégration des objectifs de protection des populations et de protection des valeurs naturelles dans tous les travaux d'aménagement.

La politique d'exploitation des eaux concerne essentiellement la production énergétique. En 1908 est adopté un article constitutionnel qui donne à la Confédération la haute surveillance sur l'utilisation des forces hydrauliques (24*bis)*, suivi en 1916 par la *Loi fédérale sur l'utilisation des forces hydrauliques* (LFH, RS 721.8), qui est encore en vigueur actuellement. Comme dans le domaine de la protection contre les crues, le modèle adopté constitue une solution intermédiaire entre la gestion privée – qui prédominait jusqu'alors – et la nationalisation (une solution adoptée par la France en 1946 avec la création d'Electricité de France (EDF) pour garantir l'approvisionnement énergétique du pays).

Le troisième axe de la politique de l'eau en Suisse est celui de la *protection des eaux*. Des mesures sont prises dès la fin du XIXe siècle, notamment dans la région bâloise pour faire face aux impacts de l'industrie chimique sur le Rhin, mais il faut attendre les années 1950 pour qu'un article constitutionnel et une loi fédérale en la matière soient adoptés. Par la suite, les autorités adoptent un nombre important de lois et de dispositions techniques visant à améliorer la qualité des eaux. Sans entrer dans le détail, on citera l'article constitutionnel 24*quater* (1953), la loi sur la protection des eaux contre la pollution (LPEP) de 1955 et son ordonnance d'application (1956) (deux textes qui eurent peu d'effet en raison de l'absence d'instrument de mise en œuvre concret), la deuxième loi sur la protection des eaux contre la pollution (LPEP) de 1971 – qui institue le principe de l'épuration centralisée et obligatoire des eaux usées, assorti d'un subventionnement fédéral – et les ordonnances relatives, la loi sur la protection de l'environnement de 1983 (LPE, RS 814.01) – qui établit le principe de causalité dans le domaine environnemental – et les ordonnances visant à limiter la

5 Une nouvelle Constitution fédérale a été adoptée en 1999. Dans ce chapitre, nous citons le numéro de l'article constitutionnel au moment de son adoption. Tous les articles concernant l'utilisation et la protection des eaux ont été regroupés en 1999 dans l'article 76.

pollution à la source et, finalement, la *Loi fédérale sur la protection des eaux* de 1991 (LEaux, RS 814.20) et son ordonnance (1998), en vigueur actuellement.

L'adoption de la LPEP en 1971 constitue un tournant, en instituant le subventionnement de la construction de *stations d'épuration des eaux usées* (STEP) par la Confédération. Cette politique incitative ainsi que l'interdiction de l'utilisation des phosphates dans les lessives en 1986 ont permis d'inverser la tendance à l'eutrophisation des lacs. Actuellement, un projet de modification de la LEaux est en cours d'élaboration afin d'établir une taxe fédérale sur l'épuration des eaux usées permettant de financer le développement de techniques de traitement des micropolluants dans un groupe ciblé de STEP.

Le dernier axe de la politique de l'eau en Suisse – la *gestion globale des eaux* – est initié en 1975 par la révision de l'article constitutionnel 24*bis*, qui établit le principe du maintien de débits résiduels convenables dans les cours d'eau. Mais il faudra attendre 1991 et l'adoption de l'actuelle *Loi fédérale sur la protection des eaux* (LEaux) pour que ce principe devienne effectif. La principale innovation de la LEaux est la définition de *débits résiduels minimaux* dans les cours d'eau et l'adoption d'une protection autant quantitative que qualitative des eaux. La garantie d'un débit résiduel touche tout nouveau prélèvement dans les cours d'eau (aménagements hydroélectriques, irrigation, eau potable, enneigement artificiel, etc.). Toutefois, les concessions existantes avant l'entrée en vigueur de cette loi ne sont pas concernées, ce qui pose problème notamment dans le domaine de l'hydroélectricité, où le retour des principales concessions d'exploitation n'aura lieu qu'à partir des années 2030 (ex. Mauvoisin, Grande Dixence, Emosson, etc.). En 2010, la LEaux a été révisée partiellement, instituant notamment le principe d'un espace réservé aux eaux pour garantir leurs fonctions naturelles, la protection contre les crues et leur utilisation, une régulation des éclusées et du régime de charriage et le financement des mesures de revitalisation par la Confédération. Les réflexions actuelles sur la gestion par bassin versant (chap. 13) vont également vers une plus grande intégration de la gestion des eaux.

15.5 GESTION COMMUNAUTAIRE

Les chapitres précédents ont traité du régime de propriété et des politiques de l'eau en présentant plusieurs exemples. Dans ce dernier chapitre, nous abordons une forme particulière de gestion de l'eau : la gestion communautaire. La gestion des ressources communes *(Commons)* a fait l'objet de nombreuses recherches, notamment des économistes institutionnels (voir par ex. Ostrom, 1990). Nous analyserons en premier lieu des ressources communes en général, avant d'étudier diverses formes de gestion communautaire de l'eau.

15.5.1 Ressources communes

Dans la littérature, la gestion communautaire durable d'une ressource naturelle est souvent considérée comme difficile, voire impossible. Le modèle de la *tragédie des biens communs* de Garrett Hardin (1968) considère qu'une dégradation de l'environnement est à attendre lorsqu'un grand nombre d'individus exploitent en commun une ressource naturelle rare. Pour décrire les effets négatifs d'une gestion communautaire d'un bien commun, il considère une prairie ouverte à tous. Pour maximiser ses gains, chaque berger tente d'y mettre le plus grand nombre de têtes de bétail possible. Tout va bien aussi longtemps que les guerres entre les tribus, le braconnage et les maladies limitent le nombre d'hommes et le bétail en dessous de la capacité de charge de la prairie. Une fois la stabilité sociale atteinte, la situation va se dégrader. Chaque berger cherchera toujours à maximiser ses gains. En ajoutant un animal, il touchera un bénéfice supplémentaire. En revanche, puisque le nombre total d'animaux pâturant sur la prairie a été augmenté, l'herbe sera consommée plus rapidement. Il en résultera donc une dégradation de la ressource mais, contrairement au bénéfice qui est individuel, les coûts seront supportés par l'ensemble des bergers. Tous les bergers ayant tendance à augmenter leur effectif de bétail, la ressource naturelle sera surexploitée et se dégradera continuellement. Garrett Hardin conclut en ces mots *« Freedom in a commons brings ruin to all »* (Hardin, 1968) et aboutit au constat que la gestion communautaire n'est justifiable que lorsque la densité de population est faible. Afin d'éviter la surexploitation, il propose soit la division de la ressource en propriétés privées, soit la mise en œuvre d'un contrôle étatique renforcé.

Le modèle de Hardin laisse supposer qu'une gestion communautaire sera toujours privée de succès. De nombreux exemples démontrent toutefois que la gestion communautaire d'une ressource naturelle est possible (voir par ex. Feeny *et al.*, 1990). Hardin part du principe que les décisions sont prises d'une manière individuelle et indépendante par les utilisateurs. Ainsi, il suppose qu'il n'y a pas de communication entre les acteurs, ce qui n'est pas forcément le cas en réalité. Une théorie adéquate sur la gestion communautaire d'une ressource naturelle a manqué pendant longtemps. En 1990, Elinor Ostrom[6] publie l'ouvrage *Governing the Commons*, dans lequel elle propose une théorie des ressources gérées en commun *(Common-Pool Resources – CPR)*. Par ce terme, l'auteur comprend un système de ressource naturelle ou anthropique qui est suffisamment large pour qu'il devienne coûteux – mais pas impossible – d'exclure des bénéficiaires d'en profiter[7] et dans lequel l'usage par un acteur soustrait une partie de la ressource pour les autres usagers (Ostrom, 1990 ; Ostrom *et al.*, 1999). Une gestion communautaire d'une ressource naturelle implique que les acteurs concernés s'organisent. D'après Ostrom (1990), une telle organisation est influencée par plusieurs facteurs concernant soit la ressource elle-même, soit les utilisateurs (tab. 15.4).

Les utilisateurs collaboreront lorsqu'ils estiment leurs bénéfices plus grands que les coûts qui résultent du processus d'organisation. Si ces bénéfices attendus sont très élevés, l'absence d'un ou de plusieurs facteurs listés ci-dessus peut être absorbée (Ostrom, 1990).

Les institutions gérant une ressource commune *(CPR institutions)* qui sont solides et couronnées de succès sur le long terme sont caractérisées par plusieurs principes d'organisation (tab. 15.5). Les institutions fragiles ont tendance à n'être caractérisées que par la présence de quelques-uns de ces principes.

---

6 Elinor Ostrom (1933-2012) a reçu le Prix Nobel d'économie en 2009 pour ses travaux innovants sur la gestion des ressources communes.

7 Selon E. Ostrom (1990), les ressources gérées en commun *(common-pool resources)* doivent être différenciées des ressources en libre accès *(open-access resources)*. L'eau ou la forêt sont des ressources communes, alors que l'air et les océans sont des ressources en libre accès.

Tableau 15.4 Facteurs influençant l'organisation des usagers d'une ressource (Ostrom, 1990).

Facteurs	Description
Facteurs concernant la ressource	
Amélioration possible	Les utilisateurs retirent un avantage en s'organisant.
Présence d'indicateurs	Des indicateurs fiables et valables sur la ressource sont régulièrement disponibles à faible coût.
Prévision	Les bénéfices sont relativement prévisibles.
Extension spatiale	Le système de la ressource est suffisamment petit pour que les utilisateurs puissent se faire une idée des frontières extérieures et des micromilieux à l'intérieur du système. Les coûts de la définition des frontières et du contrôle sont influencés par l'extension spatiale.
Facteurs concernant les usagers	
Dépendance	Les usagers dépendent substantiellement de la ressource. Si ce n'est pas le cas, les coûts pour s'organiser seront perçus comme trop élevés.
Vision commune	Les usagers ont une vision commune de la façon dont la ressource fonctionne et dont leurs actions affectent le système.
Investissements faibles	Les investissements sont suffisamment faibles par rapport aux bénéfices futurs obtenus de la ressource.
Confiance et réciprocité	Les utilisateurs se font mutuellement confiance. Ainsi, les coûts pour le contrôle et les mesures de sanction sont moins élevés.
Autonomie	Les utilisateurs peuvent déterminer les règles d'accès et d'exploitation sans l'intervention d'une autorité extérieure.
Expérience organisationnelle préliminaire	En participant à d'autres associations locales, les utilisateurs ont acquis des connaissances dans le domaine de l'organisation et de la direction.

Tableau 15.5 Principes d'organisation des institutions communautaires couronnées de succès sur le long terme (d'après Ostrom 1990).

Facteurs	Description
Limites bien définies	Les frontières de la ressource commune ainsi que les acteurs ayant des droits d'exploiter la ressource doivent être clairement définis. Les utilisateurs peuvent donc identifier ceux qui n'ont pas de droits.
Congruence	Les règles d'appropriation de la ressource (temps, lieu, technologie et quantité de ressource prélevée), de fourniture de la ressource (travail, matériel, financement) et les conditions locales de mise en œuvre de ces règles sont adaptées. De plus, elles doivent être perçues comme étant justes.
Arrangement du choix collectif	La plupart des individus concernés par les règles opérationnelles peuvent participer à l'élaboration ou à la modification de ces règles.
Contrôle	Le contrôle de l'état de la ressource et du comportement des utilisateurs est fait sous la responsabilité des usagers de la ressource ou par ces derniers eux-mêmes.
Sanctions échelonnées	Les sanctions prises contre les utilisateurs violant les règles sont échelonnées selon l'importance du délit.
Mécanismes de résolution de conflits	Les conflits peuvent être résolus dans le cadre d'arènes locales peu coûteuses en termes de temps et de moyens, auxquelles les utilisateurs ont accès d'une manière rapide et facile.
Reconnaissance minimale des droits à s'organiser	Les droits à l'auto-organisation des utilisateurs d'une ressource donnée ne sont pas remis en question par des autorités extérieures.
Pour des ressources communes faisant partie d'un système plus large	
Entreprises emboîtées *(nested enterprises)*	L'appropriation, le contrôle, la résolution de conflits, etc. sont organisés dans des couches multiples d'entreprises emboîtées.

Dans les institutions de gestion communautaires, les acteurs peuvent directement influencer et définir le cadre institutionnel dans lequel ils exploitent la ressource. La gestion communautaire représente ainsi une alternative aux régimes classiques (privé et public) de gestion des ressources naturelles et il a été démontré que les institutions communautaires participent souvent de manière efficace à la mise en œuvre des politiques de l'environnement (Gerber *et al.*, 2008 ; Nahrath *et al.*, 2012). Dans le chapitre suivant, nous proposons quatre exemples d'organisation de gestion communautaire de l'eau : les corporations de digues dans le canton de Berne (Suisse), les consortages d'irrigation du canton du Valais (Suisse), les Associations syndicales autorisées (France) et les associations d'irrigants du Népal.

15.5.2 Corporations de digues du canton de Berne

En Suisse, l'aménagement des cours d'eau est en principe de la responsabilité des cantons et parfois des communes. Dans certains cantons (Berne, Glaris, Obwald, par ex.), l'aménagement des cours d'eau est parfois confié à des associations communautaires : les *corporations de digues (Schwellen-Korporationen, Wuhrkorporationen, Bach-Korporationen)*. En aménageant les cours d'eau, elles assurent la protection contre les crues à l'intérieur d'une zone donnée (Thomi, 2010). Dans ce cas, c'est la sécurité contre les crues des cours d'eau qui est la « ressource commune » (Thomi, 2005). Dans certains cas, notamment dans le canton de Glaris, les membres sont également propriétaires des cours d'eau eux-mêmes. Une corporation de digues rassemble tous les propriétaires fonciers d'un périmètre donné. Celui-ci est souvent identique au territoire des communes municipales. L'assemblée générale composée de l'ensemble des membres est l'organe suprême. Elle élit notamment un comité directeur qui s'occupe des tâches quotidiennes. De plus, la corporation peut engager un maître digueur qui surveille l'état des ouvrages de protection et qui s'occupe des travaux d'entretien.

Par rapport à des entités politiques (communes), les corporations ont l'avantage de pouvoir percevoir des contributions auprès de tous les propriétaires fonciers, y compris ceux qui ne sont pas domiciliés dans la commune, ce qui peut être très utile dans les régions touristiques, où les résidences secondaires sont nombreuses. Les corporations peuvent également percevoir des contributions pour la protection d'infrastructures (lignes à haute tension par ex.). Un autre avantage est qu'elles incluent les acteurs qui sont directement touchés lors d'une inondation, à savoir les propriétaires fonciers. Ainsi, ceux-ci peuvent s'exprimer lors des assemblées générales sur les projets d'aménagement à réaliser. Les corporations de digues n'ont toutefois pas que des avantages. L'une des principales limites concerne leurs compétences. D'après la nouvelle philosophie de protection contre les crues (chap. 17), celle-ci doit être assurée principalement par des mesures d'aménagement du territoire, qui sont de la responsabilité des communes. De plus, elles dépendent fortement de l'engagement de leurs membres. Lorsque ceux-ci ne montrent pas ou peu d'intérêt pour la corporation, cette dernière est confrontée à des problèmes majeurs afin d'assumer ses responsabilités (Thomi, 2005).

15.5.3 Consortages de bisses du Valais

En raison de son climat particulièrement sec, le canton du Valais en Suisse a développé, surtout à partir du XIIIe siècle, un réseau important de canaux d'irrigation, appelés *bisses* dans la partie francophone du canton et *Suonen* ou *Wasserleitungen* dans le Haut-Valais germanophone (chap. 16). Mesurant souvent plusieurs kilomètres de long et nécessitant des coûts de construction et d'entretien importants, les réseaux de bisses ont été développés de manière collective. Au Moyen Age, lorsque les principaux bisses ont été aménagés, les eaux étaient sous la souveraineté de seigneurs, principalement l'Evêque de Sion et la Maison de Savoie. Ce sont ces seigneurs qui ont concédé l'usage de la ressource à des communautés paysannes, très souvent contre le paiement d'une redevance. La concession, souvent sans limite de temps, était octroyée soit à l'ensemble de la communauté – l'ancêtre des communes actuelles –, soit à une partie seulement des habitants, organisés en associations, appelées *consortages* (Reynard, 2008). Lors du dernier inventaire des bisses du Valais (1993), la moitié des bisses était gérée par des consortages et l'autre moitié par des communes municipales. Des recherches récentes (Schweizer, 2010 ; Bréthaut et Nahrath, 2011) ont constaté que dans de nombreux cas, la gestion de l'irrigation est hybride, tant les communes que les consortages ayant différents droits et prérogatives dans la gestion du système.

Les consortages d'irrigation sont un bon exemple d'associations communautaires de gestion de l'eau. Ils satisfont clairement aux principes d'organisation d'E. Ostrom (1990) (tab. 15.5) : les limites du système sont réglées par les surfaces à irriguer, ce qui permet d'exclure les non-membres ; le bénéfice de la gestion communautaire est évident (augmentation de la productivité) ; les membres ont mis en place des mécanismes de contrôle et de sanction, ainsi que des règles permettant la participation de tous les usagers ; les autorités supérieures (seigneurs au Moyen Age, autorités communales et cantonales à l'heure actuelle) reconnaissent la légitimité de ces institutions. Certains consortages ayant perduré pendant plusieurs siècles, s'adaptant à plusieurs régimes politiques (système féodal, Ancien Régime, Etat fédéral actuel), ils peuvent être considérés comme de bons exemples d'*institutions communautaires robustes*, au sens d'E. Ostrom (1990). Les transformations actuelles (disparition de certains consortages, faute de membres ou de personnes acceptant d'assumer les tâches de direction, reprise de la gestion par le secteur public, hybridation de la gestion (publique et communautaire)) tendent toutefois à montrer que le contexte suisse, marqué par une réduction drastique de la population active dans le secteur primaire et par une insertion forte dans le marché agricole globalisé, n'est pas favorable au maintien de formes strictes de gestion communautaire des ressources.

15.5.4 Associations syndicales françaises

Comme en Suisse, l'origine des corporations communautaires françaises remonte au Moyen Age et a été liée à la réalisation de grands travaux (assèchements, défrichements, irrigation, etc.). Malgré la Révolution française, qui visait à abolir les droits et privilèges fonciers anciens, et le Code civil de 1804, qui ne prévoyait que deux catégories de biens (publics et privés), plusieurs associations syndicales ont perduré ou ont été créées, car elles permettaient la réalisation collective de grands travaux d'aménagement (drainage et irrigation notamment). En 1865, une loi spécifique a été promulguée, qui prévoyait trois types d'associations syndicales : les associations libres (des associations de droit privé), les associations syndicales autorisées (ASA), qui ont un statut d' « établissements publics à caractère administratif » (personnes morales de droit public), et les associations syndicales constituées d'office (ASCO), là où les autorités forcent les propriétaires fonciers à se constituer en associations pour la réalisation de travaux. La loi de 1865 a été révisée en 2004.

Dans le domaine de l'eau, ce sont les ASA qui constituent le modèle le plus développé, tant pour les drainages que pour l'irrigation, voire la protection contre les crues. L'association syndicale est formée de l'ensemble des propriétaires de la zone concernée ; l'assemblée générale élit un Syndicat, qui lui-même élit un directeur. Comme les consortages de bisses, les ASA satisfont aux critères d'E. Ostrom (1990) et avec une durée de vie dépassant souvent 100 ans, elles sont souvent des institutions robustes (Garin et Loubier, 2002). Cependant, à la différence des consortages de bisses et des corporations de digues, les ASA sont des « établissements publics ». Leur fonctionnement est donc encadré par l'Etat (autonomie de fonctionnement, mais contrôle des procédures et du budget par l'Etat). Comme l'Etat français a vu dans les ASA un moyen de développer sa politique de grands travaux, les ASA bénéficient d'un soutien public dans leur politique d'investissement. Les ASA souffrent toutefois de deux faiblesses principales : la rigidité de leurs structures qui empêche leur adaptation rapide dans les régions en forte évolution (par ex. les régions périurbaines) et la tendance au sous-investissement, liée à l'absence de vision à long terme des membres (Garin et Loubier, 2002). Au final, on peut considérer que les ASA sont bien des associations communautaires, au sens d'Ostrom, mais adaptée au contexte d'un pays où la puissance publique a une forte incidence sur la gestion des territoires.

15.5.5 Associations d'irrigants du Népal

Le dernier exemple concerne un pays en développement, le Népal. Il permet d'étudier, sous l'angle institutionnel et de la performance agricole, le rapport entre la petite et moyenne irrigation gérée par des associations d'usagers et les ouvrages modernes mis en place par l'Etat. Au Népal, l'irrigation a été traditionnellement gérée par des associations d'irrigants et ce n'est qu'en 1923 qu'un premier périmètre d'irrigation géré par l'Etat a été réalisé (Pradhan, 1989). Cette ingérence tardive de l'Etat dans l'irrigation explique l'importance historique de la gestion communautaire des ouvrages d'irrigation dans tout le pays. En 1994, 75 % des surfaces irriguées étaient gérées par des communautés d'irrigants. Dès 1952, l'Etat crée une administration en charge des projets d'irrigation qui prend le relais des systèmes traditionnels sans toutefois en reconnaître leur existence. Ce n'est qu'en 1981 que leur légitimité est reconnue et qu'une nouvelle politique de l'Etat visant à favoriser les associations d'irrigants est mise en œuvre.

Plusieurs recherches ont évalué la performance des systèmes communautaires traditionnels et des aménagements mis en place par l'Etat (Shivakoti et Ostrom, 2002). Elles concluent que le capital physique (infrastructures) est meilleur dans les ouvrages publics, alors que la performance des systèmes traditionnels se base essentiellement sur un capital social élevé. Au final, la productivité agricole des systèmes communautaires est plus élevée que celle de certains systèmes modernes gérés par l'Etat, ce qui a incité la création de plusieurs projets visant à introduire la participation des usagers dans la maintenance des systèmes d'irrigation modernes et le transfert de tout ou partie de la gestion du système à des associations d'usagers, une tendance qui se développe à l'échelle mondiale dès les années 1990 (Garces-Restrepo *et al.*, 2007) dans un contexte de désengagement de l'Etat de certaines tâches à incidence territoriale.

Ce chapitre a montré l'importance des composantes institutionnelles dans tout processus de gestion de l'eau et la nécessité de prendre en compte autant les règles concernant l'accès à la ressource (droits d'usage) et la propriété de cette dernière (droits de propriété, droits de disposition) – formant ce que l'on peut appeler le droit de l'eau –, et les règles visant à organiser la coordination entre les usages de l'eau et garantir une certaine protection de la ressource (qualité, quantité), en d'autres termes à gérer durablement la ressource en eau (politique de l'eau). Les différents exemples ont également montré que ces règles institutionnelles se déploient à différents niveaux d'échelle, de l'international au local, et qu'à ce dernier niveau, il est important de garantir la participation des usagers dans la gestion de l'eau.

CHAPITRE 16

LES USAGES DE L'EAU ET LEURS PRINCIPES DE GESTION

Ce chapitre s'intéresse plus particulièrement aux principaux usages de la ressource en eau. Sont analysés successivement l'approvisionnement en eau potable et l'assainissement urbain, l'irrigation, la production d'énergie et les activités ludiques. Chaque chapitre a une structure similaire : après un bref aperçu du développement historique de l'usage sont présentés les principales caractéristiques techniques permettant la mobilisation de l'eau pour l'usage concerné, puis les modes de gestion, à savoir les mécanismes institutionnels mis en place pour encadrer les modalités d'utilisation. Dans un dernier temps sont présentés divers exemples permettant d'illustrer la variabilité spatio-temporelle de l'usage ou des questions spécifiques.

16.1 APPROVISIONNEMENT EN EAU ET ASSAINISSEMENT URBAIN

16.1.1 Développement historique

L'eau est l'une des trois ressources – avec le gaz et l'électricité – distribuées actuellement en réseau aux habitants des villes. Il n'en a pas toujours été ainsi et pendant longtemps des villes ou des quartiers ont été approvisionnés de manière ponctuelle, au moyen de fontaines, souvent localisées sur un point d'eau naturel, plus ou moins aménagé.

En Suisse, les plus anciennes installations destinées à l'alimentation en eau datent de l'âge du Bronze (citerne en mélèze et captages d'eau dans les Grisons)[1]. A la même époque, la cité de Mohenjo-Daro (civilisation de l'Indus) était alimentée par au moins 700 puits (Mays, 2010). Les civilisations antiques (Mésopotamie, Nil) ont également développé des techniques hydrauliques urbaines (dérivations, citernes, puits, aqueducs). Alexandrie, fondée en 331 av. J.-C. par Alexandre le Grand, et qui a pu atteindre 400 000 habitants, était alimentée par des centaines de réservoirs eux-mêmes reliés à un bras du Nil par un canal. Les cités grecques étaient approvisionnées par des sources naturelles. Il en est de même de Rome (Malissard, 1994), jusqu'en 312 avant J.-C., date à laquelle est construit le premier aqueduc. A la fin du premier

1 Selon le Dictionnaire historique de la Suisse.

siècle après J.-C., neuf aqueducs romains dérivent plus d'un million de m^3 par jour[2]. Les eaux, de propriété publique, étaient collectées et stockées dans des citernes pour être distribuées dans les fontaines publiques, les thermes et les maisons des plus riches, au moyen d'un réseau de conduites en plomb (fistules) (Mays, 2010). Malgré la présence de *curateurs des eaux*, chargés de surveiller les aqueducs, les fraudes étaient nombreuses, tant dans les zones rurales traversées par les aqueducs que dans les cités elles-mêmes. Ces détournements d'eau pouvaient atteindre la moitié des eaux dérivées. La cité antique de Pétra (sur l'actuel territoire jordanien), fondée vers 300 av. J.-C., située dans une zone semi-aride (150 mm de pluie par an), était alimentée par un système sophistiqué de barrages, de conduites de terre cuite et de plus de 200 citernes, visant à assurer la stabilité de l'approvisionnement, tout en régulant les crues (Ortloff, 2005).

Au Moyen Age, les puits dans les nappes souterraines, dans ou hors les murs, sont privilégiés, car plus sûrs que les adductions en cas de siège. De nombreuses villes entreprennent des travaux de génie civil (fossés) pour se protéger au moyen de l'eau (Guillerme, 1983).

Il faut attendre la deuxième moitié du XIXe siècle pour que s'opère un changement de grande ampleur : toutes les grandes villes européennes vont s'équiper de réseaux d'eau potable, de gaz, puis d'électricité (Goubert, 1986 ; Pflieger, 2009), encore en activité actuellement. Le mouvement est rapide – la plupart des villes s'équipent entre 1850 et 1880 – et marqué par toute une série d'innovations techniques (conduites en fonte, mise sous pression, par ex. en 1866 à Bâle, 1867 à Neuchâtel, 1868 à Lausanne et Berne, etc.) qui permettent d'amener l'eau dans les logements. La forme du système de conduites change également, passant de la « ligne » (qui amenait l'eau par gravité à des points précis de la ville (bornes, fontaines) au réseau (Pflieger, 2009). Dès le début du XXe siècle, les techniques de filtration permettent de s'affranchir de la recherche d'eau à longue distance. Le cas de Lausanne est à ce titre exemplaire (Dirlewanger, 1998). Pour faire face à la croissance démographique, la ville va d'abord capter des eaux de plus en plus éloignées (en 1898, la ville achète des sources situées à 45 km de distance, dans la vallée de l'Etivaz) ; en 1932, elle met en service une première station de pompage (et de filtration) dans le Léman, à Lutry, à proximité de la ville. Actuellement, l'eau du Léman représente 60 % de la consommation lausannoise.

L'assainissement – c'est-à-dire l'ensemble des techniques permettant de traiter les eaux usées – a connu une trajectoire historique un peu identique. Les Romains connaissaient déjà les systèmes d'égouts. Au Moyen Age, les eaux usées étaient évacuées sous différentes formes, dans des rigoles le long des rues ou dans des fosses d'aisance. Le manque d'hygiène et la mauvaise séparation des eaux propres et usées provoquaient de multiples épidémies de typhus et de choléra qui perdureront jusqu'à la fin du XIXe siècle dans de nombreuses villes. La situation change à la faveur de la « révolution hygiéniste » du XIXe siècle. L'Angleterre introduit le système du tout-à-l'égout qui permet l'évacuation des eaux usées à l'extérieur des villes mais ne résout pas la question de leur « élimination ». Dans un premier temps, c'est l'épandage sur les terres agricoles qui est privilégié (Paris, Londres). Vers 1900 sont construites les premières stations d'épuration biologico-mécaniques en Angleterre et aux Etats-Unis. En Suisse, la première station d'épuration est installée à St-Gall en 1917, mais les

2 Le système décrit ici vaut non seulement pour Rome, mais également pour d'autres cités romaines. *Aventicum*, capitale de l'Helvétie romaine, était ainsi alimentée par six aqueducs.

constructions sont peu fréquentes jusqu'à l'adoption de la *Loi fédérale sur la protection des eaux contre la pollution* (LPEP), qui rend obligatoire l'épuration des eaux usées en 1971.

16.1.2 Structure des réseaux d'alimentation

L'origine de l'eau

La production d'eau potable consiste à mettre à disposition du consommateur une eau consommable, selon des critères de qualité fixés par des dispositions réglementaires (par ex. teneur maximale en nitrates). On distingue cinq sources principales d'eau utilisées pour la production d'eau potable:

• Les *eaux souterraines* qui peuvent être captées directement depuis la surface en raison de rejaillissement (vidange ou trop-plein), par des puits ascendants (sources vauclusiennes) ou sous pression (sources artésiennes) ou au travers de pompages à plus ou moins grande profondeur. Dans les aquifères poreux (§ 7.3.3), la filtration naturelle garantit une certaine qualité, contrairement aux aquifères fissurés, dans lesquels la filtration naturelle est souvent faible, notamment dans les aquifères karstiques. La minéralisation des eaux souterraines dépend essentiellement du contexte géologique (eaux carbonatées en milieu calcaire, eaux sulfatées dans les évaporites, etc.).

• Les *eaux de surface* captées soit dans des cours d'eau, soit dans des plans d'eau (lacs, réservoirs artificiels). Elles peuvent présenter une certaine turbidité et sont beaucoup plus sensibles aux pollutions (tant organiques que physico-chimiques) que les eaux souterraines, notamment en milieu urbain et dans les zones à agriculture intensive.

• Les *eaux marines* qui nécessitent un dessalement (ou désalinisation), dont le développement industriel date des années 1950 aux Etats-Unis. Le dessalement s'est particulièrement développé dans les pays arides et cette technique est utilisée de manière intensive dans les pays du Golfe (les Emirats arabes unis, l'Arabie saoudite, le Koweït et le Qatar qui assurent ainsi jusqu'à 70 % de leurs besoins en eau par dessalement). Il en va de même dans certains pays du Maghreb (Algérie, Tunisie, Libye), en Israël, et également dans d'autres régions côtières et insulaires, en Europe (Barcelone, Iles Canaries (100 % des besoins), Baléares, Malte, Italie), aux Etats-Unis ou en Australie (1/3 de l'eau potable de Perth est produite par ce procédé). Actuellement, les pays arabes produisent 60 % de l'eau dessalée à l'échelle mondiale et les Etats-Unis 15 %. Environ 1 % de l'eau consommée sur la planète provient de cette technique de production, soit 25 millions de m^3 par jour (en l'an 2000), avec une augmentation des capacités de l'ordre de 10 % par année. Plusieurs techniques existent pour procéder à ce dessalement, dont les plus connues sont:

- les *procédés thermiques* (environ 50 % de l'eau produite par dessalement), qui reproduisent le cycle naturel de l'eau en chauffant l'eau salée, avec production de vapeur d'eau qui est à son tour condensée pour former de l'eau douce (distillation multi-effets, technique très gourmande en énergie (demande énergétique: 15 kWh/m^3);
- les procédés par *ultrafiltration* (osmose inverse, qui consistent à filtrer l'eau à travers des membranes à porosité très faible permettant de retenir les sels; demande énergétique: 4-5 kWh/m^3).

Les problèmes majeurs du dessalement (PNUE, 2001) sont la demande élevée en énergie, les coûts de production (liés à la demande en énergie), la production de déchets (produits chimiques utilisés pour le prétraitement et le nettoyage, notamment des produits chlorés), les rejets de saumure (qui sont déversés, sous forme d'eau sur-concentrée, directement dans la mer et provoquent des impacts négatifs sur les écosystèmes marins, notamment sur les planctons et phytoplanctons, surtout s'ils sont rejetés près des côtes) et les impacts thermiques (réchauffement de l'eau). Des impacts sur la faune et la flore marine sont également notés dans la zone de prélèvement de l'eau. Afin de valoriser au mieux l'énergie utilisée, certaines usines à distillation sont couplées avec une usine de production électrique (PNUE, 2001). L'énergie est utilisée à la fois pour actionner une turbine et pour chauffer l'eau à dessaler. On développe également de plus en plus des systèmes mixtes – thermiques et membranaires – afin d'optimiser la consommation d'énergie, ainsi que l'utilisation d'énergies renouvelables (solaire, éolien) afin de réduire l'empreinte carbone du dessalement qui est estimée pour les systèmes classiques à 1 kg de dioxyde de carbone par mètre cube d'eau produite.

- Les *eaux de pluie* qui peuvent également être récupérées avant qu'elles n'aillent alimenter les réseaux de surface ou souterrains. C'est un système qui a été largement développé dans les régions peu pourvues en eau, du moins à certaine période de l'année (région sahélienne par exemple), et dans les régions rurales à habitat dispersé, car la mise en place de réseaux de distribution devenait trop onéreuse. Ainsi, dans le Jura, la plupart des chalets d'alpage sont munis de systèmes de récupération des eaux de pluie venant alimenter une citerne souterraine (fig. 16.1).

- La *réutilisation des eaux usées* est une pratique assez bien développée dans le domaine de l'irrigation (sect. 16.2) mais beaucoup moins dans celui de la production d'eau potable, pour des raisons à la fois technique (degré d'épuration très exigeant) et psychologique (l'eau de boisson transite par les toilettes). Ainsi, les habitants de Toowoomba (Queensland, Australie), consultés par référendum, ont refusé de boire de l'eau recyclée. Les habitants de San Diego (Californie) se sont également opposés aux projets municipaux dans les années 1990. Là où de tels projets ont été réalisés, il a été procédé à une double filtration, les eaux usées étant réinjectées dans des nappes phréatiques après traitement puis, après filtration naturelle par le sol, pompées et retraitées avant une nouvelle distribution. Ainsi, la ville de Barcelone réalimente des nappes côtières avec des eaux usées traitées afin d'éviter des infiltrations d'eau salée. Le Comté d'Orange (Colorado, Etats-Unis) a développé le plus grand système de réalimentation d'aquifère souterrain du

Fig. 16.1 Système de récupération des eaux de pluie dans le Jura (photo E. Reynard).

monde par des eaux usées traitées par microfiltration *(Groundwater Replenishment System, GWRS)*. Près de 95 millions de m^3 d'eaux usées sont ainsi récupérées chaque année. La ville de Genève utilise un même principe au travers de l'aquifère de l'Arve et l'eau du Rhin est bue six fois entre les villes de Bâle et de Karlsruhe). Singapour mélange depuis 2002 des eaux usées filtrées (microfiltration, osmose inverse) avec les eaux brutes à l'amont de la station de filtration de la ville (projet NEWater), ce qui permet de couvrir 1 % des besoins. Rares sont les cas où l'on réutilise les eaux usées filtrées directement. C'est le cas de Windhoek, en Namibie, depuis 1968. En période de sécheresse, les eaux usées retraitées représentent jusqu'à 30 % des eaux distribuées.

La gestion technique

De la source au robinet, l'eau est successivement captée, traitée le cas échéant pour la rendre potable, transportée, stockée et finalement distribuée aux consommateurs.

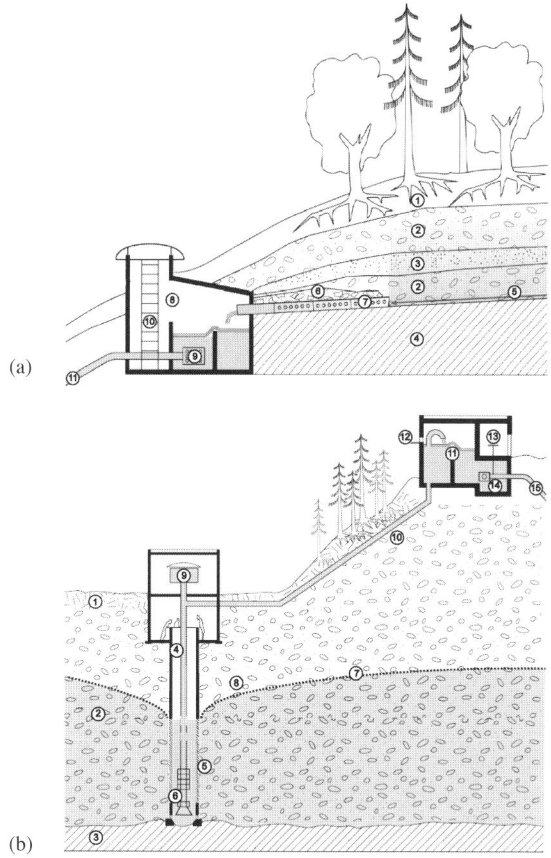

Fig. 16.2 Différentes techniques de captage (source : SSIGE) : (a) à partir d'une source, par gravité : (1) sol, (2) gravier et sable, (3) sable, (4) niveau imperméable (argile ou roche), (5) eau, (6) gravier, (7) drains, (8) chambre de captage, (9) filtre, (10) échelle, (11) conduite d'amenée au réservoir : (b) dans une nappe souterraine : (1) sol, (2) gravier et sable, (3) argile ou roche, (4) puits filtrant, (5) drain, (6) pompe, (7) niveau de la nappe phréatique, (8) dépression de captage, (9) moteur, (10) conduite d'amenée au réservoir, (11) réserve d'eau, (12) trop-plein, (13) vanne d'arrêt, (14) crépine, (15) réseau de distribution.

Chaque étape nécessite des infrastructures propres, dont les caractéristiques techniques et les finalités sont décrites ici dans les grandes lignes.

La technique de *captage* diffère selon la ressource exploitée. Afin d'extraire l'eau des nappes souterraines, des puits équipés avec une pompe sont installés (fig. 16.2). Les ouvrages de captage des sources sont constitués de trois éléments principaux : la prise d'eau qui intercepte l'écoulement souterrain, la conduite d'amenée et la chambre d'eau (fig 16.2). Ce dernier élément sert avant tout à accéder à l'eau pour pouvoir effectuer des contrôles. Les prises d'eau sous-lacustres ou sous-marines sont installées à plusieurs dizaines de mètres de profondeur. Afin d'éviter que le courant provoqué par le pompage ne mette en suspension des particules, elles sont toutefois placées quelques mètres au-dessus du fond du lac ou de la mer.

L'eau d'alimentation étant rarement consommable directement, un *traitement* adéquat est souvent nécessaire avant la distribution. L'*eau brute* est alors acheminée vers une station de traitement où les substances indésirables sont éliminées. Il s'agit notamment de particules en suspension, de micro-organismes (bactéries, virus, algues) et de certaines substances chimiques (nitrates, phosphates, pesticides, etc.). Les eaux souterraines sont généralement de bonne qualité et une simple désinfection à l'aide d'ozone, de dioxyde de chlore ou de chlore peut être suffisante afin d'éliminer les micro-organismes. La chaîne de traitement est plus complexe pour les eaux de surface, qui présentent normalement une qualité moindre, notamment en ce qui concerne les caractéristiques bactériologiques et la turbidité.

La *filtration sur membrane* est de plus en plus utilisée dans le domaine de la potabilisation de l'eau. Elle permet de clarifier et de désinfecter l'eau en une seule opération, lors de laquelle l'eau brute est injectée sous pression dans des modules composés de membranes qui retiennent les impuretés. La microfiltration (pores de 0,1 à 10 μm), l'ultrafiltration (0,001 à 0,1 μm) et la nanofiltration (env. 1 nm) se différencient dans la capacité à retenir des particules de plus en plus fines (fig. 16.3). L'échelle va des particules en suspension et des germes bactériens (microfiltration), aux microparticules en suspension ainsi que les virus et les molécules organiques de grande taille (ultrafiltration) et à l'élimination des sels minéraux et des molécules organiques plus petites (nanofiltration).

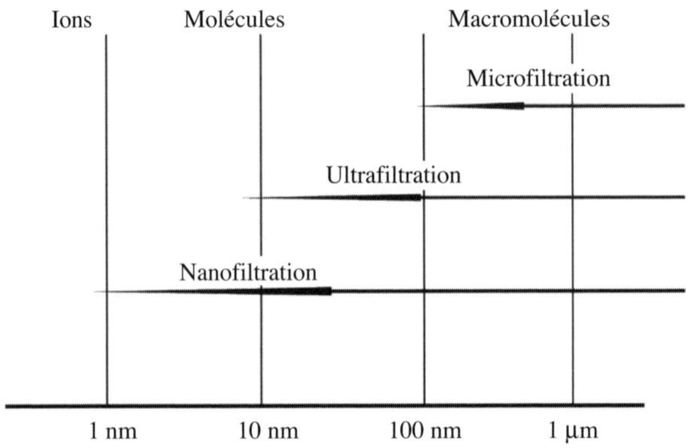

Fig. 16.3 Différents types de filtration.

Le *réseau d'adduction* est formé de l'ensemble des conduites qui relient les captages aux lieux de consommation. Les conduites s'étendent sur de longues distances (plusieurs kilomètres à des dizaines de kilomètres) sur lesquelles l'eau transite par gravité, lorsque les conditions topographiques s'y prêtent, ou par refoulement à l'aide de pompes.

Les *réservoirs* sont des éléments à fonctions multiples. Ils doivent pouvoir accumuler suffisamment d'eau afin de garantir la distribution de l'eau en quantité suffisante pendant les heures de consommation de pointe ou lors de pannes (pompages, station de traitement) ou de ruptures de conduites. Les réservoirs se rechargent pendant les heures de faible consommation. Souvent placés sur les hauteurs ou dans un château d'eau, ils constituent également des régulateurs de pression permettant une adduction par gravité. En maintenant une pression d'eau constante dans les conduites, l'eau coule dès qu'on ouvre le robinet sans apport d'énergie supplémentaire. Les réservoirs servent également à la lutte contre l'incendie et sont dimensionnés en fonction du nombre de bâtiments à protéger.

La dernière partie du système est le *réseau de distribution*. Selon les besoins des zones à desservir, la densité de la population et les contraintes topographiques, deux structures de distribution principale sont possibles : les réseaux ramifiés et maillés (fig. 16.4). Les *réseaux ramifiés* présentent une structure en arbre : les conduites de distribution se ramifient à partir d'une conduite principale. Les inconvénients de ce type de réseau sont la présence de zones mortes aux extrémités des ramifications (l'eau stagne et peut se dégrader) et les longues ruptures d'alimentation en cas de réparations effectuées sur le réseau (l'eau ne peut pas être déviée). Par contre, les frais de construction sont moins élevés que pour les *réseaux maillés*. Ici, les extrémités des conduites principales et secondaires sont reliées entre elles et permettent un bouclage. En cas de problèmes sur le réseau, l'eau peut alors être acheminée par une boucle alternative. La circulation de l'eau est bonne dans ce type de réseau, même en cas de consommation très faible. Les frais de construction sont cependant plus élevés et ils ne sont pas toujours possibles lorsque les pentes sont fortes.

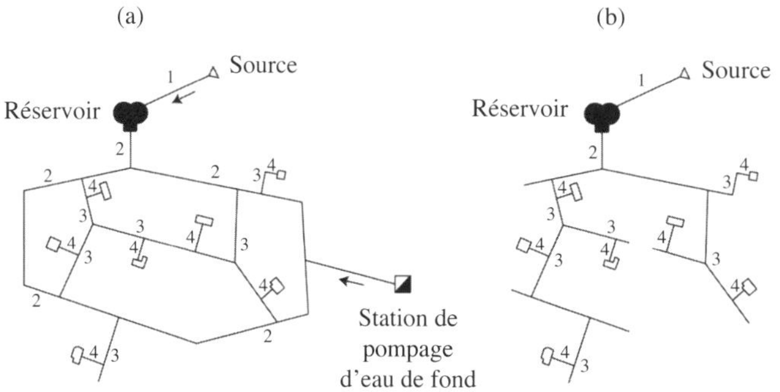

1 conduites d'adduction
2 conduites principales maîtresses
3 conduites de distribution
4 conduites de branchement

Fig. 16.4 Structure d'un réseau maillé (a) et ramifié (b) (selon Maystre et Krayenbühl, 1994).

Le *dimensionnement* d'un réseau d'eau potable (stations de pompage, conduites d'adduction et de distribution, réservoirs, etc.) ne dépend pas de la consommation moyenne, mais de la consommation de pointe. En effet, d'importantes variations temporelles surviennent :

- les *variations horaires* présentent deux maximas : entre 7 et 9 heures le matin et le soir après 18 heures ; les réservoirs sont remplis lorsque la consommation est la moins importante entre 2 et 4 heures du matin (fig. 16.5) ;
- les *variations hebdomadaires* sont marquées dans les quartiers où l'activité économique est importante (la consommation des week-ends est nettement inférieure que durant les jours ouvrables (fig. 16.6) ou alors inversement en raison d'activités ludiques (ski, sports nautiques) le week-end ;

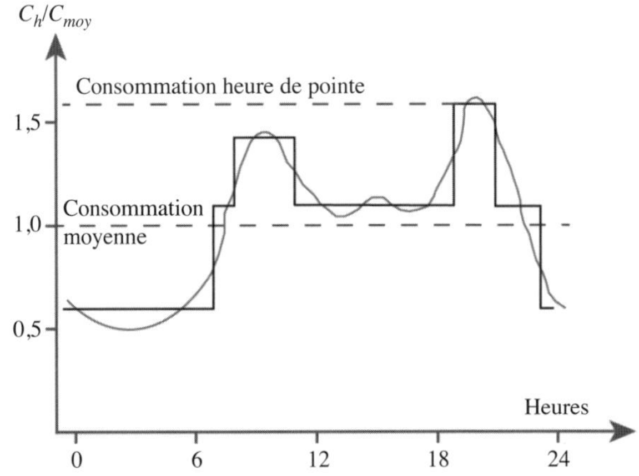

Fig. 16.5 Modulation journalière de la consommation (selon Maystre et Krayenbühl, 1994).

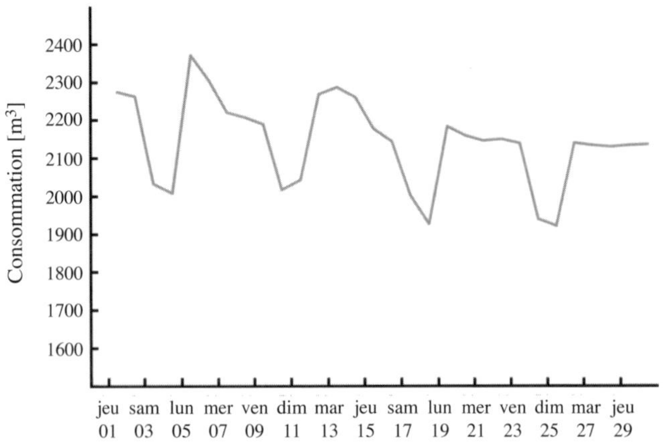

Fig. 16.6 Consommation journalière de la commune du Chenit (Jura vaudois, Suisse) en novembre 2001. La commune comprend de nombreuses entreprises horlogères et emploie un nombre important de frontaliers (selon Bissig, 2004, sur la base de données du Service des eaux du Chenit).

- les *variations mensuelles* peuvent atteindre des proportions considérables dans les zones résidentielles en fonction des conditions météorologiques, des activités touristiques et des arrosages d'été (fig. 16.7) ;
- les *variations annuelles* dépendent presque uniquement des conditions météorologiques.

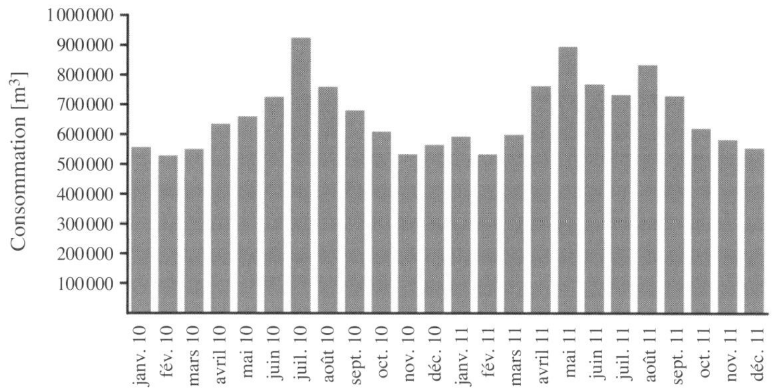

Fig. 16.7 Variation de la consommation mensuelle d'eau potable dans la région de Crans-Montana-Sierre (11 communes, Valais, Suisse) en 2010 et 2011. Dans cette région où les maisons individuelles sont importantes, les besoins en eau potable sont nettement plus importants en été qu'en hiver, traduisant une importante utilisation d'eau potable pour l'irrigation des jardins et pelouses (selon Bonriposi, 2013).

16.1.3 Structure des réseaux d'assainissement

Les *eaux usées* sont les eaux qui ont été altérées par les activités humaines (industrielles, agricoles, domestiques) et sont susceptibles de contaminer les milieux dans lesquels elles sont déversées. Les *eaux grises* sont des eaux faiblement polluées (par ex. les eaux de ruissellement sur les toits, les routes). On parle également dans ce cas d'*eaux pluviales*. Dans la plupart des pays, en particulier dans les zones urbanisées, les eaux usées sont collectées par un *réseau d'égouts* (ou d'assainissement), puis acheminées vers une *station d'épuration des eaux usées*, pour y être traitées avant d'être déversées dans le milieu aquatique. Parfois, surtout dans les pays en développement, les réseaux d'égouts déversent les eaux collectées directement dans l'hydrosystème. Dans les zones à faible densité, on privilégie l'*épuration individuelle* (puits perdus, fosses septiques). Nous décrivons ici la structure des réseaux d'épuration collective. Ces derniers sont formés de deux parties principales : le réseau d'égouts et l'installation d'épuration.

En fonction du type d'eau collectée, on distingue les *réseaux d'égouts* unitaires et séparatifs. Les *réseaux unitaires* (sur le modèle du tout-à-l'égout) collectent autant les eaux usées que les eaux grises (écoulement des toits, de la voirie). C'est le système qui s'est développé à partir du XIXe siècle et qui caractérise les quartiers anciens des villes. Il présente plusieurs avantages (simplicité, réponse à la lutte contre les inondations), mais également des inconvénients, dont le plus important est la variation des débits (liée aux apports d'eaux pluviales) qui nécessite un dimensionnement important des conduites d'évacuation et des stations d'épuration et perturbe le fonctionnement de ces stations (trop grande dilution des polluants). Pour répondre à cette contrainte, on associe aux réseaux unitaires des *bassins d'eaux pluviales* (qui permettent une décantation des eaux polluées en début d'épisodes pluvieux) et des *déversoirs d'orage* (situés à l'entrée des stations d'épuration), qui conduisent les débits excédentaires directement vers le milieu naturel, en principe uniquement par temps de pluie, lorsque les débits des cours d'eau permettent une meilleure dilution des eaux rejetées. Dans les *réseaux séparatifs*, les eaux usées des ménages, de l'artisanat et des industries ont leur propre canalisation, avec un diamètre beaucoup moins important que celui des réseaux unitaires, alors que les eaux pluviales ruisselant sur les toits, les places et les routes, ainsi que les eaux claires parasites ont aussi leur propre canalisation et sont rejetées directement dans le milieu naturel. Parfois cette eau peut servir pour des arrosages locaux (jardin, gazon) ou d'autres usages (lavage par ex.)

L'épuration elle-même est réalisée de deux manières principales. L'*autoépuration* – par dilution ou infiltration (puits perdus, fosses septiques) – n'est fonctionnelle que dans les zones à faible densité et faible degré de pollution des eaux (zones rurales à agriculture extensive par exemple). Ailleurs, on privilégie des installations d'épuration (*station d'épuration des eaux usées* (STEP) ou *lagunage*). En fonction du degré de pollution, l'épuration de l'eau suit plusieurs étapes (fig. 16.8). Plusieurs d'entre elles (le dégrillage et le tamisage, qui retiennent les éléments les plus grossiers, le dessablage, qui consiste à faire passer l'eau dans des bassins où se déposent les sables et les particules minérales plus ou moins fines, et le déshuilage – dégraissage, qui consiste à extraire les graisses et les huiles des eaux usées) sont des techniques de *prétraitemen*t des eaux, qui passent ensuite par une phase de *décantation primaire*. L'épuration proprement dite suit deux techniques différentes : l'épuration physico-chimique ou l'épuration biologique.

Les traitements *physico-chimiques* utilisent des procédés physiques et chimiques pour éliminer les matières en suspension et réduire ainsi la pollution organique. Ce type de traitement convient particulièrement aux agglomérations touristiques car il permet un démarrage immédiat de l'installation et donc une réponse rapide aux variations de population. Elles ont une faible emprise au sol mais elles sont plus coûteuses que les stations biologiques.

Les *traitements biologiques* utilisent des procédés biologiques (activité de micro-organismes) pour assurer l'élimination de la pollution organique. La durée de traitement est assez longue et les procédés sont complexes. Elles conviennent particulièrement aux eaux usées riches en matières organiques (effluents urbains de manière générale) mais ne sont pas adaptées aux agglomérations sujettes à de brusques variations de population (stations touristiques) et sont moins productives sous climat froid (en montagne par exemple). Il existe quatre techniques de traitement principales :

- Les *boues activées :* cette technique a été développée en 1914 au Royaume-Uni ; elle consiste à provoquer par brassage des eaux usées le développement d'un floc bactérien (masse de micro-organismes qui se multiplient et s'agglomèrent en petits flocons). Les flocs se décantent ensuite lorsque l'aération est stoppée.
- Les *lits bactériens :* ce procédé (qui est une accélération de l'auto-épuration par filtration) consiste à faire passer l'eau à travers une masse de matériaux poreux ou caverneux qui sert de support aux micro-organismes épurateurs.

- Les *biofiltres*: cette technique vise à réaliser simultanément, dans le même ouvrage, la dégradation de la pollution par la biomasse épuratrice et la clarification par filtration de l'effluent traité. L'ouvrage est un filtre garni en matériau de granulométrie suffisamment faible pour obtenir un effet de filtration efficace.
- Le *lagunage*: l'épuration se fait dans de vastes étangs peu profonds (< 1 m), dure longtemps (plusieurs semaines), nécessite du soleil et, en raison des grandes surfaces nécessaires, est adaptée aux petites agglomérations (100 à 2000 équivalents-habitants[3]). L'oxygénation peut être renforcée par la plantation de macrophytes ou par une aération artificielle (lagunage aéré).

A la fin du traitement subsistent des *boues d'épuration* et les *eaux épurées*. Ces dernières, jamais totalement pures (et souvent considérées comme encore polluées), sont rejetées dans le *milieu récepteur* (cours d'eau, lac, mer, nappe phréatique). Si le débit du cours d'eau récepteur est faible, les rejets d'eau traitées peuvent constituer une charge importante par manque de dilution.

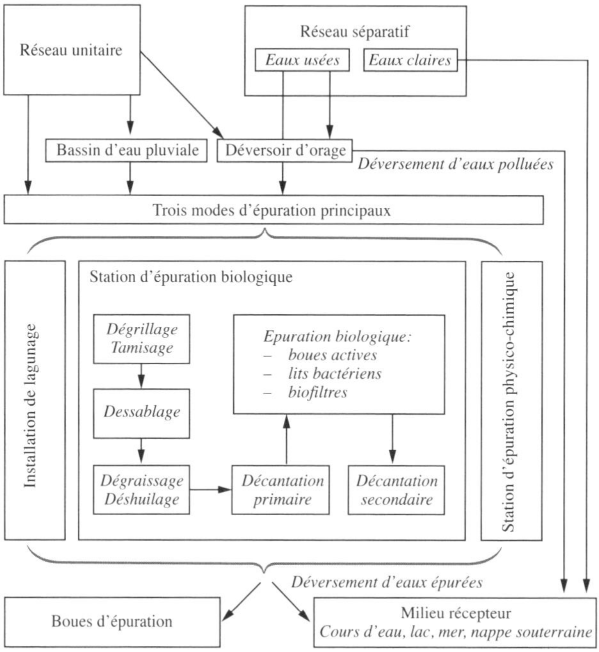

Fig. 16.8 Principales étapes et principales techniques utilisées dans un processus d'épuration des eaux usées.

---

3 La notion d'équivalent-habitant (EH) est utilisée dans le domaine de l'épuration des eaux afin de dimensionner correctement les ouvrages d'épuration, en tenant compte des variations de population (dans les zones touristiques, les villes administratives, etc.). Ainsi, en Europe une place de camping équivaut à 1,5 EH, dans une école, un élève équivaut à 0,1 EH, dans un restaurant un couvert vaut ¼ EH, dans un bureau chaque employé équivaut à 1 / 3 EH, etc. (www.enviroseptic.eu).

Les boues d'épuration sont soit brûlées (par exemple pour produire du biogaz), soit mises en décharge, soit valorisées en agriculture, par épandage ou compostage. Le traitement des boues varie beaucoup d'un pays à l'autre, en fonction de la législation. En France, la mise en décharge est interdite depuis 2002, alors que la valorisation agricole est permise. En Suisse, par contre, l'utilisation agricole est interdite depuis 2006 et les boues doivent être incinérées.

16.1.4 Modes de gestion

La potabilité de l'eau

La potabilité de l'eau est une notion *relative*. Les eaux ont naturellement des qualités différentes selon leur origine géologique (les eaux des régions basaltiques (Islande, Auvergne) sont souvent douces et pauvres en sels minéraux, alors que les eaux des régions calcaires sont dures et riches en carbonates de calcium) et selon les processus physiques, chimiques et biologiques qui modifient leur qualité durant leur écoulement.

L'eau destinée à la consommation est considérée comme une *denrée alimentaire* et soumise, de fait, à la législation sur les denrées alimentaires. Les normes de potabilité prennent en compte divers paramètres : organoleptiques (couleur, saveur, odeur), physico-chimiques (pH, température, conductivité, concentrations maximales de certains éléments), microbiologiques (absence de germes pathogènes tels que bactéries, virus, parasites), teneur en substances indésirables (par ex. nitrates) ou toxiques (ex. métaux lourds). Ces normes sont définies et recommandées à l'échelle internationale par l'OMS mais peuvent être adaptées par les pays qui souhaitent les appliquer. Ainsi, en Suisse, la valeur légale de tolérance pour les nitrates dans les eaux de boisson est de 40 mg par litre, alors que la valeur indicative de l'OMS, reprise par la Communauté européenne, est de 50 mg par litre.

La protection des eaux destinées à la boisson

Une eau satisfait aux normes de qualité pour être distribuée sous forme d'eau potable soit de manière naturelle (elle ne nécessite alors aucun traitement préalable), soit en étant traitée avant d'être distribuée. Les eaux destinées à la production d'eau potable sont souvent protégées strictement par la loi. Nous illustrons ci-après les modalités de protection des eaux de boisson en présentant le cas de la Suisse. La *Loi fédérale sur la protection des eaux* de 1991 (LEaux) comporte une série d'articles concernant la protection des eaux captées pour la production d'eau potable (art. 19-21). L'ordonnance sur la protection des eaux (OEaux, 1998) précise de manière détaillée les modes de délimitation et les restrictions d'usage de différentes surfaces de protection. Au niveau des captages, trois *zones de protection* des eaux souterraines sont définies : S1 = zone de captage, S2 = zone de protection rapprochée, S3 = zone de protection éloignée. En principe (en milieu poreux et peu pentu), ces trois zones délimitent des surfaces concentriques autour du captage et les mesures de protection sont d'autant plus sévères que le terrain en question est proche du captage (fig. 16.9). En milieu karstique ou fissuré, la délimitation des zones de protection des eaux souterraines est plus complexe et dépend de la présence de gouffres, dolines, fissures parfois très éloignées mais qui sont en liaison directe avec le captage). Afin d'éviter de devoir protéger de grandes surfaces, une cartographie discontinue est effectuée (méthode EPIK, Doerfliger et Zwahlen, 1998) qui protège non seulement le captage, mais également divers points d'infiltration situés dans le bassin d'alimentation de la source captée (fig. 16.9).

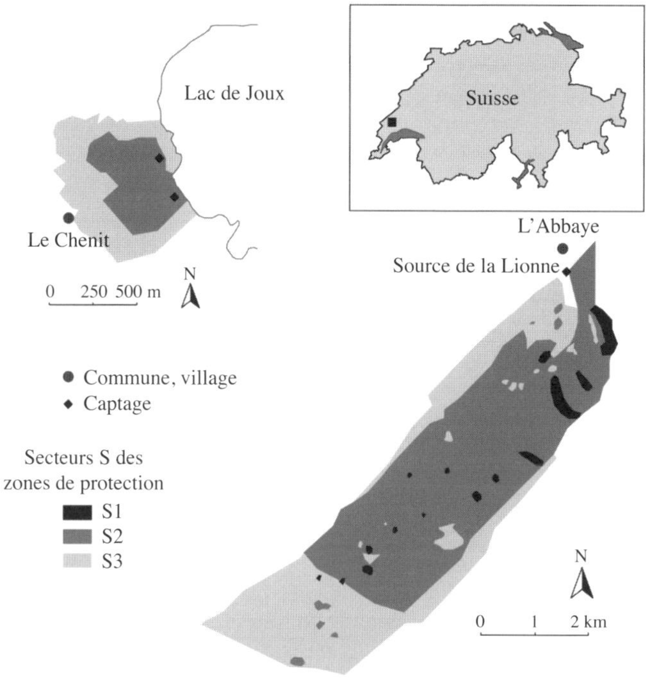

Fig. 16.9 Délimitation des zones de protection des eaux souterraines. En haut : en milieu poreux (puits de la Golisse, Vallée de Joux, Vaud, selon Parriaux et Mayoraz, 1992). En bas : en milieu fissuré karstique (Source de la Lionne, Vallée de Joux, Vaud, selon Zwahlen et Perrin, 2002).

Les modèles de gestion des services urbains de l'eau

Dans la plupart des pays, les communes sont responsables de l'approvisionnement en eau potable et de l'assainissement. De plus en plus, notamment dans les agglomérations, les communes s'organisent en associations intercommunales. Il existe différentes formes juridiques de gestion des services urbains de l'eau. On peut les classer en trois grandes catégories : la gestion publique, la gestion déléguée et la gestion privée (voir par ex. Lorrain, 1998 ; 2003, Guérin-Schneider & Lorrain, 2003 ; Bréthaut, 2012) (fig. 16.10).

Dans le *modèle de la gestion publique*, ce sont les collectivités publiques qui gèrent les services de l'eau[4]. On peut distinguer différentes formes de gestion, chacune restant sous le contrôle public, avec des degrés divers de marge de manœuvre confiée au service de l'eau ou de l'assainissement[5] :

- Dans la *régie directe* (ou régie simple), c'est la commune qui gère directement les services urbains de l'eau (ex. Lausanne). Les décisions sont prises par les

4 En Suisse, les services de l'eau suivent en principe le modèle de la gestion publique, soit sous forme de régie directe (par ex. ville de Lausanne), soit sous la forme de services industriels (régies autonomes ou personnalisée, voire sociétés anonymes).

5 Il existe d'autres formes de gestion publique et de délégation de service public. Pour une revue exhaustive, voir Bréthaut (2012).

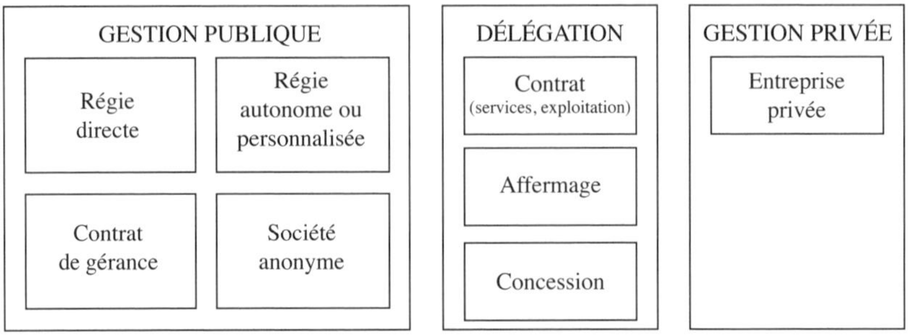

Fig. 16.10 Les principales formes juridiques de gestion des réseaux urbains de l'eau.

autorités municipales et le budget des services urbains de l'eau est intégré au budget communal. L'équilibre financier de la régie est normalement assuré par les recettes générées par les tarifs demandés aux bénéficiaires du service, mais parfois aussi en partie par l'impôt.

- Dans la *régie autonome*, le service des eaux a une autonomie financière mais pas de personnalité juridique propre (ex. les Services industriels de Genève (SIG), dès les années 1930 ; Eau de Paris, depuis 2009), au contraire de la *régie personnalisée*, caractérisée par une autonomie financière et juridique. Dans les deux cas, il s'agit d'un établissement public administré par un conseil d'administration et un directeur. Sur le plan financier, la régie couvre ses charges à l'aide des recettes inscrites au budget propre de l'établissement public, donc distinctes de celui de la collectivité.
- Dans le régime du *contrat de gérance*, la collectivité publique finance les infrastructures, mais délègue la gestion des équipements pour une certaine durée à une société privée qui agit pour son compte.
- Le régime de la *société anonyme* donne une large autonomie financière et juridique au gestionnaire (ex. les Services industriels de Genève sont un établissement autonome de droit public depuis 1973). L'autorité publique conserve un contrôle important en détenant la majorité, voire la totalité, des actions (ex. à Genève, le capital des SIG est détenu à 55 % par le canton, à 30 % par la ville de Genève et à 15 % par les autres communes du canton).

Le *modèle de la gestion déléguée* (ou délégation de service public) consiste à confier tout ou partie de la gestion à un opérateur privé[6]. La délégation passe par un *contrat de service* plus ou moins étendu. On distingue trois niveaux principaux de délégation :

• Les régimes du *contrat de service* ou du *contrat d'exploitation* est une délégation de relativement courte durée. Le premier concerne des interventions ponctuelles alors que le second couvre l'ensemble d'un système technique particulier ; les deux types de contrat sont des cas de partenariat public privé (PPP).

• Dans le cas de l'*affermage*, l'opérateur privé exploite le service public sans pour autant devoir investir dans la construction : c'est la collectivité qui met à disposi-

6 La France a beaucoup développé ce modèle, notamment l'affermage (voir par ex. Pezon, 2009). Le modèle français a été repris dans de nombreux pays.

tion les équipements. Une partie des redevances payées par les usagers est versée à la collectivité pour qu'elle puisse couvrir les charges d'investissement (travaux d'extension ou de renforcement) qu'elle continue de gérer.

- Sous le régime de la *concession*, l'opérateur privé s'engage à exploiter le service à ses frais. C'est lui qui construit et entretient le réseau et tous les ouvrages nécessaires au fonctionnement du service. En contrepartie, les recettes reviennent directement au concessionnaire, ce qui doit permettre de couvrir les dépenses et de dégager un bénéfice. A l'échéance de la concession, les infrastructures reviennent à l'autorité communale.

Dans le *modèle de la gestion privée*, l'opérateur privé est propriétaire des infrastructures. Après la privatisation de 1989, l'Angleterre et le Pays de Galles ont adopté ce modèle (chap. 12).

16.1.5 Deux questions liées à la gestion des réseaux urbains

La gestion des services de l'eau dans les pays en développement

La question de l'accès à l'eau potable et à l'assainissement est un enjeu important dans les pays en développement. On estime à près d'un milliard le nombre de personnes vivant dans des métropoles urbaines qui n'ont pas un accès satisfaisant à l'eau potable. De nombreuses publications ont opposé les tenants de la privatisation des services de l'eau d'un côté, qui considèrent que la gestion publique est déficiente (marquée notamment par une tarification trop basse et une tendance au sous-investissement) et que seule une gestion par le marché est efficiente et apte à fournir un service de qualité suffisante aux usagers, et de l'autre, les partisans de l'accès à la ressource pour tous, qui pointent les inégalités d'accès à l'eau, l'augmentation des tarifs en cas de privatisation et la nécessaire régulation des services de l'eau par le secteur public[7].

Les principaux problèmes relatifs à la gestion des services urbains de l'eau dans les métropoles des pays en développement sont la croissance urbaine rapide qui nécessite des investissements importants dans les infrastructures, la présence d'un grand nombre d'usagers à faibles revenus, qui empêche une tarification élevée ou qui pousse au contraire à une ségrégation entre usagers en fonction des revenus, ainsi que les capacités financières faibles des administrations urbaines. Il en est résulté depuis les années 1990 une tendance à la participation du secteur privé dans la gestion des eaux urbaines, allant de simples contrats de prestations à des concessions de longue durée (par ex. Cochabamba, en Bolivie), en passant par le modèle de l'affermage. Il semble toutefois que les contrats de longue durée (affermage, concessions) soient moins nombreux qu'il n'y paraît, surtout parce que la rentabilité des investissements n'est pas garantie pour les opérateurs privés qui ont ainsi tendance à se concentrer dans les pays à revenus moyens afin de limiter les risques financiers. Par ailleurs, comme le souligne Bakker (2009), l'importance des quartiers informels (bidonvilles) réduit d'autant le nombre de clients potentiels. En effet, les habitants des bidonvilles n'ayant pas le statut de citoyens et n'étant pas propriétaires fonciers légaux n'ont de fait pas accès à l'eau et à l'assainissement, par essence réservée aux propriétaires

---

7 La littérature sur le sujet est très abondante. Nous renvoyons à l'article de Bakker (2009) pour une revue.

légaux. Au final, la question de la gestion des services urbains de l'eau va bien au-delà d'une opposition binaire entre gestion publique et déléguée (voire privée) et renvoie plus généralement à la problématique de la gouvernance des espaces urbains.

La gestion du ruissellement urbain

On l'a vu dans le chapitre relatif aux réseaux d'assainissement, les eaux pluviales (ou eaux claires) ont tendance à perturber le fonctionnement des stations d'épuration, raison pour laquelle on privilégie la séparation des réseaux d'évacuation des eaux usées et des eaux claires. Mais au-delà de cette question, l'évacuation des eaux claires renvoie plus généralement à la gestion des écoulements en milieu urbain, ces derniers ayant souvent été modifiés par l'urbanisation, en raison de l'*imperméabilisation* progressive des sols (en France, 10 % des surfaces sont imperméabilisées). Différentes techniques ont été développées pour réduire les effets de l'imperméabilisation, tels que les ouvrages favorisant l'infiltration (ex. parkings drainants), les ouvrages favorisant la rétention de l'eau (ex. toitures enherbées) ou la construction de bassins d'écrêtage des crues. La Suisse a inclus dans son ordonnance sur la protection des eaux (1998, art. 5) un instrument de gestion intégrée : le *Plan général d'évacuation des eaux* (PGEE). Ce dernier, obligatoire pour les communes, a pour objectif une planification globale de l'évacuation des eaux usées et claires. L'élaboration d'un PGEE nécessite notamment un cadastre des canalisations et de leur état, ainsi qu'une évaluation de l'état des cours d'eau, des eaux claires parasites et de l'infiltration. Sur la base de ce diagnostic, chaque commune établit ensuite un concept de gestion, assorti d'un catalogue de mesures. A l'échelle régionale, des Plans régionaux d'évacuation des eaux (PREE) sont établis à l'échelle du bassin versant.

16.2 IRRIGATION

16.2.1 Développement historique

L'irrigation est une technique d'apport d'eau aux plantes permettant de produire des biens agricoles et d'améliorer les rendements. Avec plus de 70 % des prélèvements d'eau à l'échelle mondiale, c'est l'usage le plus exigeant actuellement en terme de consommation d'eau. L'irrigation est certainement née dans les bassins du Tigre et de l'Euphrate au Néolithique, il y 6000 ou 7000 ans, puis s'est développée dans la vallée du Nil (5200-4000 av. J.-C.) (Mays, 2010). En raison du régime hydrologique du Tigre et de l'Euphrate (crues violentes en avril-mai), les Sumériens développèrent rapidement des barrages et des canaux de dérivation pour se protéger contre les crues et pratiquer l'irrigation, alors que le Nil, plus calme, permettait une irrigation par submersion, provoquant autant l'irrigation que la fertilisation des terres par les alluvions. La technique des *qanats* est attestée en Iran il y a 3000 ans et durant la domination perse sur les régions situées entre le Nil et l'Indus (550-331 av. J.-C.), elle a été diffusée tant vers l'Ouest (jusqu'au Maghreb) que vers l'Est (jusqu'en Chine) (Mays, 2010). La civilisation gréco-romaine apporta également son lot d'innovations technologiques, notamment la vis d'Archimède, qui permettait de faire remonter l'eau du lit des rivières vers les terres à irriguer et la roue à eau (actionnée par un animal) permettant de puiser de l'eau souterraine. L'irrigation de montagne est pratiquée depuis le Moyen Age dans les Alpes et dans les Pyrénées (en lien avec l'optimum climatique médiéval[8]). Dès la fin du XIXe siècle sont développés les grands périmètres irrigués, avec construction de barrages, notamment sous l'impulsion coloniale (par ex. Maghreb), une tendance qui va ensuite perdurer tout au long du XXe siècle, avec l'appui des organismes de financement multilatéraux (Fonds monétaire international, Banque mondiale, Banque africaine de développement, etc.).

Depuis un siècle, les surfaces irriguées sont en forte augmentation ; il faut y voir au moins trois raisons (Lasserre, 2003) en plus de celle de la performance agricole des zones irriguées[9] : l'augmentation *démographique ;* l'*occidentalisation* des pratiques alimentaires (augmentation de la demande en viande) ; la mise en œuvre de la *Révolution verte*, à partir des années 1960, qui visait à augmenter les rendements agricoles et a eu pour conséquence un recours important à l'irrigation. Actuellement, les surfaces irriguées dans le monde représentent environ 346 M ha (tab. 16.1), soit environ 8 % des terres cultivables et 20 % des terres cultivées. La répartition géographique de l'irrigation dépend bien entendu des conditions climatiques – les régions arides et semi-arides étant celles où ces pratiques sont les plus répandues –, mais également du type de cultures (par ex. les rizières asiatiques). L'Asie est d'ailleurs le continent qui irrigue le plus en raison de la combinaison de ces deux facteurs, avec près de 80 % des surfaces irriguées mondiales.

Tableau 16.1 Surfaces irriguées dans le monde (source : reproduit avec la permission de *Food and Agriculture Organization of the United Nations (FAO)*. AQUASTAT database, [www.fao.org/nr/water/aquastat/main/indexfra.stm]. Dernière consultation du site le 28/02/2013.

Continent	Surfaces irriguées (M ha)	% des surfaces irriguées mondiales
Afrique	14,5	4,2
Amériques	43,9	12,7
Asie	270,6	78,1
Europe	14,9	4,3
Océanie	2,3	0,7
Total	346,3	100

16.2.2 Systèmes et techniques d'irrigation

Quatre techniques principales[10] sont utilisées :

- L'irrigation *gravitaire* consiste à dériver de l'eau d'un cours d'eau, d'un canal, d'un lac ou d'un puits et à la répartir à la surface du terrain au moyen de canaux secondaires et de différentes techniques de répartition. L'irrigation gravitaire nécessite peu d'investissements techniques, mais passablement de main-d'œuvre (suivi du cheminement de l'eau). C'est une technique gourmande en eau (pertes par infiltration

---

8 Il s'agit de la période comprise entre le Xe et le début du XIVe siècle, caractérisée par un climat relativement clément. Dès le milieu du XIVe siècle, le climat se dégrade et débute alors le Petit Age Glaciaire, caractérisé par un climat plus froid et plus humide, qui perdurera jusqu'au milieu du XIXe siècle.

9 De nos jours 1,5 milliard d'hectares de terres sont cultivées dans le monde ; 20 % sont irriguées et produisent 40 % de l'approvisionnement alimentaire mondial (FAO, 2011).

10 Pour plus de détails, nous renvoyons le lecteur à l'ouvrage de Soutter *et al.* (2007).

et par évaporation) et qui ne permet pas toujours une répartition égale des apports, sur des terrains bosselés par exemple. C'est la technique la plus largement utilisée dans le monde. En fonction de la charge solide qu'elle peut transporter, l'eau apportée à la parcelle selon cette technique peut contribuer à une fertilisation naturelle des sols irrigués.

- L'irrigation par *submersion*, mode particulier d'une irrigation gravitaire, utilisée dans les rizières, consiste à inonder des parcelles d'eau. Elle nécessite également de grandes quantités d'eau et une technique hydraulique éprouvée afin d'éviter l'érosion.

- L'irrigation par *aspersion* envoie de l'eau sous pression au moyen d'un asperseur situé à l'extrémité d'un support vertical (perche) qui tente de construire artificiellement une pluie. Elle nécessite peu de main-d'œuvre, mais un appareillage technique et donc des investissements importants. L'eau doit par ailleurs être peu chargée en sédiments (risque d'obturation) et la capacité de fertilisation naturelle par l'irrigation s'en retrouve réduite.

- L'irrigation localisée ou micro-irrigation consiste à amener de l'eau au moyen d'un tuyau au pied de l'arbre ou de la plante et à relâcher cette eau soit au moyen d'un diffuseur, par percolation ou encore goutte après goutte. Elle permet de grandes économies d'eau mais n'est pas adaptée à toutes les cultures (ex. prairies).

Les systèmes d'irrigation se distinguent également par leur taille (Pérennes, 1993, p. 18) : la *grande hydraulique* est constituée de grands ensembles irrigables, organisés en périmètres d'irrigation et dominés généralement par un ou plusieurs barrages qui permettent de soutenir et de réguler les débits ; la *moyenne hydraulique* concerne des ensembles plus modestes (< 50 ha) ; la *petite hydraulique* est une irrigation individuelle à partir de pompages directs dans les rivières ou les nappes.

En raison de la forte concentration humaine autour d'un point d'eau, les *oasis sahariennes* constituent une forme d'agriculture très intensive dans laquelle l'irrigation joue un rôle central. En général, les parcelles, toujours sous régime foncier privé, sont cultivées sur trois strates (maraichage et fourrage près du sol ; arbres fruitiers à mi-hauteur ; palmeraie en hauteur), d'où leur nom de jardins-vergers (Battesti, 2005).

L'*irrigation de montagne* présente des systèmes techniques particuliers liés aux conditions topographiques. En raison de l'*effet d'abri*, les zones internes (ou sous le vent) des chaînes de montagnes sont souvent arides, alors que le massif montagneux en lui-même est humide. Ces zones sont assez fertiles et nécessitent un apport d'eau artificiel. Il s'ensuit alors une nécessité de dérivation de l'eau pour l'amener sur les zones de cultures et la construction de *canaux* le long des versants (*kulos* du Népal, *rus* du val d'Aoste (Italie), *bisses* ou *Suonen* du Valais (Suisse), *levadas* de Madère (Portugal), *séguias* du Maroc, etc.). Ces canaux mesurent entre quelques centaines de mètres et plusieurs dizaines de kilomètres. On distingue généralement le canal amont – qui sert uniquement au transport de l'eau et qui est géré de manière communautaire – et les infrastructures aval (canaux secondaires, tertiaires, bassins de stockage, répartiteurs, etc.), qui sont gérées soit de manière communautaire, soit de manière privative (notamment les canaux tertiaires) (fig. 16.11).

En régions arides, des systèmes de *galeries de drainage des eaux souterraines* sur un versant (appelés *qanats* en Iran, *karez* en Afghanistan, *foggaras* en Algérie ou *khettaras* au Maroc) ont été développés. Le tracé de ces tunnels est visible en surface

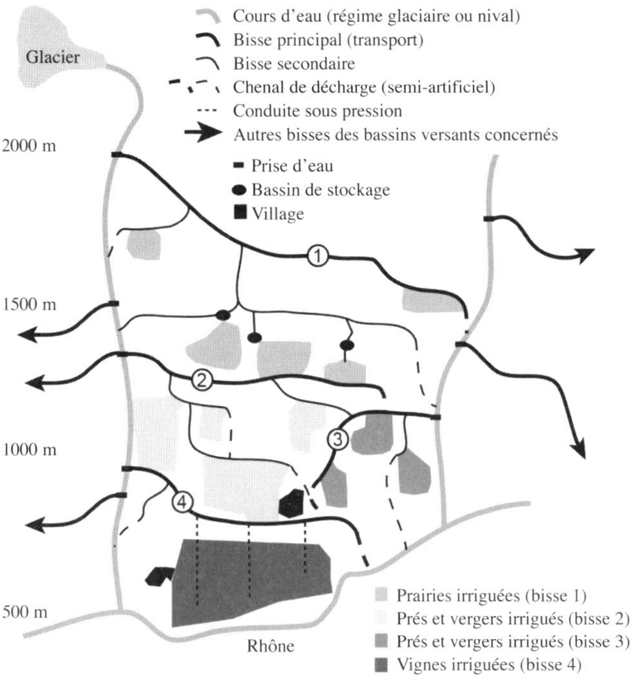

Fig. 16.11 Structure d'un système d'irrigation de montagne : les bisses du Valais.

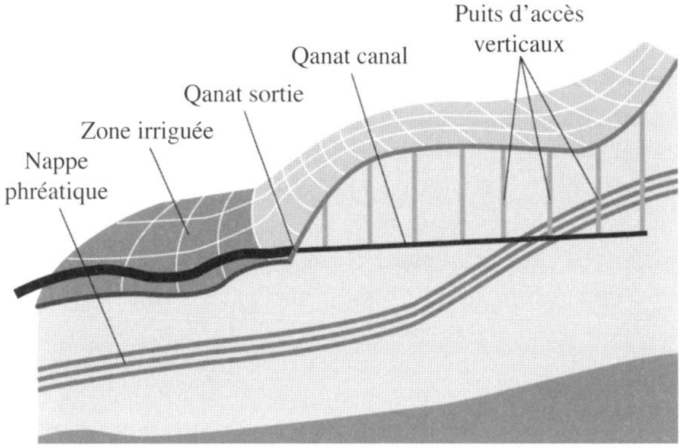

Fig. 16.12 Structure d'un système d'irrigation par galeries drainantes.

sous la forme de petits puits alignés par lesquels les matériaux d'excavation ont été évacués (fig. 16.12). Leur longueur est comprise entre quelques centaines de mètres à plusieurs kilomètres. Ces galeries drainantes présentent moins de déperditions par évaporation que les canaux à ciel ouvert.

Dans les régions à deux saisons (par ex. le Sahel), une autre forme d'irrigation temporaire est pratiquée qui s'alimente pendant quelques semaines à partir des eaux de surface et des nappes phréatiques le long des oueds ou à proximité des mares temporaires, permettant le développement de *cultures de contre-saison*, notamment les maraichages (Waziri Mato, 2000), apportant ainsi un complément à l'agriculture sous pluie (céréales), pratiquée durant la saison des pluies.

L'irrigation par *recyclage des eaux usées* est pratiquée dans les régions souffrant de manque d'eau (ex. Espagne, Mexique, Tunisie, Burkina Faso). Cette pratique pose la question de l'apport de germes pathogènes (virus, bactéries) dans les produits agricoles. Il faut distinguer les produits qui ne posent pas de risques car non consommés (ex. le coton) ou séchés (ex. céréales), de ceux qui présentent un risque moyen (cultures herbagères, fruits, raisins, légumes à cuire (pommes de terre), agrumes) et de ceux qui présentent un risque élevé de contamination (fruits et légumes consommés crus) (FAO, 2010)[11]. Des pollutions par des substances toxiques contenues dans les effluents (métaux lourds par ex.) sont également possibles, raison pour laquelle toutes les eaux usées ne sont pas favorables à ce type de pratique et qu'un traitement préalable des eaux devient nécessaire (FAO, 2011). L'avantage principal de cette technique est de pallier le manque d'eau et de réduire les rivalités entre usages urbains et agricoles de l'eau. Les eaux usées sont également riches en nutriments, ce qui permet d'économiser des fertilisants. Finalement, dans les pays où l'assainissement est peu développé, cette pratique participe à l'épuration des eaux usées.

16.2.3 Impacts sur l'hydrosystème

L'irrigation produit plusieurs impacts importants sur les hydrosystèmes naturels. Le principal est la modification des débits et des régimes hydrologiques due aux dérivations[12]. Un autre impact est la salinisation des sols. Celle-ci résulte de la forte évaporation d'eau chargée en sels minéraux dissous. L'irrigation, si elle est mal maîtrisée, peut accentuer le phénomène[13] : l'évaporation peut même provoquer un encroûtement en surface des sols par précipitation des sels en cas d'irrigation insuffisante ; si, au contraire, les apports en eau sont trop importants, les surplus vont alimenter directement les nappes phréatiques dont le niveau piézométrique peut se rapprocher de la surface et accentuer la salinisation des sols par remontée capillaire et évapotranspiration. Un moyen d'y faire face est de privilégier les techniques propres à la micro-irrigation. Finalement, dans les régions de montagne ou à morphologie marquée, une irrigation mal maîtrisée peut accentuer l'érosion des sols, raison pour laquelle on a souvent développé des cultures en terrasses (par ex. les rizières).

16.2.4 Modes de gestion

Les modes de gestion dépendent de l'échelle du système de gestion et du contexte géographique. La grande hydraulique est gérée en principe par l'Etat, alors que la moyenne et la petite hydraulique sont plutôt mises en valeur collectivement, souvent

---

11 Deux recherches spécifiques (Cissé, 1997 ; Sou, 2009) ont démontré les risques sanitaires liés à l'irrigation par les eaux usées dans les maraichages de Ouagadougou (Burkina Faso) et le rôle fertilisant des eaux usées pour les sols (Sou, 2009).

12 Ces impacts sont les mêmes que ceux de l'hydroélectricité. Nous les décrivons ci-dessous à la section 16.3.

13 La majeure partie de la salinisation des sols est toutefois due à des causes naturelles (altération des roches).

depuis plusieurs siècles. Dans plusieurs pays (ex. Népal, Maroc), dans le but de moderniser l'irrigation, l'Etat central a tenté de superposer aux systèmes traditionnels communautaires existants, des systèmes publics, gérés par des représentants de l'administration. Ces tentatives ont souvent été vouées à l'échec (Shivakoti et Ostrom, 2002), en raison notamment de la tradition d'autonomie des communautés de montagne qui s'est généralement opposée à des systèmes plus centralisés, de la faible capacité financière de ces communautés, plus enclines à fournir des ressources en nature (force de travail pour l'entretien des canaux communautaires) qu'en espèces, et des difficultés de contrôle et d'entretien d'ouvrages plus sophistiqués que les ouvrages traditionnels.

Même dans la grande hydraulique, afin d'éviter des charges de fonctionnement trop importantes, les organes de financement internationaux préconisent de déléguer la gestion des périmètres irrigués à des *associations d'usagers d'eau agricole* (AUEA). La mise en place de ces associations d'irrigants se heurte cependant à deux problèmes principaux (Valony, 2006) : ces nouvelles associations se superposent à des structures traditionnelles de gestion du territoire existantes, ce qui provoque des doublons et souvent un manque d'intérêt des paysans pour les nouvelles AUEA; les AUEA sont calquées sur un modèle de gestion administrative occidental (basé notamment sur l'écrit) et peinent ainsi à s'adapter aux contextes locaux des pays en développement.

16.2.5 Deux exemples de gestion

Le cas de la Mer d'Aral

Le fort développement de l'irrigation depuis les années 1960 s'est parfois soldé par une surexploitation, voire un assèchement, des hydrosystèmes concernés. Le cas de la Mer d'Aral est le plus emblématique. La Mer d'Aral est alimentée par deux fleuves d'Asie centrale – l'Amou Daria et le Syr Daria – traversant 5 pays : le Kirghizistan et le Tadjikistan à l'amont, le Kazakhstan, l'Ouzbékistan et le Turkménistan à l'aval. Initiée sous l'époque soviétique, la culture intensive du coton associée à un développement spectaculaire des surfaces irriguées dans les cinq républiques d'Asie centrale (de 5,4 M ha en 1950 à 10,2 M ha actuellement ; Lasserre et Descroix, 2011) a provoqué un assèchement progressif de la mer. Les conséquences environnementales sont dramatiques : salinisation de l'eau et des sols, modification du climat régional, destruction de la faune marine et de l'économie de pêche. Cet exemple est emblématique des conséquences négatives d'une irrigation intensive inadaptée aux ressources disponibles. Elle traduit aussi la difficulté de prendre des mesures correctives. En effet, le modèle économique a été mis en place sous l'ère soviétique dès les années 1930 et les conséquences sur l'hydrosystème sont devenues patentes dans les années 1980 ; dans un premier temps, le régime soviétique a préconisé des solutions techniques d'envergure (pompages dans la mer Caspienne, détournement de fleuves sibériens, pour venir alimenter la mer d'Aral), des solutions coûteuses, qui n'ont pas pu être réalisées par les gouvernements des nouvelles républiques indépendantes, dont l'économie dépend par ailleurs très fortement de la production agricole intensive. Les solutions passent certainement par une modification de la structure agricole (suppression de la culture du riz, réduction des surfaces consacrées au coton, amélioration de l'efficacité de l'irrigation, développement de la micro-irrigation) et par le développement de la coopération régionale afin de réduire les conflits amont-aval (Lasserre et Descroix, 2011).

Le cas de la mer d'Aral n'est pas unique. La mer Morte, qui a baissé de 35 m depuis un siècle et s'est séparée en deux, le lac Tchad, qui a perdu 95 % de sa surface depuis 1965 sous les effets conjugués de la diminution des précipitations et de l'irrigation, ou le lac Lop Nor en Chine, qui mesurait 2000 km^2 en 1950 et qui a complètement disparu en raison d'une irrigation trop intensive, sont autant d'exemples de surexploitation des eaux pour satisfaire les besoins agricoles.

Les transferts d'eau interbassins
Les régions semi-arides sont très favorables à l'agriculture en raison notamment du fort ensoleillement. Afin de développer l'agriculture, et donc l'économie régionale, certains gouvernements ont réalisé des transferts massifs d'eau des régions humides vers les régions plus arides[14]. C'est le cas par exemple de la Chine et de l'Espagne.

En *Chine*, le Nord du pays concentre 70 % des terres irriguées pour 20 % de l'eau disponible (Lasserre et Descroix, 2011)), une situation difficile renforcée par une diminution des précipitations depuis les années 1960. L'irrigation est omniprésente mais peu efficace et les besoins en eau urbaine sont en très forte croissance. Le Fleuve jaune (Huang He) est ainsi fortement mis sous pression et l'eau qu'il contient n'arrive pas toujours à la mer ; par ailleurs, les débits du fleuve sont de plus en plus insuffisants pour évacuer sa forte charge sédimentaire, ce qui provoque un exhaussement du lit, lui-même facteur de risque d'inondation. Afin de pallier ces problèmes, le gouvernement a lancé en 2002 un vaste programme de détournement des eaux du Yangze et de ses affluents en direction du Nord, sous la forme de trois canaux majeurs, tant à l'amont qu'à l'aval des deux bassins versants[15]. Les deux aménagements à l'aval sont en cours et devraient être terminés durant la décennie 2010 ; en raison des coûts et de problèmes techniques, le troisième suscite de fortes réticences de la part du gouvernement, qui aimerait lancer plutôt des réformes institutionnelles (tarification de l'eau, socialement difficile à réaliser, création d'associations d'usagers) et techniques (développement de l'aspersion, moins gourmande en eau que la technique gravitaire, modification du type de cultures).

L'irrigation représente 77 % des prélèvements d'eau en *Espagne* (François, 2006) ; elle est pratiquée principalement à l'Est et au Sud du pays, une région qui coïncide avec une densité de population plus élevée que dans le reste du pays. L'Espagne a lancé en 1933 une politique de grands travaux visant à réduire le déséquilibre hydrologique entre les parties atlantique et méditerranéenne du pays. Plusieurs transferts à longue distance ont été réalisés et 0,6 M ha de terres agricoles dépendent de ce transport d'eau à longue distance. En 1993, le gouvernement a proposé un Plan hydrologique national, dont la pièce maîtresse est le transfert important des eaux du bassin de l'Ebre vers le Sud (Drain, 1996), prévoyant que 56 % de l'eau transférée soit affectée à l'irrigation. Ce projet a suscité énormément d'oppositions, notamment en raison des impacts environnementaux de la centaine de barrages projetés, et surtout une remise en question du modèle sous-tendant le plan (modèle de gestion par l'offre visant à accroître l'offre plutôt qu'à adapter les besoins à la ressource disponible), le tout sur fond de réflexion sur la solidarité territoriale entre régions riches et pauvres en ressources. Le projet est pour l'instant stoppé.

[14] Ces transferts ne sont pas limités aux seuls usages d'irrigation, mais celle-ci est souvent l'élément déclencheur du transfert.

[15] En fait, ce projet date de plusieurs siècles mais a été redynamisé et mis au goût du jour récemment.

Ces deux exemples mettent en exergue la tension existant, dans tous les projets de transferts massifs d'eau, entre la prolongation d'une politique de gestion par l'offre et le passage à une gestion par la demande, qui nécessiterait une réorganisation fondamentale du secteur de l'irrigation (redéfinition de la tarification, développement de techniques moins gourmandes en eau, transformations institutionnelles).

16.3 PRODUCTION D'ÉNERGIE

16.3.1 Développement historique

Pendant longtemps, la force de l'eau a été utilisée pour faire fonctionner mécaniquement des moulins, qui sont attestés en Europe depuis la période romaine. Les roues à eau vivent un fort développement à partir du IXe siècle et actionnent toutes sortes d'*artifices* (moulins, foulons, scies, meules, etc.). En Europe, les moulins perdureront jusqu'à la fin du XIXe siècle, lorsqu'ils seront progressivement remplacés par des moulins électriques. Parallèlement vont se développer les *turbines hydrauliques* qui permettent la production d'électricité : l'énergie cinétique du courant de l'eau est transformée en énergie mécanique par la turbine, puis en énergie électrique par un alternateur.

Dans la plupart des pays industrialisés, l'exploitation de la force hydraulique se développe vers la fin du XIXe siècle, lorsque le transport de l'énergie électrique sur de grandes distances devient possible. Entre 1869 et 1872 est érigé à Pérolles (Fribourg, Suisse) le premier barrage-poids en béton d'Europe, suivi, cinquante ans plus tard, par le premier barrage-voûte à courbure horizontale et verticale construit à Montsalvens (Fribourg). En Europe, les aménagements hydroélectriques se multiplient après 1950, accompagnant le développement économique d'après-guerre. Ainsi, en Suisse, la moitié des ouvrages existant actuellement est construite entre 1956 et 1969. De cette période datent les barrages de Mauvoisin (1957), de la Grande Dixence (1961) – le barrage-poids le plus haut du monde (285 m) –, de Mattmark (1967) et d'Emosson (1974). En 2011, l'hydroélectricité représente 16,2 % de la production électrique mondiale.

Si en Europe, le potentiel technique est actuellement largement exploité, la construction de grands barrages se poursuit ailleurs, notamment dans les pays émergents et en développement. En Chine, le barrage des Trois-Gorges sur le fleuve Changjiang (mis en eau en juin 2003) est à présent le plus grand ouvrage hydroélectrique au monde : 2,3 km de large, 185 m de haut, un réservoir d'une longueur de 600 km et un volume de 39,3 milliards de m^3.

16.3.2 Types d'aménagement

Les centrales hydroélectriques

Un aménagement hydroélectrique est composé de plusieurs parties : les ouvrages de captage, de stockage, de transport et de restitution de l'eau, la centrale – où sont situées les turbines qui transmettent la force hydraulique au générateur électrique –, ainsi que les installations électriques (transformateur et réseau de distribution électrique).

On distingue trois types principaux de centrales :

• Les *centrales au fil de l'eau*, sans bassin d'accumulation, sont prévues pour exploiter en continu des débits d'une rivière ou d'un fleuve, fournissant une énergie en continu ou *« en ruban »*. Les turbines des centrales au fil de l'eau sont entraînées soit directement sur le cours d'eau, soit au moyen d'un canal de dérivation, comme cela est le cas de la plupart des aménagements sur le Rhône français. La différence de niveau *(chute)* entre les plans d'eau supérieur et inférieur est faible ; c'est l'importance des débits qui permet d'actionner les turbines. En Suisse, les principales centrales au fil de l'eau sont situées sur l'Aar et le Rhin.

• Les *centrales à accumulation* utilisent l'eau accumulée dans les lacs de retenue afin de faire tourner leurs turbines. La centrale d'un ouvrage à accumulation est reliée au lac de barrage par une conduite forcée (sous très haute pression). Ici, c'est la hauteur de la chute qui est déterminante pour la quantité d'énergie produite. Ce type d'aménagement se caractérise par une grande souplesse d'utilisation, les turbines pouvant être enclenchées ou arrêtées en quelques minutes seulement, permettant de répondre à la demande de la consommation. La plupart des barrages alpins ont été construits dans le but de drainer de hauts bassins versants glaciaires et de stocker l'eau de fonte estivale pour l'exploiter durant l'hiver, en particulier durant les heures de pointe, lorsque le prix de l'électricité est au plus haut. Ce « modèle » n'est toutefois pas rigide et il arrive de plus en plus que les aménagements alpins soient également exploités en été, en fonction de la demande sur le marché de l'électricité. Il est par ailleurs remis partiellement en question par l'arrivée sur le marché d'énergie d'origine éolienne ou solaire. La plupart des grands aménagements hydroélectriques de Suisse sont des centrales à accumulation (Grande Dixence, Emosson, Rossens, Mauvoisin, Valle di Lei, Punt dal Gall, etc.).

• Les *centrales de pompage-turbinage* utilisent l'excédent d'électricité du réseau durant les heures de faible consommation pour pomper l'eau d'un bassin inférieur afin de l'amener dans un bassin supérieur, ce qui accroît le volume d'eau retenue. La perte énergétique due au pompage est d'environ 25 %. L'aménagement de l'Hongrin est l'un des seuls grands ouvrages de pompage-turbinage de Suisse. Ses eaux alimentent la centrale électrique de Veytaux, située au bord du Léman. Des pompes remontent l'eau du Léman pendant les heures creuses. Plusieurs projets sont en cours de réalisation en Suisse en vue d'augmenter la souplesse de production hydroélectrique (ex. Nant de Dranse, dans le canton du Valais ; Linthal, dans le canton de Glaris). La Norvège, le Portugal, l'Allemagne et la Chine développent aussi ce genre de centrales.

En plus de ces grandes centrales, des *petites centrales (microcentrales)* peuvent être aménagées sur de petits cours d'eau (micro-hydraulique), sur les réseaux d'eau potable, voire sur les réseaux d'évacuation des eaux usées (station touristique de Verbier, commune de Bagnes, Suisse). Cette technique est particulièrement utilisée dans les pays émergents ou en développement en présence de topographie légèrement prononcée. En Suisse, la micro-hydraulique représente environ 10 % de la production d'électricité d'origine hydraulique.

Dans les régions côtières, les *centrales marémotrices* utilisent le flux et le reflux des marées. Fermant de larges baies maritimes, elles nécessitent un marnage important, comme cela est le cas dans la baie du Mont St-Michel en France (usine de la Rance) ou dans la baie de Fundy au Canada.

Les barrages et les installations hydrauliques

Dans les trois types d'aménagement précités, l'une des pièces maîtresses du système est le *barrage*[16]. Dans les installations au fil de l'eau, un plan d'eau est souvent créé, offrant ainsi une hauteur de chute relativement faible. Les turbines sont situées soit au pied de l'ouvrage soit sur un canal artificiel de dérivation (ex. le barrage de Lavey sur le Rhône suisse, la plupart des centrales sur le Rhône français). Dans les ouvrages à accumulation – appelés également *barrages-réservoirs* – et de pompage-turbinage, le barrage est au contraire relativement haut, permettant de stocker des volumes d'eau importants (210 millions de m^3 à Mauvoisin, 401 millions de m^3 à la Grande Dixence, 1,272 milliards de m^3 à Serre-Ponçon (France), 19,5 milliards de m^3 à l'amont de Hoover Dam (Boulder Dam) aux USA, 39,3 milliards de m^3 aux Trois-Gorges (Chine), 169 milliards de m^3 à Assouan (Egypte)).

Les réservoirs de montagne situés à haute altitude n'ont souvent pas un bassin versant suffisant pour permettre leur remplissage, raison pour laquelle les eaux de plusieurs autres bassins versants sont collectées. Le barrage de la Grande Dixence est à ce titre exemplaire (fig. 16.13) : 80 prises d'eau recueillant les eaux de 50 glaciers, quatre usines de pompage et 100 km de galeries (dont une canalisation principale de 24 km à 2400 m d'altitude) sont nécessaires pour acheminer les eaux vers le lac de barrage.

Afin de limiter les apports sédimentaires dans les lacs de barrage, les eaux captées sont souvent munies de *dégraveurs* et de *dessableurs :* lors de purges automatiques, un courant important emporte les sédiments et les restitue au lit du cours d'eau capté. Parfois, ce sont des bassins de décantation qui sont installés à l'amont du captage.

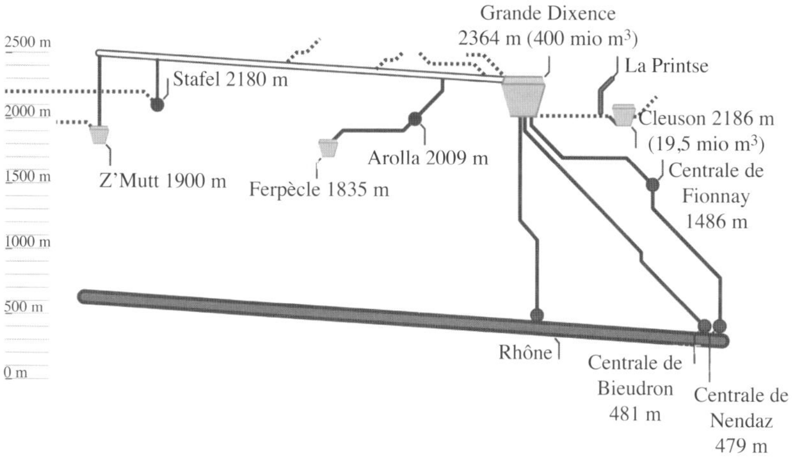

Fig. 16.13 Coupe de l'aménagement hydroélectrique de Grande Dixence (source : Grande Dixence SA).

16 Les barrages n'ont pas tous une vocation de production d'énergie. Nombre d'entre eux sont érigés pour le contrôle des crues et l'irrigation est souvent combinée avec la production d'électricité. La plupart des ouvrages sont en fait multifonctionnels (Marnezy, 2008). Le barrage d'Assouan (Egypte) par exemple, destiné notamment au contrôle des crues du Nil et à l'irrigation, permet également la production de 15 % de l'électricité égyptienne.

Malgré tout, des sédiments aboutissent tout de même dans le lac d'accumulation et l'*envasement* des lacs de barrage constitue un réel problème pour de nombreux aménagements. La situation est la plus tendue dans les pays semi-arides à arides en raison de la faible couverture végétale des bassins versants concernés, de la nature des sols et de l'intensité des précipitations. Ainsi, en Tunisie par exemple, la perte de capacité des retenues est estimée entre 0,5 et 1 % par année, une perte qui pourrait atteindre 43 % de la capacité initiale d'ici 2030 (Ben Mammou et Louati, 2007). En Algérie, la perte annuelle de capacité est estimée à 0,65 % ou 45 millions de m^3, avec de fortes disparités spatiales et une augmentation importante au cours des années 2000 liée à la sécheresse des années 1990 qui a réduit la couverture végétale du sol (Remini *et al.*, 2009).

16.3.3 Impacts sur l'hydrosystème

Energie renouvelable produisant une faible quantité de CO_2, l'hydroélectricité est souvent considérée comme une énergie « verte », mais elle est également pointée du doigt par les protecteurs de la nature en raison de ses impacts environnementaux qui peuvent être importants. Dans ce chapitre, nous mettons en évidence les principaux impacts hydrologiques de l'hydroélectricité.

Les centrales au fil de l'eau ont des impacts relativement faibles sur les hydrosystèmes, liés surtout à l'élévation du plan d'eau à l'amont de l'ouvrage (qui provoque une réduction de la vitesse de l'eau et donc des modifications dans le transport des sédiments, les liens avec les eaux souterraines et la stabilité et l'écologie des rives)[17]. Les ouvrages à accumulation provoquent par contre d'importantes modifications du *régime hydrologique* (chap. 10).

Dans un bassin versant alpin exploité par un ouvrage à accumulation, on distingue trois situations diverses (fig. 16.14) :

- A l'amont du barrage et des prises d'eau, le régime hydrologique n'est pas modifié ; les eaux s'écoulent de manière gravitaire jusque dans le lac ou la prise d'eau (situation 1 sur la fig. 16.14).
- A l'aval du barrage et des prises d'eau, sur les *tronçons à débits résiduels*, le régime hydrologique est fortement modifié ; les débits en période de hautes eaux sont fortement réduits, voire tout simplement annihilés (situation 2 et 3).
- A l'aval des centrales de production, le régime hydrologique est modifié mais le débit moyen annuel reste identique (situation 4). Dans les Alpes, les débits estivaux (hautes eaux) sont réduits par le stockage des eaux dans les barrages, alors que les débits hivernaux (basses eaux) sont augmentés en raison du turbinage des eaux stockées en été. Ces tronçons subissent également de grandes variations quotidiennes de débit et de hauteur d'eau, liées au turbinage des eaux *(éclusées)*, raison pour laquelle ont les appelle des *tronçons à marnage*[18].

---

17 Lorsque la centrale est située sur un canal de dérivation, le régime hydrologique est modifié de la même manière que pour les ouvrages à accumulation sur le tronçon situé entre la prise du canal et la restitution des eaux turbinées.

18 Le marnage est la variation du niveau de la mer due aux marées. Ici, on emploie le terme pour qualifier la variation du niveau de l'eau (du lac de barrage et du cours d'eau situé à l'aval d'une centrale) en raison du turbinage. Une situation analogue se présente également dans les pays semi-arides le long des grands fleuves, par exemple le Niger ; ici le marnage est d'origine naturelle (alternance de la saison sèche et de la saison des pluies), il se produit sur une plus longue durée et permet de procéder à des cultures appropriées (culture de marnage).

Ces modifications de débit ont un impact sur le maintien de la faune aquatique, la conservation des biotopes humides (zones alluviales par ex.), la protection du paysage, le régime des eaux souterraines (modifications de l'infiltration, tendance au colmatage sur les tronçons à débits résiduels), la qualité des eaux superficielles (réduction de la dilution des polluants, augmentation des températures sur les tronçons à débits résiduels), le charriage des sédiments (moins grande capacité du cours d'eau), ainsi que sur la sécurité des personnes (variations brusques des débits liées au turbinage et aux purges).

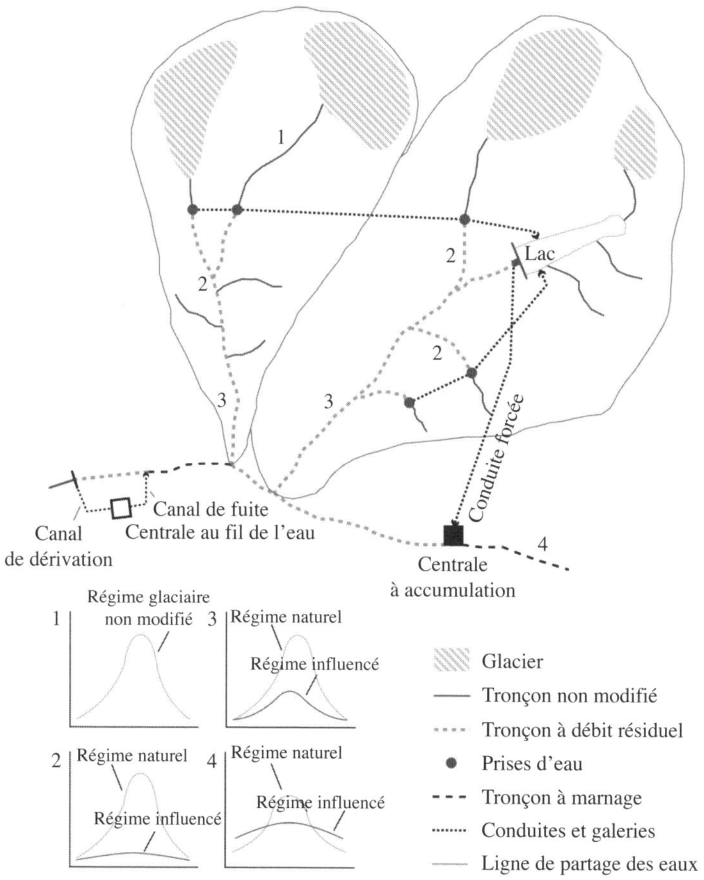

Fig. 16.14 Impacts hydrologiques d'un aménagement hydroélectrique à accumulation de montagne.

16.3.4 Modes de gestion

Les aménagements hydroélectriques sont souvent des ouvrages d'envergure. Ils sont gérés soit par l'Etat lui-même, soit par des entreprises qui ont obtenu une *concession* de la part de l'Etat. Nous illustrons différentes situations en présentant le cas du Québec, de la France et de la Suisse.

Au *Québec*, 96 % de la production d'énergie électrique est d'origine hydraulique (en 2009), produite presque exclusivement par la société Hydro-Québec, une entreprise de production, de transport et de distribution de l'électricité, dont l'actionnaire unique est le gouvernement du Québec. La production et la distribution d'électricité ont d'abord été le fait de sociétés privées. En 1944, Hydro-Québec est créé et rachète l'une des principales sociétés privées actives à l'époque, la société *Montréal Light, Heat and Power*. En 1963, la majeure partie de la production hydroélectrique est nationalisée et confiée à Hydro-Québec. Hydro-Québec est aujourd'hui l'une des plus grandes entreprises productrices d'électricité au monde.

En *France*, l'hydroélectricité représente en 2010 11,9 % de la production nationale de ce type d'énergie, la production d'origine nucléaire se montant à 75,2 % de la production totale. La France est le deuxième producteur européen d'hydroélectricité derrière la Norvège. La production est dominée par deux sociétés : *Electricité de France* (EDF), à laquelle la loi confère le monopole de l'exploitation des grands aménagements, et la *Compagnie nationale du Rhône* (CNR). EDF a été fondée en 1946 suite à la nationalisation de 1450 entreprises de production. En 2004, EDF est devenue une société anonyme à capitaux publics, l'Etat français détenant 84,48 % des actions, d'autres institutionnels 13,65 % et les salariés 1,84 % (2013). Fondée en 1933, la *Compagnie nationale du Rhône* (CNR) est une société anonyme d'intérêt général, avec 50,3 % d'actionnariat public et 49,97 % d'actionnariat privé (filiale du groupe GDF-Suez). Elle a trois missions principales : la production d'électricité, au moyen de 19 centrales, l'irrigation et la navigation sur le Rhône.

En *Suisse*, la production d'origine hydraulique représentait 90 % de l'énergie produite jusqu'au début des années 1970 ; actuellement, l'énergie hydroélectrique se monte à 55 % de la production suisse[19], contre 39 % pour l'énergie d'origine nucléaire. Environ 47 % de la production annuelle provient de centrales au fil de l'eau, 49 % de centrales à accumulation et 4 % de centrales à pompage-turbinage. En raison de la décision récente (2011) d'abandon de la production d'origine nucléaire, l'objectif de la Confédération est d'augmenter la production hydroélectrique au cours des prochaines années d'environ 5 % d'ici 2030 par des améliorations techniques et des agrandissements des installations existantes.

La Constitution fédérale prévoit que les cantons peuvent disposer librement de leur force hydraulique, droit qui peut être transféré aux communes ou à des corporations. Comme ailleurs les développements initiaux ont été relativement peu coordonnés, raison pour laquelle a été adoptée en 1916 la *Loi fédérale sur l'utilisation des forces hydrauliques*, avec pour objectif principal une mise en valeur rationnelle de la force hydraulique, sous le contrôle de la Confédération. La plupart du temps, les cantons n'ont pas exploité directement la force hydraulique mais ont concédé l'exploitation à des entreprises de droit privé pour une durée de 80 ans au maximum, contre le paiement d'une *redevance hydraulique* (Sigg et Röthlisberger, 2002). A l'échéance de la concession, les cantons et communes (propriétaires des eaux) peuvent faire valoir un droit de retour. Le cas de la Suisse est ainsi un exemple d'une gestion privée (régime de concession) de l'hydroélectricité[20].

---

19 90 % de la production hydroélectrique provient de la grande hydraulique (puissance supérieure à 10 MW) et 10 % de la petite hydraulique.

20 Une part importante du capital-actions des entreprises hydroélectriques est toutefois d'origine publique (notamment des villes, grandes utilisatrices d'électricité).

16.3.5 Trois exemples de gestion

Les enjeux de gestion des eaux relatifs à la production hydroélectrique sont nombreux et découlent autant des impacts hydrologiques, géomorphologiques et écologique de l'hydroélectricité que des questions sociales liées notamment aux déplacements de population pour la construction des grands barrages. Nous présentons ici trois exemples : les débits résiduels, les éclusées et les retours de concession.

Les débits résiduels minimaux

Le *débit résiduel* d'un cours d'eau est le débit qui subsiste après un ou plusieurs prélèvements[21]. Le *débit résiduel minimal* ou *débit réservé* est le débit minimal qui doit être maintenu dans le cours d'eau afin d'assurer ses fonctions écologiques. Il s'agit donc d'un débit résultant d'un choix politique, fixé dans la législation. Le débit réservé est souvent exprimé en % du débit naturel moyen (ou module brut annuel), calculé sur une période suffisamment longue[22]. Ainsi, la loi française sur la pêche (1984) prévoit un débit réservé de 10 % du débit naturel pour les nouvelles installations, de 5 % pour les cours d'eau dont le module est supérieur à 80 m^3/s, et de 2,5 % pour les installations existantes. La loi sur l'eau et les milieux aquatiques (LEMA) de 2006 prévoit de faire passer les débits réservés de toutes les installations à 10 % du module annuel d'ici 2014.

En Suisse, le débit résiduel minimal (art. 31 de la *Loi fédérale sur la protection des eaux* de 1991) est fixé sur la base du débit Q_{347}, qui correspond au débit naturel

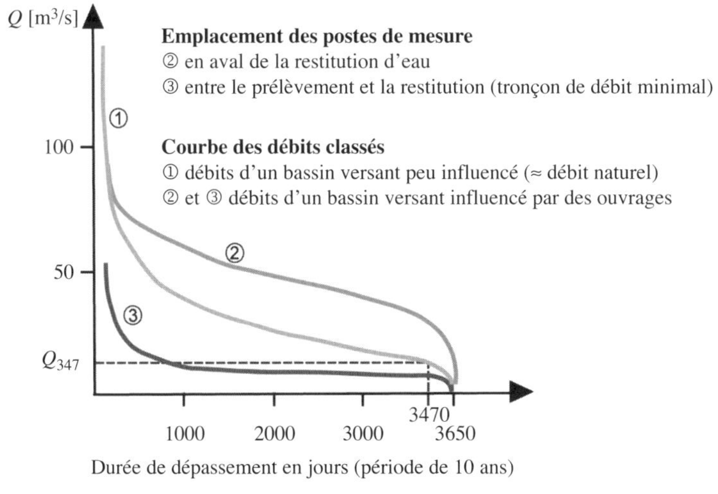

Fig. 16.15 Courbes des débits classés et calcul du débit Q_{347}.

---

21 Cette notion concerne donc l'ensemble des prélèvements et n'est pas spécifique aux prélèvements pour l'industrie hydroélectrique. L'irrigation, par exemple, peut aussi provoquer de fortes diminutions des débits.

22 En principe plus de 20 ans, mais souvent moins ; en Suisse, les débits réservés sont calculés sur une période de 10 ans, en France sur 5 ans. Par ailleurs, dans les bassins versants non jaugés, on estime le débit minimal par comparaison avec des bassins analogues jaugés.

atteint ou dépassé pendant 347 jours par année, dont la moyenne est calculée sur une période de dix ans (fig. 16.15). Le débit Q_{347} correspond au débit dépassé dans 95 % des cas. Sur cette base, on calcule le *débit de dotation, supérieur ou égal au débit résiduel* et permettant de maintenir des débits « convenables » déterminés à partir d'une étude d'impact spécifique. Cette réglementation ne s'applique toutefois que pour les nouvelles concessions ou les renouvellements de concession.

Dans nombre de pays, les débits réservés ne sont pas fixés de manière précise dans la législation. C'est le cas du Québec, qui reconnaît la nécessité de maintenir des débits convenables, sans toutefois fixer des valeurs numériques. Dans d'autres pays, par exemple en Chine (Jiang, 2009), où les écoulements de certains fleuves subissent souvent des interruptions totales, le principe de débits réservés n'est pas fixé dans la législation.

Les éclusées

Une *éclusée* est une augmentation rapide du débit d'une rivière en raison du turbinage de l'eau. Ces variations rapides, qui peuvent être quotidiennes, sont séparées par des périodes durant lesquelles le débit est faible *(débit plancher)*. Les cours d'eau ou tronçons de cours d'eau caractérisés par ces brusques variations artificielles du débit ont un *régime d'éclusées*. En Suisse, environ 1000 km de cours d'eau présentent un tel régime, principalement le Rhin, le Rhône et le Tessin. Ces variations brusques du débit et de la hauteur d'eau (fig. 16.16) ont des conséquences écologiques importantes (Baumann et Klaus, 2003 ; Meile *et al.*, 2005) : faune emportée durant le débit d'éclusée ou qui échoue sur les zones à marnage lors du débit plancher. La construction d'un bassin de compensation entre la centrale et la rivière (ex. Bregenzer Ache, Vorarlberg, Autriche), permettant d'écrêter la « crue » artificielle, est l'une des mesures envisagées pour réduire ces impacts sur la faune, tout comme les modifications du profil de la

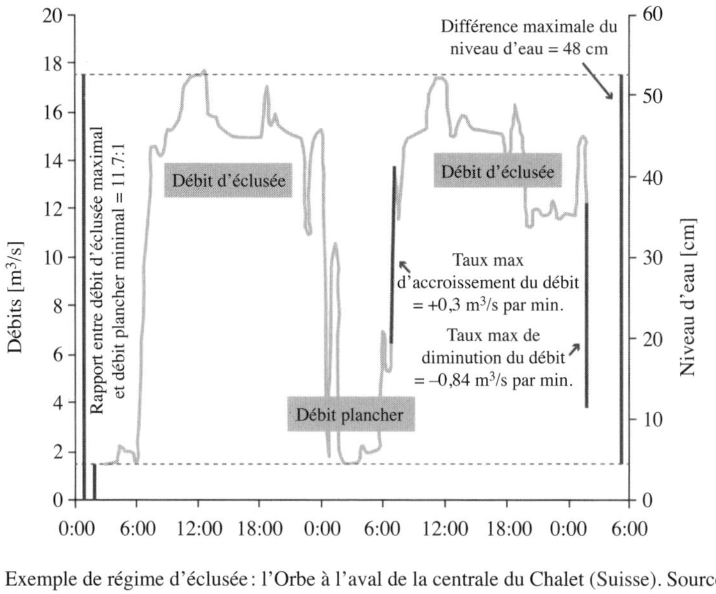

Fig. 16.16 Exemple de régime d'éclusée : l'Orbe à l'aval de la centrale du Chalet (Suisse). Source : Office fédéral de l'environnement.

rivière à l'aval des restitutions. En Suisse, la Loi fédérale sur la protection des eaux a ainsi été modifiée en 2011 ; lorsque les impacts écologiques des éclusées sont importants, des mesures d'amélioration peuvent être exigées.

Le retour des concessions
Lorsque l'Etat n'exploite pas lui-même la ressource d'eau à des fins hydroélectriques, il la concède à un exploitant pour une durée déterminée. A l'échéance, le propriétaire de la ressource (l'Etat) peut à nouveau jouir de tous ses droits sur la ressource : c'est le *retour de concession*. Nous décrivons ici le cas de la Suisse.

La loi sur les forces hydraulique de 1916 a prévu qu'à l'échéance de ces concessions, la *communauté concédante* (en l'occurrence les cantons, communes ou corporations) puisse faire valoir un *droit de retour*, qui prévoit que le concédant devienne propriétaire de la *partie mouillée* des installations (prise d'eau, barrage, conduites d'amenée, conduites forcées, turbines, canal de fuite) et qu'il puisse racheter la *partie sèche* (générateurs, transformateurs, stations de couplage, lignes électriques). Au retour de concession, la collectivité publique peut ainsi exploiter elle-même l'installation, constituer une nouvelle société pour l'exploitation (par ex. en incluant l'entreprise qui exploitait l'ouvrage jusque-là) ou octroyer une nouvelle concession à une entreprise concessionnaire de son choix. Le retour des concessions hydrauliques constitue un enjeu financier et territorial important pour les cantons alpins (Wyer, 2008 ; Groupe de travail Forces hydrauliques, 2011). En effet, le retour de concession donne l'occasion d'une réappropriation, partielle ou totale, de l'exploitation par les collectivités publiques.

16.4 ACTIVITÉS LUDIQUES ET TOURISTIQUES

Ce chapitre traite des usages de l'eau pour les activités ludiques et touristiques. Le tourisme influence la gestion de l'eau à trois niveaux : l'eau peut être un facteur d'attractivité ; la fréquentation touristique modifie les besoins urbains de l'eau ; certaines activités touristiques mobilisent de grandes quantités d'eau et peuvent ainsi entrer en conflit avec d'autres usages.

16.4.1 L'eau comme facteur d'attractivité touristique

L'eau est un élément central de tout paysage, tant par sa présence que par son absence (paysages désertiques par exemple). Les paysages fluviaux, naturels (l'Allier en France) ou artificialisés (les quais de la Seine à Paris ou ceux du Rhône à Genève ou à Lyon) constituent des paysages attractifs, mis en exergue par les milieux touristiques. Il en est de même des chutes d'eau et cataractes. Les cascades (ex. vallée de Lauterbrunnen en Suisse) ont été parmi les premières attractions touristiques des Alpes au XVIIIe siècle. Elles constituent encore maintenant des sites paysagers de premier ordre (en Islande par exemple) et certaines sont classées au Patrimoine mondial de l'UNESCO (chutes d'Iguaçu, à la frontière entre l'Argentine et le Brésil, chutes du Niagara entre le Canada et les Etats-Unis). Certaines infrastructures hydrauliques constituent également des paysages valorisés, que ce soient les anciens systèmes d'irrigation (les *bisses* du Valais, Suisse, par ex.), les barrages hydroélectriques (Boulder Dam aux Etats-Unis, Grande Dixence en Suisse, le barrage des Trois-Gorges en Chine) ou encore les paysages de canaux (Hollande, Venise, Bruges).

D'autres paysages hydriques, au contraire, ne sont pas valorisés par la société ou ne l'ont pas toujours été. C'est le cas des zones humides (zones alluviales, marais). Pendant très longtemps, elles ont été considérées comme des zones néfastes, de peu d'intérêt pour la société, et qu'il s'agissait donc de drainer en vue d'une valorisation agricole et d'une amélioration des conditions sanitaires des populations. C'est la raison pour laquelle, dans toute l'Europe notamment, les zones humides ont très fortement régressé, surtout à partir du XIXe siècle lorsque les grands travaux d'aménagement des rivières et des plaines alluviales ont été entrepris de manière systématique (les marais pontins ou la plaine du Pô en Italie, les zones marécageuses du Tessin, de la Linth ou du Seeland en Suisse). Plusieurs pays ont légiféré ces dernières décennies pour instaurer juridiquement une protection des zones humides. Le cas de la Suisse est à cet égard emblématique. En effet, en 1987, le peuple suisse a été amené à voter sur une initiative populaire (dite *Initiative Rothenthurm)* visant à s'opposer à la création d'une place d'armes dans une zone de marais et surtout à mettre sous protection juridique les paysages marécageux subsistants. L'initiative, acceptée à 57,8 % des suffrages, a eu pour conséquence l'établissement de plusieurs inventaires fédéraux (hauts-marais, bas-marais, sites marécageux) permettant de protéger les biotopes et paysages marécageux afin de les soustraire aux travaux hydro-agricoles nécessaires au développement d'une agriculture intensive.

A l'échelle internationale, la Convention de Ramsar (1971) permet de protéger les zones humides. Actuellement 200 millions d'hectares de zones humides sont ainsi protégés dans le monde. Souvent, ces zones protégées sont mises à profit pour développer des activités touristiques et éducatives.

16.4.2 Incidence du tourisme sur les eaux urbaines

La fréquentation des lieux touristiques n'est souvent pas uniforme tout au long de l'année (zones balnéaires en Méditerranée, stations touristiques de montagne). Il s'ensuit de grosses variations de la population, qui est parfois multipliée par 10 ou 20 en l'espace de quelques jours (par ex. dans les stations de ski alpines à Noël). Cette particularité pose divers problèmes de gestion de l'eau :

- La création de *stations touristiques* dans des régions pauvres en eau nécessite d'importer de l'eau ou de dessaler l'eau de mer. Elle peut également entrer en conflit avec d'autres usages de l'eau, agricole notamment. C'est le cas notamment sur le littoral méditerranéen, où la saison estivale voit coïncider la forte fréquentation touristique dans les stations balnéaires et la demande élevée en eau par le secteur agricole durant la période de basses eaux.

- Le *dimensionnement* des infrastructures (adductions, réservoirs, égouts, stations d'épuration) doit être fait en fonction de la population maximale, alors que ces infrastructures sont souvent payées uniquement par la population résidente (en grande partie par le biais de l'impôt). Par ailleurs, ces infrastructures surdimensionnées ne fonctionnent souvent que quelques semaines par année.

- Les *brusques variations de population* nécessitent souvent des infrastructures particulières. Ainsi, les stations d'épuration biologiques sont inadaptées à ces situations, car elles ne sont pas suffisamment réactives aux grandes variations des volumes à traiter. Parfois, pour pallier ce problème, les eaux des stations touristiques sont acheminées vers une agglomération de plus grande taille où elles pourront être diluées avec les eaux usées urbaines. C'est le cas de la station de Crans-Montana (Suisse), qui achemine ses eaux usées vers la ville de Sierre.

• Finalement, le «mode de vie» touristique induit des besoins en eau particuliers. C'est le cas des séjours en hôtel, où le linge est changé et lavé quotidiennement, raison pour laquelle les hôtels incitent de plus en plus leurs clients à ne pas demander un changement systématique du linge. La présence de nombreuses piscines tout comme par endroits une végétation luxuriante augmentent également les besoins en eau.

16.4.3 Des activités touristiques gourmandes en eau

Certaines activités touristiques nécessitent des quantités d'eau importantes. Il s'agit évidemment de tous les sports d'eau dans la nature ou dans des bassins artificiels, mais également de certaines activités sportives provoquant une utilisation indirecte d'eau. Nous traitons ici uniquement les cas de l'irrigation des golfs et de l'enneigement artificiel des pistes de ski.

L'irrigation des golfs

Originaire d'Ecosse, le golf s'est fortement développé dès le milieu du XIXe siècle, en Ecosse et en Angleterre tout d'abord, puis dans les colonies britanniques et dans d'autres pays par la suite. Les impacts hydriques du golf sont principalement la consommation de ressources en eau (irrigation pour obtenir un gazon de qualité) et la pollution des eaux en raison de l'usage de pesticides et d'engrais. Les besoins en eau des golfs dépendent de trois paramètres principaux : le climat, le type de sol (infiltration) et le type de golf (notamment la qualité du gazon qui est visée, le pourcentage de la surface du terrain arrosée, le nombre d'obstacles d'eau). Certains golfs, dits rustiques, n'irriguent que le *green* (le «*vert*», surface à herbe rase où se trouve le trou), alors que d'autres arrosent également les aires de départ (les *tees)* et les pistes (les *fairways*). Ainsi, le besoin en eau à l'hectare peut varier d'un facteur de 1 à 1000.

Les impacts sur la ressource en eau peuvent être particulièrement importants dans les régions arides (Espagne, Tunisie, Maroc) où les terrains de golf ont proliféré ces dernières années en raison de la douceur du climat permettant notamment aux golfeurs européens de pratiquer ce jeu toute l'année. A Las Vegas, visitée par 40 millions de touristes chaque année, les 250 golfs pèsent sur la demande en eau dans une région qui reçoit moins de 100 mm d'eau par an. On estime que 56 % de la consommation d'eau est dédiée à l'arrosage extérieur (jardins, pelouses, golfs), raison pour laquelle le *Las Vegas Valley Water District* a émis des limitations d'usage à la surface. Dans la palmeraie de Marrakech (Maroc), fortement mise sous pression par le développement touristique et urbain, les golfs sont souvent montrés du doigt pour leur impact sur la nappe souterraine. Il en va de même pour la région de Sousse en Tunisie où les eaux servant aux activités ludiques situées le long de la côte proviennent de plus en plus du réservoir du barrage du Nebhana, créé initialement pour servir l'agriculture des régions de Sousse, Monastir et Bekalta via des systèmes d'irrigation.

A l'inverse, l'irrigation des golfs est souvent pratiquée de manière efficiente, au moyen de systèmes gérés par ordinateur, ce qui en fait un usage nettement plus efficace que l'irrigation des zones agricoles. Les études chiffrées sur les besoins en eau des golfs par rapport aux autres usages sont peu nombreuses. A Crans-Montana (Suisse), l'irrigation des golfs a mobilisé environ 90 000 m^3 en 2011, soit 1 % des besoins en eau potable et 2 % des besoins pour l'irrigation « agricole » (Reynard et Bonriposi, 2012). Certains pays ont également pris des mesures en vue de limiter les impacts des golfs sur l'eau ; c'est le cas de la France où les exploitants de golfs ont signé en 2006 une Charte sur l'eau avec le Ministère de l'Ecologie et mettent en œuvre des mesures d'économie (récupération des eaux pluviales, réduction des usages de pesticides) en vue de pouvoir classer le golf dans les *sports de nature*.

La production de neige artificielle

L'enneigement artificiel (ou *enneigement mécanique* ou production de *neige de culture*) est comme l'irrigation des golfs un usage de l'eau qui a pris beaucoup d'ampleur au cours des dernières décennies. La neige artificielle est créée au moyen d'une installation appelée *canon à neige*, par pulvérisation d'eau sous forme de fines gouttelettes dans l'air où elle gèle puis retombe sous forme de cristaux si la température est inférieure à 0°C et l'air peu saturé en eau (conditions idéales : températures inférieure à –2°C, humidité de l'air inférieure à 65 %). Parfois, des particules minérales ou des bactéries sont rajoutées à l'eau pour favoriser la cristallisation. Les canons à neige peuvent être à haute ou basse pression, fixes ou mobiles et l'enneigement artificiel s'accompagne souvent d'un nivellement des pistes, qui permet de rationnaliser la production (réduction des quantités de neige nécessaires à l'obtention d'un manteau neigeux uniforme). L'enneigement artificiel sert soit à garantir la viabilité de certains passages étroits ou dangereux, soit à enneiger de grandes surfaces ou des pistes entières, notamment les pistes reliant le domaine skiable d'altitude à la station. Au vu de son efficacité, l'enneigement artificiel est de plus en plus pratiqué pour avancer et retarder la saison de ski et pour combler des « trous » d'enneigement naturel durant la saison hivernale.

Après quelques essais dans les années 1960, l'enneigement artificiel a véritablement débuté à la fin des années 1970 aux Etats-Unis. Dans les Alpes, les premières installations datent des années 1980 et l'enneigement artificiel a été développé à grande échelle suite à trois hivers successifs pauvres en neige (1987-88, 1988-89 et 1989-90). On estime à 24 000 ha les surfaces skiables qui sont enneigées artificiellement dans les Alpes (soit 30 % de la surface totale des domaines skiables alpins), pour une consommation totale annuelle de l'ordre de 95 millions de m^3.

Il est généralement admis qu'il faut une couverture de neige de 30 cm pour assurer la pratique du ski et qu'une moyenne de 100 jours avec une couverture neigeuse de 30 cm ou plus assure la viabilité des installations de remontées mécaniques (Abegg, 1996). Si à ses débuts, l'enneigement mécanique a concerné surtout les passages exposés (enneigement d'appoint), actuellement il est organisé à grande échelle et constitue un argument publicitaire pour les stations disposant d'un enneigement garanti sur l'ensemble de la saison.

La production de neige artificielle consomme de l'énergie et de l'eau. Les *besoins en eau* sont variables et dépendent de la situation géographique (domaines skiables naturellement riches ou pauvres en neige, altitude), de la variabilité interannuelle de l'enneigement naturel, de la température et de l'humidité de l'air au moment de la production (1 m^3 d'eau permet de produire entre 2 et 3 m^3 de neige selon les conditions) et des conditions météorologiques après la production (redoux, épisodes de pluie ou de foehn). Les besoins annuels en eau sont en moyenne de l'ordre de 3000 à 4000 m^3 / ha, mais peuvent atteindre 8000 m^3 / ha.

La *provenance de l'eau* est variable et souvent mixte : eaux de surface ou souterraines, aménagements hydroélectriques ou réseaux d'eau potable. Une prise d'eau située en altitude (plus haut que les zones à enneiger) évite de coûteux pompages. Comme l'usage de l'eau est souvent intense (besoins importants durant quelques heures) et a lieu durant la période d'étiage des cours d'eau et des sources, l'eau est souvent stockée durant la période de fonte (printemps, été), soit dans les barrages hydroélectriques, soit dans des *retenues d'altitude* construites à cet effet (Marnezy, 2008 ; Evette *et al.*, 2011).

Les *impacts hydrologiques* de l'enneigement artificiel sont multiples. Les prélèvements modifient souvent le régime d'écoulement des cours d'eau captés et influencent les débits résiduels (problématique identique à l'irrigation et à l'hydroélectricité). S'ils ont lieu directement dans les cours d'eau (sans stockage), ces prélèvements coïncident alors avec la période d'étiage (fig. 16.17).

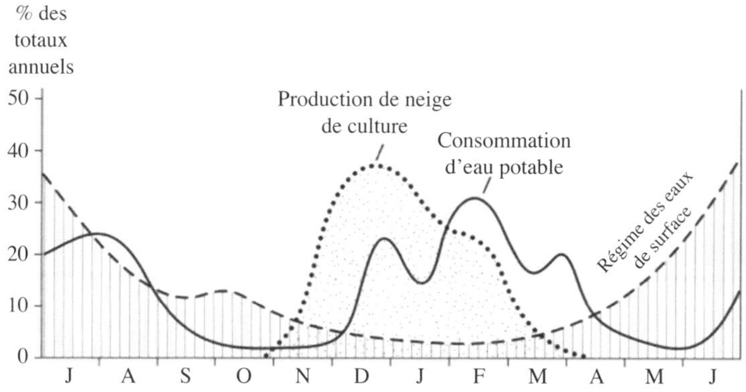

Fig. 16.17 Variations des besoins en eau dans les stations touristiques alpines (selon Marnezy, 2008).

Ces impacts varient toutefois en fonction de l'échelle géographique (Paccard, 2010 ; Magnier, 2013) : ils peuvent être élevés dans les petits bassins versants d'altitude mais ils sont faibles, voire insignifiants, à l'échelle des bassins versants régionaux. La construction de retenues d'altitude, souvent en remblai, peut créer une situation de risque (rupture de digue) et se fait souvent dans des zones humides naturellement propices à ce genre d'aménagement (dépressions naturelles) (Evette *et al.*, 2011). Par contre, contrairement à ce qui est souvent argué dans les débats sur l'enneigement artificiel, la fonte de la neige artificielle ne modifie pas fondamentalement le régime d'écoulement (les apports supplémentaires sont toujours inférieurs à la variabilité naturelle du manteau neigeux) et aucun cas concret d'accélération de glissements de terrain en raison de l'enneigement artificiel n'a pu être démontré.

L'enneigement artificiel a également des *impacts sur la gestion de l'eau* au niveau local. Ce nouvel usage concurrence des usages existants, tels que l'approvisionnement en eau potable (fig. 16.17). Jusqu'ici, là où un choix a dû être fait entre les deux usages (ex. Les Gets, France), c'est toujours l'approvisionnement en eau potable qui a été privilégié. Lorsque des prélèvements sont faits dans les retenues hydroélectriques, des conventions doivent être signées, car il s'agit d'une utilisation non prévue au moment de la construction des aménagements. Au niveau quantitatif, les études qui ont comparé les besoins pour l'enneigement artificiel aux autres besoins en eau au niveau local (Paccard, 2010 ; Magnier, 2013 ; Reynard et Bonriposi, 2012) concluent que les besoins pour l'enneigement restent faibles en regard d'autres usages (hydroélectricité, irrigation, eau potable) et ne comptent que pour quelques pourcents de l'ensemble des prélèvements. Par contre, ramenés à l'échelle de la disponibilité en eau dans les petits bassins versants de haute montagne, les prélèvements pour la neige de culture peuvent avoir un gros impact et perturber d'autres usages (notamment les usages pour la nature, les zones humides par exemple) (Paccard, 2010).

CHAPITRE 17

LES RISQUES HYDROLOGIQUES

Ce chapitre traite de la problématique des risques hydrologiques et de l'aménagement des cours d'eau, en mettant l'accent sur la protection contre les crues. Après une série de définitions sont étudiées les différentes mesures de protection contre les crues, puis quelques exemples. La dernière partie traite de la gestion intégrée du risque.

17.1 DÉFINITIONS

Les *risques hydrologiques* résultent du croisement des aléas hydrologiques, par exemple un événement de crue exceptionnel – potentiellement dangereux –, et des dommages potentiels associés et la possibilité d'inondation des populations riveraines vivant aux abords des cours d'eau concernés. Formellement, le risque se définit «par le produit de la probabilité d'apparition d'un événement menaçant par le coût des dommages (ou des conséquences) que cet événement peut occasionner» (Meylan *et al.*, 2008). Pour se prémunir contre de tels risques et se protéger en conséquence contre les dommages potentiels causés par de tels aléas, les sociétés ont souvent procédé sur le terrain à des travaux d'envergure, dont les aménagements de cours d'eau. Ces aménagements visent toutefois plusieurs objectifs, dont les principaux sont la protection contre les crues, l'exploitation des ressources fluviales (principalement l'énergie) et la navigation. Nous donnons ici quelques définitions.

L'*aléa* (ou le *danger*[1]) naturel est un phénomène naturel d'occurrence et d'intensité données pouvant être à l'origine d'un dommage pour l'homme, l'environnement ou les biens matériels (Loat et Meier, 2003, p. 197). Cette notion d'aléa intègre la probabilité de son apparition. On distingue plusieurs types d'aléas, dont en ce qui concerne l'eau, les aléas d'ordre météorologique (cyclones, typhons, grêle, etc.) et d'ordre hydrologique (crues, sécheresses). Les aléas hydrologiques sont liés soit à l'abondance des écoulements (crues, inondations) ainsi qu'à l'érosion induite par les processus fluviaux ou par d'autres phénomènes (instabilités de terrain, coulées boueuses, laves torrentielles), soit à leur indigence (sécheresse).

---

[1] Les deux termes peuvent être considérés comme des synonymes. Ils expriment toutefois certaines nuances: la notion d'aléa est associée au hasard et à l'imprévisibilité d'un événement (en anglais: *hazard*), alors que le danger fait plutôt référence à la menace représentée par un événement (Thomi, 2010)

La *vulnérabilité* intègre la notion de *conséquence* et des coûts qui s'y rapportent et fait l'objet de plusieurs définitions. Deux approches principales peuvent être distinguées (Thomi, 2010, p. 46). La première fait référence au dommage potentiel engendré par l'événement, souvent exprimé en termes de pertes économiques ou en vies humaines. La seconde considère le potentiel de résilience de la société exposée, en d'autres termes sa capacité de récupération suite à un dommage (Dauphiné, 2001). Dans les pays à faible capacité économique, les grandes catastrophes naturelles constituent souvent une part très importante du PIB (ex. les dommages dus au passage de l'ouragan Mitch en 1998 au Honduras ont représenté 80 % du PIB national). Quelle que soit l'approche utilisée, l'évaluation de la vulnérabilité dépend de différents facteurs tant physiques (densité de population, qualité des constructions) que socio-économiques (niveau d'éducation, capacités économiques, présence ou non d'un système d'assurance).

On regroupe sous le terme d'*enjeux* l'ensemble des éléments vulnérables (bâtiments, infrastructures, personnes, écosystèmes, etc.) (Veyret, 2004). Les *dommages* sont les effets non souhaités d'un aléa. Ils peuvent être *directs* (la destruction d'un pont par une crue) ou *indirects* (la perte d'exploitation d'un terrain agricole inondé).

De manière plus générale, le risque – qui concerne plusieurs disciplines – est exprimé comme le produit de l'aléa (probabilité d'occurrence d'un événement d'intensité donnée) et de la vulnérabilité (étendue du dommage potentiel)[2] (Dauphiné, 2001 ; Loat et Meier, 2003). Ce concept est donc associé aux notions d'imprévisibilité et d'incertitude. Il est possible de le définir aussi comme « un danger éventuel, plus ou moins prévisible, dans une aire non précisément définie, d'une durée indéterminée » (Bailly, 1994, p. 176).

17.2 GESTION DES RISQUES HYDROLOGIQUES

17.2.1 Stratégie de gestion

La *gestion du risque* regroupe l'ensemble des actions mises en œuvre pour se protéger contre les dommages potentiels résultant d'un aléa. Différentes stratégies, classées en quatre catégories fondamentales (Burton *et al.*, 1978), ont ainsi été développées :

- l'*absorption* du risque, qui résulte d'une adaptation, sans qu'il y ait prise de conscience du risque ;
- l'*acceptation* du risque, ce dernier étant reconnu, mais considéré comme acceptable (ex. l'inondation temporaire de terres agricoles à la fonte des neiges) ;
- la *réduction* du risque, qui a lieu lorsque ce dernier n'est pas accepté (ex. prise de mesures visant à réduire soit l'aléa, soit la vulnérabilité, soit les deux) ; cette réduction fait l'objet dans de nombreux pays de stratégies adéquates ;
- le *refus* du risque, où la stratégie d'adaptation se résume par l'*évitement* (ex. non-occupation des terrains à risque).

2 Cette définition technique a souvent été critiquée par des chercheurs en sciences sociales comme étant trop simpliste et ne prenant pas suffisamment en compte les variables contextuelles, notamment la perception du risque par la population, la connaissance du risque, etc. (voir notamment Renn, 1995 ou Thomi, 2010, pour une discussion).

La manière de gérer les risques hydrologiques a évolué au cours du temps. Pendant longtemps, la stratégie d'évitement s'est imposée, la société s'adaptant aux aléas en évitant les zones à risque (ex. déplacement des zones d'habitat vers des régions surélevées pour éviter des inondations). Dès le début du XIXe siècle et jusque dans les années 1980, c'est la logique de la « domestication du danger » (Laganier, 2006) qui a prédominé, le but étant de tenter d'éliminer le risque. Au cours des deux dernières décennies du XXe siècle, en raison notamment de plusieurs catastrophes d'origine hydrologique (par ex. les inondations de l'été 1987 en Suisse), une logique de *prévention des risques* a été mise en place, visant non pas à éliminer le risque (ce qui est très difficile, voire impossible), mais à vivre avec, donnant naissance à une nouvelle « culture du risque ». Ce changement de paradigme (voir par ex. Laganier, 2006 ; Zaugg Stern, 2006) a induit une nouvelle conception des travaux engagés dans ce but, visant à concilier les objectifs sécuritaires (la protection contre les dangers) avec d'autres objectifs (environnementaux, loisirs, etc.).

17.2.2 Mesures de protection

On distingue deux grandes familles de mesures de protection. Les *mesures actives* (ou *structurales*) visent à atténuer les conséquences dommageables de l'aléa, en influençant si possible le déroulement de l'événement naturel, et à réduire ainsi son impact. En ce qui concerne l'aménagement des cours d'eau, ces mesures sont réalisées dans le cours d'eau lui-même ou dans le bassin versant qu'il draine :

- la *construction d'ouvrages* longitudinaux (digues submersibles et insubmersibles) ou transversaux (épis, seuils, barrages, dépotoirs) ;
- les mesures d'*entretien des cours d'eau* (coupes d'arbres à proximité du lit)[3] ;
- la mise en place d'*espaces de rétention* des eaux lors de crues exceptionnelles (bassins d'écrêtage, zones tampon ou de divagation) ou de corridors d'évacuation supplémentaires des eaux (ex. le Danube à Vienne) ;
- la construction d'*ouvrages de stabilisation* des berges (murs, gabions) ;
- les interventions dans *le lit*, visant à réduire la charge solide potentiellement mobilisable et à approfondir la section du cours d'eau, principalement par le dragage de sédiments (gravières) ;
- l'*aménagement des versants*, principalement la plantation d'arbres (visant la stabilisation des terrains) et les mesures de stabilisation des mouvements de terrain (drainages par ex.) ;
- les mesures visant à augmenter l'*infiltration* dans le bassin versant (surfaces drainantes en zones urbaines) ;
- les *élargissements ou espaces de divagation*, visant à redonner plus d'espace aux cours d'eau[4].

---

[3] L'entretien des cours d'eau est souvent considéré comme une mesure passive ; comme son objectif premier est de faciliter l'écoulement de l'eau, il s'agit bien d'une mesure active de réduction de l'aléa.

[4] Cette catégorie de mesures est relativement récente ; les élargissements visent autant la revitalisation des fonctions écologiques des rivières que la réduction des aléas hydrologiques.

Les *mesures passives (ou non structurales)* agissent au niveau du potentiel de dommages et visent la réduction de la vulnérabilité des objets susceptibles d'être touchés. Parmi ces mesures, on distingue :

- la définition de *corridors de sécurité* inconstructibles le long des cours d'eau[5] ;
- l'élaboration de cartes de dangers, définissant par exemple des *zones de danger*, soit inconstructibles, soit constructibles moyennant des mesures spécifiques de protection souvent incluses dans les politiques d'urbanisme ou d'aménagement du territoire ;
- la *protection permanente d'objets* (élévation des habitations sur des remblais, renforcement des fondations contre l'affouillement, étanchéité de l'enveloppe des bâtiments, restrictions d'usage des sous-sols (par ex. interdiction d'y dormir)) ou temporaire (ex. plaques de protection pour étanchéifier les entrées des habitations en zone inondable) ;
- les *mesures organisationnelles*, comprenant les procédures d'alarme, la planification des interventions et des évacuations en cas de danger ; l'ouragan Katrina qui a ravagé la Nouvelle-Orléans (Etats-Unis) en 2005 a mis en évidence l'importance des dommages provoqués par un manque de préparation.

17.3 PRATIQUES DE GESTION DU RISQUE HYDROLOGIQUE : QUELQUES EXEMPLES

La gestion des risques hydrologiques a nécessité le développement de politiques publiques spécifiques. Ce chapitre présente plusieurs exemples à des échelles diverses.

17.3.1 Gestion des risques hydrologiques en Europe

En raison de la densité de sa population, de sa topographie et de son climat, le continent européen est relativement exposé aux risques hydrologiques. C'est le cas notamment des Pays-Bas, où 55 % de la population vit en zone inondable. Par ailleurs, des inondations de grande ampleur ont eu lieu au cours des dernières décennies. La Communauté européenne a ainsi adopté une directive spécifique sur les risques d'inondation (Directive 2007 / 60 / EC ou Directive inondation). Cette dernière demande aux Etats membres de déterminer les zones à risques (avant 2011). Pour ces zones, des cartes de dangers doivent être établies d'ici 2013 et des plans de gestion (prévoyant des stratégies de prévention, de protection et de préparation) d'ici 2015. Nous illustrons l'application de la directive à travers le cas français.

La France a transcrit le contenu de la directive dans le droit national dans la loi dite de Grenelle II du 12 juillet 2010. La loi prévoit trois étapes. La première est une évaluation préliminaire des risques d'inondation (EPRI), à l'échelle nationale et à celle des districts hydrographiques (chap. 13), terminée en 2011. Sur cette base ont été déterminés des territoires à risques d'inondation (TRI), dans lesquels une cartographie du risque doit être réalisée d'ici la fin 2013. Finalement, des plans de gestion des risques d'inondation (PGRI) seront réalisés d'ici la fin 2015.

---

[5] Ces espaces ont également une vocation écologique (réduction des risques de pollution, espace favorisant les fonctions écologiques des cours d'eau).

Contrairement à la Suisse, qui établit d'abord une cartographie des dangers (aléas), puis retranscrit les zones de dangers dans les documents de l'aménagement du territoire (plans directeurs, plans d'affectation locaux) afin de mettre en évidence le risque encouru (OFEG/OFEFP/OFAT, 1997 ; ARE, OFEG, OFEFP, 2005), la France établit directement une cartographie du risque en plusieurs étapes. L'évaluation préliminaire des risques d'inondation (EPRI) définit quelles sont les zones potentiellement à risque sur la base de cartes d'extension de grandes crues historiques, de modélisations de crues de temps de retour de 100 ans ou d'une cartographie sur la base de données topographiques et géologiques. Dans ces zones, sont ensuite recensés les *enjeux* sociétaux, en quatre catégories : la santé humaine, l'activité économique, l'environnement et le patrimoine (Ministère de l'écologie, du développement durable et de l'énergie, 2011). En croisant ces informations est établi alors un plan d'exposition aux risques. Ainsi et par exemple, ce sont 17 millions d'habitants, 9 millions d'emplois et 5 % du territoire métropolitain qui sont considérés comme étant exposés au risque d'inondation.

Cette procédure, spécifique au risque d'inondation, se superpose aux *plans de prévention des risques naturels prévisibles* (PPR), institués à l'échelle communale depuis 1995, et qui définissent des zones constructibles, constructibles sous conditions ou non constructibles.

17.3.2 L'exemple de la Suisse

Le cas de la Suisse est emblématique du *changement de paradigme* sur la protection contre les crues survenu au cours des années 1980. La politique fédérale de protection contre les crues est amorcée au début du XIXe siècle, de manière ponctuelle : correction de la Linth (1807-1816), correction du Rhin dès 1862, correction du Rhône dès 1863 (Vischer, 2003). Ce sont les inondations catastrophiques de 1868 – qui provoquent de gros dégâts dans les vallées alpines et qui jettent de nombreux habitants dans le besoin, faute d'un système d'assurance –, qui sont à l'origine d'une véritable politique de protection contre les crues (Pfister, 2002). La catastrophe provoque un vaste mouvement de solidarité qui permet de récolter une aide substantielle, en nature et en argent. La moitié est utilisée pour les secours d'urgence, alors que l'autre est conservée pour créer un fonds visant à mettre en œuvre des mesures de prévention contre de futures catastrophes. En 1874 est ainsi adopté un nouvel article constitutionnel (art. 24), qui charge la Confédération de prendre des mesures d'endiguement des cours d'eau de montagne. Les études menées suite à la catastrophe de 1868 mettent en cause la déforestation comme l'une des raisons principales de l'ampleur de la catastrophe, raison pour laquelle l'article 24 débouchera sur l'adoption de deux nouvelles lois fédérales : sur la police des forêts (1876) et sur la police des eaux dans les régions élevées (1877). Cette double législation permettra de développer, sur plus d'un siècle, un vaste programme d'aménagement des cours d'eau (endiguement des cours d'eau de plaine, correction des torrents de montagne) et de mesures de protection des versants (reboisements, entretien des forêts, aménagements de protection).

A la fin des années 1980, la politique d'aménagement des cours d'eau subit une remise en question fondamentale. Les crues de 1987, qui provoquent des dommages importants dans les cantons alpins, sont l'événement déclencheur de ce changement de paradigme (Zaugg, 2004 ; Zaugg Stern 2006). Elles montrent qu'une protection totale n'existe pas et que les ouvrages de protection seuls ne suffisent pas pour limiter les dégâts[6]. Cette nouvelle conception de l'aménagement des cours d'eau intègre la culture du risque, qui postule une approche globale des dangers naturels, à celle de la protection qui donne par ailleurs la priorité aux mesures d'entretien et de planification (*Loi fédérale sur l'aménagement des cours d'eau* (LACE) adoptée en 1991).

17.3.3 Le cas d'une rivière : le Rhône alpin

Le Rhône valaisan (Suisse) est emblématique de ce changement de paradigme. Cours d'eau à régime nival, au caractère torrentiel affirmé, il a provoqué pendant de longs siècles des dégâts aux infrastructures – notamment la route principale menant vers l'Italie – et aux cultures et suscité des conflits sans fin entre les populations riveraines en raison des perpétuels changements de tracé (voir par ex. Reynard *et al.*, 2009). La protection contre le fleuve se limitait à la construction de *digues offensives* (digues diagonales s'avançant vers le centre du cours d'eau et qui avaient pour fonction de renvoyer les écoulements sur la rive opposée). Durant le Petit Age Glaciaire (entre 1350 et 1850 après J.-C.), le lit s'exhausse en raison de l'augmentation de la charge solide transportée, les inondations devenant plus fréquentes durant le XIXe siècle, ce qui pousse les autorités à entreprendre une correction systématique du fleuve entre 1863 et 1894. L'entreprise comporte *cinq mesures* principales : la réduction du linéaire fluvial par l'endiguement systématique ; la mise en place d'*épis* transversaux submersibles ; la correction des embouchures des affluents (endiguements sur les cônes de déjection) ; les mesures de reboisement des versants et d'aménagement des bassins versants torrentiels (barrages, dépotoirs, seuils) ; et finalement le drainage systématique des anciennes zones inondables afin de les adapter à la culture agricole.

La correction est globalement un succès. Le transport de la charge solide n'est toutefois pas optimal et le cours d'eau continue de s'exhausser entre ses nouvelles digues, raison pour laquelle le gouvernement valaisan lance une deuxième correction du fleuve dans les années 1930. Les travaux – réalisés jusqu'au début des années 1960 – poursuivent l'assèchement de la plaine alluviale, extraient des matériaux du lit du fleuve afin de le faire baisser et permettent de créer un lit majeur artificiel en fermant l'espace compris entre les épis.

Les inondations de 1987 et 1993 démontrent toutefois l'insuffisance des mesures entreprises et une troisième correction du fleuve est entreprise dès l'an 2000. Dans le sillage de la nouvelle législation fédérale, le projet vise des objectifs sécuritaires (réduction du risque), écologiques (amélioration de la qualité des milieux aquatiques) et socio-économiques (une meilleure utilisation du fleuve, notamment en renforçant le tourisme le long de ses berges). Afin d'atteindre ce triple objectif, le projet prévoit, partout où cela est possible, d'élargir le cours du fleuve, raison pour laquelle il se heurte actuellement à une forte opposition des communes riveraines et des milieux agricoles (qui perdraient passablement de terres arables). Cet exemple démontre ainsi la difficulté à mettre en place de tels principes de protection contre les crues là où la densité de population est forte et où la pression sur les sols est élevée.

---

[6] D'autres facteurs jouent également un rôle décisif dans le changement de paradigme. D'après Zaugg (2004), il s'agit notamment des nouvelles normes dans les domaines de la protection des eaux, des zones alluviales, du paysage et de l'environnement introduites depuis les années 1960, ainsi que des débats sur l'allocation efficace des ressources limitées de l'Etat.

17.3.4 Le cas des torrents de montagne

Les torrents de montagne sont caractérisés par des écoulements intermittents et souvent intenses, permettant l'érosion et le transport d'une charge solide importante qui vient s'accumuler sur des cônes de déjection au débouché dans les vallées principales. Le transport solide se fait souvent sous forme de laves torrentielles ou d'écoulements hyper-concentrés.

En France, l'activité des torrents a été à l'origine d'un vaste programme de lutte contre la torrentialité et l'instabilité des versants: la *restauration des terrains en montagne* (RTM). C'est l'*Etude sur les torrents des Hautes-Alpes* d'Alexandre Surell, publiée en 1841, qui en est à l'origine. Surell décrit en détail le fonctionnement d'un bassin torrentiel – distinguant notamment le bassin de réception, le chenal d'écoulement et le cône de déjection – et met en exergue le rôle de la déforestation des versants dans l'augmentation du transfert sédimentaire en direction des cônes, là où sont établis les villages et infrastructures. Parmi les mesures de lutte contre ce phénomène, il propose un reboisement systématique des versants concernés. En 1860, une loi sur le reboisement en montagne est adoptée. Elle permet le lancement d'un vaste programme de reboisement systématique qui s'étalera sur plusieurs décennies. Au final, même si ces travaux ont certes permis de réduire les effets de la torrentialité dans les bassins versants de montagne, on considère maintenant que c'est plutôt la combinaison de différents facteurs (la diffusion du charbon comme combustible, qui réduit la consommation de bois, l'utilisation de matériaux de construction de substitution au bois, l'exode rural et la déprise agricole, les reboisements) qui ont amené au reboisement des versants et à la diminution de la torrentialité.

La pratique développée en France a essaimé dans différents pays, notamment dans les anciennes colonies françaises où d'importants travaux ont été entrepris en matière de reboisement (Maroc par exemple). La Suisse a développé un programme similaire dès la fin des années 1870.

17.4 GESTION INTÉGRÉE DU RISQUE

A partir des années 1980, dans plusieurs pays, sous les effets conjugués de l'urbanisation (donc de l'augmentation de la vulnérabilité) et d'une augmentation de la fréquence des crues, il est devenu évident qu'une politique basée uniquement sur des mesures de protection constructives n'était pas suffisante. Deux stratégies ont alors été adoptées: l'une visait à réduire la vulnérabilité, notamment en définissant des zones à risques dans lesquelles l'utilisation du territoire devait être régulée; l'autre, complémentaire à la première, tente d'intégrer les mesures d'aménagement dans une politique plus holistique du risque d'inondation (Arnaud-Fassetta *et al.*, 2013). Nous décrivons ici les mesures dans le domaine de la gestion intégrée du risque, en nous basant principalement sur le cas suisse.

La *gestion intégrée du risque* considère le risque dans son ensemble et qui doit être appréhendé non seulement au moyen de mesures structurelles (protection), mais également de manière plus holistique, en développant des mesures de prévention, d'alarme et d'organisation en cas de catastrophe.

En Suisse a ainsi été développée une conception cyclique du risque – le *cycle de gestion intégrée des risques* (OFPP, 2003) – qui met sur un pied d'égalité les différentes actions (fig. 17.1). Le cycle est organisé en trois grandes phases (à partir d'une catastrophe). La phase de *maîtrise*, qui comprend l'engagement et la remise en état, vise à limiter l'ampleur des dégâts. La phase de *rétablissement* couvre l'ensemble des mesures de reconstruction. La phase de *mesures de précaution* a pour objectif de réduire la vulnérabilité. Elle comprend toutes les mesures de prévention (mesures d'aménagement du territoire, notamment l'élaboration de cartes de dangers, aménagement des cours d'eau et des bassins versants, mesures écologiques), ainsi que les mesures de préparation (planification et exercice des mesures à adopter en cas de crise).

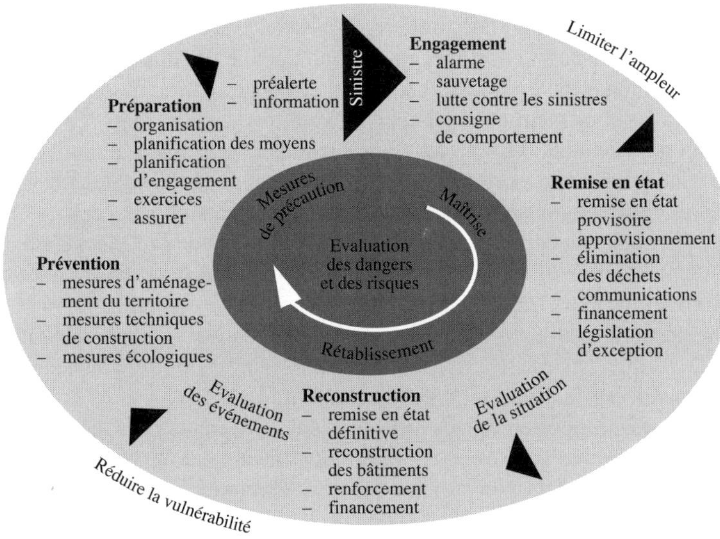

Fig. 17.1 Le cycle de la gestion intégrée du risque (selon OFPP, 2003).

CHAPITRE 18

LA GESTION DE L'EAU ET LES CHANGEMENTS CLIMATIQUES

Ce chapitre ne discute pas des changements climatiques en tant que tel ni des effets hydrologiques du changement du climat mais se focalise sur les conséquences des changements climatiques sur la gestion des ressources en eau. Dans un premier temps sont rappelés brièvement quelques concepts relatifs aux changements climatiques et à leur analyse, ainsi que les grandes tendances des changements en cours et prévus pour le XXIe siècle. Puis sont mis en évidence les impacts des changements du climat sur quelques usages principaux de l'eau : l'approvisionnement en eau potable, l'irrigation et la production d'énergie et sur le risque d'inondation et l'aménagement des cours d'eau. La dernière section se penche sur les adaptations aux conséquences des changements climatiques sur la gestion de l'eau qui devraient être développées.

18.1 CHANGEMENTS CLIMATIQUES ET RESSOURCE EN EAU

18.1.1 Rappel de quelques concepts

Nous rappelons dans ce chapitre quelques tendances générales sur les changements climatiques, telles qu'elles ont été décrites et mises en évidence ces dernières années notamment par le GIEC (2007)[1].

Il convient tout d'abord de distinguer les changements qui ont été observés dans le passé, par le biais de mesures directes (surtout depuis le début du XIXe siècle) ou par le croisement de diverses données (chroniques, dendrochronologie, phénologie, analyses isotopiques, etc.), des changements qui sont pressentis et évalués par modélisation pour les futures décennies. Il faut ensuite distinguer les changements à l'échelle globale (ou planétaire) de ceux qui surviennent à l'échelle régionale ou locale, nombre de régions étant actuellement caractérisées par des climats très variables et particuliers (microclimats). C'est le cas par exemple de certaines régions alpines où les effets d'une élévation globale des températures varient beaucoup en fonction de l'altitude, de l'orientation des vallées ou des versants ou de la localisation géographique au sein de la chaîne de montagnes. Finalement, il y a lieu de préciser que le climat se

1 Pour la Suisse, voir aussi Rebetez (2002) et Beniston (2009).

caractérise par plusieurs paramètres (température, précipitations, vent, humidité de l'air, évaporation, etc.) dont est tirée une synthèse. Dans les lignes qui suivent, nous nous limitons à décrire les changements concernant les températures et les précipitations.

18.1.2 Principales tendances

Concernant les changements récents, à l'échelle planétaire une nette tendance à la hausse des températures moyennes a été observée. Cette hausse est de l'ordre de 0,85°C à l'échelle globale entre 1880 et 2012 (IPCC, 2013, p. 3) ; elle peut être nettement plus élevée à l'échelle régionale. Ainsi, en Suisse, le réchauffement a été de 1,3°C en Suisse alémanique, de 1,6°C en Suisse occidentale et de 1°C au Sud des Alpes (OcCC, 2002) ; c'est en moyenne une fois et demie le réchauffement observé dans l'hémisphère nord (OcCC, 2008). La hausse des températures a provoqué une réduction globale du manteau neigeux et de la couverture glaciaire. Le taux d'enneigement moyen a diminué de 1,3 % par décennie dans l'hémisphère nord au cours des 40 dernières années (UNEP, 2007). Hormis l'Antarctique, la perte globale du volume glaciaire est sensible à tous niveaux (glace de mer, glaces terrestres). Dans les Alpes, les surfaces englacées ont diminué de 50 % entre 1850 et 2000 (OcCC, 2008). On considère que la fonte globale des glaces représente un tiers de l'élévation globale du niveau des océans et des mers (environ 1,8 mm / an entre 1961 et 2003 et environ 3,1 mm / an entre 1993-2003 ; GIEC, 2007), les deux tiers restants étant dus à la dilatation thermique des eaux (GIEC, 2007).

L'évolution des précipitations au cours du XXe siècle n'est pas uniforme sur Terre. Elles ont augmenté aux latitudes supérieures à 30°N depuis 1900 et ont diminué aux latitudes comprises entre 10 et 30°N depuis les années 1970 (GIEC, 2007). En Europe, les précipitations hivernales de situation d'Ouest ont augmenté au cours du XXe siècle et une tendance générale à un climat plus sec au Sud et plus humide au Nord du continent est observée.

Une augmentation des phénomènes de précipitations intenses a également été notée dans plusieurs régions du monde (GIEC, 2007). En Europe (Zolina, 2012), on observe une tendance à l'augmentation des précipitations extrêmes depuis le début du XXe siècle, de l'ordre de 2-4 % par décennie (depuis 1960) en Europe centrale et de 6-8 % par décennie en Europe de l'Ouest. L'augmentation des précipitations intenses a lieu essentiellement en hiver et une tendance à l'allongement des épisodes de pluies intenses est observée. Quant aux sécheresses, il est probable qu'elles ont progressé à l'échelle globale depuis les années 1970 (GIEC, 2007, p. 30).

18.1.3 Impacts hydrologiques

L'impact des changements de la pluviométrie sur les écoulements est difficile à déterminer car les écoulements ne dépendent pas uniquement de facteurs climatiques (chap. 6). Stahl *et al.* (2010) ont analysé le comportement de 441 rivières situées dans des bassins peu anthropisés dans toute l'Europe depuis les années 1960. Les débits annuels diminuent dans les bassins versants d'Europe méridionale et orientale, alors qu'ils augmentent ailleurs. Les débits hivernaux ont tendance à augmenter dans la plupart des bassins versants.

Il est difficile de détecter une tendance concernant les évènements extrêmes car ces derniers sont par essence rares… et les séries de mesures sont pour l'instant trop courtes. Un moyen de dégager une tendance est d'analyser l'évolution des crues annuelles maximales des cours d'eau. Sur la base d'une analyse de 70 rivières européennes, Kundzewicz *et al.* (2005) concluent qu'il n'y a pas de tendance générale à une augmentation des débits maximaux observés. Il semble toutefois qu'il y ait une concentration des valeurs élevées au cours des deux dernières décennies du XXe siècle. En ce qui concerne les crues maximales, on ne peut toutefois pas conclure à une augmentation générale de l'intensité des crues (Kundzewicz *et al.*, 2005). En Suisse, une analyse de l'occurrence des crues depuis 1500 (Schmoecker-Fackel et Naef, 2010a, b) a mis en évidence la présence de quatre périodes durant lesquelles la fréquence des crues a été importante (1560-1590, 1740-1790, 1820-1940 et depuis 1970), séparées par des périodes durant lesquelles les crues ont été moins fréquentes. Il n'est par contre pas possible de corréler les périodes d'activité majeure avec une cause climatique particulière.

Dans les Alpes, l'augmentation récente des températures a provoqué une modification des régimes d'écoulement. Trois changements principaux sont observés (Bard *et al.*, 2012) : une élévation des débits de fonte nivale au printemps, une augmentation des débits de fonte glaciaire dans les rivières à régime glaciaire, un déplacement (vers le début du printemps) de la période de fonte nivale. Tant à l'échelle globale que régionale, la structure thermique des eaux a été modifiée (élévation des températures).

18.1.4 Changements climatiques futurs et impacts hydrologiques

Le climat futur à l'échelle régionale dépendra de toute une série de paramètres dont les principaux sont les boucles de rétroaction à l'intérieur du système climatique, les modifications des émissions et des concentrations de gaz à effet de serre dans l'atmosphère et de manière plus générale, le développement des politiques climatiques à l'échelle mondiale et dans les différents pays du globe. Il n'est pas dans l'objectif de cet ouvrage d'étudier les modalités des changements climatiques futurs (voir à ce sujet la synthèse du GIEC, 2007 et de l'IPCC, 2013). Nous nous bornons à rappeler ci-après quels pourraient être les impacts hydrologiques principaux de l'évolution du climat.

Il est très probable que les volumes de précipitations augmenteront d'ici la fin du XXIe siècle aux latitudes élevées et qu'ils diminueront (de l'ordre de 20 % selon le scénario de développement socio-économique A1B) sur les terres émergées des régions intertropicales (GIEC, 2007, p. 46). En Suisse, les précipitations devraient augmenter de l'ordre de 8 % en hiver et diminuer d'environ 17 % en été à l'horizon 2050 (OcCC / ProClim, 2007 ; fig. 18.1). Il est « très probable » que les épisodes extrêmes (vagues de chaleur, sécheresses, fortes précipitations) deviennent plus fréquents (GIEC, 2007 ; IPCC, 2013). En Suisse également, on s'attend à une augmentation des canicules et sécheresses ; par contre, il n'est pas possible de dire si la fréquence des épisodes de fortes précipitations est amenée à augmenter (CH2011, 2011).

La diminution de la couverture neigeuse et glaciaire observée à l'échelle planétaire va se poursuivre, les glaces de mer devraient diminuer autant en Arctique qu'en Antarctique et certaines projections prévoient que l'Arctique sera libre de glace à la fin de l'été vers le milieu du XXIe siècle (GIEC, 2007). Dans les Alpes, selon un scénario climatique d'augmentation moyenne des températures, la surface englacée pourrait diminuer des trois quarts d'ici 2050 par rapport à la période de référence 1971-1990 (OcCC / ProClim, 2007).

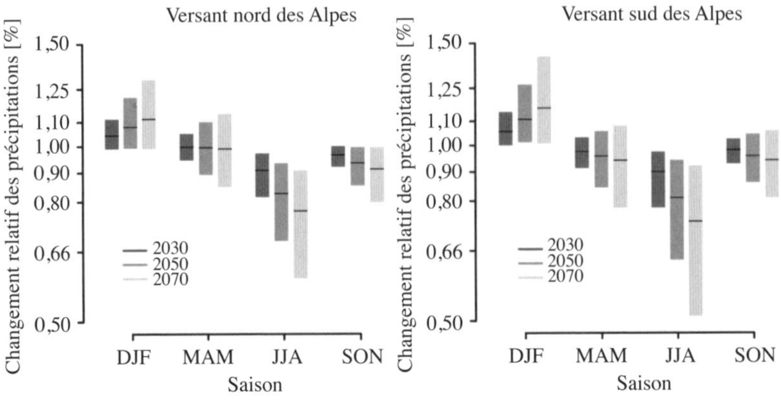

Fig. 18.1 Changements des précipitations attendus dans les Alpes suisses d'ici 2030, 2050 et 2070 aux différentes saisons. Les lignes horizontales indiquent l'estimation moyenne (médiane), alors que les barres verticales indiquent que dans chaque cas la variation devrait se situer avec une probabilité de 95 % à l'intérieur de la barre. Source : OcCC / ProClim, 2007, modifié.

Les modélisations des écoulements futurs (voir par ex. Prudhomme *et al.*, 2012) sont pour l'instant encore incertaines, les résultats étant très variables selon le modèle utilisé et les données qui l'alimentent. On peut s'attendre à une augmentation des débits hivernaux en Europe du Nord-Ouest, à une réduction des débits au Sud-Ouest de l'Europe, ainsi qu'à une réduction des débits estivaux et à une augmentation des crues hivernales et de printemps dans les Alpes et en Europe centrale. En Suisse, les modifications des débits dépendront – en plus de la valeur du réchauffement et des changements du régime des précipitations – du type de régime hydrologique actuel. Dans les bassins versants englacés, les débits estivaux augmenteront généralement jusque vers le milieu du XXIe siècle (fig. 18.2), en raison de la fonte du stock glaciaire, avant de diminuer (SSHL / CHy, 2011 ; OFEV, 2012b). Par ailleurs, les débits maximaux des rivières alpines se déplaceront en direction du printemps et il faut s'attendre à une diminution des débits en fin d'été et début d'automne (août-septembre) (fig. 18.2). L'impact de l'augmentation de l'évaporation ne devrait par contre pas modifier fortement les écoulements.

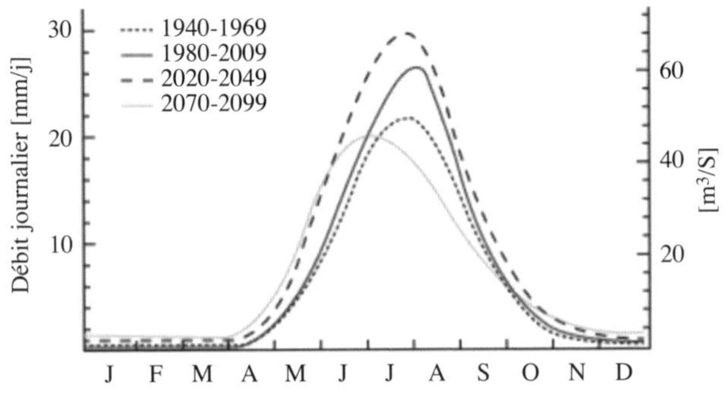

Fig. 18.2 Modifications du régime d'écoulement de la Massa (émissaire du glacier d'Aletsch, Alpes suisses). Source : OFEV, 2012b, modifié.

18.2 IMPACTS SUR LA GESTION DE L'EAU

Dans les paragraphes suivants, nous évoquons quels pourraient être les impacts des changements climatiques et hydrologiques en cours et dans le futur sur les principaux usages de l'eau sur la base des résultats de quelques recherches en cours. En raison de la multiplicité des usages de l'eau (chap. 16), des incertitudes concernant les variations hydrologiques (sect. 18.1) et de la variabilité hydrologique tant régionale que globale, cette approche thématique ne peut pas être exhaustive. Elle se focalise plutôt sur quelques tendances générales – mises en évidence par les travaux du GIEC – entre autres – et sur quelques cas particuliers.

18.2.1 Impacts sur les usages de l'eau

Les impacts hydrologiques du réchauffement climatique étant différents selon les régions et l'économie des eaux étant également très variable régionalement, les impacts locaux du réchauffement climatique seront également très variables. En Afrique, on s'attend à une augmentation de 75 à 250 millions de personnes exposées au stress hydrique (selon les différents scénarios de développement) et c'est surtout l'agriculture pluviale qui pourrait souffrir des variations du climat (GIEC, 2007, p. 50). En Asie, le stress hydrique devrait augmenter dans les différentes régions et accentuer les effets de la pression démographique, alors que les risques d'origine hydrologique devraient augmenter sur les grands deltas très peuplés (GIEC, 2007, p. 50). En Europe, on s'attend à une aridification du bassin méditerranéen et à des impacts importants dans les régions de montagne en raison de la fonte des glaciers (GIEC, 2007, p. 50) ; il en est de même en Amérique latine (Andes), alors qu'en Amérique du Nord, c'est surtout l'agriculture irriguée qui devrait souffrir des évolutions en cours.

18.2.2 Impacts sur l'approvisionnement en eau potable

L'approvisionnement en eau potable dépend fortement de la disponibilité locale en eau et de sa qualité. Les impacts suivants du réchauffement climatique peuvent être attendus :

- Dans les régions de montagne (ex. Hindo Kouch, Himalaya, Andes), l'approvisionnement local en eau pourra être fortement réduit à l'échelle locale par la réduction des stocks solides (GIEC, 2007, p. 49).
- L'augmentation des températures de l'eau provoque la prolifération de cyanobactéries, notamment dans les lacs, susceptibles de dégrader fortement la qualité des eaux (Ouranos, 2010) ; par ailleurs, les brassages hivernaux des eaux des lacs, qui favorisent l'oxygénation des eaux, sont amenés à se réduire en raison de l'élévation des températures hivernales (Kipfer et Livingstone, 2008).
- L'augmentation des sécheresses et des canicules est susceptible de provoquer une diminution du niveau des nappes souterraines, souvent en partie captées pour l'approvisionnement en eau potable. Des épisodes tels que la canicule de 2003 en Europe, qui a eu pour effet la réduction locale de la disponibilité en eau potable (principalement pour les petits systèmes d'approvisionnement, faiblement connectés) (BUWAL / BWG / MeteoSchweiz, 2004 ; ProClim, 2005), sont amenés à devenir fréquents à la fin du XXIe siècle. Des stratégies de préparation à ce genre d'épisodes

(systèmes d'alerte précoce, intégration des réseaux et des infrastructures de stockage) doivent être établies et incorporées dans la législation (Alp-Water-Scarce, 2011).

A l'échelle globale, l'évolution des besoins en eau potable durant le XXIe siècle dépendra toutefois plus de l'évolution démographique et des standards de vie (accès à l'eau, équipement des ménages) que du réchauffement climatique.

18.2.3 Impacts sur l'irrigation

L'évolution des besoins en eau pour l'irrigation à l'échelle mondiale a été modélisée par Döll (2002). En tenant compte de la durée végétative (estimée à 150 jours), des conditions climatiques (température et précipitations), de l'augmentation de la variabilité du climat futur et des changements de la durée et du type de cultures, cet auteur a calculé la demande en irrigation nette (en mm/jour), actuelle et dans le futur. Les besoins actuels en eau d'irrigation dépendent principalement du climat (besoins maximaux dans les zones à climat méditerranéen et zones subtropicales) et du type de cultures (besoins importants pour la production du riz par exemple). Malgré les nombreuses incertitudes de l'approche utilisée (manque de données agricoles, résolution spatiale grossière, etc.), l'auteur a calculé que les besoins globaux en eau d'irrigation devraient augmenter de 5 à 8 % d'ici 2070. L'augmentation la plus forte devrait être localisée en Asie du Sud, où il faudra 15 % d'eau supplémentaire pour irriguer les mêmes surfaces qu'actuellement. Au Moyen-Orient, au contraire, la demande en eau pourrait diminuer en raison d'un déplacement de la période végétative vers l'hiver, plus pluvieux que l'été dans ces régions. La demande en eau devrait ainsi augmenter dans certains bassins versants (Indus, Gange), mais baisser dans d'autres (Nil, Tigre, Euphrate). Les besoins devraient augmenter assez fortement (15 %) dans le bassin du Mississipi ; par contre, dans les régions arides, où la ressource en eau est déjà fortement sollicitée pour l'irrigation (Colorado), la demande ne devrait augmenter que faiblement (Döll, 2002). Mais, étant donnée la forte pression sur l'eau déjà en cours actuellement, même une faible augmentation des besoins pour l'irrigation est susceptible de provoquer des conflits de gestion importants.

Cette augmentation des besoins en eau d'irrigation ne se traduira pas forcément par une augmentation des usages effectifs de l'eau à l'échelle régionale. Ainsi, en Chine du Nord (Rousset, 2007), la productivité maximale des céréales (riz, blé, maïs) n'est plus atteinte déjà en raison d'un manque d'eau. Pour faire face aux besoins futurs, il est préconisé d'avoir recours à l'importation de céréales (et ainsi à l'utilisation d'eau virtuelle, chap. 14) plutôt qu'à une augmentation de l'irrigation, qui générerait des conflits avec d'autres usages. Dans certaines régions du monde, les besoins en eau d'irrigation pourraient même baisser : c'est le cas des Etats-Unis, où l'augmentation des précipitations dans certaines régions du pays pourrait augmenter la productivité et diminuer la pression sur l'eau dans les régions plus arides.

Dans une étude menée à l'échelle régionale, dans les Alpes suisses (région de Crans-Montana-Sierre), Bonriposi (2013) a constaté que le besoin en eau d'irrigation (domestique et agricole) est le critère déterminant pour établir quels seront les besoins futurs en eau à l'échelle régionale à l'horizon 2050. Dès lors, plus que les changements climatiques, ce sont les changements dans les modes de production agricole (variations des surfaces et des types de cultures irriguées) qui seront les facteurs discriminants pour établir la demande en eau future.

18.2.4 Impacts sur l'hydroélectricité

La production hydroélectrique dépend à la fois des débits et de la configuration topographique (dénivellation). La variation des débits dans le temps dépend donc fortement du climat. Dès lors, la production hydroélectrique peut être particulièrement modifiée en raison des changements climatiques, spécialement dans les régions de montagne. Nous illustrons ce propos par le cas de la Suisse. Sur la base d'une étude fouillée dans différents bassins versants, répartis sur l'ensemble du pays (SSHL/CHy, 2011), les auteurs aboutissent à plusieurs conclusions sur les impacts des changements climatiques sur l'hydroélectricité à l'horizon 2070-2099 :

- Les modifications de la répartition saisonnière des régimes d'écoulement sont importantes ; dans les rivières à régime glaciaire ou nival (chap. 10) (qui sont exploitées par les grands aménagements hydroélectriques alpins), les débits de pointe sont déplacés de 3 à 6 semaines en direction du printemps. Il s'ensuit une modification du régime de remplissage des lacs d'accumulation.
- Les installations exploitant des bassins versants encore bien englacés verront leur production augmenter jusque vers 2050, en raison de la fonte du stock glaciaire, puis celle-ci diminuera, mais de manière assez peu marquée, un résultat corroboré par d'autres études (notamment Schäfli *et al.*, 2007).
- Dans les rivières de plaine à régime pluvial, les débits devraient être plus réguliers et la production est susceptible d'augmenter.
- La relation entre l'évolution des débits et la production hydroélectrique n'est pas linéaire. Il n'est dès lors pas possible de tirer des conclusions générales à partir des études de cas, chaque aménagement ayant ses caractéristiques propres.

18.2.5 Impacts sur la gestion du risque hydrologique

Les coûts économiques dus aux catastrophes hydro-climatiques ont fortement augmenté au cours des dernières décennies. Une telle augmentation est due pour une large part à l'élévation de l'exposition aux risques (plus d'enjeux, coûts économiques plus importants, vulnérabilité plus grande) et aux impacts anthropiques sur les écoulements (urbanisation, imperméabilisation des sols). L'influence climatique est plus difficile à déterminer (Kundzewicz, 2012). On prévoit toutefois une augmentation des évènements de pluies intenses dans le futur. Ceci remet en cause le dimensionnement des ouvrages de protection et d'évacuation. Ces derniers sont en effet souvent construits pour faire face à des évènements centennaux (de temps de retour de 100 ans[2]). Or dans le futur, la fréquence de tels événements va augmenter. Dans les Alpes, Allamano *et al.* (2009) ont calculé que des évènements de récurrence centennale actuellement pourraient avoir un temps de retour de 20 ans dans le futur) ; il est donc nécessaire de renforcer les mesures de protection afin de conserver une protection identique à l'actuelle (Kundzewicz, 2012). Certains pays ou régions ont ainsi élevé les standards de protection par principe de précaution : c'est le cas de la Bavière, du Royaume-Uni et des Pays-Bas (Kundzewicz, 2012).

2 On considère que le rapport coûts-bénéfice de la protection contre des évènements d'intensité plus élevée (et de temps de retour plus long) est trop élevé et qu'il s'agit donc d'un risque résiduel contre lequel on ne va pas se protéger systématiquement.

18.2.6 Une nécessaire adaptation

Les changements climatiques modifient le fonctionnement des hydrosystèmes. Ces modifications provoquent, comme l'ont montré les quelques exemples décrits ci-dessus, des changements dans les différents usages de l'eau (augmentation des besoins pour l'irrigation ou l'approvisionnement en eau potable, impacts sur la production énergétique, etc.). Les impacts étant multiples, les stratégies d'adaptation sont nombreuses et peuvent être regroupées en quatre grandes catégories (Ouranos, 2010) :

- les modifications législatives et règlementaires ;
- la mise à niveau des infrastructures existantes (digues, ouvrages de stockage, etc.) et la construction d'infrastructures supplémentaires ;
- les mesures d'aménagement du territoire ;
- l'optimisation de la gestion de l'eau (notamment en développant les outils de gestion intégrée et les organismes de gestion intégrée à l'échelle des bassins versants, permettant de gérer les conflits potentiels entre usages).

Dans ce cadre, les barrages sont amenés à jouer un rôle important dans le futur en tant qu'*ouvrages multifonctionnels*. Comme réservoirs de stockage de l'eau, ils jouent un rôle de régulation important et fonctionnent souvent comme soupape de sécurité pour pallier les pénuries temporaires – liées par exemple aux sécheresses – et comme régulateurs de crues. Comme les évènements intenses – tant les crues que les sécheresses – deviendront certainement plus fréquents dans le futur, ce rôle régulateur des barrages va s'accentuer et leur sollicitation sera plus importante, d'où les nécessités de modification de ces ouvrages (mise en réseau par exemple). Le développement de la valeur multifonctionnelle des lacs de barrage nécessite également des changements institutionnels, notamment en termes de gestion des droits d'usages. A ce titre, les futurs retours de concessions hydroélectriques dans les Alpes (chap. 16) au cours des trente prochaines années constitueront un moment important pour réorganiser partiellement les droits d'usage des eaux de montagne.

Il faut s'attendre à ce que la politique de gestion des eaux soit de plus en plus intégrée aux politiques d'*aménagement du territoire*. Dans le domaine de la gestion du risque hydrologique (chap. 17), cette intégration est déjà une réalité, notamment pour permettre la création de zones inondables lors des crues. Il devrait en aller de même dans le futur, dans le domaine de la gestion contre les pénuries. Ici aussi, les mesures d'aménagement du territoire (par ex. limitation des constructions là où l'approvisionnement en eau n'est pas garanti) devraient se développer.

Finalement, il faut souligner la nécessité, lorsque la pression climatique sur la ressource se conjugue à la pression anthropique (voir par ex. Milano *et al.*, 2012, pour le bassin méditerranéen), de développer des institutions de gestion intégrée à l'échelle du bassin versant. De telles institutions permettent notamment de récolter les données (démographiques, d'occupation du territoire, sur les différents usages de l'eau, etc.) permettant de modéliser l'évolution des besoins dans le futur. Actuellement, ces données constituent en effet souvent le maillon faible des travaux de modélisation des usages futurs, qui se heurtent à l'indigence des données, à leur hétérogénéité et à la difficulté à les réunir. Des institutions intégratives à l'échelle du bassin versant contribuent grandement à résoudre ce problème, pour autant qu'elles établissent des programmes de récolte des informations et de monitorage des usages.

RÉFÉRENCES BIBLIOGRAPHIQUES

ABEGG B., *Klimaänderung und Tourismus. Klimafolgenforschung am Beispiel des Wintertourismus in den Schweizer Alpen*. Schlussbericht NFP 31, Zürich, Vdf Hochschulverlag der ETH Zürich, 1996.

Agenda 21 pour l'eau, *Gestion par bassin versant – Idées directrices pour une gestion intégrée des eaux en Suisse*. Berne, Agenda 21 pour l'eau, 2011.

ALAOUI A., *Evaluation de la compaction des sols par la méthode TDR. Manuel d'utilisation*, Berne, Office fédéral de l'environnement, des forêts et du paysage, 2005.

ALLAMANO P., CLAPS P. et LAIO F., Global warming increases flood risk in mountainous areas, *Geophysical Research Letters*, 36, L24404, doi:10.1029/2009GL041395, 2009.

ALLAN J.A., Virtual Water – the water, good, and trade nexus useful concept or misleading metaphor? *Water International*, 28(1), pp. 4-11, 2003.

ALLIX G., Mesurer les précipitations grâce aux réseaux de téléphones mobiles, *Le Monde*, 05.02.2013.

Alp-Water-Scarce, *Gestion des ressources d'eau et pénurie en eau dans les Alpes. Recommandations pour les gestionnaires des ressources en eau et les décideurs*. Chambéry, Université de Savoie, 2011.

AMOGU O., DESCROIX L., YÉRO K.S., LE BRETON E., MAMADOU I., ALI A., VISCHEL T., BADER J.-C., MOUSSA I.B., GAUTIER E., BOUBKRAOUI S. et BELLEUDY P., Increasing River Flows in the Sahel? *Water*, 2(2), pp. 170-199, 2010.

ANCTIL F., ROUSSELLE J. et LAUZON N., *Hydrologie. Cheminements de l'eau*, Montréal, Presses internationales Polytechnique, 2005.

ANDREWS D.G., *An introduction to atmospheric physics*, Cambridge, Cambridge University Press, 2000.

ARE, OFEG, OFEFP, *Aménagement du territoire et dangers naturels, recommandations,* Berne, Office fédéral du développement territorial (ARE), Office fédéral des eaux et de la géologie (OFEG) et Office fédéral de l'environnement, des forêts et du paysage (OFEFP), 2005.

ARGOS, *Réfugiés climatiques*, Gollion, Infolio, 2007.

ARNAUD-FASSETTA G., MASSON E. et REYNARD E., eds, *European continental hydrosystems under changing water policy*, München, Pfeil Verlag, 2013.

ASCHWANDEN H. et WEINGARTNER R., *Die Abflussregimes der Schweiz*, Bern, Geographisches Institut der Universität, 1985.

ASKEW A., L'hydrologie et les ressources en eau au sein de l'OMM – la naissance d'un programme, *Bulletin de l'OMM*, 57(3), pp. 140-146, 2008.

AUBIN D. et VARONE F., The evolution of European Water Policy. Towards integrated resource management at EU level, In: Kissling-Näf I., Kuks S., eds., *The Evolution of National Water Regimes in Europe*, Dordrecht, Kluwer Academic Publishers, pp. 49-86, 2004.

BADER S. et KUNZ P., *Climat et risques naturels – La Suisse en mouvement*, Rapport scientifique PNR 31, Genève, Georg, 1998.

BAILLY A., Enseigner les risques naturels, In: CHAM'S, éd., *Enseigner les risques naturels. Pour une géographie revisitée*, Paris, Anthropos, GIP Reclus, pp. 173-185, 1994.

BAKKER K., Participation du secteur privé à la gestion des services des eaux: tendances récentes et débats dans les pays en voie de développement, *Espaces et Sociétés*, 139, pp. 91-105, 2009.

BAKER V. R., Paleoflood hydrology: Origin, progress, prospects, *Geomorphology*, 101, pp. 1-13, 2008.

BARD A., RENARD B. et LANG M., Floods in the Alpine areas of Europe. In: Kundzewicz, Z. W., ed., *Changes in flood risk in Europe*. IAHS Special Publication 10 and CRC Press/Balkema, pp. 362-371, 2012.

BARLOW M. et CLARKE T., *L'or bleu. L'eau, le grand enjeu du XXI*[e] *siècle*. Paris, Fayard, 2002.

BARRAQUÉ B., éd., *Les politiques de l'eau en Europe*, Paris, La Découverte, 1995.

BATTESTI V., *Jardins au désert. Evolution des pratiques et savoirs oasiens, Jérid tunisien,* Paris, IRD Editions, 2005.

BAUMANN P. et KLAUS I., *Conséquences écologiques des éclusées. Etude bibliographique*, Berne, Office fédéral de l'environnement, des forêts et du paysage, 2003.

BEN MAMMOU A. et LOUATI M.H., Evolution temporelle de l'envasement des retenues de barrages de Tunisie, *Revue des sciences de l'eau*, 20(2), pp. 201-210, 2007.

BENDJOUDI H. et HUBERT P., Le coefficient de compacité de Gravelius: analyse critique d'un indice de forme des bassins versants, *Hydrological Sciences Journal*, 47(6), pp. 921-930, 2002.

BENISTON M., *Changements climatiques et impacts. De l'échelle globale à l'échelle locale*, Lausanne, Presses polytechniques et universitaires romandes, Coll. Science et ingénierie de l'environnement, 2009.

BENSON M.A., Channel-slope factor in flood frequency analysis, *Am. Soc. Civil Engineers*, 85(4), pp. 1-9, 1959.

BERNARDARA P., LANG M., SAUQUET E., SCHERTZER D. et TCHIGUIRINSKAIA I., *Analyse multifractale en hydrologie. Application aux séries temporelles*, Antony, CEMAGREF Editions, 2007.

BERTALANFFY L. VON, *Théorie générale des systèmes*, Paris, Dunod, 1968.

BERTHET L., ANDRÉASSIAN V., PERRIN C. et JAVELLE P., How crucial is it to account for the Antecedent Moisture Conditions in flood forecasting? Comparison of event-based and continuous approaches on 178 catchments, *Hydrol. Earth Syst. Sci. Discuss.*, 6, pp. 1707-1736, 2009.

BESSEMOULIN P. et OLIVIÉRI, J., Le rayonnement solaire et sa composante ultraviolette, *La Météorologie*, série 8, 31, pp. 42-59, 2000.

BEVEN K. et GERMAN P., Macropores and water flow in soils, *Water Resour. Res*, 18, pp. 1311-1325, 1982.

BEVEN K. et KIRKBY M.J., A physically based variable contributing area model of basin hydrology, Hydrological Science Bulletin, 24(1), pp. 43-69, 1979.

BIGLER T., GANTY C., GUDMUNDSON I., GOY O., LACHAVANNE J.-B., CALOZ R. et JUGE R., Les ressources en eau de la région lémanique sont-elles gérées dans l'optique du développement durable? *Lémaniques*, 58, pp. 17-31, 2005.

BISSIG G., *Changement climatique et gestion durable de l'approvisionnement en eau potable d'une région karstique: la Vallée de Joux (Vaud, Suisse)*, Mémoire de licence en géographie, Université de Lausanne, 2004.

BISWAS A.K., *History of Hydrology*, Absterdam, North-Holland Publishing Company, 1970.

BLAVOUX B., *Etude du cycle de l'eau au moyen de l'oxygène 18 et du tritium: possibilités et limites de la méthodes des isotopes du milieu en hydrologie de la zone tempérée*, Thèse de Doctorat d'Etat, Université Pierre et Marie Curie, Paris 6, 1978.

BOIS PH., Contrôle des séries hydrologiques corrélées par étude du cumul des résidus, *Deuxièmes journées hydrologiques de l'ORSTOM*, pp. 89-100, 1986.

BOLIN B. et COOK R.B., (eds), *The major biogeochemical cycles and their interactions*, SCOPE 21, Chichester, Wiley, 1983.

BONN F. et ROCHON G., *Précis de télédétection, Volume 1, Principes et méthodes*, Québec, Presses de l'Université du Québec, 1993.

BONNIN J., *L'eau dans l'antiquité. L'hydraulique avant notre ère*, Collection de la direction des études et recherches d'électricité de France, 47, Paris, Eyrolles, 1984.

BONRIPOSI M., *Analyse systémique et prospective des usages de l'eau dans la région de Crans-Montana-Sierre (Suisse)*, Thèse de doctorat en géographie, Université de Lausanne, 2013.

BORIUS A., *Recherches sur le climat du Sénégal*, Paris, Gauthier-Villars, 1875.

BOULEAU G. et LORILLOU P., Les paradigmes de la gestion transfrontalière à l'épreuve du Dniepr, *VertigO, Revue électronique en sciences de l'environnement*, 4(3), décembre 2003, URL: http://vertigo.revues.org/7262; DOI: 10.4000/vertigo.7262

BOUSQUET B., *Tell – Douch et sa région. Géographie d'une limite de milieu à une frontière d'Empire*, Le Caire, DFIFAO, IFAO, 1996.

BRÉTHAUT C. et NAHRATH S., Entre imbrication, instrumentalisation et infusion. Le rôle des consortages de bisses et des bourgeoisies dans les politiques de gestion de l'eau à Crans-Montana, *Annales valaisannes*, 2011, pp. 69-89, 2011.

BRÉTHAUT C., *Analyse comparée de régimes institutionnels de gestion des réseaux urbains de l'eau en station touristique de montagne. Les cas de Crans-Montana (Suisse) et de Morzine-Avoriaz (France)*, Thèse de doctorat, Institut universitaire Kurt-Bösch et Université de Lausanne, 2012.

BROADBENT S.R., HAMMERSLEY J.M., Percolation Processes I. Crystals and Mazes, *Proceedings of the Cambridge Philosophical Society*, 53(3), pp. 629-641, 1957.

BROWN L.R. *et al.*, *L'état de la planète 2001*, Paris, Economica, 2001.

BRUN A. et LASSERRE F., eds, *Gestion de l'eau. Approche territoriale et institutionnelle*, Québec, Presses de l'Université de Québec, 2012.

BRUN A., Les politiques de l'eau : objectifs, principes et éléments de débat. In : Brun A., Lasserre F., eds, *Les politiques de l'eau. Grands principes et réalités locales*, Québec, Presses de l'Université du Québec, pp. 8-9, 2006.

BRUNEL S., *La Coopération Nord-Sud*, Paris, PUF, « Que sais-je ? », 1997.

BRUNET-MORET Y. et ROCHE M., Etude théorique et méthodologique de l'abattement des pluies, *Cahiers ORSTOM. Série Hydrologie*, 3(4), pp. 3-13, 1966.

BURTON I., KATES R.W. et WHITE G.F., *The environment as hazard*, New York, Oxford University Press, 1978.

BUSSMANN W., KLÖTI U. et KNOEPFEL P., *Politiques publiques, Evaluation*, Paris, Economica, 1998.

BUTCHER S.S., CHARLSON R.J., ORIANS G.H. et WOLFE G.V., eds, *Global Biogeochemical Cycles*, London, Academic Press, 379 pp., 1992.

BUWAL/BWG/MeteoSchweiz, *Auswirkungen des Hitzesommers 2003 auf die Gewässer*, Bern, Bundesamt für Umwelt, Wald und Landschaft, 2004.

CALANCA P., SMITH P., HOLZKAMPER A., AMMANN C., L'évapotranspiration de référence et son application en agrométéorologie, *Recherche Agronomique Suisse* 2(4), pp. 176-183, 2011.

CANS R., *La ruée vers l'eau*, Paris, Gallimard, 2001.

CH2011, *Swiss Climate Change Scenarios CH2011*, Zurich, C2SM, MeteoSwiss, ETH, NCCR Climate and OcCC, 2011.

CHARNAY B., *Pour une gestion intégrée des ressources en eau sur un territoire de montagne. Le cas du bassin versant du Giffre (Haute-Savoie)*, Thèse de doctorat, Université de Savoie, 2010.

CHAMPOUX A. et TOUTANT C., *Eléments d'hydrologie*, Québec, Editions Le Griffon d'Argile, 1988.

CHORLEY R.J., *The hillslope hydrological cycle*, In : M.J. Kirby, eds, Hillslope hydrology, Chichester, Wiley, pp. 1-42, 1978.

CHORLEY R.J. et KENNEDY B.A., *Physical Geography. A systems approach*, London, Prentice-Hall International, 1971.

CHOW V.T., MAIDMENT D.R. et MAYS L.W., *Applied Hydrology*, New York, McGraw-Hill International Editions, Civil Engineering Series, 1988.

CHUN Y. et JEON S.-W., Chugugi, Supyo, and Punggi : Meteorological instruments of the 15th century in Korea, In : Fleming J.R., ed., *History of Meteorology*, vol. 2, pp. 25-36, 2005.

CIPR, Analyse des connaissances actuelles relatives aux modifications climatiques et aux impacts du changement climatique sur le régime hydrologique dans le bassin du Rhin – analyse bibliographique, Coblence, rapport CIPR n° 174, 2009.

CISSÉ G., *Impact sanitaire de l'utilisation d'eaux polluées en agriculture urbaine. Cas du maraîchage à Ouagadougou (Burkina Faso)*, Thèse de doctorat n° 1639, Ecole polytechnique fédérale de Lausanne, 1997.

CLAUDE J., GROUZIS M. et MILLEVILLE P., *Un espace sahélien : la mare d'Oursi (Burkina)*, Bondy, Ed. Orstom, 1991.

CLARIMONT S., Bassins-versants et décentralisation administrative : esquisse de comparaison France/Espagne. *Cybergeo : European Journal of Geography* [En ligne], http://cybergeo.revues.org/1296, 2004.

CNRS, *Dossier l'eau*, CNRS, 2000.

COJAN I. et RENARD M., *Sédimentologie*, 3e éd., Paris, Dunod, 2013.

COLLECTIF, *L'eau, patrimoine commun de l'humanité*, Paris, L'Harmattan, 2002.

CONSEIL FÉDÉRAL SUISSE, Stratégie pour le développement durable 2012-2015, 2012.

COQUE R., *Géomorphologie*, Paris, Armand Colin, 1997.

DARCY H., *Les fontaines publiques de la ville de Dijon. Exposition et application des principes à suivre et des formules à employer dans les questions de distribution d'eau*, Paris, Victor Dalmont éditeur, 1856.

DAUMAS M., Histoire générale des techniques, Vol. 1, Des origines au XVe siècle, Paris, Presses Universitaires de France, 1966.

DAUPHINÉ A., *Risques et catastrophes. Observer, spatialiser, comprendre, gérer*, Paris, Armand Colin / HER, 2001.

DDC, La Suisse et la Conférence de Rio sur l'environnement et le développement, Berne, *Cahiers de la DDC*, 3, 1993.

DE ROSNAY J., *Les origines de la vie*, Paris, Seuil, 1966.

DE ROSNAY J., *Le macroscope. Vers une vision globale*, Paris, Seuil, 1975.

DEFARGES P.M., *Un monde d'ingérences*, Paris, Presses de Sciences Pô, 2000.

DESSUS B., *Energie, un défi planétaire*, Paris, Belin, 1999.

DETAY M. et GAUJOUS D., De la cosmogonie au cycle de l'eau : une histoire des idées, *Colloque International OH_2 « Origines et Histoire de l'Hydrologie », Dijon, 9-11 mai 2001*, pp. 1-20, 2001.

DE VILLIERS M., *L'eau*, Paris, Solin, 2000.

DEZZETER A., Les enjeux de la gestion des ressources en eau en milieu semi-aride, *Douzièmes Journées Hydrologiques de l'ORSTOM, Montpellier, 10-11 oct. 1996*, 25 p., 1996.

DIRLEWANGER D., *Les Services industriels de Lausanne. La révolution industrielle d'une ville tertiaire (1896-1901)*, Lausanne, Antipodes, 1998.

DOERFLIGER N. et ZWAHLEN F., *Cartographie de la vulnérabilité en milieu karstique (EPIK) – Application aux zones de protection des eaux souterraines*, Berne, Office fédéral de l'environnement, des forêts et du paysage, 1998.

DÖLL P., Impact of climate change and variability on irrigation requirements : a global perspective, *Climatic Change*, 54, pp. 269-293, 2002.

DOUVINET J., DELAHAYE D., LANGLOIS P., Modélisation de la dynamique potentielle d'un bassin versant et mesure de son efficacité structurelle, *Cybergeo : European Journal of Geography* [En ligne], URL : http://cybergeo.revues.org/16103; DOI : 10.4000 / cybergeo.16103

DRAIN M., L'Espagne à l'heure des choix pour le partage de l'eau, *Méditerranée*, 83, pp. 69-77, 1996.

DROBENKO B., Le droit européen de l'eau : la gestion intégrée en perspective, In : Brun A., Lasserre F., eds, *Gestion de l'eau. Approche territoriale et institutionnelle*, Québec, Presses de l'Université du Québec, pp. 123-177, 2012.

DUBOIS A., *Les prélèvements d'eau en France en 2009 et leurs évolutions depuis dix ans*, Paris, Commissariat général au développement durable, Chiffres et statistiques, 290, 2012.

DUMONT J.-P., *Les Présocratiques*, Paris, La Pléiade, 1988.

DUMONT H. J., ed., *The Nile. Origin, environments, limnology and human use*, Berlin, Springer, Series : Monographiae Biologicae, vol. 89, 2009.

DUNNE T., Field studies of hillslope flow processes, In : Kirby M.J., ed, Hillslope Hydrology, Chichester, Wiley, pp. 227-293, 1978.

EAWAG, Measuring rainfall with mobile phone antennas, Media release, Tuesday, 26 January 2010, http://www.eawag.ch/medien/bulletin/20100126/rain-mobilephone-eawag.pdf, 2010.

ESTIENNE P. et GODARD A., *Climatologie*, Paris, Armand Colin, 1998.

EVETTE A., PEYRAS L., FRANÇOIS H. et GAUCHERAND S., Risques et impacts environnementaux des retenues d'altitude pour la production de neige de culture dans un contexte de changement climatique, *Revue de géographie alpine*, 99(3), [en ligne], http://rga.revues.org/1471, 2011.

FALCONER K., *Techniques in fractal geometry*, Chichester, Wiley, 1997.

FALKENMARK M., The massive water scarcity now threatening Africa : Why isn't it being addressed ? *Ambio*, 18(2), pp. 112-118, 1989.

FALKENMARK M. et LINDH G., *Water for a starving world*, Boulder, Westview Press, 1976.

FAO, *Base de données d'AQUASTAT*, Organisation des Nations Unies pour l'alimentation et l'agriculture (FAO), Site web consulté le [03 / 01 / 2014], 2013.

FAO, *Coping with water scarcity. Challenge of the twenty-first century*, Rome, FAO, 2007.

FAO, *Crop evapotranspiration*, FAO, FAO Irrigation and drainage paper, 56, 1998.

FAO, *The wealth of waste. The economics of wastewater use in agriculture*, Rome, FAO Water reports 35, 2010.

FAO, *L'état des ressources en terres et en eau pour l'alimentation et l'agriculture dans le monde. Gérer les systèmes en danger*, Rome, FAO, 2011.

FEDER J., *Fractals*, New York, Plenum, 1988.

FEENY D., BERKES F., MCCAY B.J. et ACHESON J.M., The Tragedy of the Commons: Twenty-two years later, *Human Ecology*, 18(1), pp. 1-19, 1990.

FETTER C.W., *Applied Hydrogeology*, Upper Saddle River, Prentice Hall, 1993.

FLEURY E., *Manuel d'hydrologie : eaux potables et eaux minérales*, Paris, Fritsch, 1896.

FONTES J.C., *Environmental istotopes in groundwater hydrology*, In: Fritz P. et Fontes J.C., eds, Amsterdam, Elsevier, Handbook of environmental isotope geochemistry, pp. 75-140, 1980.

FRANÇOIS M., La pénurie d'eau en Espagne: un déficit physique ou socio-économique? *Géocarrefour*, 81(1), pp. 25-35, 2006.

FRITSCH J.-M., Les ressources en eau: intérêts et limites d'une vision globale, *Revue Française de Géo-économie*, 4, pp. 93-109, 1998.

FRONTIER S. et PICHOD-VIDALE D., *Ecosystèmes. Structure. Fonctionnement. Evolution*, 2e et 3e cycles, Paris, Dunod, 1998.

GALLANT J.C. et WILSON J.P., *Terrain analysis : Principles and applications*. New York, Wiley, 2000.

GARCES-RESTREPO C., VERMILLION D. et MUÑOZ G., *Irrigation management transfer. Worldwide efforts and results*, Rome, FAO, 2007.

GARIN P. et LOUBIER S., Durabilité et fragilité des Associations Syndicales Autorisées (ASA) d'irrigation en France, *Compte rendu pour l'Académie de l'Agriculture*, 88(3), pp. 61-71, 2002.

GAZZANIGA J.-L., OURLIAC J.-P. et LARROUY-CASTERA X., *L'eau : usages et gestion*, Paris, Litec, 1998.

GBUREK W.J., Initial contributing area of a small watershed, *Journal of Hydrology*, 118, pp. 387-403, 1990.

GERBER J.-D., KNOEPFEL P., NAHRATH S. et VARONE F., Institutional Resource Regimes: Towards sustainability through the combination of property-rights theory and policy analysis, *Ecological Economics*, 68, pp. 798-809, 2009.

GERBER J.-D., NAHRATH S., REYNARD E. et THOMI L., The role of common-pool resource institutions in the implementation of Swiss natural resource management policy, *International Journal of the Commons*, 2, pp. 222-247, 2008.

GEORGE P., Éléments pour une classification sommaire des régimes hydrologiques de l'U.R.S.S., *Annales de Géographie*, 66(354), pp. 167-172, 1957.

GHIOTTI S., Les Territoires de l'eau et la décentralisation. La gouvernance de bassin versant ou les limites d'une évidence, *Développement durable et territoires*, Dossier 6, 2006.

GIEC. Bilan 2007 des changements climatiques. Contribution des Groupes de travail I, II et III au quatrième Rapport d'évaluation du Groupe d'experts intergouvernemental sur l'évolution du climat (Equipe de rédaction principale, Pachauri R.K. et Reisinger A.), Genève, GIEC, 2007.

GILLE B., ed, Histoire des techniques, *41*, Paris, Gallimard, *Encyclopédie de la Pléiade*, 1978.

GILLE B., *Les ingénieurs de la Renaissance*, Paris, Points Sciences, 1964.

GLEICK P.H., ed, *The World's Water 2000-2001. The biennal report on freswater resources*, Washington, DC, Island Press, 2000.

GLEICK P.H., ed, *The World's Water Volume 7. The biennial report on freshwater resources*, Washington, DC, Island Press, 2011.

GLEICK P.H., ed, *Water in Crisis. A guide to the World's Fresh Water Resources*, Oxford, Oxford University Press, 1993.

GNEHM F., *Etude de l'empreinte hydrique suisse. Illustration de la dépendance de la Suisse à l'égard de l'eau*, Berne, Direction du développement et de la coopération, 2012.

GOBLOT H., *Les Qanats : une technique d'acquisition de l'eau*, Paris, Ecoles des hautes études en sciences sociale, 1979.

GOUBERT J.-P., *La conquête de l'eau*, Paris, Lafont, 1986.

GOUYET J.-F., *Physique et structure fractale*, Paris, Masson, 1992.

GRAEFE O., River basins as new environmental regions? The depolitization of water management. *Procedia – Social and Behavioral Sciences*, 14, pp. 24-27, 2011.

GRAY D.M. (coordinateur), *Manuel des principes d'hydrologie*, Ottawa, Comité national canadien de la Décennie hydrologique internationale, 1972.

GROUPE D'EXPERTS PANA DU BURKINA FASO, Synthèse des études de vulnérabilité et d'adaptation aux changements climatiques: étude de cas du Burkina Faso, Atelier de formation sur les Programmes d'Action

Nationaux pour l'Adaptation (PANA) Ouagadougou, Burkina Faso 28-31 octobre 2003 (http://www.napa-pana.org/files/workshops/burkina/12_Some_Etude_de_cas_Burkina.pdf)

Groupe de travail Forces hydrauliques, *Stratégie Forces hydrauliques Canton du Valais. Objectifs, lignes directrices et mesures*, Sion, Rapport à l'attention du Conseil d'Etat du Canton du Valais, 2011.

Guérin-Schneider L. et Lorrain D., Note de recherche sur une question sensible. Les relations puissance publique-firmes dans les secteurs de l'eau et de l'assainissement, *Flux*, 52/53, pp. 35-54, 2003.

Guérin-Schneider L. et Nakhla M., Les indicateurs de performance : une évolution clef dans la gestion et la régulation des services d'eau et d'assainissement, *Flux*, 52/53, pp. 55-68, 2003.

Guillerme A., *Les temps de l'eau. La cité, l'eau et les techniques,* Seyssel, Champ Vallon, 1983.

Guyon E. et Troadec J.-P., *Du sac de billes au tas de sable*, Paris, Odile Jacob, 1994.

GWP, *La gestion intégrée des ressources en eau*, Stockholm, Global Water Partnership, Background Paper 4, 2000.

Hack J.T., Studies of longitudinal stream profiles in Virginia and Maryland, *U. S. Geol. Surv. Prof. Pap.*, 294(B), 1957.

Haines A.T., Finlayson B.L. et Mac Mahon T.A., A global classification of river regimes, *Applied Geography*, 8, pp. 255-272, 1988.

Hardin G., The Tragedy of the Commons, *Science*, 162, pp. 1243-1248, 1968.

Hengl, T., Reuter, H.I. (eds). *Geomorphometry : Concepts, software, applications*. Amsterdam, Elsevier, Developments in Soil Science, 33, 2008.

Hewlett J.D. et Hibbert A.R., Factors affecting the response of small watersheds to precipitation in humid areas, In *Proceedings of the International Symposium on Forest Hydrology*, pp. 275-290, Pergamon, New York, 1967.

Hewlett J.D. et Hibbert A.R., Moisture and energy conditions within a sloping soil mass during drainage, *Journal of Geophysical Research*, 68(4), pp. 1081-1087, 1963.

Hewlett J.D., *Watershed management, in « Report for 1961 Southeastern Forest Experiment Station »*, Asheville, US For. Serv., N.C., 1961.

Higy C., *Modélisations conceptuelles et à base physique des processus hydrologiques : Application au bassin versant de la Haute-Mentue*, Thèse de doctorat n° 2148, Ecole polytechnique fédérale de Lausanne, 2000.

Hingray B., Picouet C. et Musy A., *Hydrologie 2. Une science pour l'ingénieur*. Lausanne, Presses polytechniques et universitaires romandes, 600 p., 2009.

Hjulström F., *The River Fyris*, PHD Thesis, Upsala University, 1935.

Hoekstra A.Y., ed., *Virtual Water Trade. Proceedings of the International expert meeting on the Virtual Water Trade*, Da Delft, IHE Delft, 2003.

Hoekstra A.Y. et Chapagain S.K, Water footprints of nations : Water use by people as a function of their consumption pattern, *Water Resources Management*, 31, pp. 27-48, 2007.

Hoekstra A.Y., Chapagain S.K., Aldaya M.M. et Mekonnen M.M., *The Water Footprint Assessment Manual. Setting the global standard*, London, Washington DC, Earthscan, 2011.

Horton J. H., Hawkins R. H. Flow path of rain from the soilsurface to the water table, *Soil Science,* 100, pp. 377-383, 1965.

Horton R. E., The field scope and status of the science of hydrology, *Transaction American Geophysical Union*, 12(1), pp. 189-202, 1931.

Horton R. E., Drainage-basin characteristics, *Transactions American Geophysical Union*, 13(1), pp. 350-361, 1932.

Horton R.E., The Role of Infiltration in Hydrological Cycle, *Trans. American Geophys. Union*, vol. 14, pp. 446-460, 1933.

Horton R. E., Erosional development of streams and their drainage basin ; hydrophysical approach to quantitative morphology. *Bulletin of the Geological Society of America*, 56, pp. 275-370, 1945.

Horton P., Schaefli B., Mezghani A., Hingray B. et Musy A., Assessment of climate-change impacts on alpine discharge regimes with climate model uncertainty, *Hydrol. Process.*, 20, 2091-2109, 2006.

Hubert P., Analyse multifractale de champs temporels d'intensité des précipitations, In *Rencontres Hydrologiques Franco-Roumaines*, Ecole des Mines de Paris, pp. 379-386, Paris, CNFSH-Unesco, 1991.

Hubert P. et Réménérias G., Hydrologie, *Encyclopædia Universalis* [en ligne], consulté le 22 juillet 2013. URL : http://www.universalis.fr/encyclopedie/hydrologie/

HUBERT P. et CARBONNEL J.P., Dimensions fractales de l'occurrence de pluie en climat soudano-sahélien, *Hydrologie Continentale*, 4, pp. 3-10, 1989.

HUBERT P., FRIGGIT F. et CARBONNEL J.P., Multifractal structure of rainfall occurrence in West Africa. In: Z.W. Kundezewicz, ed., *New uncertainty concepts in hydrology and water resources*, Cambridge, Cambridge University Press, pp. 109-113, 1995.

HURSCH C.R., Reports, hydrology, EOS, *Trans*, AGU, 15, pp. 301-302, 1936.

HURST H.E., Long-term storage capacity of reservoirs. *Transactions of the American Society of Civil Engineers*, 116, pp. 770-799, 1951.

IORGULESCU I., *Analyse du comportement hydrologique par une approche intégrée à l'échelle du bassin versant. Application au bassin versant de la Haute-Mentue*, Thèse de doctorat n° 1613, Ecole polytechnique fédérale de Lausanne, 1997.

IPCC, *Managing the risks of extreme events and disasters to advance climate change adaptation, Special Report of the Intergovernmental Panel on Climate Change,* Cambridge, Cambridge University Press, 2012.

IPCC, Summary for Policymakers, In: STOCKER T.F., QIN D., PLATTNER G.-K., TIGNOR M., ALLEN S.K., BOSCHUNG J., NAUELS A., XIA Y., BEX V. et MIDGLEY P.M. (eds.), Climate Change 2013: The Physical Science Basis, Contribution of Working Group I to the Fifth Assessment Report of the Intergovernmental Panel on Climate Change, Cambridge, Cambridge University Press, 2013.

JACQUES G., *Le cycle de l'eau*, Paris, Hachette, 1996.

JATON J.F., *Contribution à l'*étude des relations pluies-débits dans les petits bassins versants ruraux, Thèse, EPFL, n° 453, 1982.

JAVET P.A., LERCH P. et PLATTNER E., *Introduction à la chimie pour ingénieur*, Lausanne, Presses polytechniques et universitaires romandes, 1987.

JETTEN V.G., Interception of tropical rain forest: performance of a canopy water balance model, *Hydrological Processes*, 10, pp. 671-685, 1996.

JIANG Y., China's water scarcity, *Journal of Environmental Management*, 90, pp. 3185-3196, 2009.

JOERIN C., *Etude des processus hydrologiques par l'application du traçage environnemental*, Thèse de doctorat n° 2165, Ecole polytechnique fédérale de Lausanne, 2000.

JOHNSSON R.M.F., La nouvelle politique de l'eau au Brésil: forces et enjeux d'une transformation vers une gestion intégrée, *Tiers-Monde*, 42, pp. 403-425, 2001.

JONES J.A.A., Pipelow contributing areas and runoff response, *Hydrological Processes*, 11, pp. 35-41, 1997.

JONES S.B., WRAITH J.M. et OR D., Time domain reflectometry measurement principles and applications, *Hydrological Processes*, 16, pp. 141-153, 2002.

JONES S.B., BLONQUIST J.M., ROBINSON D.A., RASMUSSEN V.P. et OR D., Standardizing characterization of electromagnetic water content sensors: Part1. Methodology. *Vadose Zone Journal*, 4, pp. 1048-1058, 2005.

JORDAN J.-P., *Identification et modélisation des processus de génération des crues. Application au bassin versant de la Haute-Mentue*, Thèse de doctorat n° 1014, Ecole polytechnique fédérale de Lausanne, 1992.

KAZEMI G.A., LEHR J.H. et PERROCHET P., *Groundwater Age*, Chichester, Wiley, 2006.

KIPFER R. et LIVINGSTONE D.M., Ressources en eau et changement climatique, *Eawag News*, 65, pp.8-11, 2008.

KISSLING-NÄF I. et KUKS S., eds, *The Evolution of National Water Regimes in Europe. Transitions in water rights and water policies*, Dordrecht, Kluwer, 2004.

KNOEPFEL P., KISSLING-NÄF I. et VARONE F., éds, *Régimes institutionnels de ressources naturelles : analyse comparée du sol, de l'eau et de la forêt*, Bâle, Helbing & Lichtenhahn, 2001.

KNOEPFEL P., NAHRATH S. et VARONE F., Institutional regimes for natural resources: An innovative theoretical framework for sustainability. In: Knoepfel, P., ed., *Environmental Policy Analyses. Learning from the past for the future – 25 years of research*, Berlin, Springer, pp. 455-506, 2007.

KOEHLER M. A. et LINSLEY R. K., *Predicting the runoff from storm rainfall*, Weather Bureau, US Dept of Commerce, Washington, USA, Research Paper n° 34, 1951.

KOHLI A., FRENKEN K. et SPOTTORNO C., *Disambiguation of water statistics*, [document internet: www.fao.org/docrep/013/al815e/al815e00.pdf], consulté pour la dernière fois le 06/01/14.

KOLMOGOROV A.N., The local structure of turbulence in incompressible viscous fluids at very large Reynolds numbers, *Dokl. Akad. Nauk.* SSSR 30, pp. 299-303, 1941.

KOU J.-L., TANG X.-M., ZHANG H.-Y., *et al.* Tortuosity for streamlines in porous media. *Chin. Phys. B*, 21(4): 044701, 2012.

KRASOVSKAÏA I., Quantification of the stability of river flow regimes, *Hydrological Sciences Journal*, 40(5), pp. 587-598, 1995.

KRASOVSKAÏA I. et GOTTSCHALK L., Stability of river flow regimes, *Nordic Hydrology*, 41(2): 173-191, 1996.

KUMARESAN J. et SATHIAKUMAR N., Le changement climatique et ses effets potentiels sur la santé: appel à une action intégrée. *Bulletin de l'Organisation mondiale de la Santé*, 88, pp. 163-163, 2010.

KUNDZEWICZ Z.W., ed., *Changes in flood risk in Europe*, IAHS Special Publication 10 and CRC Press/Balkema, 2012.

KUNDZEWICZ Z.W., GRACZYK D., MAURER T., PIŃSKWAR I., RADZIEJEWSKI M., SVENSSON C. et SZWED M., Trend detection in river flow series: 1. Annual maximum flow, *Hydrol. Sci. Journal*, 50(5), pp. 797-810, 2005.

LABEYRIE J., *L'homme et le climat*, Paris, Points Sciences, S88, 1993.

LACHIVER M., Les régimes fluviaux, *L'information géographique*, 27(4), pp. 170-179, 1963.

LACOSTE Y. *et al.*, Géopolitique de l'eau, *Hérodote*, 112, pp. 3-162, 2001.

LAGANIER R., *Territoires, inondation et figures du risque. La prévention au prisme de l'évaluation*, Paris, L'Harmattan, 2006.

LAMBERT R., *Géographie du cycle de l'eau, Géographie*, Toulouse, Presses Universitaires du Mirail, 1996.

LASSERRE F., *L'eau, enjeu mondial. Géopolitique du partage de l'eau*, Paris, Le Serpent à Plumes, 2003.

LASSERRE F., DESCROIX L., *Eaux et territoires. Tension, coopérations et géopolitique de l'eau*, Québec, Presses de l'Université du Québec, 2011.

LEIMBACHER J., PERLER T., *Juristisches Screening der Ressourcenregime in der Schweiz (1900-2000)*, Chavannes-près-Renens, Working paper de l'IDHEAP 9/2000, 2000.

LEIBUNDGUT C., MALOSZEWSKI P. et KÜLLS C., *Tracers in Hydrology,* Chichester, Wiley, 2011.

LEMOINE G.. Etat actuel de nos connaissances sur l'hydrométrie du bassin de la Seine. *Annales de Géographie*, 2(5), pp. 26-45, 1892.

LHOMME J.-P., Towards a rational definition of potential evapotranspiration, *Hydrology & Earth System Sciences*, 1(2), pp. 257-264., 1997.

LINSLEY R.K., KOHLER M.A. et PAULHUS J.L.H., *Hydrology for Engineers*, New York, McGraw Hill, 1982.

LIVER P., Die Entwicklung des Wasserrechts in der Schweiz seit hundert Jahren. *Zeitschrift für Schweizerisches Recht*, N.F, 71(1), pp. 305-350, 1952.

LLOYD G.E.R., *Une histoire de la science grecque*, Paris, Points Sciences, S92, 1974.

LOAT R., MEIER E., *Dictionnaire de la protection contre les crues*, Berne, Haupt, 2003.

LORRAIN D., Le régulateur, le service public, le marché et la firme, *Flux*, 31/32, pp. 13-23, 1998.

LORRAIN D., Les quatre compétitions dans un monopole naturel. Qu'est-il en train d'arriver au secteur de l'eau? *Flux*, 52/53, pp. 69-86, 2003.

LORENZ E. N., Deterministic nonperiodic flow. *J. Atmos. Sci.*, 20, pp. 130-141, 1963.

LOVEJOY S., La géométrie fractale des nuages et des régions de pluie et les simulations aléatoires, *La Houille Blanche*, 5/6, pp. 431-435, 1983.

LOVEJOY S., Area-perimeter relation for rain and cloud areas, *Science*, 216 (4542), pp. 185-187, 1982.

LVOVICH M.I., *The World's Water*, Moscou, MIR, 1973.

MACHARD DE GRAMONT H., NOEL C., OLIVER J.L., RAMA M., STEPHAN R.M. et FROUIN K., *Vers une gestion concertée des systèmes aquifères transfrontaliers. Guide méthodologique*, Paris, AFD, 2010.

MACOR J.-L., *Développement de techniques de prévision de pluie basées sur les propriétés multi-échelles des données radar et satellites*, Thèse de doctorat, Ecole des Ponts ParisTech, 2007.

MACOR J., Propriétés multi-échelles des données radar et satellites, Thèse de doctorat, Ecole Nationale des Ponts et chaussés, 2007.

MAGNIER E., *Neige artificielle et ressource en eau en moyenne montagne : impacts sur l'hydrosystème. Les exemples d'Avoriaz (France) et de Champéry (Suisse)*, Thèse de doctorat, Université de Paris Sorbonne et Université de Lausanne, 2013.

MAHÉ G., DIELLO P., PATUREL J.-P., BARBIER B., KARAMBIRI H., DEZETTER A., DIEULIN C. et ROUCHÉ N., Baisse des pluies et augmentation des écoulements au Sahel: impact climatique et anthropique sur les écoulements du Nakambe au Burkina Faso, *Sécheresse*, 21, pp. 1-6, 2010.

MALISSARD A., *Les Romains et l'eau*, Paris, Les Belles Lettres, 2002.

MANDELBROT B., 1973 Formes nouvelles du hasard dans les sciences, *Economie Appliquée*, 26, pp. 307-319.

MANDELBROT B., Fractales, hasard et finance, Paris, Flammarion, 1997.

MANDELBROT B., Les objets fractals Paris, Flammarion, 1995.

MANDELBROT B. et WALLIS J.R., Some long-run properties of geophysical records. *Water Resources Research,* 5, pp. 321-340, 1969.

MANEGLIER H., *Histoire de l'eau*, Ed. François Bourin, 1991.

MARGAT J. et TIERCELIN J.R., *L'eau en questions. Enjeu du XXIe siècle*, Romillat, Paris, 1998.

MARGAT J., Quels indicateurs pertinents de la pénurie d'eau ? *Géocarrefour*, 80(4), 2005, [En ligne], URL: http ://geocarrefour.revues.org/1235.

MARNEZY A., Les barrages alpins, De l'énergie hydraulique à la neige de culture, *Revue de géographie alpine*, 96(1) [En ligne], http://rga.revues.org/422, 2008.

MASPERO G., *Histoire ancienne des peuples de l'Orient classique*, Paris, Hachette, 1899.

MAYS L.W., Ed., *Ancient water technologies*, Dordrecht, Springer, 2010.

MAYSTRE L.Y. et KRAYENBÜHL L., *Approvisionnement en eau potable*, Lausanne, EPFL, 1994.

MAZOR E., *Chemical and isotopic groundwater hydrology*, New York, Marcel Dekker Publ., 2004.

MCMAHON T.A., PEEL M.C., LOWE L., SRIKANTHAN R. et MCVICAR T.R., Estimating actual, potential, reference crop and pan evaporation using standard meteorological data: a pragmatic synthesis, *Hydrology and Earth System Sciences Discussions*, 9(10), pp. 11829-11910, 2012.

MEILE T., FETTE M. et BAUMANN P., *Synthesebericht Schwall-Sunk*, Zurich, Eawag, WSL, LCH-EPFL, VAW-ETHZ, 2005.

MEKONNEN M.M. et HOEKSTRA A.Y., The green, blue and grey water footprints of crops and derived crop products, *Hydrol. Earth Syst. Sci.,* 15, pp. 1577-1600, 2011a.

MEKONNEN M.M. et HOEKSTRA A.Y., *The national water footprint accounts: the green, blue and grey water footprint of production and consumption*, DA Delft, UNESCO-IHE Institute for Water Education, 2011b.

MEYLAN P., Régionalisation de données entachées d'erreurs de mesure par krigeage. Application à la pluviométrie, *Hydrol. continent.*, 1(1), pp. 25-34, 1986.

MEYLAN P. et MUSY A., *Hydrologie fréquentielle*, Bucarest, HGA, 1999.

MEYLAN P., FAVRE A.-C. et MUSY A., *Hydrologie fréquentielle : une science prédictive*, Lausanne, Presses polytechniques et universitaires romandes, 2008.

MILANO M., RUELLAND D., FERNANDEZ S., DEZETTER A., FABRE J. et SERVAT E., Facing climatic and anthropogenic changes in the Mediterranean basin: What will be the medium-term impact on water stress ?, *C. R. Geoscience*, 344, pp. 432-440, 2012.

MINISTÈRE DE L'ÉCOLOGIE, DU DÉVELOPPEMENT DURABLE ET DE L'ÉNERGIE, *Première évaluation nationale des risques d'inondation. Principaux résultats – EPRI 2011*, Paris, Ministère de l'écologie, du développement durable et de l'énergie, 2011.

MOLLE F., *Planning and managing water resources at the river-basin level: Emergence and evolution of a concept*. Colombo, International Water Management Institute, 2006.

MOORE I.D, GRAYSON R.B. et LADSON A.R., Digital terrain modeling: A review of hydrological, geomorphological, and ecological applications, *Hydrological Processes*, 5, pp. 3-30, 1991.

MORGENTHALER S., *Introduction à la statistique*, Méthodes mathématiques pour l'ingénieur, Lausanne, Presses polytechniques et universitaires romandes, 4e éd. 2013.

MUSY, A., FAVRE, A.-C. et S. PUGIN, *Rainfall rate mapping of Switzerland. Extrapolation to 1-minute time step*. Technical report for Orange Communication, Lausanne, Ecole polytechnique fédérale de Lausanne (EPFL), 2002.

MUSY A. et LAGLAINE V., *Hydrologie générale*, Lausanne, EPFL, 1991.

MUSY A. et SOUTTER M., *Physique du sol*, Lausanne, Presses polytechniques et universitaires romandes, 1991.

MUSY A., MEYLAN P. et FAVRE A.C., *Hydrologie fréquentielle – Une science prédictive*, Lausanne, Presses polytechniques et universitaires romandes, 2008.

MUTIN G., *L'eau dans le monde arabe*, Paris, Ellipses, *Carrefours de Géographie*, 2000.

NAHRATH S., GERBER J.-D., KOEPFEL P. et BRÉTHAUT C., Gestion des ressources communes en Suisse : le rôle des institutions de gestion communautaire dans les politiques environnementales et d'aménagement du territoire, *Natures, Sciences, Sociétés*, 20, pp. 39-51, 2012.

NEWSON M., *Land, water and development*, London, Routledge, 1992.

NORDON M., *L'eau conquise. Les origines et le monde antique*, Paris, Masson, Histoire de l'hydraulique, 1, 1991a.

NORDON M., *L'eau démontrée. Du moyen âge à nos jours*, Paris, Masson, Histoire de l'hydraulique, 2, 1991b.

OcCC, *La Suisse face aux changements climatiques. Impacts des précipitations extêmes. Rapport sur l'état des connaissances*, Berne, OcCC, 1998.

OcCC, *Le climat change, en Suisse aussi. Les points principaux du troisième rapport du GIEC sur l'état des connaissances, du point de vue de la Suisse*, Berne, Organe consultatif sur les changements climatiques, 2002.

OcCC, *Le climat change – que faire ? Le nouveau rapport des Nations Unies sur le climat (GIEC 2007) et ses principaux résultats dans l'optique de la Suisse*, Berne, Organe consultatif sur les changements climatiques, 2008.

OcCC / ProClim, *Les changements climatiques et la Suisse en 2050. Impacts attendus sur l'environnement, la société et l'économie*, Berne, Organe consultatif sur les changements climatiques et ProClim, 2007.

OFEG / OFEFP / OFAT, *Prise en compte des dangers dus aux crues dans le cadre des activités de l'aménagement du territoire. Recommandations*, Berne, Office fédéral des eaux et de la géologie (OFEG), Office fédéral de l'environnement, des forêts et du paysage (OFEFP), Office fédéral de l'aménagement du territoire (OFAT), 1997.

OFEV, (NORTH N., KLJUN N., KASSER F., HELDSTAB J., MAIBACH M., REUTIMANN J., GUYER M.), Changements climatiques en Suisse – Indicateurs des causes, des effets et des mesures, Berne, Office fédéral de l'environnement, Etat de l'environnement n° 0728, 2007.

OFEV, *Gestion par bassin versant. Guide pratique pour une gestion intégrée des eaux en Suisse*, Berne, Office fédéral de l'environnement, 2012a.

OFEV, *Impacts des changements climatiques sur les eaux et les ressources en eau. Rapport de synthèse du projet « Changement climatique et hydrologie en Suisse » (CCHydro),* Berne, Office fédéral de l'environnement, 2012b.

OFPP, *Catastrophes et situations d'urgence en Suisse : une appréciation des risques du point de vue de la protection de la population*, Berne, Office fédéral de la protection de la population, 2003.

OLSSON J. et P. BURLANDO, Reproduction of temporal scaling by rectangular pulses rainfall model. *Hydrological Processes*, 16, pp. 611-630, 2002.

OMM, Atlas international des nuages, *Manuel de l'observation des nuages*, vol. 1, 197, 1975.

OMM, *Manual for estimation of probable maximum precipitation*, Operational hydrology Report (OHR) n° 01, Genève, WMO n° 332, 1986.

OMM, UNESCO, *Report on water resources assessment : progress in the implementation of the Mar del Plata action plan and a strategy for the 1990s*, Geneva, Switzerland. OMM, 1991.

OMM, UNESCO, Glossaire international d'hydrologie. Publié conjointement par l'OMM et l'UNESCO, Deuxième édition, 1992.

OMM, *Guide des instruments et méthodes d'observation*, 7e édition, Genève, OMM, 1996.

OMM, *Directives pour la formation professionnelle des personnels de la météorologie et de l'hydrologie opérationnelle, volume ii – hydrologie*, Genève, OMM, 2005.

OMM, *Guide to meteorological instruments and methods of observation*, Genève, WMO, 8, 2012.

OMS, *Changement climatique et santé humaine – Risques et mesures à prendre. Résumé*, Genève, OMS, 2004.

ORTLOFF C.S., The water supply and distribution system of the Nabataean City of Petra (Jordan), 300 BC–AD 300, *Cambridge Archaeological Journal*, 15(1), 93-109, 2005.

OSS, *Système aquifère du Sahara septentrional : gestion commune d'un bassin transfrontalier*, Tunis, OSS, 2008.

OSTROM E., *Governing the Commons. The evolution of institutions for collective action*, Cambridge, Cambridge University Press, 1990.

ORSTOM, *La formation des hydrologues*. Colloques et Séminaires. Septièmes journées hydrologiques de Montpellier 1991, 1993.

OSTROM E., BURGER J., FIELD C.B., NORGAARD R.B. et POLICANSKY D., Revisiting the Commons : Local lessons, global challenges, *Science*, 284, pp. 278-282, 1999.

OURANOS, *Savoir s'adapter aux changements climatiques*, Montréal, Ouranos, 2010.

OVEREEM A., LEIJNSEB H. et UIJLENHOET R., *Country-wide rainfall maps from cellular communication networks*, PNAS, 2013.

PACCARD P., *Gestion durable de l'eau en montagne : le cas de la production de neige en stations de sports d'hiver*, Thèse de doctorat, Université de Savoie, 2010.

PARDE M., *Fleuves et rivières*, Paris, Armand Colin, 1955.

PARISI, G. et FRISCH, U., A multifractal model of intermittency. In: M. Ghil, R. Benzhi et G. Parisi, eds, Turbulence and predictability in geophysical fluid dynamics and climate dynamics, *Proc. of Int. School of Physics E. Fermi, North-Holland, Amsterdam*, pp. 84-88, 1985.

PARRIAUX A., *Contribution à l'étude des ressources en eau du bassin de la Broye*, Thèse n° 393, Ecole polytechnique fédérale de Lausanne, 1981.

PARRIAUX A. et MAYORAZ R., *Commune de l'Abbaye, Dimensionnement des zones de protection du puits du Pont*. Lausanne, EPFL, GEOLEP, Etude n° 8708, non publié, 1992.

PAULING L., *Chimie générale*, Paris, Dunod, 1960.

PEARCE A.J., STEWART M.K. et SKLASH M.G., Storm runiff generation in humid headwater catchments 1. Where does the water come from, *Water Resources Research*, 22(8), pp. 1263-1272, 1986.

PENMAN H.L., *Vegetation and hydrology*, Commonwealth Bureau of Soils, Harpenden. Commonwealth Agricultural Bureaux, Farham Royal, Technical Communication n° 53, 1963.

PÉRENNES J.-J., *L'eau et les hommes au Maghreb. Contribution à une politique de l'eau en Méditerranée*, Paris, Karthala, 1993.

PERROULAZ G., Le rôle des ONG dans la politique de développement: forces et limites, légitimité et contrôle, *Annuaire suisse de politique de développement*, 23(2), [en ligne], URL: http://aspd.revues.org/446, 2004.

PÉTER, R., *Jeux avec l'infini*, Paris, Points Sciences, S6, 1957.

PETRELLA R., *Le manifeste de l'eau, pour un contrat mondial*, Lausanne, Ed. Page deux, 1999.

PEZON C., *Intercommunalité et durabilité des services d'eau potable et d'assainissement en France, en Italie et au Portugal*, Paris, AgroParisTech, 2006.

PEZON C., Organisation et gestion des services d'eau potable en France hier et aujourd'hui, *Revue d'économie industrielle*, 127 [en ligne: http://rei.revues.org/4060], 2009.

PFAUNDLER M. *et al.*, Méthodes d'analyse et d'appréciation des cours d'eau. Hydrologie – régime d'écoulement niveau R (région), Berne, Office fédéral de l'environnement, L'environnement pratique n° 1107, 2011.

PFISTER C., éd., *Le jour d'après. Surmonter les catastrophes naturelles : le cas de la Suisse entre 1500-2000*, Berne, Haupt, 2002.

PFLIEGER G., *L'eau des villes. Aux sources des empires municipaux*, Lausanne, Presses polytechniques et universitaires romandes, Collection Le savoir suisse, 2009.

PNUE, *Dessalement de l'eau de mer dans les pays méditerranéens : évaluation des impacts sur l'environnement et lignes directrices proposées pour la gestion de la saumure*, Athènes, PNUE, 2001.

PNUE, *Graphiques vitaux sur l'eau – un aperçu de l'état des ressources mondiales d'eau douce et d'eau de mer,* Sources: FAO, Nations Unies, Institut des ressources mondiales (WRI), conçu par: Philippe Rekacewicz (Le Monde diplomatique), http ://maps.grida.no/go/graphic/global-waterstress-and-scarcity, 2008.

PRADHAN P., *Patterns of irrigation organization in Nepal. A comparative study of 21 farmer-managed irrigation systems*, Colombo, International Irrigation Management Institute, 1989.

PROCLIM, *Canicule de l'été 2003. Rapport de synthèse*, Berne, ProClim, 2005.

PRUDHOMME C., WILLIAMSON J., PARRY S. et HANNAFORD J., Projections of flood risk in Europe. In: Kundzewicz, Z. W., ed., *Changes in flood risk in Europe*, IAHS Special Publication 10 and CRC Press/Balkema, 491-511, 2012.

REBETEZ M., *La Suisse se réchauffe*. Lausanne, Presses polytechniques et universitaires romandes, Coll. Le Savoir suisse, 2002.

RÉMÉNÉRIAS G., *Hydrologie de l'ingénieur,* Paris, Eyrolles, Collection de la Direction des Etudes et Recherches d'Electricité de France, 1976.

REMINI B., LEDUC C. et HALLOUCHE W., Evolution des grands barrages en régions arides : quelques exemples algériens, *Sécheresse*, 20(1), pp. 96-103, 2009.

RENN O., Individual and social perception of risk, In: Fuhrer, U., Hg., *Ökologisches Handeln als sozialer Prozess*, Basel, Birkhäuser, pp. 27-50, 1995.

Reynard E., *Gestion patrimoniale et intégrée des ressources en eau dans les stations touristiques de montagne. Les cas de Crans-Montana-Aminona et Nendaz (Valais)*, Thèse de doctorat, Université de Lausanne, 2000.

Reynard E., La contribution des régimes institutionnels de ressources à une gestion durable des eaux en milieu urbain, In: Cunha, A., Knoepfel, P., Leresche, J.-P., Nahrath, S., éds., *Enjeux du développement urbain durable. Transformations urbaines, gestion des ressources et gouvernance*, Lausanne, Presses polytechniques et universitaires romandes, pp. 257-279, 2005.

Reynard E., Les bisses du Valais, un exemple de gestion durable de l'eau? *Lémaniques*, 69, pp. 1-6, 2008.

Reynard E. et Bonriposi M., Water use management in dry mountains of Switzerland, The case of Crans-Montana-Sierre area, In: Neményi, M., Balint, H., eds., *The Impact of Urbanisation, Industrial, Agricultural and Forest Technologies on the Natural Environment*, Sopron, Nyugat-magyarorszagi Egyetem, pp. 281-301, 2012.

Reynard E., Thorens A. et Mauch C., Développement historique des régimes institutionnels de l'eau en Suisse entre 1870 et 2000, In Knoepfel, P., Kissling-Näf, I., Varone, F., éds., *Régimes institutionnels de ressources naturelles: analyse comparée du sol, de l'eau et de la forêt*, Basel, Helbing & Lichtenhahn, pp. 101-139, 2001.

Reynard E., Evéquoz-Dayen M. et Dubuis P., éds., *Le Rhône: dynamique, histoire et sociétés*, Sion, Archives de l'Etat du Valais, Les Cahiers de Vallesia, 21, 2009.

Richardson L.F., The Problem of contiguity: an appendix of statistics of deadly quarrels, *General System Yearbook*, 6, pp. 139-187, 1961.

Rigon R. *et al.*, On Hack's law, *Water Resources Research*, 32(11), pp. 3367-3374, 1996.

Robinson D., Jones S., Wraith J., Or D. et Friedman S. A review of advances in dielectric and electrical conductivity measurement in soils using time domainreflectometry, special section – advances in measurement and monitoring, *Vadose Zone Journal*, 2, pp. 444-475, 2003.

Roche M., *Hydrologie de surface*, Paris, Gauthier-Villars, 1963.

Romagny B. et Cudennec C., Gestion de l'eau en milieu aride: considérations physiques et sociales pour l'identification des territoires pertinents dans le Sud-Est tunisien, *Développement durable et territoires* [en ligne: http://developpementdurable.revues.org/1805], 2006.

Rosso R., Bacchi B. et La Barbera P., Fractal Relation of Mainstream Length to Catchment Area in River Networks, *Water Resources Research*, 27(3), pp. 381-387, 1991.

Rousseau P. et Apostol T., *Valeur environmentale de l'énergie*, Lausanne, Presses polytechniques et universitaires romandes et INSA de Lyon, 2000.

Rousset N., Impacts du changement climatique, sécurité hydrique et enjeux agricoles, Le cas de la Chine du nord, *Perspectives chinoises* [en ligne], http://perspectiveschinoises.revues.org/1913, 2007.

Roy A., *Le coût de la vie*, Paris, Gallimard, 1999.

Ruelle D., Chaos, Predictability, and Idealization in Physics, *Complexity*, 3(1), pp. 26-28, 1997.

Ruelle D., *Hasard et chaos*, Paris, Odile Jacob, 1991.

Rutter A.J. et Morton A.J., A predictive model of rainfall interception in forests, 3. Sensitivity of the model to stand parameters and meteorological variables, *Journal of Applied Ecology*, 12, pp. 567-588, 1977.

Rutter A.J., Kershaw K.A., Robins P.C. et Morton A.J., A predictive model of rainfall interception in forests, 1. Derivation of the model from observations in a plantation of corsican pine, *Agricultural Meteorology*, 9, pp. 367-384, 1971.

Rutter A.J., Morton A.J. et Robins P.C., A predictive model of rainfall interception in forests, 2. Generalization of the model and comparison with observations in some coniferous and hardwood stands, *Journal of Applied Ecology*, 12, pp. 367-380, 1975.

Saporta G., *Probabilités, analyse des données et statistique*, Paris, Technip, 1990.

Sapoval B., *Universalités et fractales*, Paris, Flammarion, coll. Champs, 1997.

Sauquet E., *Une cartographie des écoulements annuels et mensuels d'un grand bassin versant structuré par la topologie du réseau hydrographique*, Thèse de doctorat, Institut Polytechnique de Grenoble, 2000.

Savi P., Maio I.A. et Ferraris S., 2011. Time-domain reflectometry (TDR) technique for the estimation of soil permittivity, In: Ozkaraova Gungor B.E., ed., *Principles, application and assessment in soil science*, InTech, DOI: 10.5772/31715, 2011.

SCARPATI O.E, Hydrology, in Earth and Atmospheric Sciences, In: *Encyclopedia of Life Support Systems* (EOLSS), Developed under the Auspices of the UNESCO, Oxford, Eolss Publishers, 2007.

SCHAEFLI B., Quantification of modelling uncertainties in climate change impact studies on water resources: application to a glacier-fed hydropower production system in the Swiss Alps, Thèse de doctorat n° 3225, Ecole polytechnique fédérale de lausanne, 2005.

SCHÄFLI B., HINGRAY B., MUSY A., Climate change and hydropower production in the Swiss Alps: quantification of potential impacts and related modelling uncertainties, *Hydrol. Earth Syst. Sc.*, 11, pp. 1191-1205, 2007.

SCHERTZER D. et LOVEJOY S., Physical modelling and analysis of rain and clouds by anisotropic scaling multiplicative processes, *Journal of Geophysical Research*, 92(D8), pp. 9693-9714, 1987.

SCHERTZER D., BERNARDARA P., BIAOU A., TCHIGUIRINSKAIA I., LANG M., SAUQUET E., BENDJOUDI H., HUBERT P., LOVEJOY S., VEYSSEIRE J.M., Extrêmes et multifractals en hydrologie: résultats, validations et perspectives, *La Houille Blanche*, 5, pp. 112-119, 2006.

SCHMOCKER-FACKEL P., Naef F., More frequent flooding? Changes in flood frequency in Switzerland since 1850, *Journal of Hydrology*, 381, pp. 1-8, 2010a.

SCHMOCKER-FACKEL P. et Naef F., Changes in flood frequencies in Switzerland since 1500, *Hydrol. Earth Syst. Sci.*, 14, pp. 1581-1594, 2010b.

SCHULLER D.J., RAO A.R. et JEONG G.D., Fractal characteristics of dense stream networks, *Journal of Hydrology*, 243, pp. 1-16, 2001.

SCHUMM, S.A., The evolution of drainage systems and slopes in badlands at Perth Amboy, New Jersey, *Bulletin of Geological Society of America*, 67, pp. 597-646, 1956.

SCHWEIZER R., *Les bisses et leurs modes d'organisation au XXIe siècle, un modèle de gestion durable? Etude de cas à Savièse*, Lausanne, Cahier de l'IDHEAP 257, 2010.

SHERMAN L. K., Streamflow from Rainfall by the Unit Graph Method, *Eng. News Rec.*, 108, pp. 501-505, 1932.

SHIKLOMANOV I. A., *Assessment of water resources and water availability in the world*, Report of the World Water Commission, 1999.

SHIVAKOTI G.P., OSTROM E., eds., *Improving irrigation governance and management in Nepal*, Oakland, ICS Press, 2002.

SHREVE R.L., Statistical Law of Stream Numbers, *The Journal of Geology*, 74(1), pp. 17-37, 1966.

SIGG R. et RÖTHLISBERGER W., *La redevance hydraulique – principale taxe frappant l'utilisation de la force hydraulique en Suisse*, Bienne, Rapport de l'OFEG, Série Eaux, n° 3, 2002.

SIRONNEAU J., L'eau, Défi géoéconomique mondial majeur, *Revue Française de Géoéconomie*, 16(4), pp. 47-62, 1998.

SIRONNEAU J., *L'eau. Nouvel enjeu stratégique mondial*, Paris, Economica, 1996.

SOU Y.M., *Recyclage des eaux usées en irrigation: potentiel fertilisant, risques sanitaires et impacts sur la qualité des eaux*, Thèse de doctorat, Ecole polytechnique fédérale de Lausanne, 2009.

SOUTTER M., MERMOUD M., MUSY A., *Ingénierie des eaux et du sol. Processus et aménagements*, Lausanne, Presses polytechniques et universitaires romandes, 2007.

SPOSITO G., ed., *Scale dependence and scale invariance in hydrology*, Cambridge, Cambridge University Press, 1998.

SSHL/CHy, *Les effets du changement climatique sur l'utilisation de la force hydraulique – Rapport de synthèse*, Berne, Société suisse d'hydrologie et de limnologie (SSHL) et Commission d'hydrologie (CHy), 2011.

SSIGE/OFEFP, *Consommation d'eau dans les ménages: étude représentative*, Berne, Société suisse de l'industrie du gaz et des eaux/Office fédéral de l'environnement, des forêts et du paysage, 1999.

STAHL K., HISDAL H., HANNAFORD J., TALLAKSEN L. M., VAN LANEN H.A.J., SAUQUET E., DEMUTH S., FENDEKOVA M. et JODAR J., Streamflow trends in Europe: evidence from a dataset of near-natural catchments, *Hydrol. Earth Syst. Sci.*, 14, pp. 2367-2382, 2010.

STAUFFER D., STANLEY H.E., LESNE A., *Cours de physique: De Newton à Mandelbrot,* Berlin, Springer, 1999.

STERN N., *The economics of climate change. The stern review*, Cambridge, Cambridge University Press, 2007.

STEWART I., *Dieu joue-t-il au dés? Les mathématiques du chaos,* Paris, Flammarion, 1992; rééd. coll. Champs, 1994.

SUMMER G., *Precipitation. Process and analysis*, Chichester, Wiley, 1988.

SURELL A., *Etude sur les torrents des Hautes-Alpes*, Paris, Carilian-Gœury et Dalmon, 1841.

SUTCLIFE J.V., Harold Edwin Hurst: 1 January 1880-7 December 1978, *Hydrological Sciences, Bulletin des Sciences Hydrologiques*, 24(4), pp. 539-541, 1979.

SWYNGEDOUW E., The antinomies of the post-political city: In search of a democratic politics of environmental production. *Int. Journal of Urban and Regional Research*, 23(3), pp. 601-620, 2009.

TARBOTON D.G., BRAS I. et RODRIGUEZ-ITURBE R.L., The Fractal Nature of River Networks, *Water Resources Research*, 24(8), pp. 1317-1322, 1988.

TARDY Y., *Le cycle de l'eau : climats, paléoclimats et géochimie globale*, Paris, Masson, 1986.

TEUTSCHBEIN C. et SEIBERT J., Regional climate models for hydrological impact studiesat the catchment scale: A review of recent modeling strategies, *Geography Compass* 4(7), pp. 834-860, 2010.

THOMI L., La gestion de l'aménagement des cours d'eau dans les cantons suisses de Glaris, de Berne et du Valais, *Geographica Helvetica*, 60, pp. 35-43, 2005.

THOMI L., *Rôle des paramètres sociopolitiques et des connaissances dans la gestion des risques hydrologiques*, Thèse de doctorat, Université de Lausanne, 2010.

TIETENBERG T., *Environmental and natural resource economics*, New-York, Harper Colins, 3rd edition, 1992.

TOPP G.C., DAVIS J.L. et ANNAN A.P., Electromagnetic determination of soil water content: measurements in coaxial transmission lines, *Water Resources Research*, 16(3): 574-582, 1980.

TRAMBLAY Y., R. BOUAICHA, L. BROCCA, W. DORIGO, C. BOUVIER, S. CAMICI, AND E. SERVAT, Estimation of antecedent wetness conditions for flood modelling in Northern Morocco, *Hydrol. Earth Syst. Sci. Discuss.*, 9, pp. 9361-9390, 2012.

TRENBERTH, K. E., L. SMITH, T. QIAN, A. DAI AND J. FASULLO, Estimates of the global water budget and its annual cycle using observational and model data, *J. Hydrometeor*, 8, pp. 758-769, 2007.

UNEP, *Global outlook for ice and snow*, Nairobi, United Nations Environment Programme, 2007.

UNESCO, *Water for People. Water for Life, The United Nations world water development report*, Paris, UNESCO, 2003.

UNESCO, DIVISION OF WATER SCIENCES, Climate Change And Water, An Overview From The World Water Development, Report 3: Water In A Changing World, A World Water Assessment Programe Special Report Italy: United Nations World, URL: www.unesco.org/water/wwap, 2009.

UNESCO, The Implications of Climate Change on Water Highlights on climate change from the UN World Water Development Report 3: Water in a Changing World, 2009.

VAKHTIN B., On the determination of mathematical characterics of topography, *Geodezist*, n° 2-3, 7-16 (in Russian), 1930.

VALIRON F., *Gestion des eaux. Principes, moyens, structures*, Paris, Presses de l'Ecole nationale des Ponts et Chaussées, 2e éd., 1990.

VALLE DE CARVALHO M. et MACHADO DE FARIA LEME FRANCO N., La politique de l'eau au Brésil, Les limites de la gouvernance, In: Brun, A., Lasserre, F., éds., *Les politiques de l'eau. Grands principes et réalités locales*, Québec, Presses de l'Université du Québec, pp. 303-334, 2006.

VALONY M.-J., Des communautés d'irrigants aux associations d'usagers de l'eau. Un modèle mondial face aux différentes configurations socio-territoriales, In: Richard, A., Caron, P., Jamin, J.-Y., Ruf, T., éds., 2006, *Coordinations hydrauliques et justices sociales*. Actes du séminaire, novembre 2004, Montpellier, Cirad, pp. 1-8, 2006.

VANDERSLEYEN C., *L'Egypte et la vallée du Nil 2 : De la fin de l'Ancien Empire à la fin du nouvel Empire*, Nouvelle Clio, PUF, 710 pp., 1995.

VARONE F., REYNARD E., KISSLING-NÄF I., MAUCH C., Institutional Resource Regimes, The case of water in Switzerland, *Integrated Assessment*, 3, pp. 78-94, 2002.

VERCOUTTER J., *L'Egypte et la vallée du Nil 1 : Des origines à la fin de l'Ancien Empire*, Nouvelle Clio, PUF, 448 pp., 1992.

VEYRET Y., *Risques naturels et aménagement en Europe*, Paris, Armand Colin, 2004.

VIEILLARD-COFFRE S., Gestion de l'eau et bassin versant, De l'évidente simplicité d'un découpage naturel à sa complexe mise en pratique, *Hérodote*, 102, pp. 139-156, 2001.

VIOLLET P.-L., *L'hydraulique dans les civilisations anciennes*, Presses de l'école nationale des Ponts et chaussées, Paris, 374 pp., 2000.

VISCHER D., *Histoire de la protection contre les crues en Suisse. Des origines au XIXe siècle*, Berne, Office fédéral des eaux et de la géologie, Rapports de l'OFEG, Série Eaux n°5, 2003.

VÖRÖSMARTY C.J., MCINTYRE P. B., GESSNER M. O., DUDGEON D., PRUSEVICH A., GREEN P., GLIDDEN S., BUNN S. E., SULLIVAN C. A., REIDY LIERMANN C. et DAVIES P. M., Global threats to human water security and river biodiversity, *Nature* 468, 334 (11 November 2010).

WALSH P. D., LAWLER D. N., Rainfall Seasonality: Description, Spatial Patterns and Change Through Time, *Weather*, 36, pp. 201-208, 1981.

WARD R.C. et ROBINSON M., *Principles of hydrology*, Mc Graw Hill, 365 pp., 1990.

WASSON J.G., La rivière et l'homme: vers une gestion par bassin intégrant la dimension écologique, *Rev. de Géogr. de Lyon*, 67(4), pp. 333-343, 1992.

WAZIRI MATO M., *Les cultures de contre-saison dans le Sud de la région de Zinder (Niger)*, Thèse de doctorat, Université de Lausanne, 2000.

WEN SHEN H. et JULIEN P., *Erosion and sediment transport*, In: Handbook of Hydrology, Ed by David R. Maidment, McGraw-hill, INC, pp. 12.1-12.61., 1993.

WORLD BANK, *Water resources sector strategy: Strategic directions for World Bank engagement*, World Bank, February 2003.

WORLD WATER COMMISSION, *A water secure World: Vision for water, life and the environment*, Marseille, World Water Council, 2000.

WYER H., *Utilisation de la force hydraulique en Valais. Histoire, législation, droit de retour*, Viège, Rotten Verlag, 2008.

ZAUGG STERN M., *Philosophiewandel im schweizerischen Wasserbau. Zur Vollzugspraxis des nachhaltigen Hochwasserschutzes*, Universität Zürich, Geographisches Institut, Schriftenreihe Humangeographie 20, 2006.

ZAUGG M., More space for running waters: Negotiating institutional change in the Swiss flood protection system, *GeoJournal*, 58, pp. 275-284, 2004.

ZINEVICH A., P. ALPERT, H. MESSER, Estimation of rainfall fields using commercial microwave communication networks of variable density, *Advances in Water Resources*, 31, pp. 1470-1480, 2008.

ZOLINA O., Changes in intense precipitation in Europe, In: Kundzewicz Z. W., ed., *Changes in flood risk in Europe*, IAHS Special Publication 10 and CRC Press/Balkema, pp. 97-120, 2012.

ZWAHLEN F. et PERRIN J., *Village de l'Abbaye. Etude des zones de protection de la source de la Lionne*, Université de Neuchâtel, Centre d'hydrogéologie, non publié, 2002.

SIGLES ET ACRONYMES

ADCP	Acoustic Doppler Current Profiler
AEE	Agence Européenne pour l'Environnement
AGU	American Geophysical Union
AID	Agence Internationale de Développement
AIEA	Agence Internationale pour l'Energie Atomique
APC	Analyse en Composante Principale
AQUASTAT	Système d'information de la FAO sur l'eau et l'agriculture
ARL	Arrangement de Régulation Localisé
ASA	Association Syndicale Autorisée (France)
ASCO	Association Syndicale Constituée d'Office (France)
ASL	Association pour la Sauvegarde du Léman
AUEA	Association d'Usagers d'Eau Agricole
BIRD	Banque Internationale pour la Reconstruction et le Développement
BRGM	Bureau de Recherches Géologiques et Minières (France)
CC	Code Civil (Suisse)
CEE-ONU	Commission Economique de l'Organisation des Nations Unies pour l'Europe
CFC	ChloroFluoroCarbures
CHy	Commission d'Hydrologie de l'OMM
CIMO	Commission des Instruments et des Méthodes d'Observation de l'OMM
CIPEL	Commission Internationale pour la Protection des Eaux du Léman
CLE	Commission Locale de l'Eau (France)
CME	Conseil Mondial de l'Eau
CNR	Compagnie Nationale du Rhône (France)
CODEAU	COdification EAU (logiciel de gestion de données hydrologiques de l'HYDRAM)
CPR	Common-Pool Resource
DCE	Directive Cadre (européenne) sur l'Eau
DDC	Direction du Développement et de la Coopération
DEM	Digital Elevation Model

DHYDRO	Didacticiel HYDROlogique (logiciel de gestion de données hydrologiques de l'HYDRAM)
DIEPA	Décennie Internationale de l'Eau Potable et de l'Assainissement
DTM	Digital Terrain Model
EAWAG	Institut de Recherche de l'Eau du Domaine des EPF (sigle original en langue allemande)
ECHO	ECoHydrOlogie (laboratoire de l'EPFL, anciennement HYDRAM)
EDF	Electricité De France
EH	Equivalent-Habitant
EMMA	End Member Mixing Analysis
EPF	Ecole Polytechnique Fédérale (Suisse)
EPFL	Ecole Polytechnique Fédérale de Lausanne (Suisse)
EPRI	Evaluation Préliminaire des Risques d'Inondation (France)
EUWI	European Union Water Initiative
FAO	Organisation des Nations Unies pour l'alimentation et l'agriculture (ONUAA) (sigle FAO en langue anglaise)
FEWS	Flood Early Warning System
FMI	Fonds Monétaire International
FRIEND	Flow Regimes from International Experience and Network Data
GEWISS	Système d'information géographique sur les eaux en Suisse (sigle original en langue allemande)
GIEC	Groupe d'experts Intergouvernemental sur l'Evolution du Climat
GIRE	Gestion Intégrée des Ressources en Eau
GWP	Global Water Partnership
HYDRAM	HYDRrologie et AMénagement (laboratoire de l'EPFL, actuellement ECHO)
IATE	Institut d'Aménagement des Terres et des Eaux de l'EPFL (Institut de l'EPFL, actuellement Institut d'Ingénierie de l'Environnement, IIE)
ICA	Initial Contributive Aera
IDF	Intensité-Durée-Fréquence
IPA	Indice des Précipitations Antécédentes
IPPC	Intergovernmental Panel on Climate Change
IRD	Institut de Recherche pour le Développement
IWC	Istanbul Water Consensus
LACE	Loi fédérale sur l'Aménagement des Cours d'Eau (Suisse)
LEaux	Loi fédérale sur la protection des Eaux (Suisse)
LEMA	Loi sur l'Eau et les Milieux Aquatiques (France)
LFo	Loi fédérale sur les Forêts (Suisse)
LFH	Loi fédérale sur l'utilisation des Forces Hydrauliques (Suisse)
LPE	Loi fédérale sur la Protection de l'Environnement (Suisse)
LPEP	Loi fédérale sur la Protection des Eaux contre la Pollution (Suisse)
MES	Matière En Suspension
MétéoSuisse	Office fédéral de météorologie et de climatologie (Suisse)
MKSA	Mètre, Kilogramme, Seconde, Ampère (système)
MNA	Modèle Numérique d'Altitude
MNT	Modèle Numérique de Terrain

NAQUA	Observation nationale des eaux souterraines (Suisse) (sigle original en langue allemande)
NRA	National Rivers Authority (Angleterre et Pays de Galles)
OcCC	Organe consultatif sur les Changements Climatiques (Suisse)
OCDE	Organisation de Coopération et de Développement Economique
OEaux	Ordonnance fédérale sur la protection des Eaux (Suisse)
OFEG	Office Fédéral des Eaux et de la Géologie (Suisse)
OFEV	Office Fédéral de l'EnVironnement (Suisse)
OFPP	Office Fédéral de la Protection de la Population (Suisse)
OMD	Objectifs du Millénaire pour le Développement
OMI	Organisation Météorologique Internationale
OMM	Organisation Météorologique Mondiale
OMS	Organisation Mondiale de la Santé
ONG	Organisations Non Gouvernementales
ONU	Organisation des Nations Unies
ORSTOM	Organisation de la Recherche Scientifique et Technique d'Outre-Mer (actuellement IRD, France)
PAM	Programme Alimentaire Mondial
PGEE	Plan Général d'Evacuation des Eaux (Suisse)
PGRI	Plan de Gestion des Risques d'Inondation (France)
PHI	Programme Hydrologique International (de l'UNESCO)
PHRE	Programme d'Hydrologie et de mise en valeur des Ressources en Eau (de l'OMM)
PIB	Produit Intérieur Brut
PMOD	Observatoire physico-météorologique de Davos (Suisse) (sigle original en langue allemande)
PNUD	Programme des Nations Unies pour le Développement
PNUE	Programme des Nations Unies pour l'Environnement
PPP	Partenariat Public Privé
PREE	Plan Régional d'Evacuation des Eaux
ProClim	Forum sur le climat et les changements globaux (Suisse) (sigle original en langue anglaise)
RADAR	RAdio Detection And Ranging
RIR	Régime Institutionnel de Ressource
RS	Registre Systématique (des lois)
RTM	Restauration des Terrains en Montagne (France)
SAGE	Schéma d'Aménagement et de Gestion des Eaux (France)
SASS	Système Aquifère du Sahara Septentrional
SDAGE	Schéma Directeur d'Aménagement et de Gestion des Eaux (France)
SFI	Société Financière Internationale
SHE	Système Hydrologique Européen
SMDD	Sommet Mondial pour le Développement Durable
SMN	SwissMetNet (réseau d'observations météorologiques en Suisse)
SMOW	Standard Mean Ocean Water
SPAGE	Schéma de Protection, d'Aménagement et de Gestion des Eaux (canton de Genève, Suisse)
SSHL	Société Suisse d'Hydrologie et de Limnologie
SSIGE	Société Suisse de l'Industrie du Gaz et des Eaux)

STEP	STation d'EPuration des eaux usées
TDR	Time Domain Reflectory
TIN	Triangulated Irregular Network
TRI	Territoire à Risque d'Inondation (France)
TVA	Tennessee Valley Authority
UNECE	sigle en langue anglaise de CEE-ONU
UNESCO	Organisation des Nations unies pour l'éducation, la science et la culture (sigle original en langue anglaise)
VLI	Valeur Limite d'Immission
WWAP	Programme mondial pour l'évaluation des ressources en eau de l'UNESCO (sigle original en langue anglaise)
WWDR	Rapport mondial des Nations Unies sur la mise en valeur des ressources en eau (sigle original en langue anglaise)

INDEX